高等院校计算机专业及专业基础课系列教材

计算机图形学

倪明田　吴良芝　编著

图书在版编目(CIP)数据

计算机图形学/倪明田编著. —北京：北京大学出版社，1999.11
(高等院校计算机专业及专业基础课系列教材)
ISBN 978-7-301-04371-4

Ⅰ. 计… Ⅱ. 倪… Ⅲ. 计算机图形学-高等学校-教材 Ⅳ. TP391.4

书　　名：计算机图形学
著作责任者：倪明田　吴良芝　编著
责 任 编 辑：沈承凤
标 准 书 号：ISBN 978-7-301-04371-4/TP・0506
出 版 发 行：北京大学出版社
地　　址：北京市海淀区成府路 205 号　100871
网　　址：http://www.pup.cn
电 子 信 箱：zpup@pup.pku.edu.cn
电　　话：邮购部 62752015　市场营销中心 62750672　编辑部 62752038　出版部 62754962
印　刷　者：山东百润本色印刷有限公司
经　销　者：新华书店
787 毫米×1092 毫米　16 开本　21.75 印张　537 千字
1999 年 11 月第 1 版　2020 年 12 月第 21 次印刷
定　　价：45.00 元

总　序

“科教兴国”战略强调教育对国民经济的基础地位，要求高等教育“实施全面素质教育，加强思想品德教育和美育，改革教育内容、课程体系和教学方法......”。为了落实好“科教兴国”这一战略决策，北京大学计算机科学技术系与北京大学出版社合作，编审出版基础主干课和专业主干课系列教材。

目前，伴随着微电子和计算机科学技术渗透到社会的各个领域，人类正跨步迈进知识经济时代。在知识经济时代，具有创新能力的高素质人才是经济持续发展的必备条件。

计算机科学技术包括科学和技术两部分，不仅强调严谨的科学性，同时也注重工程性，是一门科学性和工程性并重的学科。信息科学技术的支柱学科是微电子、计算机、通信和软件，其中微电子是基础，计算机和通信是载体，软件是核心，它们相辅相成，共同培育了知识经济。因而，高素质的信息领域科技人才应该掌握上述学科的基础理论和专业技能。

近年来，北京大学计算机科学技术系通过跟踪、分析国际知名大学的相关课程设置、教学实施情况，借鉴国内兄弟院系的课程体系调整建议，总结北大计算机科学技术系集计算机软、硬件技术和微电子学于一体的人才培养经验，对课程体系进行了较大力度的梳理，形成了一系列基础主干课和专业主干课。

这一系列教材正是为配合课程体系的调整而编撰的。所选书稿主要是在我系多年的教学实践中师生反映较好的讲义和教材的基础上修编而成的。我们希望这批教材能够达到“注重基础、淡化专业（或突出交叉）、内容系统、选材先进、利于教学”的要求。

对于教材中的不足之处，欢迎广大读者不吝赐教。

杨芙清

一九九九年九月

北京大学计算机系基础主干课名称

计算引论
数字逻辑
微机原理
计算机组织与体系结构
集合论与图论
代数结构与组合数学
数理逻辑
数据结构
编译原理
操作系统
微电子学概论
集成电路原理与设计

北京大学计算机系专业主干课名称

计算机网络概论
数据库概论
软件工程
计算机图形学
面向对象技术引论

内 容 提 要

本书介绍了计算机图形学的基本概念、方法与算法。全书由三部分组成:第一部分为第1章,简单介绍了计算机图形学的历史、应用、发展,显示器和典型光栅扫描显示系统的结构与工作原理;第二部分为第2章到第7章,介绍二维图形处理技术,包括二维图形的生成、裁剪、变换以及反混淆;第三部分为第7章到第13章,介绍三维图形处理技术,包括三维图形的投影、表示、消隐和真实感显示。因为绘制真实感图形需要用到颜色,在第11章中介绍了与颜色相关的概念和处理技术。

本书是作者在多年从事教学工作并参考了国内外最新教材的基础上编写成的,可作为高等院校本科生、研究生计算机图形学基础课程的教材,也可作为相关工程技术人员的参考书。

前　言

计算机图形学在中国的发展历史可以追溯到80年代初,迄今已有近20年。在这20年中,一方面由于计算机硬件、软件提供了有力的支持,另一方面由于应用的推动,计算机图形处理技术发展十分迅速。国际上各个大学对此非常重视,纷纷为本科生和研究生开设了"计算机图形学"课程,并把它放在十分重要的位置。而在我国,计算机图形学的普及程度是相对滞后的,只有有限的一些重点大学开展了较多的科研和教学工作,并达到了较高的水平;很多相关工作人员尚停留在只知简单地应用图形处理软件,而不知其内部处理技术的阶段。为了大范围地提高学生及相关技术人员计算机图形学的应用水平,教材是关键。

在教学过程中学生普遍反映"计算机图形学是有用的,有趣的,也是难学的。"这个"难"字可能体现在两个方面:一是整个学科的发展日新月异,难以把握;二是图形学涉及的内容很广,难以形成一个简单明确的知识体系。为此,我们在本书中力争体现如下两个特点:(1) 尽量反映最新图形处理技术所需的基础知识,让读者在学习了本书之后,能够系统地掌握这个学科中涉及的概念和方法,为进一步学习相关新技术提供准备。图形学中的概念和处理方法具有相当好的一致性,例如"扫描线"这个概念在扫描转换图元时用到,在消隐时用到,在显示真实感图形时也用到,并且利用的方式也相同。读者只要注意前后联想,就能达到一通百通的效果。(2) 在内容安排上具有两条明显的线索:一条是二维图形显示流程,一条是三维图形的显示流程。围绕二维图形的显示流程,我们从第2章到第7章相继安排了二维图形的生成、反混淆、裁剪和变换。类似地,围绕三维图形的显示流程,我们从第7章到第13章相继安排了三维图形的投影、表示、消隐和真实感显示。其中第7章是一个过渡,它介绍了二维和三维的图形变换。

在本书的编写过程中,得到了北京大学出版社沈承风老师、北京大学计算机系的董士海老师的许多鼓励和帮助,没有他们的支持就不会有本书的出版。张春尧同志为本书的录入、排版付出了辛勤的劳动。在此谨向为本书提供帮助的所有同志表示衷心的感谢。

由于作者水平有限,书中难免有不妥甚至错误之处,希望读者不吝指正。

编　者

1999年9月

目　　录

第1章　计算机图形学概述

计算机图形学(Computer Graphics)是计算机科学最活跃的分支之一,它伴随着计算机技术的发展而发展。事实上,图形学的应用从某种意义上标志着计算机软、硬件的发展水平。计算机图形学之所以能在它短短的30多年历史中获得飞速发展,其根本原因是图形为传递信息的最主要媒体之一。人们要利用计算机进行工作,必须有人和计算机之间传递信息的手段——人机界面。人机界面从早期的读卡机及控制板上的开关、指示灯发展到键盘和字符终端,再发展到基于键盘、鼠标、光笔等输入设备和光栅显示器的图形用户界面,而最终必然过渡到带给用户身临其境感觉的三维用户界面——虚拟环境(虚拟现实)。人机界面的发展过程正好对应着计算机技术从初级到高级的发展过程。计算机图形学来源于生活、科学、工程技术、艺术、音乐、舞蹈、电影制作等,反过来,它又大大促进了这些领域的发展。

本章将从图形学的研究内容、应用、发展简史、当前的研究课题和图形的输入、输出设备等方面概括性地介绍计算机图形学的有关内容,使读者有个较为全面的了解。

1.1　计算机图形学的研究内容

计算机图形学的研究对象是**图形**,那么什么是图形呢?从广义上说,能够在人的视觉系统中形成视觉印象的客观对象都称为图形。它包括人眼所观察到的自然界的景物,用照像机等装置所获得的图片,用绘图工具绘制的工程图,各种人工美术绘画和用数学方法描述的图形等等。其中用数学方法描述的图形,包括几何图形、代数方程或分析表达式所确定的图形,是几何学等数学学科的研究对象,也是计算机图形学的主要研究对象。但计算机图形学所研究的图形早已超出了用数学方法描述的图形,它不仅具有形状等几何信息,也具有颜色、材质等非几何信息,所以它更具体,更接近它所表示的客观对象。

构成图形的要素有两个,一是刻画形状的点、线、面、体等**几何要素**;二是反映物体表面属性或材质的灰度、颜色等要素,统称为**非几何要素**。例如,方程 $x^2 + y^2 = r^2$ 确定的图形是由这样一些点构成的,这些点满足这个方程(形状信息),并且具有一定的颜色(颜色信息)。现在,我们可以简单地描述计算机图形学所研究的图形了,即图形是对客观对象的一种抽象表示,它带有形状和颜色信息。通过图形,我们能够比较具体地了解它所表示的物体,但它仍是一种抽象。例如,一只玻璃杯和一只塑料杯只要形状一样,颜色一样,透明度一样,则它们的图形是一样的,我们无法仅仅通过它们的图形区别哪个是玻璃杯,哪个是塑料杯。

计算机中表示一个图形有如下两种方法:

(1) **点阵法**。点阵法通过枚举出图形中所有的点来表示图形,它强调图形由哪些点构成,这些点具有什么样的颜色。例如,一幅二维数字图像就是用矩阵 $\{P_{ij}\}_{i,j=0}^{m,n}$ 表示的,其中 P_{ij} 表示图像在 (i,j) 点的颜色值。

(2) **参数法**。参数法用图形的形状参数和属性参数来表示图形。形状参数指的是描述图形的方程或分析表达式的系数、线段或多边形的端点坐标等。属性参数则包括颜色、线型等。

通常，参数法描述的图形叫做**参数图**（或简称为图形），点阵法描述的图形称为**像素图**或**图像**。

在明确了计算机图形学的研究对象——图形的基本含义之后，我们可以简单地描述计算机图形学的研究内容如下：

(1) **图形的输入**：如何开发利用图形输入设备及软件将图形输入到计算机中，以便进行各种处理。

(2) **图形的处理**：包括对图形进行变换（如几何变换、投影变换）和运算（如图形的并、交、差运算）处理。

(3) **图形的生成和输出**：如何将图形特定的表示形式转换成图形输出系统便于接受的表示形式，并将图形在显示屏或打印机等输出设备上显示输出。

与计算机图形学密切相关的几门学科是图像处理、计算几何、计算机视觉和模式识别。它们之间的关系如图1.1所示。图像处理的研究对象是数字图像，它研究如何对一幅连续图像采样、量化以产生数字图像，如何对数字图像做各种变换以方便处理，如何滤去图像中的无用噪声，如何压缩图像数据以便于存储和传输，如何提取图像中物体的边缘，如何增强图像中的某些特征等。计算几何（CAGD：Computer Aided Geometrical Design）着重讨论几何形体在计算机内的表示、分析和综合，研究怎样方便灵活地建立几何形体的数学模型，提高算法的效率，在计算机内如何更好地存储和管理这些模型等。它的研究内容包括曲线曲面的表示、生成、拼接和造型，三维立体造型，散乱数据插值，计算复杂性等等。计算机视觉（Computer Vision）与模式识别（Pattern Recognition）研究的是计算机图形学的逆过程，它主要讨论如何分析和识别输入的数字图像并从中提取二维或三维的数据模型（特征），这门技术越来越多地应用于现代生活的各个领域。例如，手写汉字的识别，机器人的视觉系统。随着科学技术的发展和应用的深入，计算机图形学、计算几何、图像处理和模式识别的学科界限变得模糊起来，各学科相互渗透、熔合。例如，计算机图形学离不开曲线、曲面及立体造型技术，几何造型系统又必须用到图形生成处理技术和图像处理技术，模式识别中的许多概念和方法来自图像处理等学科。一个较完善的应用系统通常综合利用了各个学科的技术。

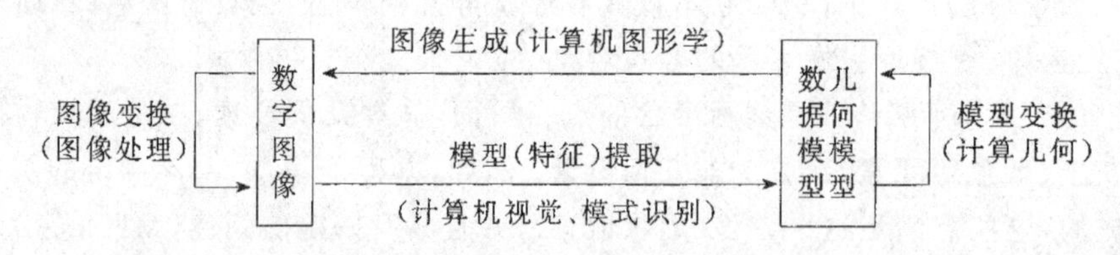

图1.1　计算机图形学与其相关学科的关系，括号中为学科的名称，箭头上为所做的操作

1.2　计算机图形学应用举例

计算机图形学起源于艺术、科学、工程技术、音乐、舞蹈、电影制作等领域，随着计算机软、硬件性能的日趋提高和成本的逐步下降，它又反过来被广泛应用于这些领域，特别是80年代以来，计算机图形学在社会生活各方面的应用获得长足的进展。其代表性的应用有以下几种。

1.2.1　图形用户界面

我们使用数字计算机进行工作，必须有与计算机通信的手段。介于人与计算机之间，完成人与机器通信工作的部件为**人-机界面**(HCI:Human Computer Interface),它由软件部分和硬件部分共同组成。随着计算机技术的发展,人-机界面也从最原始的由指示灯和机械开关组成的操纵板界面,过渡到由终端和键盘组成的字符界面,并发展到现在基于多种输入设备和光栅图形显示设备的**图形用户界面**(GUI: Graphical User Interface)。任何用户,无论使用的是微机(Personal Computer)还是工作站(Workstation),无论运行的是 Windows、Macintosh、OS/2,还是 X-Window,他看到的,他所操作的,都是一个个图形对象。也许他并不知道,但给他带来诸多方便的窗口管理系统用到了大量的计算机图形学技术。现在,几乎所有的应用软件都具有图形用户界面,如图 1.2 便是一个运行于 Windows 操作系统之上的简单的绘图程序的图形界面。其中,直观易记的菜单、按钮等图形对象以及简捷的操作方式,大大降低了软件的使用难度,用户再也不用强记烦琐的命令或不停地查阅厚厚的参考手册了。

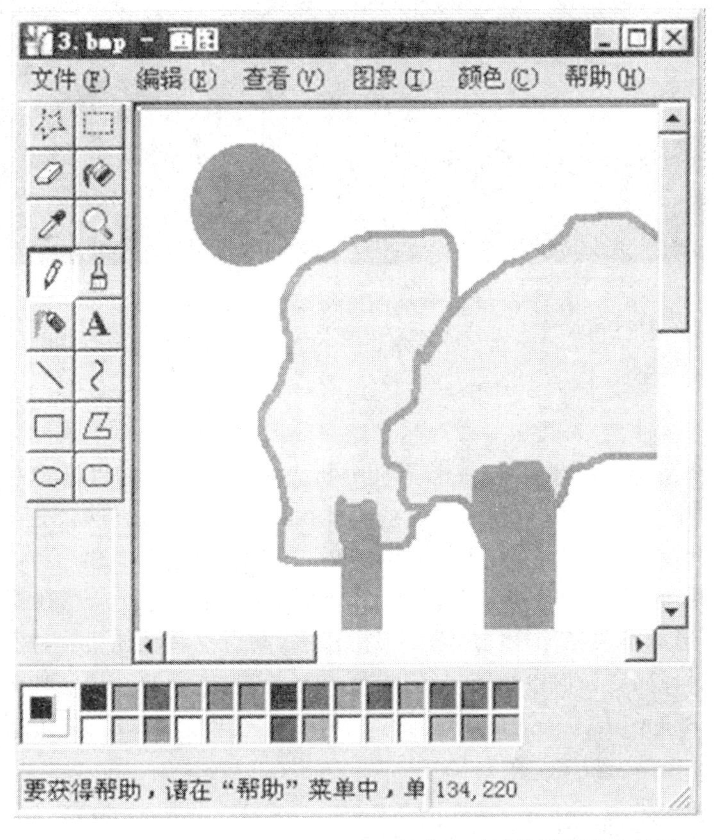

图 1.2 运行于 Windows 上的应用软件"画笔"的图形用户界面

1.2.2 计算机辅助设计

在**计算机辅助设计**(CAD: Computer Aided Design)中,用户利用交互式图形技术设计机械、电子设备以及工程建筑等。随着图形技术的发展,计算机辅助设计已被广泛应用于飞机、轮船和汽车的外形设计、超大规模集成电路(VLSI)设计以及建筑、服装、印染、玩具设计等领域。应用 CAD 系统进行设计,不仅可以获得对象的精确表示和显示结果,还可以在计算机中建立对象的数据模型,对它进行各种性能分析计算,设计人员根据计算结果修改设计,直至得到满意的结果为止。这样就大大缩短了设计周期,降低了设计成本。图 1.3 是采用 3D MAX 软件设计的小汽车外型。

图 1.3 采用 3D MAX 软件设计的汽车外型

1.2.3 科学计算可视化

随着科学技术的进步，人类需要处理越来越多的数据：科技工作者需要认真分析大量的计算结果以确定一个系统的描述；商业主管需要分析大量的统计数据以做出对未来商业行为的决策；医生需要面对大量的CT数据以确定病人体内是否发生及在何处发生病变；气象观察者需要处理气象卫星传回来的大批数据以绘出未来一段时间内天气变化趋势图。分析处理这样大批测量数据是艰难而枯燥的，但如果应用计算机图形学技术建立这些数据与图形之间的关系，并将它们以图形的形式在计算机屏幕上显示出来，则观察者就能很容易发现其中的各种现象和变化规律。这种研究如何以图形表示来自科学、工程、医学等领域的抽象数据的学科称为**科学计算可视化**(Scientific Visualization)。近几年，可视化技术发展迅速，已广泛应用于流体力学、有限元分析、医学、遥感等领域。

1.2.4 科技、教育、商业领域中的交互式绘图

应用计算机图形学最多和最早的领域之一是通过交互方式绘制各种图形。例如教师绘制的数学、物理图形，统计工作者绘制的表示对象分布状况的直方图或反映产品市场占有率的饼形图，事务管理人员绘制的工作进程图等等。这些图形都直观简明地描述了数据的变化趋势，便于观测和理解(见图 1.4)。

1.2.5 计算机艺术

计算机艺术(Computer Art)是近年来计算机图形学的又一个重要应用领域。利用图形学方法，艺术家可以构造出丰富多彩的艺术图画。通过适当的图形输入设备(如图形输入板、触摸

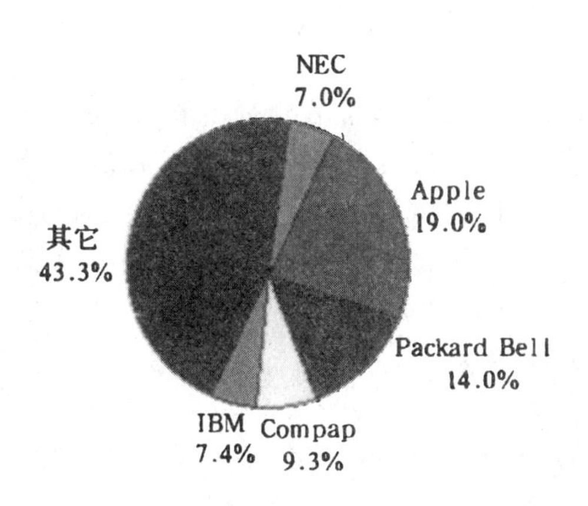

(a) 反映1995年世界多媒体计算机市场份额的扇形图

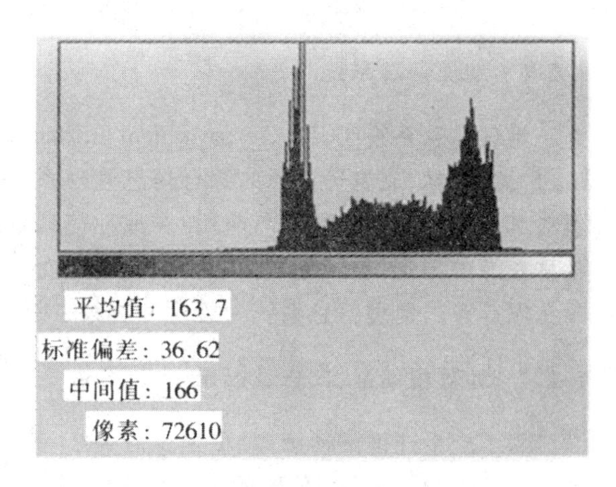

(b) 反映某幅图像中像亮度分布的直方图

图 1.4

屏、光笔、鼠标等)和绘图软件,可以直接在计算机屏幕上作画。大家比较熟悉的微机上的绘图软件有Paintbrush, Coreldraw和Photoshop等。即便是个外行人,也能自在地用它们来绘图。用绘图软件在计算机上绘图有两个好处,其一是由于软件提供了非常多的功能,使得修改画面或取消上次的"败笔"十分方便;同时通过系统调色板来调色也比用实际的颜料调色容易得多。另一方面,绘图软件还提供剪切、拼贴、过滤、雾化、变形等功能,使得作画相对容易。你可以从别的画中剪切喜爱的景物,产生特技效果也变得轻松。计算机艺术的另一特色是能够以人工智能或数学方法按照一定的规则迭代计算出丰富的艺术图画。如图1.5即是通过简单的动力系统迭代生成的图案。

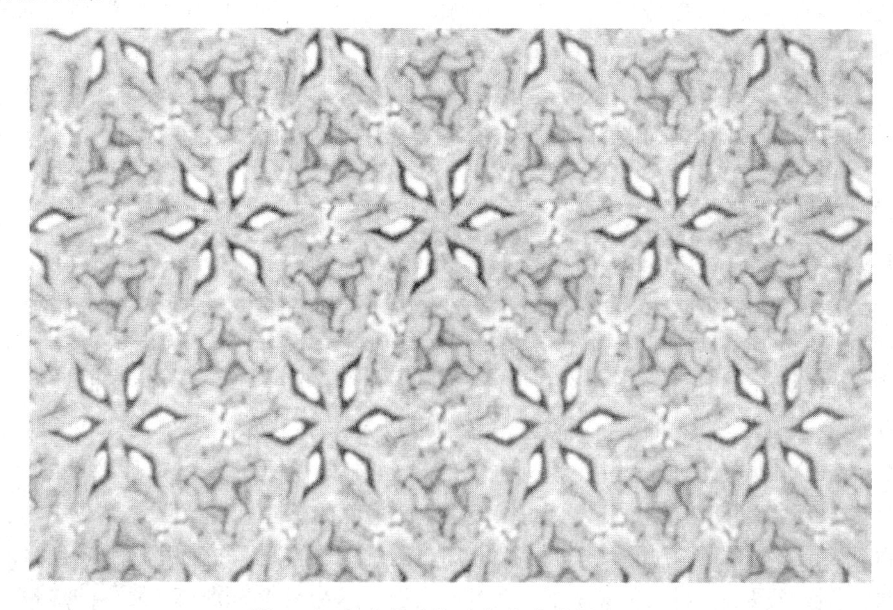

图1.5 由动力系统迭代生成的图案

1.2.6 地理信息系统

地理信息系统(GIS：Geographical Information System)是建立在地理图形之上的关于人口、矿藏、森林、旅游等资源的综合信息管理系统。目前，它在发达国家中已得到广泛应用，我国也对其开展了广泛的研究与应用。在地理信息系统中，计算机图形学技术被用来产生高精度的各种资源的图形，包括地理图、地形图、森林分布图、人口分布图、矿藏分布图、气象图、水资源分布图等等。地理信息系统为管理和决策者提供非常有效的支持。

1.2.7 计算机动画、广告及娱乐

为了产生连续的动画，每秒至少需要24帧画面。因而，一部两个小时左右的动画片就需要十几万张画面。如果用传统的方式手工绘制动画片，工作量是极其巨大的。首先要由原画设计者创作出人物、场景的关键画面(Key Frame)，相继两个关键画面之间的变化过程由其它动画工作者逐张完成。中间画的张数取决于人物动作变化的幅度及运动规律，要使动作平滑自然。然后再用规定的色彩将每一张画描到透明胶片上。60年代创作动画片《大闹天宫》时，就花了几十位动画工作者近两年时间。

如果利用动画制作软件(如3D Studio/3D MAX)在计算机上制作动画，一方面可以利用造型工具创作出形象逼真的演员、场景，另一方面可以在关键画面之间自动插入中间画面。这样大大提高了动画制作的质量和效率。现在，基于计算机图形技术的**计算机动画**(Computer Animation)被广泛应用于电视广告、节目片头、科教演示、电子游戏等等。

1.2.8 多媒体系统

多媒体系统(Multimedia System)的特色之一是它具有处理多种媒体的能力，这些用以传递信息的媒体包括文本、图形、图像、声音、动画、视频，其中与图形相关的媒体是关键，因为对它的处理要求海量存储媒介、高传输速率、高速计算能力。只有在计算机硬、软件能够满足要求的情况下，真正的多媒体系统才能构建起来。多媒体系统的另一特色是交互性，这种交互也主要发生在用户与图形对象(如菜单、图标或其它复杂的图形对象)之间。

1.2.9 虚拟现实系统

虚拟现实(Virtual Reality)，又称为**虚拟环境**(Virtual Environment)，是指由计算机实时生成一个虚拟的三维空间。这个空间可以是小到分子、原子的微观世界，或是大到天体的宏观世界，也可以是类似于真实社会的生活空间。它可以乱真，所以称之为虚拟现实。用户可以在这个三维空间中“自由”地走动，随意地观察，并可通过一些设备与其中的虚拟景物进行交互操作。交互是多通道的，自然的，用以传递信息的可以是一个手势、一个眼神，也可以是一个表情等。在此环境中，用户看到的是由计算机生成的逼真图像，听到的是虚拟环境中的声音，身体感受到的是虚拟环境所反馈的作用力，由此产生身临其境的感觉。

虚拟现实技术主要研究用计算机模拟(构造)三维图形空间，并使用户能够自然地与该空间进行交互。它涉及很多学科的知识，对三维图形处理技术的要求特别高。简单的虚拟现实系统早在70年代便被应用于军事领域，训练驾驶员。80年代后随着计算机软硬件技术的提高，它也得到重视并迅速发展。目前它已在航空航天、医学、教育、艺术、建筑等领域得到初步的应用。例如，

1997 年 7 月，美国航天局的旅居者号火星车着陆距地球约 1.9 亿公里的火星。这辆在火星表面缓慢爬行的小车中并没有驾驶员，它是由地球上的工程师通过虚拟现实系统操纵的。

1.3 计算机图形学的发展历史

计算机图形学的发展历史可以追溯到本世纪 50 年代。当时，**阴极射线管**(CRT)显示器的出现为计算机生成和显示图形提供了可能性，美国麻省理工学院的旋风(Whirlwind)计算机就配置了一台这样的显示器，主要用于显示输出，尚不具备交互功能。随后，由麻省理工学院林肯实验室主持研制的战术防空系统 SAGE 显然标志了交互式图形技术的诞生。该系统由分布在全国各地区的 100 多台图形工作站及连接它们的通信网络构成，主要用于监视北美的整个地域和领空，以便指挥员能清楚观察到空中和地面上的动态场景，及时准确地指挥作战。系统中包含了各地区的地理、地形信息，并能将雷达信号转换为图形在显示器上显示出来。指挥员可以通过光笔与系统交互，获取某地区更详细的信息或发出命令。

1963 年，美国麻省理工学院的 Ivan Sutherland 在做博士论文期间研制出了 SKETCHPAD 系统，并由此产生了第一台光笔交互式阴极射线管显示器。利用该系统可以用光笔在图形显示器上实现拾取、定位等交互功能，系统还能跟踪光笔在相邻的点之间画直线或者以此直线段为半径画圆等。在这个系统中，Ivan Sutherland 引入了图元的分层表示概念和数据结构。事实上，这些方法一直被延用至今。因此，lvan Sutherland 被公认为开创交互式图形技术的奠基人。

与此同时，计算机辅助设计和制造在计算机、汽车以及航空工业领域中被开展起来，例如美国通用汽车公司用于计算机辅助汽车设计的 DAC 系统等等。到了 60 年代中后期。一些相关的科研项目、商业化产品也纷纷出现了。但是，由于图形硬件设备非常昂贵，并且基于图形技术的应用相对较少，所以直到 80 年代初，图形学仍然是一个较小的专业化的学科。随后，情况发生了变化。由于大规模集成电路技术的快速发展，计算机硬件性能不断提高，体积缩小，价格降低，特别是廉价的图形输入输出设备和大容量存储介质的出现，使得以小型机、微机、图形工作站为基础的图形系统进入市场并成为主流，如 IBM-PC、苹果机等微机和 Apollo、Sun、SGI 等工作站。在这些系统中，主机和显示器融为一体，价格便宜，开放性好，易于维护，并且由于专用图形处理芯片的加入，图形显示质量和图形处理能力也快速提高。它们一出现，便受到了广大用户的欢迎。它们的出现对交互式图形学的发展起到了里程碑式的作用，致使从那以后图形处理技术蓬勃发展，理论日臻成熟，应用日趋广泛。

下面，我们简单介绍一下计算机图形硬件设备和软件的发展过程。

1.3.1 图形显示设备的发展

除了计算机系统本身的处理能力之外，图形显示设备的发展是推动计算机图形技术不断前进的另一重要因素。60 年代中期出现的图形显示器所能绘制的图形只能是线条，所以称之为**画线显示器**(或称**矢量显示器**)。在画线显示器中，电子束在荧光屏上产生的亮点只能持续极短的时间，为了产生静态的不闪烁的图形，电子束必须周期性地反复扫描所要绘制的图形。这种扫描过程称为**刷新**(Refresh)，刷新频率一般要达到 30Hz，图形才不闪烁。当时，具有这种刷新能力的画线显示器十分昂贵，因而限制了它的普及。

为了解决这一问题，60 年代末期人们研制出了**存储管式显示器**，它具有内在的存储部件。一般用一个很密集的金属网装在荧光屏内距发光涂层很近的地方，当它第一次被电子束轰击之后，在其上形成电子图像，称为**靶像**。靶像可以持续发出电子，在荧光屏上产生静态图形。这样便避免了刷新过程，消除了闪烁问题，而它的价格又远低于画线显示器，所以它在当时被作为典型的图形显示设备得到较广泛的应用。但存储管式显示器也有其固有的缺陷，它不具备动态修改图形的能力。这一缺陷使它很快被后来出现的光栅扫描显示器所替代。

70 年代初出现的**刷新式光栅扫描显示器**大大地推动了交互式图形技术的发展。光栅扫描显示器以点阵形式表示图形，这个点阵存放在专用的缓冲区中，由视频控制器负责扫描，并将图形在荧光屏上显示出来。因为与画线扫描显示器相比，它具有价格低、颜色丰富等诸多优点，直至今日，它仍然是标准的图形显示设备。微机、工作站和小型机等都采用这种光栅扫描显示器。

1.3.2 图形输入设备的发展

伴随着交互式图形技术的发展，出现了许多图形输入设备。其中二维图形输入设备有鼠标、图形输入板(Data Tablet)、跟踪球(Traceball)、光笔(Light Pen)、触摸屏、操纵杆(Joystick)等(见图 1.6)，它们主要被用来完成拾取、定位或二维坐标的输入等功能，是二维图形用户界面不可缺少的设备。在三维图形界面如虚拟现实系统中，用户置身于虚拟的三维场景之中，必须有三维的图形输入设备，包括空间球(Spaceball)和数据手套(Data Glove)等。用它们能够输入包括空间坐标和旋转方向在内的六个自由度的数值。此外，键盘也是交互式图形系统必不可少的输入设备，由它可以输入字符串命令、数字或完成一些特殊的功能。总之，输入设备的发展方向是使人能够更自然地、更方便地与计算机进行交互，使得人的一举一动、一颦一笑所传递的信息都能为计算机所接受和理解。

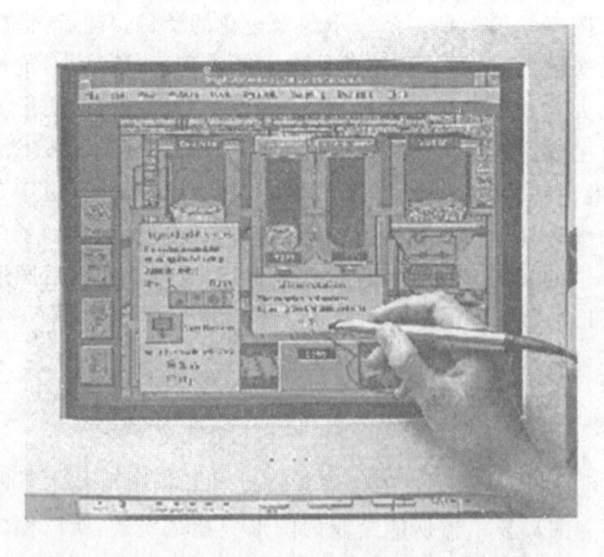

(a) 光笔

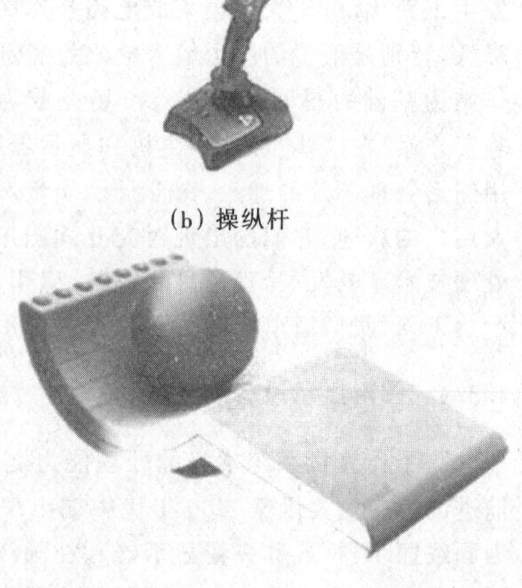

(b) 操纵杆

(c) 空间球

图 1.6 图形输入设备

1.3.3 图形软件的发展及软件标准的形成

伴随着图形输入、输出技术的进步，图形软件也从无到有、从低到高地不断发展起来，并且它在图形系统中占据越来越重要的位置。早期，各硬件厂商生产的图形设备具有不同的功能，它们各自开发专用于自己硬件平台的图形软件包和相应的高级语言接口，致使图形软件包和建立于其上的应用程序互不兼容，不具备可移植性。这一方面限制了图形技术的发展，另一方面也阻碍了图形硬件设备的推广普及。这种情况一直持续到70年代中期，当时，为了提高软件的通用性，图形软件包的标准化问题引起广泛的重视。于是，1974年，在美国计算机协会图形学专业委员会(ACM SIGGRAPH)一个主题为“与机器无关的图形技术”的工作会议上，开始了有关标准的制定和审批工作。该委员会于1979年提出了3D CORE图形软件标准。经国际标准组织(International Standard Organization，简称ISO)和美国国家标准局(American National Standard Institute，简称ANSI)批准的第一个图形软件标准是图形核心系统GKS(Graphical Kernel System)，这是一个二维图形软件包。它的三维扩充GKS-3D在1988年被批准为三维图形软件标准。与此同时，另一个更复杂的图形软件——程序员分层交互图形系统PHIGS(Programmer's Hierarchical Interactive Graphics System)被提出并成为标准。正如其名称所示，PHIGS支持三维图形的层次嵌套结构，任一个图形结构在经过适当的几何变换之后都可以成为更复杂图形对象的组成部分。而GKS只支持由逻辑上相关的基本图元——线段、多边形、字符及其属性组成的图形段。图形段不能相互嵌套。

除了由官方组织制定和批准的标准之外，还存在一些非官方的图形软件，它们在工业界被广泛应用，成为事实上的标准。这些软件通常由某个公司或商业组织开发推广，包括SGI等公司开发的OpenGL，微软公司开发的DirectX，X财团的X-Window系统，Adobe公司的Postscript等。目前，图形软件标准正朝着开放式、高效率方向发展。

1.4 图形显示设备

图形技术应用领域十分广泛。适用于不同的应用环境有不同的显示设备，如阴极射线管显示器、液晶显示器、等离子显示器、绘图仪等等。本节简单介绍典型的图形系统所配备的阴极射线管显示器。

1.4.1 阴极射线管

阴极射线管(CRT)的结构如图1.7，它利用电场产生高速的聚焦电子束，再通过偏转系统控制它轰击荧光屏的不同部位，产生可见的图形。阴极射线管主要由五部分组成：电子枪、聚焦系统、加速电极、偏转系统、荧光屏。

1. 电子枪

电子枪由灯丝、阴极和控制栅组成。电流通过**灯丝**产生热量，对**阴极**加热使其发射出电子束。然后电子束经过聚焦、加速轰击到荧光屏的内表面。在靠近阴极的前方有一个**控制栅**，它是一个柱状的金属杆，加上负电压后，能够控制通过其中间小孔的带负电的电子束的强弱。由于电子束轰击荧光屏所产生的发光点的亮度决定于该电子束中电子的数量，所以，通过调节控制栅上负电压的高低，可以控制通过的电子的数量，即控制荧光屏上相应点的亮度。当控制栅

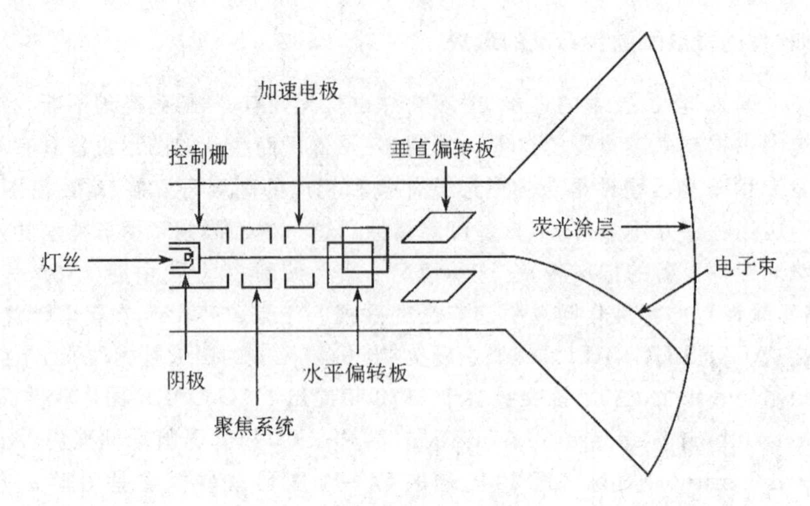

图 1.7　阴极射线管的剖面图

上的负电压足够大时，它可以截止电子束，此时，对应的荧光屏上的点是黑的。

2. 聚焦系统

聚焦系统通过电场或磁场控制电子束，使电子束“变细”，保证轰击荧光屏时产生的亮点足够小。为了提高显示系统的分辨率，聚焦系统是关键之一。

3. 加速电极

加速电极加有正的高电压(达几万伏)，使经过聚焦的电子束高速运动。

4. 偏转系统

偏转系统用来控制电子束，使其在荧光屏的适当位置绘图，是阴极射线管比较关键的部件。偏转控制可以采用静电场，也可以采用磁场。用静电场产生偏转时，竖直和水平的两套偏转板放置在阴极射线管的管颈内部，控制电子束在水平方向上和竖直方向上的偏转。若采用磁场偏转，将两个线圈围绕在管颈上(CRT 的外部)，当电子束通过时，一个线圈的磁场使其水平偏转，另一个线圈的磁场使其竖直偏转。

最大偏转角度是衡量偏转系统性能的最重要指标。如果一个偏转系统所能产生的最大偏转角较小，为了获得较大的偏转距离(电子束轰击点距屏幕中心的距离)，就需要较长的管子，其结果是显示器前后径长，非常笨重。由此可以解释为什么大屏幕显示器的前后径比小屏幕显示器的前后径长。

5. 荧光屏

荧光屏是最终显示图形的部件。它的内表面涂有荧光物质，高速运动的电子束打在荧光屏上，它的动能除了一小部分转化为热量外，其余为荧光物质吸收转化为光能，产生光点。荧光物质受电子束一次轰击之后发光，亮度会迅速衰减。**持续发光时间**指的是电子束离开某点后，该点亮度值衰减到初始值的 1/10 所需的时间。除了颜色之外，各种荧光物质之间的最主要区别就是持续发光时间。它的差别很大，可以从几微秒到几秒。用于图形显示设备的大多数荧光物质的持续发光时间为 10 到 60 毫秒。这样，为了获得稳定的画面，一种方法就是不断重复绘制图形，即不断**刷新**。如果刷新的频率足够快，图形上各点的亮度值对观察者来说就近似为一个常数，显示的画面即为一个稳定的不闪烁的画面。持续发光时间是决定产生稳定画面所需刷新频率的主要因素，它的值越大，所需的刷新频率越低。如果一种荧光物质的持续发光时间为 40

毫秒,我们可以这样来计算大约所需的刷新频率:1000/40=25 帧/秒。一般持续发光时间短的荧光物质适用于动态图形的显示,而持续发光时间长的荧光物质适用于静态图形的显示。

一个 CRT 在水平和竖直方向单位长度上能识别的最大光点数称为**分辨率**。光点也称为**像素**(Pixel)。通常对于同样尺寸的屏幕,也可以用其水平和竖直方向上能识别出的像素数作为分辨率。常用的 CRT 的分辨率为 640×480,1024×768,1024×1024,1280×1024 等。专业的高分辨率图形显示器的分辨率能达到 4096×4096。分辨率主要取决于 CRT 所用的荧光物质的类型、聚焦系统和偏转系统。显然,分辨率越高,显示的图形也就越精细。分辨率也与像素的亮度分布有关。当电子束轰击某像素时,该像素的亮度分布类似于高斯分布,亮度在像素中心点取得最大值,并向周围逐渐衰减。如图 1.8 所示。

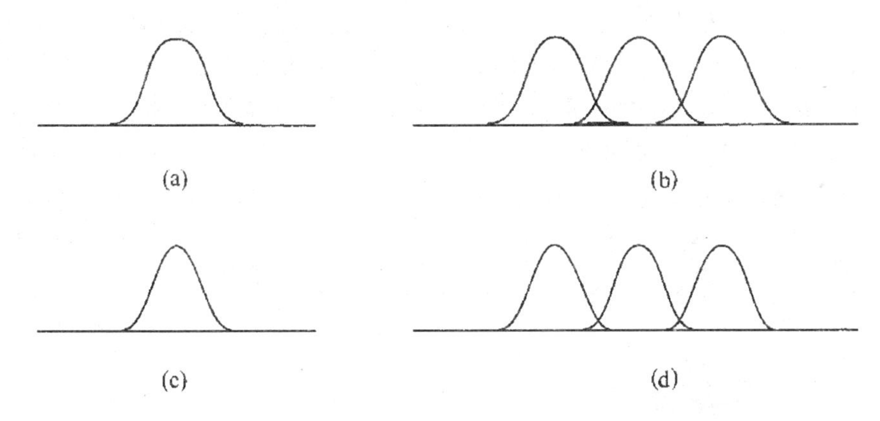

图 1.8 像素的亮度分布对分辨率的影响

在图 1.8 中,(a)(c)为某两种荧光物质的亮度分布的二维剖面图,(c)的曲线较(a)的曲线窄,所以(d)中相邻像素的亮度分布重叠的部分较少,更易分辨,故我们称对应于亮度分布为(c)的荧光物质具有更高的分辨率。

1.4.2 彩色阴极射线管

彩色阴极射线管是通过将能发不同颜色的光的荧光物质进行组合而产生彩色的。实现彩色显示的基本方法有**射线穿透法**和**影孔板法**。

射线穿透法彩色显示技术主要用于画线显示器中。它的基本原理是这样的:在荧光屏的内侧涂有两层荧光物质,通常是发红色光的荧光物质和发绿色光的荧光物质。电子束轰击荧光屏所产生的颜色依赖于该电子束穿透荧光层的深浅。低速电子束只能激励外层的发红色光的荧光物质而发出红色光,高速电子束则可以穿透外层而激励内层发绿色光的荧光物质而发出绿色光,中速电子束则可以同时激励两层荧光物质发出红色光与绿色光的组合光,即橙色光和黄色光。因此,电子束的速度决定了屏幕上光点的颜色,而电子束的速度可由加速电极的电压来控制。采用射线穿透法产生彩色的画线显示器成本低,价格便宜,但它只能产生四种颜色(红、橙、黄、绿),并且图形的显示质量也没有其它方法好。

影孔板方法通常用于光栅扫描显示器,它能产生较射线穿透法范围广得多的颜色。一个采用影孔板技术的 CRT 在每个像素处分布着呈三角形排列的三个**荧光点**。如图 1.9 所示,(a)和(b)两种排列方式在同一扫描行上交替采用。这三个荧光点分别为发红、绿、蓝三种颜色的荧光物质(红、绿、蓝三种颜色称为**三基色**)。这样的彩色 CRT 有三支电子枪,分别与三种荧光点

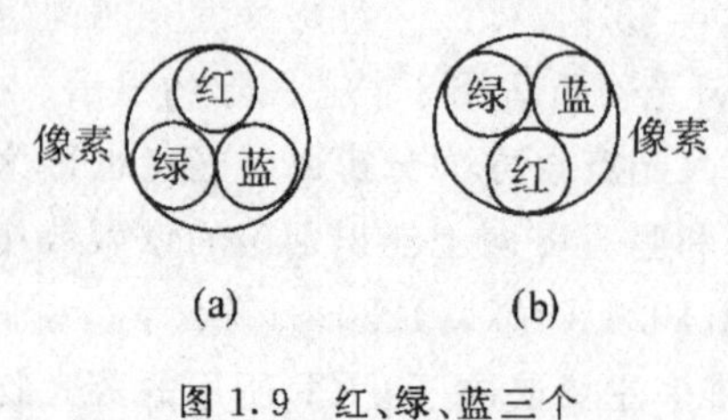

图 1.9 红、绿、蓝三个荧光点呈三角形排列

相对应，即每支电子枪发出的电子束专门用于轰击某一类荧光物质。影孔板被安置在紧靠荧光涂层的地方(见图 1.10)，其上有很多小孔，每一个小孔与一个像素(即三个荧光点)对应。三个电子束经聚焦偏转之后，穿过影孔板上的小孔，激活该小孔对应的三个荧光点。由于三个荧光点很小并充分靠近，我们观察到的是具有它们混合颜色的一个光点，即像素。荧光屏上的荧光点，影孔板上的小孔和电子枪被精确地安排处于一条直线上，使得由某一电子枪发出的电子束只能轰击到它所对应的荧光点。这样，只要调节各电子枪发出的电子束中所含电子的数目，即可控制各像素中三个荧光点所发出的红、绿、蓝三色光的亮度。于是，我们可以根据彩色中所含红、绿、蓝三色的量，以不同的强度激励三个荧光点，从而可以产生范围很广的彩色。例如，关掉对应红色、绿色的电子枪，我们得到蓝色的像素；关掉对应蓝色的电子枪，我们得到黄色的像素；以相同的强度驱动电子枪，我们则得到灰色的像素。在一些廉价的彩色显示器中，电子枪只能处于开和关两种状态，因此只能产生 $2\times2\times2=8$ 种颜色。若假设每个电子枪发出的电子束的强度有 256 个等级，则该显示器能显示 $2^8\times2^8\times2^8=2^{24}=16$ 兆种颜色。能显示 16 兆种颜色的显示系统叫做真彩色显示系统。

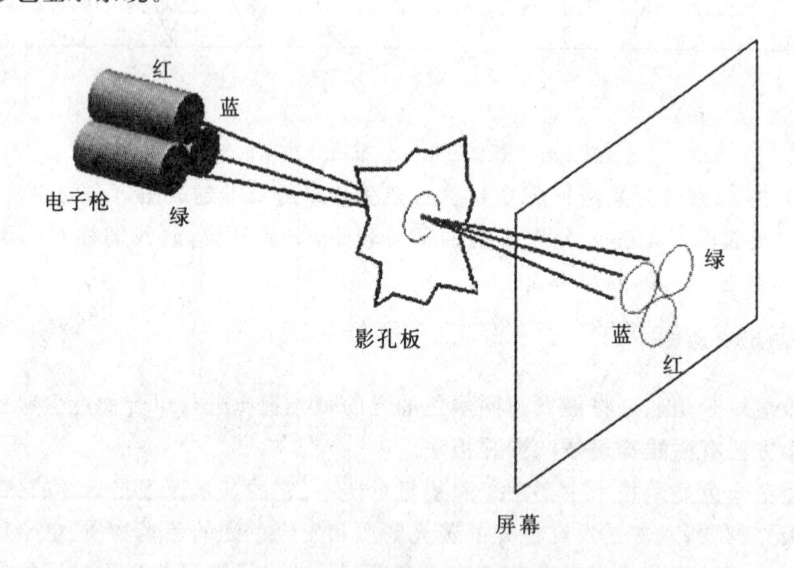

图 1.10 影孔板方法产生彩色的原理

1.4.3 随机扫描显示系统

画线显示器中，电子束可以在任意方向上自由移动，故也称随机扫描显示器，其绘图过程如图 1.11 所示。其中箭头所指即为电子束的扫描方向，电子束只扫描荧光屏上要显示图形的部分。

随机扫描显示系统按功能可划分为三个逻辑部件：**刷新存储器**(Refreshing Buffer)，**显示处理器**(DPU：Display Processing Unit)和 CRT(见图 1.12)。它的工作原理如下：应用程序发出绘图命令，这些命令被解释成显示处理器可接受的命令格式之后，存放在刷新存储器之中。刷新存储器中所有绘图命令组成一个**显示文件**(Display File)，它由显示处理器负责解释执行，驱动电子枪在屏幕上绘图。为了形成稳定的图形，DPU 每秒必须至少执行显示文件 30 次，

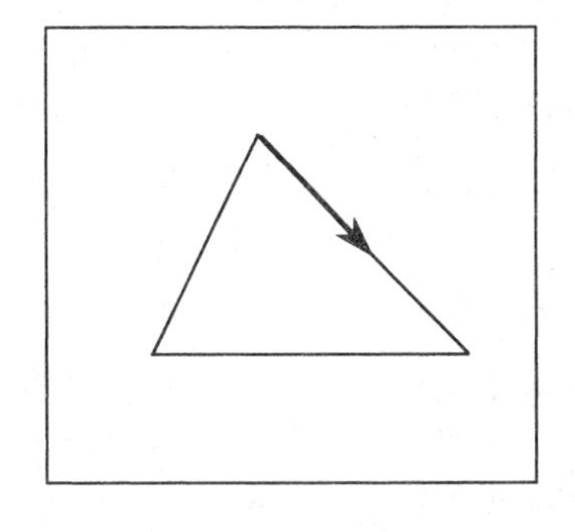
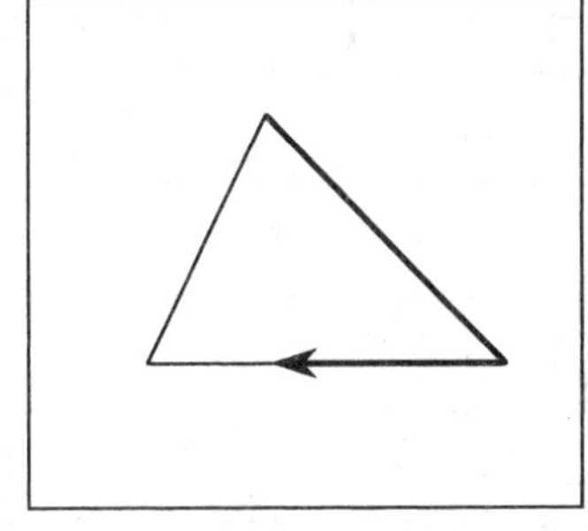
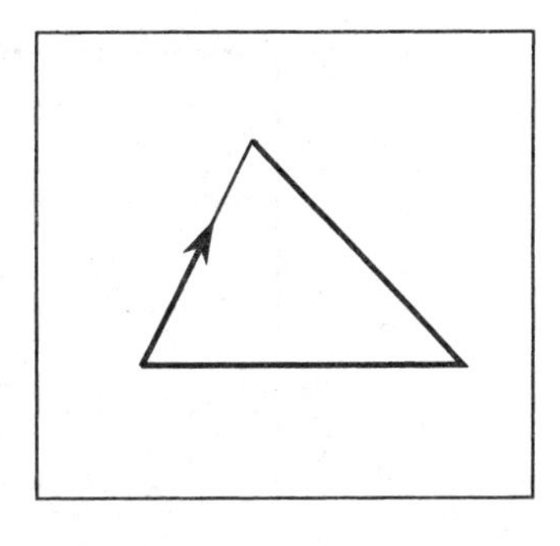

图 1.11 随机扫描显示器中,电子束可以在任意方向上扫描

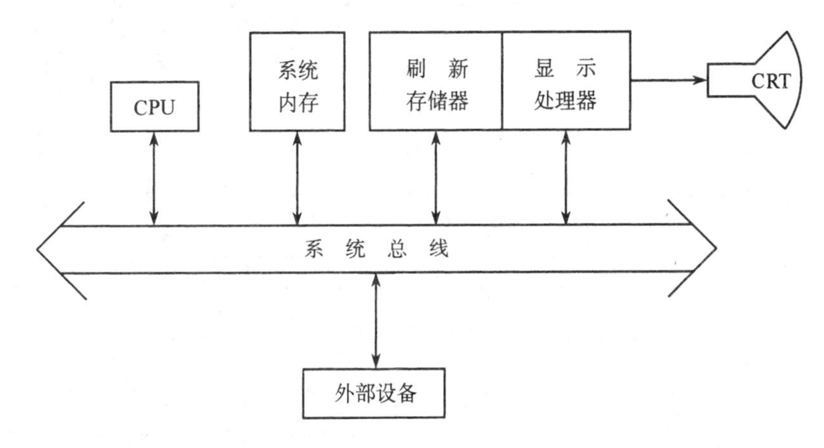

图 1.12 随机扫描显示系统的结构

即刷新频率为 30Hz。应用程序若要修改屏幕上的图形,它实际要做的是修改显示文件中的某些绘图命令。修改的结果在下一次刷新时得到体现。

1.4.4 光栅扫描显示系统

光栅扫描显示器中,电子束按照固定的扫描线和扫描顺序从左到右、自上而下进行扫描。电子束先从荧光屏的左上角开始,向右扫描一条水平线——**扫描线**(Scan Line),然后迅速回扫到下一条扫描线的左端进行扫描。如此下去,直到最后一条扫描线,即完成整个屏幕的扫描(见图 1.13)。一次扫描所产生的图像称为**一帧**(Frame),然后电子束迅速回扫到屏幕的左上角开始下一帧的扫描。电子束在扫描线之间的回扫期称为**水平回扫期**,在帧之间的回扫期称为**垂直回扫期**。电子束在回扫期间的强度很弱,基本上不会激励荧光物质发光。

对光栅扫描显示器来说,当电子束扫描到该显示图形的点时,其强度发生变化,使该位置的亮度与背景亮度不同,这样便能够显示出要绘制的图形了,如图 1.14 所示。若光栅扫描显示器有 N 条扫描线,每条扫描线有 M 个像素,通常 $M\times N$ 称为该显示器的分辨率。

光栅扫描图形显示系统的逻辑部件有**帧缓冲存储器**(Frame Buffer)、**视频控制器**(Video Controller)、**显示处理器**(Display Processor)和 CRT。简单的系统也可能没有专用的帧缓冲存储器或显示处理器,但视频控制器是负责刷新的部件,它对任何图形显示系统都是不可缺少的。

1. 帧缓冲存储器

光栅扫描显示器上的图形是由像素构成的,每一个像素可呈现多级灰度或不同的颜色。每

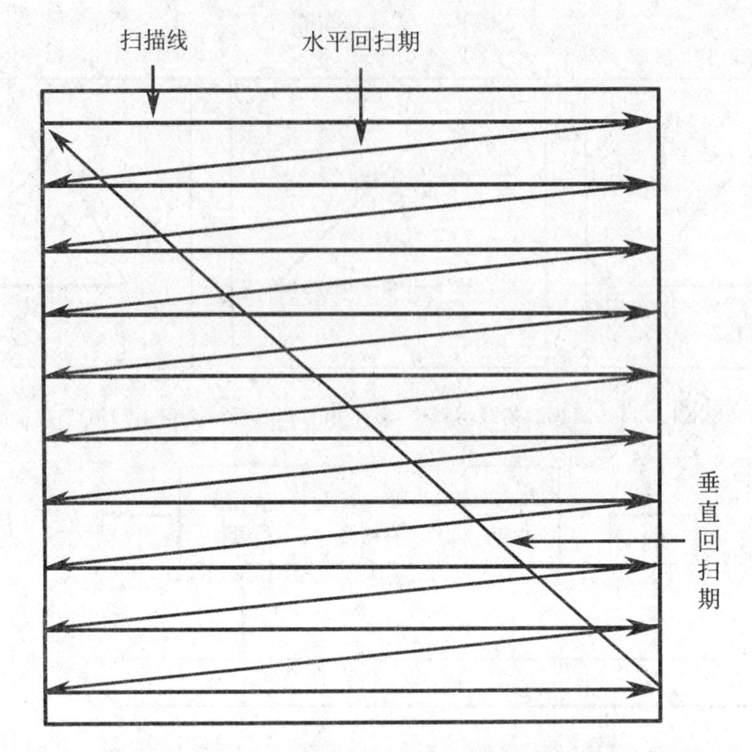

图 1.13　光栅扫描显示器中电子束扫描过程

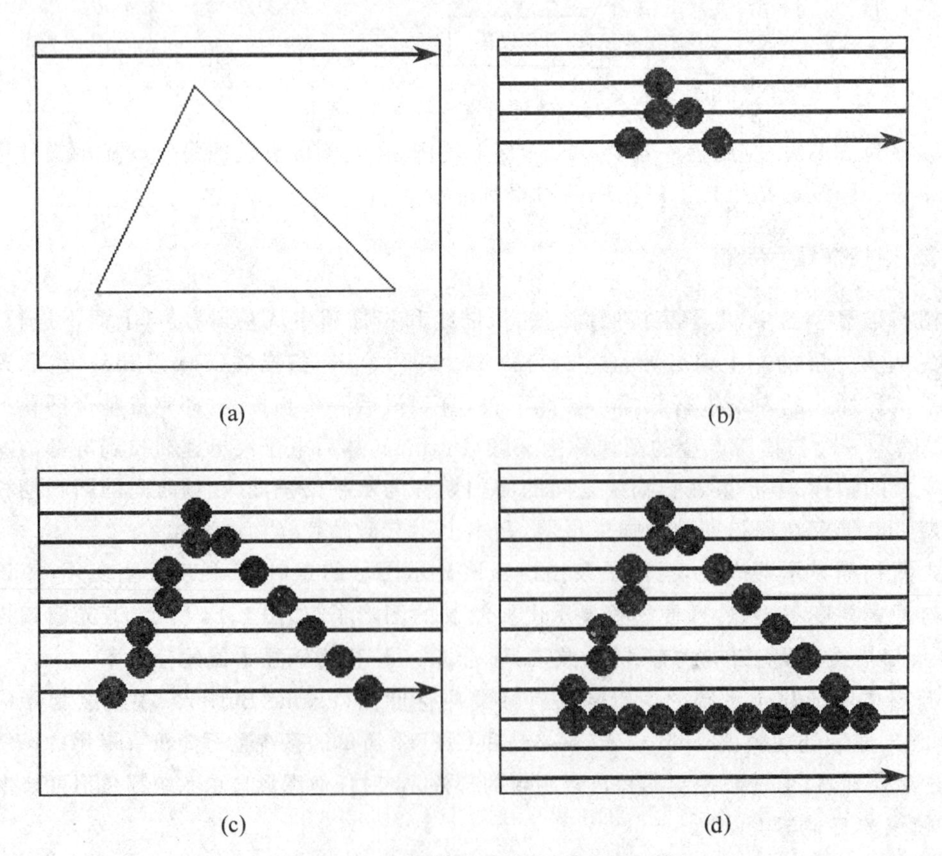

图 1.14　光栅图形显示器上图形的显示

个像素所呈现的颜色或灰色又是以数值来表示的。视频控制器刷新时，需要反复读这些数值，因此，必须将它们保存下来。用来存储像素颜色（灰度）值的存储器就称为**帧缓冲存储器**，简称**帧缓冲器**。帧缓冲器即通常所说的显存。帧缓冲器中单元的数目与显示器上像素的数目相同，单元与像素一一对应，各单元的数值决定了其对应的像素的颜色（见图 1.15）。显示器能同时显示的颜色的种类与帧缓冲器中每个单元的位数有关。图 1.15 是最简单的情况，该单色显示系统中，帧缓冲器的每个单元只有一位，它的值要么为 0，要么为 1，对应的像素也只能处于明、暗两种状态。

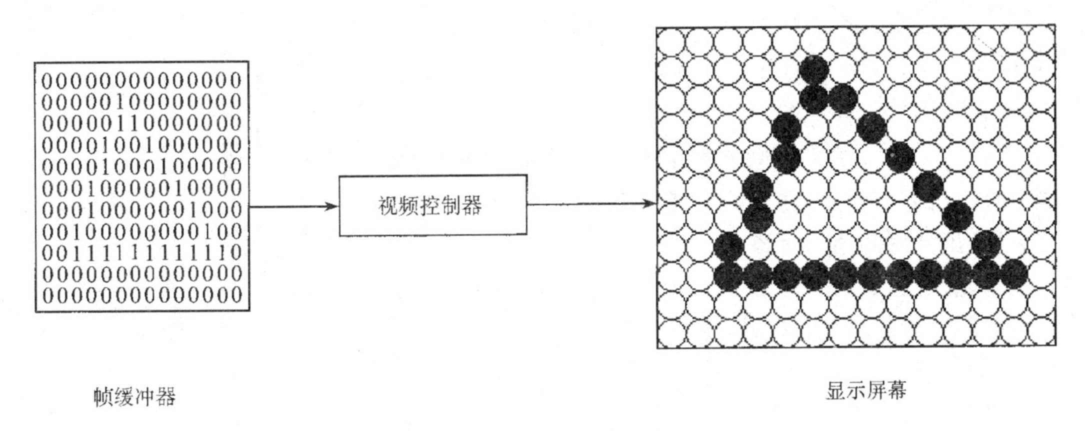

图 1.15　帧缓冲器中的单元与像素一一对应

彩色显示系统要分别控制红、绿、蓝三基色，每种基色可以有多级灰度，如果帧缓冲器每单元有 24 位（每种基色占 8 位），则该显示系统可以同时产生 2^{24} 种颜色。

现在，我们来讨论一下显示器分辨率与它同时可显示的颜色种数之间的关系。假定显示器分辨率为 $M\times N$，需要同时显示 K 种颜色，则由上面的内容不难得出，帧缓冲器的容量 V 至少要求为 $M\times N\times\lceil\log_2 K\rceil$，即 $V=M\times N\times\lceil\log_2 K\rceil$，其中“$\lceil\quad\rceil$”为向上取整符号。由上式易知，在固定 V 的情况下，屏幕分辨率与同时可用的颜色种数是成反比关系的。例如，对于具有 1 兆字节帧缓冲器的显示系统，若将分辨率设置为 640×480，则帧缓冲器每单元可有 24 位，即能同时显示 2^{24} 种颜色，达到真彩效果；若将分辨率置为 1024×768，则帧缓冲器每单元分得的位数仅略多于 8，只能工作于 256 种颜色的显示模式下了。

工作于高分辨率和真彩模式下的光栅系统显示的图形精度高、质量好，但也带来了两个问题，其一是需要大容量的帧缓冲器，例如，分辨率为 1024×1024 的光栅系统若要以真彩显示图形，就得有 3 兆字节的帧缓冲器；其二是要求视频控制器对帧缓冲器有较快的存取速率，通信线路有较大的传输带宽。解决的办法也有两个，一是采用查色表机制，二是采用隔行扫描方法。

查色表（Lookup Table），或称**彩色表**（Color Table），是一维的线性表，其每一项的内容对应一种颜色，它的长度由帧缓冲器单元的位数决定。如帧缓冲器中每单元有 8 位，则查色表的长度为 $2^8=256$。采用查色表的目的是使得在帧缓冲器单元的位数不增加的情况下，具有在大范围内挑选颜色的能力。它的工作原理如图 1.16 所示。此时帧缓冲器各单元保存的不是相应像素的颜色值，而是查色表各项的索引值，按这个索引值在查色表中取出的数才是真正的颜色值。

实际应用中可以根据需要，灵活建立各种合适的查色表。虽然查色表中颜色的种类（即查色表的长度）受帧缓冲器每单元位数的限制，但它的内容可以自由设置，显示器能显示的颜色都能为查色表选用。虽然对同一帧图像来说，所用的颜色种类没有增加，但可以方便地修改查

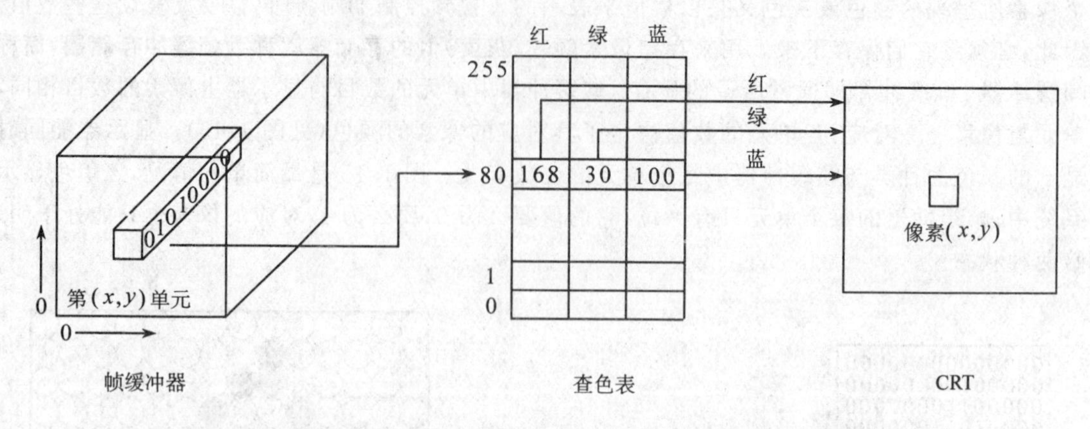

图 1.16 采用查色表(具有 256 个表项)的光栅扫描显示系统的工作原理

色表,使广泛的颜色出现在各帧画面中,从而,可用的颜色范围扩大了。另一方面,对彩色显示系统来说,虽然它的显示对象具有非常丰富的色彩,但同一帧画面中出现的颜色种类不一定很多。例如,若查色表的长度为 256,而该查色表中的颜色又是从待显示画面中挑选出来的最具代表性的颜色,则显示出来的画面一般来说质量相当不错。目前,各种格式的图像文件中都带有查色表数据。

隔行扫描把一帧完整的画面分为两**场**显示,第一场含奇数扫描线,第二场含偶数扫描线。扫描每一场时,电子束扫描完一条扫描线后,即跳到隔一行的下一条扫描线去扫描。刷新周期也分为两部分,若每一场用 1/60 秒(即**场频**为 60Hz),则显示一帧画面用 1/30 秒(即**帧频**为 30Hz)。这样,计算机在每一场回扫期间都可以修改帧缓冲器的内容。因为两场合为一帧,画面的信息量并没有减少,从而保证了图像的质量。同时,画面的更新频率仍为 60Hz,降低了闪烁效应。在扫描每一场所用的 1/60 秒内,从帧缓冲器中读出的数据量比逐行扫描少一半,因而降低了对视频控制器存取帧缓冲器的速度及设备线路传输带宽的要求,使设备的复杂程度及成本大大降低。

近年来,由于存储技术和超大规模集成电路技术的发展,大容量存储器和高性能芯片的成本大幅度下降,使得具有真彩显示能力的逐行扫描光栅显示系统越来越普及。一种简单的光栅扫描图形显示系统如图 1.17 所示。它的帧缓冲存储器可以是系统内存中的任一块区域,视频

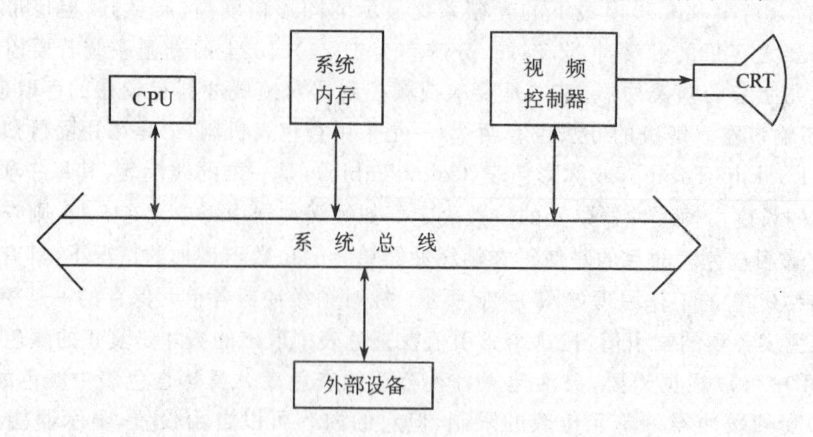

图 1.17 简单的光栅扫描图形显示系统的结构

控制器能够直接存取该区域以刷新屏幕。较为典型的显示系统的结构如图1.18所示。这样的显示系统中，帧缓冲器既可以是专用的存储器，又可以是系统内存中的一块固定的区域。

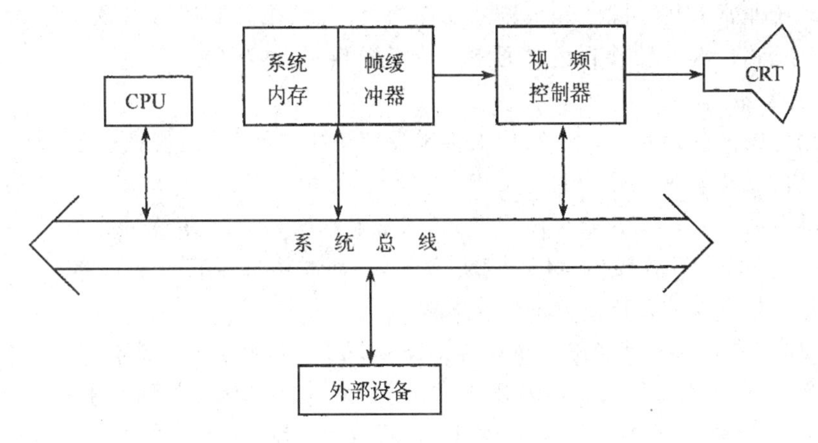

图1.18 较为典型的光栅扫描图形显示系统的结构

2. 视频控制器[①]

视频控制器是负责刷新的部件，它建立了帧缓冲器单元与屏幕像素之间的一一对应。帧缓冲器单元及屏幕像素的位置由坐标(x,y)表示。多数图形显示器的坐标系原点建在左下角，水平向右为X轴方向，向上为Y轴方向。若显示器的分辨率为$M\times N$，则从左到右从下到上，像素横坐标和纵坐标范围分别为$0\sim M-1$和$0\sim N-1$(PC机显示器的坐标原点是左上角点，此时Y轴的方向正好相反。)图1.19为视频控制器的逻辑结构。在刷新周期的开始，光栅扫描发生器置X地址寄存器为0，置Y地址寄存器为$N-1$，然后开始扫描第一行。首先取出对应像素$(0,N-1)$的帧缓冲器单元的数值，放入像素值寄存器，用来控制像素的颜色，然后X地址寄存器的值加1，如此重复，直到该扫描线上的最后一个像素。此时X地址寄存器的值为$M-1$，光栅扫描发生器将其复位为0，将Y地址寄存器的值减1，开始扫描第二行。待最下面一条扫描线处理完毕时，Y地址寄存器的值为0，视频控制器将其复位为$N-1$，按如上过程进行下一轮刷新。

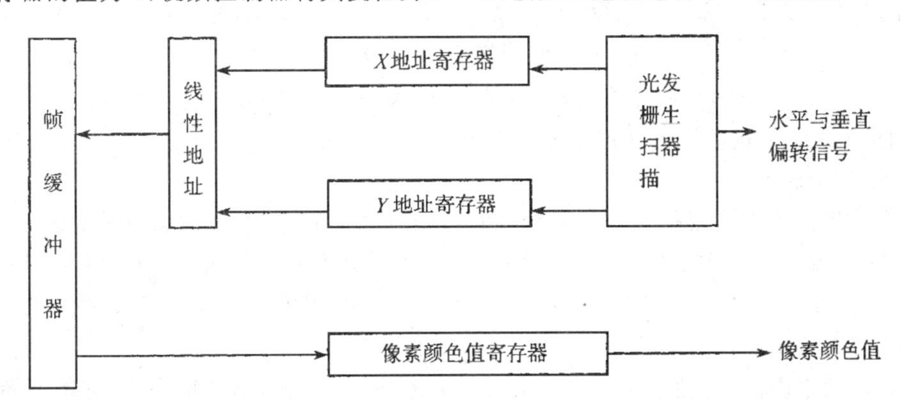

图1.19 视频控制器的逻辑结构

在一帧(场)图像扫描完成时，视频控制器向计算机发出中断请求，使计算机能利用帧(场)回扫期去修改帧缓冲器的内容，以实现显示图形的更新。

---

① 通常的显示卡所包含的主要部件即为视频控制器与帧缓冲器。

在一些高档的图形显示系统中,视频控制器允许有两个帧缓冲器(Double Buffer)。视频控制器交替扫描两个帧缓冲器,当扫描其中一个时,计算机可以向另一个写数据。双缓冲器机制对产生实时动画非常有用。除了完成刷新功能之外,视频控制器还可以做其它操作,如屏幕区域的放大、缩小、移动等。硬件查色表通常也位于视频控制器中。

3. 显示处理器①

目前低档的图形处理系统(如微机)大多采用图 1.18 所示的光栅扫描显示系统,它在显示图形时所需要的扫描转换工作直接由 CPU 来完成,即由 CPU 计算出表示图形的每个像素的坐标并将其颜色值写入相应的帧缓冲器单元。图形显示所需的计算量相当大,在这种图形系统中,CPU 的相当一部分计算能力就用于图形显示了,这就降低了它对其它事务的处理能力。具有专用图形显示处理器的光栅系统的效率更高。

具有专用显示处理器的光栅系统的结构如图 1.20 所示。显示处理器的主要任务是扫描转换待显示的图形,如直线段、圆弧、多边形区域等等。较强功能的显示处理器还可实现更复杂的功能,包括光栅操作如像素块的移动、拷贝、修改,进行线型控制、几何变换、关于窗口裁剪、消隐、纹理映射、光栅化等等。显示处理器的专用存储器主要用来存放处理器运行程序时产生的临时数据。

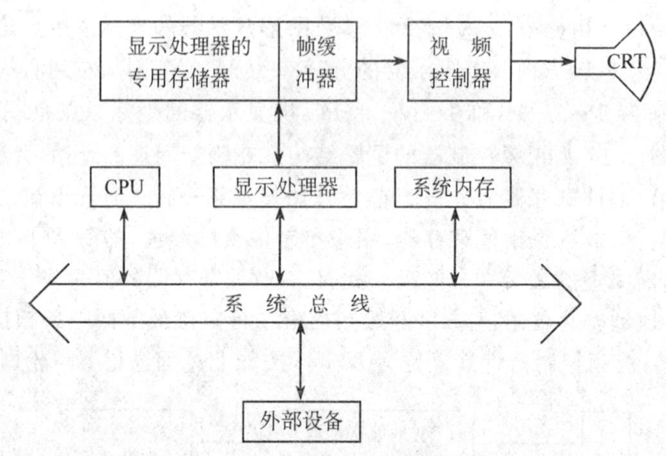

图 1.20 具有专用显示处理器的光栅系统

光栅图形系统一问世就迅速占据了该领域的主导地位,这主要由于它具有如下优于随机扫描显示系统的特点:

(1) 成本低。由于光栅扫描显示器的刷新过程有固定的顺序,从而刷新控制部件简单。

(2) 易于绘制填充图形。在光栅显示系统中,构成图形的最小图形元素为像素,这样,只要计算出屏幕上位于给定区域以内的所有像素,并且赋予一定的颜色,就完成了该图形的填充了。

(3) 具有丰富的颜色。

(4) 刷新频率固定,与图形的复杂度无关。对于随机扫描显示系统来说,它的刷新过程是 DPU 反复解释执行显示文件的过程,当显示文件较小时,刷新频率会很高,但当显示文件很大时,DPU 执行一遍显示文件就要消耗更长的时间,降低了刷新频率,从而导致显示复杂图形时出现闪烁效应。

---

① 显示处理器是图形加速卡的核心部件,目前大部分显示卡也包含了显示处理器,具有一定的硬件加速功能。

(5) 易于修改图形。任何一个像素的颜色都可被修改。

光栅系统的主要缺点，一是图形显示时需要扫描转换，这个过程相当费时；二是会出现直线段不直、图形边界呈阶梯状等混淆现象。但随着显示器分辨率的提高和计算机性能的增强，这些缺点逐渐被克服。

1.5 交互式图形系统的逻辑结构

图 1.21 是大多数交互式图形系统的逻辑结构(为了简单起见，这里我们没有考虑操作系统)。在硬件层，计算机从输入设备接受输入信息，并将图形输出到显示设备上。软件层包括三个部分：**图形软件包**、**应用程序**、**应用模型**。应用程序建立于图形软件包之上，它是与用户直接打交道的部分。用户通过应用程序创建、修改、编辑应用模型，应用模型是用户设计的图形的数据表示。图形软件包由一系列输入输出函数组成，它负责图形的最终显示。例如，考虑一个比较简单的交互式图形系统：Windows 操作系统及其上的绘图程序 PaintBrush。Windows API 构成了一个简单的图形软件包，PaintBrush 是图形应用程序，用户利用 PaintBrush 所绘制的图形是应用模型，它是用户需要的结果。这里应用模型非常简单，它就是一幅数字图像。

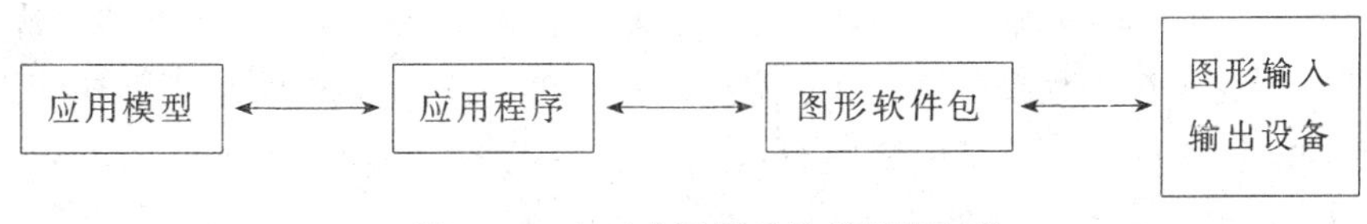

图1.21 交互式图形系统的逻辑结构

1.5.1 图形软件包

图形软件包介于硬件设备与应用程序之间，起到桥梁的作用。它从应用程序接受绘图命令，将结果输出到显示设备上；反过来，它获取用户通过输入设备输入的信息并传递给应用程序。图形软件包的基本内容包括如下几个方面：

(1) 系统管理程序

(2) 显示输出图元的程序

(3) 图形变换(包括几何变换、投影变换、裁剪等)程序

(4) 交互处理程序

一个好的图形软件包应具有合理的层次结构和模块结构。整个软件分为若干层，每一层又分为若干功能与模块，使得软件易于设计、调整、维护和使用，便于扩充和移植。按设计目的的不同，大致可将图形软件包分为三层。最底层主要解决图形设备与计算机的通讯接口等问题，通常被称为设备驱动程序，它包括一些最基本的输入、输出程序。由于使用频繁，程序的质量(可靠性与效率)要求高，常用汇编语言或近似的语言编写。这一层主要是面向系统的，很少有用户直接用它开发应用程序。事实上，设备驱动程序经常被作为操作系统的一部分，由操作系统厂商或硬件设备厂商开发完成。中间层建立在驱动程序之上，主要完成基本图元的生成、设备管理等功能，可以用汇编或高级语言编写。最高层软件是在中间层基础上编写的，其主要任务是建立图形数据结构，定义、修改和输出图形。它是面向用户的，要求具有较强的交互功能，使用方便，风格好，概念明确，容易阅读，便于维护与移植。图形软件包 OpenGL、DirectX 便属于这一层。有的用户出于提高效率的考虑，可能直接利用中间层的软件开发应用程序。

1.5.2 应用模型

应用模型(Application Model)描述了图形对象及它们之间的相互关系。例如,为了建立空间中两个立方体的应用模型,首先需要它们的顶点坐标,还要给出各顶点之间连结关系(顺序)以及两个立方体间的位置关系。应用模型中的数据包括描述图元(顶点、直线段、曲线段、多边形、多面体、自由曲面等)形状的几何数据,描述图元外观(线型、线宽、颜色、表面纹理等)的属性数据,以及描述相互关系的数据。这些数据存放在模型数据库中。完全由数据刻画的应用模型有时也称**数据模型**。也有些模型是由数据和过程共同描述的。如图 1.22 所示的一个简单的分形——Sierpinski 三角形,它是由一个递归过程(递归地将三角形中的1/4区域去掉)和三角形的顶点坐标共同确定的。

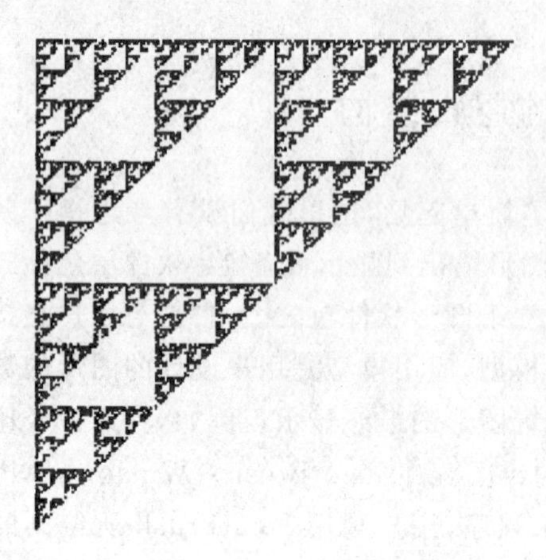

图 1.22 Sierpinski 三角形由三角形顶点与一个递归过程唯一确定

通过应用程序创建的应用模型可能是用户需要的最终结果,也可能是一个更复杂的模型的组成部分,用户可以在任何时刻运行应用程序处理它。由图 1.21 可知,应用模型是与应用程序相关而独立于图形软件包的,由某一应用程序创建的模型也只能通过该应用程序(或与之兼容的应用程序)显示。应用程序将模型数据转换成图形软件包的函数调用,生成图形。转换过程分为两步:一是应用程序遍历模型数据库,取出待显示的那部分模型数据;二是将取出的数据转换成合适的格式传递给绘图函数。

1.6 计算机图形学当前的研究动态

1.6.1 造型技术

造型(建模)技术是计算机图形学的核心内容之一,它研究的是如何在计算机中构造出二维、三维物体的模型,并采用合适的数据结构将它用一批数据及相互之间的拓朴关系表示出来。由造型技术构造出来的对象分为**规则形体**和**不规则形体**。规则形体是指以欧氏几何方法描述的形体,如直线段、多边形、多面体、多项式曲线、自由曲面等等,统称为**几何模型**。研究如何构造几何模型的理论、方法和技术称为**几何造型技术**。早在70年代初国际上就对这门技术进行了广泛而深入的研究,目前已经有商品化的几何造型系统投入使用了。早期的几何造型系统大都采用 Bezier 曲线、曲面表示形体。近年来,由于**非均匀有理 B 样条**(NURBS: Non-Uniform Rational B Spline)方法的成熟,使之为越来越多的几何造型系统所采用。非均匀有理 B 样条造型能力强,可以精确表示圆锥曲线、曲面,具有几何不变性等优点。图 1.23 中是一个 NURBS 曲面表示的茶壶。

图 1.23 采用 NURBS 曲面表示的茶壶

不规则形体指的是不能用欧氏几何描述的形体，如山、水、草、树、云、烟、水等自然界中丰富多彩的景物。如何在计算机中表示这一类形体是造型技术的又一研究热点。与几何模型不同的是，表示规则形体的几何模型通常是数据模型，而不规则形体则一般是由几何数据与一个过程共同描述的。近年来出现的**分形几何方法**、**粒子系统**和**纹理映射**等都是用于建立不规则形体模型的方法。分形几何方法引入了分数维的概念，它认为自然界中的不规则物体表面具有无穷细节，它的维数介于 2 和 3 之间，从而不能用只具有整数维的欧氏几何方法来描述。其中给出了较多的构造不规则物体的方法，这些方法的一个共同特点是它们通常是以一些数据和一个过程来描述对象的。这个过程可能由几个简单的仿射(线性)变换、一个动力系统方程或一个简单的文法来刻画，也可能就是一个简单的递归过程。如图 1.24 是由一个简单文法规则控制产生的分形树。粒子系统的基本想法是用许多简单的微小粒子作为基本元素来表示一个不规则的运动着的模糊物体(如烟、雾)。这些粒子都具有“生命”，它们在系统中经历了“出生”、“运动生长”与“死亡”期。粒子的运动和生长过程就构成了一幅动态的场景。纹理映射中的纹理具有两种函义，一种是指**表面纹理**，例如将扫描照片得到的木纹图像映射到计算机中的桌面之上，或将一幅山水画映射到墙壁上，以此产生更加逼真的物体。另一种是指**几何纹理**，即通过扰动物体表面的微观形状来产生凸凹不平的视觉效果。

图 1.24　由一个简单文法控制产生的分形树

以上造型技术只涉及物体的表面(如外形、表面纹理等)，从而建立的只是表面模型，它不能够较全面地反映物体的信息，如材料、质量等。在这样的情况下，就出现了**实体造型**技术。其中较为活跃的分支是**特征造型**技术，它将物体表示成一组特征的集合，同一类物体具有相同的特征集，不同的特征值刻画了不同型号的物体。例如，如果用底部半径 R 和高 H 作为形状特征来表示圆柱体，那么不同的 R 和 H 值则对应不同的圆柱。目前，特征造型技术已在计算机辅助设计系统中获得较好的应用。

近些年来，随着计算机图形学应用的深入，出现了一门新的造型技术——**基于物理的造型**技术(Physical-Based Modeling)。在传统的造型方法中，模型是通过几何数据及拓朴结构来表示的；但在复杂的场景中，模型及它们之间的相互关系相当复杂，可能是静态的，也可能是不断变化的，例如物体在相互碰撞时的变形及运动状态的改变。此时，若靠人为地构造物体的几何数据和相互关系是非常复杂的，甚至不可能。在这种情况下，若根据物体本身的物理特性及其所遵循的物理规律，则可以自动产生它在各种状态下的模型，这就是基于物理造型的基本想法。它是建立在几何造型、实体造型等之上的更高层次的造型技术，在计算机动画、虚拟现实等领域有着非常重要的应用。

1.6.2　真实感图形绘制技术

所谓真实感图形指的是能较逼真地表示真实世界的图形。这种真实感来自于空间中物体的相对位置、相互遮挡关系、由于光线的传播产生的明暗过渡的色彩等等。真实感图形绘制技术研究的就是如何根据计算机中已构造好的模型,绘制出真实感图形。为了绘制一幅真实感图形,首先要设置光源,模拟光线传播的效果以产生明暗过渡的色彩;还要消除隐藏线、隐藏面,以反映物体间的遮挡关系;投影以产生近大远小的立体效果。早期的真实感图形绘制技术采用的光照明模型,仅能反映光线的漫反射和镜面反射现象,而将光线在物体间复杂传播产生的效果笼统地以环境光来表示。这种光照明模型称为**局部光照明模型**。80年代后,出现了以**光线跟踪方法**为代表的**整体光照明模型**,它较好地反映了光线在景物表面的反射与折射效果,能够产生真实感程度更高的图形。接着又出现了**辐射度方法**,它能模拟光能在景物表面间的漫反射传播形式,较好地反映了真实世界中物体间彩色渗透现象(相邻物体的颜色相互作用而使表面颜色发生变化),为生成高度真实感图形提供了可能。图形的逼真度提高了,相应地生成它的算法的复杂程度也大大增加,给图形的实时生成带来很大困难。解决真实感图形绘制效率的途径大致有三条:一是依靠硬件技术的发展,CPU 和专用图形加速卡的速度提高了,会大大改善图形处理效率;二是设计高效率的算法以减少需要的计算量;三是采用并行计算的方法。和真实世界中物体具有的精细结构和丰富色彩相比,计算机绘制出的真实感图形有着巨大的差距。如果能通过图像分析等手段从真实世界中直接获取对象的几何(形状)信息和表面纹理信息(照片),并以此为基础,结合以上所提到的方法和纹理映射等技术,就可避开建模问题而产生逼真度更高的图形,这就是近几年出现的所谓**基于图像的绘制方法**(Image-based Rendering)。以该方法绘制图形速度快,能用于在复杂场景中漫游的情况。

1.6.3 人-机交互技术

人-机交互技术是伴随着计算机的出现而出现,伴随着计算机技术发展而发展的。有了计算机,就有了如何进行人-机交互的问题,产生了人-机交互的技术。但在早期,由于计算机技术尚不成熟,人-机交互技术是以计算机为中心的,是人迁就于计算机。但随着计算机软、硬件技术的发展,使得以人为中心的人-机交互成为可能,也使提高用户的使用效率成为设计人机界面的首要目标。一个高质量的人机界面应该是易学、易用、易记的,而90年代以来出现的以 WIMP 为特征的图形用户界面正是基本符合这一设计目标的技术。其中 W 指的是窗口(Windows),用户可以随意在屏幕上创建、移动、放大、缩小窗口,在不同的窗口中可以执行不同的任务。I 指的是图标(Icons),它形象化地标志着一个对象(如可执行文件、文本文件等)或功能(如打印、拷贝等)。M 指的是菜单(Menu),给用户提供功能选项,避免了记忆大量命令之苦。P 指的是定位设备(Pointing Devices),如鼠标器等,便于用户对屏幕对象进行直接操作(Direct Manipulation)。

目前人机交互技术的研究集中于三维空间的交互(虚拟环境技术)、多通道技术(利用人的视觉、听觉、触觉、运动等多个通道进行人机交互,以提高输入输出带宽)、交互的非精确性(提高计算机对人的输入信息的理解能力,即智能化)等等方面。

1.6.4 与计算机网络技术紧密结合

计算机网络与多媒体技术的迅速发展,使地理上相隔千万里的人们能够通过互联网(Internet)交换信息,实现信息共享,由此出现了各种应用网络化的趋势。信息的载体称为媒体,它包括文字、声音等,图形图像是其中最重要的一种。因为图形直观、易理解,包含了人们所接受的70%以上的信息。万维网(WWW)已经使得用户可以通过图形界面访问远端的资源,虚拟现实建模语言(VRML)更使用户在三维虚拟场景中漫游网络空间(Ciberspace)成为可能。

图 1.25 是用 WEB 浏览器浏览一个 VRML 场景的情况，场景是海洋，鲸鱼在键盘或鼠标的操作下漫游其中。结合交互式图形技术与网络技术，工程师可以给远在太空的飞船导航、维修；大夫可以给远在外地的病人诊断病情，进行手术。图形应用的网络化，显然已是发展趋势。

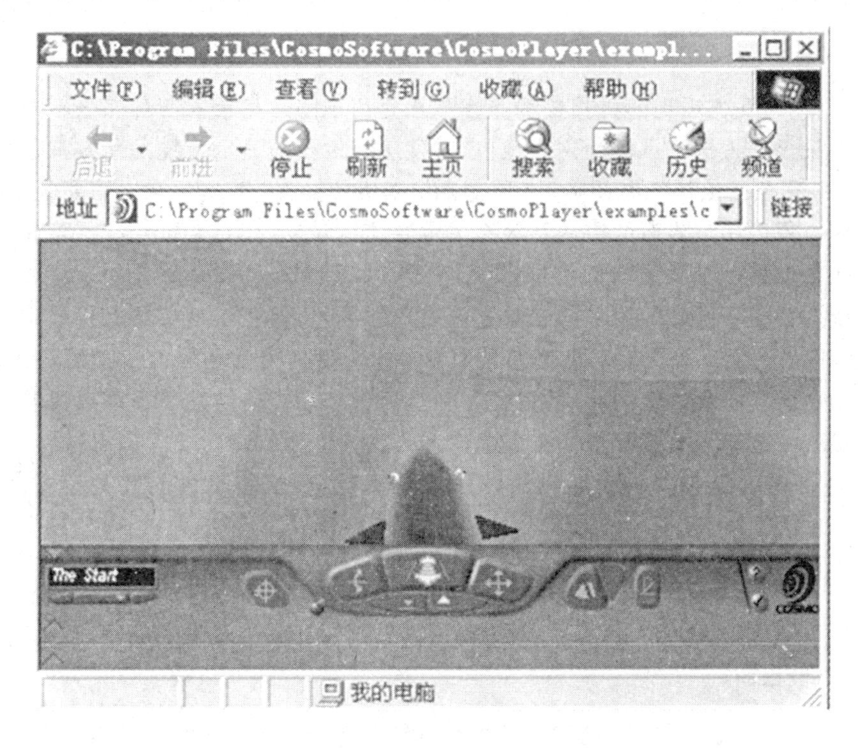

图 1.25 一个简单的 VRML 场景

习 题

1. 什么是图形？在计算机中，图形是如何表示的？计算机图形学的主要研究内容是什么？

2. 试举例说明计算机图形学的应用。

3. 试列举出你所知道的图形输入与输出设备。

4. 你用过哪些图形软件包？将它们列举出来。

5. 阴极射线管由哪几个部分组成？它们的功能分别是什么？

6. 什么叫刷新？刷新频率与荧光物质的持续发光时间的关系如何？

7. 什么是像素？什么是 CRT 的分辨率？

8. 简述射线穿透法和影孔板法产生彩色的工作原理。

9. 随机扫描显示系统由哪几个逻辑部件构成？它们的功能分别是什么？

10. 光栅扫描显示系统由哪几个逻辑部件构成？它们的功能分别是什么？

11. 某些光栅扫描显示系统为什么要采用查色表？采用查色表的系统的工作原理是什么？

12. 假定一个光栅扫描显示系统的显存(帧缓冲器)的大小一定，那么该系统的屏幕分辨率与同时可显示的颜色数目之间的关系如何？

13. 与随机扫描显示系统相比，光栅扫描显示系统有哪些优点和缺点？

14. 试按照图 1.21 的方式，将你最熟悉的图形系统划分成不同模块。

第2章 一个简单的二维光栅图形软件包

在第1章中,我们看到随机扫描和光栅扫描是用于图形显示的两种完全不同的显示技术,光栅显示系统已经占据了市场的主导地位,它优于随机扫描显示系统的地方有很多,其中包括如下两点:一是便于绘制填充图形,二是支持像素级的操作。而这两点对需要绘制高度真实感图形及美观方便的用户界面的应用系统至关重要。

我们接触的第一个图形软件包是SRGP(Simple Raster Graphics Package)。它是基于光栅显示系统并独立于硬件的简单的二维光栅图形软件包,但它不是市场上某个软件包的子集。SRGP的支持的图元以及交互功能都非常简单。这样做的目的是使得所选的图元和交互技术都是最基本的且具有代表性。本章的目的并不是让读者学会使用某个具体的图形软件包,而是在学习的过程中逐步了解图形学的有关概念和方法。

本章将首先讨论SRGP中图元的声明及使用,然后是基本的交互处理技术,最后学习SRGP中的光栅操作。

2.1 用图形软件包绘图

2.1.1 图元的声明

通过SRGP在显示屏幕上绘图与绘图员在坐标纸上绘图没有多大区别,不过绘图员用的工具是铅笔和尺子,而我们用的则是一个图形软件包。显示器的屏幕类似于带网格的坐标纸,坐标纸上水平线与竖直线的交点对应于屏幕上的像素,水平线的密度对应屏幕的竖直分辨率,竖直线的密度对应屏幕的水平分辨率。图2.1表示了一个显示屏幕,坐标原点在左下角点,向右为X轴方向,向上为Y轴方向。在分辨率为width ×height的屏幕上,右上角点为最大坐标点,其坐标为(width−1, height−1)。

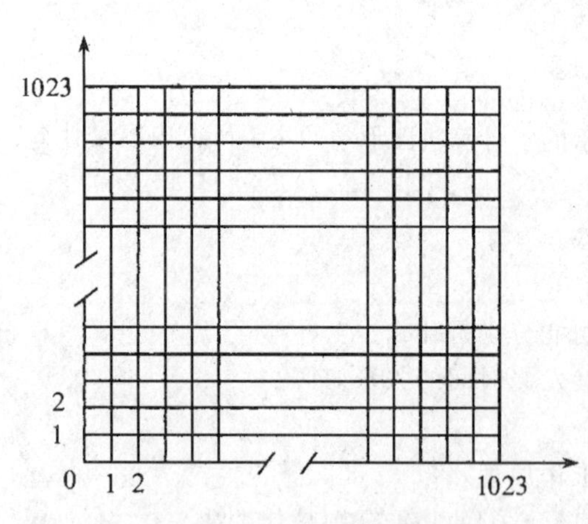

图2.1 屏幕上的整型坐标系,分辨率为1024×1024

在绘图纸上,可以在任意两点间画一条连续的直线段,但在屏幕上,我们只能画任意两个整数坐标点即像素之间的连线,并且该直线段不再连续,而是由落于其上或邻近的像素构成。同样,对于填充图形如多边形、扇形图,它们也是由落于其内部和边界上的像素点表示的。既然用户一般通过给定顶点信息来定义直线段、多边形等连续的图形,而屏幕上图形是由一个个离散的像素来表示的,这之间需要一个转换过程。将顶点(参数)表示的图形转换为像素(点阵)表示的图形称为光栅图形的**扫描转换**。它由图形软件包来完成。[①]

① 有些图形系统为了提高绘图效率,将部分扫描转换算法用硬件来实现,这种硬件称为图形加速卡。

SRGP 支持的基本图元包括**直线段**、**折线**、**多边形**、**圆弧**、**字符**等。为了绘制一个图元，应用程序需要传递给 SRGP 图元函数适当的坐标值。在 SRGP 中，端点坐标超出屏幕边界是允许的，但只有位于屏幕内部的图元(或图元的部分)才可见。

1. 点、直线段和折线

下面的函数在(x,y)处画一个颜色值为 color 的点：

```
void PutPixel(int x, int y, int color);
```

函数

```
void LineCoord(int x0, int y0, int x1, int y1);
```

在(x0,y0)和(x1, y1)间画一条直线段。

通常情况下，较之用单个的 x、y 坐标，用端点描述直线段更自然，更方便，所以这里定义了一个名为 Point 的数据类型：

```
typedef struct {int x, y;} Point;
```

利用这个数据类型，画线函数的的调用形式变为：

```
Line(Point *pt1, Point *pt2);
```

传递给函数 Line 的是两个指向 Point 结构的指针。

连接多个相继顶点的直线段序列称为**折线**。折线可以通过多次调用画线函数来生成，SRGP 将它单独进行处理[①]。和画线的函数一样，绘制折线的函数也有两种形式：

```
void PolylineCoord(int vertexCount, VertexCoordList xArray, VertexCoordList
                   yArray);
void Polyline(int vertexCount, VertexList vertices);
```

其中，vertexCount 为顶点个数，xArray，yArray 为存储折线顶点的 x 坐标、y 坐标的数组，vertices 为 Point 类型的顶点数组。例如通过调用语句

```
Polyline(6,bowtieArray);
```

就可以产生图 2.2 中的折线。bowtieArray 的值如图 2.2 中的表所示。

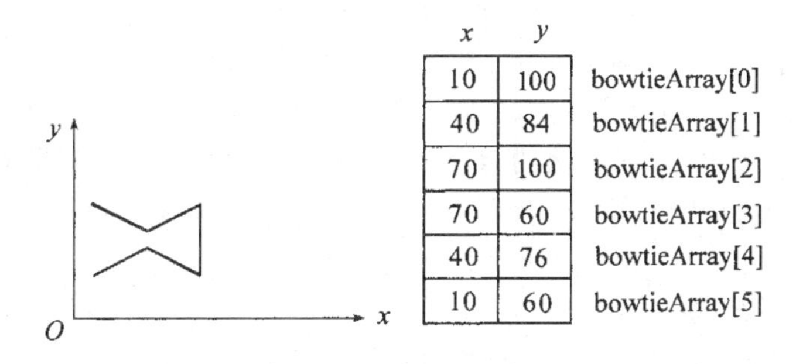

x	y	
10	100	bowtieArray[0]
40	84	bowtieArray[1]
70	100	bowtieArray[2]
70	60	bowtieArray[3]
40	76	bowtieArray[4]
10	60	bowtieArray[5]

图 2.2　画一条折线

数据类型 VertexCoordList 和 VertexList 的定义如下：

```
typedef int * VertexCoordList;
typedef Point * VertexList;
```

2. 标记

① 一般来说，一次函数调用比完成同样功能的多次函数调用速度更快。

在绘图过程中，有时需要在某个点做标记(星号、数字、圆圈等)。SRGP 的如下函数以(x，y)/pt 点为中心绘制一个标记：

```
void MarkerCoord(int x, int y);
void Marker(Point *pt);
```

标记的形状及大小等属性都是以可以改变的，相关内容将在后面介绍。为了在一列点上绘制属性相同的标记，可调用下面的函数：

```
void PolyMarkerCoord(int vertexCount, VertexCoordList xArray, VertexCoordList
                     yArray);
void PolyMarker(int vertexCount, VertexList vertices);
```

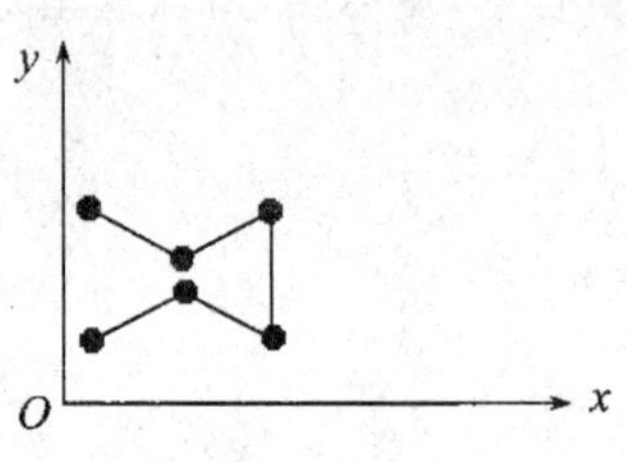

图 2.3 给多个点做标记

函数中各参数的意义和绘制折线的函数相同。例如下面的调用会在图 2.2 中折线的各顶点处增加标记(见图 2.3)：

```
PolyMarker(6 , bowtieArray);
```

3. 多边形和矩形

多边形定义了一个封闭的二维区域，为了在屏幕上画一个多边形，我们或者调用折线函数画一条首尾相连的折线(首尾两顶点重合)，或者调用 SRGP 的绘制多边形函数；

```
void PolygonCoord(int vertexCount, VertexCoordList xArray, VertexCoordList
                  yArray);
void Polygon(int vertexCount, VertexList vertices);
```

该函数自动在第一个顶点和最后一个顶点间连一条直线段使图形封闭起来。例如下面的调用将使图 2.2 中的折线首尾相连，产生封闭的多边形(见图 2.4)：

```
Polygon(6, bowtieArray);
```

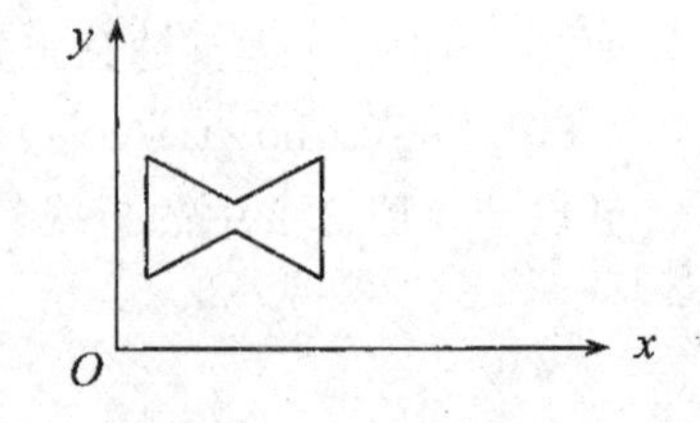

图 2.4 画一个多边形

矩形是多边形的特例，但在 SRGP 中，为了处理上的简洁和快速，将边平行于屏幕边沿的矩形单独定义为一类图元 Rectangle。这样的矩形由四个量唯一确定，这四个变量或者为左、右边的 x 坐标和上、下边的 y 坐标或者为两个对角点的 x,y 坐标。绘制矩形的函数为：

```
void RectangleCoord(int leftX, int bottomY, int rightX, int topY);
void RectanglePoint(Point *leftBottom, Point *rightTop);
void Rectangle(Rectangle *rect);
```

Rectangle 结构中包含了矩形的左下角点和右上角点：

```
typedef struct{ Point leftBottom, rightTop; } Rectangle;
```

4. 圆弧和椭圆弧

下面的函数用来绘制一段圆弧和椭圆弧：

```
void CircleArc(Point *center,int radius,int startAngle,int endAngle);
void EllipseArc(Rectangle *extentRect, int startAngle, int endAngle);
```

圆由其圆心 center 和半径 radius 唯一确定，长、短轴平行于坐标轴的标准椭圆由其外接矩形 extentRect 唯一确定，而 startAngle 和 endAngle 分别指定了该段弧的起始角度和终止角度，如图 2.5 所示。圆是椭圆的特例,SRGP 对它们分别处理是为了提高绘图效率。

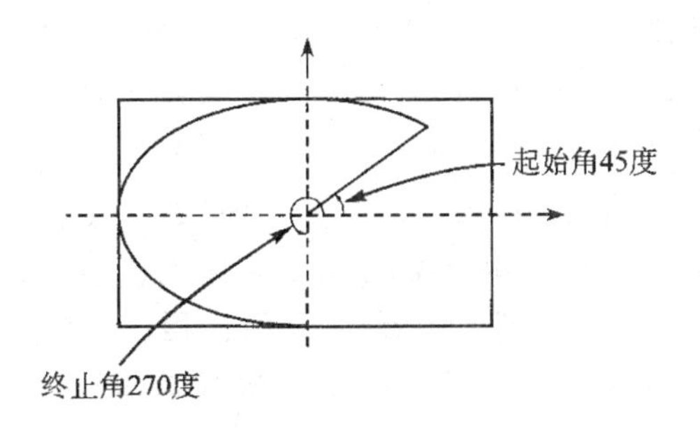

图 2.5　定义一段椭圆弧

2.1.2　图元的属性

1. 线型和线宽

图元的外观由其属性来控制。在 SRGP 中,关于直线段、折线、多边形、矩形、椭圆弧等线画图元的属性有线型、线宽、颜色和笔型。属性是全局状态变量,它的值在被显式地改变之前一直有效。绘制图元时,它的外观由当前有效的属性值确定,也就是说改变一个属性值仅影响之后绘制的图元,而对之前绘制的图元不起作用。这种属性的操作方式大大方便了程序设计人员,他们不必在调用每一个绘图函数时提供一串长长的属性参数,而实用的系统通常都会有几十种不同类型的属性。

下面两个函数用来设置线型和线宽:

```
void SetLineStyle(enum LineStyle lineStyle);
void SetLineWidth(int lineWidth);
```

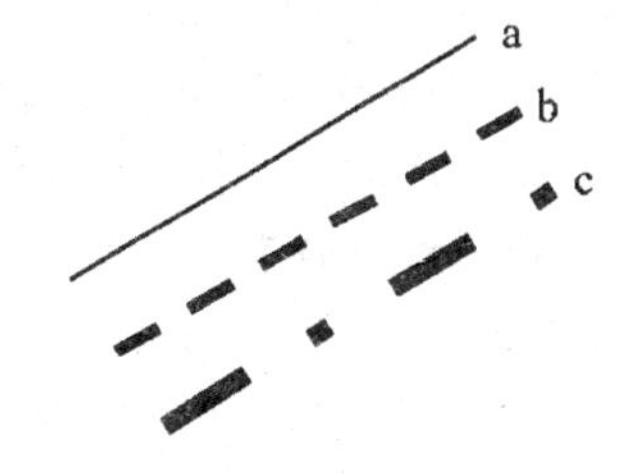

图 2.6　具有不同线型、线宽的直线段

第一个函数中,lineStyle 是枚举变量,它的取值为 SRGP 中预定义的线型:CONTINUOUS(连续线)/DASHED(虚线)/DOTTED(点画线)/…。第二个函数中,线宽 lineWidth 的单位是像素。线型的系统缺省值是 CONTINUOUS,线宽的缺省值是 1。图 2.6 是几条具有不同线型和线宽的直线段,生成它们的代码如下:

程序 2.1　绘制具有不同线型、线宽的直线段

```
SetLineWidth(1);
LineCoord (55, 5, 55, 295);          /* line a */
SetLineStye (DASHED);
SetLineWidth(5);
LineCoord (105,5,155,295);           /* line b */
SetLineWidth(10);
SetLineStyle (DOTTED);
LineCoord (155, 5, 255, 295);        /* line c */
```

图元在显示时要被扫描转换成离散的像素写入帧缓冲器中,我们可以把线型控制看作有选择地写像素的位屏蔽器(bit mask)。位屏蔽器中的"0"表示帧缓冲器中相应的像素的值不变,即线段中相应的像素是透明的。位屏蔽器中"1"表示用线段的颜色值代替帧缓冲器中相应

像素的值。这样,线型 CONTINUOUS 对应的位屏蔽器为"11111111…",即全是"1"。线型 DASHED 对应的位屏蔽器为"111100111100…",1 的个数为 0 的个数的两倍。而 DOTTED 线型对应的位屏蔽器为"1111001100111001100…"。事实上,像 OpenGL 这样的较完善的图形软件包提供了函数接口,让程序员自己按需要设置位屏蔽器。

每种属性都有一个系统缺省值,在上面的代码中,没有为线段 a 设置线型,它采用的就是缺省的线型 CONTINUOUS。在实际编程时,对当前属性作某种假设是不安全的。在后面的例子中,每段代码中都会显式地设置图元的属性,从而使程序的模块化程度更高,同时使程序更易于调试和维护。在 2.1.4 节中我们将会看到,对程序员来说,在每一个模块中保存并恢复原有属性是个好的习惯。

标记的属性有尺寸和类型,它们分别由下面两个函数设置:

```
void SetMarkerSize(int markerSize);
void SetMarkerStyle(enum MarkerStyle markerStyle);
```

前一个函数中的参数 markerSize 指定标记的尺寸,是以像素为单位的标记的正方形包围盒的边长。后一函数中的参数 markerStyle 是 SRGP 中预定义的枚举变量,它的取值为:MARRER_CIRCLE(圆形标记)/MARKER_SQUARE(方形标记)…。

2. *颜色*

前面提到的每种属性只影响部分图元,但颜色属性对所有图元起作用。在以查色表方式工作的显示系统中,颜色由整数值表示。颜色属性与硬件系统有密切关系。大多数系统都包含颜色值 0 和 1,通常在黑白单色显示系统中,颜色值 1 代表黑色,颜色值 0 代表白色。整型的颜色值本身并不直接表示颜色,它对应了查色表的一个入口项。查色表中各项的内容才真正按红、绿、蓝三基色的方式定义了颜色。若帧缓冲器的深度为 d[①],则查色表中有 2^d 个项。在单色系统中,查色表是固化的,而对于大多数彩色系统,SRGP 允许应用程序修改查色表或创建自己的查色表。

在 SRGP 中,有两种方式设置颜色属性。一种是用颜色名,如 BLACK,WHITE 等:

```
void SetColorByName(enum Colors colorName);
```

这些颜色名是系统中预定义的枚举变量的值:

```
enum Colors {
      WHITE,        /* = 0 */
      BLACK,        /* = 1 */
      BLUE,         /* = 2 */
      GREEN,        /* = 3 */
      RED,          /* = 4 */
      … };
```

这些颜色名到底代表哪种颜色依赖于系统查色表。在系统缺省的查色表中,1 可能就是表示黑色,但当应用程序修改了查色表后,1 也许就表示了红色。此时你指定用 BLACK 颜色来显示一条直线段,看到的将是红色直线段。类似地,另外一种设置颜色属性的方式是直接用整数值来指定所需要的颜色:

---

① 帧缓冲器中每单元有 d 个二进制位。

void SetColor(int colorIndex);

colorIndex 即是指向查色表某表项的索引值。

对那些支持以真彩色方式工作的显示系统，可以直接设置红、绿、蓝三个颜色分量的值以指定颜色：

void SetColor(int red, int green, int blue);

2.1.3 填充图元及其属性

封闭的图元有两种绘制方式，一是只画出其边框，一是填充其内部区域。前者称线画图，已在前面介绍过；后者称填充图，是本节讨论的内容。SRGP 中的填充图元包括矩形、多边形、椭圆及扇形图，见图 2.7。下面是绘制填充图元的函数：

图 2.7 SRGP 中的填充图元

```
void FillRectangle(Rectangle *rect);
void FillPolygon(int vertexCount, VertexList Vertices);
void FillEllipse(Rectangle *extentRect);
void FillEllipseArc(Rectangle *extentRect, int startAngle, int endAngle);
```

其中各个参数的含义与绘制线画图元的函数的参数一样。

要在屏幕上绘制一个填充的图元，首先要知道屏幕上哪些像素落在区域内部，需要显示，哪些像素落在区域外部，不需要显示。如果对屏幕上每个像素都进行关于区域内外关系的测试，计算量必然十分巨大。事实上，SRGP 在绘制填充图时采用了扫描转换技术，充分利用相邻像素之间存在的相关性，以提高效率(请参见第 4 章)。

SRGP 用设置不同的填充方式来控制填充图元的外观。设置填充方式的函数为：

void SetFillStyle(enum FillStyle fillstyle);

FillStyle 的定义如下：

```
enum FillStyle{
SOLID,
BITMAP_PATTERN_OPAQUE,
BITMAT_PATTERN_TRANSPARENT,
PIXMAP_PATTERN};
```

其中枚举变量 FillStyle 取值的含义如下：

SOLID：以当前前景色均匀填充图元；

BITMAP_PATTERN_OPAQUE、BITMAT_PATTERN_TRANSPARENT：以规则排列的位图(Bitmap)填充图元，前者为不透明方式，即以位图覆盖区域内的全部像素。后者为透明方式，即以位图覆盖区域内的部分像素，而让其余的像素颜色不变(位图为部分透明的)；

PIXMAP_PATTERN：以规则排列的像素图填充图元，只有不透明方式。

位图和像素图的区别在于：位图是二值图像，它对应于每个像素只有 1 位，要么为 0，要么为 1，所以一个位图就是一个由 0、1 组成的数组。0 和 1 所代表的颜色依赖于系统当前使用的查色表。像素图是一幅多值图像，它对应每个像素通常有 4 位(16 色)、8 位(256 色)等。

SRGP 提供了位图/像素图资源表，下面两个函数分别选择用以填充的位图/像素图：

```
void SetFillBitmapPattern(int patternIndex);
void SetFillPixmapPattarn(int patternIndex);
```

参数 patternIndex 指向资源表中的某个位图/像素图。

在用 BITMAP_PATTERN_OPAQUE 方式填充时，对应位图中"1"的像素用前景色(Foreground Color，即当前设定的颜色)显示。对应位图中"0"的像素用背景色(Background Color)显示。背景色由函数

```
void SetBackgroundColor(int colorIndex);
```

设定。在用 BITMAP_PATTERN_TRANSPARENT 方式填充时，对应位图中"1"的像素仍用前景色显示，而对应位图中"0"的像素，颜色保持不变。这种结果就好像透过位图看到其后面的景物一样，所以称为透明方式(这种填充方式类似于透过窗纱看景物，景物的一部分被遮挡，而另一部分仍然可见！)，如图 2.8 所示。

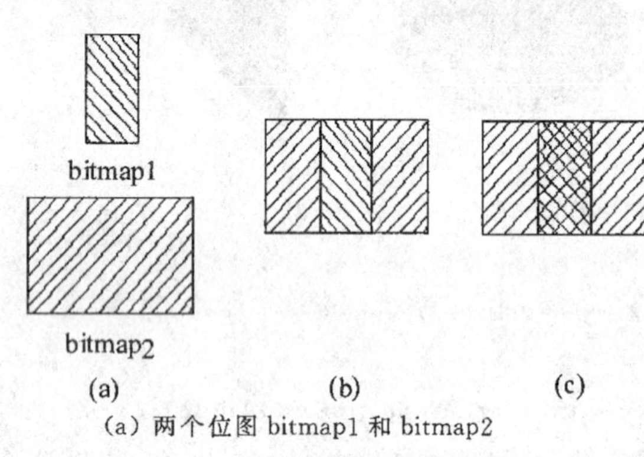

(a) 两个位图 bitmap1 和 bitmap2

(b) bitmap1 以不透明方式覆盖 bitmap2

(c) bitmap1 以透明方式覆盖 bitmap2

图 2.8

无论是以位图还是像素图填充图元，图元所呈现的颜色总依赖于当前系统查色表的内容，因为位图/像素图中保存的仅仅是颜色的索引值。

2.1.4 保存和恢复图元的属性

SRGP 支持多种属性，且这些属性都是全局的，一旦设定，将对此后绘制的所有有关图元起作用。为了提高程序的模块化程度(局部化程度)，在整个模块开始时保存各种属性值而在退出该模块时恢复原有属性值是一个比较安全的方法。这样就不会由于在某个模块中设置某个特定的属性而影响其它模块。

下面两个函数用来保存和恢复系统的属性集：

```
void InquireAttributes(AttributeGroup *group);
void SetAttributes(AttributeGroup *group);
```

数据类型 AttributeGroup 为 SRGP 定义的结构，其中包括前景色、背景色、线型、线宽、填充方式、查色表等 SRGP 支持的所有属性。

2.1.5 字符

字符有着大量的属性，其中常用的就有字体(楷体、宋体等)、字形(粗体、斜体、带下划线等)、字型(7×9，16×24 等)、字间距、行间距等等。这就使对字符的操作十分复杂。

简单的软硬件系统提供对最基本的字符支持，如以前的字符终端：固定的字体，固定的字型，固定的字间距，行间距，每屏 20 行，每行 40 个字符。而另一些系统如光栅图形系统、激光打印机、报刊出版系统，其功能十分强大，对字符的每种属性都提供多种选择，产生的文本当然也美观、易读。SRGP 支持的字符功能介于前者与后者之间：字符水平方向排列，字宽可变，但字间距固定。如下调用产生一个字符串：

```
void OutText(Point *origin, char *text);
```

字符串的位置由 origin 确定，其中的 x 坐标标明了字符串 text 第一个字符的左边界，y 坐标确定了基线的位置。关于点阵字符的几个参数的含义如下（见图 2.9）。

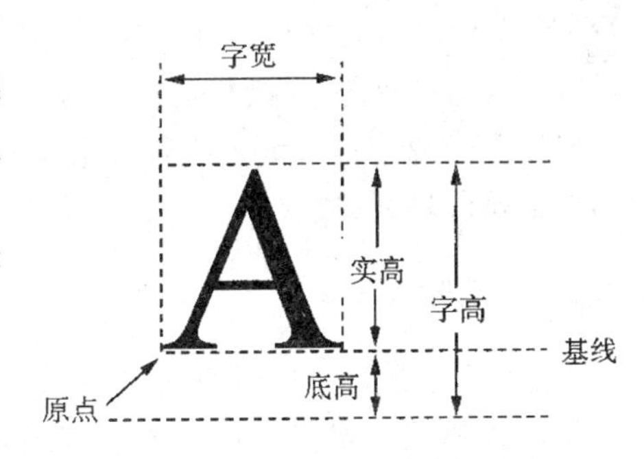

图 2.9　字符的各个参数的含义

基线(Baseline)：字符坐落的基础（有些小写字母的形体，部分落在基线下面，如 q,g,y）。

实高(Ascent)：从基线到字符顶部的距离[①]。

底高(Descent)：从基线到字符底部的距离。

字高(Height)：字符的高度。

原点(Origin)：字符显示时的参数，字符左边界和基线的交点。

字宽(Width)：字符的宽度。

字符的外观由其属性确定，字体确定风格，字型确定尺寸。下面的函数用来设置当前的字体和字型：

```
void SetFont(int fontIndex);
```

fontIndex 是指向系统字符资源表中特定字体的索引值。

2.2　基本的交互处理

这一节介绍交互处理的基本概念、基本的逻辑输入设备和 SRGP 提供的交互处理功能。

2.2.1　设计交互程序的几条原则

在编写交互程序时，程序员需处理许多在非交互的批处理程序中未曾遇到过的问题。对交互程序而言，它的交互风格、易学性、易用性等与人有关的因素和它的正确性、功能的完备性同等重要。

交互处理中，人的因素是关键，所以在设计交互系统时，系统的设计人员应遵循下面几条基本原则：

(1) 提供简单一致的交互操作序列；

(2) 在交互的每一个阶段，清晰地显示可选项；

(3) 不能有太多的选项和繁杂的式样，加重用户不必要的负担；

(4) 给用户适当的反馈；

(5) 允许用户取消操作。

---

① 距离以点为单位，这个点可以是屏幕上的像素，也可以是打印机打印出的一个点。

例如满足前三条原则的通常做法是提供给用户菜单(menu)和按钮(button),让其选择下一步要进行的操作;暂时不可用的选项使其变灰(disabled 或 grayed out)等。

反馈信息让用户明确知道他所做的操作已被接受了,任务正在处理中。菜单和按钮操作通常以加亮(highlight)菜单项、使按钮颜色变反等方法提供反馈。有些软件能对输入设备的操作提供实时反馈,如键盘输入时字符的显示,移动鼠标时屏幕上相应光标的移动等。图形软件提供多种形状的光标,交互程序可用不同形状的光标来反映程序执行状态。如有些应用程序以“ ”形光标表示正在执行某个操作,用户需等待;在字处理程序中,当处于文本编辑区时,光标是“I”形,而在命令区,光标呈“↖”形。

应用程序以取消(undo)功能体现上述的第(5)条原则。undo 功能的实现需要应用程序保存用户的操作序列,以便用户沿着这个序列一步步退回去删除操作。

2.2.2 逻辑输入设备

设备无关性及由此而获得的软件可移植性是设计图形软件包时要考虑的重要因素。SRGP 通过将图元定义于抽象的整型坐标系(而不是设备坐标系)中获得与输出设备的无关性。同样,SRGP 支持一组逻辑输入设备,用来屏蔽物理设备的多样性。SRGP 支持的逻辑输入设备有:

- 定位设备:用于输入坐标信息;
- 键盘设备:用于输入字符、数字及完成一些特殊功能。

SRGP 将逻辑设备映射到实际的物理设备上,如定位设备常被映射到鼠标、操纵杆、跟踪球、触摸屏(Touch-Sensitive-Screen)等等。这种从逻辑设备到物理设备的映射在操作系统中有着广泛的应用:磁盘驱动器、显示器等都被抽象成了数据文件。这样,一方面操作系统本身获得了设备无关性,另一方面也大大简化了编程时对设备的处理。从逻辑设备到物理设备的映射是由设备驱动程序完成的。

2.2.3 输入方式

两种基本的方法用来接受用户的输入:取样(sampling)方法和事件驱动(event-driven)方法。在取样方法中,不管输入设备的状态有没有发生变化,应用程序都按照固定的频率去查询它的值(如光标的位置等)。事实上,应用程序正是通过不停地取样输入设备的状态来检测其状态的改变的。在取样方式下,交互程序的设计比较简单,但效率不高,因为这样对输入设备循环取样的过程占用了大量的 CPU 时间。一个好的替代方法是中断驱动方法(interrupt-driven)。应用程序激活一个或几个输入设备之后,继续自己的工作,直至某个输入设备发出中断请求。此时,它停下来调用相应的模块处理该中断。例如,当用户按下键盘上某个键或移动了鼠标时,键盘或鼠标的状态发生了改变,由此产生中断。

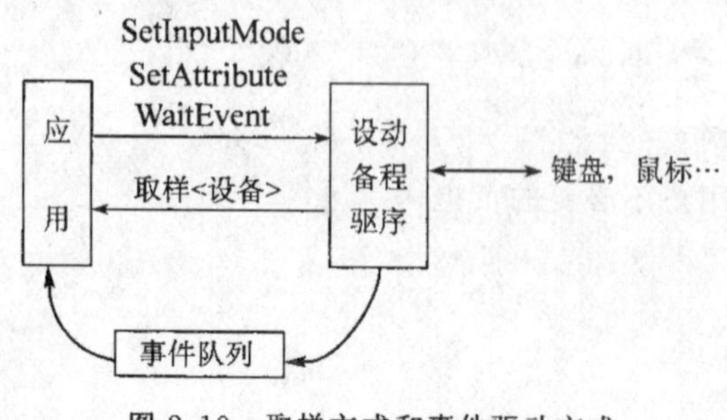

图 2.10 取样方式和事件驱动方式

中断驱动方法要求应用程序及时地处理中断,这无疑增加了应用程序的设计难度(程序员不知道中断何时发生)。为了改善这种状况,许多软件,例如 GKS、PHIGS、X-Window、

Windows 等，提供了一种称做事件驱动(event-driven)的机制。系统提供一个运行于后台的监控程序，监控每一个输入事件并将其信息存入事件队列(event queue)中，应用程序可以在方便的时候查询并按先后顺序处理事件队列中的事件。也就是说，和中断驱动方法相比，应用程序并不是被迫中断，而是主动中断自己去处理事件。

简单的基于事件驱动方法的程序结构如下：

程序 2.2 基于事件驱动方法的程序结构

```
初始化输入设备；
do{
    waitEvent(event);          /* 等待事件发生 */
    switch (event)             /* 处理事件 */
    { case EVENT1: procedure1;
                   break;
      case EVENT2: procedure2;
      …;           break;
    }
  }while (TRUE);
```

基于事件驱动方法的应用大部分的时间处于等待状态，因为用户在交互过程中需要思考下一步该做什么。即便是在节奏很快的游戏程序中，用户所触发的事件的频率也远远小于应用的处理能力。也就是说，CPU 经常处于空闲状态。这对于多任务系统而言，好处是明显的，当一个应用处于等待状态时，CPU 可以转去运行其它应用。

2.2.4 取样方式

下面的函数用来设置输入设备的输入方式：

```
void SetInputMode(enum Device inputDevice, enum InputMode inputMode);
```

枚举变量 Device 和 InputMode 的定义为：

```
enum Device{
    LOCATOR,        /* 定位设备 */
    KEYBOARD,       /* 键盘设备 */
    …};
enum InputMode{
    INACTIVE,       /* 非激活状态 */
    SAMPLE,         /* 取样方式 */
    EVENT};         /* 事件驱动方式 */
```

其中变量 inputDevice 用来指定设备类型，变量 inputMode 用来指定该设备的输入方式。当 inputMode 取值为 INACTIVE 时，该设备处于非激活状态(没有输入)；取值为 SAMPLE (EVENT)时，该设备的输入方式为取样方式(事件驱动方式)。这样，若要设置定位设备为取样方式，只要调用下面的语句就可以了：

```
SetInputMode(LOCATOR, SAMPLE);
```

系统初始化时，定位设备和键盘设备都处于非激活状态。设定一个设备的输入方式不影响另一设备的状态，两者是相互独立的。

定位设备输入的信息分为三部分：其一是当前光标的位置；其二是各个键的状态(UP或DOWN)；其三是哪一个键发生了状态改变，即从UP变为DOWN，或从DOWN变为UP。记录定位设备输入信息的数据结构为：

```
typedef struct { Point position;          /* 记录光标的位置 */
                 enum{UP,DOWN
                     }buttonChord[MAX_BUTTON_COUNT];
                 /* 记录各个键的当前状态，通常有1~3个键 */
                 int buttonOfMostRecentTransition;  /* 指示哪个键改变了状态 */
               }LocatorMeasure;
```

当一个定位设备被设置为取样方式后，下面的函数用来获取它的状态信息：

```
void SampleLocator(LocatorMeasure, *measure);
```

程序2.3示例了取样方式下一个简单绘图程序的结构。

程序 2.3 一个简单绘图程序

```
SetInputMode (LOCATOR, SAMPLE);
/* 循环取样，直到第一个键的状态为 DOWN */
do {
    SampleLocator(&locMeasure);
  }while (locMeasure.buttonChord[0] == UP);
/* 记录上一次光标位置 */
prevposit.x=locMeasure.position.x;
prevposit.y=locMeasure.position.y;
/* 开始绘图 */
do {
     SampleLocator (&locMeasure);
     Line(&prevposit, &(locMeasure.position));
                              /* 在前个坐标点与当前光标之间画一条线 */
     prevposit.x=locMeasure.position.x;
     prevposit.y=locMeasure.position.y;
                              /* 将当前光标所在位置赋给 prevposit */
  }while(locMeasure.buttonChord[0]==DOWN);
```

程序2.3中只用到了定位设备的第一个键。开始时设置定位设备为取样方式，然后检测其状态，直到第一键处于DOWN状态时，开始绘图。绘图的过程是在光标的上一个位置与当前位置间连一条线。当第一个键的状态为UP时，绘图结束。

键盘设备几乎总是工作于事件驱动方式下。

2.2.5 事件驱动方式

程序 2.3 中有两个循环，第一个循环通过反复地取样输入设备来检测其状态的变化(第一个键的状态变为 DOWN)，第二个循环在屏幕上绘图直到输入设备的第一个键的状态变为 UP，这当然不失为一个可行的绘图方案。但它存在两个缺点：其一，循环取样占用了大量的 CPU 时间，使得整个系统的效率不高；其二，在第二个循环中，即使用户没有移动定位设备，程序仍会不停地取样并在同一位置绘图。在事件驱动方式下，完成同样功能的程序的效率要高得多。

在事件驱动方式下，应用程序通过调用函数

```
inputDevice WaitEvent(int maxWaitTime);
```

进入等待状态。该函数检查事件队列，当事件队列非空时，该函数立即返回；否则等待，参数 maxWaitTime 规定了最长等待时间(由系统规定时间单位如 1/60 秒、1/3600 秒等等)。当 maxWaitTime 的值为负数或为系统预定义的值 INDEFINITE 时，函数将一直处于等待状态，直到有新的事件进入事件队列。函数 WaitEvent()的返回值为 LOCATOR / KEYBOARD / NODEVICE。NODEVICE 说明在指定的时间(maxWaitTime)内，事件队列为空。LOCATOR / KEYBOARD 表明事件队列中的第一个事件为定位设备触发的事件/键盘设备触发的事件。

1. 键盘设备

键盘设备所触发的事件依赖于其处理方式，当其处理方式为 EDIT(编辑方式)时，用户输入一个字符串并以回车键(Enter)触发键盘事件。这样，键盘事件的内容即为一个字符串(一个文件名或一条命令等)。当处理方式为 RAW(原始方式)时，用户的每一次击键都触发一个键盘事件。在键盘上单个键被定义为特殊的功能键时(如移动光标等)，这种方式才被采用。在 EDIT 方式下，用户键入的字符串在屏幕上显示并允许编辑，而在 RAW 模式下，用户键入的字符不回显。函数

```
void SetKeyBoardProcessingMode(enum KeyboardMode keyboardMode);
```

用于设置键盘设备的处理方式。变量 keyboardMode 的取值为 EDIT 或 RAW。

当 WaitEvent()返回值为 KEKBOARD 时，应用程序通过

```
void GetKeyBoard(char * keyMeasure, int bufferSize);
```

获取键盘事件的内容。其中 keyMeasure 用于存放用户输入的字符串，bufferSize 指示缓冲区 keyMeasure 的长度。

程序 2.4 是一个在 EDIT 模式下处理键盘事件的小例子。它从键盘接受文件名并将该文件删除。当用户输入的为空字符串时，程序结束。

程序 2.4 EDIT 方式下的交互处理

```
#define KEYMEASURE_SIZE 80
char measure[KEYMEASURE_SIZE];
Point pt;
SetInputMode(KEYBOARD,EVENT); /* 设置键盘设备为事件驱动输入方式 */
SetKeyboardProcessingMode(EDIT);    /* 设置键盘设备的处理方式为 EDIT */
pt.x=100, pt.y=100;
OutText(&pt, "Specify one or more files to be deleted, Press return to exit \n");
```

```
do {
    inputDevice = WaitEvent(INDEFINITE);
    GetKeyboard(measure, KEYMEASURE_SIZE);
    if(strcomp(measure, "");
      DeleteFile(measure);
}while(strcomp(measure, ""));
```

2. 定位设备

定位设备(鼠标)的事件通常由用户按键、释放键、移动定位设备等动作所触发。当 WaitEvent()返回位值为 LOCATOR 时,应用程序调用函数

void GetLocator(LocatorMeasure *locMeasure);

来获得事件的内容。locMeasure 中的 position 项给出了当前光标的位置。在交互程序中,它通常被用来拾取图形对象,如菜单、工具条中的按钮等。在绘图程序中,它指定了绘图点的坐标。

定位设备一般有多个键,每个键状态的改变都会触发事件,而用户大多数情况下只用到某一个键,那么就需要屏蔽其它键的干扰。SRGP 中下面的函数用来完成该功能:

void SetLocatorButtonMask(enum ButtonMask activeButton);

activeButten 的取值为 LEFT_BUTTON_MASK、MIDDLE_BUTTON_MASK、RIGHT_BUTTON_MASK 或它们的组合。它们是系统预定义的常量:

```
#define        LEFT_BUTTON_MASK        0X0001
#define        MIDDLE_BUTTON—MASK      0X0002
#define        RIGHT_BUTTON_MASK       0X0004
```

例如,当 activeButton 取值 LEFT_BUTTON_MASK 时,只有左键的状态改变才触发事件;当 activeButton 取值为 LEFT_BUTTON_MASK|MIDDLE_BUTTON_MASK 时,左键和中键都可以触发事件。程序 2.5 为事件驱动方式下的简单绘图程序,它完成的功能和程序 2.3 一样。

程序 2.5 在事件驱动方式下绘图

```
Point prevPosit;
int inputDevice;
LocatorMeasure locMeasure;

SetInputMode(LOCATOR,EVENT);   /* 设置定位设备为事件驱动方式 */
SetLocatorButtonMask(LEFT_BUTTON_MASK);   /* 只有左键触发事件 */
do{
    inputDevice = WaitEvent(INDEFINETE);
    if(inputDevice == LOCATOR)
      GetLocator(&locMeasure);
    else
      continue;
    }while(locMeasure.buttonChord[0] == UP);
prevPosit.x = locMeasure.position.x;
prevPosit.y = locMeasure.position.y;
```

```
inputDevice = WaitEvent(INDEFINETE);
GetLocator(&locMeasure);
while(locMeasure. buttonChord[0] == DOWN)
{   Line(&prevPosit,&(locMeasure. position));
    prevPosit. x = locMeasure. position. x;
    prevPosit. y = locMeasure. position. y;
    inputDevice = WaitEvent(INDEFINETE);
    GetLocator(&locMeasure);
}/ * end of while * /
```

2.2.6 设置输入设备的属性

每种输入设备都有自己的一些属性，应用程序可以按需要进行设置。和图元的属性一样，输入设备的属性可以在任何时候调用函数来设置。输入设备的状态值由用户的输入决定(击键，移动定位设备等)，同时也可以通过函数显式地设置其状态。

1. 定位设备

下面的函数用来控制定位设备的反馈方式：

void SetLocatorEchoType(enum EchoType echoType);

变量 echoType 取值及相应的含义如下：

NO_ECHO：无反馈。这种情况发生在正当应用程序处理某些特殊的命令或光标处于某些特别的区域时。

CURSOR：光标反馈。定位设备的位置由光标指示，SRGP 将各种形状的光标存储在一张资源表中，应用程序通过调用函数

void SetCursor(int cursorIndex);

选择需要的光标。CURSOR 为 echoType 系统缺省值。

RUBBER_LINE/RUBBER_RECT：在上一个光标位置和当前光标位置间画一条橡胶线/橡胶矩形。这种反馈方式通常用于绘图程序。当用户移动定位设备时，**橡胶线**(rubber line)/**橡胶矩形**(rubber rectangle)跟着移动。这样，用户很容易知道自己要画的线段或矩形的位置、大小。橡胶线/橡胶矩形由两点确定，一点称为**锚点**，它是固定的，另一点是当前光标点，它的位置随用户的输入而变化。锚点由下面函数设置：

void SetLocatorEchoRubberAnchor(Point *anchor);

通常 anchor 的值由用户触发的某个事件确定，如用户按下了定位设备的左键，开始绘图了。此时光标所在位置即为 anchor 的值。

图 2.11 示例了各种反馈方式：(a)用户按下左键，确定了一个锚点；(b)用户移动定位设备，光标移动产生橡胶线/橡胶矩形；(c)用户释放左键，十字光标消失(无反馈)，控制转到应用程序，开始绘图；(d) 绘图结束，光标出现。

函数

void SetLocatorMeasure(Point *position);

用来设置光标的位置。它可以在任何时间被调用，无论定位设置处于激活状态或非激活状态。当它在定位设备被激活(调用 SetInputMode())之前被调用时，结果在定位设备被激活之后起

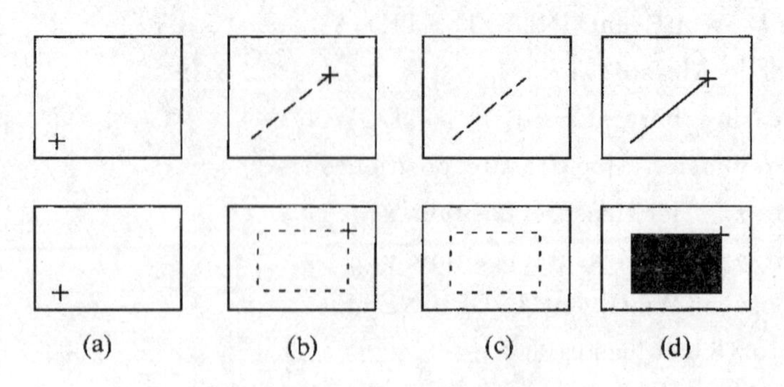

图 2.11　定位设备的反馈方式

作用。例如，当我们希望定位设备被激活后的光标初始位置落于(0,0)点，则可以用下面的语句来完成：

```
position. x＝0, position. y＝0;
SetLocatorMeasure(&position);
SetIuputMode(LOCATOR, EVENT);
```

2. 键盘设备

键盘设备没有反馈方式这个属性，函数

```
void SetKeyboardEchoOrigin(Point *origin);
```

用来设置初始化时屏幕上显示输入字符串的基点。当键盘设备被激活时，缺省的状态是空字符串。缺省状态可由下面的键盘状态设置函数改变：

```
void SetKeyboardMeasure(char *keyMeasure)
```

keyMeasure 代表一个字符串。

2.3 光栅操作

光栅操作(如在内存和帧缓存之间进行位块拷贝)是光栅系统的特有操作。这些光栅操作被大量应用于各种窗口系统及相关的图形应用程序中。本节将介绍光栅操作的基本功能。

2.3.1 画布

假设现在有一个基于窗口系统的绘图程序，菜单条上有下拉式菜单“File”,“Edit”,“Options”,“Help”(见图 2.12)。当用户选定 Edit，然后又按取消键(ESC)时，观察到的变化是下拉式菜单 Edit 出现又消失了。对应于观察到的现象，系统做了些什么工作呢？通常的做法如下：(1) 把菜单将要覆盖的屏幕区域保存在像素图中；(2) 把系统保存的菜单拷贝到屏幕上；(3) 恢复屏幕区域，把保存的像素图重新拷贝到屏幕上。

SRGP 中用于保存菜单和屏幕上一块图像的图元称为**画布**(canvas)，它是个抽象数据类型。画布包括一个用于绘图的像素图和一些控制信息(如像素图的大小、当前的线型、背景色等)。每个画布有自己独立的坐标系，应用程序可以像在屏幕上一样在其中绘图。屏幕也是一个画布，它是唯一被显示的画布。为了使保存在内存中的画布可见，需要将其拷贝到屏幕画布上。任何时候，系统中只有一个画布处于激活状态。应用程序中所有修改图元属性及绘图命令的作用对象就是这个处于激活状态的画布。它可以是屏幕，也可以是保存于内存中的任一个画

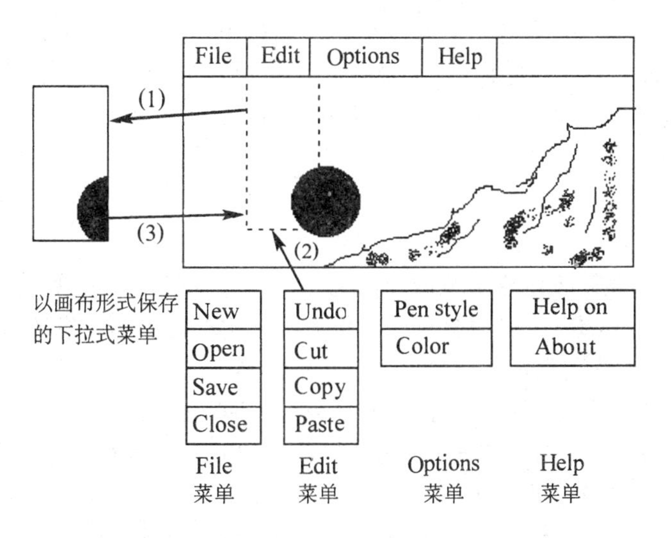

图 2.12 菜单操作

布。不过当非屏幕画布处于激活状态时，绘图命令产生的结果暂时是不可见的。

当 SRGP 初始化时，它自动创建并激活屏幕画布。所以缺省状态下，应用程序的所有的绘图结果都显示在屏幕上。画布由一个整型值唯一标识，屏幕画布的标识(ID)为一系统常量 SCREEN_CANVAS。下面的函数分别用于创建和删除画布：

```
int CrcateCanvas(int width, int height);
void DeleteCanvas(int canvasID);
```

前一个函数的返回值为新创建的画布的标识，后一个函数以待删除画布的标识为参数。当一个画布被创建时，它自动被激活，并且此后大小不能被改变。和屏幕一样，画布的坐标系原点(0,0)位于左下角，最大坐标点位于右上角点(width－1, height－1)。应用程序也可以激活前面已创建的画布：

```
void UseCanvas(int CanvasID);
```

下面的两个函数用以查询给定画布的大小：

```
rectangle *InquireCanvasExtent(int CanvasID);
void InquireCanvasSize(int canvasID, int *width, int *height);
```

2.3.2 裁剪窗口

有时用户希望将整个画布划分成若干个区域，如命令区、绘图区等。当在某一区域工作时，不影响其它区域。SRGP 的裁剪矩形用于完成该功能。当程序中调用

```
void SetClipRectangle(Rectangle *clipRect);
```

后，由变量 clipRect 定义的矩形区域就变成了**裁剪窗口**。绘图时，落于裁剪窗口之外的图形被裁剪掉(不显示)，落于裁剪之内的图形正常显示。裁剪窗口的缺省值为整个画布。它可以为画布的某一部分，但不能超出画布。裁剪窗口像 SRGP 的其它属性一样，可以在程序的任何位置设置。

如上所描述的裁剪方式称**内裁剪**，即落于裁剪窗口内部的图形被显示，而其余的部分不显示。相应地有**外裁剪**，即它的裁剪方式恰好与内裁剪相反，落于裁剪窗口之外的显示而落于内

部的不显示。它在窗口系统中也有较多的应用。例如当我们的绘图窗口不是当前的激活窗口时,对激活窗口的裁剪就是外裁剪。有关裁剪的内容请参见第 6 章。

下面函数用来获取裁剪窗口的信息,它返回指向矩形的指针。

Rectangle * InquireClipRectangle();

2.3.3 位块拷贝

位块拷贝是光栅显示系统最典型的功能之一,它有时也称为 BitBlt(Bit Block transfer)或 PixBlt(Pixel Block transfer)。位块拷贝用以将源画布中的矩形区域内的像素块拷贝到目标区域中,目标区域是位于当前激活画布内的一个矩形区域。SRGP 只提供简单的位块拷贝功能,即要求源矩形区域和目标矩形区域的大小相同。更强的功能允许源区域与目标区域大小不同,它自动完成图像的缩放,甚至在拷贝的过程中还可以与预定义的模板做熔合操作。

SRGP 中的位块拷贝函数如下:

void CopyPixel(int sourceCanvasID, Rectangle * sourceRect, Point * destCorner);

sourceCanvasID 指定源画布,sourceRect 指定源画布中待拷贝的一块矩形区域,而 destCorner 指定了图像将放在当前处于激活状态的画布的什么位置(矩形的左下角点),见图 2.13。

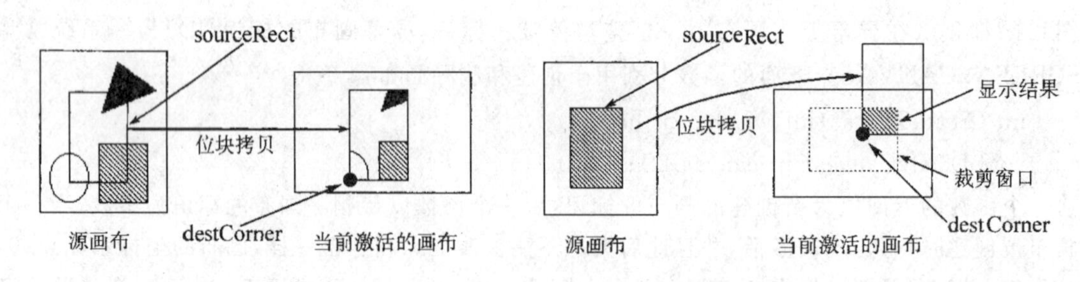

图 2.13 SRGP 中的位块拷贝　　　　图 2.14 位块拷贝和裁剪

当存在裁剪窗口时,位块拷贝的结果同样要接受裁剪,最终的显示结果是目标矩形区域与裁剪窗口区域的交,见图 2.14。

2.3.4 显示模式

在光栅系统中,往屏幕上显示图形的过程就是向帧缓存里写数据的过程,而这个过程是由位块拷贝函数来完成的。SRGP 中的位块拷贝可以在内存与内存之间、内存与帧缓存之间移动位块,并且在拷贝的同时可在源区域与目标区域的相应元素(像素)间进行指定的逻辑运算,再将结果存入目标区域中。运算过程如下:

$$S \text{ op } D \rightarrow D$$

其中 S 为源区域,D 为目标区域。op 称为**光栅运算**,它可以是逻辑运算的任何一种。SRGP 仅支持四种运算,每一种运算对应一种**显示模式**:覆盖/Replace、或/Or、异或/Xor、与/And。二值图像间在各种显示模式下的运算结果见图 2.15。

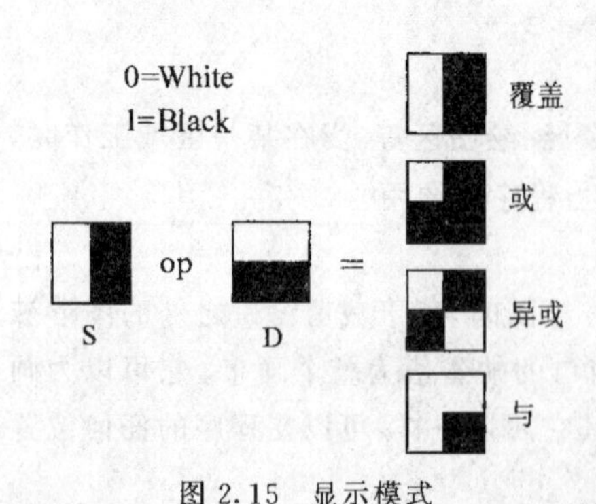

图 2.15 显示模式

SRGP 中,显示模式由下面的函数设置:

```
void SetWriteMode(enum WriteMode writeMode);
```
枚举类型 WriteMode 的定义为:
```
enum WriteMode {
                WRITE_REPLACE,
                WRITE_OR,
                WRITE_XOR,
                WRITE_AND,
              };
```
图形的显示结果依赖于显示模式,所以在编写程序时,一定要设置正确的模式。WRITE_REPLACE 为系统的缺省模式。

光栅运算同样适用于多值图像,因为此时表示一个像素需要多个二进制位,光栅运算事实上即为相应单元间的按位逻辑运算。覆盖模式是通常用得最多的显示模式,它用源图像块覆盖屏幕(或其它画布)上的一块区域。或模式是在保留屏幕上已存在图像的同时再叠加源图像。与模式用于擦除屏幕上某块区域内的图像(清零)。异或模式有着许多特殊的应用。先看看下面的异或算式:

1 Xor 1 = 0,　　　　0 Xor 1 = 1

```
       11001001          00110110
   Xor 11111111      Xor 11111111
   ------------      ------------
       00110110          11001001
```

上式表明对屏幕上的某一像素,当将它的颜色值与 1(11111111)做一次异或时,其值变成它的补数。做两次异或运算时,它又恢复原来的值。异或模式的这种特性被广泛用来实现光标的移动、橡胶线和加亮菜单等操作。

2.4 小　　结

本章介绍的简单二维光栅图形软件包 SRGP 支持的功能十分简单,它是一个用于教学的虚拟的软件包。它的缺陷主要表现在如下两方面:

1. 坐标系

SRGP 采用的是与设备相关的整型坐标系,大多数图形应用软件,如 CAD/CAM 系统对图形对象的表示需要很高的精度。所以,一般来说,这些系统自己定义了浮点型坐标系,物体的表示用浮点数甚至是双精度浮点数,对物体的变换也是在浮点坐标系中进行。如果该种应用软件采用 SRGP 为开发环境,它就必须自己完成从浮点坐标系到整型坐标系的映射。这给程序设计人员带来很大负担。故而,通常由图形软件包支持浮点坐标系并承担坐标系间的映射更方便灵活一些。

2. 图形的存储与恢复

如果一个基于 SRGP 的应用软件在保存了一幅图形之后,需要以不同的大小重新绘制它,结果会怎样呢? 由于 SRGP 没有保存已绘制的图元,从而应用程序就要负责保存、变换、重绘所有的图形。SRGP仅支持以位图/像素图的形式保存图形，这使得它在两种应用中表现不佳。其一是图形的编辑。当用户利用绘图软件绘图时，他们希望操作的对象最好是图元（直线段、曲线段、多边形区域等），而不是一个个像素。这样才能更有效地控制图形。当该绘图软件是基于SRGP时，为了实现图元层次上的编辑功能，程序设计人员就不得不考虑如何保存图元的各种信息了。其二是图形的刷新。屏幕上的图形被破坏后需要恢复，待恢复的图形只能是预先保存的位图/像素图。这种刷新方式一方面需要大量的内存保存一个个位图/像素图（保存图元信息相对来说需要较少的空间），另一方面，当以不同的大小来恢复图形时（例如绘图窗口的尺寸改变了），只能依靠图像变换而不是简单的图形几何变换，计算量大且效果不好。

习　题

1. 什么是光栅图形的扫描转换？

2. 参照本章的内容，找出你所熟悉的图形软件包（如 Windows SDK）中对应的绘制二维图元的函数，并利用它们编写一段程序绘制具有不同属性的图元。

3. 用于接受输入的取样方式和事件驱动方式各自的工作原理是什么？

4. 裁剪的目的是什么？什么是内（外）裁剪？

5. 本章介绍了4种显示模式，试举例说明它们各自的用途。列举出你所知道的其它显示模式。

6. 采用事件驱动方式，编写一个简单的交互式绘图程序，使它能绘制本章中介绍的各类图元，并能控制它们的属性。

第3章　二维线画图元的生成

第2章、第3章和第4章一起介绍简单的二维光栅图形软件包SRGP。第2章主要从图形软件包使用者的角度介绍它具有的功能，通过学习各种函数接口让读者熟悉相关的图形学的基本概念和方法。第3章和第4章从软件包设计人员的角度来剖析如何实现各种功能即生成图元的算法。所谓生成图元，是指完成从图元的参数表示形式（由图形软件包的使用人员指定）转换成点阵表示形式（光栅显示系统刷新时需要的表示形式），通常也称为**扫描转换图元**。本章将介绍直线段、圆弧的扫描转换算法。

3.1　简单的二维图形显示流程图

在第1章所描述的交互式图形系统中，图形软件包介于图形应用软件和图形硬件设备之间，向上提供了一个独立于硬件的接口。如图3.1所示，SRGP的功能分为两部分，一部分用于显示输出，一部分用于输入。在输出过程中，应用程序将应用模型（参数形式描述的图元及其属性）传递给SRGP，由SRGP解释并转换成像素表示形式在屏幕上显示出来。SRGP中的图元生成函数完成“显示什么”的功能，属性设置函数控制图元的外观，而画布控制函数指定图形的显示位置，裁剪函数决定了最终的显示内容，等等。在输入过程中，用户通过输入设备输入信息，该信息由SRGP的取样或事件驱动方式下的输入函数获得并传递给应用程序，应用程序用它来构造或修改屏幕上的图形/应用模型。

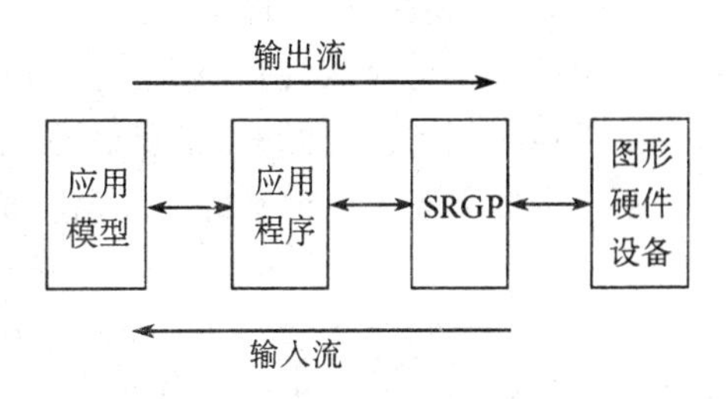

图3.1　SRGP提供了独立于硬件设备的图形接口

作为一个图形软件包，SRGP必须和各种图形硬件设备打交道。高档的显示系统带有专门的帧缓存和显示处理器，显示处理器负责解释和执行绘图命令，并将结果写入帧缓存。在另外一些简单的显示系统中，没有显示处理器，所有的绘图命令通过CPU由软件执行；并且它们也不带有专门的帧缓存，帧缓存由系统内存中的某块区域充当。在不同的结构的显示系统中，各硬件模块之间的连接方式不同，但一般都要求CPU可以访问帧缓存，即可以读/写帧缓存中某个像素值，也可以在内存和帧缓存间移动一块位图（位块拷贝）。这种功能对窗口管理系统来说是至关重要的。窗口管理系统中的窗口管理、菜单操作、对话框处理、窗口内容的滚动刷新等都涉及到位块拷贝。

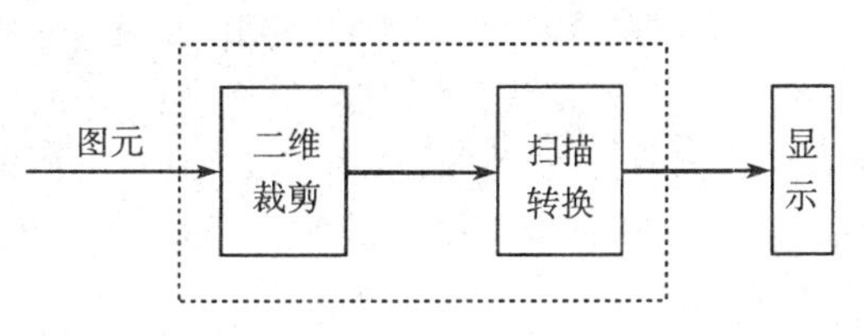

图3.2　简单的二维图形的显示流程图

二维图形在显示输出之前需要进行两个重要的处理步骤，其一是扫描转换，其二是裁剪，流程图见图3.2。图3.2的流程图是简单而粗略的，目的是给读者勾画一条学习的主线，有了这条主线，看似杂乱的内容就有了条理性，读者学习起来就更加方便了。在图3.2中，二维图元的扫描转换算法是本章和第4章的主要内容，也是二维图形学的重点之一。二维裁剪将在第6章中讨论。

在图3.2中，我们给裁剪和扫描转换两模块加了一个更大的虚线框，意思是它们的顺序不是固定不变的，不同的图形系统对裁剪有不同的处理方法。第一种方法是先裁剪再扫描转换，例如要显示直线段，首先对其关于矩形窗口裁剪，得到其位于窗口内的可见部分，再扫描转换，即为显示结果。这种方法最为常用，它的好处是仅需扫描转换可见的图形，节约了大量的计算。第二种方法是先扫描转换整个图元，得出一列像素，但仅显示那些位于裁剪窗口内的像素。该算法简单，主要计算量是测试像素是否落在裁剪窗口之内。如果有了快速测试方法或硬件支持，这不失为一种较好的裁剪方法。第三种方法是首先将待显示的所有图元扫描转换到内存中的画布上，然后将位于裁剪窗口之内的那部分图像通过位块拷贝功能输出。这种方法占用较多的内存空间，消耗较多的时间，但算法简单，常用于字符显示。

3.2 扫描转换直线段

所谓**扫描转换直线段**就是计算出落在直线段上或充分靠近它的一串像素，并以此像素集近似替代原连续直线段在屏幕上显示的过程。对于具有1个像素宽度的连续直线段来说，近似表示它的像素集也应该具有一个像素的宽度，亦即当该线段的斜率落在−1到1之间时，它在每个扫描列上仅有一个像素。当线段的斜率的绝对值大于1时，它在每个扫描行上仅有一个像素。关于宽度大于1个像素的图元的生成方法将在本章的第5节中介绍。

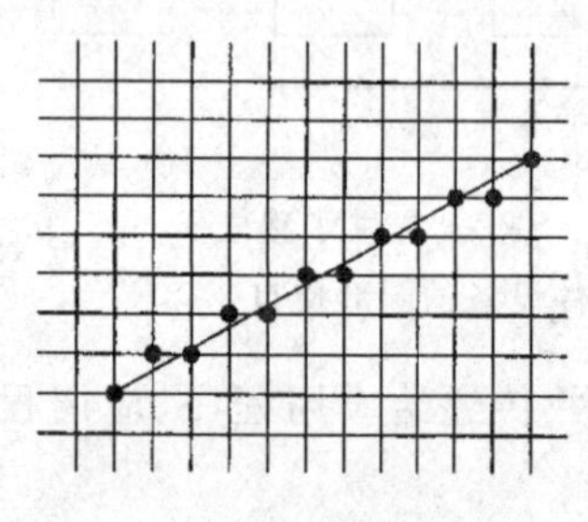

图3.3　直线段和近似表示它的像素集

为了方便讨论问题，我们将像素的几何形状看做中心为网格点(x,y)的圆点，并且像素间的距离是均匀的，像素相互不重叠。在实际的显示系统中，相邻像素间是部分相互重叠的，一般情况下竖直像素之间的距离要比水平像素间的距离大。图3.3中显示了一条宽度为1个像素的直线段，用于表示直线段的像素为均匀填充的黑圆点。

本章我们仍然假定工作于整型坐标系中，即图元的顶点全部为整型坐标点，同时为了简化讨论，假定直线段的斜率$|m|\leqslant 1$，对于斜率$|m|>1$的直线段的生成方法，可以通过对本章的算法适当改变得到。

3.2.1 生成直线段的DDA算法

假设待扫描转换的直线段为$P_0(x0,y0)P_1(x1,y1)$，再令$\Delta x=x1-x0$，$\Delta y=y1-y0$，斜率$m=\Delta y/\Delta x$，直线方程为$y=m\cdot x+B$。求表示直线段P_0P_1的像素集的最简单方法是利用直线方程直接计算。以一个像素为单位分割区间$[x0,x1]$（不妨假定$x0<x1$），得到$[x0,x1]$上的一个划分：$x_0,x_1,\cdots,x_n$，其中$x_{i+1}=x_i+1$。根据直线方程得到直线段上对应于横坐标x_i的点的纵坐标为$y_i=m\cdot x_i+B$，于是就得到了直线段上的点列$\{(x_i,y_i)\}_{i=0}^{n}$，见图3.4。但是由计算过程可知，y_i可能为浮点数，需要对它取整，实际得到像素集$\{(x_i,y_{i,r})\}_{i=0}^{n}$，其中$y_{i,r}=\text{round}(y_i)=(\text{int})(y_i+0.5)$，是$y_i$四舍五入所得的整数值。

这个方法用到了浮点数的乘法、加法和取整运算。

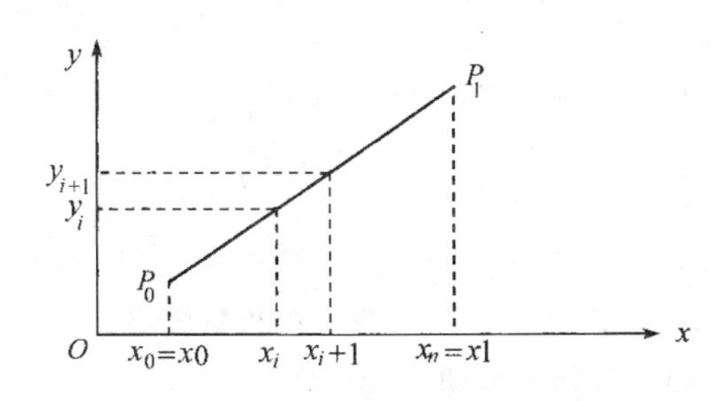

图 3.4 通过直线方程直接计算表示直线段的像素集

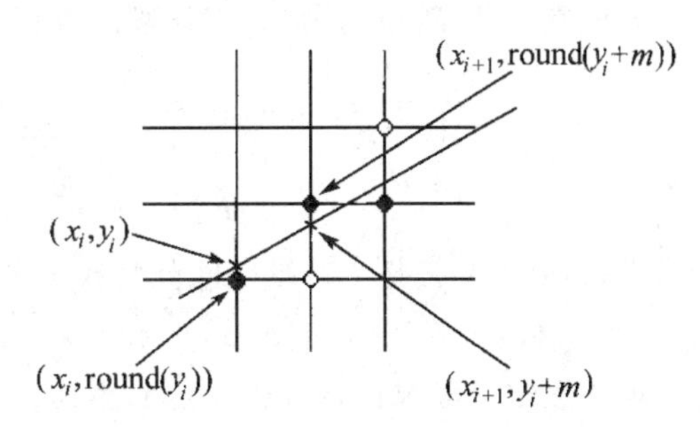

图 3.5 DDA 算法生成直线段

注意到公式

$$y_{i+1}=mx_{i+1}+B=m(x_i+1)+B=mx_i+B+m=y_i+m \tag{3.1}$$

我们就从 y_i 直接得到 y_{i+1}，而不是由 x_{i+1} 通过直线方程来计算 y_{i+1}，由此便消除了算法中的乘法(见图 3.5)。递推公式(3.1)的初值为：$(x_0,y_0)=(x0,y0)$。式(3.1)所表示的生成直线段的计算方法称为 **DDA 算法**。相应的程序如下：

程序 3.1 扫描转换直线段的 DDA 算法

```
void LineDDA(int x0,int y0,int x1,int y1,int color)
* 假定 x0<x1,-1≤m≤1 */
{  int x;
   float dy,dx,y,m;

   dx=x1-x0;
   dy=y1-y0;
   m=dy/dx;
   y=y0;
   for(x=x0;x<=x1;x++)
      { PutPixel(x,(int)(y+0.5),color);      /* 以颜色 color 显示像素 */
        y+=m;
      }
}     /* DDA 算法程序结束 */
```

3.2.2 生成直线段的中点算法

影响 DDA 算法效率的有两点，其一是采用了浮点加法，其二是浮点数在显示输出时需要取整。本节介绍的中点算法为了消除这两种耗时的运算，完全改变了 DDA 算法的计算过程，两种方法的计算过程比较如下：

DDA 算法：$y_i \xrightarrow{\text{浮点数加法}} y_{i+1} \xrightarrow{\text{取整运算}} y_{i+1,r}$

中点算法：$y_{i,r} \xrightarrow{\text{整数加法、比较}} y_{i+1,r}$

通过这种改进，中点算法的效率大大提高，使之成为被图形软件广泛采用的算法之一。这里为了讨论上的方便，我们进一步假定直线段的斜率 $m\in[0,1]$，并且左下方的端点为 $P_0(x0,y0)$，

右上方的端点为 $P_1(x1,y1)$。直线段的方程为：

$$y = mx + B \Longleftrightarrow y = \frac{\Delta y}{\Delta x}x + B \Longleftrightarrow \Delta xy = \Delta yx + \Delta xB$$

$$\Longleftrightarrow F(x,y) \xlongequal{\text{记}} \Delta xy - \Delta yx - \Delta xB = 0$$

直线 $F(x,y)=0$ 将整个二维空间分割成三个部分：$G_+=\{(x,y)\mid F(x,y)>0\}$、$G_0=\{(x,y)\mid F(x,y)=0\}$ 和 $G_-=\{(x,y)\mid F(x,y)<0\}$，如图 3.6。这种性质称为直线的**正负划分性**。

现在假定已经求得像素 $(x_i,y_{i,r})$，由四舍五入的取整原则可知(见图 3.7)：

$$y_i \in \left[y_{i,r} - \frac{1}{2}, y_{i,r} + \frac{1}{2}\right)$$

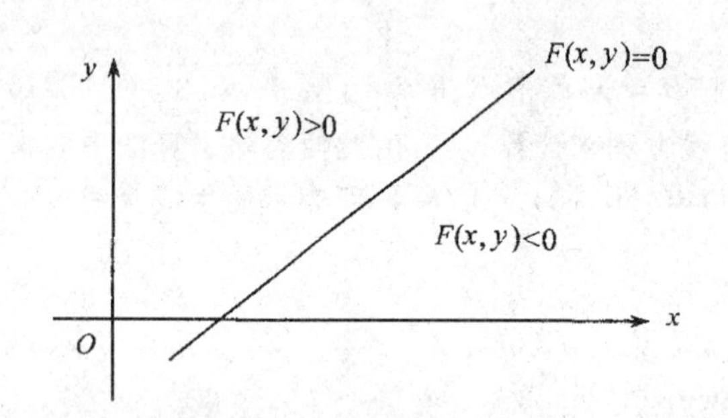

图 3.6 直线的正负划分性

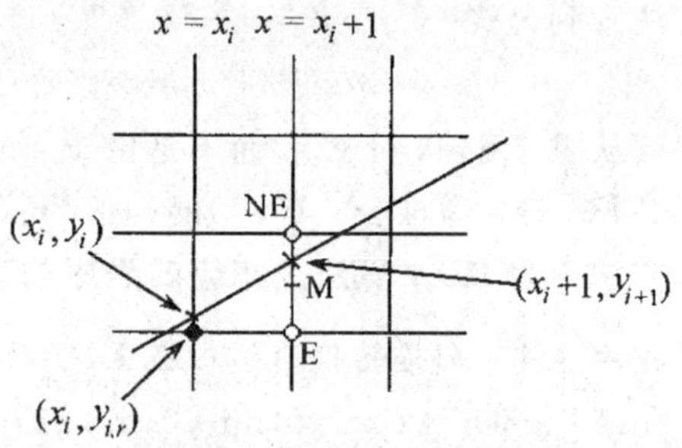

图 3.7 中点判别方法

由于 P_0P_1 的斜率 $m\in[0,1]$，故 $x=x_i+1$ 和 P_0P_1 的交点的纵坐标

$$y_{i+1} \in \left[y_{i,r} - \frac{1}{2}, y_{i,r} + 1 + \frac{1}{2}\right)$$

在直线 $x=x_i+1$ 上，区间 $\left[y_{i,r}-\frac{1}{2}, y_{i,r}+\frac{3}{2}\right)$ 内存在两个像素 NE 和 E。根据取整原则，当 (x_{i+1},y_{i+1}) 在中点 $M\left(x_{i+1}, y_{i,r}+\frac{1}{2}\right)$ 上方时，取像素 NE，否则取像素 E，即

$$y_{i+1,r} = \begin{cases} y_{i,r}(\text{E 点}), & \text{当 } y_{i+1} \in \left[y_{i,r} - \frac{1}{2}, y_{i,r} + \frac{1}{2}\right), \\ y_{i,r} + 1(\text{NE 点}), & \text{当 } y_{i+1} \in \left[y_{i,r} + \frac{1}{2}, y_{i,r} + \frac{3}{2}\right) \end{cases}$$

$$\Longleftrightarrow y_{i+1,r} = \begin{cases} y_{i,r}, & \text{当}(x_i + 1, y_{i+1}) \text{ 在 } M \text{ 下方}, \\ y_{i,r} + 1, & \text{当}(x_i + 1, y_{i+1}) \text{ 在 } M \text{ 上方} \end{cases} \tag{3.2}$$

而“(x_i+1,y_{i+1})在 M 上方”等价于“$F(M)\leqslant 0$”。

若取判别式 $d_i=2F(M)=2F\left(x_i+1, y_{i,r}+\frac{1}{2}\right)$，则式(3.2)变为

$$y_{i+1,r} = \begin{cases} y_{i,r}, & \text{当 } d_i > 0, \\ y_{i,r} + 1, & \text{当 } d_i \leqslant 0 \end{cases} \tag{3.3}$$

式(3.2)和式(3.3)即为中点判别式。

计算判别式 d_i 的递推公式如下：

$$d_{i+1} = 2F\left(x_i + 2, y_{i+1,r} + \frac{1}{2}\right) = 2\left[\Delta x\left(y_{i+1,r} + \frac{1}{2}\right) - \Delta y(x_i + 2) - \Delta xB\right]$$

$$
=\begin{cases}2\left[\Delta x\left(y_{i,r}+\dfrac{1}{2}\right)-\Delta y(x_i+1)-\Delta y-\Delta xB\right], & d_i>0,\\ 2\left[\Delta x\left(y_{i,r}+\dfrac{1}{2}\right)+\Delta x-\Delta y(x_i+1)-\Delta y-\Delta xB\right], & d_i\leqslant 0\end{cases}
$$

$$
=\begin{cases}2F\left(x_i+1,y_{i,r}+\dfrac{1}{2}\right)-2\Delta y, & d_i\geqslant 0,\\ 2F\left(x_i+1,y_{i,r}+\dfrac{1}{2}\right)-2(\Delta y-\Delta x), & d_i<0\end{cases}
$$

$$
=\begin{cases}d_i-2\Delta y, & d_i>0,\\ d_i-2(\Delta y-\Delta x), & d_i\leqslant 0\end{cases}\tag{3.4}
$$

算法的初始条件为

$$
\begin{cases}(x_0,y_{0,r})=(x0,y0),\\ d_0=2F\left(x_0+1,y_{0,r}+\dfrac{1}{2}\right)=2F(x_0,y_{0,r})-(2\Delta y-\Delta x)=\Delta x-2\Delta y\end{cases}\tag{3.5}
$$

程序 3.2 扫描转换直线段的中点算法

```
void MidPointLine(int x0,int y0,int x1,int y1,int color)
/* 假定 x0<x1,y0<y1,-1≤m≤1 */
{ int dx,dy,incrE,incrNE,d,x,y;

  dx=x1-x0;
  dy=y1-y0;
  d=dx-2*dy;                  /* 初始化判别式 d */
  incrE=-2*dy;                /* 取像素 E 时判别式的增量 */
  incrNE=2*(dx-dy);           /* 取像素 NE 时判别式的增量 */
  x=x0,y=y0;
  PutPixel(x,y,color);
  while(x<x1)
  { if(d>0)                   /* 取像素 E */
     d+=incrE;
     else                     /* 取像素 NE */
     {d+=incrNE;
      y++;
      x++;
     }
     PutPixel(x,y,color);
   }/* white 循环结束 */
}/* 中点算法的程序结束 */
```

[例 3.1] 试用中点判别方法从像素$(x_i,y_{i,r})$同时求出其后续的两个像素$(x_i+1,y_{i+1,r})$和$(x_i+2,y_{i+2,r})$。

我们仍假定线段的斜率$m\in[0,1]$,从而三个相继像素的排列必为图 3.8 所示四种情况之一。

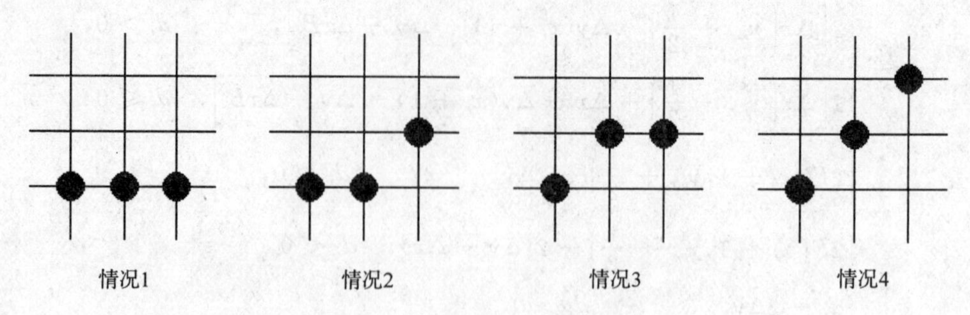

图 3.8 三个相继像素的排列方式

当 $m\in\left[0,\frac{1}{2}\right)$ 时，

$$(x_i,y_{i,r})\Rightarrow y_i\in\left[y_{i,r}-\frac{1}{2},y_{i,r}+\frac{1}{2}\right)\Rightarrow y_{i+2}\in\left[y_{i,r}-\frac{1}{2},y_{i,r}+\frac{3}{2}\right)$$
$$\Rightarrow y_{i+2,r}=y_{i,r}\text{ 或 }y_{i,r}+1 \tag{3.6}$$

从而排除情况 4。

当 $m\in\left[\frac{1}{2},1\right]$ 时，

$$(x_i,y_{i,r})\Rightarrow y_i\in\left[y_{i,r}-\frac{1}{2},y_{i,r}+\frac{1}{2}\right)\Rightarrow y_{i+2}\in\left[y_{i,r}+\frac{1}{2},y_{i,r}+\frac{5}{2}\right)$$
$$\Rightarrow y_{i+2,r}=y_{i,r}+1\text{ 或 }y_{i,r}+2 \tag{3.7}$$

从而排除情况 1。

下面我们以 $m\in\left[0,\frac{1}{2}\right)$ 为例说明推导过程。取中点 $M\left(x_i+2,y_{i,r}+\frac{1}{2}\right)$ 和 $M'\left(x_i+1,y_{i,r}+\frac{1}{2}\right)$，分别构成中点判别式

$$d_i=2F(M)=2F\left(x_i+2,y_{i,r}+\frac{1}{2}\right)$$

和

$$d_i'=2F(M')=2F\left(x_i+1,y_{i,r}+\frac{1}{2}\right)$$

由(3.6)式得：

$$y_{i+2,r}=\begin{cases}y_{i,r}(\text{情况 1}), & \text{当 } d_i>0,\\ y_{i,r}+1, & \text{当 } d_i\leqslant 0\end{cases}$$

在 $d_i>0$ 情况下，

$$y_{i+1,r}=y_{i,r};$$

在 $d_i\leqslant 0$ 的情况下，

$$y_{i+1,r}=\begin{cases}y_{i,r}(\text{情况 2}), & \text{当 } d_i'>0,\\ y_{i,r}+1(\text{情况 3}), & \text{当 } d_i'\leqslant 0\end{cases}$$

这样，由 d_i 和 d_i' 两个判别式的正负号就能唯一确定后继的两个像素。d_i 和 d_i' 之间的关系如下：

$$d_i'=2F\left(x_i+1,y_{i,r}+\frac{1}{2}\right)=2\left[\Delta x\left(y_{i,r}+\frac{1}{2}\right)-\Delta y(x_i+1)-\Delta xB\right]$$

$$= 2\left[\Delta x\left(y_{i,r}+\frac{1}{2}\right)-\Delta y(x_i+2)+\Delta y-\Delta xB\right]$$

$$= 2F\left(x_i+2, y_{i,r}+\frac{1}{2}\right)+2\Delta y = d_i+2\Delta y \tag{3.8}$$

3.3 扫描转换圆弧

本节中，我们仅讨论圆心位于坐标原点的圆弧的扫描转换算法，对于圆心为任意点的圆弧，可以先将其平移到原点，然后扫描转换，再平移到原来的位置。

3.3.1 圆的八对称性

圆心位于原点的圆有四条对称轴 $x=0$、$y=0$、$x=y$ 和 $x=-y$，见图 3.9。从而若已知圆弧上一点 (x,y)，就可以得到其关于四条对称轴的七个对称点，这种性质称为**八对称性**。于是，为了求出表示整个圆弧的像素集，只要扫描转换八分之一圆弧就可以了。下面的函数 CirclePoints()用来显示 (x,y) 及其七个对称点。

程序 3.3 显示圆弧上的八个对称点

```
void CirclePoints(int x,int y,int color)
    { PutPixel(x,y,color);
      PutPixel(y,x,color);
      PutPixel(-y,x,color);
      PutPixel(-x,y,color);
      PutPixel(y,-x,color);
      PutPixel(x,-y,color);
      PutPixel(-x,-y,color);
      PutPixel(-y,-x,color);
    } /* 程序 CirclePoints()结束 */
```

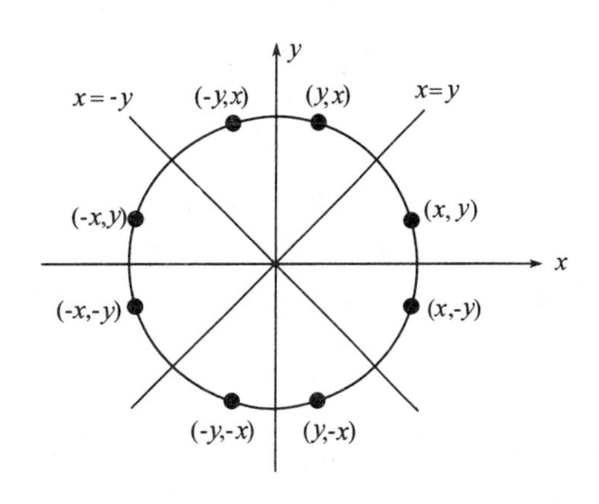

图 3.9 圆的八对称性

注意：当 $x=y$ 时，上面的程序将对称轴上的四个像素重绘两次，特别地，当采用异或方式绘图时，圆上会出现四个缺口，读者可以对上述代码稍加改变来处理这种情况。

3.3.2 生成圆弧的中点算法

生成圆弧的最简单方法莫过于利用其函数方程，直接离散计算。中心在坐标原点、半径为 R 的圆的方程为 $x^2+y^2=R^2$。考虑第一象限内 $x\in[0,R/\sqrt{2}]$ 的八分之一圆弧。首先将区间 $[0,R/\sqrt{2}]$ 以 1 个像素为单位离散得到 $\{x_i\}_{i=0}^n$，其中 $x_{i+1}=x_i+1$。再根据圆的方程求得 $\{y_i\}_{i=0}^n$，其中 $y_i=\sqrt{R^2-x_i^2}$，则 $\{(x_i,y_{i,r})\}_{i=0}^n$ 为所求的像素集，其中 $y_{i,r}=\text{round}(y_i)$。生成圆弧也可以利用其参数方程 $x=R\cos\theta, y=R\sin\theta, \theta\in[0,2\pi]$。考虑第一象限内的八分之一圆弧 $\{(R\cos\theta,R\sin\theta)\mid\theta\in[0,\pi/4]\}$。首先将区间 $[0,\pi/4]$ 按一定的步长离散得 $\{\theta_i\}_{i=0}^n$，再求相应的像素集为 $\{(\text{round}(R\cos\theta_i),\text{round}(R\sin\theta_i))\}_{i=0}^n$。这两种方法都不足取，因为它们分别用到开根运算、三角函数运算等，计算量大，效率不高。

本节介绍的生成圆弧的中点算法和上节所讲的生成直线段的中点算法类似，将撇开从x_i/θ_i计算y_i的过程，而是直接从当前已获得的像素$(x_i, y_{i,r})$递推出后继的像素$(x_i+1, y_{i+1,r})$。

首先，我们将圆弧的函数方程改写为隐函数的形式：

$$F(x,y) = x^2 + y^2 - R^2 = 0 \tag{3.9}$$

则圆弧$F(x,y)=0$具有正负划分性，见图3.10。

考虑第一象限内$x\in[0,R/\sqrt{2}]$的八分之一圆弧段。假定我们已经计算出像素$(x_i, y_{i,r})$，由四舍五入的取整原则得：

$$y_i \in \left[y_{i,r} - \frac{1}{2}, y_{i,r} + \frac{1}{2}\right)$$

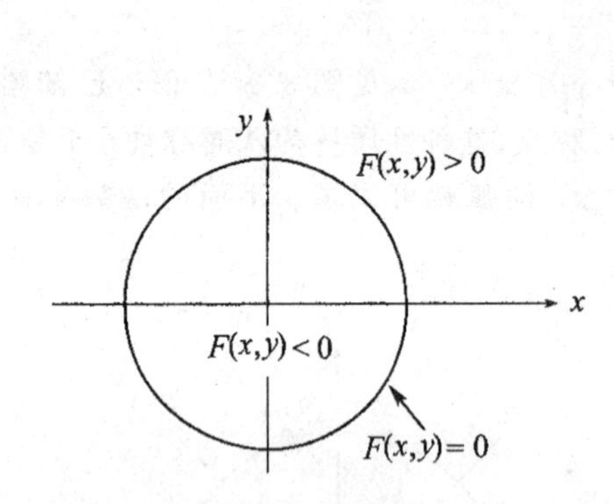

图 3.10 圆的正负划分性

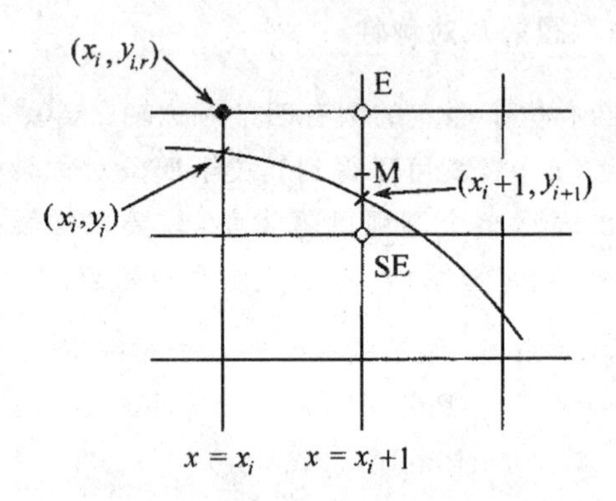

图 3.11 生成圆弧的中点判别方法

又因为在所考虑的圆弧段内，圆弧上各点的切线的斜率m处处满足$m\in[-1,0]$，从而竖直线$x=x_i+1$和圆弧的交点的纵坐标满足(见图3.11)：

$$y_{i+1} \in \left[y_{i,r} - \frac{3}{2}, y_{i,r} + \frac{1}{2}\right) \Rightarrow$$

$$y_{i+1,r} = \begin{cases} y_{i,r}(\text{E 点}), & \text{当交点}(x_i+1, y_{i+1})\text{位于中点} M\left(x_i+1, y_{i,r}-\frac{1}{2}\right)\text{之上时}, \\ y_{i,r}-1(\text{SE 点}), & \text{当交点}(x_i+1, y_{i+1})\text{位于中点} M\left(x_i+1, y_{i,r}-\frac{1}{2}\right)\text{之下时} \end{cases} \tag{3.10}$$

而条件"交点(x_i+1, y_{i+1})位于M之上"等价于"$F(M)=\left(x_i+1, y_{i,r}-\frac{1}{2}\right)\leqslant 0$"。

取判别式

$$d_i = F(M) = F\left(x_i+1, y_{i,r}-\frac{1}{2}\right) = (x_i+1)^2 + \left(y_{i,r}-\frac{1}{2}\right)^2 - R^2 \tag{3.11}$$

则式(3.10)变成：

$$y_{i+1,r} = \begin{cases} y_{i,r}, & \text{当 } d_i \leqslant 0, \\ y_{i,r}-1, & \text{当 } d_i > 0 \end{cases} \tag{3.12}$$

式(3.12)即为生成圆弧的中点判别方法。判别式的递推计算公式由下式给出：

$$d_{i+1} = F\left(x_i+2, y_{i+1,r}-\frac{1}{2}\right) = (x_i+2)^2 + \left(y_{i+1,r}-\frac{1}{2}\right)^2 - R^2$$

$$
=\begin{cases}(x_i+1)^2+2(x_i+1)+1+\left(y_{i,r}-\dfrac{1}{2}\right)^2-R^2, & \text{当 } d_i\leqslant 0,\\ (x_i+1)^2+2(x_i+1)+1+\left(y_{i,r}-\dfrac{1}{2}\right)^2-2\left(y_{i,r}-\dfrac{1}{2}\right)+1-R^2, & \text{当 } d_i>0\end{cases}
$$

$$
=\begin{cases}d_i+2x_i+3, & \text{当 } d_i\leqslant 0,\\ d_i+2(x_i-y_{i,r})+5, & \text{当 } d_i>0\end{cases} \tag{3.13}
$$

式(3.12)和式(3.13)构成了完整的中点算法，这两个递推式的初值条件为：

$$
\begin{cases}(x_0,y_{o,r})=(0,R),\\ d_0=F\left(x_0+1,y_{0,r}-\dfrac{1}{2}\right)=F\left(1,R-\dfrac{1}{2}\right)=\dfrac{5}{4}-R\end{cases} \tag{3.14}
$$

相应的程序如下：

程序 3.4 生成圆弧的中点算法

```
void MidPointCircle(int radius,int color)
/* 假定圆心在原点 */
{int x,y;
 float d;

 x = 0;
 y = radius;
 d = 5.0/4-radius;      /* 初始化 */
 CirclePoints(x,y,color);
 while(y>x)
 {if(d<=0)      /* 取像素 E */
     d+=2.0*x+3;
  else      /* 取像素 SE */
     {d+=2.0*(x-y)+5;
      y--;
     }
  x++;
  CirclePoints(x,y,color);
 } /* end of while */
} /* end of MidPointCircle() */
```

程序 3.4 中包含了浮点数 d。分析上述算法，不难发现，程序中起作用的仅仅是 d 的符号，所以不妨设另一整型变量 h，使 h=4d，从而用 h 替代程序 3.4 中的 d 不会影响计算结果，这样我们就消除了浮点运算。为了程序的一致性，仍然用变量名 d 而不是 h，所得的程序见程序 3.5。此时 $d_i=4F(M)$，它的初值及递推公式应作相应的变化。

程序 3.5 消除了浮点运算的中点算法

```
void MidPointCircle(int radius,int color)
{ int x,y,d;
```

```
  x=0;
  y=radius;
  d=5-4*radius;      /* 初始化 */
  CirclePoints(x,y,color);
  while(y>x)
  {if(d<=0)      /* 取像素 E */
     d+=8*x+12;
   else      /* 取像素 SE */
     {d+=8*(x-y)+20;
      y--;
     }
   x++;
   CirclePoints(x,y,color);
  } /* end of while */
} /* 程序 MidPointCircle()结束 */
```

为了进一步提高算法的效率,还可以用差分的方法消除上述算法中的乘法运算。若记 $\Delta_{E,i}=8x_i+12$,$\Delta_{SE,i}=8(x_i-y_{i,r})+20$,则式(3.13)变为:

$$d_{i+1}=\begin{cases}d_i+\Delta_{E,i}, & \text{当 } d_i\leqslant 0,\\ d_i+\Delta_{SE,i}, & \text{当 } d_i>0\end{cases} \tag{3.15}$$

$\Delta_{E,i}$的递推公式如下:

$$\Delta_{E,i+1}=8(x_i+1)+12=\Delta_{E,i}+8 \tag{3.16}$$

$\Delta_{SE,i}$的递推公式如下:

当 $d_i\leqslant 0$ 时,由式(3.12)有 $y_{i+1,r}=y_{i,r}$,从而

$$\Delta_{SE,i+1}=8(x_i+1-y_{i+1,r})+20=8(x_i+1-y_{i,r})+20=\Delta_{SE,i}+8 \tag{3.17}$$

当 $d_i>0$ 时,由式(3.12)有 $y_{i+1,r}=y_{i,r}-1$,从而

$$\Delta_{SE,i+1}=8(x_i+1-y_{i+1,r})+20=8[x_i+1-(y_{i,r}-1)]+20=\Delta_{SE,i}+16 \tag{3.18}$$

$\Delta_{E,i}$和 $\Delta_{SE,i}$的初值为 $\Delta_{E,0}=12$、$\Delta_{SE,0}=20-8R$;通过式(3.16)、式(3.17) 和式(3.18),我们给出了仅有整数加法的 $\Delta_{E,i}$和 $\Delta_{SE,i}$的递推式,亦即消除了 d_i 递推公式中的乘法运算。各个变量的变化关系如下表,相应的程序见程序 3.6。

x		y	d	Δ_E	Δ_{SE}
$x=x+1$	$d\leqslant 0$	不变	$d+\Delta_E$	Δ_E+8	$\Delta_{SE}+8$
	$d>0$	$y-1$	$d+\Delta_{SE}$	Δ_E+8	$\Delta_{SE}+16$

程序 3.6　消除了乘法的中点算法

```
void MidPointCircle(int radius,int color)
{ int x,y,d;

  x=0;
```

```
  y=radius;
  d=5-4*radius;
  deltaE=12;
  deltaSE=20-8*radius;        /* 初始化 */
  CirclePoints(x,y,color);
  while(y>x)
  { if(d<=0)      /* 取像素 E */
    { d+=deltaE;
      deltaSE+=8;
    }
    else      /* 取像素 SE */
    { d+=deltaSE;
      deltaSE+=16;
      y--;
    }
    deltaE+=8;
    x++;
    CirclePoints(x,y,color);
  } /* while 语句结束 */
}/* 程序 MidPointCircle()结束 */
```

3.3.3 生成椭圆弧的中点算法

本节讨论中心落在坐标原点的标准椭圆的扫描转换算法。生成椭圆的中点算法和生成圆的中点算法在基本处理方法上是完全一致的，只不过椭圆的方程复杂一些，相应的计算过程也复杂一些。

中心在原点的椭圆的方程为：

$$\frac{x^2}{a^2}+\frac{y^2}{b^2}=1$$

将它化为隐函数的形式：

$$F(x,y)=(bx)^2+(ay)^2-(ab)^2=0 \tag{3.19}$$

其中 a 为 x 轴方向上半轴的长度，b 为 y 轴方向上半轴的长度，a 和 b 均为整数。椭圆具有正负划分性，见图 3.12。

由于椭圆的对称性，我们只需要讨论第一象限内椭圆弧的生成。在第一象限内，我们进一步将该段椭圆弧分为上、下两部分，分界点为切线斜率为 -1 的点 P，见图 3.13。根据微积分知识，椭圆弧上任一点 (x,y) 的法向量为

$$\left(\frac{\partial F(x,y)}{\partial x},\frac{\partial F(x,y)}{\partial y}\right)=(2b^2x,2a^2y) \tag{3.20}$$

(x,y) 点的切向与法向垂直，为 $(-2a^2y,2b^2x)$，从而切线斜率为 -1 的点满足

$$2b^2x=2a^2y \iff b^2x=a^2y \tag{3.21}$$

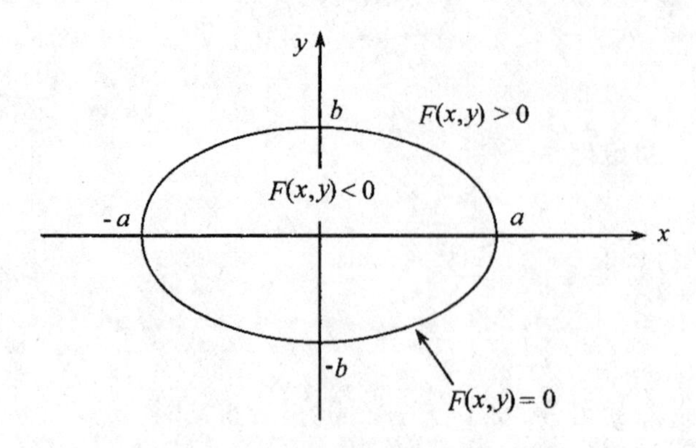

图 3.12　椭圆的正负划分性

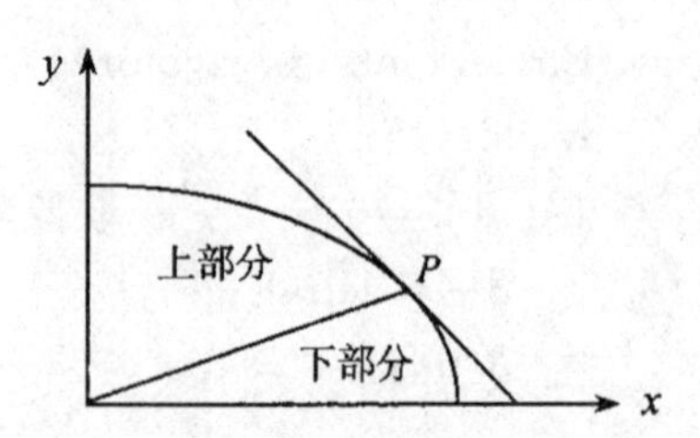

图 3.13　第一象限内的椭圆弧被进一步分为上、下两部分

联立(3.19)和(3.21)两式求得切线斜率为−1的点的坐标为$\left(\frac{a^2}{\sqrt{a^2+b^2}},\frac{b^2}{\sqrt{a^2+b^2}}\right)$,记该点为$P$。算法分为两部分:

(1) 考虑P点上方的椭圆弧段。此弧上各点的切线斜率m处处满足$m\in[-1,0]$,假定已求得像素$(x_i,y_{i,r})$,我们要递推出后继的像素$(x_i+1,y_{i+1,r})$。由已知条件得到

$$y_i\in\left[y_{i,r}-\frac{1}{2},y_{i,r}+\frac{1}{2}\right)\Rightarrow y_{i+1}\in\left[y_{i,r}-\frac{3}{2},y_{i,r}+\frac{1}{2}\right)$$

$$\Rightarrow y_{i+1,r}=\begin{cases}y_{i,r} & (E\text{ 点}),\text{ 当交点}(x_i+1,y_{i+1})\text{ 位于中点 }M\left(x_i+1,y_{i,r}-\frac{1}{2}\right)\text{ 的上方},\\ y_{i,r}-1 & (SE),\text{ 当交点}(x_i+1,y_{i+1})\text{ 位于中点 }M\left(x_i+1,y_{i,r}-\frac{1}{2}\right)\text{ 的下方}\end{cases}\tag{3.22}$$

而条件"交点(x_i+1,y_{i+1})位于中点M的上方"等价于"$F(M)=F\left(x_i+1,y_{i,r}-\frac{1}{2}\right)\leqslant 0$"(见图3.14)。

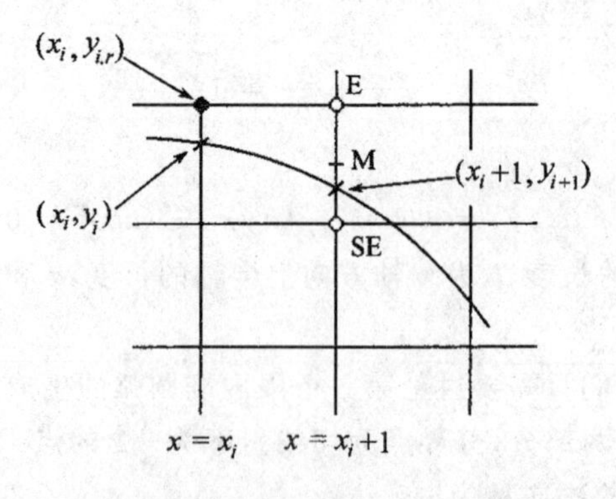

图 3.14　生成第一象限内上半部分椭圆弧的中点判别方法

取判别式$d_i=4\cdot F(M)=4F\left(x_i+1,y_{i,r}-\frac{1}{2}\right)$,则式(3.22)变为:

$$y_{i+1,r}=\begin{cases}y_{i,r}, & \text{当 } d_i \leqslant 0,\\ y_{i,r}-1, & \text{当 } d_i > 0\end{cases} \tag{3.23}$$

判别式 d_i 的递推计算公式如下：

$$\begin{aligned}
d_{i+1}&=4F\left(x_i+2, y_{i+1,r}-\frac{1}{2}\right)=4\left[b^2(x_i+2)^2+a^2\left(y_{i+1,r}-\frac{1}{2}\right)^2-a^2b^2\right]\\
&=\begin{cases}4\left[b^2(x_i+1)^2+2b^2(x_i+1)+b^2+a^2\left(y_{i,r}-\frac{1}{2}\right)^2-a^2b^2\right], & \text{当 } d_i\leqslant 0,\\ 4\left[b^2(x_i+1)^2+2b^2(x_i+1)+b^2+a^2\left(y_{i,r}-\frac{1}{2}\right)^2\right.\\ \qquad \left.-2a^2\left(y_{i,r}-\frac{1}{2}\right)+a^2-a^2b^2\right], & \text{当 } d_i>0\end{cases}\\
&=\begin{cases}4F\left(x_i+1, y_{i,r}-\frac{1}{2}\right)+8b^2(x_i+1)+4b^2, & \text{当 } d_i\leqslant 0,\\ 4F\left(x_i+1, y_{i,r}-\frac{1}{2}\right)+8b^2(x_i+1)+4b^2-8a^2\left(y_{i,r}-\frac{1}{2}\right)+4a^2, & \text{当 } d_i>0\end{cases}\\
&=\begin{cases}d_i+4b^2(2x_i+3), & \text{当 } d_i\leqslant 0,\\ d_i+4b^2(2x_i+3)-8a^2(y_{i,r}-1), & \text{当 } d_i>0\end{cases}
\end{aligned} \tag{3.24}$$

递推式(3.23)和(3.24)构成了生成上半部分椭圆弧的中点判别方法，它们的初值条件为：

$$\begin{cases}(x_0, y_{0,r})=(0,b),\\ d_0=4F\left(1, b-\frac{1}{2}\right)=4b^2-4a^2b+a^2\end{cases} \tag{3.25}$$

(2) 考虑 P 点下方的椭圆弧。此段弧上各点的切线的斜率 m 处处满足 $\frac{1}{m}\in[-1,0]$，假定已求得像素 $(x_{i,r}, y_i)$，我们要递推出后继的像素 $(x_{i+1,r}, y_i+1)$。注意，此时横坐标 x 和纵坐标 y 的角色互换，即我们关心的是 y 递增一个像素，x 递增多大，并且对 x 取整。由已知条件得到：

$$x_i\in\left[x_{i,r}-\frac{1}{2}, x_{i,r}+\frac{1}{2}\right)$$

由于 $\frac{1}{m}\in[-1,0]$，即 y 递增一个像素时，x 至多递减 1 个像素(见图 3.15)，从而

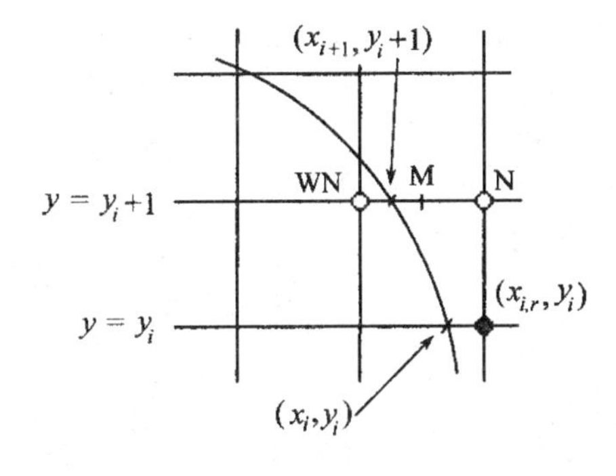

图 3.15 生成第一象限内下半部分椭圆弧的中点判别方法

$$x_{i+1} \in \left[x_{i,r} - \frac{3}{2}, x_{i,r} + \frac{1}{2}\right)$$

$$\Rightarrow x_{i+1,r} = \begin{cases} x_{i,r}(\text{N 点}), & \text{当交点}(x_{i+1}, y_i + 1)\text{位于中点 M}'\left(x_{i,r} - \frac{1}{2}, y_i + 1\right)\text{的右侧}, \\ x_{i,r} - 1(\text{WN 点}), & \text{当交点}(x_{i+1}, y_i + 1)\text{位于中点 M}'\left(x_{i,r} - \frac{1}{2}, y_i + 1\right)\text{的左侧} \end{cases} \tag{3.26}$$

同样，条件"交点(x_{i+1}, y_i+1)位于中点 M′的右侧"等价于"$F(M') = F\left(x_{i,r} - \frac{1}{2}, y_i + 1\right) \leqslant 0$"。取判别式

$$d_i' = 4F(M') = 4F\left(x_{i,r} - \frac{1}{2}, y_i + 1\right) \tag{3.27}$$

则(3.26)式变为：

$$x_{i+1,r} = \begin{cases} x_{i,r}, & \text{当 } d_i' \leqslant 0, \\ x_{i,r} - 1, & \text{当 } d_i' > 0 \end{cases} \tag{3.28}$$

判别式的递推计算公式如下：

$$\begin{aligned} d_{i+1}' &= 4F\left(x_{i+1,r} - \frac{1}{2}, y_i + 2\right) = 4\left[b^2\left(x_{i+1,r} - \frac{1}{2}\right)^2 + a^2(y_i + 2)^2 - a^2b^2\right] \\ &= \begin{cases} 4\left[b^2\left(x_{i,r} - \frac{1}{2}\right)^2 + a^2(y_i + 1)^2 + 2a^2(y_i + 1) + a^2 - a^2b^2\right], & \text{当 } d_i' \leqslant 0, \\ 4\left[b^2\left(x_{i,r} - \frac{1}{2} - 1\right) + a^2(y_i + 1)^2 + 2a^2(y_i + 1) + a^2 - a^2b^2\right], & \text{当 } d_i' > 0 \end{cases} \\ &= \begin{cases} 4F\left(x_{i,r} - \frac{1}{2}, y_i + 1\right) + 4a^2(2y_i + 3), & \text{当 } d_i' \leqslant 0, \\ 4F\left(x_{i,r} - \frac{1}{2}, y_i + 1\right) + 4a^2(2y_i + 3) - 8b^2(x_{i,r} - 1), & \text{当 } d_i' > 0 \end{cases} \\ &= \begin{cases} d_i' + 4a^2(2y_r + 3), & \text{当 } d_i' \leqslant 0, \\ d_i' + 4a^2(2y_i + 3) - 8b^2(x_{i,r} - 1), & \text{当 } d_i' > 0 \end{cases} \end{aligned} \tag{3.29}$$

递推式(3.28)和(3.29)构成了生成下半部分椭圆弧的中点判别方法。它们的初值条件为：

$$\begin{cases} (x_{0,r}, y_0) = (a, 0), \\ d_0' = 4F\left(a - \frac{1}{2}, 1\right) = 4a^2 - 4ab^2 + b^2 \end{cases} \tag{3.30}$$

程序 3.7　生成椭圆弧的中点算法

```
void EllipsePoints(int x,int y,int color)
/* 绘椭圆弧上对称的四个像素 */
{PutPixel(x,y,color);
 PutPixel(-x,y,color);
 PutPixel(-x,-y,color);
 PutPixel(x,-y,color);
} /* end of EllipsePoints() */

void MidPointEllipse(int a,int b,int color)
```

```
/* 假定椭圆的中心在原点,a 和 b 分别为两个半轴的长度 */
{ int x,y,d,xP,yP,squarea,squareb;
  squarea=a*a;
  squareb=b*b;
  /* 计算分界点 P */
  xP=(int)(0.5+(float)squarea/sqrt((float)(squarea+squareb)));
  yP=(int)(0.5+(float)squareb/sqrt((float)(squarea+squareb)));
  /* 生成第一象限内的上半部分椭圆弧 */
  x=0;
  y=b;
  d=4*(squareb-squarea*b)+squarea; /* 初始化 */
  EllipsePoints(x,y,color);
  while(x<=xP)
  {if(d<=0) /* 取像素 E */
       d+=4*squareb*(2*x+3);
   else /* 取像素 SE */
   {d+=4*squareb*(2*x+3)-8*squarea*(y-1);
    y--;
   }
   x++;
   EllipsePoints(x,y,color);
  } /* end of while */
  /* 生成下半部分椭圆弧 */
  x=a;
  y=0;
  d=4*(squarea-a*squareb)+squareb; /* 初始化 */
  EllipsePoints(x,y,color);
  while(y<yP)
  {if(d<=0)     /* 取像素 N */
     d+=4*squarea*(2*y+3);
   else     /* 取像素 WN */
   {d+=4*squarea*(2*y+3)-8*squareb*(x-1);
    x--;
   }
   y++;
   EllipsePoints(x,y,color);
  } /* end of while */
} /* end of MidPointEllipse() */
```

3.3.4 生成圆弧的多边形迫近法

当一个正多边形的边数足够多时,该多边形可以和圆任意接近。因此在允许的误差范围内(例如圆弧和多边形之间的最大距离小于某个预先给定的值),可以用正多边形替代圆。显示多边形的边可以用前面讲过的扫描转换直线段的中点算法来实现。本节介绍两种圆弧的多边形迫近方法,其一是圆的内接正多边形迫近法,其二是圆的等面积正多边形迫近法。

1. 圆的内接正多边形迫近法

中心在原点、半径为 R 的圆的方程为 $x^2+y^2=R^2$。设内接正 n 边形的顶点为 $\{P_i(x_i, y_i)\}_{i=0}^{n-1}$,$P_i$ 的幅角为 θ_i,每一条边所对应的圆心角为 α(见图 3.16),则有:

$$\begin{cases} x_i = R\cos\theta_i, \\ y_i = R\sin\theta_i \end{cases} \tag{3.31}$$

$$\begin{bmatrix} x_{i+1} \\ y_{i+1} \end{bmatrix} = \begin{bmatrix} R\cos(\theta_i + \alpha) \\ R\sin(\theta_i + \alpha) \end{bmatrix} = \begin{bmatrix} \cos\alpha & -\sin\alpha \\ \sin\alpha & \cos\alpha \end{bmatrix} \begin{bmatrix} x_i \\ y_i \end{bmatrix} \tag{3.32}$$

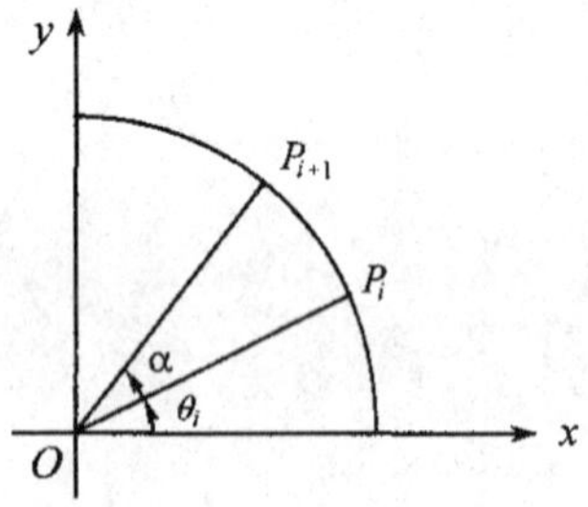

图 3.16 用内接正多边形逼近圆弧

式(3.32)是计算圆的内接正多边形各顶点的递推公式。因为 α 是常数,$\sin\alpha$、$\cos\alpha$ 只要在开始时计算一次,这样计算一个顶点只需要四次乘法,从而按这种方法扫描转换圆弧只需要 $4n$ 次乘法,外加用中点算法生成长度大约为 $2\pi R$ 的直线段的计算量。

用递推公式计算时要注意误差积累问题。递推公式的每一步结果与以前的各步计算结果有关,因此也与以前各步结果的误差有关。用不好的递推公式计算时,积累误差可能会很大,这种递推公式便无实用价值了。下面我们对式(3.32)做误差分析(或称对初始误差稳定性的分析)。

设多边形各顶点的真值为 $\{P_i(x_i, y_i)\}_{i=0}^{n-1}$,带误差的值(由递推公式计算出的值)为 $\{\overline{P}_i(\overline{x}_i, \overline{y}_i)\}_{i=0}^{n-1}$,二者之间的误差为 $\{\varepsilon_i(\varepsilon_{x_i}, \varepsilon_{y_i})\}_{i=0}^{n-1}$,即 $\varepsilon_i = P_i - \overline{P}_i$。以 $(\overline{x}_0, \overline{y}_0)$ 为初值用式(3.32)求解 $(\overline{x}_{i+1}, \overline{y}_{i+1})$,在求解过程中,假定计算是精确的,因而 $(\overline{x}_{i+1}, \overline{y}_{i+1})$ 满足式(3.32),即

$$\begin{bmatrix} \overline{x}_{i+1} \\ \overline{y}_{i+1} \end{bmatrix} = \begin{bmatrix} \cos\alpha & -\sin\alpha \\ \sin\alpha & \cos\alpha \end{bmatrix} \begin{bmatrix} \overline{x}_i \\ \overline{y}_i \end{bmatrix} \tag{3.33}$$

将(3.32)式减去上式得:

$$\varepsilon_{i+1}^T = \begin{bmatrix} \cos\alpha & -\sin\alpha \\ \sin\alpha & \cos\alpha \end{bmatrix} \varepsilon_i^T \xlongequal{\text{记为}} A\varepsilon_i^T \tag{3.34}$$

其中

$$A = \begin{bmatrix} \cos\alpha & -\sin\alpha \\ \sin\alpha & \cos\alpha \end{bmatrix}$$

易知矩阵 A 的特征值为 $\lambda_1 = \cos\alpha + i \cdot \sin\alpha$,$\lambda_2 = \cos\alpha - i \cdot \sin\alpha$(注意:这两式中的 i 指的是虚数单位),可以找到一个二阶方阵 U,使

$$UAU^{-1} = \begin{bmatrix} \lambda_1 & 0 \\ 0 & \lambda_2 \end{bmatrix} \xlongequal{\text{记为}} B \tag{3.35}$$

从而

$$\varepsilon_{i+1}^T = A\varepsilon_i^T = A^2\varepsilon_{i-1}^T = \cdots = A^{i+1}\varepsilon_0^T$$

$$= U^{-1}B^{i+1}U\varepsilon_0^T = U^{-1}\begin{bmatrix}\lambda_1^{i+1} & 0 \\ 0 & \lambda_2^{i+1}\end{bmatrix}U\varepsilon_0^T \tag{3.36}$$

由于$|\lambda_1|=|\lambda_2|=1$,存在一个与 i 无关的常数 C,使

$$\| U^{-1}B^{i+1}U \| \leqslant C \tag{3.37}$$

再由(3.36)式得:

$$\| \varepsilon_{i+1} \| \leqslant C \| \varepsilon_0 \| \tag{3.38}$$

其中 $\| \cdot \|$ 是任一种向量范数。这就说明了,只要初始误差足够小,就可使 ε_{i+1} 也足够小,从而证明了递推公式(3.32)对初始误差是稳定的。

剩下的问题是,假设给定了圆弧和内接正多边形之间的最大逼近误差(最大距离)DELTA,如何确定该多边形的边数 n,或者是多边形各边所对应的圆心角 α 的值。

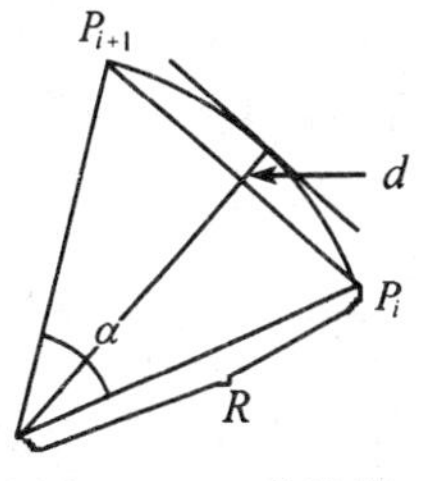

图 3.17 α 的计算

由图 3.17 可知,多边形与圆弧之间的最大距离 $d=R-R\cos\frac{\alpha}{2}$,从而有:

$$R-R\cos\frac{\alpha}{2}\leqslant \text{DELTA} \Rightarrow \cos\frac{\alpha}{2}\geqslant\frac{R-\text{DELTA}}{R} \Rightarrow \alpha\leqslant 2\arccos\frac{R-\text{DELTA}}{R} \tag{3.39}$$

这样就得出 α 的最大值为 $2\arccos\frac{R-\text{DELTA}}{R}$,而边数 $n=360/\alpha$。由给定的 DELTA 值求圆的内接正多边形的程序如下:

程序 3.8 计算圆的内接正多边形

```
#define DELTA 10.0
typedef struct { int pointNum;
                 Point *vertices;
               }Polygon;      /* 多边形数据结构 */
void CircleToPolygon(int radius,Polygon *polygon)
{ int i,n;
  float x,y,xnew,ynew,alfa,cos,sin;

  /* 计算圆心角和边数 n */
  alfa = 2*arccos(((float)radius - DELTA)/(float) radius);
  n = (int)(360/alfa);
  /* 分配记录多边形顶点所需要的空间 */
  polygon -> pointNum = n;
  polygon -> vertices = (Point *)malloc(n*sizeof(Point));

  /* 由递推式求解顶点 */
  x = 0.0;
  y = (float)radius;
  polygon -> vertices[0].x = 0;
  polygon -> vertices[0].y = radius;      /* 初始化 */
```

```
  cos = cos(alfa);
  sin = sin(alfa);
  for(i = 1;i < n;i++)
  {xnew = cos * x - sin * y;
   ynew = sin * x + cos * y;
   x = xnew;
   y = ynew;
   polygon -> vertices[i].x = (int)(x + 0.5);
   polygon -> vertices[i].y = (int)(y + 0.5);
  }/* end of for */
}/* end of CircleToPolygon() */
```

除了上述计算圆的内接正多边形的方法外，还有一种更简单的方法，它求一个顶点只要做两次乘法，如图 3.18。内接正多边形的三个相邻的顶点为 P_{i-1}，P_i 和 P_{i+1}，图中 $OP_{i+1}/\!/P_{i-1}A$，$P_{i+1}A/\!/OP_{i-1}$，可知

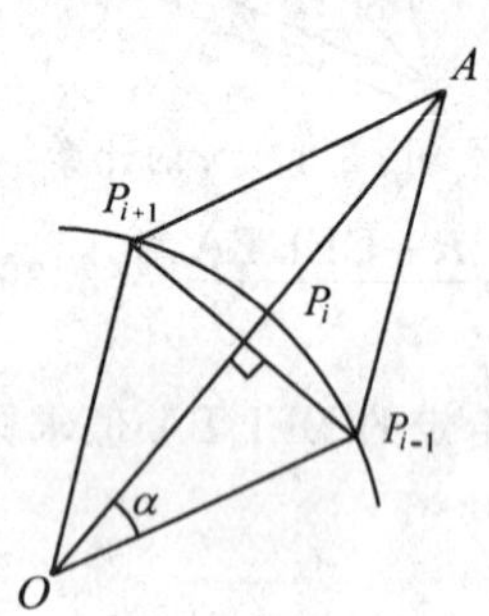

图 3.18　内接正多边形顶点的计算

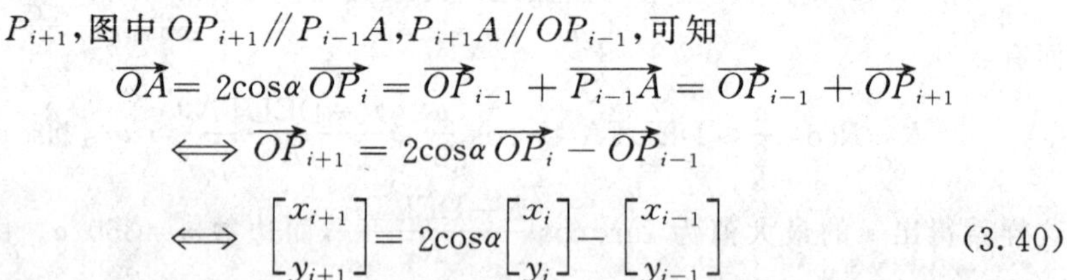

$$\overrightarrow{OA}=2\cos\alpha\,\overrightarrow{OP}_i=\overrightarrow{OP}_{i-1}+\overrightarrow{P_{i-1}A}=\overrightarrow{OP}_{i-1}+\overrightarrow{OP}_{i+1}$$

$$\Longleftrightarrow\ \overrightarrow{OP}_{i+1}=2\cos\alpha\,\overrightarrow{OP}_i-\overrightarrow{OP}_{i-1}$$

$$\Longleftrightarrow\ \begin{bmatrix}x_{i+1}\\y_{i+1}\end{bmatrix}=2\cos\alpha\begin{bmatrix}x_i\\y_i\end{bmatrix}-\begin{bmatrix}x_{i-1}\\y_{i-1}\end{bmatrix}\tag{3.40}$$

和式(3.32)相比，式(3.40)节省了计算量。但用式(3.40)需要知道多边形的两个初始顶点 P_0 和 P_1。不难证明，递推式(3.40)对初始值的误差也是稳定的。

2. 圆的等面积正多边形迫近法

当用内接正多边形迫近圆时，其面积要小于圆的面积，而当用圆的外切正多边形迫近圆时，其面积则大于圆。为了使近似代替圆的正多边形和圆之间在面积上相等，只有使该正多边形和圆弧相交，我们称之为**圆的等面积正多边形**，见图 3.19。

求圆的等面积正多边形分为两个步骤：其一是求多边形的径长 $|OP_0|(=|OP_i|)$，然后再由递推式(3.32)从 P_0 求解出所有顶点的坐标值；其二是根据给定的迫近误差 DELTA，确定多边形边所对的圆心角 α。

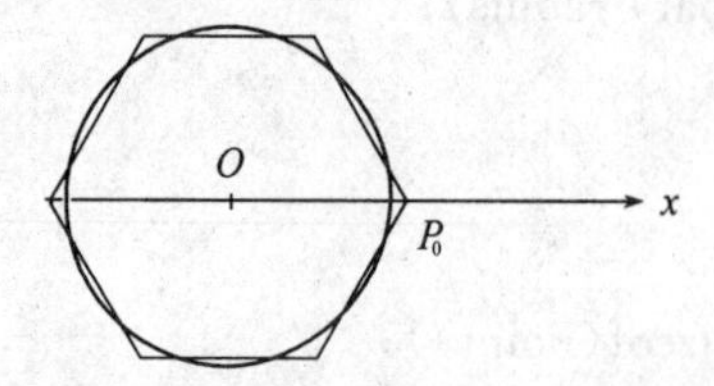

图 3.19　圆的等面积正多边形

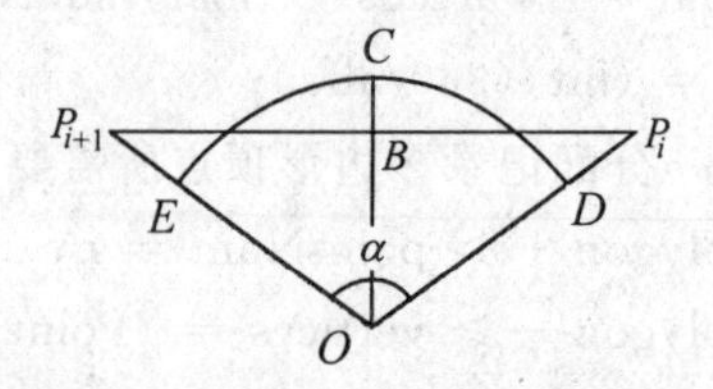

图 3.20　确定等面积正多边形顶点

首先来求解第一个问题，见图 3.20。图中 $OC\perp P_iP_{i+1}$，假定圆心角为 α，得到：

圆的面积＝多边形面积 $\Longleftrightarrow$ 扇形 $ODCE$ 的面积 ＝ $\triangle OP_iP_{i+1}$ 的面积

$$\Longleftrightarrow\ \frac{\alpha}{2\pi}\cdot\pi R^2=\frac{1}{2}|P_iP_{i+1}|\cdot|OB|=\frac{1}{2}\left(2|OP_i|\sin\frac{\alpha}{2}\right)\left(|OP_i|\cos\frac{\alpha}{2}\right)$$

$$= \frac{1}{2}|OP_i|^2\sin\alpha \tag{3.41}$$

从而得到

$$|OP_i|^2 = \frac{\alpha R^2}{\sin\alpha} \Rightarrow |OP_i| = \sqrt{\frac{\alpha}{\sin\alpha}}R \tag{3.42}$$

这样,我们就可以取圆的等面积多边形的始点为$\left(\sqrt{\frac{\alpha}{\sin\alpha}}R, 0\right)$。

再假定逼近误差为DELTA,不妨取下式来确定α的值:

$$|BC| \leqslant \text{DELTA} \Rightarrow R - |OP_i|\cos\frac{\alpha}{2} \leqslant \text{DELTA} \Rightarrow R - R\sqrt{\frac{\alpha}{\sin\alpha}}\cos\frac{\alpha}{2} \leqslant \text{DELTA} \tag{3.43}$$

事实上,式(3.39)为式(3.43)的充分条件,为计算简单,可以用式(3.39)来确定圆心角α。

3.4 生成圆弧的正负法

3.4.1 正负法简介

1. 基本原理

当已知一条曲线的方程时,正负法是一个十分有效的绘图方法。假定要绘制的曲线的方程为$F(x,y)=0$,它具有正负划分性,即该曲线将平面分成了三个点集:$G_+=\{(x,y)|F(x,y)>0\}$、$G_0=\{(x,y)|F(x,y)=0\}$(曲线本身)和$G_-=\{(x,y)|F(x,y)<0\}$。又假定已获得起始点$P_0\in G_0$,当由P_0沿某方向(不妨设为x轴方向)前进Δx时,就达到G_+或G_-(不妨设为G_-)中的P_1,此时再沿另一方向(y轴方向)前进Δy,得点P_2。若$P_2\in G_+$,则改变前进方向,否则继续向G_+前进。如此进行下去……。图3.21表示了这一过程。所得的$\{P_i\}_{i=0}^n$即为近似表示原曲线的点集。由于决定下一步如何前进只需判断$F(P_i)$的符号,因此计算方便,速度快,而且P_i始终围绕曲线本身,不会有累计误差。

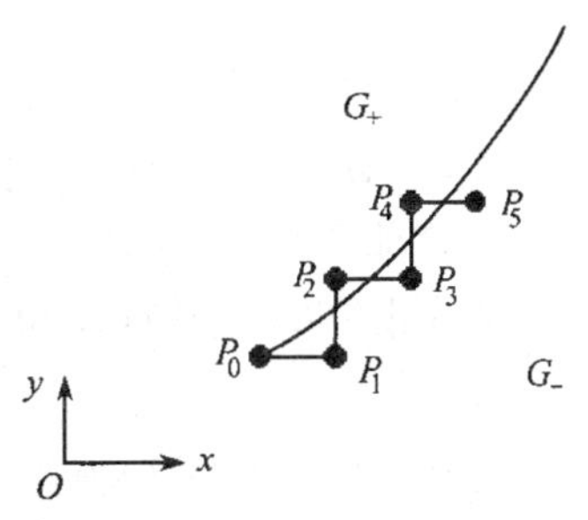

图 3.21 正负法绘图

但上述想法只有在一定的条件下才能顺利进行。例如对曲线$y=\sin\frac{1}{x}\left(F(x,y)=y-\sin\frac{1}{x}=0\right)$,当$x\to 0$时,曲线上下摆动非常厉害。沿$x$轴方向前进一个步长$\Delta$可能会跨过曲线的几个周期,更谈不上围绕曲线前进了。因此对曲线要加必要的限制。我们称满足下述三个条件的曲线为**易画曲线**:

(1) $F(x,y)$具正负划分性;

(2) $F(x,y)$二阶连续;

(3) 曲线上各点的曲率半径大于步长Δ,即在Δ的度量下,曲线还是较平坦的。

在数控绘图机中,Δ为绘图机步长,而在光栅显示器中,Δ即为像素的间距。本节我们仅讨论这类易画曲线的正负法绘图的几个问题。事实上,我们只分析单调曲线,而对非单调曲线,可以预先将其分割为几段单调的曲线来处理。

2. 初始定向

所谓**初始定向**是指从起始点 $P_0(x_0,y_0)$ 出发向曲线的哪个方向前进，具体地说是在以 P_0 为原点的局部坐标系中，向哪个象限前进。设 D 为象限的序号，由 D 可以决定 Δx 和 Δy 的初始符号，见图 3.22。

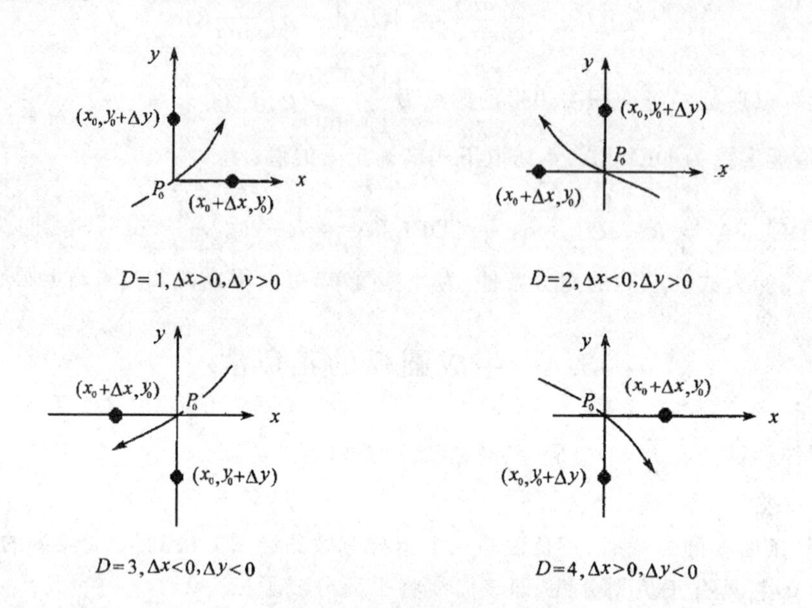

图 3.22 初始前进方向的确定

对单调曲线来说，前进方向一经确定，算法进行过程中便不再改变，直到绘图结束。

3. 前进规则

我们只考虑单调曲线。由于起始点 $P_0(x_0,y_0)\in G_0$，即 $F(x_0,y_0)=0$，从而第一步不妨先走 Δx，到达 $P_1(x_0+\Delta x,y_0)$点。第二步若仍走 Δx，则必然背离曲线，所以第二步必须沿 y 轴方向走 Δy，得到 $P_2(x_0+\Delta x,y_0+\Delta y)$。接下去如何前进，则要根据 P_2 所处的区域(即 $F(P_2)$的符号)来确定了。假定当前处于 $P_i(x_i,y_i)$点，决定下一步前进 Δx 还是 Δy 的规则称为**前进规则**。绘制单调曲线的前进规则如下：

(1) 当 P_i 与 P_1 在同侧时，前进 Δy；

(2) 当 P_i 与 P_1 在异侧时，前进 Δx。

而 P_i 与 P_1 同侧即 $F(P_i)$与 $F(P_1)$同号。故若取判别式 $D(P_i)=F(P_i)F(P_1)=F(x_i,y_i)F(x_0+\Delta x,y_0)$，则上述前进规则变为

(1) 当 $D(P_i)\geqslant 0$ 时，前进 Δy；

(2) 当 $D(P_i)<0$ 时，前进 Δx。

3.4.2 正负法生成圆弧

圆弧是易画曲线，可以用正负法绘制。考虑中心落在坐标原点、半径为 R 的圆在第一象限内的 1/4 圆弧，它关于 x 是单调下降的，取初始点 $P_0(x_0,y_0)=(0,R)$，初始定向为 $D=4$、$\Delta x=1$、$\Delta y=-1$，从而 P_1 的坐标为$(x_0+1,y_0)=(1,R)$(见图 3.23)。

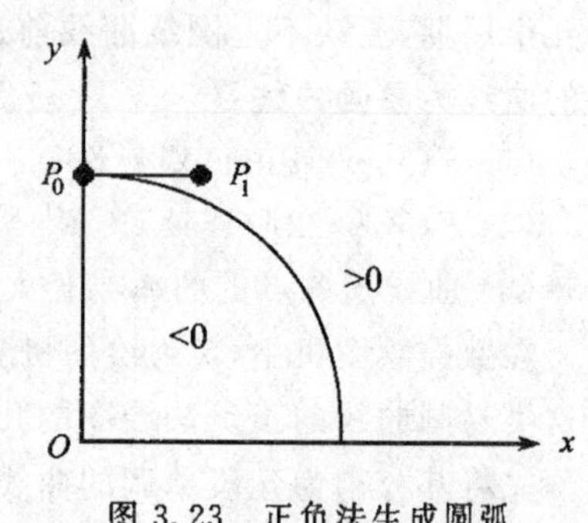

图 3.23 正负法生成圆弧

由上节的分析知道，判别式为

$$D(P_i) = F(P_i)F(P_1) \tag{3.44}$$

由于 $F(P_1)=F(1,R)$ 恒为正数，得到 $F(P_i)F(P_1)$ 和 $F(P_i)$ 的符号相同，故不妨取

$$D(P_i) = F(P_i) = F(x_i, y_i) \tag{3.45}$$

由前进规则得递推关系式：

(1) 当 $D(P_i)\geqslant 0$ 时，前进 $\Delta y \Longleftrightarrow$ 当 $D(P_i)\geqslant 0$ 时，$x_{i+1}=x_i, y_{i+1}=y_i-1$

(2) 当 $D(P_i)<0$ 时，前进 $\Delta x \Longleftrightarrow$ 当 $D(P_i)<0$ 时，$x_{i+1}=x_i+1, y_{i+1}=y_i$ (3.46)

判别式 $D(P_i)$ 的递推计算公式为：

$$\begin{aligned} D(P_{i+1}) &= F(P_{i+1}) = F(x_{i+1}, y_{i+1}) \\ &= \begin{cases} F(x_i, y_i - 1), & \text{当 } D(P_i) \geqslant 0, \\ F(x_i + 1, y_i), & \text{当 } D(P_i) < 0 \end{cases} \\ &= \begin{cases} x_i^2 + (y_i - 1)^2 - R^2, & \text{当 } D(P_i) \geqslant 0, \\ (x_i + 1)^2 + y_i - R^2, & \text{当 } D(P_i) < 0 \end{cases} \\ &= \begin{cases} D(P_i) - 2y_i + 1, & \text{当 } D(P_i) \geqslant 0, \\ D(P_i) + 2x_i + 1, & \text{当 } D(P_i) < 0 \end{cases} \end{aligned} \tag{3.47}$$

判别式的初值 $D(P_1)=F(P_1)=F(1,R)=1$，(3.46)式和(3.47)式构成了正负法生成圆弧的完整算法。程序如下：

程序 3.9 正负法生成圆弧

```
void PositiveNegativeArc(int radius,int color)
/* 假定圆心在原点 */
{ int x,y,d;

  x = 0;
  y = radius;
  PutPixel(x,y,color);
  x = 1;
  PutPixel(x,y,color);
  d = 1;           /* 初始化 */
  while(y >= 0)
  { if(d >= 0)           /* 前进 Δy */
    {d = d - 2*y + 1;
     y--;
    }
    else           /* 前进 Δx */
    {d = d + 2*x + 1;
     x++;
    }
    Putpixel(x,y,color);
  } /* end of while */
```

```
}/* end of PositveNegativeArc() */
```

3.5 线画图元的属性控制

在输出图元时，我们可以通过设置图元的各种属性来控制图元的外观。线画图形的属性主要有线宽、线型、颜色，本节将讨论如何在扫描转换的同时，控制线画图元的线宽与线型。

3.5.1 线宽控制

在实际生活中，要在纸上画一条较粗的线，只要用较粗的刷子就行了，那么在计算机屏幕上，如何生成宽度大于一个像素的线呢？一个简单的方法就是选取宽度适中的"刷子"在屏幕上绘图，在扫描转换时，每次不是只显示一个像素，而是显示中心落于该像素的刷子所覆盖的所有像素。这样，刷子的轨迹即为所求。然而，这个简单的想法隐藏了几个细节性的问题。其一是刷子的形状应该是什么样的？通常可取为圆形或长方形等；其二是对于非圆型的刷子（圆为中心对称图形，不存在朝向问题），它的朝向应该如何控制？拿长方形的刷子来说，它的朝向应该始终保持水平（或竖直），使图元在水平（或竖直）方向的宽度均匀，还是应该随图元的变化而变化，保持和图元在该点的切向垂直，从而使图元在法向上宽度均匀？其三是在绘制这类宽图元时，线型如何控制？这一节将简略地回答这些疑问。下面是用来绘制宽图元的三个基本方法：

1. 用像素复制方法产生宽图元

绘制宽度为 k 个像素的线画图元的最简单方法是在扫描转换时同时显示 k 个像素。当图元在该像素点的斜率 $m\in(-1,1)$ 时，进行竖直方向上像素复制，即这 k 个像素竖直放置，否则在水平方向上复制像素，见图 3.24。

$m\in(-1,1)$　　　　$m\notin(-1,1)$

图 3.24　通过像素复制产生宽度为 5 的线段

这个方法的优点是效率高，实现简单，只要在前文介绍的各种扫描转换程序中再多加几行程序就可以了。它的缺点也是明显的：

(1) 线段的两端要么是水平的，要么是竖直的，与直线段的斜率无关。这使得宽度较大的线段看起来不太自然。

(2) 对折线来说，由于相邻两条线段的斜率不同，可能导致顶点处有缺口，见图 3.25。对于斜率连续变化的圆弧，由于在斜率 $|m|=1$ 的地方改变了像素复制方向（由水平像素复制变为竖直像素复制，或反过来），导致该处圆弧的宽度不正常地变窄，见图 3.26。

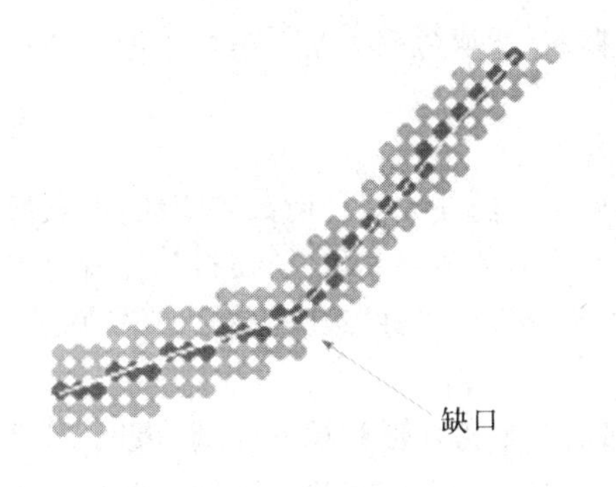

图 3.25　相邻线段斜率不同，使折线在顶点处有缺口

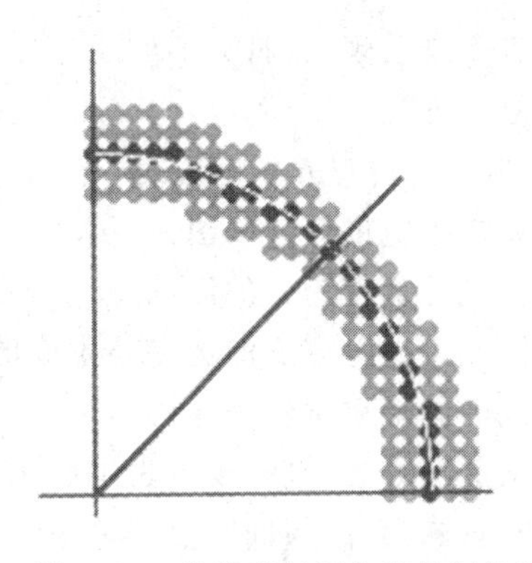

图 3.26　以像素复制方法绘制的宽度为 5 的圆弧在斜率 $m=1$ 处变窄

(3) 图元的宽度是在其法方向上衡量的，当用这种像素复制方法产生宽度为 k 的图元时，在切线水平或竖直处宽度最大(为 k)，而当切线的斜率向 ± 1 变化时，宽度变小，在斜率 $m=\pm 1$ 处，宽度达到最小(为 $k/\sqrt{2}$)。

(4) 这种方法产生宽度为奇数个像素的图元效果较好。而对宽度为偶数个像素的图元来说，无中心可言，所以产生的宽图元关于原理想的图元来说是不对称的。当然这个问题不是这种方法所特有的。

2. *移动刷子产生宽图元*

把宽度为指定线宽的刷子的中心沿直线移动，即可获得相应的宽图元。如图 3.27 为用方形刷子绘制的宽直线段和宽圆弧。和图 3.25 相比，用方刷得到的线条比用像素复制方式得到的线条粗一些。与像素复制方法类似，用方刷子绘制的图元的两端也是竖直或水平的，且图元的宽度与其斜率有关。但与像素复制方法相反的是，当要绘制宽度为 k 图元时，在切线水平或竖直处宽度最小(为 k)，而当切线的斜率向 ± 1 变化时，宽度变大，在 $|m|=1$ 处，宽度达到最大(为 $\sqrt{2}k$)。

(a)用 5×5 方形刷子绘制的直线段　(b)用 3×3 方形刷子绘制的 1/4 圆弧　(c) 5×5 的方形刷子

图 3.27　移动刷子产生宽图元

实现刷子移动的简单方法是把刷子中心对准 1 个像素宽图元上的各个像素，并将刷子所覆盖的区域内的全部像素置为图元的颜色，这可以用位块拷贝的功能实现。但由于中心落地相邻像素上的两个刷子有相交区域，导致重复写像素。为了避免重复写像素，可采用一些灵活的算法和数据结构(参考下章的多边形扫描转换算法)。

读者不难发现，若将方形刷子的厚度减为一个像素（变成线刷子），移动刷子的方法即退化为像素复制方法。

3. 用填充图形表示宽图元

若要产生宽度为 k 的图元，可以首先计算出距原理想图元 $k/2$ 的两条等距线，将它们连接起来就构成了宽度为 k 的区域，然后调用填充图元的生成函数将其填充，便得到了所求的宽度为 k 的图元。这种方法的优点是生成的图元宽度均匀，两端点处的边垂直图元在该点的切向，所以生成的图形质量较高。

利用这种方法，直线段被表示成矩形区域，圆弧被表示为环形区域。见图 3.28。对椭圆弧的表示有点麻烦，因为椭圆弧的等距线不再是椭圆弧，我们可以用多边形区域近似地表示宽椭圆弧。

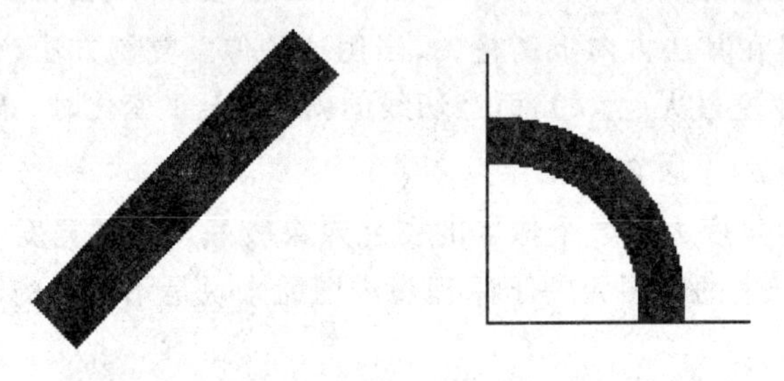

图 3.28　用填充图形表示的直线段和圆弧

3.5.2　线型控制

线型是所有线画图元都具有的属性。在绘图应用中，不同的线型一般代表不同的意义，如实线表示立体线框图可见的轮廓线，虚线表示不可见的轮廓线或鼠标移动产生的临时橡胶线等等。线型控制一般用一个位屏蔽器来实现。例如我们可以用一个 16 位的整数表示一个位串，当当前像素对应的位为 1 时显示该像素，为 0 时不显示。用这样的位串控制线型时，线型必须以 16 个像素为周期进行重复。在程序实现时只要将前面的扫描转换程序中无条件写像素语句

```
PutPixel(x,y,color);
```

改为

```
if(位串[i%16])
    PutPixel(x,y,color);
```

就行了，其中 i 为整型变量，用来指示当前像素的序号，每处理一个像素，它们值就增加 1。

这种简单的方法有个缺陷，因为位屏蔽器中每一位对应的是一个像素而不是一个单位长度，因此线型中笔画（如破折线中被显示的一段）的长度与图元的斜率有关。水平或竖直线上的笔画最短，而斜率为 1 的斜线上的笔画最长。对于工程图来说这种变化是难以接受的，此时，每个笔画应该作为单独的线段进行计算并分别扫描转换。

习　题

1. 改进扫描转换直线段的中点算法（程序 3.2），使之能处理斜率为任意值的直线段。

2. 改进扫描转换直线段的中点算法（程序 3.2），使之能处理直线段端点坐标为浮点数的情况。

3. 利用程序 3.8 中的函数 CircleToPolygon()，设计一个生成圆弧的程序。

4. 采用圆的等面积多边形迫近法，编写一个生成圆弧的程序。

5. 利用抛物线 $f(x,y)=x-y^2=0$ 的正负划分性和对称性，设计一个中点算法，生成它在 $y\in[-100,100]$之间的图形。

6. 第 5 题中的抛物线是易画曲线，采用正负法设计一个程序，生成它在 $y\in[0,100]$之间的图形。

7. 参照 3.5 节的内容，改进程序 3.2，使之能生成不同宽度的直线段。

8. 参照 3.5 节的内容，改进程序 3.2，使之能生成具有不同线型的直线段。

第4章 二维填充图元的生成

本章将介绍填充图元:矩形、多边形、扇形区域的扫描转换算法及区域填充算法。填充图元的扫描转换可分为两个步骤:第一步是确定哪些像素位于图元的内部,第二步是确定用何种颜色显示那些像素。本章的前四节讨论简单情形,用单一的颜色填充图元,即均匀填色。第五节讨论如何用一块图像来填充图元。最后简单介绍光栅系统中字符的表示和输出。

4.1 扫描转换矩形

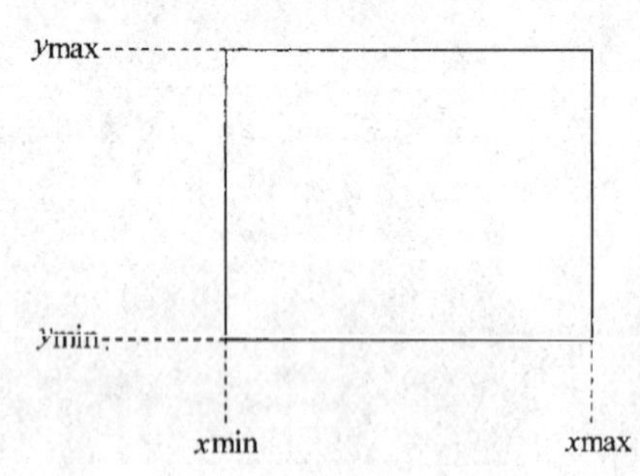

图4.1 矩形由其四条边的坐标唯一确定

矩形是多边形的特例,可以用扫描转换多边形的算法填充,但扫描转换多边形的算法针对的是一般的多边形,其中用到了较多复杂的数据结构和方法,用它来填充简单的矩形,效率不高。而矩形在各种图形应用,特别是窗口系统中用得非常多,所以一般来说,图形软件包都将它单独作为一类图元加以处理,利用矩形的简单性提高绘制效率。

假设矩形四条边的坐标分别为 $x$min,$x$max,$y$min,$y$max(见图4.1)。为了将它用指定的颜色均匀填充,只要填充从 $y$min 到 $y$max 每条扫描线位于 $x$min 和 $x$max 之间的区段就可以了,程序如下:

程序4.1 扫描转换矩形

```
typedef struct { int xmin,xmax,ymin,ymax;
               } Rectangle;
void FillRectangle(Rectangle *rect,int color)
{ int x,y;

  for (y=rect -> ymin;y <= rect -> ymax;y++)
      for(x=rect -> xmin;x <= rect -> xmax;x++)
           PutPixel (x,y,color);
} /* end of FillRectangle() */
```

为了减少函数调用的次数,每条扫描线上的[$x$min,$x$max]区间可以用画线函数填充,从而上面的程序变为:

```
void FillRectangle(Rectangle *rect,int color)
{ int x,y;

  SetColor(color);
```

```
    for(y=rect -> ymin;y <= rect -> ymax;y++)
        Linecoord (xmin,y,xmax,y);
} /* end of FillRectangle() */
```

上面简单的填充方法引出了一个有趣的问题：若两个矩形共享一条边，那么这条边上的像素将被重绘两次。事实上，这不只是填充矩形时遇到的小问题，而是光栅显示系统在区域表示中存在的大问题。在抽象的二维平面上，用来划分区域的边界是抽象的无宽度的线，它的面积为零，所以没有边界属于谁的问题，亦即这样的边界是虚的。而在光栅系统中，表示图形的最小元素是像素，像素并不是数学上抽象的点，它是有面积的，它的面积与屏幕的分辨率有关。屏幕上，区域的边界也不是数学上的抽象的线。当像素的中心落于区域之内时，毫无疑问，它属于该区域。但当像素的中心落于这条边界上时，它该属于哪个区域呢？如果在扫描转换填充图元时，将中心落在其边界的像素都看成属于该图元的，则中心在共享边界上的像素同时属于两个区域，这种不确定性对某些应用来说是不能接受的，同时这些像素将被重复绘制。如果将这些像素看成不属于该图元的，则它们不属于任何区域，这种方法也不可行。所以必须给出对共享边界的处理方法。事实上，对这个问题不存在完善的处理方法，对多边形区域的一个折衷的处理方法为：如果多边形区域位于它的一条界所在直线的右方或上方，则中心落于该边界上的像素属于该多边形区域，否则不属于该多边形区域。

对矩形区域来说，上述规则意味着左、下边的像素属于矩形，而右、上边的像素不属于该矩形。应用上述规则还需注意以下几点：

(1) 该规则同样适用于线画矩形和多边形；

(2) 对单个多边形区域来说，它损失了中心落在右、上边界的像素；

(3) 在扫描转换折线时，也存在共享顶点被重绘问题，可以采用类似方法解决。

4.2 扫描转换多边形

在计算机图形学中，多边形有两种重要的表示方法：**顶点表示**和**点阵表示**。

顶点表示是用多边形的顶点序列来刻画多边形，如图 4.2 中的多边形可表示成 $P_0P_1P_2P_3P_4$。这种表示方法直观，几何意义强，占空间少，易于进行几何变换，被广泛用于各种几何造型系统中。

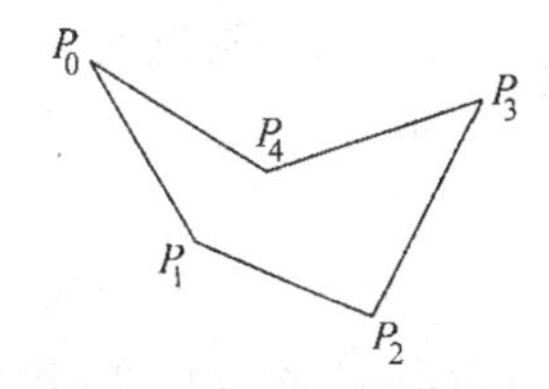

图 4.2 多边形的顶点表示

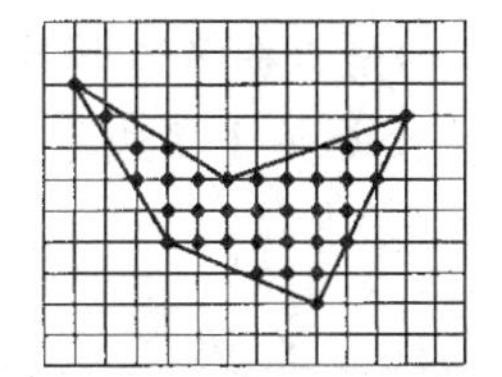

图 4.3 多边形的点阵表示

点阵表示是用位于多边形内部的像素的集合来刻画多边形，见图 4.3。这种表示方法虽然失去了很多重要的几何信息（如边界、顶点等），但它是光栅显示系统显示时所需的表示形式。

既然大多数图形应用采用顶点序列表示多边形，而顶点表示又不能直接用于显示，那么就必须有从多边形顶点表示到点阵表示的转换。这种转换就称为**扫描转换多边形**，即从多边形的顶点信息出发，求出位于其内部的各个像素，并将其颜色值写入帧缓存中相应的单元。

二维多边形的扫描转换是三维多边形面着色方法的基础。运用面着色方法可以使画面明暗自然，色彩丰富，形象逼真，与线画图形相比，显得更为生动、直观，真实感更强。而面着色正是体现光栅显示系统优势的地方。

本节介绍三个扫描转换多边形的算法：**逐点判断算法**、**扫描线算法**和**边缘填充算法**，重点为扫描线算法。

4.2.1 逐点判断算法

实现扫描转换多边形的最简单方法是逐点判断，即逐个判断绘图窗口内的像素，确定它们是否在多边形区域内部，从而求出位于多边形区域内的像素的集合。现假定 P 是待填充的多边形，逐点判断算法可描述成下面的程序：

程序 4.2 扫描转换多边形的逐点判断算法

```
#define  MAX  100
typedef struct {int PolygonNum;              /* 多边形顶点个数 */
                Point verteces[MAX];         /* 多边形顶点数组 */
               }Polygon;                     /* 多边形结构 */
void FillPolygonPbyP(Polygon *P,int polygonColor)
{int x,y;

  for(y=ymin;y <= ymax;y++)
      for(x=xmin;x <= xmax;x++)
          if(IsInside(P,x,y))                /* 若(x,y)位于多边形 P 的内部 */
              Putpixel(x,y,polygonColor);
          else                               /* 若(x,y)在多边形 P 的外部 */
              PutPixel(x,y,backgroundColor);
  } /* end of FillPolygonPbyP() */
```

其中 ymax，ymin，xmin，xmax 分别为绘图窗口上、下、左、右边界的坐标值，polygonColor 和 backgroundColor 分别为指定的多边形的颜色和绘图窗口的背景色。函数

```
Boolean IsInside(Polygon *P,int x,int y);
```

用来判断点(x,y)是否在多边形 P 内，当(x,y)在 P 内时，返回 True，否则返回 False。

如何确定一个点关于多边形的内外关系呢？一般有如下几种方法(设 v 和 P 为考虑的点和多边形)：

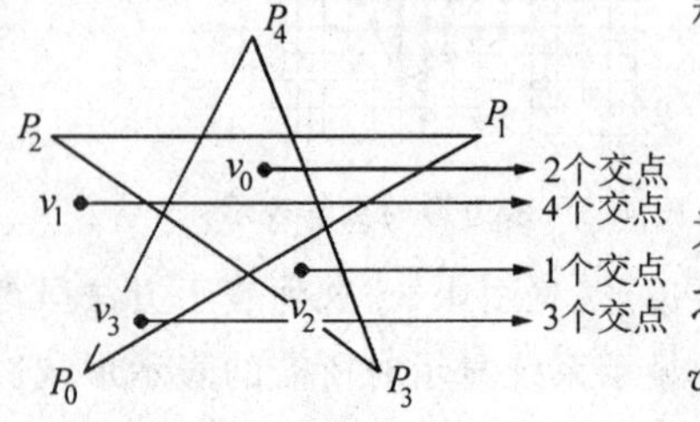

图 4.4 用射线法判别点与多边形的内外关系

1. 射线法

从 v 点发出射线与多边形 P 的边相交，若交点的个数为奇数，则 v 位于多边形 P 内；若为偶数，则 v 在多边形 P 之外。如图 4.4 中的五角形区域，v_0 和 v_1 位于其外，v_2 和 v_3 位于其内。

用射线法判别点与多边形的关系要注意射线通过多边形顶点的情况，如果本该是一个交点的被算做了两个交

点，或反过来，则会使判断结果错误。一般可以通过使射线不交于多边形的顶点，例如使射线通过某边的中点等方法避免这种奇异情况的发生。

2. 累计角度法

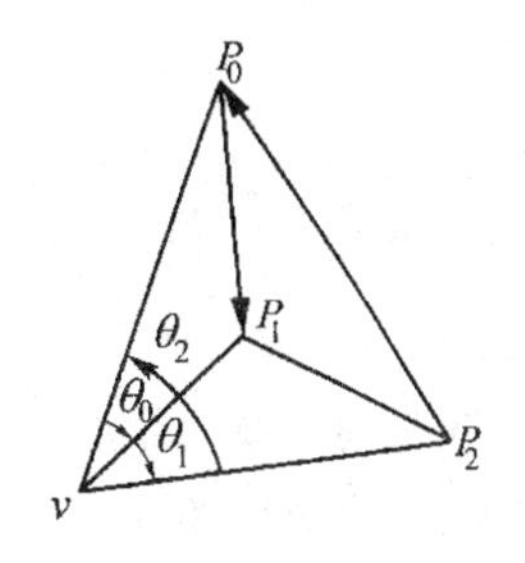

图 4.5 用累计角度法判别点与多边形的内外关系

连接 vP_i，$i=0,1,\cdots,n$，记 $\theta_i=\angle P_ivP_{i+1}$，则 θ_i 为多边形的边 P_iP_{i+1}对应的有向角。规定绕 v 点逆时针方向旋转为正，顺时针为负，我们有如下结论(见图 4.5)：

当 $\sum_{i=0}^{n}\theta_i=0$ (或 2π 的偶数倍)时，v 位于 P 之外；

当 $\sum_{i=0}^{n}\theta_i=\pm 2\pi$ (或 2π 的奇数倍)时，v 位于 P 之内。

在计算角度 θ_i 时，要用到三角函数。由于三角函数都是以 2π 为周期的周期函数，θ_i 不存在唯一解，如果处理不当会使上述判断方法失效。由于多边形有向边 P_iP_{i+1}所对应的有向角的绝对值不可能大于 π，所以规定：在求解 θ_i 时，取使 $|\theta_i|\leqslant\pi$ 的那个值。当 $|\theta_i|=\pi$ 时，无法确定它的值是 π 还是 $-\pi$，但此时所对应的情况是 v 落在边 P_iP_{i+1}之上，这种情况可以在预处理阶段进行处理，根据实际需要将 v 算作 P 之内或之外。

3. 编码方法

编码方法的基本原理与累计角度法相同，可看作累计角度法的离散计算方法。计算过程分为如下几个步骤：

① 预处理：测试 v 是否落在 P 的边上，若是则 v 位于 P 内(或外，根据实际需要作不同的对待)，判别结束，否则继续判别；

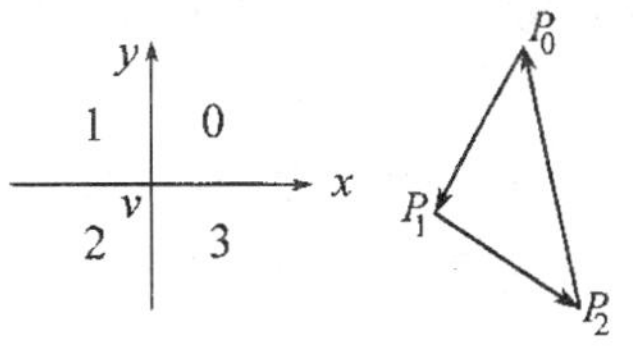

图 4.6 用编码方法判别点与多边形的内外关系

② 以 v 为原点建立局部坐标系 vxy，对其各象限按逆时针(或顺时针)顺序编码，分别记为 0,1,2,3，见图 4.6；

③ 对多边形的各顶点编码，P_i 落在哪个象限，其编码即为该象限的编码，记为 I_{P_i}；

④ 对多边形的各边编码，边 P_iP_{i+1}的编码记为 $\Delta_{P_iP_{i+1}}$：

$$\Delta_{P_iP_{i+1}}=I_{P_{i+1}}-I_{P_i}$$

⑤ 计算 $\sum_{i=0}^{n}\Delta_{P_iP_{i+1}}$，其中 $\Delta_{P_nP_{n+1}}=\Delta_{P_nP_0}$，若 $\sum_{i=0}^{n}\Delta_{P_iP_{i+1}}=0$，则 v 位于 P 之外；若 $\sum_{i=0}^{n}\Delta_{P_iP_{i+1}}=\pm 4$，则 v 位于 P 之内。

边的编码具有周期 4，按照累计角度方法中处理 θ_i 的方法，使 $\Delta_{P_iP_{i+1}}$的绝对值不大于 2，即：当 $\Delta_{P_iP_{i+1}}=3$ 时，令 $\Delta_{P_iP_{i+1}}=\Delta_{P_iP_{i+1}}-4=-1$；当 $\Delta_{P_iP_{i+1}}=-3$ 时，令 $\Delta_{P_iP_{i+1}}=\Delta_{P_iP_{i+1}}+4=1$。

例如在图 4.6 中，$\Delta_{P_2P_0}=I_{P_0}-I_{P_2}=0-3=-3$，我们按 $\Delta_{P_2P_0}=1$ 计算。$\Delta_{P_2P_1}=I_{P_1}-I_{P_0}=3-0=3$，我们按 $\Delta_{P_0P_1}=-1$ 计算。这样，

$$\Delta_{P_0P_1}+\Delta_{P_1P_2}+\Delta_{P_2P_0}=-1+0+1=0$$

得出 v 点位于多边形 P 的外部。

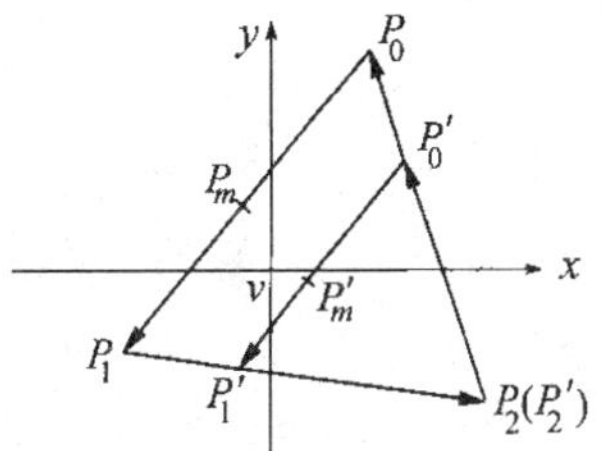

图 4.7 当边的编码为±2时，需特殊处理

另外一个问题如图 4.7 所示。图中三角形 $P_0P_1P_2$ 和三角形

$P_0'P_1'P_2'$各顶点所在的象限完全一样，按如上规则计算出来的 $\sum_{i=0}^{2}\Delta_{P_iP_{i+1}} = \sum_{i=0}^{2}\Delta_{P_i'P_{i+1}'}$，但 v 位于三角形 $P_0P_1P_2$ 之内，而位于三角形 $P_0'P_1'P_2'$之外。问题出在 P_0P_1 和 $P_0'P_1'$的编码都是 2，但 P_0P_1 绕 v 点逆时针跨越了两个象限，而 $P_0'P_1'$却绕 v 点顺时针跨越了两个象限。$\Delta_{P_0P_1}$的值应该是 2，而 $\Delta_{P_0'P_1'}$的值应该为-2。那么如何区别这两种情况呢？可按下面的方法处理：

当$|\Delta_{P_iP_{i+1}}|=2$ 时，取 P_iP_{i+1}上一点 P_m，令

$$\Delta_{P_iP_{i+1}} = \Delta_{P_iP_m} + \Delta_{P_mP_{i+1}}$$

上式是递归式，当 $\Delta_{P_iP_m}$ 和 $\Delta_{P_mP_{i+1}}$ 的值仍为± 2 时，按上式递归计算，一般可取 P_m 为 P_iP_{i+1}的中点。例如在图 4.7 中，判别 v 与三角形 $P_0'P_1'P_2'$的内外关系：$\Delta_{P_0'P_1'}=2$，取 $P_0'P_1'$的中点 P_m'，令

$$\Delta_{P_0'P_1'} = \Delta_{P_0'P_m'} + \Delta_{P_m'P_1'} = [3-0-4]+[2-3] = -2,$$

$$\Delta_{P_1'P_2'} = 3-2 = 1, \quad \Delta_{P_2'P_0'} = 0-3+4 = 1$$

得

$$\sum_{i=0}^{2}\Delta_{P_i'P_{i+1}'} = -2+1+1 = 0$$

所以 v 位于三角形 $P_0'P_1'P_2'$之外。

值得注意的是，逐点判断算法虽然程序简单，但速度太慢。主要是由于该算法割断了像素间的联系，孤立地考察各个像素与多边形的内外关系，使得绘图窗口内的每一个像素都要一一判别，每次判别又需要大量的运算，所以效率很低。

4.2.2 扫描线算法

扫描线算法是扫描转换多边形的常用算法，它充分利用了相邻像素之间的连贯性，避免了逐点判断和反复求交计算，达到了减少计算量和提高速度的目的。

这里我们考虑的对象是非自交多边形（边与边之间除了顶点外无其它交点），要扫描转换自交多边形，只需将本节的算法稍加修改即可。这种非自交多边形可以是凸的、凹的或者是带有空洞的。

1. 基本原理

首先，将在整个绘图窗口内扫描转换多边形的问题分解到一条条扫描线上来考虑，这样，只要完成绘图窗口内每一条扫描线上位于多边形内部的区段的填充工作，也就完成了整个多边形的扫描转换。由观察不难发现，一条扫描线和多边形的边有偶数个交点，若我们将这些交点按横坐标从小到大的顺序进行排序，则第 1 个交点与第 2 个交点之间，第 3 个交点与第 4 个交点之间，……其像素位于多边形内部，这种性质称为**扫描线的连贯性**，见图 4.8。当用给定的多边形颜色填充了这些区段后，就完成了该扫描线上的填充工作。所以一条扫描线上的填充过程可分为下面三个步骤：

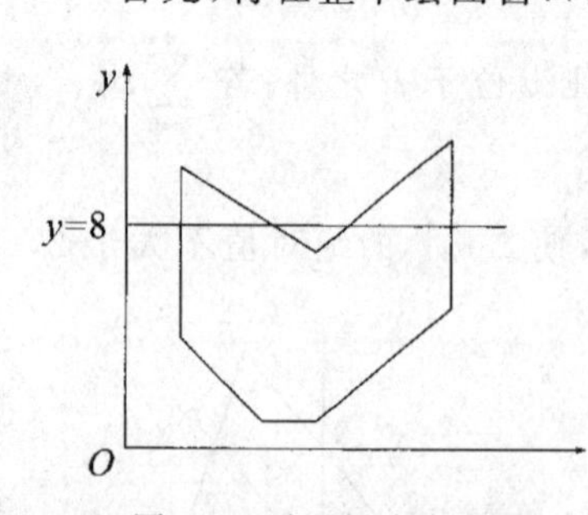

图 4.8 多边形与扫描线

(1) 求扫描线与多边形各边的交点；

(2) 对所求得的交点按 x 坐标从小到大排序；

(3) 将交点两两配对，并填充每一区段。

2. 边的连贯性

从上面的讨论我们知道，扫描转换多边形的关键在于求扫描线和多边形各边的交点。为了减少求交的计算量，要利用一条边与相继的两条扫描线的交点间的连贯性，这种连贯性称为**边的连贯性**。边的连贯性与扫描转换直线段算法中用到的递推关系完全一致，所以求交过程可直接利用生成直线段的中点算法递推式，即当已求出距上一条扫描线与一条边的交点最近的像素时，可以用只包含整数运算的递推式和判别式求出距下一条扫描线与该边交点最近的像素。但这个直观的想法中存在一个问题，由中点算法求出的表示边的像素虽然和交点最靠近，却无法保证这些像素都落在多边形区域的内部，见图 4.9。当两个相邻的多边形(共享某条边)具有不同颜色时，这些零星地落于本多边形区域之外的像素使图形看起来十分古怪。所以，为了在填充多边形时只绘制那些位于多边形区域之内的像素(见图 4.10)，需要对中点算法做一些变化，使它分别适用于扫描线与多边形左边的求交过程和扫描线与多边形右边的求交过程(在水平方向上，位于多边形区域之左的边为左边，位于区域之右的边为右边，水平边不予考虑)。在扫描转换左边时，只取交点右端的像素，即使左端的像素距交点更近；在扫描转换右边时，只取交点左端的像素。这样生成的边界像素就都落在多边形区域之内了。

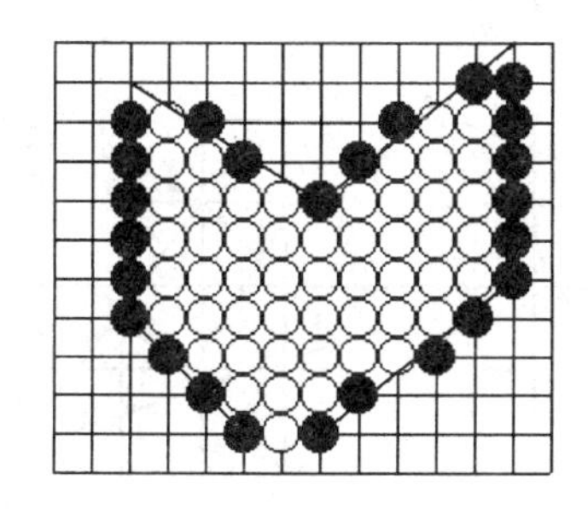

图 4.9　由中点算法求出的多边形边界上的像素(由黑圆点表示)

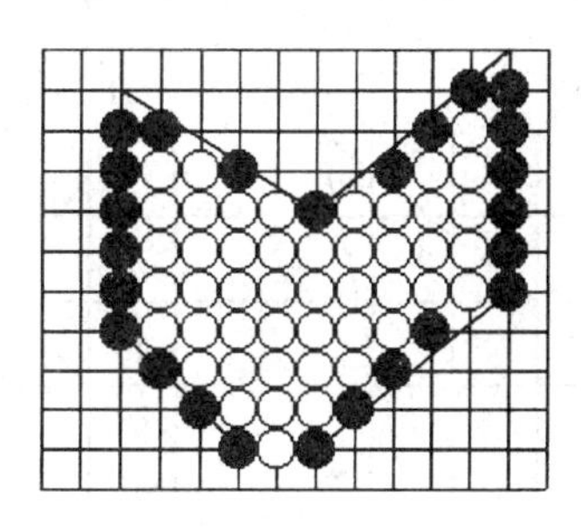

图 4.10　所有的像素都位于多边形的内部

为了讨论简单起见，我们采用生成直线段的 DDA 算法的递推式求交。用浮点数记录交点，然后在填充阶段决定应向右取整还是向左取整。

假定已经求解出扫描线 $y=e$ 和多边形边的所有交点，我们要递推出扫描线 $y=d=e+1$ 与多边形各边的交点。$y=d$ 上的交点可分为两类：

第 1 类：(如图 4.11 中的 q_0, q_3)是 $y=d$ 和这样一些边的交点，这些边既和 $y=e$ 相交又和 $y=d$ 相交。此时，若 x 为其中某条边与 $y=e$ 的交点横坐标，m 为该边的斜率，则此边与 $y=d$ 的交点的横坐标为 $x'=x+1/m$。

第 2 类：(如图 4.11 中的 q_1, q_2)是 $y=d$ 和这样一些边的交点，这些边只与 $y=d$ 相交，不与 $y=e$ 相交，即对扫描线 $y=d$ 来说，它们是新出现的边。此时，这些边的下端点就是交点，不用计算。

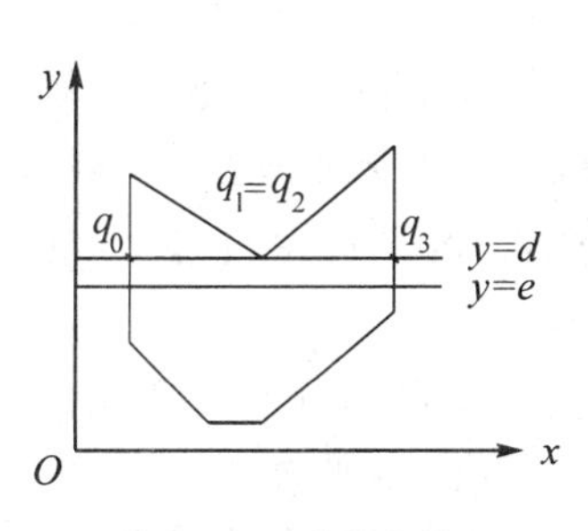

图 4.11　利用边的连贯性求交点

3. 交点取整规则

上面的讨论基本解决了求交点的问题，接下来是交点序列按横坐标排序，再两两配对、取整、填充。这里先详细讨论对交点取整时可能出现的各种情况。

假设某非水平边与扫描线 $y=e$ 相交，交点的横坐标记为 x，则有如下几种情形：

(1) x 为小数，即交点 (x,e) 落于扫描线 $y=e$ 上两个相邻像素之间，如图 4.12 所示。若交点位于多边形的左边之上，则取其右端的像素 ((int)$x+1,e$)，如图 4.12(a)所示。若交点位于多边形右边之上，取其左端的像素 ((int)x,e)，如图 4.12(b)所示。这样生成的像素便都位于多边形区域之内了。

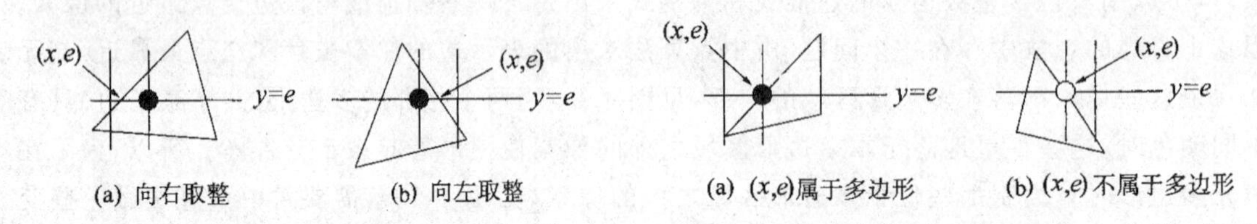

图 4.12　x 为小数　　　图 4.13　(x,e)落于像素上的情形

(2) 交点 (x,e) 正好落在像素点上，如图 4.13 所示。按照 4.1 中所介绍的对多边形区域边界的处理方法，若 (x,e) 位于多边形左边上，见图 4.13(a)，则将它看作属于多边形；若 (x,e) 在多边形右边上，见图 4.13(b)，则它不属于多边形。

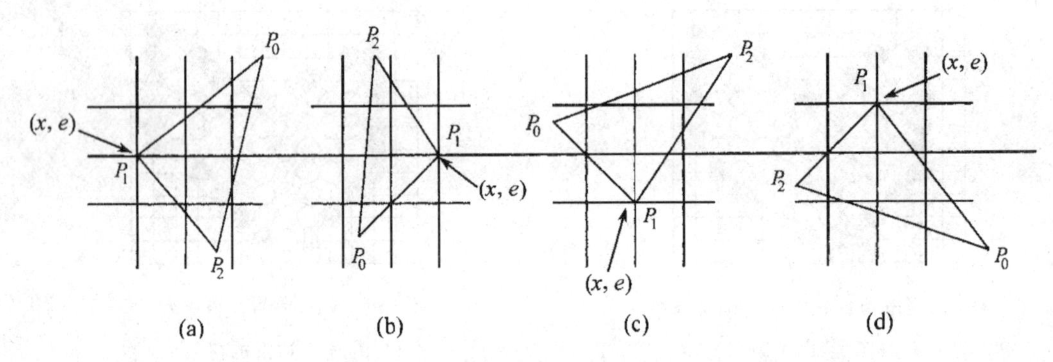

(a)(b) 算做一个交点　(c) 算作两个交点　(d)不算做交点

图 4.14　顶点为交点的情况

(3) 落在像素上的交点 (x,e) 为多边形的顶点，如图 4.14 中所示的 P_1。此时 (x,e) 作为一个交点还是两个交点计算？若处理不当便会引起扫描线与多边形的交点个数奇偶性的改变，从而使整个算法失败。如在图 4.14(a)中，若将 (x,e) 算做两个交点，则 $y=e$ 上有三个交点。处理方法如下：将多边形的每条边视为下端闭、上端开的(和 4.1 节处理多边形区域边界的方法一致)，相当于将每边的上端点处切掉一个像素。这样，在图 4.14(a)中，边 P_0P_1 与 $y=e$ 有一个交点，而 P_1P_2 由于在 P_1 处是开的，它与 $y=e$ 没有交点，所以顶点 P_1 共算做一个交点，其余类推。

4. 特殊情况处理

(1) 水平边

水平边与扫描线平行，不能参与求交。那么在算法中，如何处理水平边呢？我们先通过一个例子看看水平边在算法中起什么作用。在图 4.15 中，多边形 $ABCDEFGHIJ$ 有水平边 AB，CD，FG 和 HI。假设不考虑这些边，看看扫描转换的结果。按照前文所述的取整规则，JA 和 BC 的下端点 A 和 B 算作交点，所以线段 AB 被填充。BC 的上端点 C 不算做交点，但 DE 的下端点 D 为交点，连接 YD，水平边 CD 也被填充了。IJ 在上端点 I 处无交点，故水平边 HI 没有被填充。GH 和 EF 在上端点 G 和 F 处无交点，故水平边 FG 没有被填充。扫描转换的结果正确，从而说明了水平边在算法中不起任何作用，所以在算法的预处理阶段将它们去掉。

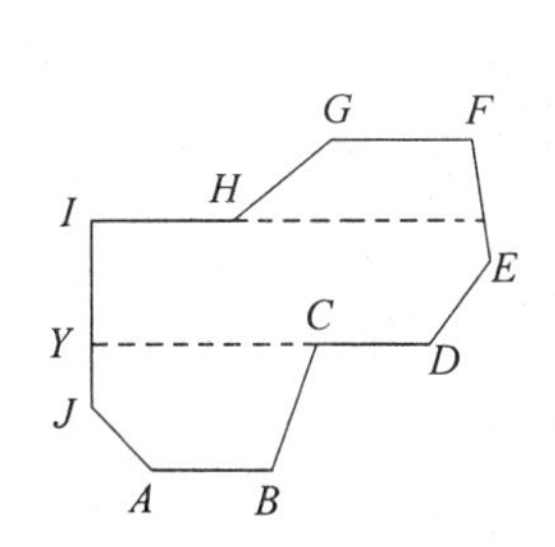

图 4.15　多边形的水平边

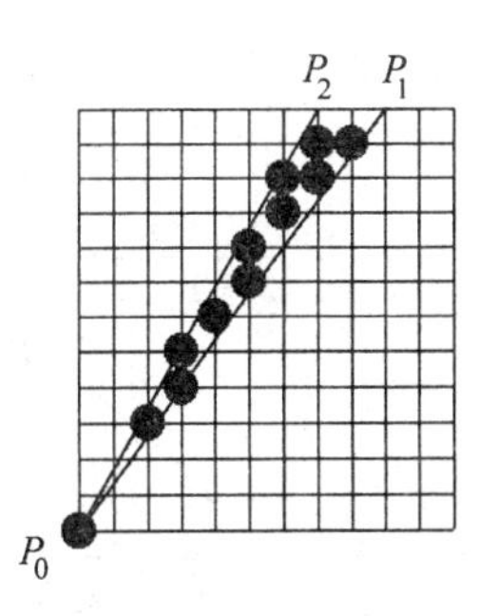

图 4.16　多边形的尖角

(2) 尖角

扫描转换法中还存在另一个问题，当多边形相邻的两条边非常靠近时，形成了一个尖角，如图 4.16 所示。图中三角形 $P_0(0,0)P_1(9,12)P_2(7,12)$ 形成了一个狭长的尖角。扫描转换的结果 P_0 点属于三角形，但相继的两条扫描线上不再有属于三角形的像素(根据取整原则)，从而使显示出来的多边形不是一块连续的区域。这种现象是光栅图形混淆现象的一种，可以通过反混淆算法进行处理(详细情况见第 5 章)。

5. 数据结构与算法

扫描线算法中采用了较灵活的数据结构，即**边的分类表** ET(Edge Table)和**活化边表** AEL(Active Edge List)，两个表结构中的基本元素都是**边结构**。边结构定义为：

```
typedef struct {int ymax;
                float x,deltax;
                struct Edge  * nextEdge;
               } Edge;
```

其中各变量的含义如下：

ymax：边的上端点的 y 坐标；

x：在 AEL 中表示当前扫描线与边的交点的 x 坐标，初值(即在 ET 中的值)为边的下端点的 x 坐标；

deltax：边的斜率的倒数；

nextEdge：指向下一条边的指针。

事实上，确定一条线段需 4 个量，而边结构只包含 3 个变量，剩下的一个量——下端点的 y 坐标，包含在边的分类表 ET 中。

边的分类表 ET 是按边的下端点的 y 坐标对非水平边进行分类的指针数组。下端点 y 坐标值等于 i 的边属于第 i 类。绘图窗口中有多少条扫描线，ET 就分为多少类，同一类中的边按 x 值(x 值相等的，按 deltax 值)递增的顺序排列。图 4.17 中，多边形 $P_0(2,4)P_1(5,1)P_2(7,1)P_3(12,5)P_4(12,11)P_5(7,7)P_6(2,8)$的边 e_0,e_2,e_3,e_4,e_5,e_6 的下端点分别为 P_1,P_2,P_3,P_5,P_5,P_0，按如上分类方法对各边分类，得 e_0,e_2 属第 1 类，e_6 属第 4 类，e_3 属第 5 类，e_4,e_5 属第 7 类，如图 4.18。建立边的分类表的过程十分简单，首先对各边分类，然后再对每一类中的边按排序方法进行排序即可。

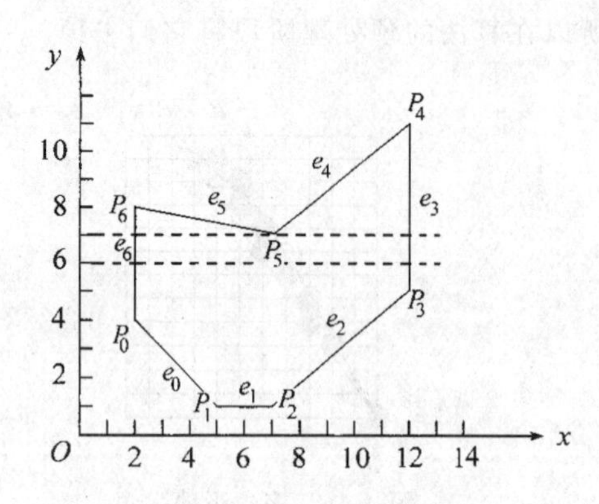

图 4.17　多边形 $P_0P_1P_2P_3P_4P_5P_6$

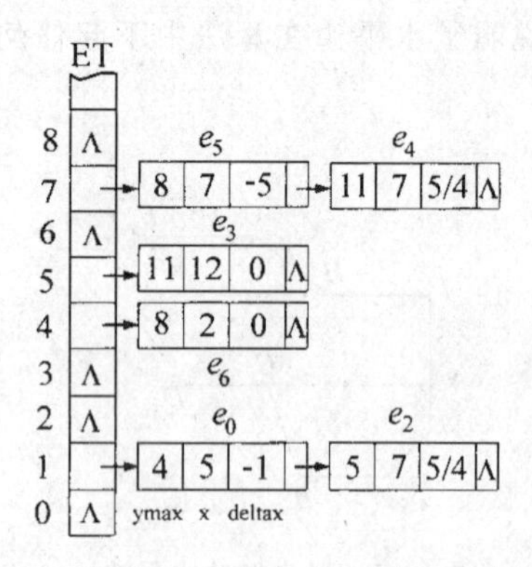

图 4.18　图 4.17 中多边形的边的分类表

活化边表 AEL 由与当前扫描线相交的边组成，它记录多边形的边和当前扫描线的所有交点的 x 坐标，并且随扫描线的递增而不断变化。图 4.19 表示了 $y=6$ 和 $y=7$ 两条相继扫描线所对应的 AEL。

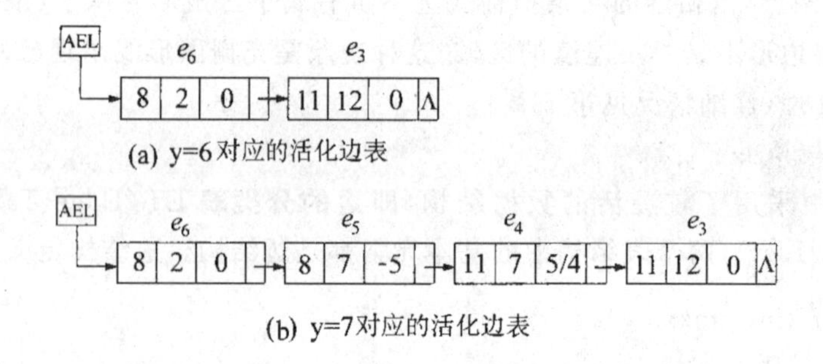

图 4.19　活化边表

边的分类表的作用是避免盲目求交。当处理一条扫描线时，为了求得它和多边形边的所有交点，必须将它与所有的边进行求交测试。而实际上只有某几条边与该扫描线有交点。边的分类表正是用来排除不必要的求交测试的。例如，假设当前的扫描线为 $y=3$，由于 e_3，e_4，e_5 和 e_6 所属的类的序号大于 3（即下端点的 y 坐标大于 3），所以它们和 $y=3$ 根本没有交点，就不用将它们与扫描线进行求交测试了。而进行求交的只有 e_0 和 e_2 两条边。求交的过程在算法中用 AEL 非常方便地解决了。

有了 ET 和 AEL，扫描转换多边形的扫描线算法可描述如下：

算法 4.1　扫描转换多边形的扫描线算法

(1) 建立 ET；

(2) 将扫描线纵坐标 y 的初值置为 ET 中非空元素的最小序号，如在图 4.18 中，$y=1$；

(3) 置 AEL 为空；

(4) 执行下列步骤直至 ET 和 AEL 都为空；

① 如果 ET 中的第 y 类非空，则将其中的所有边取出并插入 AEL 中；

② 如果有新的边插入 AEL，则对 AEL 中各边排序；

③ 对 AEL 中的边两两配对，（1 和 2 为一对，3 和 4 为一对，……），将每对边中 x 坐标按

规则取整,获得有效的填充区段,再填充;

④ 将当前扫描线纵坐标 y 值递增1,即 $y=y+1$;

⑤ 将AEL中满足 $y=ymax$ 边删去(因为每条边被看作下闭上开的);

⑥ 对AEL中剩下的每一条边的 x 递增 $\mathrm{delta}x$,即 $x=x+\mathrm{delta}x$。

扫描线算法的数据结构和算法本身都比逐点判断法复杂得多,但是它利用边的连贯性以加速交点的计算,利用ET以排除盲目求交,利用扫描线的连贯性以避免逐点判别,所以速度要比逐点判断算法快得多。

4.2.3 边缘填充算法

本算法的基本原理、方法、交点的取整原则、特殊情况处理等都与扫描线方法一致,所以不再叙述。

在扫描线算法中,需要对AEL中的各边排序,这种排序工作可用求余运算来代替。假定 A 为一个正整数,正整数 M 的余定义为 $A-M$,记为 $\overline{M}$。当计算机中用 n 位表示 M 时,可取 A 为 n 位能表示的最大整数,即 $A=2^n-1$。易知 $\overline{\overline{M}}=M$,即对 M 作偶数次求余运算,其结果仍为 M;而对 M 作奇数次求余运算结果为 $\overline{M}$。

在光栅图形中,如某区域已着上值为 M 的颜色,则对该区域的颜色值作为偶数次求余运算后,该区域颜色不变;而做奇数次求余运算,该区域变为值为 $\overline{M}$ 的颜色。这一规律用于多边形扫描转换,就称为**边缘填充算法**。求余运算可用异或显示模式实现,下面的等式说明了这一点:

$$\overline{M} = A - M = M \text{ Xor } A$$
$$\overline{\overline{M}} = (M \text{ Xor } A) \text{ Xor } A = M$$

边缘填充算法的程序可以有两种结构,一种以扫描线为处理核心,一种以边为处理核心。

算法 4.2 以扫描线为中心的边缘填充算法

设 $x_0, x_1, \cdots, x_m$ 是当前扫描线与多边形边的交点的 x 坐标数列(没有排序),填充该扫描线上位于多边形内的区段由下面步骤完成:

(1) 将当前扫描线上的所有像素着上值为 $\overline{M}$ 的颜色;

(2) 求余:

```
for(i=0;i<= m;i++)
    在当前扫描线上,从横坐标为 x_i 的交点向右求余;
```

完成上述两个步骤后,扫描线上位于多边形内的像素被奇数次求余,故着上值为 M 的颜色。算法的执行过程如图4.20所示。

算法 4.3 以边为中心的边缘填充算法

(1) 将绘图窗口的背景色置为 $\overline{M}$;

(2) 对多边形的每一条非水平边做:从该边上的每个像素开始向右求余;

算法的执行过程如图4.21。

和扫描线算法相比,边缘填充算法的数据结构和程序结构都简单得多,但该算法需要对帧缓存的大量像素反复赋值,速度较慢。并且该算法难以用于以图像填充图元的场合。

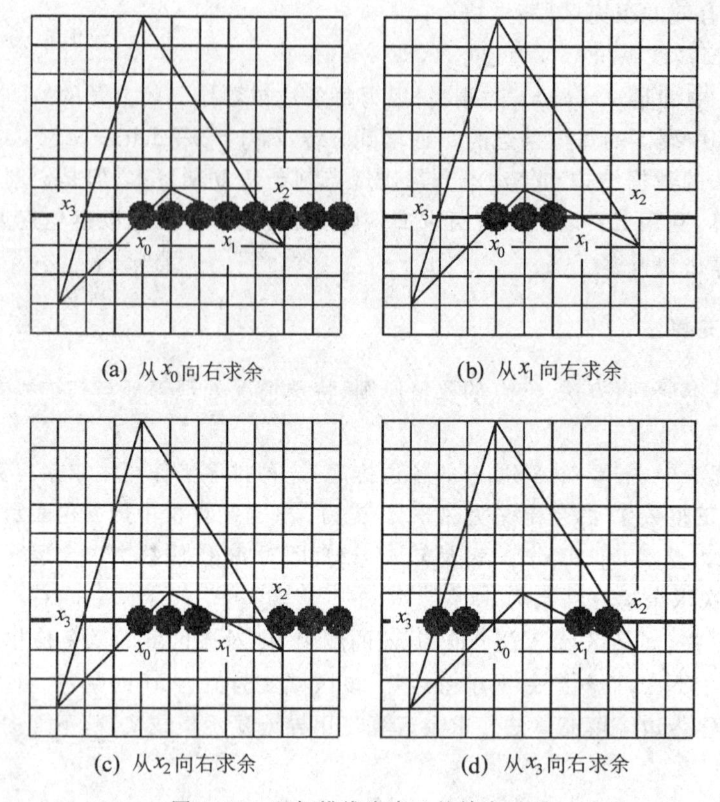

(a) 从x_0向右求余　(b) 从x_1向右求余

(c) 从x_2向右求余　(d) 从x_3向右求余

图 4.20　以扫描线为中心的填充过程

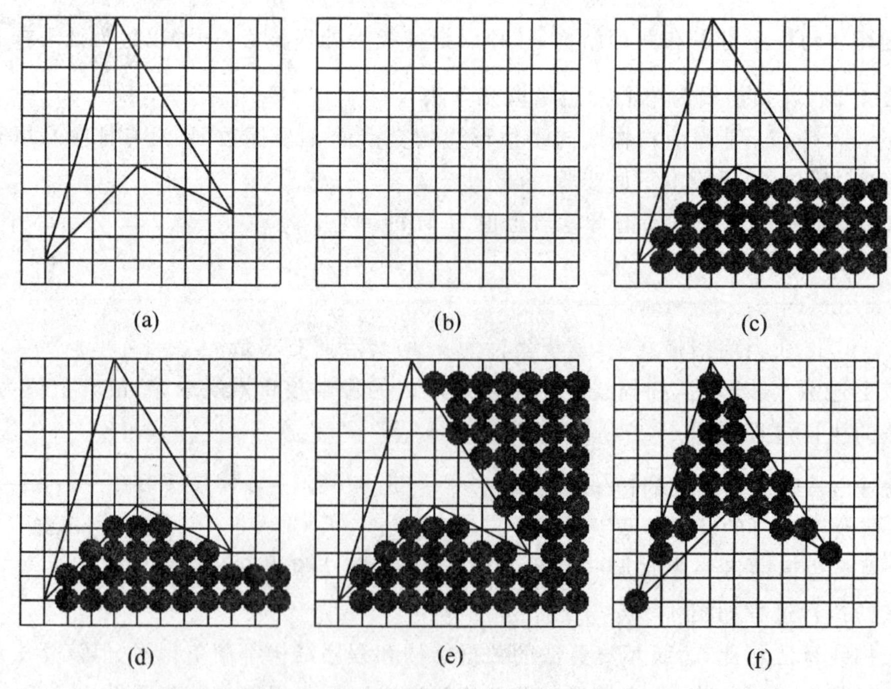

(a) 原多边形　(b) 初始化　(c)(d)(e)(f) 逐边向右求余

图 4.21　以边为中心的填充过程

4.3 扫描转换扇形区域

扫描转换多边形的扫描线算法可以直接推广到扫描转换扇形区域。对每条扫描线，首先计算它与扇形区域边界的交点，再把配对交点之间的像素用指定颜色填充。

为了讨论方便，不妨假定扇形区域的圆心落于坐标原点，这样，一个扇形区域由三个参数唯一确定：圆的半径 R、起始角度 θ_1 和终止角度 θ_2，它的边界由线段 OP_1、线段 OP_2 和圆弧 $\overset{\frown}{P_1P_2}$ 三部分组成，见图 4.22。扇形区域的三部分边界可能以任意组合和顺序与扫描线相交，具体情况依赖于 P_1 点和 P_2 点所处的象限。按 P_1 点和 P_2 点所处象限的不同，可将扇形区域分成 $4\times4=16$ 种情况处理。我们先讨论 P_1 点落在第一象限的情况。

现在设 P_1 点落在第一象限，P_1 和 P_2 的坐标分别为 (x_1,y_1) 和 (x_2,y_2)，根据 P_2 所在的象限不同，我们分下面四种情况讨论扇形区域的扫描转换。此时，扫描线和区域边界的交点只有两个，按从左到右的顺序，这两个交点分别属于 OP_2 和 OP_1 或者 OP_2 和 $\overset{\frown}{P_1P_2}$ 或者 $\overset{\frown}{P_1P_2}$ 和 $\overset{\frown}{P_1P_2}$ 或者 $\overset{\frown}{P_1P_2}$ 和 OP_1 或者 $\overset{\frown}{P_1P_2}$ 和 OP_2。交点的计算可以使用稍加改变的生成直线段和圆弧的中点算法，使得求出的交点都位于扇形区域的内部。在下面的各种情况中，只需讨论如何将扇形区域划分成更小的区域，使得在每个小区域中，扫描线按确定顺序和确定的两条边相交就可以了。

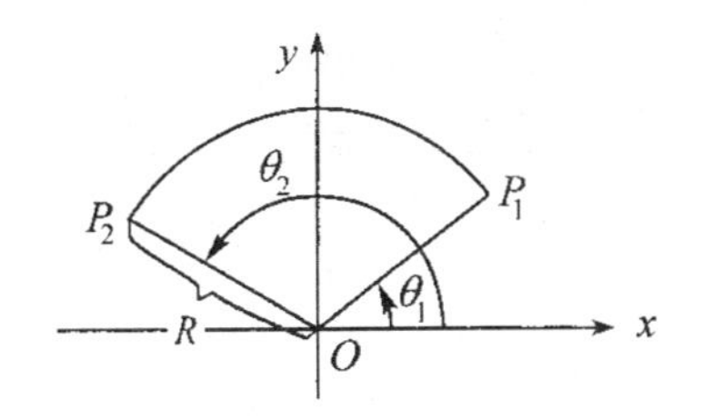

图 4.22 扇形区域及其参数

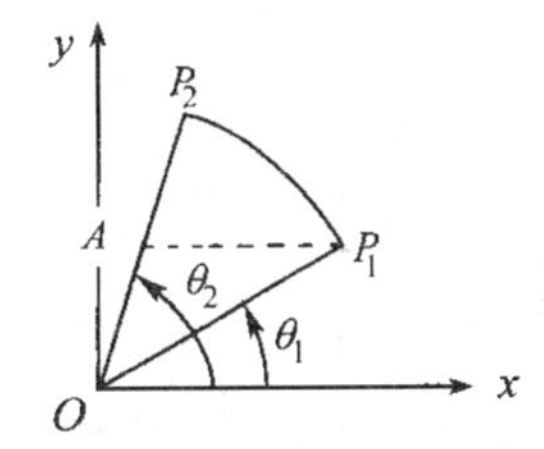

图 4.23 P_1 和 P_2 都在第一象限

(1) P_2 落在第一象限，如图 4.23 所示。此时，过 P_1 的水平线交 OP_2 于 $A\left(\frac{y_1x_2}{y_2},y_1\right)$，$AP_1$ 将扇形区域分成上、下两个区域。在区域 OP_1A，AP_1P_2 中，扫描线从左到右分别与 OA 和 OP_1，AP_2 和 $\overset{\frown}{P_1P_2}$ 相交。

(2) P_2 落在第二象限，此时又分为两种情况：

① 当 $y_1\leqslant y_2$ 时，(见图 4.24)，过 P_1 的水平线交 OP_2 与 $A\left(\frac{y_1x_2}{y_2},y_1\right)$，过 P_2 的水平线交 $\overset{\frown}{P_1P_2}$ 于 $B\left(\sqrt{R^2-y_2^2},y_2\right)$。$AP_1$ 和 P_2B 将扇形区域分成了三个区域。在区域 OP_1A，AP_1BP_2，BCP_2 中，扫描线从左到右分别与 AO 和 OP_1，P_2A 和 $\overset{\frown}{P_1B}$，$\overset{\frown}{CP_2}$ 和 $\overset{\frown}{BC}$ 相交。

② 当 $y_1>y_2$ 时(见图 4.25)，过 P_2 的水平线交 OP_1 于 $A\left(\frac{y_2x_1}{y_1},y_2\right)$，过 P_1 的水平线交 $\overset{\frown}{P_1P_2}$ 于 $B\left(\sqrt{R^2-y_1^2},y_1\right)$。$P_2A$ 和 BP_1 将扇形区域分成了三个区域。在区域 OAP_2，P_2AP_1B，BP_1C 中，扫描线从左到右分别与 OP_2 和 OA，$\overset{\frown}{BP_2}$ 和 AP_1，$\overset{\frown}{CB}$ 和 $\overset{\frown}{P_1C}$ 相交。

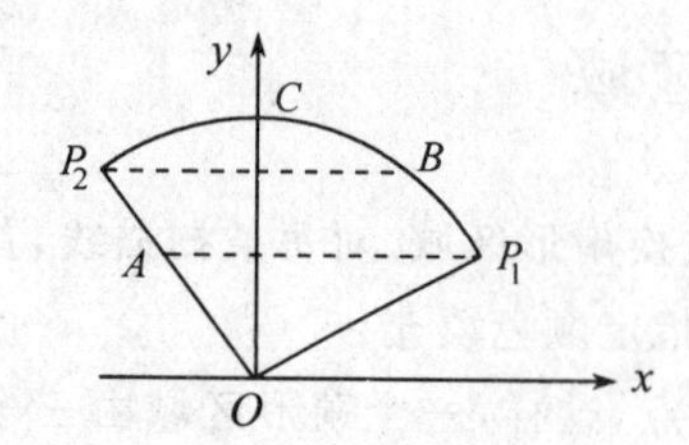

图 4.24 P_1 在第一象限,P_2 在第二象限 $y_1 \leqslant y_2$

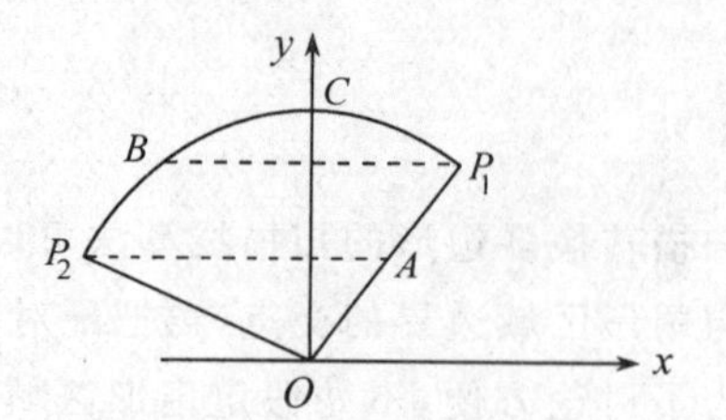

图 4.25 P_1 在第一象限,P_2 在第二象限 $y_1 > y_2$

(3) P_2 落在第三象限(见图 4.26)。此时,过 P_1 的水平线交$\overset{\frown}{P_1P_2}$于 $A\left(-\sqrt{R^2-y_1^2},y_1\right)$,$x$ 轴交$\overset{\frown}{P_1P_2}$于 $B(-R,0)$。AP_1 和 BO 将扇形区域分为三个区域。在区域 P_1CA,BOP_1A,P_2OB 中,扫描线分别与$\overset{\frown}{CA}$和$\overset{\frown}{P_1C}$,$\overset{\frown}{AB}$和 OP_1,$\overset{\frown}{BP_2}$和 P_2O 相交。

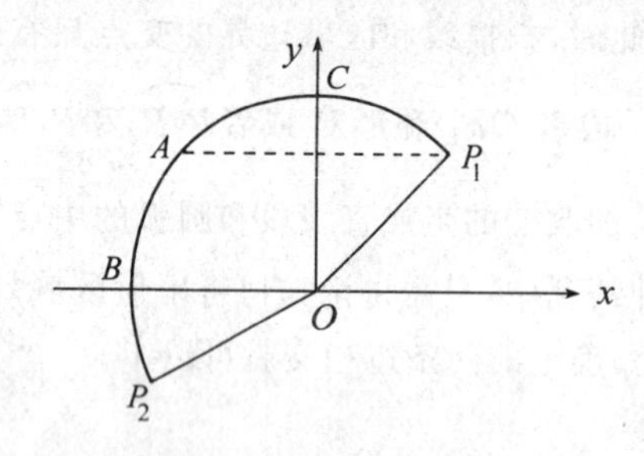

图 4.26 P_1 在第一象限,P_2 在第三象限

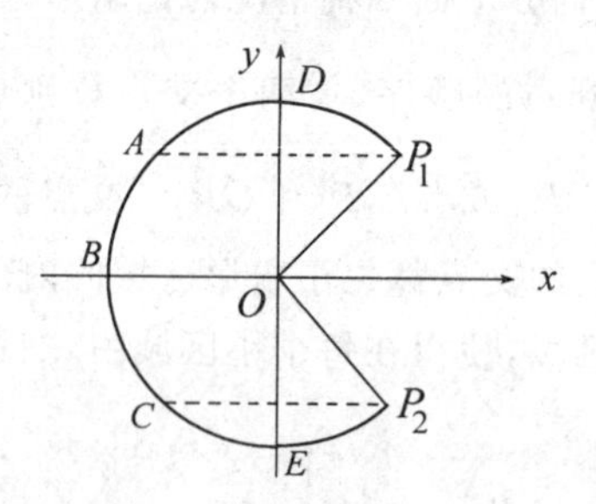

图 4.27 P_1 在第一象限,P_2 在第四象限

(4) P_2 落在第四象限(见图 4.27)。此时,过 P_1 的水平线交$\overset{\frown}{P_1P_2}$于 $A(-\sqrt{R^2-y_1^2},y_1)$,过 P_2 的水平线交$\overset{\frown}{P_1P_2}$于 $C\left(-\sqrt{R^2-y_2^2},y_2\right)$,$x$ 轴交$\overset{\frown}{P_1P_2}$于 $B(-R,0)$。AP_1,BO 和 CP_2 将扇形区域分为四个区域。在区域 AP_1D,BOP_1A,CP_2OB,CEP_2 中,扫描线分别与$\overset{\frown}{DA}$和$\overset{\frown}{P_1D}$,$\overset{\frown}{AB}$和 OP_1,$\overset{\frown}{BC}$和 P_2O,$\overset{\frown}{CE}$和$\overset{\frown}{EP_2}$相交。

对于 P_1 落在第二、三、四象限的情况,可按如下方法处理:首先将扇形区域顺时针旋转 $\pi/2$(或 π、$3\pi/2$),使 P_1 落在第一象限,待扫描转换后,将其逆时针旋转回到原来的位置。因为所做的旋转只需很少的计算,所以算法的效率不会受太大影响。

圆形区域是扇形区域的特殊情况,它的扫描转换也特别简单。因为扫描线和圆弧只有两个交点,只要由相应的方法求出交点,然后进行填充就可以了。事实上,无论是扇形区域还是圆形区域,我们都可以先求出与它充分逼近的多边形,然后用扫描转换多边形的算法对其进行填充。

4.4 区域填充

4.4.1 区域的表示和类型

这里所说的**区域**是指已经表示成点阵形式的填充图形,它是像素集合。在光栅图形中,区域可采用**内点表示**和**边界表示**两种表示形式。枚举出给定区域内所有像素的表示方法称内点表示。在内点表示中，区域内的所有像素着同一颜色，而区域边界上的像素着不同的颜色。图 4.28 中，●表示内点，○表示边界点。枚举出给定区域所有边界上像素的表示方法称边界表示。在边界表示中，区域的边界点着同一颜色，而区域内部的点着不同颜色。

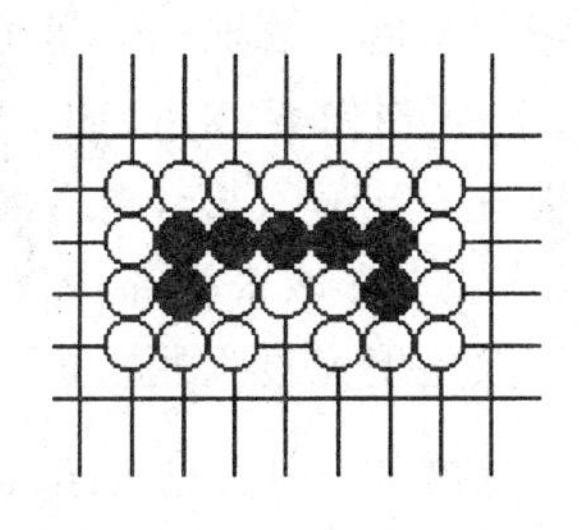

● 表示内点　○表示边界点

图 4.28　区域的内点表示和边界表示

区域填充是指先将区域内的一点(称为**种子点**)赋于指定的颜色，然后将该颜色扩展到整个区域的过程。区域填充是对区域重新着色的过程(改变区域的颜色或者以图像填充(见 4.5 节))，它被广泛用于交互式图形系统、动画和美术画的辅助制作中。

区域填充算法要求区域是连通的，只有在连通的区域中，才有可能将种子点的颜色扩展到区域内的其它点。这里，我们只考虑两种简单的**连通性**：4 连通和 8 连通。任取区域内两点，若在该区域内，通过上、下、左、右四个方面的运动(见图 4.29)，这两点相互可达，则称该区域为 **4 连通**的。任取区域内两点，若在该区域内，通过水平、竖直、两个对角线八个方向的运动(见图 4.30)，这两点相互可达，则称该区域为 **8 连通**的。由定义可知，4 连通区域一定是 8 连通区域。如图 4.31 和 4.32 所示，图 4.31 中的区域既是 4 连通区域也是 8 连通区域，而图 4.32 中的区域仅为 8 连通区域。

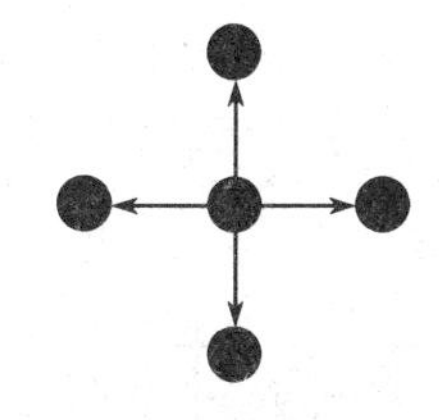

图 4.29　四个方向的运动

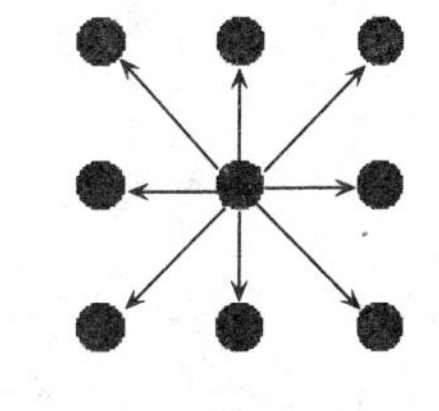

图 4.30　八个方向的运动

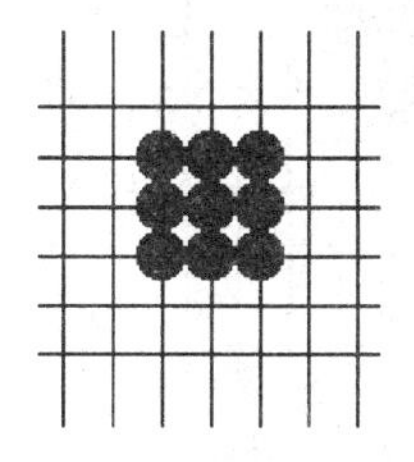

图 4.31　内点表示的 4 连通区域

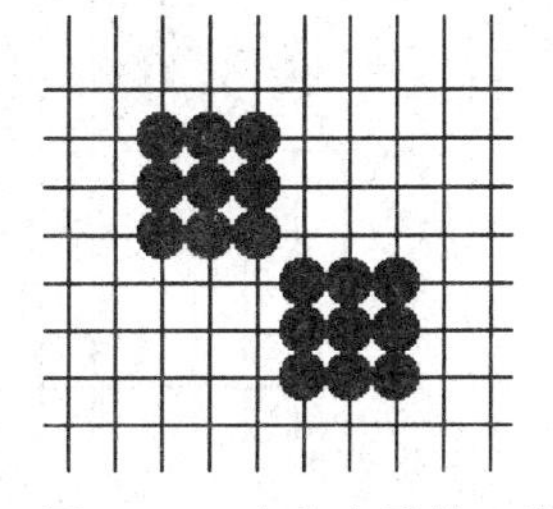

图 4.32　内点表示的 8 连通区域

值得注意的是，4 连通区域虽然也可以看作 8 连通区域，但它作为 4 连通区域或是 8 连通区域，边界是不同的。作为 4 连通区域，其边界只要是 8 连通的就可以了，而作为 8 连通区域，其边界则必须是 4 连通区域，如图 4.33 所示。图中，若将●表示的像素组成的区域看作 4 连通区域，则它的边界由标有○的像素组成；若将该区域看作 8 连通区域，则它的边界由标有○和△两种像素共同组成。

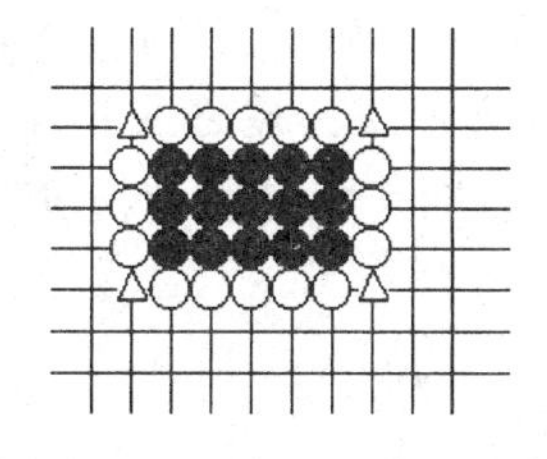

图 4.33　4 连通区域和 8 连通区域对边界的连通性要求不同

4.4.2　递归填充算法

1. 内点表示的 4 连通区域的递归填充算法

设(x,y)为内点表示的 4 连通区域内的一点，oldColor 为区域的原色。现取(x,y)为种子点，要将整个区域填充为新的颜色 newColor，递归填充过程如下：先判别像素(x,y)的颜色，若它的值不等于 oldColor，说明该像素或者位于区域之外，或者已被置为 newColor，不需填充，算法结束；否则置该像素的颜色为 newColor，再对与其相邻的上、下、左、右四个相邻像素分别做递归填充。

上述填充过程用下面的递归程序实现：

程序 4.3 内点表示的 4 连通区域的递归填充算法

```
void FloodFill4(int x,int y,int oldColor,int newColor)
{if(GetPixel(x,y)==oldColor)      /* Getpixel(x,y)取屏幕上像素(x,y)的颜色 */
 { PutPixel(x,y,newColor);
   FloodFill4(x,y+1,oldColor,newColor);
   FloodFill4(x,y-1,oldColor,newColor);
   FloodFill4(x-1,y,oldColor,newColor);
   FloodFill4(x+1,y,oldColor,newColor);
 }
} /* end of FloodFill4() */
```

算法执行的过程如图 4.34 所示。图 4.34(a)中，标有的○像素组成了一个 4 连通内点表示区域，标有●的像素表示种子点。图 4.34(b)表示了上述递归算法的填充过程，像素中的数字表示像素被着上 newColor 的先后顺序。

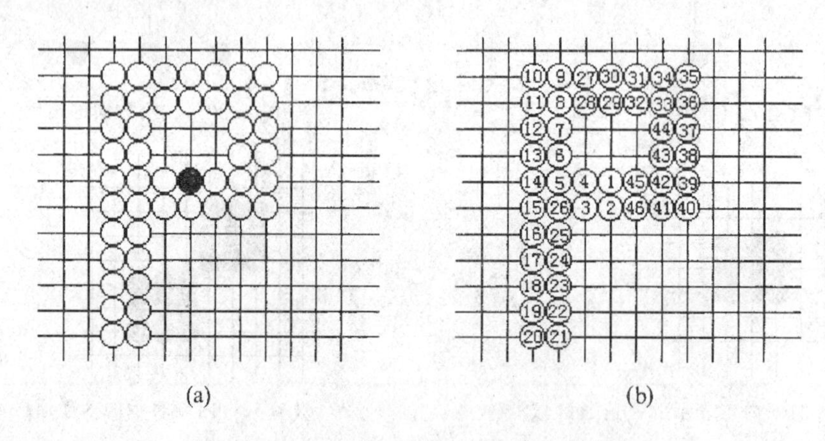

图 4.34 内点表示 4 连通区域的递归填充过程

2. 边界表示 4 连通区域的递归填充算法

设(x,y)为边界表示 4 连通区域内的一点，区域边界像素的颜色为 boundaryColor，现取(x,y)为种子点，要将整个区域填充为新的颜色 newColor。递归填充的过程如下：先判别像素(x,y)的颜色，若它的值不等于 boundaryColor 或 newColor，说明该像素位于区域之内并且还没有置成 newColor；置该像素的颜色为 newColor，再对其上、下、左、右四个相邻像素分别做递归填充。类似的递归填充程序为：

程序 4.4 边界表示的 4 连通区域的递归算法

```
vold BoundaryFill4(int x,int y,int boundaryColor,int newColor)
{int color;
```

```
  color=GetPixel(x,y);
  if((color!=boundaryColor)&&(color!=newColor))
  {PutPixel(x,y,newColor);
   BoundaryFill4(x,y+1,boundaryColor,newColor);
   BoundaryFill4(x,y-1,boundaryColor,newColor);
   BoundaryFill4(x-1,y,boundaryColor,newColor);
   BoundaryFill4(x+1,y,boundaryColor,newColor);
  }
}/* end of BoundaryFill4() */
```

对于内点表示和边界表示的 8 连通区域，只要将上述相应代码中递归填充相邻的 4 个像素增加到递归填充周围 8 个像素即可。

区域填充的递归算法原理和程序都很简单，但效率不高，原因是递归次数太多，区域内的每一个像素都引起一次递归，即系统堆栈的一次进出操作，费时费内存。因而许多改进的算法便从减少递归次数入手来提高算法的效率，区域填充的扫描线算法就是其中具有代表性的一个。

4.4.3 扫描线算法

区域填充的扫描线算法适用于内点表示的 4 连通区域。算法的基本过程如下：当给定种子点(x,y)时，首先填充种子点所在的扫描线上的位于给定区域的一个区段，然后确定与这一区段相连通的上、下两条扫描线上位于给定区域内的区段，并依次保存下来。反复这个过程，直到填充结束。

假设给定区域内部像素的颜色为 oldColor，要将区域填充为新的颜色 newColor。利用堆栈，区域填充的扫描线算法可由下列四个步骤实现：

(1) 填充并确定种子点所在的区段：从给定的种子点(x,y)出发，沿当前扫描线向左、右两个方向填充，直到边界。分别标记区段的左、右端点的横坐标为 xLeft 和 xRight，则三元组(y, xLeft, xRight)唯一确定了这个区段。

(2) 种子区段：将算法设置的堆栈置为空，并将由第(1)步产生的(y, xLeft, xRight)压入堆栈。

(3) 出栈：如果堆栈为空，则算法结束；否则取栈顶元素(y, xLeft, xRight)，以纵坐标为 y 的扫描线为当前扫描线，[xLeft, xRight]为搜索区间。

(4) 填充并确定新的区段：分别确定当前扫描线上、下相邻的两条扫描线上与区段(y, xLeft, xRight)连通的位于给定区域内的区段。如果有这样的区段，填充并将它们的信息压入堆栈，返回第(3)步。

具体的程序如下：

记录每一个待处理区段的三元组定义为：

```
typedef struct {int y,xLeft,xRight;
               }Span;
```

算法中的堆栈即为 Span 类型的指针数组。

PopStack()：取栈顶区段。

PushStack()：将区段压入堆栈。

SetStackEmpty()：置堆栈为空。

IsStackEmpty()：检查堆栈状态，当堆栈为非空时，返回 False，否则返回 True。

程序 4.5 区域填充的扫描线算法

```
void ScanLineFill4(int x,int y,int oldColor,int newColor)
{ int xLeft,xRight,y,i;
  Boolean isLeftEndSet,spanNeedFill;
  Span span;

  /* 填充并确定种子点(x,y)所在的区段 */
  i=x;
  while(GetPixel(i,y)==oldColor)      /* 向右填充 */
  {PutPixel(i,y,newColor);
   i++;
  }
  span.xRight=i-1;     /* 确定区段右边界 */

  i=x-1;
  while(GetPixel(i,y)==oldColor)      /* 向左填充 */
  {PutPixel(i,y,newcolor);
   i--;
  }
  span.xLeft=i+1;     /* 确定区段左边界 */
  /* 初始化 */
  SetStackEmpty();
  span.y=y;
  PushStack(&span);     /* 将前面生成的区段压入堆栈 */

  while(! isStackEmpty())      /* 终止判断 */
  { /* 出栈 */
    PopStack(&span);
    /* 处理上面扫描线 */
    y=span.y+1;
    xRight=span.xRight;
    i=span.xLeft-1;
    isLeftEndSet=False;
    while(GetPixel(i,y))==oldColor)      /* 向左填充 */
    {PutPixel(i,y,newColor);
     i--;
    }
    if(i!=span.xLeft-1)      /* 确定区段左边界 */
    {isLeftEndSet=True;
```

```
        xLeft=i+1;
      }
      i=span.xLeft;
      while(i<xRight)
      {spanNeedFill=False;
       while(GetPixel(x,y)==oldColor)       /* 向右填充 */
       {if(!spanNeedFill)
         {spanNeedFill=True;
          if(!isLeftEndSet)
          {isLeftEndSet=True;
           xLeft=i;
          }
         }
        PutPixel(i,y,newColor);
        i++
       }
      if(spanNeedFill)
       {span.y=y;
        span.xLeft=xLeft;
        span.xRight=i-1;
        PushStack(&span);        /* 将区段压入堆栈 */
        isLeftEndSet=False;
        spanNeedFill=False;
       }
      while(GetPixel(i,y)!=oldColor)
           i++;
      } /* end of while(i<xRight) */
      /* 处理下面一条扫描线,代码与处理上面一条扫描线完全类似,故略 */
      y=y-2;
      ……
    } /* end of while(!isStackEmpty()) */
  }/* end of ScanLineBoundaryFill4() */
```

在上述算法中,对于每一个待填充的区段,只需压栈一次;而在递归算法中,每一个像素都需要一次压栈和出栈操作(递归调用)。相比较而言,扫描线算法的效率提高了很多。

图 4.35 是执行上述算法的例子。图 4.35(a)中标有△的像素是边界点,内点标有●的为种子点。图 4.35(b)表示对当前扫描线填充结束,并将上面扫描线上的两个区段和下面扫描线上的一个区段依次压入堆栈(像素中的序号标指它所在区段处于堆栈中的位置,1 表示栈底)。图 4.35(c)、(d)类似。本例中,堆栈的最大深度为 3。

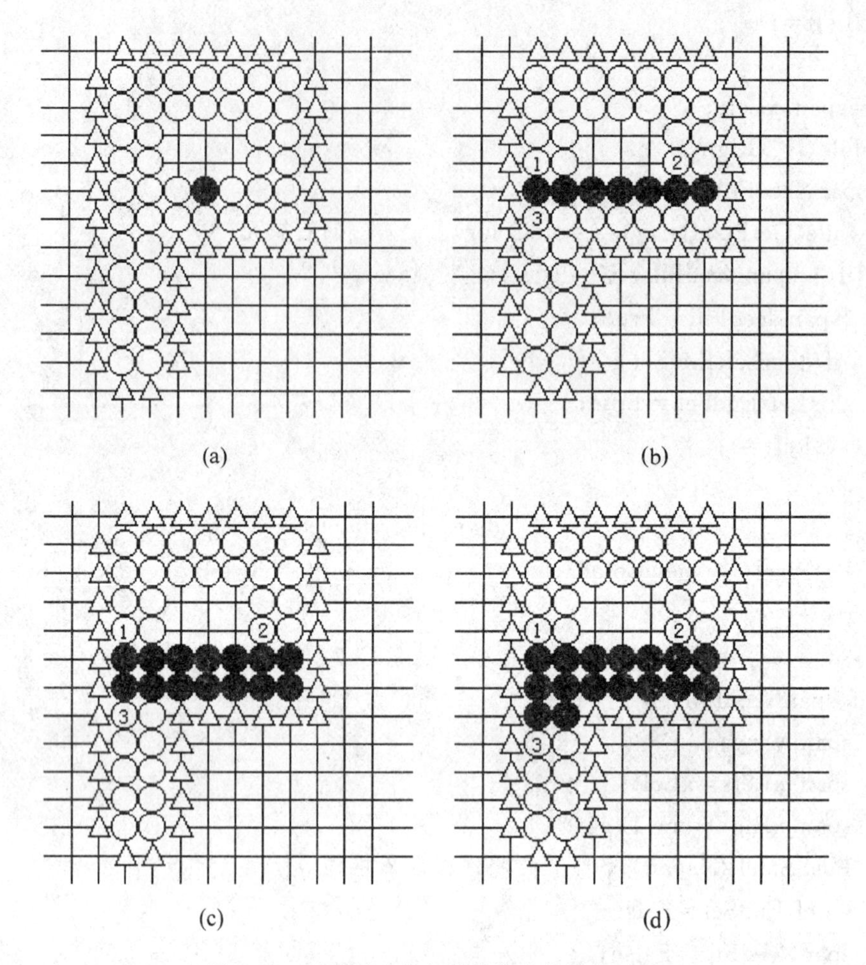

图 4.35 区域填充的扫描线算法的执行过程

4.4.4 多边形扫描转换与区域填充的比较

多边形扫描转换与区域填充是光栅图形中两类典型的面着色问题，相应的算法在真实感图形中有着广泛的应用，它们之间存在着密切的联系。两类问题在一定的条件下可以相互转化，当已知顶点表示的多边形内一点作为种子点，并用扫描转换直线段的算法将多边形的边界表示成8连通区域后，多边形扫描转换问题便可转化为区域填充问题。反过来，若已知给定区域是多边形区域，并且通过一定的方法求出它的顶点坐标，则区域填充问题便可转化为多边形扫描转换问题。然而，两者之间也有着明显的差别，表现在以下几点：

1. 基本思想不同

多边形扫描转换是指将多边形的顶点表示转换成点阵表示，而区域填充只改变了区域的填充颜色，没有改变区域的表示方法。它们各自应用的场合不同。

2. 对边界的要求不同

多边形扫描转换的扫描线算法只要求一条扫描线与多边形边界的交点个数为偶数，所以多边形的边界可以不封闭。例如算法中对水平边的处理，由于它不影响交点的奇偶性，并且被自动填充，所以在预处理时将它去掉。而在区域填充时，为了防止递归填充时跨越区域的边界，要求 4 连通区域的边界是封闭的 8 连通区域，8 连通区域的边界为封闭的 4 连通区域。

3. 基于的条件不同

在区域填充算法中，要求给定区域内一点作为种子点，然后从这一点根据连通性将新的颜色扩散到整个区域；而扫描转换多边形是从多边形的边界（顶点）信息出发，利用多种形式的连贯性进行填充的。

4.5　以图像填充区域

在第 2 章中，我们提到，对于填充图元，有 4 种填充方式：(1)均匀着色方式；(2)位图不透明方式；(3)位图透明方式；(4)像素图填充方式。本章前面几节介绍的方法解决了按第(1)种方式填充图元的问题，即将图元内部像素置成同一种颜色。在实际应用中，经常要用到后面三种填充方式，这可以通过对前述的填充算法中显示像素的那部分代码稍做修改来实现：在确定了区域内一个像素之后，首先查询它对应的图像（位图或像素图）中的单元，再以该单元的值按填充方式的不同显示该像素：

● 当按位图不透明方式填充时，若像素对应的位图单元为 1，则仍以前景色显示该像素；若为 0，则用背景色显示该像素。

● 当按位图透明方式填充时，若像素对应的位图单元为 1，则仍以前景色显示该像素；若为 0，则不改变屏幕上该像素的颜色（不做任何处理）。

● 当按像素图方式填充时，以像素对应的像素图单元的颜色值显示该像素。

在以图像填充区域时，关键是建立区域与图像间的位置关系，即区域中各像素与图像各单元的 1-1 映射关系。这种映射可以通过下面两种方法建立。通常用来填充区域的图像较小，不足以填满给定的区域，此时使图像在水平和竖直方向周期性排列，以构成任意尺寸的图像。

1. 建立整个绘图空间和图像空间的 1-1 映射

假定图像的尺寸是 $M \times N$ 的，存放在数组 pattern[M][N]中，见图 4.36。通过周期性排列，图像空间 Ouv 如图 4.37(a)所示。建立绘图空间和图像空间之间的 1-1 映射 $(x,y) \longleftrightarrow (u,v)$ 如下：

$$\begin{cases} x = u, \\ y = v \end{cases}$$

这样，对于扫描转换时获得的区域内的像素 (x,y)，它在图像空间的对应点也是 (x,y)，若 pattern 为一像素图，则用来显示像素 (x,y) 的

图 4.36　图像 pattern

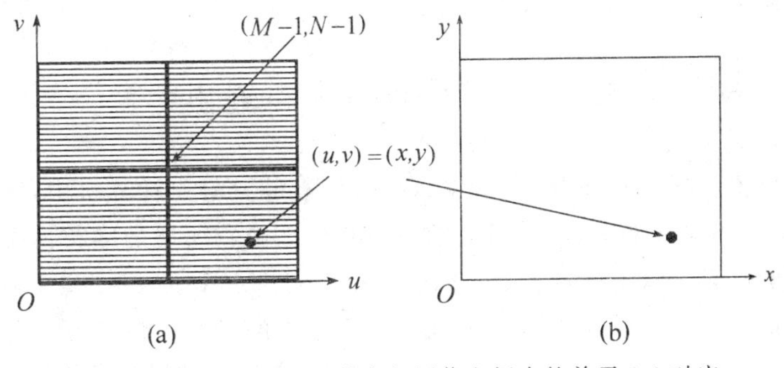

图 4.37　绘图空间中的像素与图像空间中的单元 1-1 对应

颜色值即为 pattern[$x\%M$][$y\%N$],其中,"%"为取模运算。

在这种映射方式下,当区域运动时,填充其内部的图像并不跟着动,见图 4.38。这种效果适用于动画中漫游图像的情况,如透过车窗看外面的景物等。

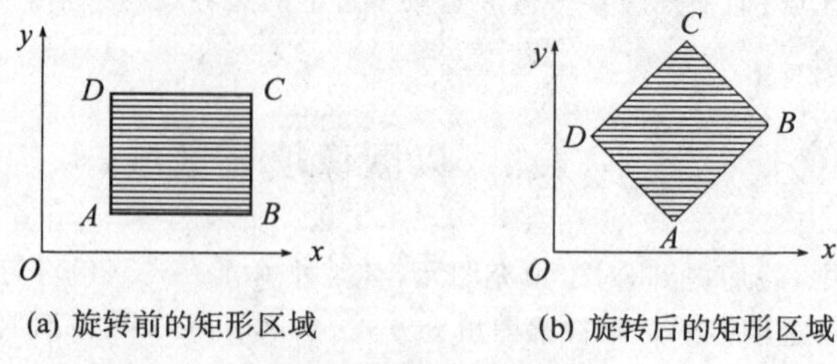

(a) 旋转前的矩形区域　　(b) 旋转后的矩形区域

图 4.38　矩形旋转,其内部图像保持不动

2. 建立区域局部坐标系与图像空间的 1-1 映射

在绘图空间中,以矩形的角点 A 为坐标原点 O',AB 为横坐标轴 $O'x'$,AD 为纵坐标轴 $O'y'$,建立矩形的局部坐标系 $O'x'y'$,如图 4.39(a)所示。建立局部坐标空间 $O'x'y'$ 与图像空间的 1-1 映射如下:

$$\begin{cases} x' = u, \\ y' = v \end{cases}$$

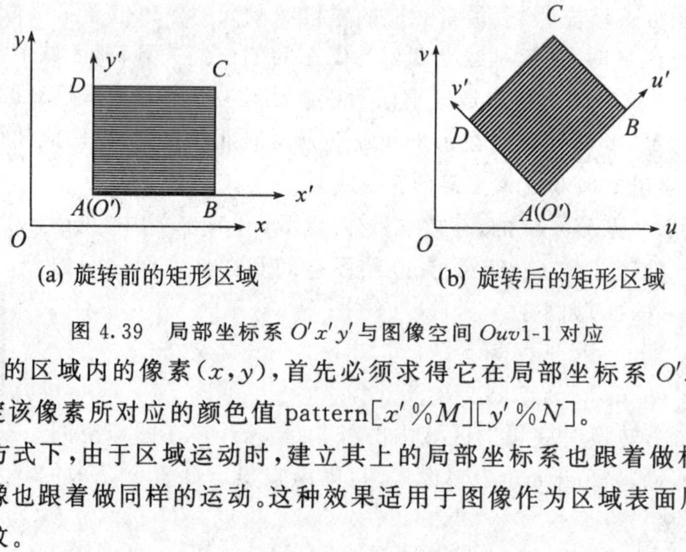

(a) 旋转前的矩形区域　　(b) 旋转后的矩形区域

图 4.39　局部坐标系 $O'x'y'$ 与图像空间 Ouv1-1 对应

此时,对于已获得的区域内的像素(x,y),首先必须求得它在局部坐标系 $O'x'y'$ 中的坐标$(x'$ $y')$,然后才能确定该像素所对应的颜色值 pattern[$x'\%M$][$y'\%N$]。

在这种映射方式下,由于区域运动时,建立其上的局部坐标系也跟着做相应的运动,从而填充其内部的图像也跟着做同样的运动。这种效果适用于图像作为区域表面属性的情况,例如桌面与其上的木纹。

4.6　字符的表示和输出

本书我们所讨论的字符是指字母、数字、汉字、标点等符号。计算机中,字符由一个数字编码唯一标识,对于一个字符来说,它所对应的编码是什么由它所属的**字符集**决定。目前,国际上普遍采用的字符编码是 ASCII(American Standard Code for Information Interchange)码——美国信息交换标准代码。它是用七位二进制数进行编码的,所以共能表示 128 个字符,其中编码 0～31 表示控制字符(不可显示),编码 32～127 表示英文字母、数字、标点符号等可显示字符。为了方便，一个字符的 ASCII 码用一个字节（8 位）表示，其最高位不用或者作为奇偶检验位。

我国除了采用 ASCII 码外，还制定了汉字编码的国家标准字符集——中华人民共和国国家标准信息交换编码，简称为国标码，代号为“GB2312-80”。该字符集中共收录常用汉字 6763 个，图形符号 682 个，它规定所有汉字和图形符号组成一个 94×94 的矩阵，在此方阵中，每一行称为“区”，用**区码**来标识，每列称为“位”，用**位码**来标识，一个符号由一个区码和一个位码共同标识。区码和位码分别需要 7 个二进制位，同样，为了方便，采用一个字节表示。所以在计算机中，汉字（符号）国标码占用两个字节。那么，给定一个字节，如何来确定它代表的是 ASCII 码，还是国标码的区码或者位码呢？通常采用字符中冗余的最高位来标识，最高位为 0 时，表示 ASCII 码，最高位为 1 时，表示汉字编码的高位字节（区码）或低位字节（位码）。为了在显示器等输出设备上输出字符，必须要有每个字符的图形信息，这些信息保存在系统的字库中。字符的图形有两种表示方法：**点阵表示**和**矢量表示**，本节对这两种方法分别介绍。

4.6.1 点阵字符

就目前来说，用得最多的是点阵字符。在字符的点阵表示方法中，每个字符由一个位图来表示，字型 7×9，9×16，16×24 等指的就是位图的尺寸。例如图 4.40 就是尺寸为 7×9 的位图表示的字符 P，位图中的 1 对应于像素 ●，0 对应于像素 ○，字符在被显示时，对应于 1 的像素着前景色，对应于 0 的像素着背景色。

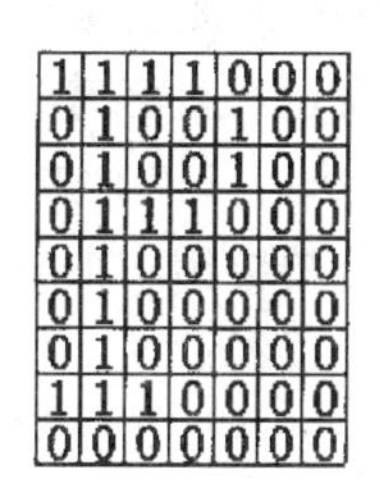

(a) P在字库中的表示

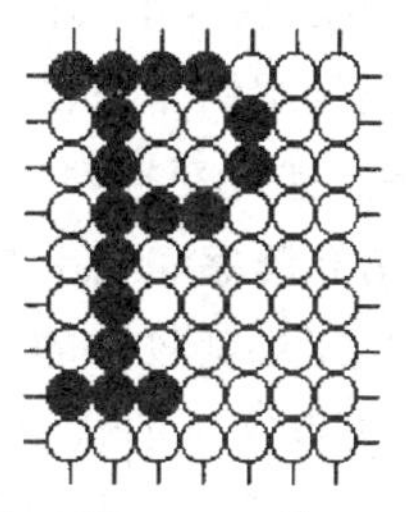

(b) P的显示结果

图 4.40 点阵表示的 7×9 字符 P

点阵字符的存储：点阵字符是由一个位图表示的，保存字符就是保存表示它的位图。现在考虑某种字体的型号为 16×24 的汉字，保存这样一个汉字需要 16×24＝384 位，即 48 个字节，而常用汉字有 6763 个，从而存储这种型号汉字需要 6763×48≈324K 字节。在实际应用中，需要多种字体（如宋体、仿宋体、楷体等），每种字体又有十多种型号。因此汉字字库所占的存储空间是相当庞大的，解决办法一般是采用压缩技术，对字库进行压缩后再存储，使用时，还原成原来的位图，读入内存。

点阵字符的显示：从给定的字符编码到在屏幕上将它显示出来经历两个步骤，第一步是从字库中将它的位图检索出来，由于表示同一型号字符的位图所占空间大小相同，可以直接将一个字符在字库中的位置计算出来；第二步是将检索到的位图写到帧缓存中，这可以利用光栅系统的位块拷贝功能。

4.6.2 矢量字符

矢量字符由于其占空间少、美观、变换方便等优点得到越来越广泛的应用，特别是在排版软件、工程绘图软件中，它几乎完全取代了传统的点阵字符。在字符的矢量表示方法中，记录的是字符的笔画信息而不是整个位图。首先选一个正方形网格，作为字符的局部坐标空间，网格的大小可取16×16,32×32,64×64等。对一个字符来说，它由构成它的笔画组成，而每一笔画又由其两端确定。对于每一端点，只要保存它的坐标值和由前一端点到此端点是否连线的标志即可。所以表示一个矢量字符最终只需要所有端点的坐标信息及是否连线的标志。例如在图4.41中，汉字“士”有三画，六个端点，可以按图4.42的结构保存该汉字。当然，实际的矢量字符的存储结构要比这复杂得多，需要加上一些管理信息、字型信息等。

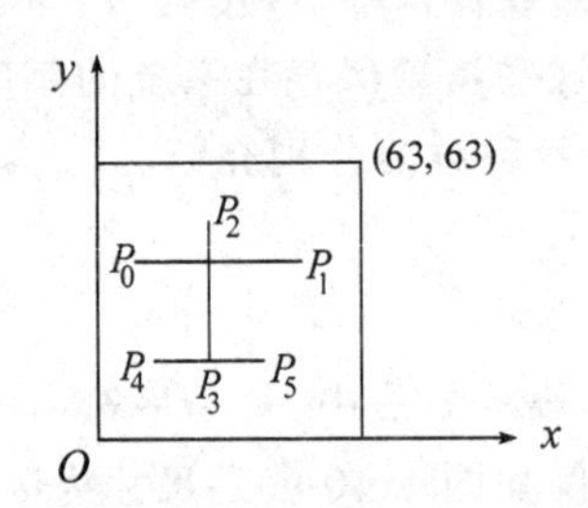

图4.41 大小为64×64的字符的局部坐标空间

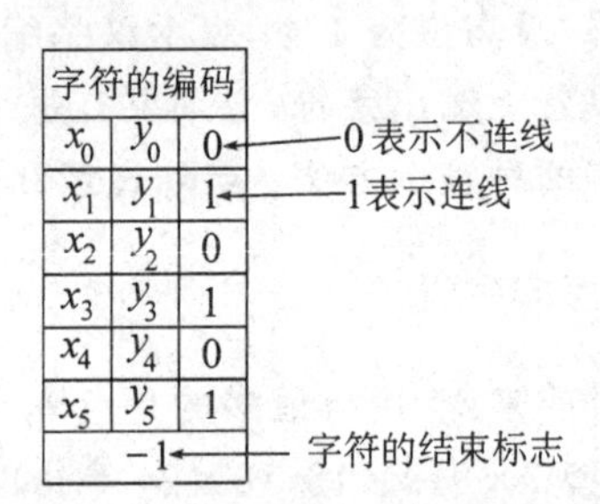

图4.42 矢量字符的存储结构

矢量字符的变换：表示点阵字符的是位图，对点阵字符的变换是图像变换，当将点阵字符旋转或者放大时，会发现显示结果粗糙而难看。而用来表示矢量字符的是端点坐标，对矢量字符的变换即是对这些端点进行变换，是图形的几何变换，从而可以对矢量字符进行任意变换而不影响显示结果。同时，点阵字符的变换需要对表示字符的位图中的每一个像素进行，计算量大，而矢量字符的变换只需对其较少的笔画的端点变换就行了。

矢量字符的显示：矢量字符的显示也分为两个步骤，第一步是根据给定的字符的编码，在字库中检索出表示该字符的数据，由于各个字符的笔画不一样多，端点也就不一样多，造成存储各个字符的记录所占字节数不相同，给检索带来一定的麻烦。为了提高检索效率，可以改善字符的存储结构。第二步是取出端点坐标，对其进行适当的几何变换，再根据各端点的标志显示出字符。

矢量字符的存储：在存储方面，矢量字符比点阵字符占用较少的空间，这表现在下面两个方面：第一，就单个字符来说，它占用较少的空间，例如图4.41中的“士”，表示一个端点需6+6+1=13位，一共有6个端点，需6×13/8≈10个字节。而即便是保存16×24的点阵字符，也需要48个字节。第二，对矢量字符来说，每种字体只需保存一套字符，所需的不同型号的字符可以通过相应的几何变换来产生。

值得一提的是，矢量字符技术发展到今天，已经不仅仅用直线段来表示笔画了，而是用更复杂的二次曲线段(如早期的TrueType字体)、三次曲线段(如北大方正排版系统用的字体)来表示笔画，使字符愈加美观。

习　题

1. 编写一段程序实现多边形扫描转换的扫描线算法。
2. 编写一段程序实现多边形扫描转换的边缘填充算法。
3. 利用三角形的简单性,设计一个扫描转换三角形的算法。
4. 编写一段程序实现扇形区域的扫描转换算法。
5. 参照扫描转换圆弧的中点算法,设计一个生成填充圆的算法。
6. 4连通区域与8连通区域对边界的要求有何不同?
7. 将程序4.5补充完整。
8. 扫描转换多边形与区域填充的区别是什么?
9. 改进第1题中编写的程序,使能用图像填充多边形内部。

第 5 章　二维光栅图形的混淆与反混淆

在光栅显示器上显示图形时，直线段或图形边界或多或少会呈锯齿状。原因是图形信号是连续的，而在光栅显示系统中，用来表示图形的却是一个个离散的像素。这种用离散的量（像素）表示连续的量（图形）而引起的失真，叫做**混淆**。混淆是伴随着光栅显示系统而出现的（事实上，混淆是数字化过程的必然产物）。用于减少或消除混淆的技术，称为**反混淆**。本章首先介绍二维光栅系统中出现的几种混淆现象，再介绍常用的反混淆方法。最后借助于图像处理中的一些概念和工具，如采样定理、傅里叶变换等，从理论上解释有关混淆和反混淆的一些问题。

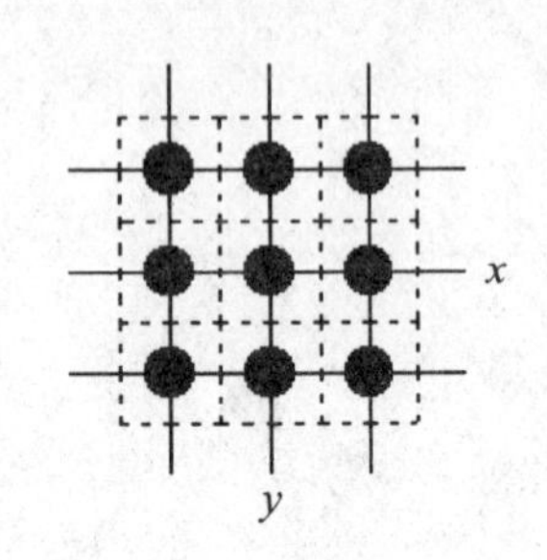

图 5.1　像素为正方形，其中心落于坐标点(x,y)

本章中，为了方便绘图及说明问题，我们将像素看做中心为坐标点(x,y)、边长为 1 的正方形，如图 5.1 中虚线包围的小方格为像素，它们紧密地排列在一起。

5.1　二维光栅图形的混淆现象

当我们用中点算法绘制直线段或用扫描转换多边形的方法填充多边形时，会发现图形的**边界呈阶梯状**，这是光栅图形的一种混淆现象，见图 5.2。

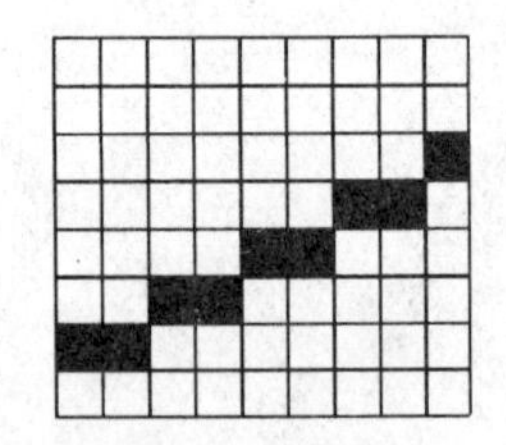

(a) 阶梯状的直线段

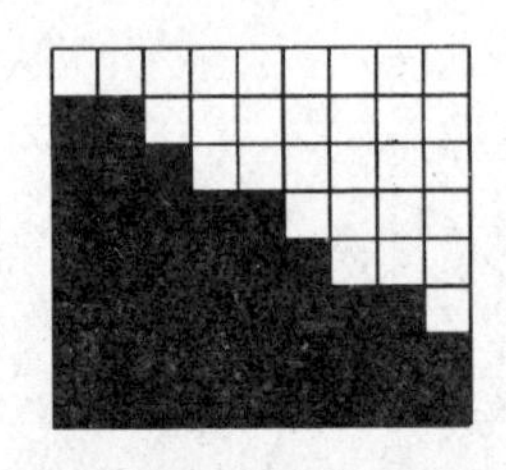

(b) 阶梯状的多边形边界

图 5.2　图形的边界呈阶梯状

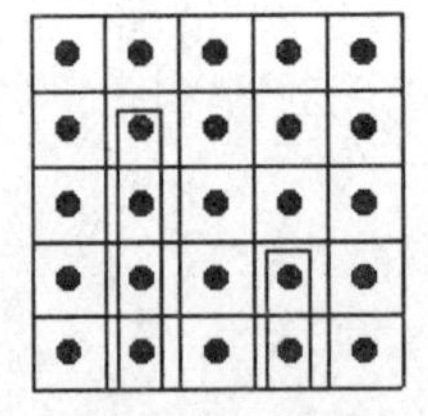

(a) 需要显示的细小图形

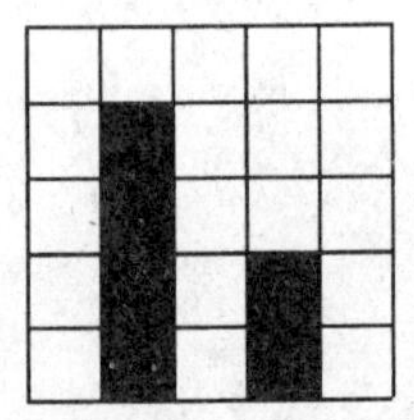

(b) 显示结果

图 5.3　细节失真

混淆的发生是用离散的像素表示连续的图形（直线段、多边形等）引起的。光栅图形的混淆现象除了阶梯状的边界外，还有**图形细节失真**，**狭小图形遗失**等表现形式。

当在光栅显示器上显示如图 5.3(a)所示的细长的矩形时，由于光栅系统中表示图形的最小单位为像素，造成图形细节失真，其结果如图 5.3(b)所示，原细长的矩形被显示成了加宽的矩形。图形中的那些比像素更窄的细节丢失了，这种混淆现象称为细节失真。

在图 5.4 中，一些狭小的多边形分布在两条扫描线之间，由于它们不覆盖任何一个像素中心，故没有被显示出来。这种混淆现象称为狭小图形

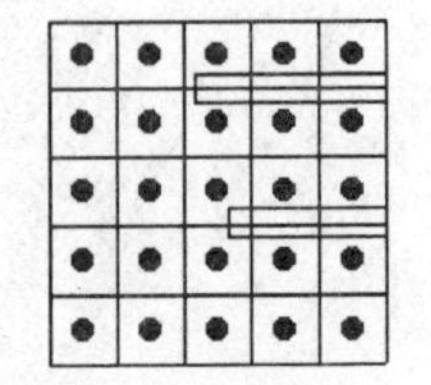

(a) 待显示的狭小矩形

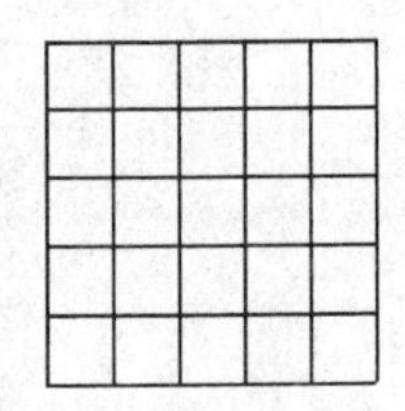

(b) 显示结果

图 5.4　狭小图形的遗失

的遗失。第4章中扫描转换多边形时遇到的多边形的尖角不连续情况就属于这种混淆现象。由于狭小图形的遗失，当我们显示具有狭小图形的动态物体时，产生闪烁。

在图5.5中，狭小的长方形从上往下运动，当长方形覆盖了某些像素中心时，被显示出来；当它不覆盖任何像素中心时，不被显示。这样，当该长方形从上向下平缓连续运动时，显示出的效果却是不连续的，即产生闪烁。

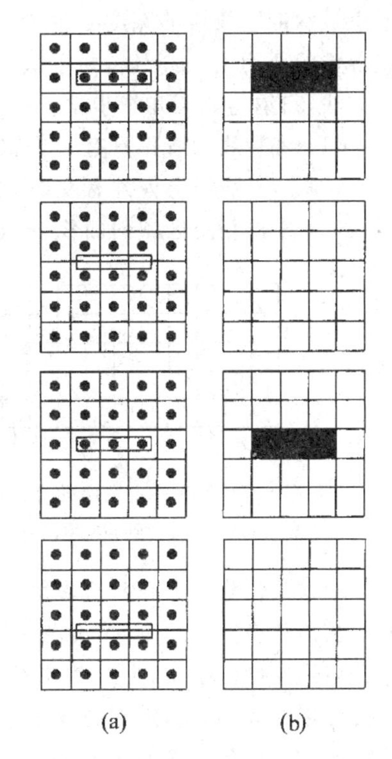

(a) 需要显示的运动的狭小长方形

(b) 显示结果

图5.5 动态图形的闪烁

事实上，混淆并不是光栅图形的特有现象，即使在日常生活中也是存在的。例如马路上向前转动的汽车车轮，当它的转速达到一定程度时，看起来却是向后转动的。这是发生在时间域上的混淆，其中道理将在后文解释。

5.2 反混淆方法

为了提高图形的显示质量，需要减少或消除混淆现象，有关这方面的算法称为反混淆算法。本节介绍常用的适用于反混淆线段和多边形的反混淆方法：**提高分辨率方法，非加权区域采样方法，加权区域采样方法**。

5.2.1 提高分辨率方法

假设我们现在将显示器的水平、竖直分辨率都提高一倍，如图5.6所示，则同样长度的直线段穿过的扫描线条数增加了一倍，线段上的阶梯个数也就增加了一倍。但同时，每个梯阶的宽度减小了一倍。这样显示出的直线段看起来就平直光滑一些了，达到了减少混淆的效果。

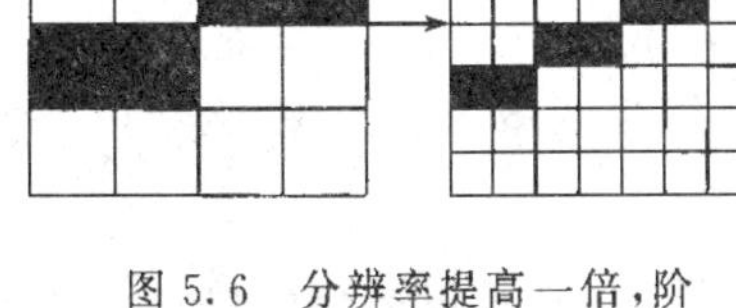

图5.6 分辨率提高一倍，阶梯状程度减小一倍

提高显示系统的分辨率可以减小混淆的程度，方法也很简单，但付出的代价却非常大。假设要将光栅显示系统的水平、竖直分辨率各提高一倍，则显示器的点距要减小一倍，帧缓存(显示)的容量要增加到原来的4倍，显示卡和显示器之间的传输带宽也要增加到原来的4倍，而扫描转换同样大小的图元却要花费4倍的时间。

相比较而言，下面的区域采样方法对硬件的要求不高而效果更佳。

5.2.2 非加权区域采样方法

在第3章中所介绍的直线段扫描转换算法做了两点假定：

(1) 像素是数学上抽象的点，它的亮度由覆盖该点的图形的亮度所决定；

(2) 直线段是数学上抽象的直线段，它的宽度为0。

但实际上，像素不是一个点，而是一个具有一定面积的小区域，该区域的形状依赖于光栅显示系统的硬件(为简单起见，这里假定像素的形状为正方形)。直线段的宽度也不是0，在屏幕上显示的直线段的宽度至少为一个像素。算法中所假定的条件和实际情况之间的差距是造成混淆的原因之一,所以,为了减少混淆,必须改变直线段模型。由此得到非加权区域采样反混淆方法,归纳为如下几个步骤:

(1) 将直线段看作具有一定宽度的狭长矩形;

(2) 当直线段与像素有交时,求出两者相交区域的面积;

(3) 根据相交区域的面积,确定该像素的亮度值。

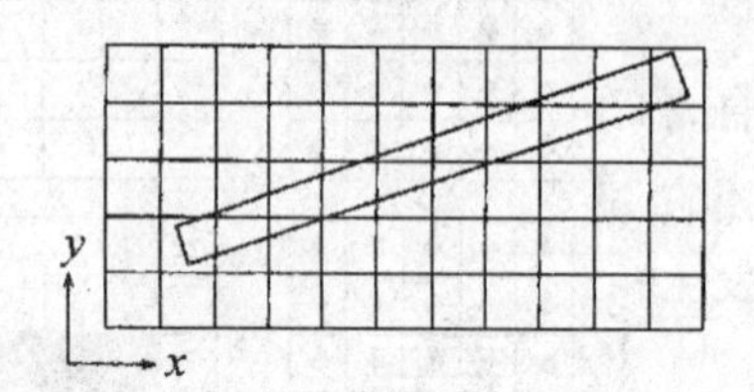

图 5.7 具有一定宽度的直线段,从点(1,1)到点(10,4)

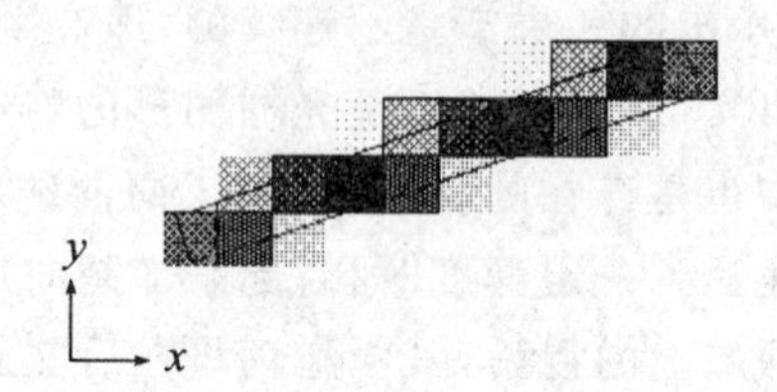

图 5.8 像素的灰度与相交区域的面积成比例

假设我们现在要在具有多级灰度的显示器上画一条黑色直线段,背景为白色。在用前面介绍的扫描转换方法绘制时,屏幕上像素要么为黑,要么为白,产生明显的锯齿形状。而如用非加权区域采样方法绘制,当一个像素完全被直线段覆盖时,它为黑色;当它被部分覆盖时,要根据相交区域的大小来确定它的灰度。相交区域大则更黑一些,相交区域小则更白一些。这种方法使线段上各相邻像素的灰度之间有一个平缓的过渡,淡化了锯齿状的边界,直线段看起也就显得平直了。图 5.7 中是待显示的直线段,图 5.8 为采用非加权区域采样方法绘制的结果。

综上所述,非加权区域采样方法具有下面三条性质:

(1) 直线段对一个像素亮度的贡献与两者相交区域的面积成正比,从而和直线段与像素中心点的距离成反比。因为直线段距像素中心越远,相交区域的面积越小。

(2) 当直线段和一个像素不相交时,它对该像素的亮度没有影响。

(3) 相同面积的相交区域对像素的亮度贡献相同,而与这个相交区域落在像素内什么位置无关。

在非加权区域采样方法中,起关键作用的是直线段与像素相交区域的面积,那么如何来计算这个面积呢?

假设一条直线段的斜率为 m,若规定它的显示宽度为一个像素,那么直线段与像素的相交情况有三种,如图 5.9 所示。我们需要计算出各种情况下阴影部分的面积。其中(c)的计算可以转化为正方形面积减去两个三角形面积。因此只要讨论(a)(b)两种情形即可。

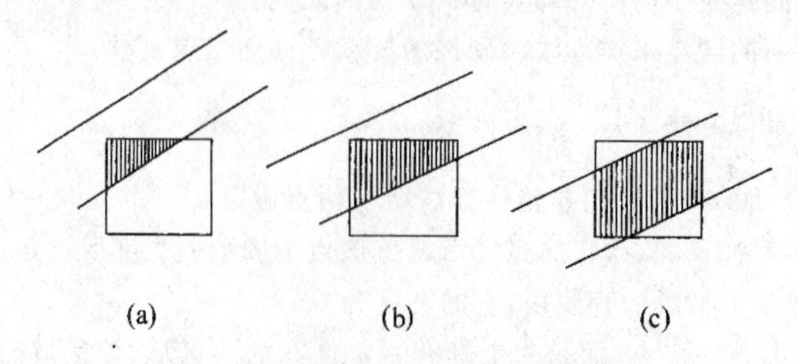

图 5.9 直线段与像素相交的三种情况

在图 5.10(a)中，假设三角形 x 方向上的边长为 D，则 y 方向上的边长为 mD，从而三角形的面积为

$$\frac{1}{2}D \cdot mD = \frac{mD^2}{2} \tag{5.1}$$

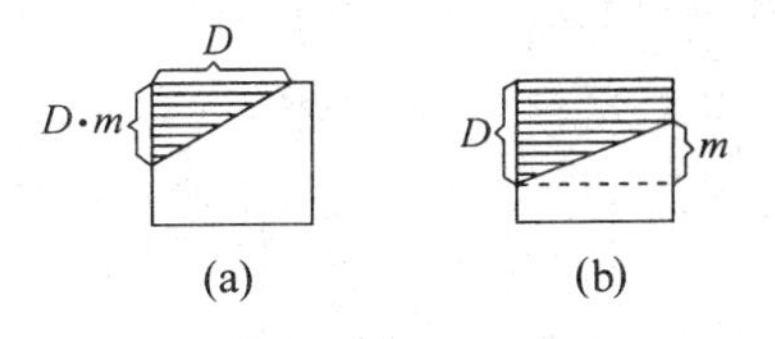

图 5.10 计算相交区域的面积

在 5.10(b)中，假设梯形左底边长为 D，则右底边长为 $D-m$，从而梯形的面积为

$$\frac{(D+D-m)\cdot 1}{2} = D - \frac{m}{2} \tag{5.2}$$

所得到的面积是介于 0,1 之间的实数，用它乘以像素的最大灰度值，即可得到像素实际显示的灰度值。

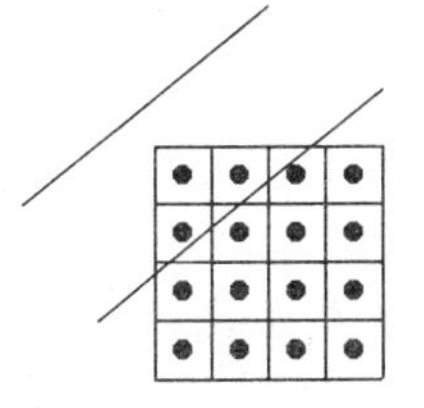
图 5.11 $n=16, k=3$，近似面积为 3/16

有时为了简化上述计算，可以通过下面的离散计算方法求出相交区域的近似面积，用这个近似的面积替代真实的面积来确定像素的显示灰度。

求相交区域的近似面积的离散计算方法：(见图 5.11)

(1) 将屏幕像素分割成 n 个更小的子像素；

(2) 计算中心点落在直线段内的子像素的个数，记为 k；

(3) k/n 为线段与像素相交区域面积的近似值。

5.2.3 加权区域采样方法

加权区域采样方法对非加权区域采样方法的第三条性质做了改进，使得相交区域对像素亮度的贡献依赖于该区域与像素中心的距离。对于相同面积的相交区域，当它距离像素中心近时，它对像素亮度的贡献大，当它远离像素中心时，对像素亮度的贡献小。这种处理方法更符合人的视觉系统对图像信息的处理方式，反混淆的效果更好一些。

为了解释加权区域采样方法，首先要定义权函数。在屏幕上，以像素 A 的中心为原点建立二维坐标系，如图 5.12 所示。权函数 $w(x,y)$ 反映了微面积元 $\mathrm{d}A$ 对整个像素亮度的贡献大小。它是微面积元 $\mathrm{d}A$ 与像素中心距离 d 的函数。根据加权区域采样方法的第三条性质可知，$w(x,y)$ 与 d 成反比。即 d 越大，$w(x,y)$ 越小，$w(x,y)$ 在原点($d=0$ 处)取得最大值。高斯函数即为满足条件的权函数：

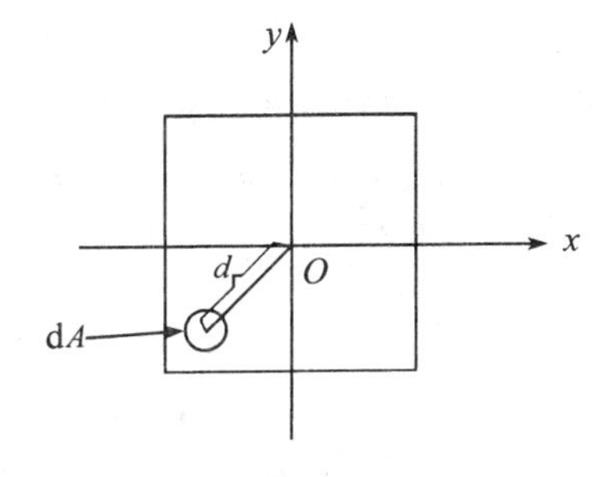

图 5.12 权函数 w 是关于 d 的函数

$$w(x,y) = \frac{1}{\sqrt{2\pi\sigma}}\exp\left[-\frac{d^2}{2\sigma^2}\right] = \frac{1}{\sqrt{2\pi\sigma}}\exp\left[-\frac{x^2+y^2}{2\sigma^2}\right] \tag{5.3}$$

通常为了讨论方便，我们要求 $w(x,y)$ 在像素上具有权性，即 $\int_A w(x,y)\mathrm{d}A = 1$。根据上面的定义，位于$(x,y)$处的微面积元 $\mathrm{d}A$ 对像素的亮度的贡献为 $w(x,y)\mathrm{d}A$。从而若一直线段与某像素相交，相交区域为 A'，则直线段对该像素的亮度贡献为 $\int_{A'} w(x,y)\mathrm{d}A$。当我们取 $w(x,y)\equiv 1$ 时，A' 对像素亮度的贡献为 $\int_{A'} w(x,y)dA = \int_{A'} dA = A'$ 的面积，加权区域采样方法退化为非加权区域采样方法。由此可知非加权区域方法为加权区域采样方法在权函数

$w(x,y)\equiv 1$(见图 5.14)时的特例。

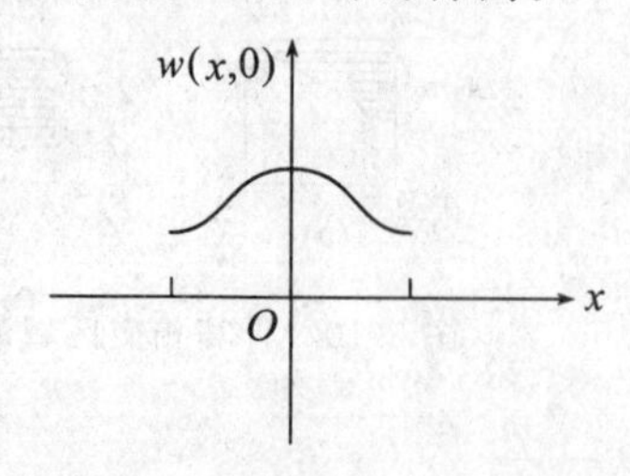

图 5.13　加权区域采样方法的权函数 $w(x,y)$

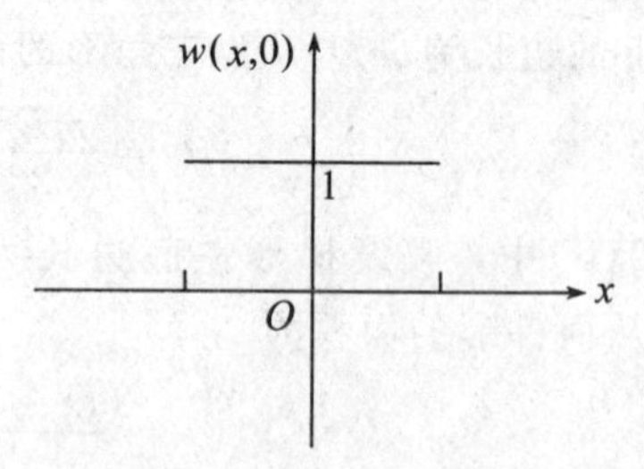

图 5.14　非加权区域采样方法的权函数 $w(x,y)\equiv 1$

利用加权区域采样方法反混淆直线段的步骤归纳如下：

(1) 求直线段与像素的相交区域 A'；

(2) 计算 $\int_{A'} w(x,y)\mathrm{d}A$ 的值；

(3) 上面所得到的值介于 0,1 之间,用它乘像素的最大灰度值,即为该像素的显示灰度值。

求积分的计算量是相当可观的,下面的离散计算方法是反混淆效果及计算量之间的一个折衷方案。

加权区域采样方法的离散计算：

(1) 将屏幕像素均匀分割成 n 个子像素 $\{A_i\}_{i=1}^{n}$,则每个子像素的面积为 $\int_{A_i}\mathrm{d}A=\frac{1}{n}$,计算每个子像素对原像素亮度的贡献,记为

$$w_i=\int_{A_i} w(x,y)\mathrm{d}A \tag{5.4}$$

将 $\{w_i\}_{i=1}^{n}$ 保存在一张加权表中。

(2) 求出所有中心落于直线段内的子像素,记为 $\{A_i \mid i\in\Omega\}$,Ω 为 $\{1,2,\cdots,n\}$ 的子集。

(3) 计算所有这些子像素对原像素亮度贡献之和 $\sum_{i\in\Omega} w_i$ 的值,其中 w_i 值通过查加权表得到。该值乘以像素的最大灰度值即为像素的显示灰度值。

根据以上讨论,$w(x,y)$ 是一个经验函数,由它得出的 $\{w_i\}_{i=1}^{n}$ 也是经验值。为此我们可以根据经验,跳过第(1)步的计算,直接设定 w_i 的值。例如,若我们将屏幕像素划分为 $n=3\times 3=9$ 个子像素,加权表可取作

$$\begin{bmatrix} w_1 & w_2 & w_3 \\ w_4 & w_5 & w_6 \\ w_7 & w_8 & w_9 \end{bmatrix}=\frac{1}{16}\begin{bmatrix} 1 & 2 & 1 \\ 2 & 4 & 2 \\ 1 & 2 & 1 \end{bmatrix}$$

若我们将屏幕像素划分为 $n=5\times 5=25$ 个子像素,加权表可取作

$$\begin{bmatrix} w_1 & w_2 & w_3 & w_4 & w_5 \\ w_6 & w_7 & w_8 & w_9 & w_{10} \\ w_{11} & w_{12} & w_{13} & w_{14} & w_{15} \\ w_{16} & w_{17} & w_{18} & w_{19} & w_{20} \\ w_{21} & w_{22} & w_{23} & w_{24} & w_{25} \end{bmatrix}=\frac{1}{88}\begin{bmatrix} 1 & 2 & 4 & 2 & 1 \\ 2 & 5 & 6 & 5 & 2 \\ 4 & 6 & 8 & 6 & 4 \\ 2 & 5 & 6 & 5 & 2 \\ 1 & 2 & 4 & 2 & 1 \end{bmatrix}$$

5.3 采样定理

本章前面两节介绍了二维光栅图形中存在的混淆现象及几种常用的反混淆方法。读到这里，读者心中不禁存在着一些疑问，这些疑问归纳起来如下：

(1) 什么是混淆，如何反混淆？

(2) 光栅图形为什么发生混淆？

(3) 光栅图形的混淆为什么有如此表现形式？

(4) 提高分辨率方法和区域采样方法为什么具有反混淆效果？

5.3 节和 5.4 节将首先从图像处理中引入一些基本概念，借助于这些概念及图像处理中的一些方法、工具，对以上问题做较系统的阐述。

5.3.1 基本概念

连续信号（又称**模拟信号**）为定义于连续区间上的信号。现实生活中，我们所见到的图像信号都是连续信号，记为 $f(x,y)$，如一幅画，一张照片等。数字计算机只能处理离散化的数字信号，所以一个首要任务就是将连续图像信号**数字化**。数字化的过程分为两步：**采样**和**量化**。采样即首先在信号的定义域中选取一个离散点集，然后将连续图像信号转化成定义于这个离散点集上的离散信号的过程。信号在每一散点上的值称为一个样本。如图 15.15 中，$\{t_0,t_1,t_2,t_3,t_4,t_5,t_6\}$ 为时间域上的离散点集，$f(t_i)$ 为 t_i 处的样本。

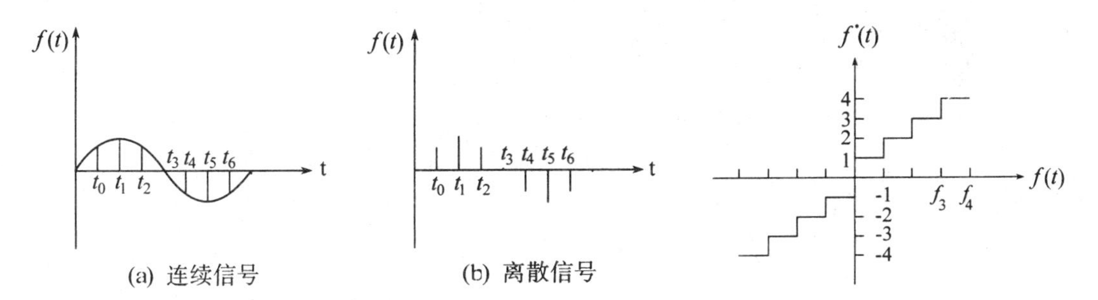

图 5.15 由连续信号采样产生离散信号

图 5.16 简单的均匀量化器将 $f(t)$ 均匀量化为 $f^*(t)$

样本是连续取值的，量化即是对样本量化，将连续样本转换为离散的样本。量化的结果产生数字图像信号。如图 5.16 为一个简单的均匀量化器，它将连续的样本 $f(t)$ 量化成 $f^*(t)$，$f^*(t)$ 的取值为 0,1,2,3,…。，例如当 $f(t)\in(f_3,f_4]$ 时，其量化值取 4。数字图像经计算机处理后，需要输出，例如显示到屏幕上或打印出来，这个过程称为**信号重建**。

归纳起来整个图像信号处理的过程如图 5.17 所示。

连续图像信号包含了无穷的细节，而数字信号包含的信息量是有限的，也就是说数字化的过程造成了一定的信息丢失。这就使得减少这种信息丢失（亦即使重建的信号与原连续信号充分逼近）成为数字化过程的一个根本任务。

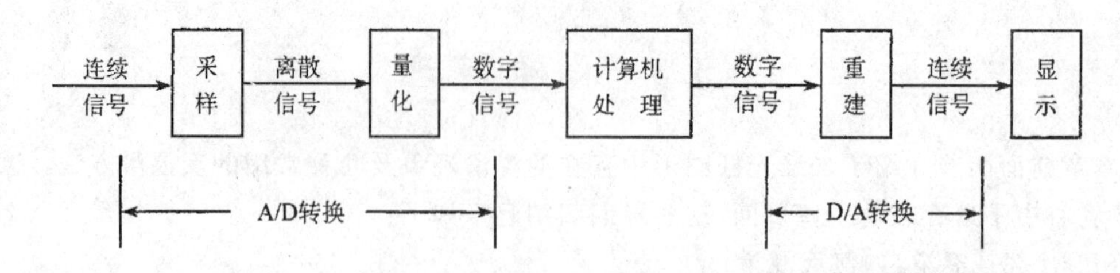

图 5.17　图像信号处理的简单流程图

5.3.2　傅里叶变换

傅里叶变换是采样理论的基础，这里我们将首先介绍要用到的几个特殊函数，再介绍傅里叶变换及其简单性质。

卷积：称 $g(x,y)$ 为 $h(x,y)$ 与 $f(x,y)$ 的卷积，如果

$$g(x,y)=\int_{-\infty}^{+\infty}\int_{-\infty}^{+\infty}h(x-x',y-y')f(x',y')\mathrm{d}x'\mathrm{d}y' \tag{5.5}$$

记

$$g(x,y)\triangleq h(x,y)\otimes f(x,y)$$

其中"$\triangleq$"的函义为"记为"。

Dirac Delta 函数：称满足下面条件的 $\delta(x)$ 为一维 Dirac Delta 函数(见图 5.18)：

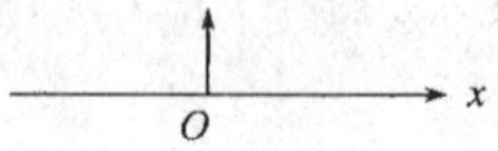

$$\begin{cases}\delta(x)=0, & x\neq 0,\\ \lim\limits_{\varepsilon\to 0}\int_{-\varepsilon}^{\varepsilon}\delta(x)\mathrm{d}x=1\end{cases} \tag{5.6}$$

图 5.18　一维 Dirac Delta 函数 $\delta(x)$

二维 Delta 函数定义为两个一维 Delta 函数的积：

$$\delta(x,y)=\delta(x)\cdot\delta(y) \tag{5.7}$$

Delta 函数具有平移性质，

$$\delta(x,y)\otimes f(x,y)=\int_{-\infty}^{+\infty}\int_{-\infty}^{+\infty}\delta(x-x',y-y')f(x',y')\mathrm{d}x'\mathrm{d}y'=f(x,y) \tag{5.8}$$

comb 函数：也称为**梳状函数**，是二维脉冲阵列(见图 5.19)：

$$\mathrm{comb}(x,y)=\sum_{m,n=-\infty}^{+\infty}\delta(x-m,y-n) \tag{5.9}$$

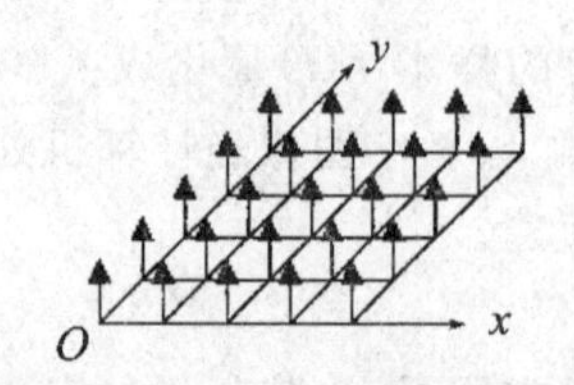

图 5.19　comb 函数为二维脉冲阵列

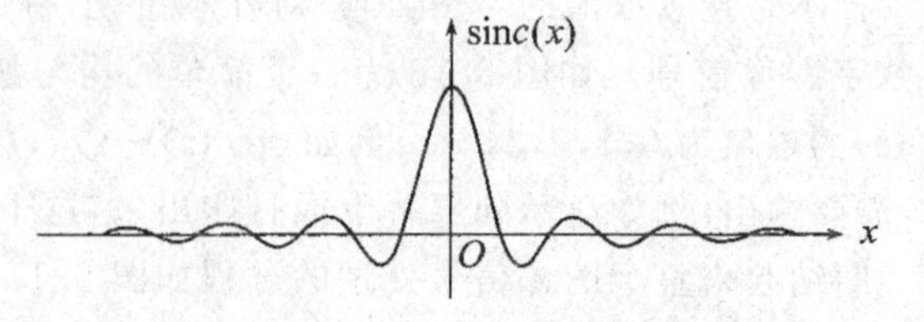

图 5.20　一维 sinc 函数 sinc(x)

sinc 函数：

一维 sinc 函数(如图 5.20 所示)：

$$\mathrm{sinc}(x)=\frac{\sin\pi x}{\pi x} \tag{5.10}$$

二维 sinc 函数：

$$\mathrm{sinc}(x,y)=\mathrm{sinc}(x)\cdot\mathrm{sinc}(y) \tag{5.11}$$

矩形(rectangle)函数：

一维矩形函数(如图 5.21 所示)：

$$\operatorname{rect}(x)=\begin{cases}1, & |x|\leqslant\frac{1}{2},\\ 0, & |x|>\frac{1}{2}\end{cases} \tag{5.12}$$

二维矩形函数：

$$\operatorname{rect}(x,y)=\operatorname{rect}(x)\cdot\operatorname{rect}(y) \tag{5.13}$$

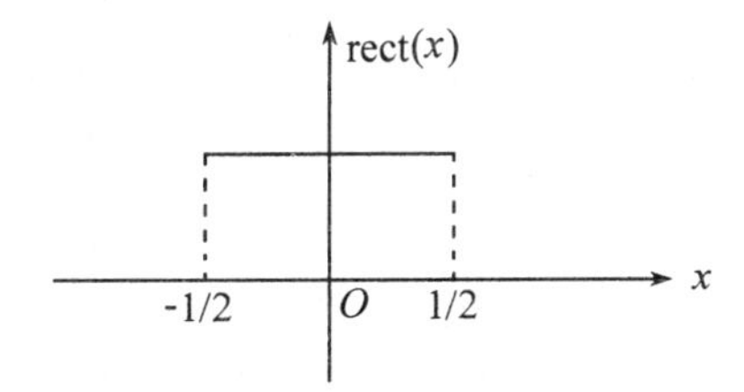

图 5.21 一维矩形函数 rect(x)

对于一维的情形，复函数 $f(x)$的**傅里叶变换**定义为：

$$F(\zeta)\triangleq\mathscr{F}\{f(x)\}\triangleq\int_{-\infty}^{+\infty}f(x)\exp(-\mathrm{i}2\pi\zeta x)\mathrm{d}x \tag{5.14}$$

其中，“i”为虚数符号。

$F(\zeta)$的**傅里叶逆变换**为：

$$f(x)=\mathscr{F}^{-1}\{F(\zeta)\}=\int_{-\infty}^{+\infty}F(\zeta)\exp(\mathrm{i}2\pi\zeta x)\mathrm{d}\zeta \tag{5.15}$$

类似地，二维的傅里叶变换及逆变换定义如下：

$$F(\zeta_1,\zeta_2)=\int_{-\infty}^{+\infty}\int_{-\infty}^{+\infty}f(x,y)\exp[-\mathrm{i}2\pi(x\zeta_1+y\zeta_2)]\mathrm{d}x\mathrm{d}y \tag{5.16}$$

$$f(x,y)=\int_{-\infty}^{+\infty}\int_{-\infty}^{+\infty}F(\zeta_1,\zeta_2)\exp[\mathrm{i}2\pi(x\zeta_1+y\zeta_2)]\mathrm{d}\zeta_1\mathrm{d}\zeta_2 \tag{5.17}$$

通常称 $f(x,y)$和 $F(\zeta_1,\zeta_2)$为一个**傅里叶变换对**，$f(x,y)$为信号在空间域中的表示，$F(\zeta_1,\zeta_2)$为信号在频率域中的表示。下表给了一些常用的二维傅里叶变换对：

$\boldsymbol{f(x,y)}$	$\boldsymbol{F(\zeta_1,\zeta_2)}$
$\delta(x,y)$	1
$\delta(x\pm x_0,y\pm y_0)$	$\exp[\pm\mathrm{i}2\pi x_0\zeta_1]\exp[\pm\mathrm{i}2\pi y_0\zeta_2]$
$\operatorname{comb}(x,y)$	$\operatorname{COMB}(\zeta_1,\zeta_2)$
$\operatorname{rect}(x,y)$	$\operatorname{sinc}(\zeta_1,\zeta_2)$
$g(x,y)=h(x,y)\otimes f(x,y)$	$G(\zeta_1,\zeta_2)=H(\zeta_1,\zeta_2)\cdot F(\zeta_1,\zeta_2)$
$g(x,y)=h(x,y)\cdot f(x,y)$	$G(\zeta_1,\zeta_2)=H(\zeta_1,\zeta_2)\otimes F(\zeta_1,\zeta_2)$

5.3.3 滤波

滤波的作用是滤掉处于某些频段上的信号成分，对信号进行滤波的逻辑单元称为**滤波器**。滤波器的性质由其**传递函数** $h(x,y)$决定。

现假定 $f(x,y)$为原信号，$g(x,y)$为 $f(x,y)$经滤波后产生的信号，并记

$$F(\zeta_1,\zeta_2)=\mathscr{F}\{f(x,y)\},$$

$$G(\zeta_1,\zeta_2)=\mathscr{F}\{g(x,y)\},$$

$$H(\zeta_1,\zeta_2) = \mathscr{F}\{h(x,y)\}$$

则在频率域中，滤波的过程可用图 5.22 表示，$G(\zeta_1,\zeta_2)$和 $F(\zeta_1,\zeta_2)$之间的关系如下：

$$G(\zeta_1,\zeta_2) = H(\zeta_1,\zeta_2) \cdot F(\zeta_1,\zeta_2) \tag{5.18}$$

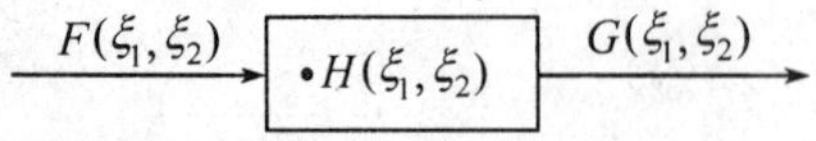

$F(\xi_1,\xi_2)$ → $\cdot H(\xi_1,\xi_2)$ → $G(\xi_1,\xi_2)$

图 5.22 频率域中的滤波

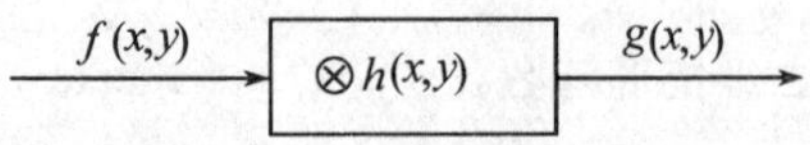

$f(x,y)$ → $\otimes h(x,y)$ → $g(x,y)$

图 5.23 空间域中的滤波

滤波也可以在空间域中进行。此时 $g(x,y)$和 $f(x,y)$之间的关系由式(5.19)给出，滤波的过程见图 5.23。

$$g(x,y) = h(x,y) \otimes f(x,y) \tag{5.19}$$

根据滤波器产生的效果，可以将它分为三类：**低通滤波器**、**高通滤波器**和**带通滤波器**。

(1) 低通滤波器：只允许信号低频成分通过的滤波器，即存在 $\zeta_x,\zeta_y>0$，当$|\zeta_1|>\zeta_x$ 或$|\zeta_2|>\zeta_y$ 时，$H(\zeta_1,\zeta_2)\equiv 0$(见图 5.24(a))。显然，经低通滤波后，信号的**截止频率**变为 ζ_x,ζ_y。所谓截止频率是指信号的最高频率。

(2) 高通滤波器：只允许信号高频成分通过的滤波器，即存在 $\zeta_x,\zeta_y>0$，当$|\zeta_1|<\zeta_x$ 且$|\zeta_2|<\zeta_y$ 时，$H(\zeta_1,\zeta_2)\equiv 0$(见图 5.24(b))。

(3) 带通滤波器：只允许信号中频率位于某个区段的成分通过的滤波器，即存在 $\zeta_{x1},\zeta_{x2},\zeta_{y1},\zeta_{y2}$，当$(\zeta_1,\zeta_2)$位于下面任一个区域时，$H(\zeta_1,\zeta_2)\equiv 0$(见图 5.24(c))：

$$\{(\zeta_1,\zeta_2)\,\big|\,|\zeta_1|>\zeta_{x2}\},\ \{(\zeta_1,\zeta_2)\,\big|\,|\zeta_2|>\zeta_{y2}\},\ \{(\zeta_1,\zeta_2)\,\big|\,|\zeta_1|<\zeta_{x1}\ 且\ |\zeta_2|<\zeta_{y1}\}$$

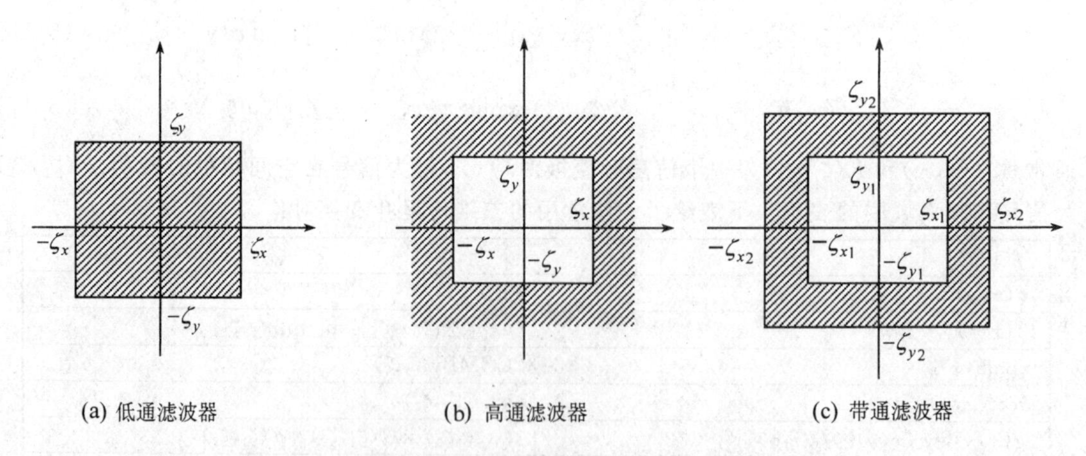

(a) 低通滤波器 (b) 高通滤波器 (c) 带通滤波器

图 5.24 阴影部分为各种滤波器的传递函数的非零区域

5.3.4 采样定理

对于连续的二维图像信号 $f(x,y)$采样的结果产生样本正阵列$\{f(m\cdot\Delta x,n\cdot\Delta y)\}_{m,n=-\infty}^{+\infty}$($f(m\cdot\Delta x,n\cdot\Delta y)$为样本)。其中 $\Delta x,\Delta y$ 分别为 x 方向、y 方向上的采样步长，而 $1/\Delta x, 1/\Delta y$ 为两个方向上的采样频率。理想的采样函数为：

$$\text{comb}(x,y;\Delta x,\Delta y) = \sum_{m=-\infty}^{+\infty}\sum_{n=-\infty}^{+\infty}\delta(x-m\cdot\Delta x,y-n\cdot\Delta y) \tag{5.20}$$

而采样后得到的图像定义为：

$$f_s(x,y) = f(x,y) \cdot \mathrm{comb}(x,y;\Delta x,\Delta y)$$

$$= \sum_{m=-\infty}^{+\infty}\sum_{n=-\infty}^{+\infty} f(m\cdot\Delta x, n\cdot\Delta y)\delta(x - m\cdot\Delta x, y - n\cdot\Delta y) \tag{5.21}$$

对式(5.20)两端作傅里叶变换得：

$$\mathrm{COMB}(\zeta_1,\zeta_2) = \mathscr{F}\{\mathrm{comb}(x,y;\Delta x,\Delta y)\} = \zeta_{xs}\zeta_{ys}\mathrm{comb}(\zeta_1,\zeta_2;\zeta_{xs},\zeta_{ys}) \tag{5.22}$$

其中 $\zeta_{xs}=\frac{1}{\Delta x}$,$\zeta_{ys}=\frac{1}{\Delta y}$。

对(5.21)式两端作傅里叶变换得：

$$\begin{aligned} F_s(\zeta_1,\zeta_2) &= \mathscr{F}\{f_s(x,y)\} = F(\zeta_1,\zeta_2) \otimes \mathrm{COMB}(\zeta_1,\zeta_2) \\ &= \zeta_{xs}\zeta_{ys}\sum_{k=-\infty}^{+\infty}\sum_{l=-\infty}^{+\infty} F(\zeta_1,\zeta_2) \otimes \delta(\zeta_1 - k\cdot\zeta_{xs}, \zeta_2 - l\cdot\zeta_{ys}) \\ &= \zeta_{xs}\zeta_{ys}\sum_{k=-\infty}^{+\infty}\sum_{l=-\infty}^{+\infty} F(\zeta_1 - k\cdot\zeta_{xs}, \zeta_2 - l\cdot\zeta_{ys}) \end{aligned} \tag{5.23}$$

由上式可知,$F_s(\zeta_1,\zeta_2)$是周期为(ζ_{xs},ζ_{ys})的周期函数。它的 $k=0,l=0$ 的分量即为$F(\zeta_1,\zeta_2)$。

为了从 $f_s(x,y)$重建 $f(x,y)$,根据傅里叶变换对之间的一一对应关系,只要从 $F_s(\zeta_1,\zeta_2)$重建 $F(\zeta_1,\zeta_2)$即可,为此取低通滤波器

$$H(\zeta_1,\zeta_2) = \begin{cases} \frac{1}{\zeta_{xs}\zeta_{ys}}, & (\zeta_1,\zeta_2) \in R, \\ 0, & \text{其它} \end{cases} \tag{5.24}$$

其中,

$$R = \left[-\frac{1}{2}\zeta_{xs}, \frac{1}{2}\zeta_{xs}\right] \times \left[-\frac{1}{2}\zeta_{ys}, \frac{1}{2}\zeta_{ys}\right] \tag{5.25}$$

重建信号的频谱为：

$$\tilde{F}(\zeta_1,\zeta_2) = H(\zeta_1,\zeta_2) \cdot F_s(\zeta_1,\zeta_2) \tag{5.26}$$

对上式两端作傅里叶逆变换得重建图像信号 $\tilde{f}(x,y)$：

$$\begin{aligned} \tilde{f}(x,y) &= \mathscr{F}^{-1}\{\tilde{F}(\zeta_1,\zeta_2)\} = \mathscr{F}^{-1}\{H(\zeta_1,\zeta_2)\} \otimes \mathscr{F}^{-1}\{F_s(\zeta_1,\zeta_2)\} = h(x,y) \otimes f_s(x,y) \\ &= \sum_{m=-\infty}^{+\infty}\sum_{n=-\infty}^{+\infty} f(m\cdot\Delta x, n\cdot\Delta y)\cdot \mathrm{sinc}(x\zeta_{xs} - m)\cdot \mathrm{sinc}(y\zeta_{ys} - n) \end{aligned} \tag{5.27}$$

其中,$h(x,y)=\mathrm{sinc}(x\zeta_{xs})\cdot\mathrm{sinc}(y\zeta_{ys})$称为图像的**重建插值函数**,为低通滤波器 $H(\zeta_1,\zeta_2)$在空间域中的表示。

现假定原连续图像信号 $f(x,y)$为带宽有限信号,即存在 ζ_{x0},ζ_{y0}(此时,ζ_{x0},ζ_{y0}称为$f(x,y)$的截止频率),当$|\zeta_1|>\zeta_{x0}$或$|\zeta_2|>\zeta_{y0}$时,$F(\zeta_1,\zeta_2)=0$,则当 $\zeta_{xs}>2\zeta_{x0}$且 $\zeta_{ys}>2\zeta_{y0}$时,$F_s(\zeta_1,\zeta_2)$的各个周期相互不重叠,如图 5.25 所示。从而当$(\zeta_1,\zeta_2)\in R$ 时,

$$\tilde{F}(\zeta_1,\zeta_2) = F(\zeta_1,\zeta_2) \Leftrightarrow \tilde{f}(x,y) = f(x,y) \tag{5.28}$$

由此得**采样定理**：

对带宽有限信号 $f(x,y)$均匀采样得样本阵列$\{f(m\cdot\Delta x, n\Delta y)\}_{m,n=-\infty}^{+\infty}$,若采样频率大于两倍的截止频率,即

$$\frac{1}{\Delta x} = \zeta_{xs} > 2\zeta_{x0}, \quad \frac{1}{\Delta y} = \zeta_{ys} > 2\zeta_{y0} \tag{5.29}$$

则原连续信号可由样本阵列不失真重建，重建公式为式(5.27)和式(5.28)。

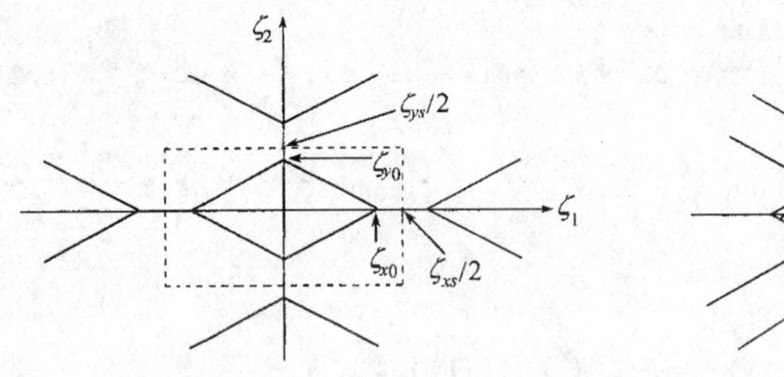

图 5.25 $\zeta_{xs}>2\zeta_{x0},\zeta_{ys}>2\zeta_{y0}$

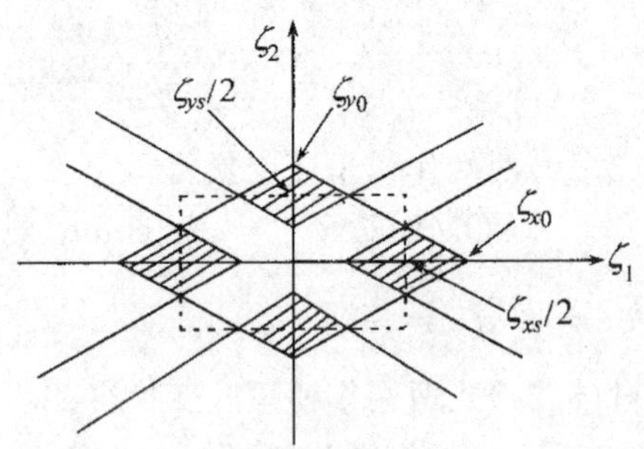

图 5.26 $\zeta_{xs}<2\zeta_{x0},\zeta_{ys}<2\zeta_{y0}$，混淆发生

5.3.5 混淆与反混淆

由采样定理知道，当式(5.29)不满足时，$F_s(\zeta_1,\zeta_2)$的各个周期的高频分量和相邻周期的低频分量发生叠加，重建时，无法通过低通滤波将它们分离，导致$\widetilde{F}(\zeta_1,\zeta_2)\neq F(\zeta_1,\zeta_2)$，这种现象称为混淆，如图 5.26 所示。

光栅图形在扫描转换之前可看作定义于二维屏幕上关于亮度的连续图像信号 $f(x,y)$，由于它在边缘处的变化率为无穷大，蕴含了各种频率，所以它不是带宽有限信号。这就意味着式(5.29)不能满足，从而混淆的发生是必然的。

为了证明光栅图形 $f(x,y)$不具有有限的截止频率，我们考察它在一条扫描线上的波形，记为 $f(x)$，见图 5.27 和图 5.28。

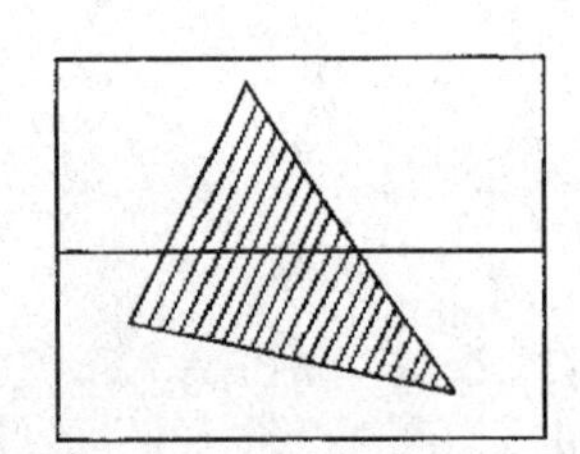

图 5.27 二维连续图像信号 $f(x,y)$

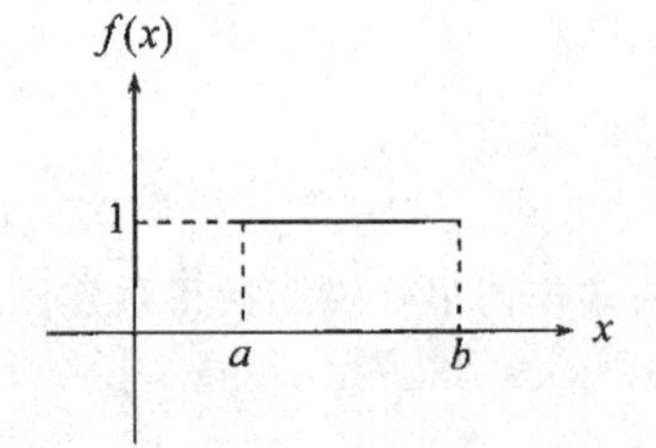

图 5.28 $f(x,y)$在一条扫描线上的波形 $f(x)$

假定阴影部分的亮度为 1，其余为 0，则

$$f(x)=\begin{cases}1, & x\in[a,b],\\ 0, & \text{其它}\end{cases} \tag{5.30}$$

对上式两端做傅里叶变换得：

$$F(\zeta)=\mathscr{F}\{f(x)\}=\int_a^b \exp[-\mathrm{i}2\pi\zeta x]\mathrm{d}x=\frac{1}{\mathrm{i}2\pi\zeta}[\mathrm{e}^{-\mathrm{i}2\pi b\zeta}-\mathrm{e}^{-\mathrm{i}2\pi a\zeta}] \tag{5.31}$$

由上式知不存在 ζ_x，使得当$|\zeta|>\zeta_x$ 时 $F(\zeta)\equiv 0$，即 $F(\zeta)(F(\zeta_1,\zeta_2))$不具有有限的截止频率。

下面的例子也许更有助于读者对混淆的理解。

假定一个车轮以 1 转/秒的速度顺时针旋转，对它每 0.75 秒采样一次，则相继的 5 帧图像如图 5.29，看起来车轮是逆时针旋转的。这就是时间域上的混淆。事实上，在这里信号的截止频率为 1 Hz，采样频率为 1/0.75 Hz，式(5.29)不满足，由采样定理知道，必然发生混淆。

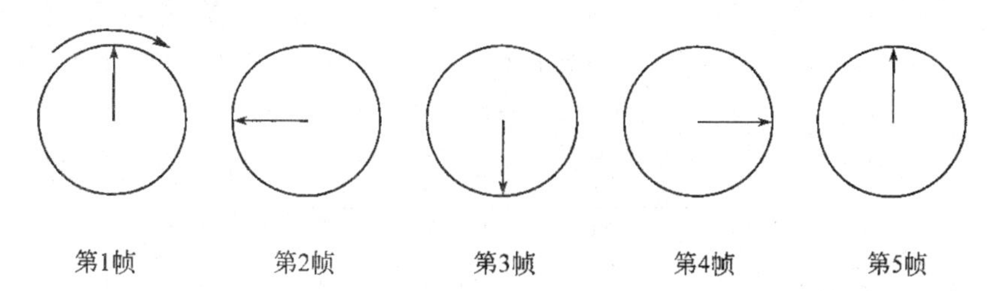

图 5.29　截止频率为 1 Hz，采样频率 1/0.75 Hz，不满足式(5.29)，发生混淆

现在我们提高采样频率，使得每 0.25 秒采样一次，此时，采样频率为 1/0.25 Hz，式(5.29)得到满足，混淆不会发生。相继的 5 帧图像如图 5.30，看起来，车轮仍然是顺时针旋转的。

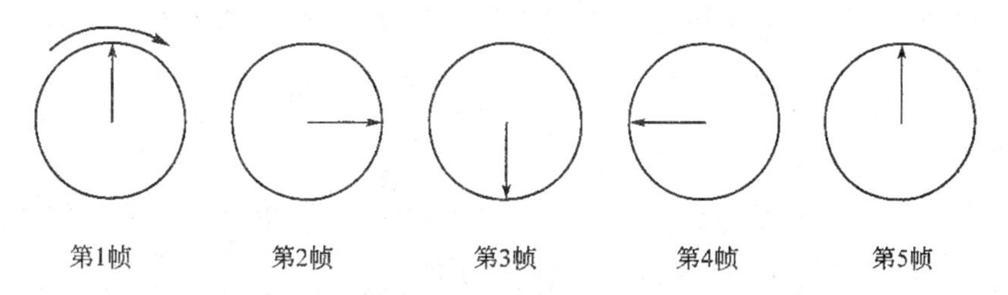

图 5.30　截止频率为 1 Hz，采样频率 1/0.25 Hz，满足式(5.29)，混淆没有发生

既然式(5.29)的不满足是发生混淆的根本原因，那么从本质上说只有使信号的截止频率和采样频率满足式(5.29)才能减少或消除混淆现象，即反混淆。两种方法具有如此效果，一是使式(5.29)左端的采样频率增大，二是减少式(5.29)右端的截止频率。对光栅显示系统来说前者可通过提高分辨率实现，后者可通过前置低通滤波实现。

5.4　图像信号采样、滤波及重建过程中的几个实际问题

前面的讨论基于几个理想的假设条件，即我们有理想的采样脉冲函数，理想的低通滤波器，理想的重建函数。在实际工作过程中，这些条件是得不到的。本节将讨论，在实际可行的条件下，图像信号的采样、滤波及重建将产生什么样的结果。

5.4.1　采样函数的影响

理想的采样函数 $\mathrm{comb}(x,y;\Delta x,\Delta y)$ 为脉冲阵列。采样脉冲为 Delta 函数：

$$\delta(x,y)=\delta(x)\cdot\delta(y)$$

在这种理想的脉冲作用下，样本值 $g(m\cdot\Delta x,n\cdot\Delta y)$ 即为原连续信号在采样点的函数值，即

$$\begin{aligned}g(m\cdot\Delta x,n\cdot\Delta y)&=\int_{-\infty}^{+\infty}\int_{-\infty}^{+\infty}f(x',y')\delta(x'-m\cdot\Delta x,y'-n\cdot\Delta y)\mathrm{d}x'\mathrm{d}y'\\&=f(m\cdot\Delta x,n\cdot\Delta y)\end{aligned}\tag{5.32}$$

实际的采样函数的定义域是有宽度的，不可能为理想脉冲。如在光栅图形反混淆的区域采样方法中，采样函数即为权函数 $w(x,y)$。不妨令 $w(x,y)$ 的支集 $A=[-\Delta x/2,\Delta x/2]\times[-\Delta y/2,\Delta y/2]$，且具有权性和旋转对称性，即(如图 5.31 所示)

$$\iint_A w(x,y)\mathrm{d}x\mathrm{d}y = 1, \quad w(-x,-y) = w(x,y) \tag{5.33}$$

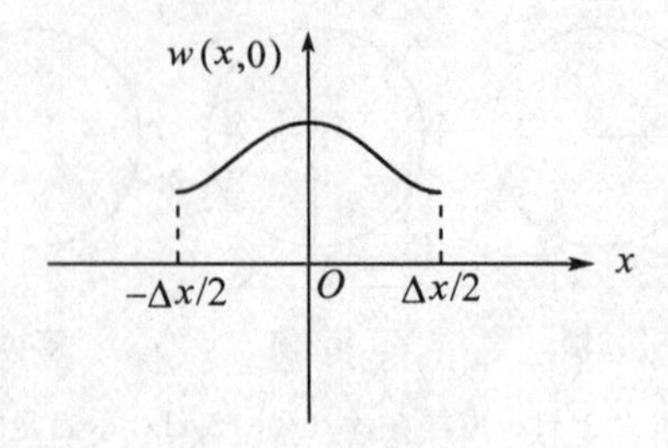

图 5.31　采样脉冲函数 $w(x,y)$

则在 $w(x,y)$的作用下,实际所获得的样本为:

$$\begin{aligned}
g(m\cdot\Delta x, n\cdot\Delta y) &= \iint_A f(x',y')w(m\cdot\Delta x - x', n\cdot\Delta y - y')\mathrm{d}x'\mathrm{d}y' \\
&= \int_{-\frac{\Delta x}{2}}^{\frac{\Delta x}{2}}\int_{-\frac{\Delta x}{2}}^{\frac{\Delta x}{2}} f(x',y')w(m\cdot\Delta x - x', n\cdot\Delta y - y')\mathrm{d}x'\mathrm{d}y' \\
&= \int_{-\infty}^{+\infty}\int_{-\infty}^{+\infty} f(x',y')\cdot w(m\cdot\Delta x - x', n\cdot\Delta y - y')\mathrm{d}x'\mathrm{d}y' \\
&= \int_{-\infty}^{+\infty}\int_{-\infty}^{+\infty} f(x',y')\Big[\int_{-\infty}^{+\infty}\int_{-\infty}^{+\infty} w(x-x',y-y') \\
&\quad \cdot\delta(x-m\cdot\Delta x, y-n\cdot\Delta y)\mathrm{d}x\mathrm{d}y\Big]\mathrm{d}x'\mathrm{d}y' \\
&= \int_{-\infty}^{+\infty}\int_{-\infty}^{+\infty}[f(x,y)\otimes w(x,y)]\cdot\delta(x-m\cdot\Delta x, y-n\Delta y)\mathrm{d}x\mathrm{d}y \\
&= \int_{-\infty}^{+\infty}\int_{-\infty}^{+\infty} g(x,y)\cdot\delta(x-m\cdot\Delta x, y-n\Delta y)\mathrm{d}x\mathrm{d}y
\end{aligned} \tag{5.34}$$

即以 $w(x,y)$为采样函数进行采样等价于先对 $f(x,y)$进行以 $w(x,y)$为低通滤波器的前置低通滤波,得到 $g(x,y)$,再对 $g(x,y)$进行理想采样,见图 5.32。

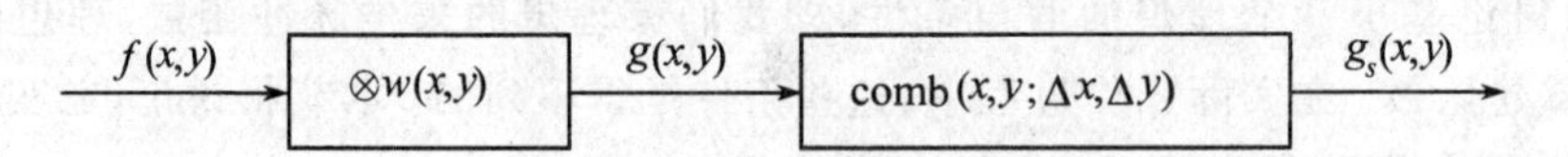

图 5.32　光栅图形反混淆的区域采样方法的过程

采样后的函数为:

$$\begin{aligned}
g_s(x,y) &= \mathrm{comb}(x,y;\Delta x,\Delta y)\cdot g(x,y) \\
&= \sum_{m=-\infty}^{+\infty}\sum_{n=-\infty}^{+\infty} g(m\cdot\Delta x, n\cdot\Delta y)\cdot\delta(x-m\cdot\Delta x, y-n\cdot\Delta y)
\end{aligned} \tag{5.35}$$

由于低通滤波可以减小信号的截止频率,从而得出结论:区域采样方法具有反混淆效果!

5.4.2　滤波器的影响

实际的信号一般不是带宽有限的,故在采样之前都要施以前置低通滤波。现假定具有理想的重建滤波器 $H(\zeta_1,\zeta_2)$,我们来讨论一下前置低通滤波对重建信号的影响。

在没有前置滤波时(见图 5.33),发生混淆的能量和信号重建时由理想重建低通滤波器所丢弃的高频能量是相等的。

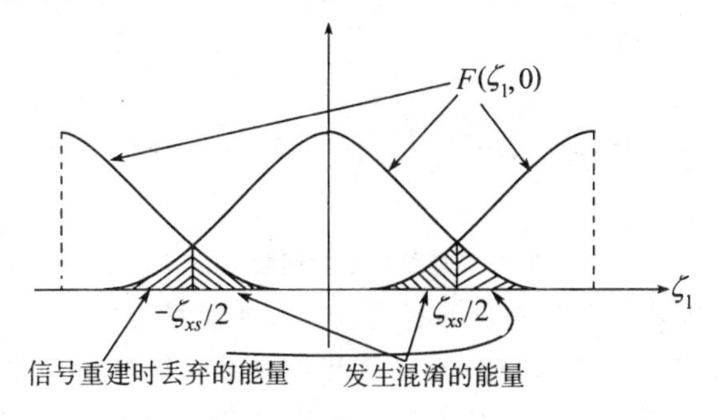

图 5.33 没有前置滤波:发生混淆

在具有理想的前置低通滤器 $H(\zeta_1,\zeta_2)$时(见图 5.34),由于位于频率$\frac{\zeta_{xs}}{2}$,$\frac{\zeta_{ys}}{2}$之外的那部分能量被预先滤去,所不会发生混淆,但重建后的信号失去了该部分高频信息。

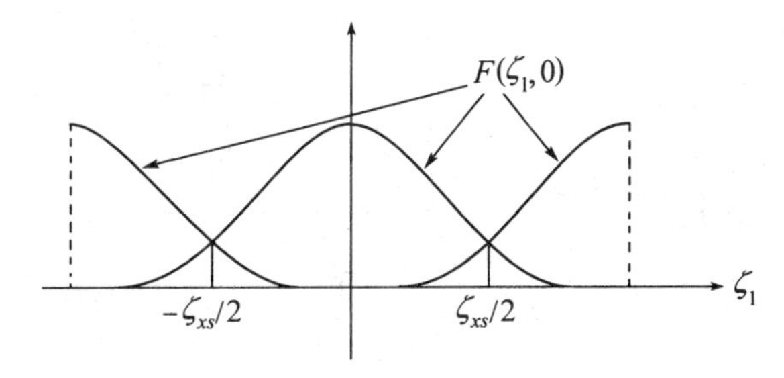

图 5.34 理想前置低通滤波:不发生混淆

和理想的低通滤波器相比,实际的低通滤波器的作用是使混淆的那部分能量减少,而丢弃的高频信息增加,如图 5.35 所示。

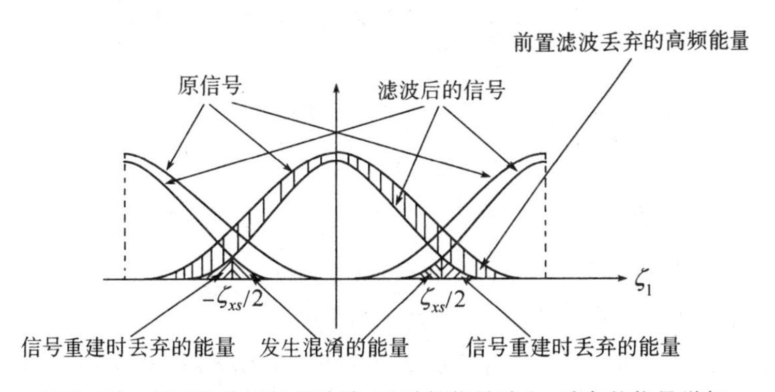

图 5.35 实际的前置低通滤波:混淆的能量减少,丢弃的能量增加

由此可知道,前置低通滤波的作用有两方面,一是减小混淆,二是增加了信息的丢失。所以在区域采样的反混淆方法中,$w(x,y)$的选取要考虑两方面的折衷,使重建(显示)的图形质量最佳。

5.4.3 重建插值函数的影响

光栅系统中,图像的重建工作是由显示系统来完成的。由采样定理知,理想的重建插值函数为 $\text{sinc}(x)\cdot\text{sinc}(y)$(见图 5.36),对光栅显示系统来说,即要求每一电子束打在荧光屏上所

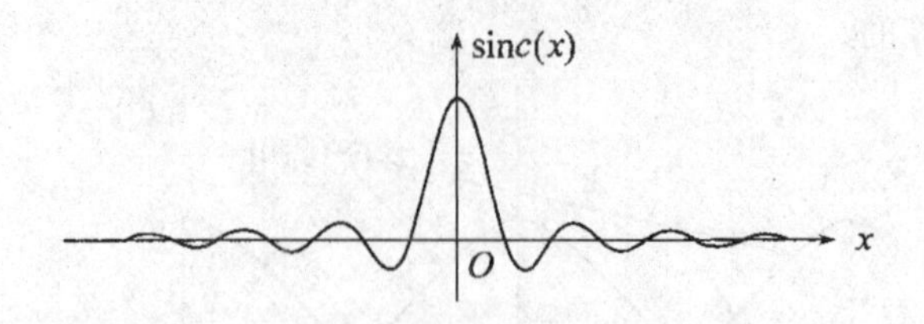

图 5.36　理想的重建函数 $\mathrm{sinc}(x)$

产生的亮度分布在整个屏幕上并具有负的亮度。这在实际情况中显然不可能。设电子束实际产生的亮度分布函数为 $P_d(x,y)$，即 $P_d(x,y)$ 为光栅显示系统的重建插值函数，一般它具有类似高阶多项式的波形(见图 5.37)。不妨假定它的定义域 $A=[-\Delta x/2,\Delta x/2]\times[-\Delta y/2,\Delta y/2]$($A$ 的形状依赖于屏幕像素的形状)。

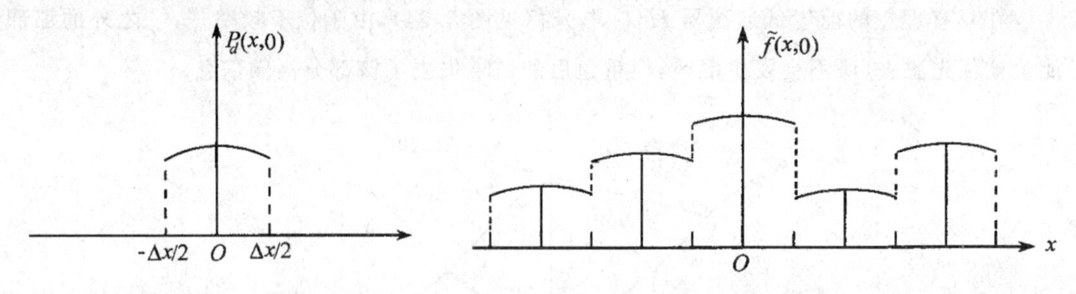

图 5.37　光栅显示系统的重建函数 $P_d(x,y)$

图 5.38　重建的图像呈阶梯状

在 $P_d(x,y)$ 的作用下：

(1) 重建的图像 $f(x,y)$ 出现了阶梯状(见图 5.38)；

(2) 当狭小图形被采样到时，出现细节失真(见图 5.39)；

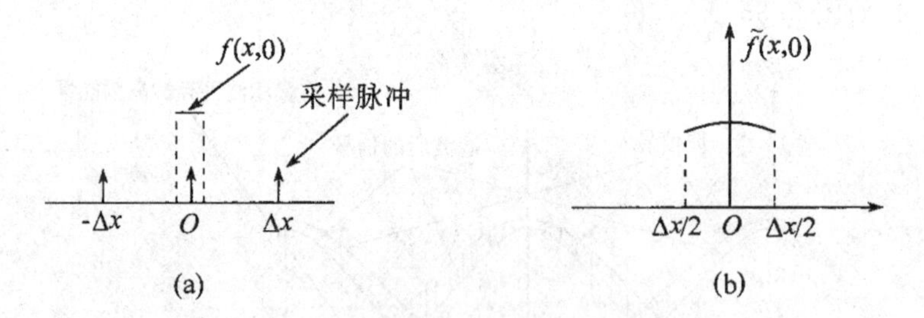

图 5.39　重建的图像出现细节失真

(3) 当狭小图形没有被采样到时，出现狭小图形遗失。

由此得出结论：对光栅图形来说，即使采样频率(分辨率)足够高，满足式(5.29)，由于重建插值函数的限制，阶梯状的边界等混淆形式仍会发生，但采样率越高，混淆程度越小。

习　题

1. 光栅图形系统中，混淆现象有哪些表现形式？产生混淆的原因是什么？

2. 参照第 3 章和本章的有关内容，设计一个具有反混淆功能的直线段生成算法。

3. 参照第 4 章和本章的有关内容，设计一个具有反混淆功能的多边形扫描转换算法。

4. 根据采样定理，解释混淆发生的原因。

5. 试列举出发生在你身边的混淆现象。

第6章　二维裁剪

在许多应用问题中，面对一张大的画面，或者是由于实际需要，或者是显示屏幕有限，常要求开一个矩形区域指定要显示的部分画面。这种用来指定图形显示内容的矩形区域称为**裁剪窗口**。窗口内的图形被显示出来了，而窗口之外的图形则被裁剪掉。从图形的显示过程知道，任何图形在显示之前都要经过裁剪工作。因此图形的裁剪和图形的变换一样，直接影响图形系统的效率。裁剪的方法很多，效率的高低常与计算机图形硬件水平及图形复杂程度有关，要根据实际情况来选择合适的裁剪算法。

裁剪的基本目的是判断这个图形元素是否落在窗口区域之内，如落在区域之内则进一步求出位于区域内的部分。因此裁剪处理的基础有两个方面：一是图元在窗口区域内外的判别，二是图形元素与窗口的求交。

裁剪可以对扫描转换之后的点阵图形在设备坐标系中进行，也可以在世界坐标系中对扫描转换之前的参数表示的图形进行。前者算法简单，但效率不高，因为无论图形落在窗口的内部还是外部，都要扫描转换，它一般适用于求交难度较大的图形。而后者主要应用于点、线、多边形等简单图元。由于世界坐标系一般为浮点坐标系，故有时也称世界坐标系中的裁剪为分析裁剪，它是大多数图形系统所采用的裁剪方法。本章主要介绍三种简单二维图元即直线段、多边形、字符裁剪的基本方法。

6.1　直线段裁剪

直线段裁剪算法相对来说比较简单，但它非常重要，是复杂图元裁剪的基础；因为在大多数图形系统中，复杂的高次曲线都是用折线段来近似逼近的，从而其裁剪问题也可以化为直线段的裁剪问题。

本节中，我们假定裁剪窗口为矩形窗口，其左、右、上、下各边分别为 $x=x\min$，$x=x\max$，$y=y\max$，$y=y\min$，待裁剪的线段为 $P_0(x_0,y_0)P_1(x_1,y_1)$，在讨论具体的算法时不再重述。待裁剪线段和窗口的关系有如下三种：

(1) 线段完全可见，即 P_0 和 P_1 均在窗口内，如图 6.1 中的 AB，这时接受(显示)该线段。

(2) 显然不可见，即 P_0 和 P_1 都落在窗口某条边所在直线的外侧。如图 6.1 中的 EF，这时拒绝该线段。

(3) 线段至少有一端点在窗口之外，但非显然不可见。如图 6.1 中的 CD，GH，IJ，此时需进一步求交以确定线段是否有可见部分并求出可见部分。

为了提高裁剪效率，算法设计一般可从下面两方面做出考虑：一是快速判别情况 1 和 2；二是在情况 3 中，设法减少求交的次数和每次求交时所需的计算量。

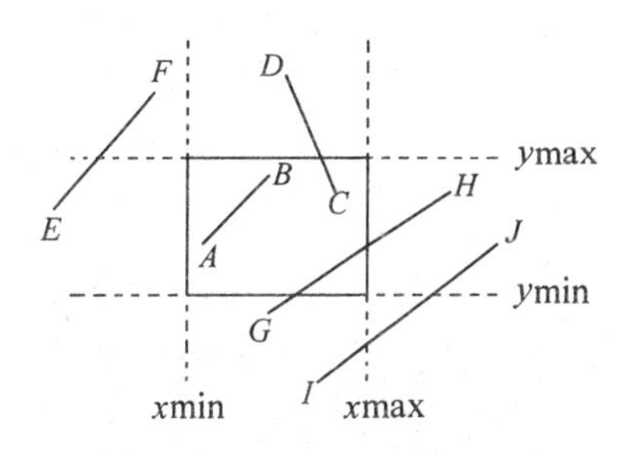

图 6.1　待裁剪线段与裁剪窗口的关系

6.1.1 点裁剪

在讨论线段裁剪之前,先看看简单的点裁剪问题,它是线段裁剪以及后面的多边形裁的基础。如果矩形裁剪窗口的左、右边的横坐标和上、下边的纵坐标如前文所述,那么点(x,y)在窗口内的充分必要条件是:

$x\min \leqslant x \leqslant x\max$, $y\min \leqslant y \leqslant y\max$

如果上面四个不等式中任何一个不满足,则(x,y)点位于窗口之外。

对于任意多边形窗口,需要根据第 4 章提到的点在多边形区域内外的判别方法进行判别。

6.1.2 直接求交算法

裁剪一条直线段,只需考虑它的两个端点关于矩形窗口的关系就可以了。如果两个端点都在窗口内部(如图 6.1 中的 AB),那么线段完全可见。如果一个端点在窗口内,一个端点在窗口外(如图 6.1 中的 CD),则线段与窗口的边有一个交点,交点与窗口内的端点间的连线即为该线段的可见部分。如果两端点都在窗口外部,则线段与窗口可能不相交(如图 6.1 中的 EF, IJ),也有可能相交(如图 6.1 中的 GH),需要进一步计算以确定它们是否相交。

根据以上分析,一个裁剪线段的简单方法的框图如图 6.2 所示。(当待裁剪线段平行于窗口的边时,情况很简单,这里假定它们不平行于窗口的边。)

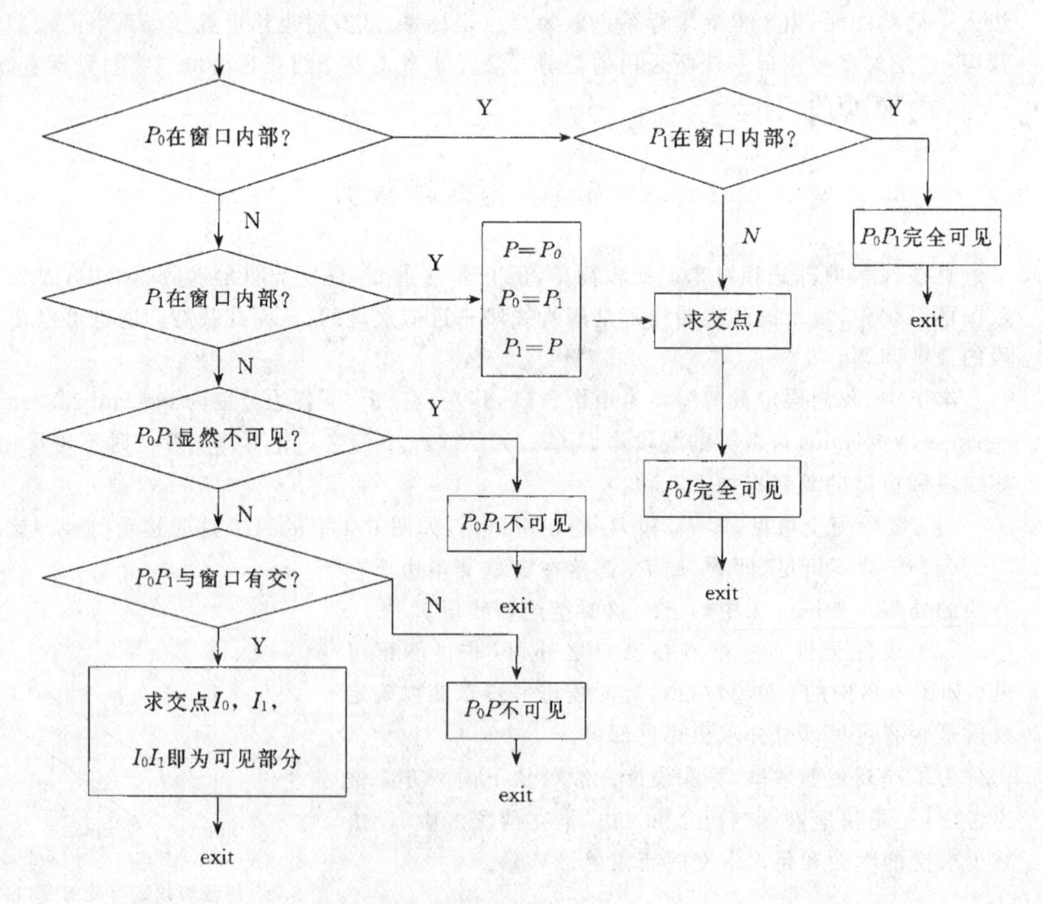

图6.2 裁剪线段的直接求交算法

为了求直线段 P_0P_1 与窗口的边的交点，我们将线段写成参数形式。例如 $P_0(x_0,y_0)P_1(x_1,y_1)$ 的参数方程为：

$$\begin{cases} x = x_0 + t_{\text{line}}(x_1 - x_0), \\ y = y_0 + t_{\text{line}}(y_1 - y_0), \end{cases} \quad t_{\text{line}} \in [0,1] \tag{6.1}$$

矩形窗口下边的参数方程为：

$$\begin{cases} x = x_{\min} + t_{\text{edge}}(x_{\max} - x_{\min}), \quad t_{\text{edge}} \in [0,1], \\ y = y_{\min} \end{cases} \tag{6.2}$$

P_0P_1 和窗口下边的交点满足方程组：

$$\begin{cases} x_0 + t_{\text{line}}(x_1 - x_0) = x_{\min} + t_{\text{edge}}(x_{\max} - x_{\min}), \\ y_0 + t_{\text{line}}(y_1 - y_0) = y_{\min} \end{cases} \tag{6.3}$$

求解方程组得到交点所对应的参数对 $(t_{\text{line}}, t_{\text{edge}})$，只有当 $t_{\text{line}} \in [0,1]$ 且 $t_{\text{edge}} \in [0,1]$ 时，$(t_{\text{line}}, t_{\text{edge}})$ 所对应的交点才是有效交点，即真正落在 P_0P_1 和窗口边上而不是它们的延长线上。

6.1.3 Cohen-Sutherland 算法

Cohen-Sutherland 裁剪算法有时也称为**编码算法**。该算法分为三个步骤：第一步判别线段两端是否都落在窗口内，如果是，则线段完全可见；否则进入第二步，判别线段是否为显然不可见，即线段的两端点均落在窗口某边所在直线的外侧，如果是，则裁剪结束；否则进行第三步，求线段与窗口边延长线的交点，这个交点将线段分为两段，其中一段显然不可见，丢弃。对余下的另一段重新进行第一步、第二步判断，直至结束。整个裁剪的过程可以看作一个递归的过程。

为了实现这个算法，首先用窗口四条边所在的直线（见图 6.3）将整个二维平面分成 9 个区域，每个区域赋予一个四位的编码 $C_tC_bC_rC_l$，其中各位编码的含义如下：

$$C_t = \begin{cases} 1, & y > y_{\max}, \\ 0, & \text{其它}, \end{cases} \qquad C_b = \begin{cases} 1, & y < y_{\min}, \\ 0, & \text{其它}, \end{cases}$$

$$C_r = \begin{cases} 1, & x > x_{\max}, \\ 0, & \text{其它}, \end{cases} \qquad C_l = \begin{cases} 1, & x < x_{\min}, \\ 0, & \text{其它} \end{cases}$$

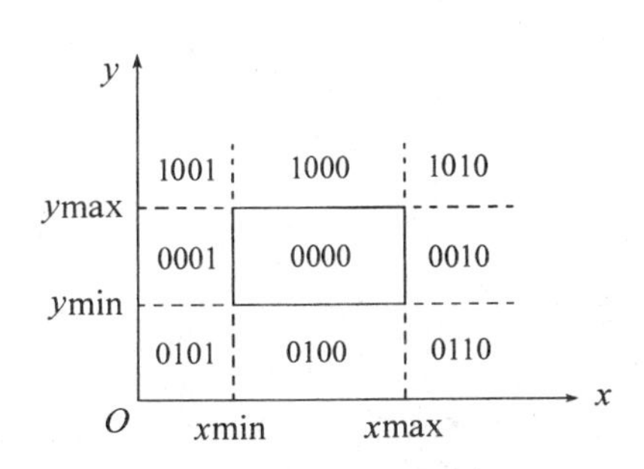

图 6.3 窗口边所在的直线将二维平面划分为 9 个区域

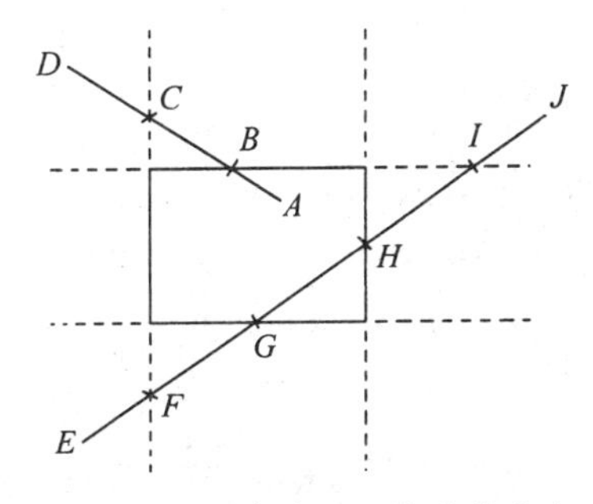

图 6.4 线段与窗口四条边的求交测试顺序被固定：左、上、右、下

然后确定线段的两个端点的编码，端点的编码即为它所在区域的编码。这样判断端点是否在窗口内部，只需判断它的编码值是否为 0。注意到编码中各个位的含义，当两个端点的编码的逻辑“与”非 0 时，它们必然均落在窗口某边的外侧，亦即线段为显然不可见的。例如图 6.1 中的线段 EF 和 IJ，E 和 F 的编码分别是 0001 和 1001，它们的与为 0001，不为 0，从而 EF 显

然不可见。I 和 J 的编码分别是 0100 和 0010，它们的与为 0，从而 IJ 不是显然不可见的。

对既非完全可见、又非显然不可见的线段，如图 6.4 中的 AD，需要求交。求交前先要测试线段和窗口哪条边所在直线有交，这只要判断线段两端点编码中各位的值即可。如图 6.4 中的 AD，D 点编码中的 $C_l=1$，而 A 点编码中的 $C_l=0$，则知道 AD 和窗口的左边所在的直线有交。在程序中，求交测试的顺序是固定的。不妨假定求交测试的顺序为窗口的左边、上边、右边、下边。按照这个顺序，图 6.4 中线段 EF 和窗口四边被求出的交点顺序为 F,I,H,G。从而在 Cohen-Sutherland 裁剪算法中，最坏的情况下，一条线段在裁剪时需要求交 4 次。

程序 6.1 给出了 Cohen-Sutherland 裁剪算法，其中设计了一个数据结构 Outcode 用来记录端点的编码。Outcode 中的 all 元素用来判断是否该端点的编码中 4 位全是 0。算法的运行过程是这样的：先用函数 CompOutcode 计算线段两端点的编码，然后按如上方法判断线段是否为完全可见或显然不可见，如果不是，则确定位于窗口之外的端点，并根据该端点的编码值确定它位于窗口哪条边的外侧，求出线段和该边的交点。以交点为分界，将位于该边外侧的部分线段丢弃，以交点为新的端点，计算其编码重复上述过程。

例如，图 6.4 中的线段 AD，A 点的编码为 0000，D 点的编码为 1001，AD 既非完全可见亦非显然不可见。于是程序中确定出 D 点为落于窗口之外的点，它的编码值表明它在窗口左边和上边的外侧。但根据我们假定的测试顺序，AD 先与左边求交，交点为 C，CD 段为显然不可见部分，丢弃。以 C 点为新的端点，计算其编码为 1000。以 AC 代替 AD 重复上面过程，求出 AC 与上边的交点 B，AB 即为 AD 的可见部分。程序运行结束。

程序 6.1 Choen-Sutherland 线段裁剪算法

```
typedef struct{  unsigned all;
                 unsigned left,right,top,bottom;
            }OutCode;
void CohenSutherlandLineClip(float x0 float y0,float x1,flout y1,Rectangle *rect)
/* P0(x0,y0)P1(x1,y1)为待裁剪线段 */
/* rect 为裁剪窗口 */
{  void CompOutCode(float,float,Rectangle *,OutCode *);    /* 用于计算端点的
   编码 */
   boolean accept,done;
   OutCode outCode0,outCode1;
   OutCode *outCodeOut;
   float x,y;

   accept=FALSE;
   done=FALSE;
   CompOutCode(x0,y0,rect,&outCode0);
   CompOutCode(x1,y1,rect,&outCode1);
   do{
       if(outCode0.all==0&&outCode1.all==0)     /* 完全可见 */
       {  accept=TRUE;
```

```
    done=TRUE;
}
else if(outCode0.all&outCode.all!=0)      /* 显然不可见 */
     done=TRUE;
else      /* 进行求交测试 */
{
    if(outCode0.all!=0)      /* 判断哪一点位于窗口之外 */
      outcodeOut=&outCode0;
    else
      outCodeOut=&outCode1;

    if(outCodeOut -> left)      /* 线段与窗口的左边求交 */
    {
       y=y0+(y1-y0)*(rect -> xmin-x0)/(x1-x0);
       x=(float)rect -> xmin;
    }
    else if(outCodeOut -> top)      /* 线段与窗口的上边求交 */
    {
       x=x0+(x1-x0)*(rect -> ymax-y0)/(y1-y0);
       y=(float)rect -> ymax;
    }
    else if(outCodeOut -> right)      /* 线段窗口的右边求交 */
    {
       y=y0+(y1-y0)*(rect -> xmax-x0)/(x1-x0);
       x=(float)rect -> xmax;
    }
    else if(outCodeOut -> bottom)      /* 线段与窗口的下边求交 */
    {
       x=x0+(x1-x0)*(rect -> ymin-x0)/(y1-y0);
       y=(float)rect -> ymin;
    }

    if(outCodeOut -> all==outCode0.all)
                              /* 以交点为界,将线段位于窗口边所在 */
    {  x0=x;                  /* 的直线的外侧的部分丢弃。对剩余的 */
       y0=y;                  /* 部分继续裁剪 */
       CompOutCode(x0,y0,rect,&outCode0);
    }
    else
    {  x1=x;
```

```
                y1=y;
                CompOutCode(x1,y1,rect,&outCode1);
            }
        }
    }while(! done);

    if(accept)      /* 显示线段的可见部分 */
        Line((int)x0,(int)y0,(int)x1,(int)y1);
}/* end of CohenSutherlandLineClip() */

void CompOutCode(float x,float y,Rectanle * rect,OutCode * outCode)
/* 计算点(x,y)的编码 */
{   outCode -> all=0;
    outCode -> top=outCode -> bottom=0;
    if(y>(float)rect -> ymax)
    {
      outCode -> top=1;
      outCode -> all+=1;
    }
    else if(y<(float)rect -> ymin)
    {
      outCode -> bottom=1;
      outCode -> all+=1;
    }
    outCode -> right=outCode -> left=0;
    if(x>(float)rect -> xmax)
    {
      outCode -> right=1;
      outCode -> all+=1;
    }
    else if(x<(float)rect -> xmin)
    {
      outCode -> left=1;
      outCode -> all+=1;
    }
}/* end of CompOutCode() */
```

Cohen-Sutherland 裁剪算法用编码的方法实现了对完全可见及显然不可见线段的快速接受和拒绝，这使它在两类裁剪场合中非常高效；一是大窗口的场合，其中大部分线段为完全可见；另一类是窗口特别小的场合，其中大部分线段显然不可见，这种情况发生在用光标进行拾取图形的时候，光标可看作小的裁剪窗口，只有那些在该小窗口(光标)中有可见部分的线段才是我们拾取的对象。

6.1.4 Nicholl-Lee-Nicholl 算法

Nicholl-Lee-Nicholl 裁剪方法的基本想法是通过对二维平面的更详细划分，消除 Cohen-Sutherland 算法中线段在被裁剪时需多次求交的情况。这种改进使得 Nicholl-Lee-Nicholl 算法的效率在某些场合更优于 Cohen-Sutherland 算法。

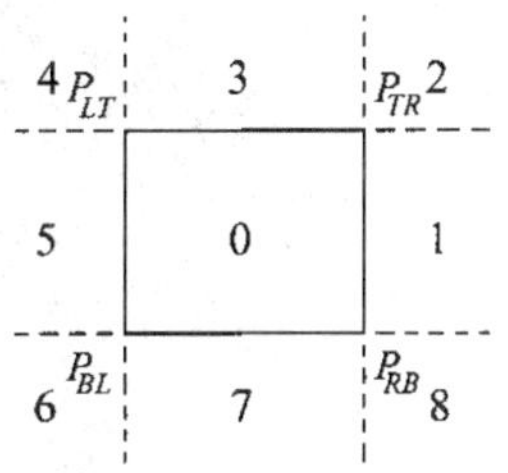

图 6.5　窗口边所在的直线将二维平面划分为 9 个区域

假定待裁剪线段 P_0P_1 为非完全可见且非显然不可见的，矩形裁剪窗口如前文所述，记其四个角点分别为 P_{LT}，P_{TR}，P_{RB} 和 P_{BL}，则 Nicholl-Lee-Nicholl 算法可分为以下几个步骤。

第一步，窗口四边所在的直线将二维平面划分成 9 个区域，对区域编号如图 6.5 所示，确定 P_0 所在的区域。不失一般性，我们只考虑 P_0 落在区域 0,4,5 的情况如图 6.6 所示。如果 P_0 落在其它区域，总可以先通过简单的二维变换(如旋转变换、对称变换等)使之落于这三个区域内，当裁剪结束后，再通过逆变换将裁剪结果变换回去。

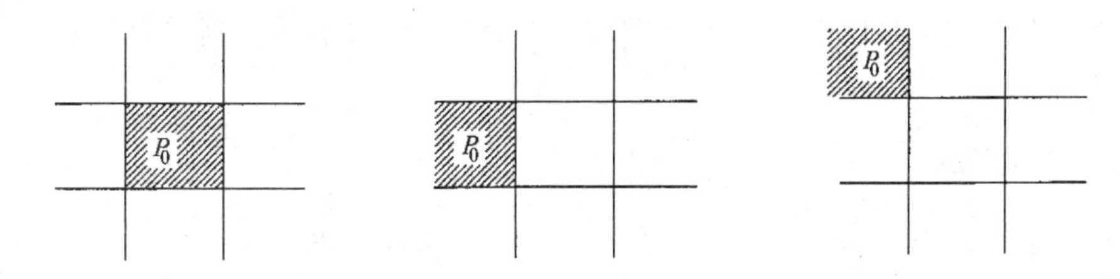

图 6.6　假定 P_0 落在区域 0,4,5

第二步，从 P_0 点向窗口的四个角点发出射线，这四条射线和窗口的四条边所在的直线一起将二维平面划分为更多的小区域。当 P_0 落在区域 0 时，平面被划分成 4 个有意义的区域 L,T,R,B，如图 6.7(a)所示。此时 P_1 的位置(属于哪个区域)决定了 P_0P_1 和窗口边的相交关系。例如，若 P_1 属于区域 L，则 P_0P_1 只和窗口的左边相交，以此类推。当 P_0 落在区域 5 时，平面被划分为 4 个有意义的区域：L,LT,LR,LB，如图 6.7(b)所示。此时，若 P_1 属于区域 LT，则 P_0P_1 只和窗口的左边、上边相交，其它类似。若 P_1 不属于 L,LT,LR,LB 中的任何一个，则表示 P_0P_1 完全不可见。当 P_0 落在区域 4 时，又分为两种情况，如图 6.7(c)，(d)。在(c)中，P_0 点落于窗口对角线的下部，此时，平面被划分为 5 个有意义的区域 L,T,TR,LR,LB。当 P_1 属于区域 TR 时，P_0P_1 和窗口上边、右边相交，其余类同。在(d)中，P_0 点落于窗口对角线的上部，此时，平面被划分为 L,T,TR,TB,LB 5 个区域，P_0P_1 与窗口边的相交关系与(c)的情况类同。

第三步，确定 P_1 所在区域。根据窗口四边的坐标值以及 P_0P_1 和各射线的斜率可确定 P_1 所在的区域。例如在图 6.7(a)中，P_1 属于区域 R 的充要条件为

$$\begin{cases} x_1 > x\max, \\ \text{slope}(P_0P_{TR}) \geqslant \text{slope}(P_0P_1) > \text{slope}(P_0P_{RB}) \end{cases} \tag{6.4}$$

其中 slope()指的是该线段的斜率。

第四步，求交点，确定 P_0P_1 的可见部分。

Nicholl-Lee-Nicholl 算法是直线段裁剪算法中效率较高的一个，但由于它较多地利用了

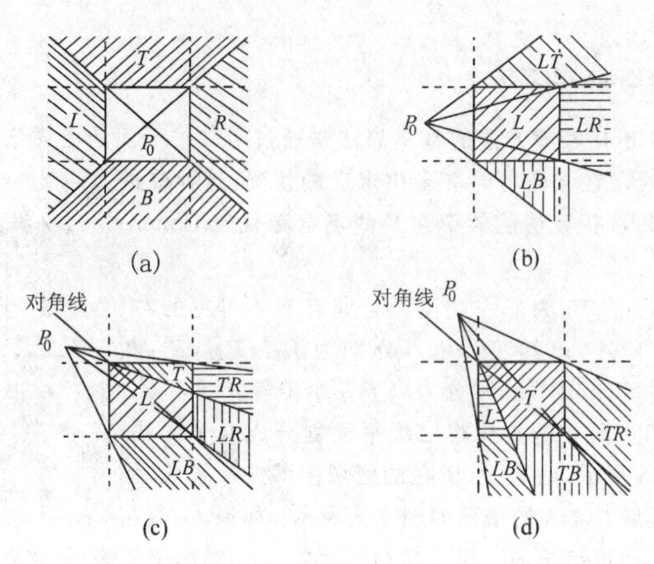

(a) P_0 落在区域 0 (b) P_0 落在区域 5 (c)(d) P_0 落在区域 4

图 6.7 二维平面的详细划分

二维空间及矩形窗口的具体特点，所以该算法不易推广到三维裁剪或裁剪窗口为任意多边形的情况。

6.1.5 中点分割算法

中点分割算法可分为两个平行的过程，即从 P_0 点出发找出距 P_0 最近的可见点，如图 6.8 中的 A 点，和从 P_1 点出发找出距 P_1 最近的可见点，如图 6.8 中的 B 点。这两个最近可见点之间的连线 AB 即为原线段 P_0P_1 的可见部分。假设有一质点从 P_0 出发向 P_1 方向运动，则该点从 A 点进入窗口区域，从 B 点离开窗口区域。

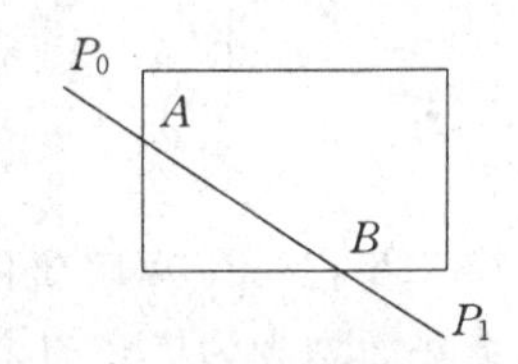

图6.8 A, B分别为距 P_0和P_1最近的可见点

从 $P_0(P_1)$ 出发找最近可见点的办法是采用中点分割方法。先求出 P_0P_1 的中点 P_m，若 P_0P_m 不是显然不可见的，并且 P_0P_1 在窗口中有可见部分，则距 P_0 最近的可见点一定落在 P_0P_m 上，所以用 P_0P_m 代替 P_0P_1；否则取 P_mP_1 代替 P_0P_1，再对新的 P_0P_1 求中点 P_m。重复上述过程，直到 P_mP_1 长度小于给定的控制常数 ε 为止。这时候，P_m 即为所求的距 P_0 最近的可见点。图 6.9 为从 P_0 出发找距 P_0 最近可见点 P 的框图。求距 P_1 最近的可见点的过程是一样的，只要把 P_0 和 P_1 交换即可。ε 可取为一个像素的宽度。对分辨率为 $2^N\times 2^N$ 的显示器来说，上面的二分过程至多进行 N 次。由于主要计算过程只用到加法和除 2 运算，所以特别适合用硬件来实现，同时该算法也适合于并行计算。

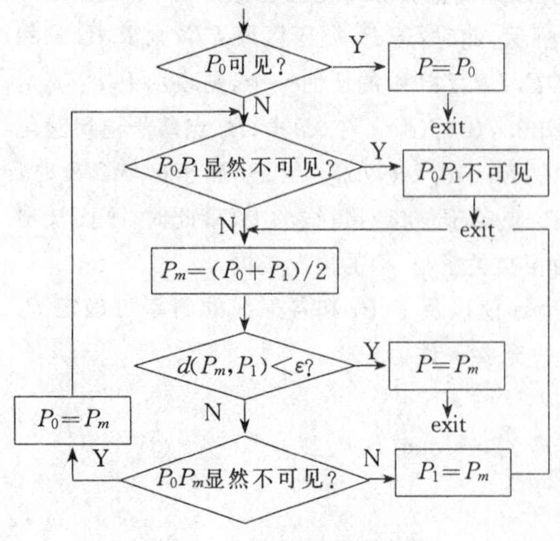

图6.9 中点分割算法的框图

6.1.6 梁友栋-Barsky算法

在**梁友栋-Barsky算法**中，将待裁剪线段 P_0P_1 及矩形窗口均看作点集，那么裁剪结果即为两点集的交集。窗口是一个二维对象而线段是一个一维对象，两个对象的维数不同不便于比较。可按如下方式产生一维窗口：设 P_0P_1 所在直线为 l，记 l 与窗口的两交点为 Q_0,Q_1，称 Q_0Q_1 为**诱导窗口**(见图6.10)，它是一维的。P_0P_1 关于矩形窗口的裁剪结果与 P_0P_1 关于诱导窗口的裁剪结果是一致的。这样就将二维裁剪问题化简成了一维裁剪问题。

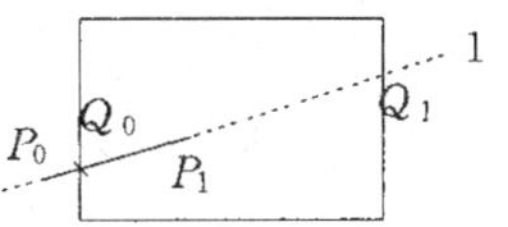

图6.10 一维诱导窗口Q_0Q_1

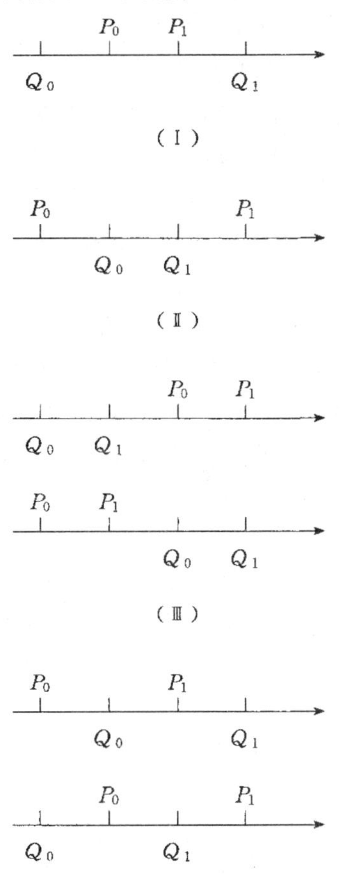

图6.11 在一维数轴上，P_0P_1和Q_0Q_1的关系

现在首先讨论一维裁剪问题。在一维数轴上，P_0P_1 和 Q_0Q_1 的关系如图6.11所示，分别记为情况Ⅰ，Ⅱ，Ⅲ，Ⅳ。我们不妨将 P_0,P_1,Q_0,Q_1 的坐标写成参数形式。假设 P_0 为数轴的原点，P_1 对应的参数为1，即在表达式

$$P = P_0 + t(P_1 - P_0) \tag{6.5}$$

中，P_0,P_1 对应的参数为0,1，再记 Q_0,Q_1 对应的参数为 $\bar{t}_0$，$\bar{t}_1$。不妨假设 $\bar{t}_0 \leqslant \bar{t}_1$，则 P_0,P_1,Q_0,Q_1 坐标间的关系如下表。

	$\bar{t}_1<0$	$0\leqslant\bar{t}_1\leqslant1$	$1<\bar{t}_1$
$\bar{t}_0<0$	Ⅲ	Ⅳ	Ⅰ
$0\leqslant\bar{t}_0<1$	不可能	Ⅱ	Ⅳ
$1<\bar{t}_0$	不可能	不可能	Ⅲ

由上面的关系表可以得出一维裁剪问题的解：P_0P_1 至少部分可见的充分必要条件是

$$\max(0,\bar{t}_0) \leqslant \min(1,\bar{t}_1) \tag{6.6}$$

且可见部分的参数区间为$[\max(0,\bar{t}_0),\min(1,\bar{t}_1)]$。

一维裁剪问题的解得出之后，为了解决二维裁剪问题，只要生成诱导窗口就可以了。假定 P_0P_1 所在的直线 l 与窗口左、右、上、下四边所在直线的交点分别为 L,R,T,B，Q_0Q_1 为诱导窗口(见图6.12)，再记窗口左、右边所在直线夹成的带形区域为 Δ_1，上、下边所在直线夹成的带形区域为 Δ_2，窗口区域为$\square$，则诱导窗口 Q_0Q_1 计算如下：

$$\begin{aligned} Q_0Q_1 &= l \cap \square = l \cap (\Delta_1 \cap \Delta_2) \\ &= (l \cap \Delta_1) \cap (l \cap \Delta_2) \\ &= LR \cap TB \end{aligned} \tag{6.7}$$

P_0P_1 的可见部分记为 VW，则

$$VW = P_0P_1 \cap Q_0Q_1 = P_0P_1 \cap LR \cap TB \tag{6.8}$$

这就是二维裁剪问题的解。

为实现方便，仍然将各点化到参数域上进行，P_0P_1 的参数方程为：

$$\begin{cases} x = x_0 + \Delta x \cdot t, \\ y = y_0 + \Delta y \cdot t \end{cases} \tag{6.9}$$

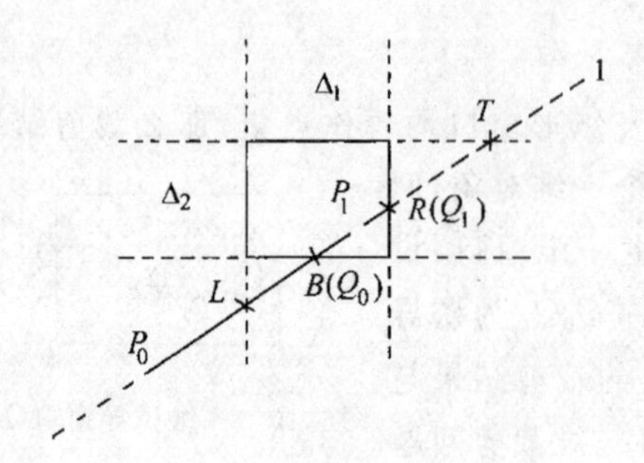

图 6.12 一维诱导窗口的生成

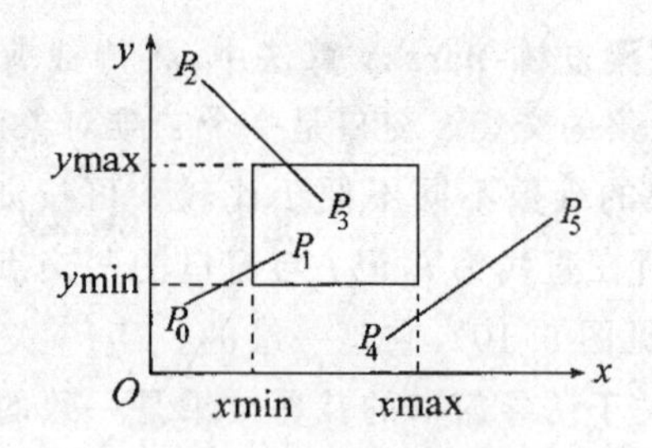

图 6.13 窗口的边被分成始边和终边两类

其中 $\Delta=x_1-x_0,\Delta y=y_1-y_0$。现根据窗口四条边与有向线段 P_0P_1 的相交的顺序将它们分成两类，一类称为**始边**，一类称为**终边**。对于左、右两条边，当 $\Delta x\geqslant 0$ 时，$x=x\min$ 称为始边，$x=x\max$ 称为终边。当 $\Delta x<0$ 时，$x=x\max$ 称为始边，$x=x\min$ 称为终边。对上、下两条边，当 $\Delta y\geqslant 0$ 时，$y=y\min$ 称为始边，$y=y\max$ 称为终边，当 $\Delta y<0$ 时，$y=y\max$ 称为始边，$y=y\min$ 称为终边。如图 6.13 中，对 P_0P_1 来说 $x=x\min,y=y\min$ 为始边，而对 P_2P_3 来说，$x=x\min,y=y\max$ 为始边。

假定 P_0P_1 与竖直方向的始边、终边(左、右边)的交点参数为 t_0',t_1'，P_0P_1 和水平方向的始边、终边(上、下边)的交点参数为 t_0'',t_1''，则式(6.7)中 LR，TB 所对应的参数区间分别为 $[t_0',t_1']$，$[t_0'',t_1'']$。根据式(6.7)得出诱导窗口 Q_0Q_1 对应的参数区间为：

$$[t_0'、t_1']\cap[t_0''、t_1'']=[\max(t_0',t_0''),\min(t_1'、t_1'')]\xlongequal{\text{记为}}[\bar{t}_0,\bar{t}_1] \tag{6.10}$$

再由式(6.8)和一维裁剪的结论得出，VW 的参数区间为：

$$[0,1]\cap[\bar{t}_0,\bar{t}_1]=[\max(0,\bar{t}_0),\min(1,\bar{t})]\xlongequal{\text{记为}}[t_0,t_1]$$

其中，

$$t_0=\max(0,\bar{t}_0)=\max(0,t_0',t_0''),$$
$$t_1=\min(1,\bar{t}_1)=\min(1,t_1',t_1'')$$

于是得出结论：当 $t_1\geqslant t_0$ 时，P_0P_1 有可见部分且其对应的参数区间为 $[t_0,t_1]$；否则，P_0P_1 完全不可见。如图 6.13 中的 P_4P_5 就属于这种情况。

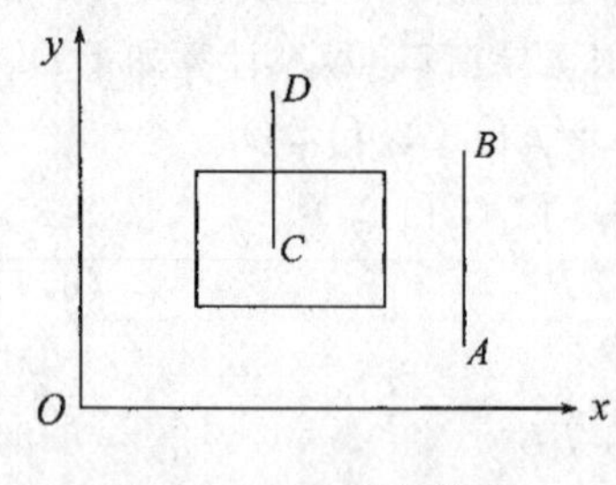

图 6.14 $Q_i=0$ 的情况

为了确定始边和终边，并求出 P_0P_1 与它们的交点，令

$$Q_L=-\Delta x,\quad D_L=x_0-x_L,$$
$$Q_R=\Delta x,\quad D_R=x_R-x_0,$$
$$Q_B=-\Delta y,\quad D_B=y_0-y_B,$$
$$Q_T=\Delta y,\quad D_T=y_T-y_0$$

由相似三角形的比例关系，易知交点的参数 $t_i=D_i/Q_i,i=L,R,B,T$，这里，t_L 是 P_0P_1 与 $x=x\min$ 的交点参数，其它有相类似的意义。

当 $Q_i<0$ 时，对应的 t_i 必是 P_0P_1 和始边交点的参数，当 $Q_i>0$ 时，对应的 t_i 是 P_0P_1 和终边交点的参数。而当 $Q_i=0$ 时，若 $D_i<0$，则 P_0P_1 完全不可见，如图 6.14 中的 $AB(Q_R=0,D_R<0)$；若 $D_i\geqslant 0$ 时，如图 6.14 中的 $CD(Q_R=0,Q_L=0,D_R>0,D_L>0)$，这里由于 CD 与 $x=x\min$，

$x=x\max$ 平行，只要分别求出 CD 和 $y=y\min$，$y=y\max$ 的两个交点，则交点之间的连线就是原直线段的可见部分。

下面程序给出了算法的实现过程：

程序 6.2 梁友栋-Barsky 线段裁剪算法

```
void LiangBarskyLineClip(float x0,float y0,float x1,float y1,Rectangle * rect)
/* P0(x0,y0)P1(x1,y1)为待裁剪线段,rect 为裁剪窗口 */
{
    float delatx,deltay ,t0,t1;    /* [t0,t1]用来记录裁剪结果的参数区间 */
    t0=0,t1=1;    /* 初始参数区间为[0,1] */
    delatx=x1-x0;
    if(ClipT(-deltax,x0-rect -> xmin,&t0&t1))
      if(ClipT(deltax,rect -> xmax-x0,&t0,&t1))
        {deltay=y1-y0;
         if(ClipT(-deltay,y0-rect -> ymin,&t0,&t1))
           if(ClipT(deltay,rect -> ymax-y0,&t0,&t1))
             {Line((int)(x0+t0 * deltax),(int)(y0+t0 * deltay),
                    (int)(x0+t1 * deltax),(int)(y0+t1 * deltay));
                return;
             }
        }
    OutText("P0P1 完全不可见");
} /* end of LiangBarkeyLineCilip() */

boolean ClipT(float q,float d,float * t0,float * t1)
/* 当线段完全不可见时,返回 FALSE,否则返回 TRUE */
{
    float r;
    if(q<0)
    {
        r=d/q;
        if(r>t1)
          return(FALSE);
        else if(r>t0)
        {  t0=r;
           return(TRUE);
        }
    }
    else if(q>0)
    {
```

```
    r=d/q;
    if(r<t0)
      return(FALSE);
    else if(r<t1)
    {  t1=r;
       return(TRUE);
    }
  }
  else if(d<0)
       return(FALSE);
  return(TRUE);
} /* 程序 ClipT()结束 */
```

6.2 多边形裁剪

在光栅显示系统中，常常需要显示输出具有连续色彩的图形区域，图形区域一般由多边形构成，这时就需要处理多边形区域的裁剪问题了。通常有一种错觉，认为只要把多边形的每条边用对直线段的裁剪方法裁剪后，就完成了对多边形的裁剪，其实不然。在图形学中，多边形定义了一个封闭的二维区域，裁剪结果也应该是一个封闭的多边形区域。多边形裁剪有其自身的特殊性，这种特殊性表现在：第一，多边形的边被裁剪后一般就不再封闭了，需要用窗口边界的适当部分来封闭它，如何确定这部分的边界？见图 6.15。第二，一个凹多边形可能被裁剪成几个小的多边形，如何确定这些小多边形的边界？见图 6.16。

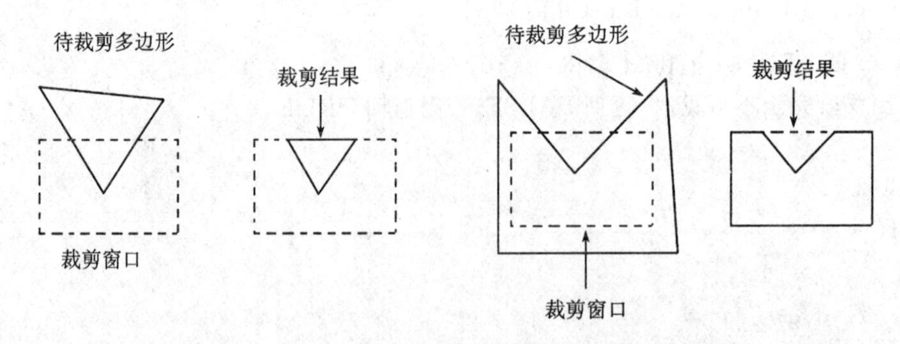

图 6.15　用窗口边界的适当部分封闭裁剪结果多边形

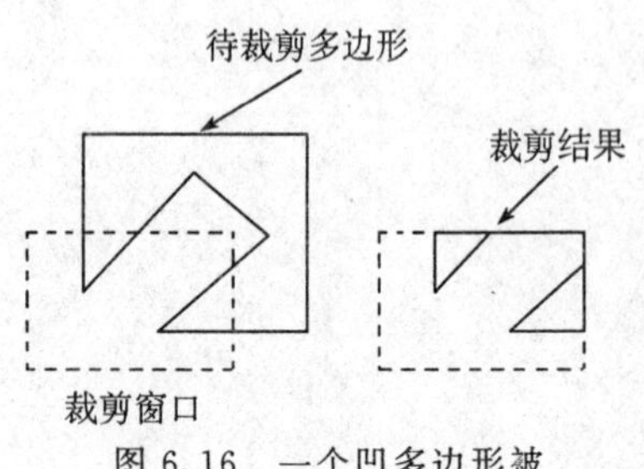

图 6.16　一个凹多边形被裁剪为多个小多边形

本节介绍两种常用的多边形的裁剪算法：Sutherland-Hodgman 算法和 Weiler-Atherton 算法。

6.2.1 Sutherland-Hodgman 算法

Sutherland-Hodgman 多边形裁剪方法采用分割处理的策略，将多边形关于矩形窗口的裁剪分解为多边形关于窗口四边所在直线的裁剪。所以该算法有时也称为**逐边裁剪算法**。多边形关于窗口四边的裁剪是相继进行的，不妨假定裁剪顺序为左边、上边、右边、下边，那么原多边形关于窗口左边的裁剪结果多边形作为关于上边裁剪的输入多边形，……。裁剪过程是一个流水线过程。如图 6.17(a)所示，待裁剪多边形为 $V_0V_1V_2V_3$，经窗口左边裁剪后，结果多边形 $V_0V_1V_2V_3V_4$，如图 6.17(b)所示；该多边形又作为关于窗口上边裁剪的输入多边形，裁剪结果为 $V_0V_1V_2V_3V_4V_5$，……。裁剪的最终结果为 $V_0V_1\cdots V_8$，见图 6.17(e)。

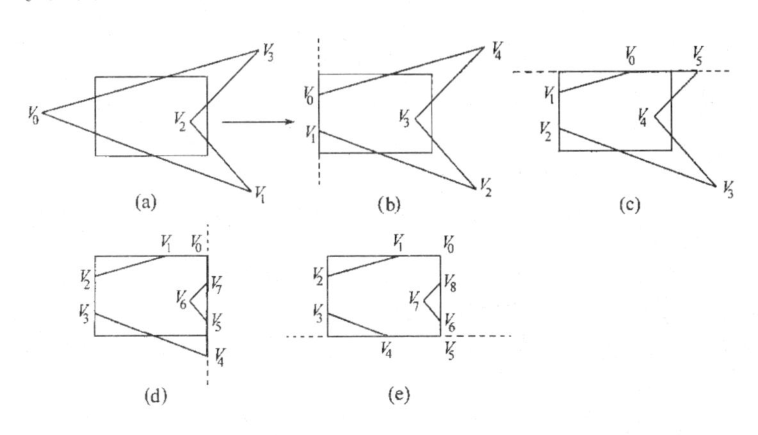

(a) 原待裁剪多边形　　(b) 关于窗口左边裁剪

(c) 关于窗口上边裁剪　(d) 关于窗口右边裁剪

(e) 关于窗口下边裁剪

图 6.17　多边形逐边裁剪

假设待裁剪多边形为 $V_0V_1\cdots V_n$。窗口各边所在的直线将二维空间划分成两个半空间，记裁剪窗口区域所在的一侧为**内侧空间**，另一侧为**外侧空间**。在多边形关于窗口各边的裁剪过程中，从 V_nV_0，V_0V_1 直到 $V_{n-1}V_n$，检查多边形每一边与窗口边所形成的半空间的关系，输出 0 个、1 个或 2 个顶点到结果多边形顶点表中。图 6.18 显示了所有 4 种关系。

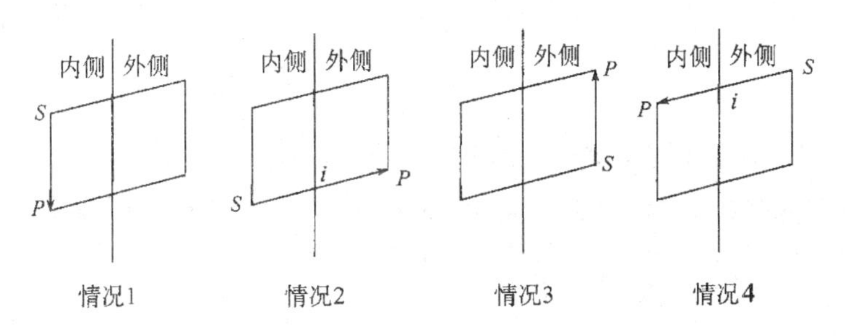

图 6.18　多边形每一边和半空间的四种关系

假设当前处理的多边形的边为 SP，顶点 S 在上一轮中处理过了。在图 6.18 的情况 1 中，SP 完全落在裁剪边的内侧(半空间之内)，将 P 输出到结果多边形顶点表中；在情况 2 中，P 点在外侧不可见，而交点 i 应输出；在情况 3 中，SP 完全在外侧，没有输出；在情况 4 中，交点 i 和 P 点都是结果多边形的顶点，按顺序先输出 i 再输出 P。从上面分析知道，裁剪结果多边形的顶点由两部分构成，一部分是落在裁剪边内侧的原多边形顶点，一部分是多边形的边与裁剪边的交点。只要将这两部分顶点按一定的顺序连结起来就得到了裁剪结果多边形。

程序 6.3 中，函数 SutherlandHodgmanPolygonClip()接受一个待裁剪多边形 inVertexArray 和一个输出多边形(裁剪结果多边形)outVertexArray 作为参数。函数Output()将顶

点 newVertex 加入 outVertexArray 中。函数 Intersect()计算多边形边与裁剪边 clipBoundary 的交点，裁剪边是从顶点 clipBoundary[0]到顶点 clipBoundary[1]的有向边。布尔函数 Inside()测试顶点 testVertex 与裁剪边的内外关系，当 testVertex 位于内侧时，返回 TRUE，否则返回 FALSE。若从 clipBoundary[0]向 clipBoundary[1]前进，则规定左侧为裁剪边的内侧空间。

程序 6.3 Sutherland-Hodgman 多边形裁剪算法

```
typedef struct {
              float x,y;
             }Vertex;
typedef Vertex Edge[2];
typedef Vertex VertexArray[MAX];  /* MAX 为允许的多边形的最大顶点个数 */

void Intersect(Vertex *s,Vertex *p,Edge clipBoundary,Vertex *I)
/* 求多边形的边 SP 与裁剪边的交点 I */
{  if(clipBoundary[0].y==clipBoundary[1].y)     /* 水平裁剪边 */
   {
      I->y=clipBoundary[0].y;
      I->x=s->x+(clipBoundary[0].y-s->y)*(p->x-s->x)/(p->y-
      s->y);
   }
   else     /* 竖直裁剪边 */
   {
      I->x=clipBoundary[0].x;
      I->y=s->y+(clipBoundary[0].x-s->x)*(p->y-s->y)/(p->x-
      s->x);
   }
} /* 程序 Intersect()结束 */

boolean Inside (vertex * testVertex,Edge clipBoundary)
{  if(clipBoundary[1].x>clipBoundary[0].x)          /* 裁剪边为窗口的下边 */
   {  if(testVertex->y>=clipBoundary[0].y)
           return TRUE;
   }
   else if(clipBoundary[1].x<clipBoundary[0].x)     /* 裁剪边为窗口的上边 */
   {  if(testVertex -> y<=clipBoundary[0].y)
           return TRUE;
   }
   else if(clipBoundary[1].y>clipBoundary[0].y)     /* 裁剪边为窗口的右边 */
   {  if(testVertex -> x<=clipBoundary[0].x)
           return TRUE;
   }
```

```
    else if(clipBoundary[1].y<clipBoundary[0].y)      /* 裁剪边为窗口的左边 */
    {  if(testVertex -> x>=clipBoundary[0].x)
              return TRUE;
    }
  return FALSE;
} /* 程序 Inside()结束 */

void Output(Vertex *newVertex,int *outLength,VertexArray outVertexArray)
/* 将 new Vertex 加入到结果多边形顶点表 outVertexArray 中 */
{  outVertexArray[*outLength].x=newVertex->x;
   outVertexArray[*outLength].y=newVertex->y;
   (*outLength)++;
} /* 程序 Output()结束 */

void SutherlandHodgmanPolygonClip(int inLength,VertexArray inVertexArray,
     int *outLength,VertexArray outVertexArray,Edge clipBoundary)
/* inVertexArray 为输入多边形顶点数组,outVertexArray 为裁剪结果多边形顶点数
     组,clipBoundary 为裁剪边 */
{  Vertex *s,*p,I;
   int j;

   *outLength=0;
   s=&(inVertexArray[inLength-1]);
   for(j=0;j<inLength;j++)
   {  p=&(inVertexArray[j]);
      if(Inside(p,clipBoundary))
      {  if(Inside(s,clipBounary))
             Output(p,outLength,outVertexArray);     /* 情况 1 *"
         else
         {  Intersect(s,p,clipBoundary,&I);     /* 情况 4 */
            Output(&i,outLength,outVertexArray);
            Output(p,outLength,outVertexArray);
         }
      }
      else if(Inside(s,clipBoundary))
      {  Intersect(s,p,clipBounary,&I);     /* 情况 2 */
         Output(&I,outLength,outVertexArray);
      }  /* 情况 3,没有输出 */
      s=p;
   }
} /* 程序 SutherlandHodgmanPolygonClip()结束 */
```

Sutherland-Hodgman 裁剪算法采用流水作业方式,特别适合于硬件实现。如果输入一个多边形,由该算法裁剪所得的结果多边形仍是一个,由此会产生多余边界。如图 6.19 中,输入多边形为 $V_0V_1V_2V_3V_4V_5$,裁剪结果多边形为 AV_0BCDV_3ECA,其中的 BCD 段是多余边界,它在结果多边形中被绘制了两次。消除这种多余边界是可以做到的,请读者自己考虑。

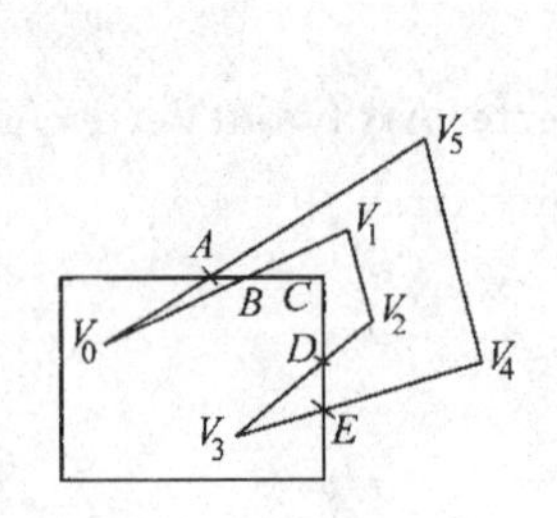

图 6.19 BCD 为多余边界

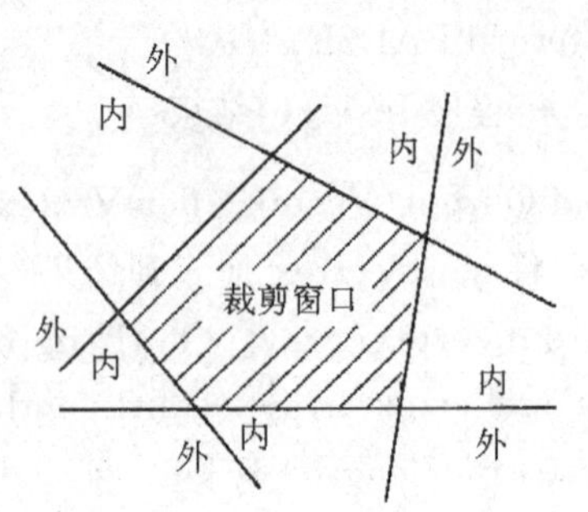

图 6.20 任意凸多边形区域是其边所形成的二维半空间的交集

Sutherland-Hodgman 裁剪方法很容易推广到任意凸多边形裁剪窗口和三维裁剪中任意凸多面体裁剪窗口的情况。因为既然二维空间中的凸多边形区域(三维空间中的凸多面体区域)可看做它的边所在直线(它的边界所在平面)形成的二维(三维)半空间的交,多边形关于窗口区域的裁剪也就可以分解为它关于各半空间的裁剪,如图 6.20 所示。

6.2.2 Weiler-Atherton 算法

Sutherland-Hodgman 裁剪算法解决了裁剪窗口为凸多边形区域的问题,但一些应用需要关于任意多边形窗口的裁剪能力。Weiler-Atherton 裁剪算法正是满足这种要求的算法。在该算法中,裁剪窗口、被裁剪多边形可以是任意多边形:凸的,凹的,甚至是带有内环的,见图 6.21。裁剪窗口和被裁剪多边形处于完全对等的地位,这里我们称被裁剪多边形为**主多边形**,记为 A;称裁剪窗口为**裁剪多边形**,记为 B。约定多边形外部边界的顶点顺序取逆时针方向,内环的顶点顺序取顺时针方向,使多边形区域位于有向边的左侧。

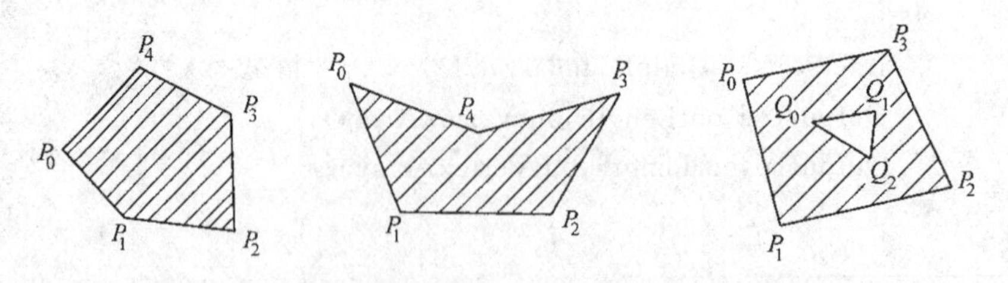

图 6.21 裁剪窗口与被裁剪多边形可以是任意多边形

主多边形 A 和裁剪多边形 B 的边界将整个二维平面划分成了四个区域:$A\cap B$、$A-B$、$B-A$、$\overline{A\cup B}$,内裁剪(即通常意义上的裁剪,取图元位于窗口之内的部分)的结果为 $A\cap B$,外裁剪(取图元位于窗口之外的部分)的结果为 $A-B$。

由观察不难发现裁剪结果区域的边界由 A 的部分边界和 B 的部分边界两部分构成,并且在交点处边界发生交替,即由 A 的边界转至 B 的边界,或由 B 的边界转至 A 的边界。由于多边形构成一个封闭的区域,所以,如果主多边形和裁剪多边形有交点,则交点成对出现。这些交点分为两类,一类交点称为**进点**，主多边形边界由此进入裁剪多边形区域内，如图 6.22 中的 $I_1, I_3, I_5, I_7, I_9, I_{11}$；另一类交点称为**出点**，主多边形边界由此离开裁剪多边形区域，如图 6.22 中的 $I_0, I_2, I_4, I_6, I_8, I_{10}$。

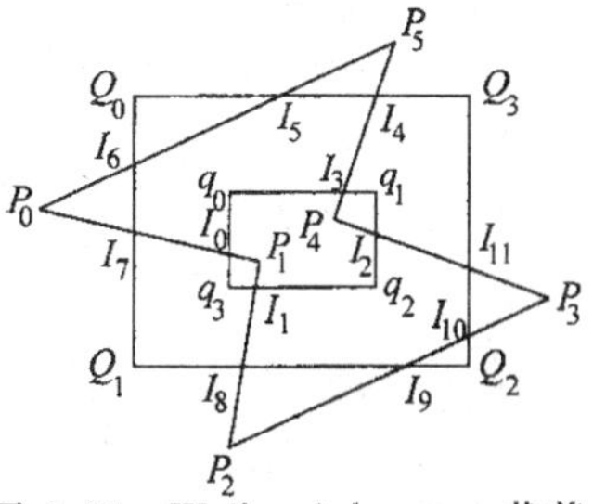

图 6.22 Weiler-Atherton 裁剪

Weiler-Athernton 裁剪算法(内裁剪)分为如下几个步骤：

(1) 建立主多边形和裁剪多边形的顶点表。

(2) 求主多边形和裁剪多边形的交点，并将这些交点按顺序插入两多边形的顶点表中。在两多边形顶点表中的相同交点间建立双向指针。对图 6.22，其中的两个多边形的顶点表如图 6.23(a)所示。

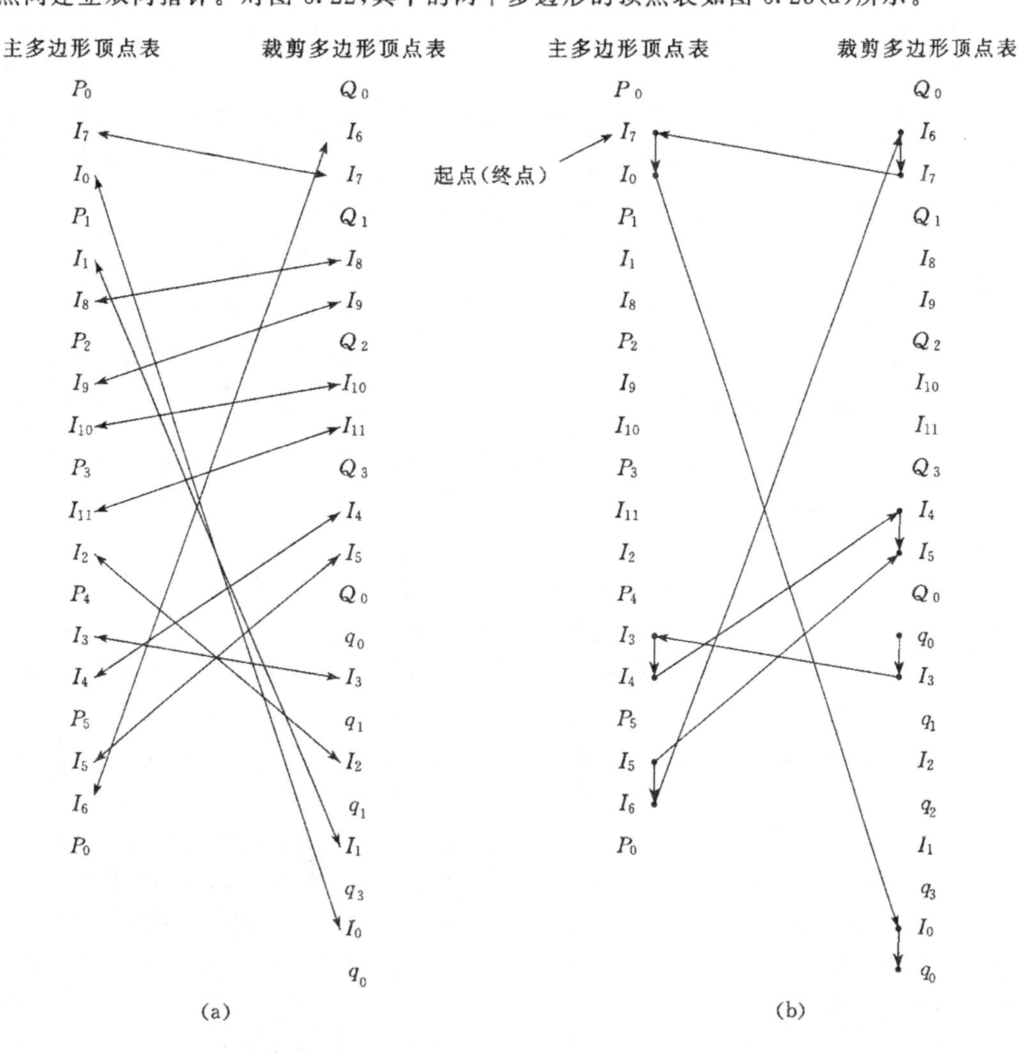

(a) 建立顶点表并在相同的交点间建立双向指针

(b) 交替跟踪主多边形和裁剪多边形的边界即可获得裁剪结果多边形

图 6.23

(3) 裁剪。

如果存在没有被跟踪过的交点，执行以下步骤：

① 建立空的裁减结果多边形的顶点表；

② 选取任一没有被跟踪过的交点为起点，将其输出到结果多边形顶点表中；

③ 如果该交点为进点，跟踪主多边形边界(顶点表)；否则跟踪裁剪多边形边界(顶点表)；

④ 跟踪多边形边界，每遇到多边形顶点，将其输出到结果多边形顶点表中，直至遇到新的交点；

⑤ 将该交点输出到结果多边形顶点表中，并通过连接该交点的双向指针改变跟踪方向(如果上一步跟踪的是主多边形边界，现在改为跟踪裁剪多边形边界；如果上一步跟踪的是裁剪多边形边界，现在改为跟踪主多边形边界)；

⑥ 重复④，⑤，直至回到起点。

假设在图 6.22 和图 6.23(b)中，我们取 I_7 为起点，由于它是进点，跟踪主多边形边界，到达 I_0，再改为跟踪裁剪多边形边界，……。所得裁剪结果多边形 $I_7I_0q_0I_3I_4I_5I_6I_7$。此时，多边形表中仍有没被跟踪过的交点，不妨取 I_8 为起点，由于 I_8 为出点，跟踪裁剪多边形边界，到达 I_9，改变跟踪方向，……。所得结果多边形为 $I_8I_9I_{10}I_{11}I_2q_2I_1I_8$。至此，多边形顶点表中所有的交点都被跟踪过了，裁剪过程结束。最终得到两个裁剪结果多边形。

对于外裁剪，其过程和内裁剪大致相同，只是在遇到出点时跟踪主多边形边界，而遇进点时逆序跟踪裁剪多边形边界即可。

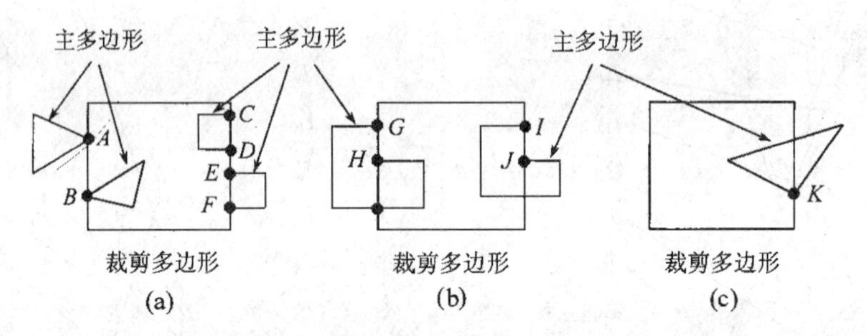

图 6.24　求交过程的奇异情况

为了使 Weiler-Atherton 算法正确运行，交点的奇异情况需要处理。当主多边形的顶点、边与裁剪多边形的边重合时，交点的计算必须视情况而定。如图 6.24 所示，图中标记成"●"的点算做交点或不算做交点影响裁剪结果的正确与否。处理方法如下：

(1) 与裁剪多边形边重合的主多边形的边不参与求交点；

(2) 对于顶点落在裁剪多边形的边上的主多边的边，如果它落在该裁剪边的某一侧，不妨设为内侧，将该顶点算做交点；而如果这条边落在该裁剪边的另一侧，即外侧，将该顶点不看作交点。

这样，在图 6.24(a)中，A,E,F 不算做交点，B,C,D 算做交点，其中 B 算做两个交点；在图 6.24(b)中，G,J 不算做交点，H,I 算做交点；而在图 6.24(c)中 K 必为一交点。通过这样的处理，裁剪结果就正确了。

6.3　字符裁剪

字符是图元的一种，它在输出过程中，也需进行裁剪。字符的裁剪有多种策略，依赖于字符的生成及存储方式，典型的有如下三种：

(1) 基于字符串：当整个字符串完全落于窗口之内时显示，否则不显示。可采用包围盒技术来进行字符串和窗口的关系测试。首先计算字符串的矩形包围盒，如图 6.25 所示，当该包围盒完全落于窗口之内时，显示字符串，否则不显示。

图 6.25　基于字符串的字符裁剪

(2) 基于字符：当一个字符完全包含于窗口时，显示该字符，否则不显示。如图 6.26 所示。关于字符和窗口的包含关系的测试可采用类似于字符串的包围盒技术，只不过这儿计算的是每一个字符的包围盒。

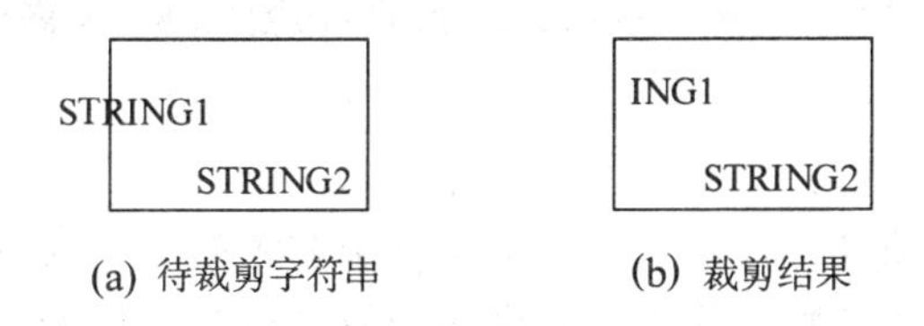

图 6.26　基于字符的字符裁剪

(3) 基于构成字符的最小元素：对于点阵字符来说，构成字符的最小元素为像素，此时字符的裁剪转化为点裁剪。对于矢量字符来说，构成字符的最小元素是直线段(曲线段)，字符的裁剪就转化成了线裁剪。裁剪的结果如图 6.27 所示。

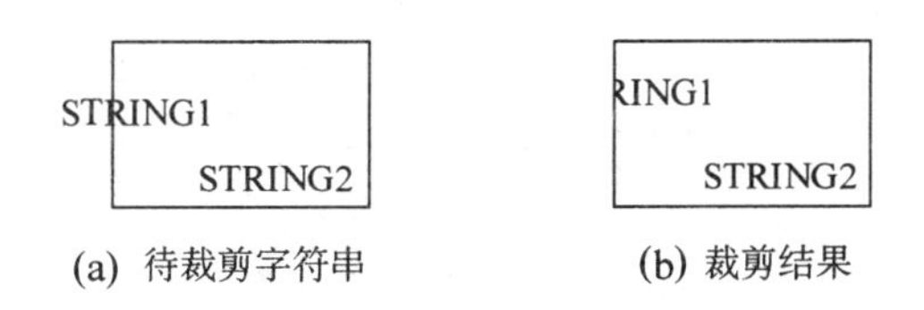

图 6.27　基于构成字符最小元素的字符裁剪

本章介绍了三种二维图元的几种裁剪算法。关于二维裁剪还有很多内容，例如图元关于非矩形窗口的裁剪，高次曲线的裁剪，具有曲线边界的区域裁剪，外裁剪等。有兴趣的读者请自己查阅有关资料。

习　题

1. 推广裁剪直线段的 Cohen-Sutherland 算法(程序 6.1)，处理裁剪窗口为任意凸多边形的情况。

2. 编写一段程序实现 Nicholl-Lee-Nicholl 直线段裁剪算法。

3. 编写一段程序实现裁剪直线段的中点分割算法。

4. 推广裁剪多边形的 Sutherland-Hodgman 算法(程序 6.3)，处理裁剪窗口为任意凸多边形的情况。

5. 编写一段程序实现 Weiler-Atherton 多边形裁剪算法。

6. n 边形关于矩形窗口进行裁剪，结果多边形最多有多少个顶点？最少有多少个顶点？

第7章 图形变换

图形变换是计算机图形学的基础内容之一，是图形显示过程中必不可少的一个环节，通过图形变换，可由简单的图形生成复杂的图形，变换本身也是描述图形的有力工具。本章主要介绍二维、三维几何变换以及窗口到视区的变换。

7.1 变换的数学基础

本节简要回顾图形变换中需要大量用到的矢量和矩阵的有关内容。

7.1.1 矢量

矢量是一个 n 元组，通过坐标系它对应于 n 维空间中的一个点，这个点可以代表物体在空间的位置，也可以代表其运动状态等等。这里我们通过三维矢量来说明有关矢量的运算。

设有两个矢量

$$U=\begin{bmatrix}u_x\\u_y\\u_z\end{bmatrix} \quad 和 \quad V=\begin{bmatrix}v_x\\v_y\\v_z\end{bmatrix}$$

矢量和

$$U+V=\begin{bmatrix}u_x+v_x\\u_y+v_y\\u_z+v_z\end{bmatrix} \tag{7.1}$$

矢量的数乘

$$k\cdot U=\begin{bmatrix}k\cdot u_x\\k\cdot u_y\\k\cdot u_z\end{bmatrix} \tag{7.2}$$

矢量的点积

$$U\cdot V=u_x\cdot v_x+u_y\cdot v_y+u_z\cdot v_z \tag{7.3}$$

从点积的定义不难知道它具有如下性质：

(1) $U\cdot V=V\cdot U$；

(2) $U\cdot V=0 \Longleftrightarrow U\perp V$；

(3) $U\cdot U=0 \Longleftrightarrow U=0$。

矢量长度

$$\|U\| = \sqrt{U\cdot U}=\sqrt{u_x^2+u_y^2+u_z^2} \tag{7.4}$$

长度为1的矢量称为**单位矢量**。在某些场合，灵活地应用点积运算，会给我们带来很多方便。假设 V 为单位矢量，即 $\|V\|=1$。U,V 两矢量的夹角为 θ，现在将矢量 U 垂直投影到 V

上，得到矢量 U'，则

$$\| U' \| = \| U \| \cos\theta = \| U \| \left(\frac{U \cdot V}{\| U \|} \right) = U \cdot V \tag{7.5}$$

从而得出点积运算的一种几何解释：假设 V 为单位矢量，那么 $U \cdot V$ 即为 U 在 V 上垂直投影矢量的长度，如图 7.1 所示。

对于任意两个矢量 U 和 V，若它们的夹角为 θ，则

$$\cos\theta = \frac{U \cdot V}{\| U \| \cdot \| V \|}$$

其中 $\frac{U}{\| U \|}$，$\frac{V}{\| V \|}$ 称为 U，V 的单位化矢量。如果 U，V 都是单位矢量，则 $\cos\theta = U \cdot V$。

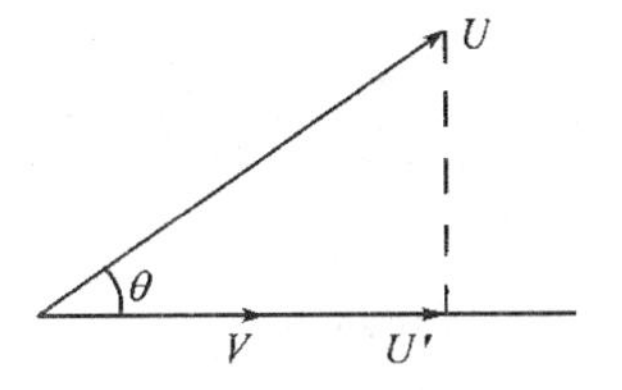

图 7.1 $U \cdot V$ 即为 U 在 V 上的垂直投影矢量的长度

矢量的叉积

$$U \times V = \begin{vmatrix} i & j & k \\ u_x & u_y & u_z \\ v_x & v_y & v_z \end{vmatrix} = \begin{bmatrix} u_y v_z - v_y u_z \\ v_x u_z - u_x v_z \\ u_x v_y - v_x u_y \end{bmatrix} \tag{7.6}$$

7.1.2 矩阵

$m \times n$ 阶矩阵 A 定义为

$$A = \begin{bmatrix} a_{11} & a_{12} & \cdots & a_{1n} \\ a_{21} & a_{22} & \cdots & a_{2n} \\ \vdots & \vdots & \vdots & \vdots \\ a_{m1} & a_{m2} & \cdots & a_{mn} \end{bmatrix}$$

其中 a_{ij} 叫做 A 的第 i 行第 j 列元素，上面的矩阵通常记为 A 或 $A_{m \times n}$ 或 $(a_{ij})_{m \times n}$。元素全为零的矩阵称为**零矩阵**，记为 $0_{m \times n}$，在不致引起含混的情况下，可简单地记为 0。如果 $m=n$，则称 A 为 **n 阶矩阵**或 **n 阶方阵**。

当 $m=1$ 时，A 退化为一个行向量 $[a_{11}, a_{12}, \cdots, a_{1n}]$。

当 $n=1$ 时，A 退化为一个列向量 $[a_{11}, a_{21}, \cdots, a_{m1}]^{\mathrm{T}}$。

值得注意的是，两个矩阵只有在行数、列数都相同，且对应位置的元素都相等时，才是相等的。

1. 矩阵的加法

设 $A=(a_{ij})_{m \times n}$，$B=(b_{ij})_{m \times n}$ 为两个阶数相同的矩阵，把它们对应位置的元素相加得到的矩阵称为 **A 和 B 的和**，记为 $A+B$。

$$A + B = (a_{ij} + b_{ij})_{m \times n} = \begin{bmatrix} a_{11} + b_{11} & a_{12} + b_{12} & \cdots & a_{1n} + b_{1n} \\ a_{21} + b_{21} & a_{22} + b_{22} & \cdots & a_{2n} + b_{2n} \\ \cdots & \cdots & \cdots & \cdots \\ a_{m1} + b_{m1} & a_{m2} + b_{m2} & \cdots & a_{mn} + b_{mn} \end{bmatrix} \tag{7.7}$$

注意，只有两个矩阵的阶数（行数和列数）相同时才能做加法运算。由于矩阵的加法归结为它们的元素的加法，也就是数的加法，所以不难验证，它满足：

结合律：$A+B+C=(A+B)+C=A+(B+C)$

交换律：$A+B=B+A$

并且 $A+0=A$。

2. 矩阵的数乘

用标量 k 乘矩阵 A 的每个元素得到的矩阵叫做 **k 与 A 的数乘**，记为 kA。

$$kA = (ka_{ij})_{m\times n} = \begin{bmatrix} ka_{11} & ka_{12} & \cdots & ka_{1n} \\ ka_{21} & ka_{22} & \cdots & ka_{2n} \\ \vdots & \vdots & \vdots & \vdots \\ ka_{m1} & ka_{m2} & \cdots & ka_{mn} \end{bmatrix} \tag{7.8}$$

3. 矩阵的乘法

当矩阵 A 的列数与矩阵 B 的行数相同时，可对它们做乘法，若 A 为 $m\times n$ 阶矩阵，B 为 $n\times p$ 阶矩阵，它们的乘积记为 $A_{m\times n}B_{n\times p}$。若令

$$C = (c_{ij})_{m\times p} = A_{m\times n}\cdot B_{n\times p}$$

则 C 是一个 $m\times p$ 阶矩阵，且

$$c_{ij} = \sum_{l=1}^{n} a_{il}b_{lj} \tag{7.9}$$

矩阵的乘法满足结合律，即：

$$ABC = (AB)C = A(BC) \tag{7.10}$$

矩阵的乘法和加法还满足分配律：

$$A(B+C) = AB + AC \tag{7.11}$$

$$(B+C)A = BA + CA \tag{7.12}$$

4. 单位矩阵

若一个 n 阶矩阵的主对角线元素均为 1，其余各元素均为 0，称该矩阵为 **n 阶单位矩阵**，记作 I_n，或在不致引起混淆的时候简单地记为 I。

$$I_n = \begin{bmatrix} 1 & 0 & \cdots & 0 \\ 0 & 1 & \cdots & 0 \\ \vdots & \vdots & \vdots & \vdots \\ 0 & 0 & \cdots & 1 \end{bmatrix} \tag{7.13}$$

对于任一矩阵 $A_{m\times n}$，有

$$A_{m\times n}\cdot I_n = A_{m\times n},$$

$$I_m\cdot A_{m\times n} = A_{m\times n}$$

5. 矩阵的转置

把矩阵 $A=(a_{ij})_{m\times n}$ 的行、列互换而得到的 $n\times m$ 阶矩阵叫做 **A 的转置矩阵**，记为 A^{T}，这个过程称为**转置运算**。

$$A^{\mathrm{T}} = \begin{bmatrix} a_{11} & a_{21} & \cdots & a_{m1} \\ a_{12} & a_{22} & \cdots & a_{m2} \\ \vdots & \vdots & \vdots & \vdots \\ a_{1n} & a_{2n} & \cdots & a_{mn} \end{bmatrix} \tag{7.14}$$

矩阵的转置运算具有以下几条基本性质：

(1) $(A^{\mathrm{T}})^{\mathrm{T}}=A$ (7.15)

(2) $(A+B)^{\mathrm{T}}=A^{\mathrm{T}}+B^{\mathrm{T}}$ (7.16)

(3) $(kA)^{\mathrm{T}}=kA^{\mathrm{T}}$ (7.17)

(4) $(A\cdot B)^{\mathrm{T}}=B^{\mathrm{T}}\cdot A^{\mathrm{T}}$ (7.18)

6. 矩阵的逆

n 阶矩阵 A 称为可逆的，若存在另一个 n 阶矩阵 B，使得 $AB=BA=I_n$。此时称 B 为 A 的**逆矩阵**，记为 $B=A^{-1}$。矩阵 A 可逆的充分必要条件是 A 为非奇异矩阵(其行列式不为 0)。非奇异矩阵存在唯一的逆矩阵。由于 A,B 处于对称的位置，所以 A 也是 B 的逆矩阵，亦即 A 和 B 互为逆矩阵。例如

$$A=\begin{bmatrix}2&2&3\\1&-1&0\\-1&2&1\end{bmatrix},\quad B=\begin{bmatrix}1&-4&-3\\1&-5&3\\-1&6&4\end{bmatrix},$$

$$A\cdot B=\begin{bmatrix}2&2&3\\1&-1&0\\-1&2&1\end{bmatrix}\cdot\begin{bmatrix}1&-4&-3\\1&-5&3\\-1&6&4\end{bmatrix}=\begin{bmatrix}1&0&0\\0&1&0\\0&0&1\end{bmatrix},$$

$$B\cdot A=\begin{bmatrix}1&-4&-3\\1&-5&3\\-1&6&4\end{bmatrix}\cdot\begin{bmatrix}2&2&3\\1&-1&0\\-1&2&1\end{bmatrix}=\begin{bmatrix}1&0&0\\0&1&0\\0&0&1\end{bmatrix}$$

7.2 二维基本变换

7.2.1 平移变换

在二维坐标系中，将点 $P(x,y)$ 在 x 轴方向、y 轴方向分别平移距离 t_x,t_y，得到点 $P'(x',y')$，则 P 点与 P' 点的坐标关系为：

$$\begin{cases}x'=x+t_x,\\y'=y+t_y\end{cases}\tag{7.19}$$

该式的矢量形式为：

$$P'=P+T\tag{7.20}$$

其中 P',P,T 分别定义为如下向量(见图 7.2)：

$$P'=\begin{bmatrix}x'\\y'\end{bmatrix},\quad P=\begin{bmatrix}x\\y\end{bmatrix},\quad T=\begin{bmatrix}t_x\\t_y\end{bmatrix}$$

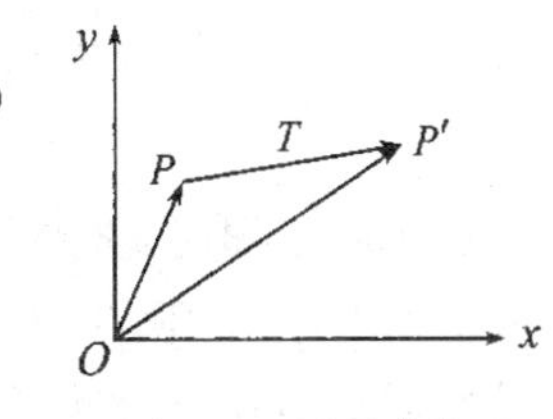

图 7.2 平移变换

7.2.2 旋转变换

给定点 $P(x,y)$，其极坐标的形式为：

$$\begin{cases}x=r\cos\phi,\\y=r\sin\phi\end{cases}\tag{7.21}$$

将它绕坐标原点旋转角度 θ(逆时针为正，顺时针为负)，得到 $P'(x',y')$，则

$$x'=r\cos(\theta+\phi)=r\cos\phi\cos\theta-r\sin\phi\sin\theta$$
$$=x\cos\theta-y\sin\theta,$$
$$y'=r\sin(\theta+\phi)=r\cos\phi\sin\theta+r\sin\phi\cos\theta$$

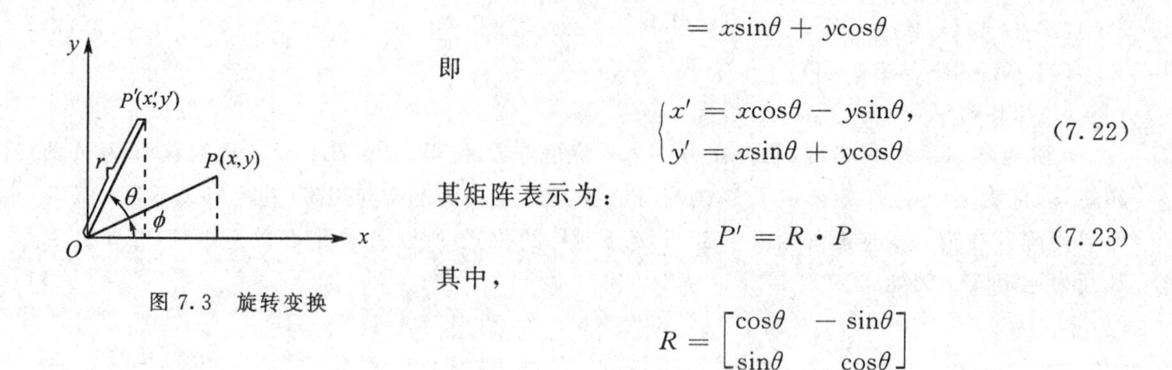

图 7.3　旋转变换

$$= x\sin\theta + y\cos\theta$$

即

$$\begin{cases} x' = x\cos\theta - y\sin\theta, \\ y' = x\sin\theta + y\cos\theta \end{cases} \tag{7.22}$$

其矩阵表示为：

$$P' = R \cdot P \tag{7.23}$$

其中，

$$R = \begin{bmatrix} \cos\theta & -\sin\theta \\ \sin\theta & \cos\theta \end{bmatrix}$$

7.2.3　放缩变换

假设将点 $P(x,y)$ 在 x 轴方向、y 轴方向分别放缩 s_x 和 s_y 倍，得到点 $P'(x',y')$，则有：

$$\begin{cases} x' = s_x x, \\ y' = s_y y \end{cases} \tag{7.24}$$

该式的矩阵表示为：

$$P' = S \cdot P \tag{7.25}$$

其中，

$$S = \begin{bmatrix} s_x & 0 \\ 0 & s_y \end{bmatrix}$$

放缩变换是相对于坐标原点的，当它作用于物体时，不仅改变了物体的大小和形状，也改变了它离原点的距离。在图 7.4 中，当 $s_x = s_y = 1/2$ 时，不仅线段 $P_0'P_1'$ 的长度为 P_0P_1 的一半，而且它到原点的距离也为 P_0P_1 到原点距离的一半。在放缩变换中，两个方向上的放缩比例 s_x 和 s_y 可以不相等，也可以相等。当 $s_x = s_y$ 时，该放缩变换成为象似中心在原点的象似变换。

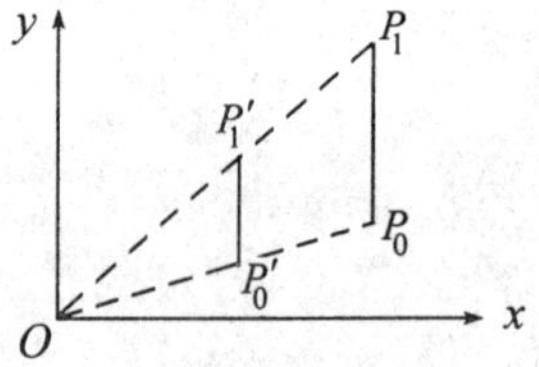

图 7.4　放缩变换，$s_x = s_y = \frac{1}{2}$

7.3　齐次坐标与二维变换的矩阵表示

在实际绘图时，常要对图形对象连续做多个变换，例如先平移，再旋转、放大等。这样对该图形上的每个点(顶点)要依次按照式(7.20)、式(7.23)和式(7.25)进行计算，计算量较大。如果只对图形对象进行旋转和放缩两类变换，如先旋转，再放缩，则可以通过首先将两变换合成一个复合变换，将两次运算转换成一次性的矩阵与向量乘法，即

$$P'' = S \cdot P' = S \cdot R \cdot P = A \cdot P \tag{7.26}$$

其中，

$$A = S \cdot R = \begin{bmatrix} s_x & 0 \\ 0 & s_y \end{bmatrix} \begin{bmatrix} \cos\theta & -\sin\theta \\ \sin\theta & \cos\theta \end{bmatrix} = \begin{bmatrix} s_x\cos\theta & -s_x\sin\theta \\ s_y\sin\theta & s_y\cos\theta \end{bmatrix}$$

这样对图形对象上每点做上述变换时，只要用 A 乘点的坐标就可以了。但如果在变换中再加入平移变换式(7.20)，变换就不易合并了。困难来自于平移变换和旋转、放缩变换的表示形式不一样：平移变换为一个矢量的加法，而旋转和放缩变换为一个矩阵的乘法。为了使得各种变换的表示形式一致，从而使变换合成更容易，这里引入了齐次坐标的概念。

点(x,y)的**齐次坐标**定义为(x_h,y_h,h)，其中$h\neq0,x_h=hx,y_h=hy$。从定义不难看出，只要(x_{h_1},y_{h_1},h_1)和(x_{h_2},y_{h_2},h_2)对应的元素成比例，即$\frac{x_{h_1}}{x_{h_2}}=\frac{y_{h_1}}{y_{h_2}}=\frac{h_1}{h_2}$，则它们对应于二维空间中的同一点$\left(\frac{x_{h_1}}{h_1},\frac{y_{h_1}}{h_1}\right)$。事实上，$(x,y)$点对应的齐次坐标为三维空间的一条直线：

$$\begin{cases} x_h = xh, \\ y_h = yh, \\ z_h = h \end{cases} \tag{7.27}$$

该直线上的每一点都对应同一个二维坐标点(x,y)。这种多对一的映射往往使运算较复杂，所以通常取(x,y)的齐次坐标为$(x,y,1)$，它是式(7.27)表示的直线和平面$z_h=1$的交点。此后如不特别指出，齐次坐标指的都是这种意义上的齐次坐标。当$h=0$而x_h和y_h不都为零时，齐次坐标$(x_h,y_h,0)$对应二维空间的无穷远点。

在齐次坐标下，式(7.20)表示为

$$\begin{bmatrix} x' \\ y' \\ 1 \end{bmatrix} = \begin{bmatrix} 1 & 0 & t_x \\ 0 & 1 & t_y \\ 0 & 0 & 1 \end{bmatrix} \begin{bmatrix} x \\ y \\ 1 \end{bmatrix} \xlongequal{\text{记为}} T(t_x,t_y) \begin{bmatrix} x \\ y \\ 1 \end{bmatrix} \tag{7.28}$$

$T(t_x,t_y)$称为平移变换矩阵。

式(7.23)表示为：

$$\begin{bmatrix} x' \\ y' \\ 1 \end{bmatrix} = \begin{bmatrix} \cos\theta & -\sin\theta & 0 \\ \sin\theta & \cos\theta & 0 \\ 0 & 0 & 1 \end{bmatrix} \begin{bmatrix} x \\ y \\ 1 \end{bmatrix} \xlongequal{\text{记为}} R(\theta) \begin{bmatrix} x \\ y \\ 1 \end{bmatrix} \tag{7.29}$$

$R(\theta)$称为旋转变换矩阵。

式(7.25)表示为：

$$\begin{bmatrix} x' \\ y' \\ 1 \end{bmatrix} = \begin{bmatrix} s_x & 0 & 0 \\ 0 & s_y & 0 \\ 0 & 0 & 1 \end{bmatrix} \begin{bmatrix} x \\ y \\ 1 \end{bmatrix} \xlongequal{\text{记为}} S(s_x,s_y) \begin{bmatrix} x \\ y \\ 1 \end{bmatrix} \tag{7.30}$$

$S(s_x,s_y)$称为放缩变换矩阵。

这样我们就获得了平移、旋转和放缩变换的一致性表示，它的优点是使变换合成容易了。根据矩阵运算的性质，不难得到上述三个变换具有如下性质：

(1) 平移和旋转变换具有可加性，即

$$T(t_{x_2},t_{y_2})\cdot T(t_{x_1},t_{y_2}) = T(t_{x_1}+t_{x_2},t_{y_1}+t_{y_2}) \tag{7.31}$$

$$R(\theta_2)\cdot R(\theta_1) = R(\theta_1+\theta_2) \tag{7.32}$$

(2) 放缩变换具有可乘性，即

$$S(s_{x_2},s_{y_2})\cdot S(s_{x_1},s_{y_1}) = S(s_{x_1}s_{x_2},s_{y_1}s_{y_2}) \tag{7.33}$$

7.4 复合变换及变换的模式

上节中所提到的变换合成的方法大大提高了对图形对象依次做多次变换时的效率，同时变换合成也提供了一种构造复杂变换的方法。一般情况下，当我们需要对一个图形对象进行较为复杂的变换时，我们并不直接去计算这个变换，而是首先将其分解成多个基本变换，再依次用它们作用于图形。这种变换分解、再合成的方法看起来有些麻烦，但对用户来说却更直观，更易于想象。甚至在有些复杂的场合，它成了唯一可行方法。本书中，我们都是采用变换合成的方法来解决图形变换问题的。

7.2 节中介绍了旋转变换和放缩变换，它们的参照点都是坐标原点。下面我们用变换合成的方法构造关于任意参照点的旋转和放缩变换。

1. 关于任意参照点 $P_r(x_r, y_r)$ 的旋转变换

绕 P_r 点旋转 θ 角通过下面三个基本变换来实现(见图 7.5)：

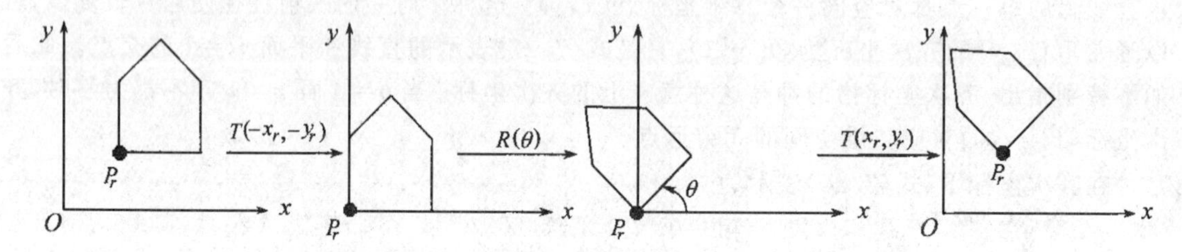

图 7.5 关于任意参照点 $P_r(x_r, y_r)$ 旋转 θ 角

(1) 平移使 P_r 点落于坐标原点，变换矩阵为 $T(-x_r, -y_r)$；

(2) 旋转 θ 角，变换矩阵为 $R(\theta)$；

(3) 平移使位于原点的 P_r 返回原位置，变换矩阵为 $T(x_r, y_r)$。

若记绕 P_r 点旋转 θ 角的变换矩阵为 $R(x_r, y_r; \theta)$，则

$$
\begin{aligned}
R(x_r, y_r; \theta) &= T(x_r, y_r) \cdot R(\theta) \cdot T(-x_r, -y_r) \\
&= \begin{bmatrix} 1 & 0 & x_r \\ 0 & 1 & y_r \\ 0 & 0 & 1 \end{bmatrix} \cdot \begin{bmatrix} \cos\theta & -\sin\theta & 0 \\ \sin\theta & \cos\theta & 0 \\ 0 & 0 & 1 \end{bmatrix} \begin{bmatrix} 1 & 0 & -x_r \\ 0 & 1 & -y_r \\ 0 & 0 & 1 \end{bmatrix} \\
&= \begin{bmatrix} \cos\theta & -\sin\theta & x_r(1-\cos\theta) + y_r\sin\theta \\ \sin\theta & \cos\theta & y_r(1-\cos\theta) - x_r\sin\theta \\ 0 & 0 & 1 \end{bmatrix}
\end{aligned}
\tag{7.34}
$$

2. 关于任意参照点 $P_r(x_r, y_r)$ 的放缩变换

关于 P_r 点放缩 (s_x, s_y) 的变换由以下步骤完成(见图 7.6)：

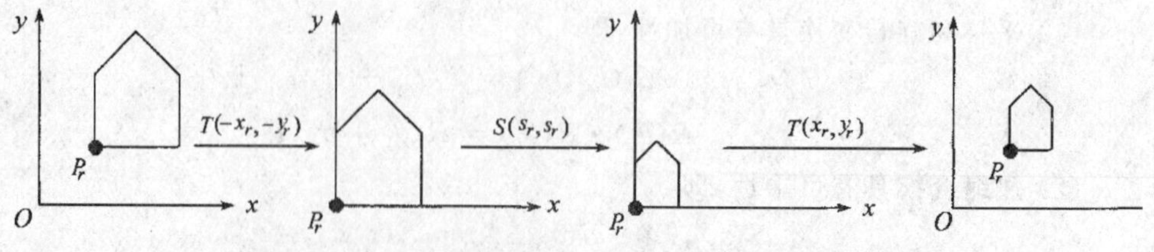

图 7.6 关于任意参照点 P_r 放缩 (s_x, s_y)

(1) 平移使 P_r 点落于坐标原点；

(2) 放缩 (s_x, s_y)，变换矩阵为 $S(s_x, s_y)$；

(3) 平移使落于原点的 P_r 返回原先的位置。

若记该复合变换的变换矩阵为 $S(x_r, y_r; s_x, s_y)$，则

$$S(x_r,y_r;s_x,s_y)=T(x_r,y_r)\cdot S(s_x,s_y)\cdot T(-x_r,-y_r)$$
$$=\begin{bmatrix}1&0&x_r\\0&1&y_r\\0&0&1\end{bmatrix}\begin{bmatrix}s_x&0&0\\0&s_y&0\\0&0&1\end{bmatrix}\begin{bmatrix}1&0&-x_r\\0&1&-y_r\\0&0&1\end{bmatrix}\tag{7.35}$$
$$=\begin{bmatrix}s_x&0&x_r(1-s_x)\\0&s_y&y_r(1-s_y)\\0&0&1\end{bmatrix}$$

注意变换合成时，矩阵相乘的顺序。先作用的变换放在连乘式的右端，后作用的变换放在连乘式的左端。对于两个基本变换 M_1，M_2，由于矩阵乘法不满足交换律，通常 $M_1\cdot M_2\neq M_2\cdot M_1$，只有在下列特殊情况下，$M_1\cdot M_2$ 中的 M_1 和 M_2 的顺序才是可交换的。

M_1	M_2
平移变换	平移变换
放缩变换	放缩变换
旋转变换	旋转变换
放缩($s_x=s_y$)变换	旋转变换

下面举例来讨论连续调用几个变换产生的效果。假设 Translate2D()和 Rotate2D()分别是对图形对象进行二维平移变换和旋转变换的函数，House()是用来绘制图形对象的函数。设图 7.7(a)是未经变换时调用函数 House()所显示的图形。其左下角点为 $P(1,0)$，在执行程序 7.1 后得到图 7.7(b)。

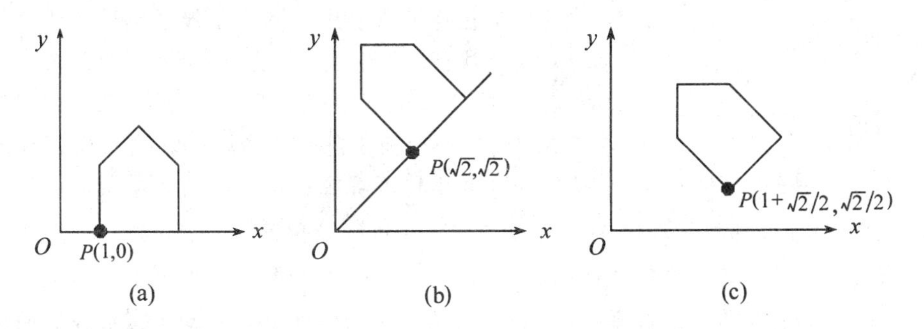

图 7.7 变换的结果和变换执行顺序有关

程序 7.1 先平移后旋转

```
Translate2D(1,0);      /* 向右平移一个单位 */
Rotate2D(45);          /* 旋转 45° */
House();               /* 显示变换结果 */
```

依次执行程序 7.1 中两个变换得到总的变换矩阵为：

$$\begin{bmatrix}\cos\frac{\pi}{4}&-\sin\frac{\pi}{4}&0\\\sin\frac{\pi}{4}&\cos\frac{\pi}{4}&0\\0&0&1\end{bmatrix}\begin{bmatrix}1&0&1\\0&1&0\\0&0&1\end{bmatrix}=\begin{bmatrix}\cos\frac{\pi}{4}&-\sin\frac{\pi}{4}&\cos\frac{\pi}{4}\\\sin\frac{\pi}{4}&\cos\frac{\pi}{4}&\sin\frac{\pi}{4}\\0&0&1\end{bmatrix}\tag{7.36}$$

$P(1,0)$点被变换到$(\sqrt{2},\sqrt{2})$。

如果将变换的调用顺序颠倒一下，得到程序 7.2：

程序 7.2 先旋转后平移

```
Rotate2D(45);
Translate2D(1,0);
House();
```

执行结果如图 7.6(c)，$p(1,0)$点被换到$(1+\sqrt{2},\sqrt{2})$，总的变换矩阵为：

$$\begin{bmatrix}1 & 0 & 1\\0 & 1 & 0\\0 & 0 & 1\end{bmatrix}\begin{bmatrix}\cos\frac{\pi}{4} & -\sin\frac{\pi}{4} & 0\\\sin\frac{\pi}{4} & \cos\frac{\pi}{4} & 0\\0 & 0 & 1\end{bmatrix}=\begin{bmatrix}\cos\frac{\pi}{4} & -\sin\frac{\pi}{4} & 1\\\sin\frac{\pi}{4} & \cos\frac{\pi}{4} & 0\\0 & 0 & 1\end{bmatrix}\tag{7.37}$$

由此可知变换的次序不同，结果也不同。

上面程序执行的方式是先调用的变换先执行，后调用的变换后执行，体现在矩阵合成时，先调用的变换放在连乘式的右边，后调用的变换放在连乘式左边。这种变换模式称**固定坐标系模式**。它的特点是在连续执行几次变换时，每一次变换均可看成相对于原始(固定)坐标系进行的。如图 7.7 中，变换都是相对于坐标系 Oxy 进行的。

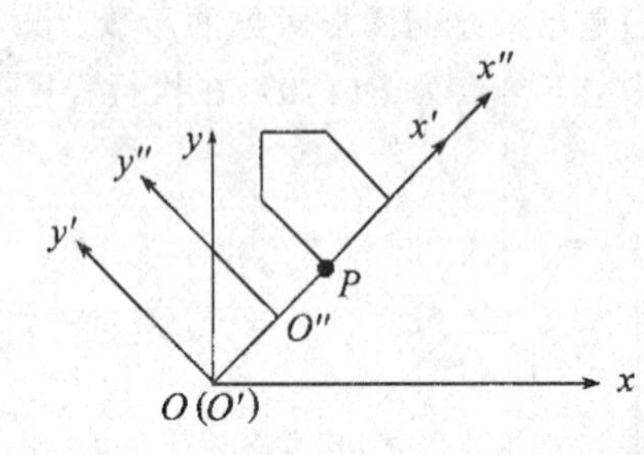

图 7.8　变换的空间模式

另一种变换模式称为**活动坐标系模式**。在这种模式下，连续执行几个变换时，变换矩阵的合并方式恰好和固定坐标系模式相反。即先调用的变换乘在连乘式左边，而后调用的变换乘在连乘式右边。体现在程序执行方式上是先调用的变换后执行，后调用的变换先执行(图形系统一般用堆栈实现)。在活动坐标系模式下，执行程序 7.2 得到的结果为图 7.7(b)，而变换矩阵是式(7.36)。这种变换模式的特点是每一次变换均可看成是在前一次变换所形成的新的坐标系中进行的。例如同样执行程序 7.2(见图 7.8)，在执行函数 Rotate2D(45)后，形成新的坐标系 $O'x'y'$，接下来的平移变换就在新坐标系 $Ox'y'$ 中进行的。图形对象可看作定义于它自身的局部坐标系中，如变换前的坐标系 Oxy，和变换结束后的坐标系 $O''x''y''$。图形在它的局部坐标系中的位置是不变的。这样，变换事实上是作用于坐标系而非图形对象本身。

不同的应用要求有不同的变换模式。在整体变换的基础上再做一些较独立的局部变换常用活动坐标系模式。例如机械手的运动，手臂经过变换后移动到适当的位置，如果在手臂上建立一个坐标系，则在这新的坐标系中考虑手的运动则方便得多了。通常情况下，活动坐标系变换模式更符合人的思维方式。

7.5 其它变换

7.5.1 对称变换

对称变换可用来求一个图形关于某一镜面的反射图形(即镜像)，在二维空间中，这个镜面即为一条直线，这条直线称为**对称轴**。

1. 关于 x 轴的对称变换

如图 7.9,由观察不难发现,一个图形 A 和其关于 x 轴的对称图形 A' 之间有如下关系:

(1) x 坐标相同。

(2) y 坐标互为负数。

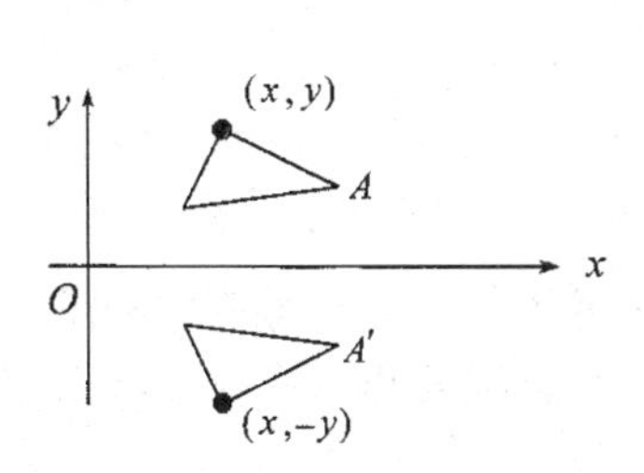

图 7.9 关于 x 轴的对称变换

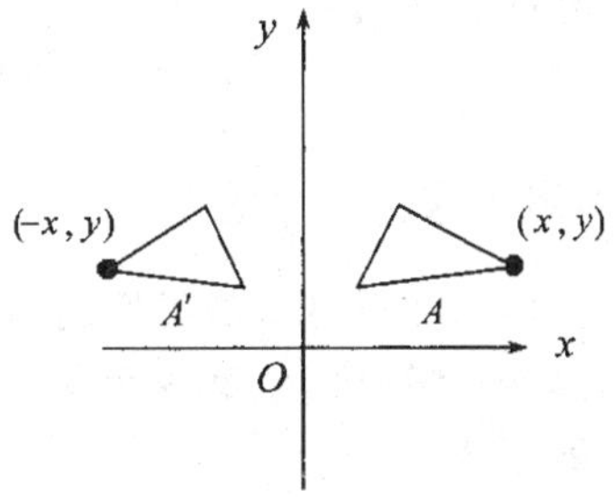

图 7.10 关于 y 轴的对称变换

从而关于 x 轴的对称变换的变换矩阵为:

$$SY_x = \begin{bmatrix} 1 & 0 & 0 \\ 0 & -1 & 0 \\ 0 & 0 & 1 \end{bmatrix} \tag{7.38}$$

2. 关于 y 轴的对称变换

对称轴为 y 轴的对称变换保持 y 坐标不变(见图 7.10),而 x 坐标取反,其变换矩阵为:

$$SY_y = \begin{bmatrix} -1 & 0 & 0 \\ 0 & 1 & 0 \\ 0 & 0 & 1 \end{bmatrix} \tag{7.39}$$

3. 关于任意轴的对称变换

以任一直线 l 为对称轴的对称变换可以用变换合成的方法按如下步骤建立(如图 7.11 所示):

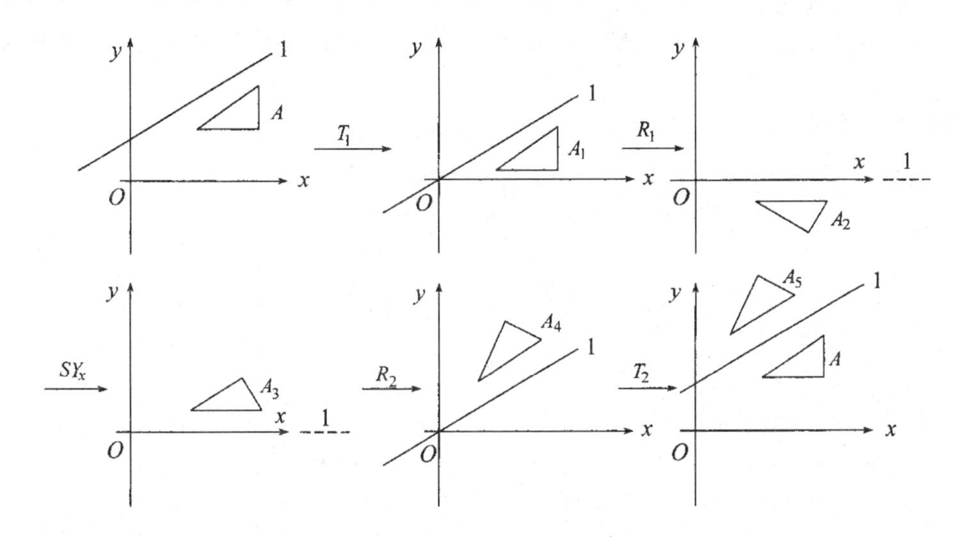

图 7.11 关于任意轴的对称变换

(1) 平移使 l 过坐标原点,记变换为 T_1,图形 A 被变换到 A_1;

(2) 旋转 θ 角，使 l 和 ox 轴重合，记变换为 R_1，图形 A_1 被变换到 A_2；

(3) 求图形 A 关于 x 轴的对称图形 A_3，记变换为 SY_x；

(4) 旋转 $-\theta$，记变换为 R_2，图形 A_3 被变换到 A_4；

⑤ 平移使 l 回到其原先的位置，记变换为 T_2，图形 A_4 被变换到 A_5。A_5 即为 A 关于 l 的对称图形。总的变换为：

$$T_2 \cdot R_2 \cdot SY_x \cdot R_1 \cdot T_1 \tag{7.40}$$

7.5.2 错切变换

弹性物体的变形有时需要用到错切变换。错切变换保持图形上各点的某一坐标值不变，而另一坐标值关于该坐标值呈线性变化。坐标保持不变的那个坐标轴称为**依赖轴**，余下的坐标轴称为**方向轴**。

1. *以 y 轴为依赖轴的错切变换*

图 7.11 中，对矩形 $ABCD$ 沿 x 轴方向进行错切变换，得到矩形 $A'B'CD$。此时，Ox 轴为方向轴，Oy 轴为依赖轴。切变的程度由 $\mathrm{sh}_x=\tan\alpha$ 决定。假定点 (x,y) 经错切变换后变为 (x',y')，由图 7.12 可知：

$$\begin{cases} x' = x + \mathrm{sh}_x y, \\ y' = y \end{cases} \tag{7.41}$$

从而变换矩阵为：

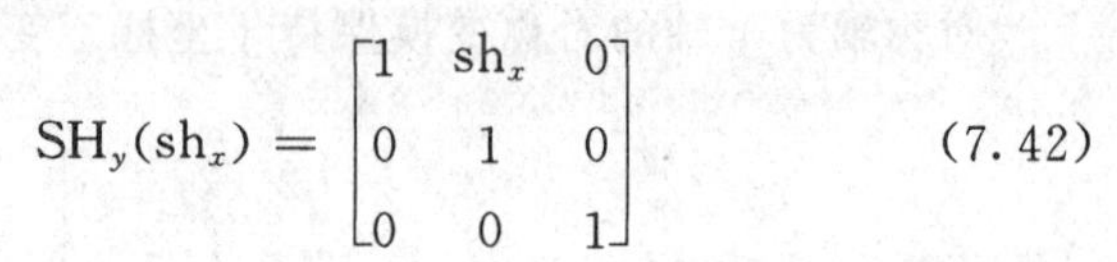

$$\mathrm{SH}_y(\mathrm{sh}_x) = \begin{bmatrix} 1 & \mathrm{sh}_x & 0 \\ 0 & 1 & 0 \\ 0 & 0 & 1 \end{bmatrix} \tag{7.42}$$

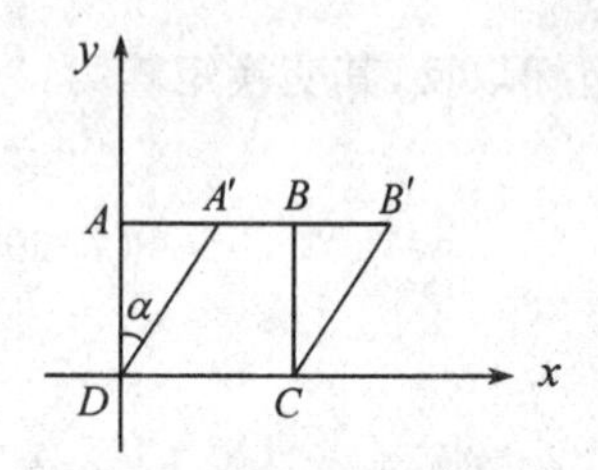

图 7.12　以 y 轴为依赖轴的错切变换

由式(7.41)可知，sh_x 的几何意义是对 $y=1$ 上的点进行错切变换时，这些点沿 x 轴方向移动的距离。而 $y=0$ 上的点，在此错切变换下，位置保持不变，所以又称直线 $y=0$ 为**参考轴**。由上面的分析不难得出关于平行于 x 轴的任意参考轴 $y=y_{\mathrm{ref}}$ 的错切变换，如图 7.13 所示。

其变换矩阵如下，同样，它也可以通过变换合成的方法求得。

$$\mathrm{SH}_y(\mathrm{sh}_x, y_{\mathrm{ref}}) = \begin{bmatrix} 1 & \mathrm{sh}_x & -\mathrm{sh}_x \cdot y_{\mathrm{ref}} \\ 0 & 1 & 0 \\ 0 & 0 & 1 \end{bmatrix} \tag{7.43}$$

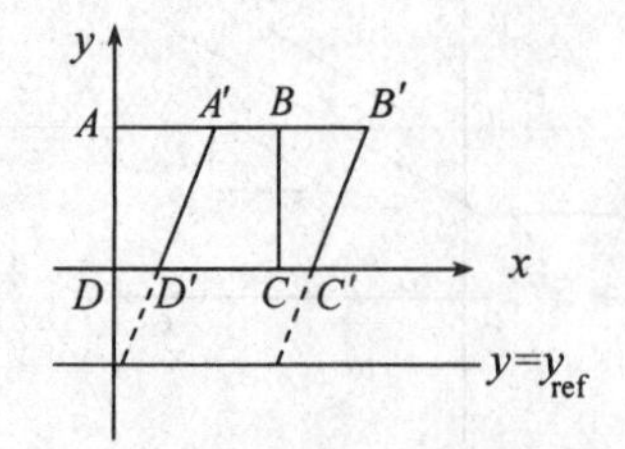

图 7.13　以 y 轴为依赖轴关于参考轴 $y=y_{\mathrm{ref}}$ 的错切变换

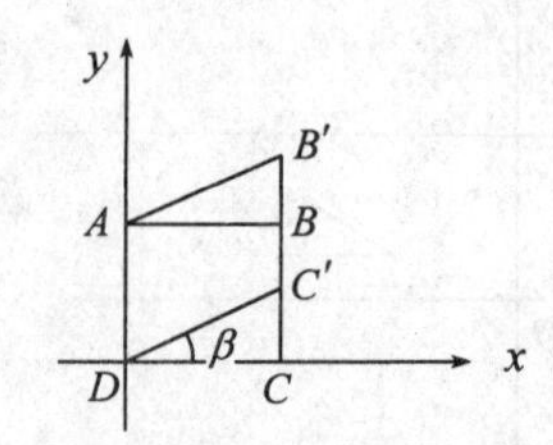

图 7.14　以 x 轴为依赖轴的错切变换

2. 以 x 轴为依赖轴的错切变换

图 7.14 中，对矩形 $ABCD$ 沿 y 轴方向进行错切变换，得到矩形 $AB'C'D$。此时 Ox 轴为依赖轴，Oy 轴为方向轴。该变换表示为：

$$\begin{cases} x' = x, \\ y' = \mathrm{sh}_y x + y \end{cases} \tag{7.44}$$

其中 $\mathrm{sh}_y = \tan\beta$。变换矩阵为：

$$\mathrm{SH}_x(\mathrm{sh}_y) = \begin{bmatrix} 1 & 0 & 0 \\ \mathrm{sh}_y & 1 & 0 \\ 0 & 0 & 1 \end{bmatrix} \tag{7.45}$$

7.5.3 仿射变换

仿射变换为二维线性变换的最一般形式，前面提到的二维几何变换均是它的特例。仿射变换保持两条平行直线间的平行关系，一般情况下，它不能被分解为多个基本变换之积。

仿射变换表示为：

$$\begin{cases} x' = ax + by + e, \\ y' = cx + dy + f \end{cases} \tag{7.46}$$

变换矩阵为：

$$A_F = \begin{bmatrix} a & b & e \\ c & d & f \\ 0 & 0 & 1 \end{bmatrix} \tag{7.47}$$

7.6 二维图形的显示流程图

计算机本身只能处理数字，图形在计算机内部也是以数字形式进行存储和处理的。众所周知，坐标系建立了图形与数之间的联系。给定数对(x,y)，我们立刻联想到二维空间上的一个点，那是因为我们头脑中已习惯性地有了一个二维坐标系。为了使被显示的图形对象数字化，用户需要在图形对象所在的空间定义一个坐标系。这个坐标系的长度单位和坐标轴方向要便于对显示对象的描述，这个坐标系称为**世界坐标系**(world coordinate)。由于用户通常按照自己熟悉的方式建立世界坐标系，所以世界坐标系有时也称为**用户坐标系**(user coordinate)。为了简化图形对象的描述，用户有时采用相对于物体的坐标系，这个坐标系称为**局部坐标系**(local coordinate)。局部坐标系建立于物体之上，它和物体之间的相对位置保持不变。例如在局部坐标系中描述一个矩形只要说明它的长和宽就行了，因为通常总是假定局部坐标系是按照图 7.15 那样建立的。当一个对象的局部坐标系与世界坐标系之间的关系确定以后，该对象在世界坐标中的位置也就被确定了，如图 7.16 所示。

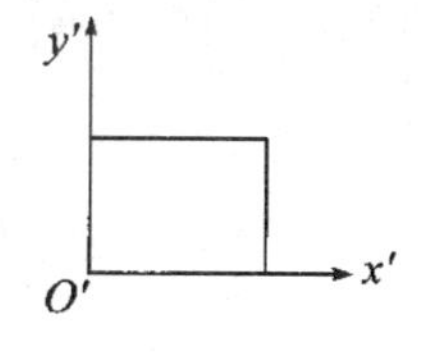

图 7.15 矩形所在的局部坐标系 $O'x'y'$

计算机对数字化的图形对象作了必要的处理之后，要将它在图形显示器或绘图纸上绘制出来，这就要在显示屏幕上或绘图纸上定义一个二维直角坐标系，这个坐标系称为**屏幕坐标系**

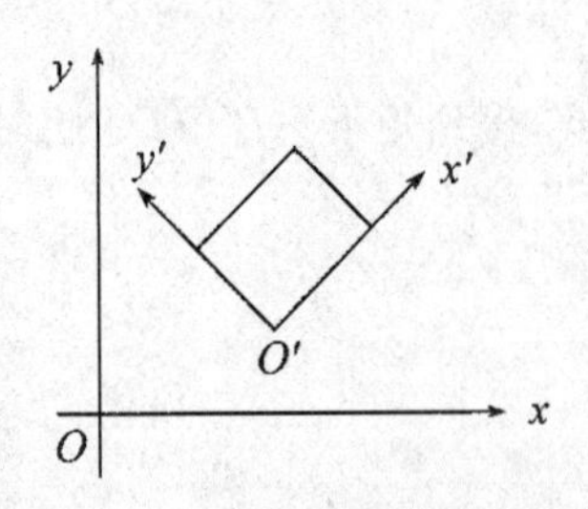

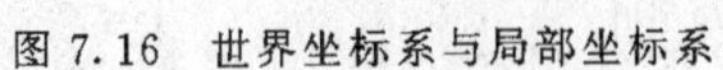
图 7.16　世界坐标系与局部坐标系

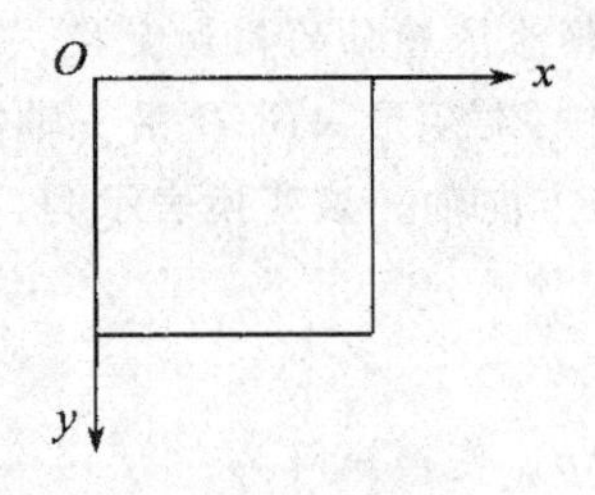

图 7.17　屏幕坐标系

(screen coordinate)或**设备坐标系**(device coordinate)。该坐标系的坐标轴常取成平行于屏幕或绘图纸边缘,长度单位取成一个像素的长度或绘图机的步长,坐标取成整数,坐标系的原点和坐标轴的方向随显示设备的不同而不同。常见的微机显示器的屏幕坐标系如图 7.17 所示。

在许多应用问题中,或者是为了突出图形的某一部分,只将图形的某一部分显示出来;或者是由于显示屏幕有限,只能显示图形的一部分而抛弃其余部分,这时可以定义一个裁剪窗口(window)用来指定要显示的图形。一个简单的做法是在世界坐标系中指定一个二维矩形窗口,只有窗口内的图形被显示出来,而窗口外的部分不显示。这个过程称为裁剪(clipping)。二维矩形窗口的作用类似于照像机的取景器,用来指定要显示的图形。在屏幕或绘图纸上也可以定一个矩形,称为**视区**(viewport)。用来指定窗口内的图形在屏幕上显示的大小及位置,见图 7.18。

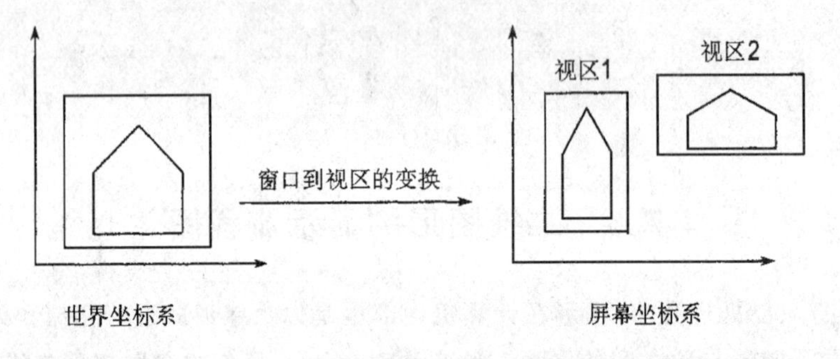

图 7.18　窗口到视区的变换

窗口和视区分别处在不同的坐标系内,它们所用的长度单位及大小、位置均不同,要将窗口内的图形在视区中显示出来,需经过窗口到视区的变换。根据上面所述,二维图形的显示流程图如图 7.19 所示。

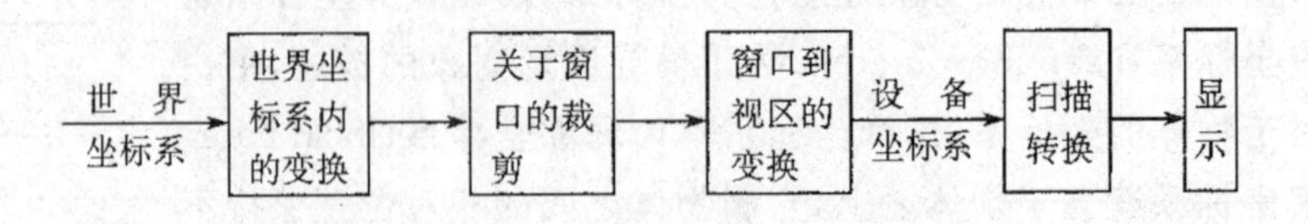

图 7.19　二维图形的显示流程图

图 7.19 的流程图不是固定不变的,不同的图形软件包采用不同的显示处理顺序。

7.7　窗口到视区的变换

给定一个窗口和视区,我们用变换合成的方法来建立从世界坐标系中的窗口到设备坐标系中的视区的变换。假定在世界坐标系 Oxy 中,窗口的左下角坐标为$(x_{\min},y_{\min})$,两边的长度分别为 E_x,E_y。在设备坐标系 Ouv 中,视区的左下角的坐标为$(u_{\min},v_{\min})$,两边的长度分别为 E_u,E_v(见图 7.20)。可按下如步骤求出窗口到视区的变换。

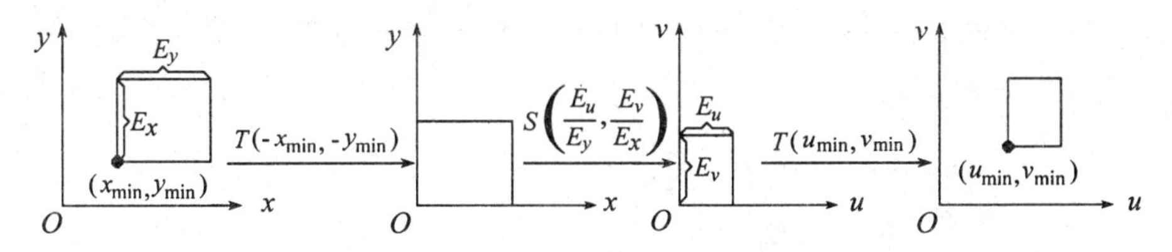

图 7.20　从窗口到视区的变换过程

(1) 在世界坐标系 Oxy 中,平移使$(x_{\min},y_{\min})$至坐标原点,变换为 $T(-x_{\min},-y_{\min})$;

(2) 放缩使窗口的大小和视区相等,变换为 $S\left(\dfrac{E_u}{E_x},\dfrac{E_v}{E_y}\right)$;

(3) 在设备坐标系 Ouv 中,平移使窗口与视区重合,变换为 $T(u_{\min},v_{\min})$。

这样从窗口到视区的变换的变换矩阵 M_{wv}就可以求出来了:

$$
\begin{aligned}
M_{wv} &= T(u_{\min},v_{\min})\cdot S\left(\frac{E_u}{E_x},\frac{E_v}{E_y}\right)\cdot T(-x_{\min},-y_{\min}) \\
&= \begin{bmatrix} 1 & 0 & u_{\min} \\ 0 & 1 & v_{\min} \\ 0 & 0 & 1 \end{bmatrix}\cdot \begin{bmatrix} \dfrac{E_u}{E_x} & 0 & 0 \\ 0 & \dfrac{E_v}{E_y} & 0 \\ 0 & 0 & 1 \end{bmatrix}\cdot \begin{bmatrix} 1 & 0 & -x_{\min} \\ 0 & 1 & -y_{\min} \\ 0 & 0 & 1 \end{bmatrix} \\
&= \begin{bmatrix} \dfrac{E_u}{E_x} & 0 & -x_{\min}\dfrac{E_u}{E_x}+u_{\min} \\ 0 & \dfrac{E_v}{E_y} & -y_{\min}\dfrac{E_v}{E_y}+v_{\min} \\ 0 & 0 & 1 \end{bmatrix}
\end{aligned}
\tag{7.48}
$$

当窗口的边不和坐标轴平行时,为了定义窗口,除了给定参数$(x_{\min},y_{\min})$、E_x、E_y,还要给定一个转角 α,(见图 7.21)。同样我们用类似的步骤建立窗口到视区的变换。

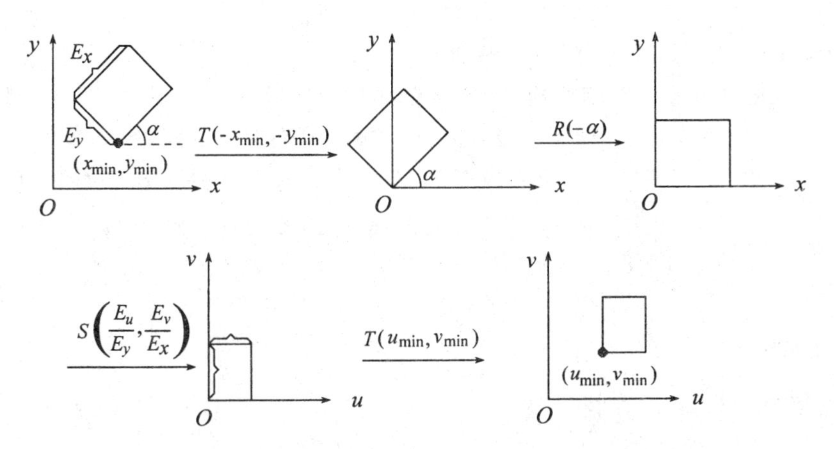

图 7.21　在窗口的边和坐标轴不平行时,从窗口到视区的变换过程

(1) 在世界坐标系 Oxy 中，平移使$(x_{\min}, y_{\min})$至原点，变换为 $T(-x_{\min}, -y_{\min})$；

(2) 旋转使窗口边与坐标轴重合，变换为 $R(-\alpha)$；

(3) 放缩使窗口的大小和视区相等，变换为 $S\left(\dfrac{E_u}{E_x}, \dfrac{E_v}{E_y}\right)$；

(4) 在设备坐标系 Ouv 中，平移使窗口与视区重合，变换为 $T(u_{\min}, v_{\min})$。

总的变换矩阵 M'_{wv}为：

$$M'_{wv} = T(u_{\min}, v_{\min}) \cdot S\left(\frac{E_u}{E_x}, \frac{E_v}{E_y}\right) \cdot R(-\alpha) \cdot T(-x_{\min}, -y_{\min})$$

$$= \begin{bmatrix} 1 & 0 & u_{\min} \\ 0 & 1 & v_{\min} \\ 0 & 0 & 1 \end{bmatrix} \begin{bmatrix} \dfrac{E_u}{E_x} & 0 & 0 \\ 0 & \dfrac{E_v}{E_y} & 0 \\ 0 & 0 & 1 \end{bmatrix} \begin{bmatrix} \cos\alpha & \sin\alpha & 0 \\ -\sin\alpha & \cos\alpha & 0 \\ 0 & 0 & 1 \end{bmatrix} \begin{bmatrix} 1 & 0 & -x_{\min} \\ 0 & 1 & -y_{\min} \\ 0 & 0 & 1 \end{bmatrix}$$

$$= \begin{bmatrix} \dfrac{E_u}{E_x}\cos\alpha & \dfrac{E_u}{E_x}\sin\alpha & -\dfrac{E_u}{E_x}(x_{\min} \cdot \cos\alpha + y_{\min} \cdot \sin\alpha) + u_{\min} \\ -\dfrac{E_v}{E_y}\sin\alpha & \dfrac{E_v}{E_y}\cos\alpha & \dfrac{E_v}{E_y}(x_{\min} \cdot \sin\alpha - y_{\min} \cdot \cos\alpha) + v_{\min} \\ 0 & 0 & 1 \end{bmatrix} \tag{7.49}$$

7.8 三维几何变换

三维几何变换是二维几何变换的简单推广。二维几何变换在齐次坐标空间中可用 3×3 的变换矩阵表示，类似地，三维几何变换在齐次坐标空间中可用 4×4 的变换矩阵表示。三维空间中的点(x, y, z)的齐次坐标定义为(x_h, y_h, z_h, h)，其中，h 为不等于零的任意常数，$x_h = hx$，$y_h = hy$，$z_h = hz$。亦即点(x, y, z)对应 4 维齐次坐标空间中的一条直线：

$$\begin{cases} x_h = xh, \\ y_h = hy, \\ z_h = hz, \\ w_h = h \end{cases} \tag{7.50}$$

通常为简单起见，取$(x, y, z, 1)$为(x, y, z)的齐次坐标。

为了建立三维空间中的几何变换，首先得建立三维坐标系，本书中采用的三维坐标系为右手坐标系，即当拇指与某一坐标轴同向时，四指所指的方向为绕该轴的正的旋转方向。下表和图 7.22 说明了右手坐标系中的旋转方向。

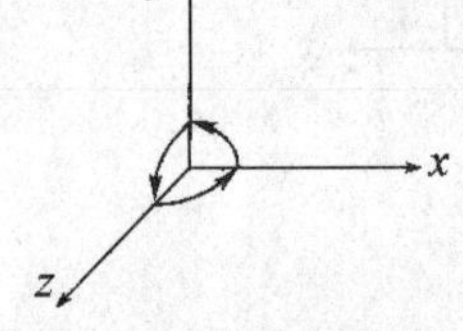

图 7.22　右手坐标系

旋转轴	正的旋转方向
x	$y \to z$
y	$z \to x$
z	$x \to y$

7.8.1 平移变换

平移变换将点 $P(x, y, z)$在三个坐标轴方向上分别移动距离 t_x，t_y 和 t_z，得到新的一点

$P'(x',y',z')$，它们之间的关系表示为：

$$P' = P + T \tag{7.51}$$

其中

$$T = [t_x, t_y, t_z]^{\mathrm{T}}$$

三维平移变换在齐次坐标下的矩阵表示为：

$$T(t_x,t_y,t_z) = \begin{bmatrix} 1 & 0 & 0 & t_x \\ 0 & 1 & 0 & t_y \\ 0 & 0 & 1 & t_z \\ 0 & 0 & 0 & 1 \end{bmatrix} \tag{7.52}$$

7.8.2 放缩变换

三维放缩变换在齐次坐标下的矩阵表示为：

$$S(s_x,s_y,s_z) = \begin{bmatrix} s_x & 0 & 0 & 0 \\ 0 & s_y & 0 & 0 \\ 0 & 0 & s_z & 0 \\ 0 & 0 & 0 & 1 \end{bmatrix} \tag{7.53}$$

此变换的参照点为坐标原点，我们可以按下面步骤建立关于空间任一参照点 $P_r(x_r,y_r,z_r)$ 的放缩变换：

(1) 平移使 P_r 落于原点，变换为 $T(-x_r,-y_r,-z_r)$；

(2) 进行放缩变换 $S(s_x,s_y,s_z)$；

(3) 平移使 P_r 回到原先的位置，变换为 $T(x_r,y_r,z_r)$。

从而关于参照点 P_r 的放缩变换 $S(P_r;s_x,s_y,s_z)$ 为

$$\begin{aligned} S(P_r;s_x,s_y,s_z) &= T(x_r,y_r,z_r) \cdot S(s_x,s_y,s_z) \cdot T(-x_r,-y_r,-z_r) \\ &= \begin{bmatrix} 1 & 0 & 0 & x_r \\ 0 & 1 & 0 & y_r \\ 0 & 0 & 1 & z_r \\ 0 & 0 & 0 & 1 \end{bmatrix} \cdot \begin{bmatrix} s_x & 0 & 0 & 0 \\ 0 & s_y & 0 & 0 \\ 0 & 0 & s_z & 0 \\ 0 & 0 & 0 & 1 \end{bmatrix} \cdot \begin{bmatrix} 1 & 0 & 0 & -x_r \\ 0 & 1 & 0 & -y_r \\ 0 & 0 & 1 & -z_r \\ 0 & 0 & 0 & 1 \end{bmatrix} \\ &= \begin{bmatrix} s_x & 0 & 0 & -s_x \cdot x_r + x_r \\ 0 & s_y & 0 & -s_y \cdot y_r + y_r \\ 0 & 0 & s_z & -s_z \cdot z_r + z_r \\ 0 & 0 & 0 & 1 \end{bmatrix} \end{aligned} \tag{7.54}$$

7.8.3 旋转变换

给定一点 $P(x,y,z)$，首先将 P 点的 y 和 z 坐标表示成极坐标的形式，即 $(x,y,z)=(x, r\cos\varphi, r\sin\varphi)$，其中 $r=\sqrt{y^2+z^2}$。将 P 点绕 x 轴旋转 θ 角后，得到点 $P'(x',y',z')$。易知：

$$\begin{cases} x' = x, \\ y' = r\cos(\varphi+\theta), \\ z' = r\sin(\varphi+\theta) \end{cases}$$

上式的矩阵形式为：

$$\begin{bmatrix}x'\\y'\\z'\end{bmatrix}=\begin{bmatrix}1&0&0\\0&\cos\theta&-\sin\theta\\0&\sin\theta&\cos\theta\end{bmatrix}\begin{bmatrix}x\\y\\z\end{bmatrix}\tag{7.55}$$

从而绕 x 轴旋转 θ 角的变换在齐次坐标下的矩表示为：

$$R_x(\theta)=\begin{bmatrix}1&0&0&0\\0&\cos\theta&-\sin\theta&0\\0&\sin\theta&\cos\theta&0\\0&0&0&1\end{bmatrix}\tag{7.56}$$

类似地，绕 y 轴和 z 轴的旋转 θ 的变换矩阵分别为：

$$R_y(\theta)=\begin{bmatrix}\cos\theta&0&\sin\theta&0\\0&1&0&0\\-\sin\theta&0&\cos\theta&0\\0&0&0&1\end{bmatrix}\tag{7.57}$$

$$R_z(\theta)=\begin{bmatrix}\cos\theta&-\sin\theta&0&0\\\sin\theta&\cos\theta&0&0\\0&0&1&0\\0&0&0&1\end{bmatrix}\tag{7.58}$$

如果要绕空间任意轴 $\overrightarrow{P_0P_1}$ 旋转 θ 角，可按如下步骤为实现：

(1) 以 P_0 为原点 $\overline{O}$，$\overrightarrow{P_0P_1}$ 为 $\overline{O}\overline{z}$ 轴建立新的坐标系 $\overline{O}\overline{x}\,\overline{y}\overline{z}$；

(2) 求出从坐标系 $Oxyz$ 到坐标系 $\overline{O}\overline{x}\,\overline{y}\overline{z}$ 的变换 M；

(3) 将图形对象变换到坐标系 $\overline{O}\overline{x}\,\overline{y}\overline{z}$ 中；

(4) 在新坐标系 $\overline{O}\overline{x}\,\overline{y}\overline{z}$ 中绕 $\overline{O}\overline{z}$ 轴旋转 θ 角，变换为 $R_z(\theta)$；

(5) 将图形对象变换回原坐标系 $Oxyz$ 中，变换为 M^{-1}。

这样绕 $\overrightarrow{P_0P_1}$ 旋转 θ 角的变换为：

$$M^{-1}R_z(\theta)M\tag{7.59}$$

7.8.4 错切变换

以 z 为依赖轴的错切变换保持图形上各点 z 坐标不变，x，y 坐标依 z 坐标呈线性变化，变换矩阵为：

$$\mathrm{SH}_z(\mathrm{sh}_x,\mathrm{sh}_y)=\begin{bmatrix}1&0&\mathrm{sh}_x&0\\0&1&\mathrm{sh}_y&0\\0&0&1&0\\0&0&0&1\end{bmatrix}\tag{7.60}$$

对三维空间中一点 (x,y,z) 施以该变换，其结果为 $(x+\mathrm{sh}_x z, y+\mathrm{sh}_y z, z)$。相应地可写出以 x 轴为依赖轴及 y 轴为依赖轴的错切变换。

7.8.5 对称变换

在坐标系 $Oxyz$ 中，关于坐标平面 xy 的对称变换保持图形上各点的 x，y 坐标不变，而 z

坐标取反，其变换矩阵为：

$$SY_{xy} = \begin{bmatrix} 1 & 0 & 0 & 0 \\ 0 & 1 & 0 & 0 \\ 0 & 0 & -1 & 0 \\ 0 & 0 & 0 & 1 \end{bmatrix} \tag{7.61}$$

同理可得关于坐标平面 yz，zx 的对称变换矩阵为：

$$SY_{xy} = \begin{bmatrix} -1 & 0 & 0 & 0 \\ 0 & 1 & 0 & 0 \\ 0 & 0 & 1 & 0 \\ 0 & 0 & 0 & 1 \end{bmatrix} \tag{7.62}$$

$$SY_{zx} = \begin{bmatrix} 1 & 0 & 0 & 0 \\ 0 & -1 & 0 & 0 \\ 0 & 0 & 1 & 0 \\ 0 & 0 & 0 & 1 \end{bmatrix} \tag{7.63}$$

关于空间任一坐标平面的对称变换可通过变换合成的方法建立，请读者自己考虑。

三维变换矩阵的一般形式为：

$$A = \begin{bmatrix} a_{11} & a_{12} & a_{13} & a_{14} \\ a_{21} & a_{22} & a_{23} & a_{24} \\ a_{31} & a_{32} & a_{33} & a_{34} \\ 0 & 0 & 0 & 1 \end{bmatrix} \tag{7.64}$$

如果对点 P 做变换 A，得到新的一点 P'，$P'=AP$。看起来，三维变换只能作用于点，那么我们如何来对一个线段 P_0P_1 做变换呢？线段 P_0P_1 是 P_0 到 P_1 间的所有点构成的点集，我们可以通过变换该点集中的所有点而达到变换 P_0P_1 的目的。但这种方法显然是不可行的，因为这样的点有无穷多个。事实上，我们通常是将 P_0P_1 的两个端点 P_0 和 P_1 分别变换到新的位置 P_0' 和 P_1'，而 $P_0'P_1'$ 即为所求的变换后的线段。这里省略了一个使该方法成立前提，即：假定 P_0P_1 为一条直线段，$P_0'=A\cdot P_0$，$P_1'=A\cdot P_1$，如果 $P_t=(1-t)P_0+tP_1(t\in[0,1])$ 为 P_0P_1 上任一点，则 $P_t'=A\cdot P_t$ 必是 $P_0'P_1'$ 上的点，且 $P_t'=(1-t)P_0'+tP_1'$。简单证明如下：

$$\begin{aligned} P_t' &= AP_t = A[(1-t)P_0 + tP_1] = (1-t)A\cdot P_0 + tA\cdot P_1 \\ &= (1-t)(A\cdot P_0) + t(A\cdot P_1) = (1-t)P_0' + tP_1' \end{aligned} \tag{7.65}$$

类似地可以说明，对一个多边形的变换结果可以通过对其各顶点进行变换得到。

7.9 坐标系之间的变换

前文所讨论的变换是在同一个坐标系中，改变图形对象的位置、大小等，有时我们需要获得同一图形对象在不同坐标系中的表示，这就涉及到坐标系之间的变换。

假定有两个坐标系 $Oxyz$ 和 $\overline{O}uvn$，见图 7.23，其中在坐标系 $Oxyz$ 中，$\overline{O}$ 的坐标为$(\overline{O}_x,\overline{O}_y,\overline{O}_z)$，$\overline{O}u$，$\overline{O}v$ 和 $\overline{O}n$ 分别为三个单位向量(u_x,u_y,u_z)，(v_x,v_y,v_z)和(n_x,n_y,n_z)，现在要将坐标系 $Oxyz$ 中的图形变换到坐标系 $\overline{O}uvn$ 中去，记该变换为 $M_{xyz\to uvn}$。由线性代数知识知道，从坐标

系 $Oxyz$ 到 $\overline{O}uvn$ 的正交变换为：

$$R=\begin{bmatrix} u_x & u_y & u_z & 0 \\ v_x & v_y & v_z & 0 \\ n_x & n_y & n_z & 0 \\ 0 & 0 & 0 & 1 \end{bmatrix} \tag{7.66}$$

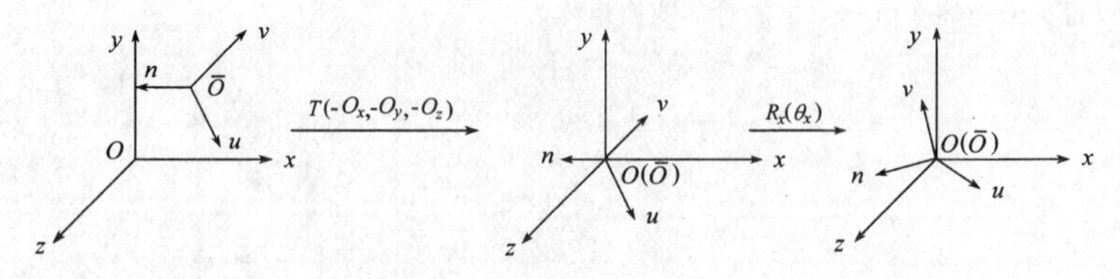

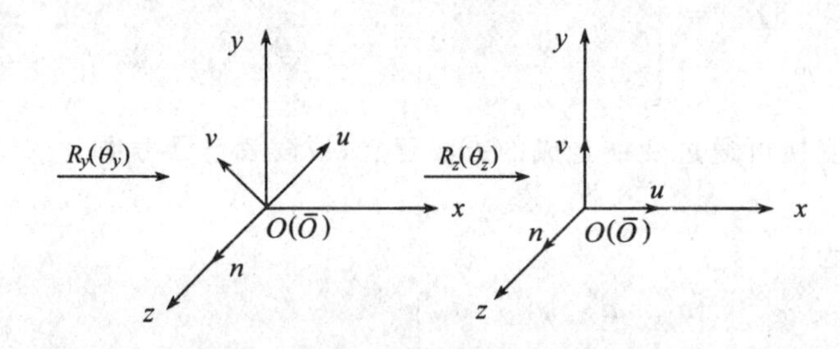

图 7.23　用变换合成的方法建立坐标系之间的变换

但该变换不包含两坐标系间的位置关系。如果将 $Oxyz$ 中的图形变换到 $\overline{O}uvn$ 中去，则必须首先进行一个平移变换 $T(-\overline{O}_x,-\overline{O}_y,-\overline{O}_z)$，从而，

$$M_{xyz\to uvn}=R\cdot T(-\overline{O}_x,-\overline{O}_y,-\overline{O}_z) \tag{7.67}$$

我们也可以用变换合成的方法按下列步骤求出变换 $M_{xyz\to uvn}$：

(1) 平移使 $\overline{O}$ 落于原点 O，变换为 $T(-\overline{O}_x,-\overline{O}_y,-\overline{O}_z)$；

(2) 绕 x 轴旋转角度 θ_x（见图 7.24），使 n 轴落于 xOz 平面；变换为：

$$R_x(\theta_x)=\begin{bmatrix} 1 & 0 & 0 & 0 \\ 0 & \cos\theta_x & -\sin\theta_x & 0 \\ 0 & \sin\theta_x & \cos\theta_x & 0 \\ 0 & 0 & 0 & 1 \end{bmatrix}=\begin{bmatrix} 1 & 0 & 0 & 0 \\ 0 & \frac{n_z}{\sqrt{n_y^2+n_z^2}} & \frac{-n_y}{\sqrt{n_y^2+n_z^2}} & 0 \\ 0 & \frac{n_y}{\sqrt{n_y^2+n_z^2}} & \frac{n_z}{\sqrt{n_y^2+n_z^2}} & 0 \\ 0 & 0 & 0 & 1 \end{bmatrix} \tag{7.68}$$

此时，$\overline{O}u$ 矢量被变换为：

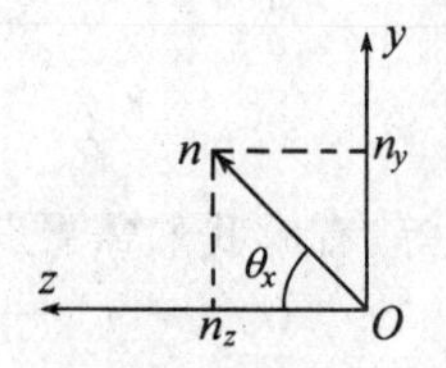

图 7.24　绕 x 轴旋转角度 θ_x

$$R_x(\theta_x)\cdot\begin{bmatrix} u_x \\ u_y \\ u_z \\ 1 \end{bmatrix}=\begin{bmatrix} u_x \\ \frac{u_y n_z - u_z n_y}{\sqrt{n_y^2+n_z^2}} \\ \frac{-u_x n_x}{\sqrt{n_y^2+n_z^2}} \end{bmatrix}$$

$\overline{O}n$ 矢量被变换为：

$$R_x(\theta_x)\cdot\begin{bmatrix}n_x\\n_y\\n_z\\1\end{bmatrix}=\begin{bmatrix}1\\n_x\\0\\\sqrt{n_y^2+n_z^2}\\1\end{bmatrix}$$

(3) 绕 y 轴旋转角度 θ_y(见图 7.25)，使 n 轴与 z 轴同向且重合，变换为：

$$R_y(\theta_y)=\begin{bmatrix}\cos\theta_y&0&\sin\theta_y&0\\0&1&0&0\\-\sin\theta_y&0&\cos\theta_y&0\\0&0&0&1\end{bmatrix}=\begin{bmatrix}\sqrt{n_y^2+n_z^2}&0&-n_x&0\\0&1&0&0\\n_x&0&\sqrt{n_y^2+n_z^2}&0\\0&0&0&1\end{bmatrix}\tag{7.69}$$

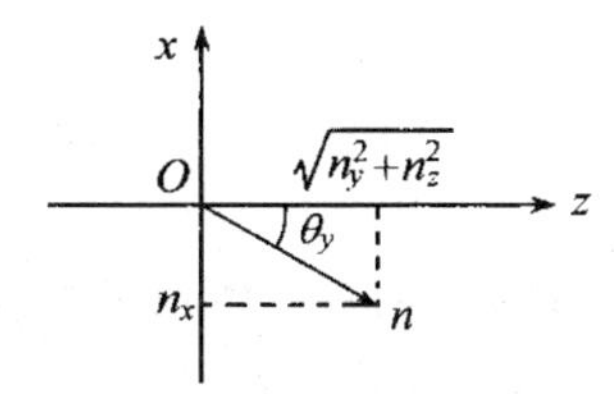

图 7.25 绕 y 轴旋转角度 θ_y

此时，$\overline{O}u$ 矢量被变换为：

$$R_y(\theta_x)\cdot\begin{bmatrix}u_x\\\dfrac{u_yn_z-u_zn_y}{\sqrt{n_y^2+n_z^2}}\\\dfrac{-u_xn_x}{\sqrt{n_y^2+n_z^2}}\\1\end{bmatrix}=\begin{bmatrix}\dfrac{u_x}{\sqrt{n_y^2+n_z^2}}\\\dfrac{u_yn_z-u_zn_y}{\sqrt{n_y^2+n_z^2}}\\0\\1\end{bmatrix}$$

$\overline{O}n$ 矢量被变换为：

$$R_y(\theta_y)\cdot\begin{bmatrix}n_x\\0\\\sqrt{n_y^2+n_z^2}\\1\end{bmatrix}=\begin{bmatrix}0\\0\\1\\1\end{bmatrix}$$

(4) 绕 z 轴旋转角度 θ_z(见图 7.26)，使 u 轴和 x 轴同向且重合。变换为：

$$R_z(\theta_z)=\begin{bmatrix}\cos\theta_z&-\sin\theta_z&0&0\\\sin\theta_z&\cos\theta_z&0&0\\0&0&1&0\\0&0&0&1\end{bmatrix}=\begin{bmatrix}\dfrac{u_x}{\sqrt{n_y^2+n_z^2}}&\dfrac{u_yn_z-u_zn_y}{\sqrt{n_y^2+n_z^2}}&0&0\\-\dfrac{u_yn_z-u_zn_y}{\sqrt{n_y^2+n_z^2}}&\dfrac{u_x}{\sqrt{n_y^2+n_z^2}}&0&0\\0&0&1&0\\0&0&0&1\end{bmatrix}\tag{7.70}$$

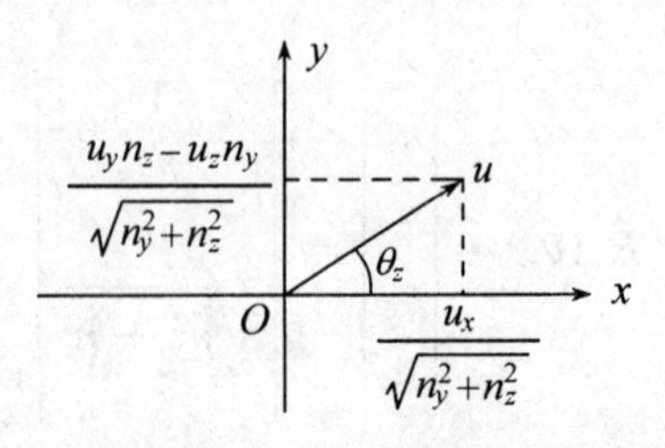

图 7.26　绕 z 轴旋转角度 θ_z

此时，$\overline{O}u$ 矢量被变换为：

$$R_z(\theta_z)\cdot\begin{bmatrix}\dfrac{u_x}{\sqrt{n_y^2+n_z^2}}\\ \dfrac{u_yn_z-u_zn_y}{\sqrt{n_y^2+n_z^2}}\\ 0\\ 1\end{bmatrix}=\begin{bmatrix}\dfrac{u_x^2+(u_yn_z-u_zn_y)^2}{n_y^2+n_z^2}\\ 0\\ 0\\ 1\end{bmatrix}=\begin{bmatrix}1\\0\\0\\1\end{bmatrix}$$

其中，

$$\begin{aligned}u_x^2+(u_yn_z-u_zn_y)^2&=u_x^2+u_y^2n_z^2+u_z^2n_y^2-2u_yu_zn_yn_z\\&=u_x^2+u_y^2(1-n_x^2-n_y^2)+u_z^2(1-n_x^2-n_z^2)-2u_yu_zn_yn_z\\&=1-u_y^2n_x^2-u_y^2n_y^2-u_z^2n_x^2-u_z^2n_z^2-2u_yu_zn_yn_z\\&=1-n_x^2(u_y^2+u_z^2)-(u_yn_y+u_zn_z)^2\\&=1-n_x^2(u_y^2+u_z^2)-u_x^2n_x^2\\&=1-n_x^2=n_y^2+n_z^2\end{aligned}$$

从而有：

$$\frac{u_x^2+(u_yn_z-u_zn_y)^2}{n_y^2+n_z^2}=1$$

总的变换为：

$$\begin{aligned}M_{xyz\to uvn}&=R_z(\theta_z)\cdot R_y(\theta_y)\cdot R_x(\theta_x)\cdot T(-\overline{O}_x,-\overline{O}_y,-\overline{O}_z)\\&=\begin{bmatrix}\dfrac{u_x}{\sqrt{n_y^2+n_z^2}}&\dfrac{u_yn_z-u_zn_y}{\sqrt{n_y^2+n_z^2}}&0&0\\-\dfrac{u_yn_z-u_zn_y}{\sqrt{n_y^2+n_z^2}}&\dfrac{u_x}{\sqrt{n_y^2+n_z^2}}&0&0\\0&0&1&0\\0&0&0&1\end{bmatrix}\cdot\begin{bmatrix}\sqrt{n_y^2+n_z^2}&0&-n_x&0\\0&1&0&0\\n_x&0&\sqrt{n_y^2+n_z^2}&0\\0&0&0&1\end{bmatrix}\\&\cdot\begin{bmatrix}1&0&0&0\\0&\dfrac{n_z}{\sqrt{n_y^2+n_z^2}}&\dfrac{-n_y}{\sqrt{n_y^2+n_z^2}}&0\\0&\dfrac{n_y}{\sqrt{n_y^2+n_z^2}}&\dfrac{n_z}{\sqrt{n_y^2+n_z^2}}&0\\0&0&0&1\end{bmatrix}\cdot T(-\overline{O}_x,-\overline{O}_y,-\overline{O}_z)\end{aligned}$$

$$
= \begin{bmatrix} u_x & u_y & u_z & 0 \\ v_x & v_y & v_z & 0 \\ n_x & n_y & n_z & 0 \\ 0 & 0 & 0 & 1 \end{bmatrix} \cdot T(-\overline{O}_x, -\overline{O}_y, -\overline{O}_z)
$$

$$
= R \cdot T(-\overline{O}_x, -\overline{O}_y, -\overline{O}_z) \tag{7.71}
$$

结果与式(7.67)是一致的。

习　题

1. 证明式(7.31)、式(7.32)和式(7.33)。

2. 在二维坐标系 Oxy 中,若对点 $P(1,0)$ 相继施以旋转和平移变换:$R(\pi/4)$,$T(1,0)$,则在固定坐标系模式和活动坐标系模式下,变换 P 得到的 P' 的坐标分别是什么?

3. 在二维坐标系 Oxy 中,求关于对称轴 $y=\frac{\sqrt{2}}{2}x$ 的对称变换。

4. 编写一段程序,使一个物体沿着一条直线匀速移动。

5. 编写一段程序,使一物体围绕屏幕上一点匀速旋转。

6. 证明错切变换等价于几个基本变换之积。

7. 在三维坐标系 $Oxyz$ 中,求将矢量 $P_1(1,1,1)P_2(2,2,2)$ 变换至矢量 $P_1'(0,0,0)P_2'(0,0,1)$ 的变换矩阵。

8. 在三维坐标系 $Oxyz$ 中,坐标系 $\overline{O}uvn$ 的原点为 $\overline{O}(0,1,0)$,u,v,n 轴的方向矢量分别为$(1,0,1)$,$(-1,0,1)$,$(0,-1,0)$,P 点在 $Oxyz$ 中的坐标为$(-1,2,\sqrt{2})$,

(1) 求坐标系 $Oxyz$ 到 $\overline{O}uvn$ 的变换矩阵 $M_{xyz\to uvn}$;

(2) 求 P 点在坐标系 $\overline{O}uvn$ 中的坐标。

第8章 投　　影

8.1 三维图形的基本问题

进入三维图形世界之后，我们遇到了一些的新问题：

● 不论是显示器屏幕还是绘图纸，它们都是二维的，如何将三维的物体（图形）在二维的显示设备上显示出来？

● 在二维空间中，我们以二维的直线段、折线、多边形、曲线段、填充图元等表示物体，三维空间中，物体要复杂得多，如何以空间多边形、曲面来表示它们？

● 三维空间中的物体之间或同一物体的不同部分之间存在着相互遮挡关系，这种遮扫关系如何在图形的显示结果中反映出来？

● 我们在现实世界中观察物体所产生的真实感觉不仅来源于物体之间的相对位置关系、相互遮挡关系，还来源于光线在其间传播形成的物体表面明暗自然过渡的颜色。那么，如何在计算机虚构的场景中模拟这种光线传播以产生逼真的、颜色分布自然的图形呢？

解决这些问题是三维图形学的研究任务之一，本书后面几章的内容也围绕这些问题展开。这里，首先简单介绍一下解决这些问题的方法及相关的概念。

1. 投影

为了解决在二维设备上显示三维图形对象的问题，我们可以借鉴照像机的成像过程。在拍照时，首先将镜头对准所选景物，再按下快门，景物就被记录在二维的胶片上了。简单地说，**投影**指的就是这种将三维物体转换为二维图形的过程。投影的方式分为**平行投影**和**透视投影**。投影是本章要阐述的内容。

2. 三维形体的表示

在计算机中，三维形体的表示可以采用三种模型即**线框模型**、**表面模型**和**实体模型**。在线框模型中，以一组或几组轮廓线来表示形体。轮廓线或者是折线或者是曲线。而在表面模型中，以多边形或曲面来表示形体的表面。常用的曲线有 Hermite 曲线曲面、Bezier 曲线曲面、B 样条曲线曲面等。采用实体模型的表示方法有空间分解表示法、构造实体几何表示法等。三种模型的侧重点不同，适用的场合不同。线框模型的核心是线，它是真实形体的高度抽象，通过线框模型也许能观察到在其它模型中不易看到的形体的拓扑结构（点、线等的连结方式和相互关系等）。另外，线框模型表示简单，对其处理效率非常高。表面模型的核心是面，每个面有法向，纹理等属性，面与面之间存在遮挡关系。因此，它适合于真实感图形显示。实体模型注重于体，即一个物体实际占据的空间和位置。由此可以方便地在不同物体间进行各种运算（如布尔运算）以构造新的物体，还可以表示诸如材料、质量、重心等物理性质。它较多地应用在各种计算机辅助设计与制造系统中。实体模型的缺点是不能直接用于显示。如果要显示以实体模型表示的物体，必须首先将其转换成其它两种模型，然后再显示。有关三维形体的表示是第 9 章和第 10 章的内容。

3. 隐藏线与隐藏面的消除

为了产生真实感，必须在图形的显示过程中反映物体之间及物体不同部分之间的相互遮挡关系。当一个观察者选定了观察点(视点)和观察方向之后,对他来说,能看到的物体上的线、面称为**可见线**与**可见面**,看不到的(被遮挡的)线、面称为**隐藏线**与**隐藏面**。在显示图形时,只要消除了隐藏线、隐藏面,就能正确反映遮挡关系了。消除隐藏线、隐藏面又称为消隐,在线框模型中只有线,所以只要做**线消隐**;而在表面模型中,要进行**面消隐**。消隐将在第12章讨论。

4. 光照与着色

为了模拟真实世界中光线传播的效果,首先得建立光照明模型。**局部光照明模型**只反映了物体表面对光源发出的光的漫反射和镜面反射,而将光在物体之间反复传播所产生的效果笼统地表示为环境光。**整体光照明模型**更进一步,较好地反映了光线在物体之间的传播。对应于不同的光照明模型,有不同的对物体表面着色的方法。如适用于局部光照明模型的有Gouraud着色方法、Phong着色方法;适用于整体光照明模型的有光线跟踪方法、辐射度方法。光照与着色是第13章讨论的内容。

上面所说的是基于表面模型的真实感图形绘制方法,它不能用于没有"面"信息的线框模型的显示。常用于线框模型显示的有Depth Cueing技术,它反映了光在物体与观察者之间的衰减效果,即对于亮度均匀的一条线段,距观察者远的一端看起来应该暗一些。

对一个观察者来说,除了形状信息之外,物体的其它信息几乎全部包含于其表面颜色信息之中。颜色是光刺激人的视网膜所产生的视觉印象,它不仅反映了光源所发出的光的主要特性,也反映了物体对光的反射、折射、透射等物理属性。关于颜色的内容是真实感图形绘制技术的基础,将在第11章中讨论。

8.2 平面几何投影

8.2.1 照像机模型与投影

图8.1所示的为一个照像机和待拍摄的景物,我们可以随意调整照像机的位置和方向进行拍照。为了解决计算机中图形显示时所遇到的投影问题,可以借助于这个照像机模型的一些概念和方法。当然,在计算机中,"照像机"仅是个能正确模拟照像机成像过程的程序,而景物也是一些构造出来的数据模型。图8.1还显示了另外一条有用的信息,即照像机与景物分别具有自己的坐标系:*uvn* 和 *xyz*。后面我们将详细介绍这两个坐标系及它们之间的关系。

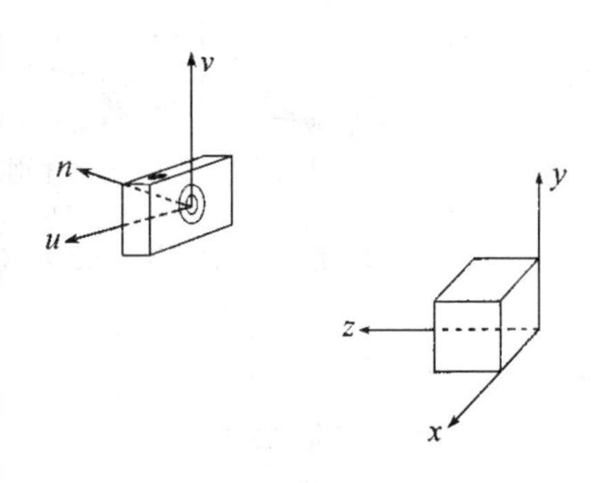

图8.1 照像机模型

用照像机拍照的过程十分简单,然而将计算机中表示物体的数据模型在屏幕上显示出来,过程就复杂一些了,它大致包括如下步骤:

(1) 选定投影类型。将三维物体转换为二维图形在屏幕上显示出来的过程称为投影。本章将讨论两种最重要的投影方式:**透视投影**与**平行投影**。

(2) 设置投影参数。当投影类型确定之后,需要确定观察点(视点,即眼睛所在位置)、观察方向(投影方向)、观察平面(投影平面)等参数,这些参数类似于照像机的位置、方向、胶片所在的平面等。通过改变这些参数,可以获得景物不同侧面不同尺寸的投影图形。

(3) 三维裁剪。就像在显示二维图形时需要关于窗口裁剪一样,三维图形的显示也要进行裁剪,以剔除那些不可见的物体。这些物体或者①在观察者的背后而看不到,或者②相距太远而看不清楚,也可能③位于侧面而目光不可及。由以上 3 个条件所确定三维裁剪体称为视见体。

(4) 投影和显示。经裁剪之后的图形被投影到投影平面上的窗口之内,再变换至设备坐标系内的视区中用于显示。

据上面所述,三维图形显示过程的主要步骤如图 8.2 所示。

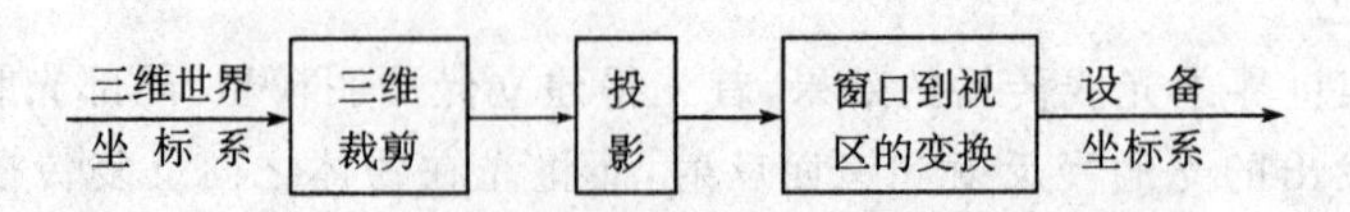

图 8.2 三维图形显示过程的主要步骤

8.2.2 平面几何投影及其分类

从广义上说,投影是将 n 维的点变换成小于 n 维的点。这里,我们将讨论范围局限于三维到二维的投影。

在三维空间中取一点,称为**投影中心** COP(观察点、视点),再定义一个面(不经过投影中心),称为**投影面**,从投影中心向物体上各点发出射线,这些射线称为**投影线**。投影线相交于投影平面,形成一个物体的像,称为原三维物体在二维投影平面上的投影。投影过程可以用一个几何变换来表示,这个变换将三维的点变换成二维的点。所以有时也称投影过程为**投影变换**。我们这里所讨论的投影是**平面几何投影**,因为投影面是平面,投影线为直线。更复杂的投影可以采用曲线、曲面分别作为投影线与投影面。

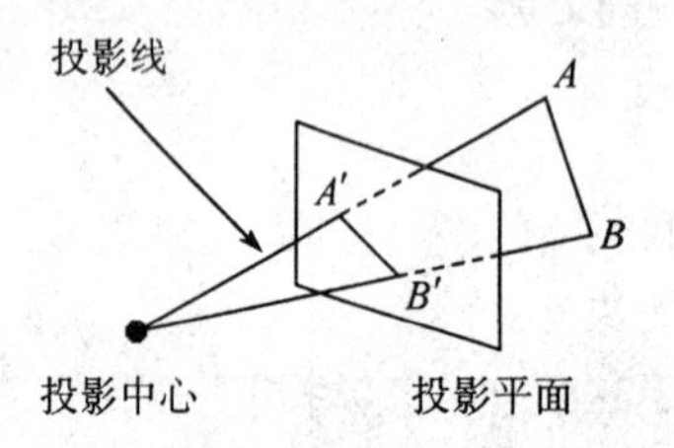

(a) 直线段 AB 及其透视投影 $A'B'$

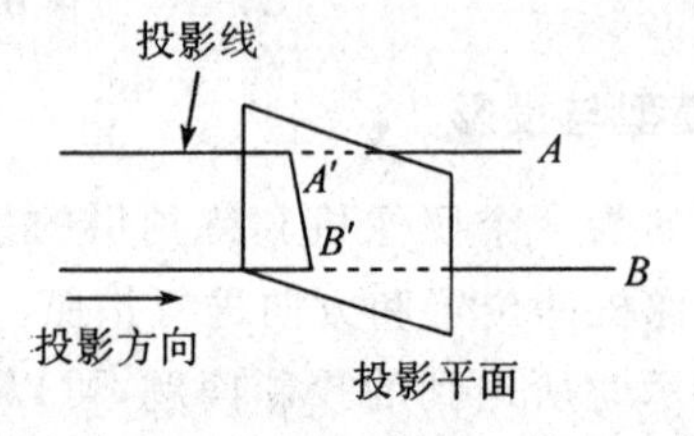

(b) 直线段 AB 及其平行投影 $A'B'$

图 8.3

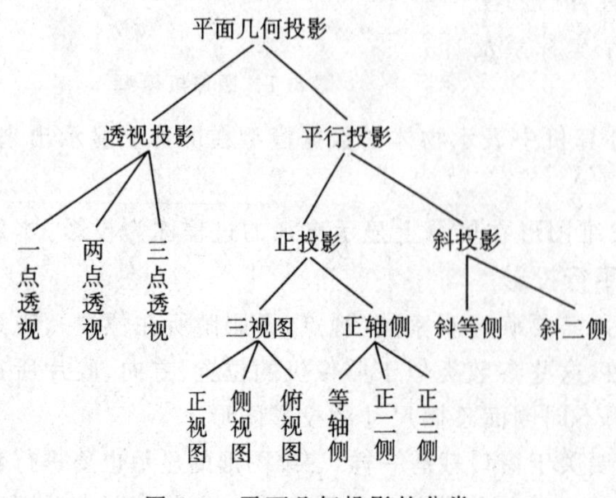

图 8.4 平面几何投影的分类

平面几何投影(以下简称投影)分为两大类:透视投影与平行投影。它们之间的区别在于投影中心与投影平面之间的距离不同。当投影中心到投影平面的距离是有限的时候,即为透视投影。当这个距离为无限的时候,为平行投影。例如,室内的白炽灯照射物体所形成的投影是透视投影,而太阳可看做距我们无穷远,太阳光照射形成的投影即为平行投影。图 8.3 示意了这两类投影。当投影中心在无穷远时,投影线相互平行,所以在定义平行投影时,只需指明投影线的方向即**投影方向**。而在定义透视投影时，需要指明投影中心的位置。

平面几何投影的分类情况如图 8.4，用于分类的特征是投影中心距投影平面的距离、投影方向与投影平面的夹角、投影平面与坐标轴的夹角。关于各种投影的具体内容在下面介绍。

8.2.3 透视投影

不平行于投影平面的平行线，经过透视投影之后交汇(相交)于一点，称为**灭点**。在三维空间中，平行线只在无穷远点相交，因而，灭点可看做三维空间的无穷远点在投影平面上的投影点。三维空间中存在无数族平行线，从而灭点也有无数多个。平行于坐标轴的平行线的灭点称为**主灭点**，主灭点的个数至多有三个，它的个数由与投影平面相交的坐标轴个数确定。例如，如果投影平面为 $Z=0$，它只与 Z 轴相交，因而只产生一个主灭点，并且该主灭点落于 Z 轴之上。如果投影平面为 $X+Z=0$，则它与 X 轴、Z 轴都相交，产生两个主灭点。同理，当投影平面为 $X+Y+Z=0$ 时，有 3 个主灭点。透视投影按主灭点的个数分为一点透视、二点透视、三点透视。如图 8.5 所示。

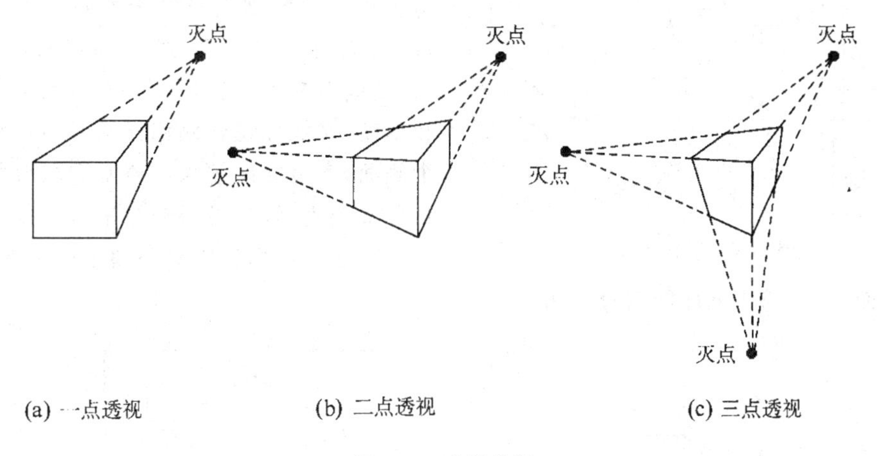

图 8.5 透视投影

透视投影类似于人的视觉系统能产生近大远小的效果。由它产生的图形深度感强，看起来更加真实。然而，这种透视效果并不总是有益的。例如，当我们需要图形精确反映物体的形状、尺寸时，采用平行投影更好。因为平行投影保持平行线之间的平行关系，而在透视投影下，只有当平行线平行于投影平面时，平行关系才被保持。

8.2.4 平行投影

根据投影方向与投影平面法向之间的关系，平行投影分为正投影与斜投影。在正投影中，投影方向与投影平面的法向平行，即投影线垂直于投影平面。而在斜平行投影中，投影线不垂直于投影面，如图 8.6 所示。

依据投影平面的法矢量的方向，正投影又分为三视图、正轴侧。当投影平面与某一坐标轴垂直时，得到的投影称**三视图**。三视图分为**正视图**、**侧视图**和**俯视图**，对应的投影平面分别与 X 轴、Y 轴、Z 轴垂直。图 8.7 显示了一个物体的三视图。三视图常用于工程制图，因为在其上可以测量距离和角度。但一个方向上的视图只反映物体的一个侧面，只有将三个方向上的视图结合起来，才能综合出物体的空间结构和形状。

当投影平面与三个坐标轴都不垂直时，形成的投影为**正轴侧**，正轴侧又分为**等轴侧**、**正二侧**和

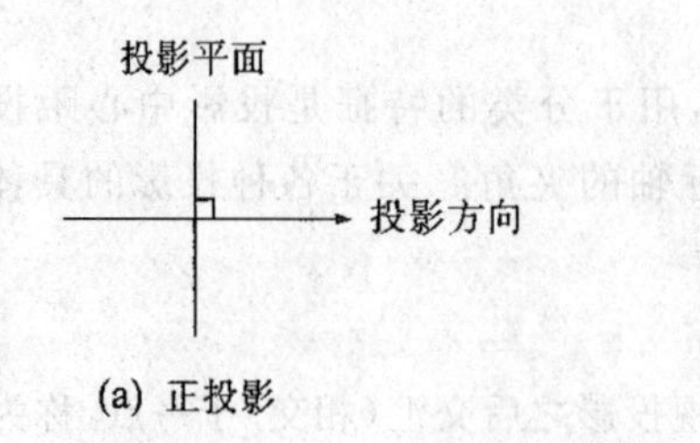

(a) 正投影

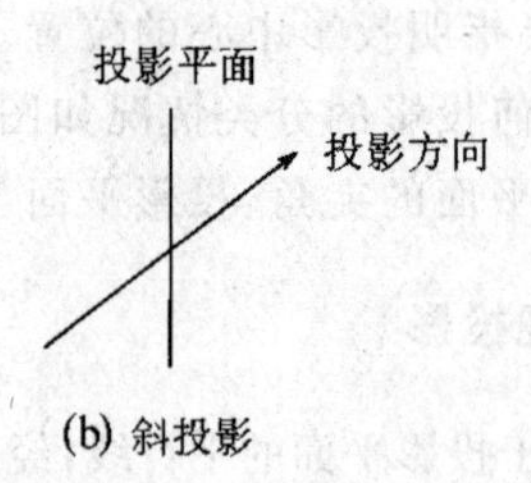

(b) 斜投影

图 8.6　平行投影

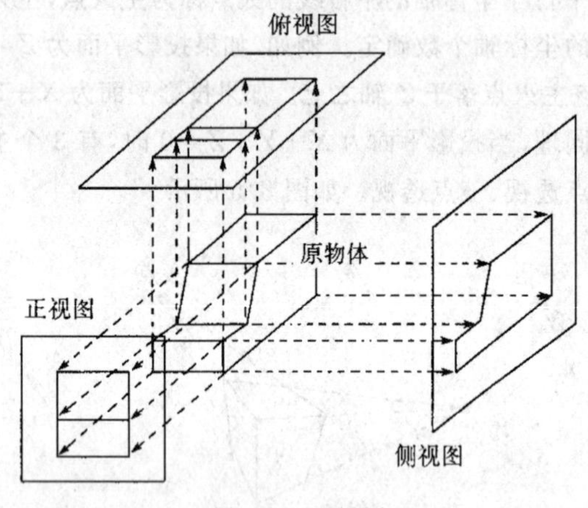

图 8.7　三视图

正三侧。假定投影平面的法向为(n_x,n_y,n_z)，则当$|n_x|,|n_y|,|n_z|$三个量全部相等时，投影为等轴侧；其中两个相等时，为正二侧；各不相同时为正三侧。图 8.8 为一个立方体的等轴侧。

斜投影是另一类应用广泛的平行投影，它与正投影的区别在于投影方向与投影平面不垂直。斜投影结合了三视图与正轴侧的共同特点，既能像三视图那样在投影平面上测量距离和角度，又能像正轴侧那样同时显示物体的多个侧面，产生立体效果。通常选取投影平面垂直于某个坐标轴。这样，在平行于投影平面的物体表面上可进行距离与角度的测量，而对物体的其它面，可沿着该坐标轴测量距离。

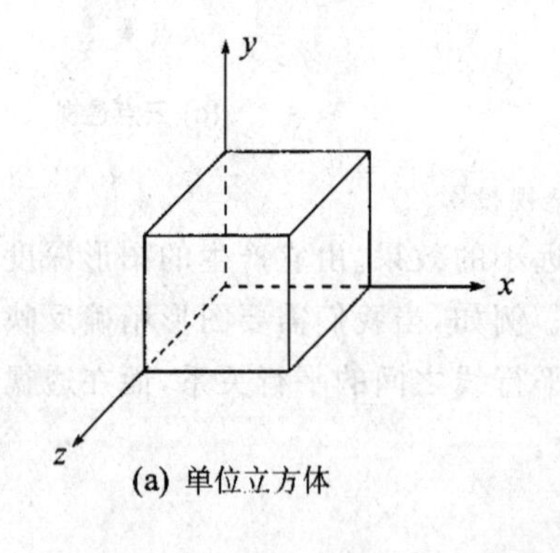

(a) 单位立方体

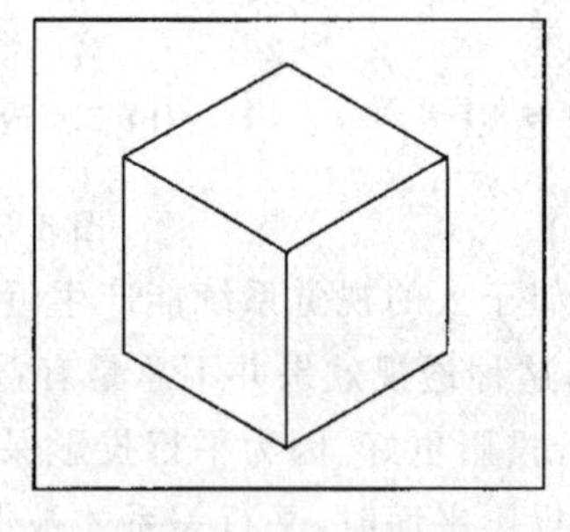
(b) 投影平面为 $X+Y+Z=1$，投影为立方体的等轴侧

图 8.8　单位立方体的等轴侧

8.3　观察坐标系中的投影变换

如前文所述，在显示三维物体的过程中，不仅要将它投影到二维投影平面上，还要确定一个视见体，在投影之前对物体进行裁剪，只显示我们感兴趣的那部分图形。这一节将讨论如何建立观察坐标系，如何在观察坐标系中确定视见体并建立透视投影和平行投影变换。

8.3.1　观察坐标系

在实际生活中，为了在不同的距离和角度上拍摄物体，我们既可以移动物体，也可以保持物体不动而移动照像机。拍摄结果只和物体与照像机之间的相对位置有关。物体所在的坐标系是世界坐标系(WC),投影平面与投影中心也是在世界坐标系中指定的。但是在世界坐标系中,为了获得物体某个角度的投影,所指定的投影平面和投影中心的表示可能很复杂,导致投影变换十分复杂。此时,我们可以依赖于投影平面(照像机的底片)建立一个三维坐标系 uvn,称为**观察坐标系**(VRC: View Reference Coordinate),使得在 VRC 中,投影平面、投影中心的表示简单,这样就简化了投影变换。但带来的负作用是,在投影前必须首先将物体从世界坐标系变换到观察坐标系中来。下面讨论如何建立观察坐标系。

投影平面也称**观察平面**(VP: View Plane),它由法向(VPN: View Plane Normal)和其上的一点——**观察参考点**(VRP: View Reference Point)唯一确定。如图 8.9 所示,我们以 VRP 为坐标原点,VPN 为 n 轴建立观察坐标系 uvn,那么观察坐标系的 uv 平面就与投影平面重合了。为了确定 u 轴与 v 轴,用户需另外指定**观察正向** VUP,它是用来标志物体朝向(朝上的方向)的矢量,类似于指定照像机向上的方向。要求 VUP 不平行于 n 轴。v 轴是 VUP 在投影平面上的投影,而 u 轴可以通过 v 与 n 的叉乘得到:即 $u=v\times n$。这样,u,v,n 构成了一个右手坐标系,即观察坐标系 VRC。在 VRC 中,投影平面即为平面 $n=0$。

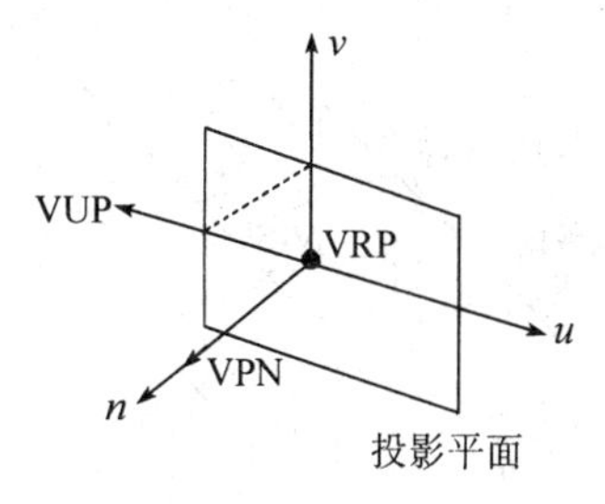

图 8.9 观察坐标系的建立

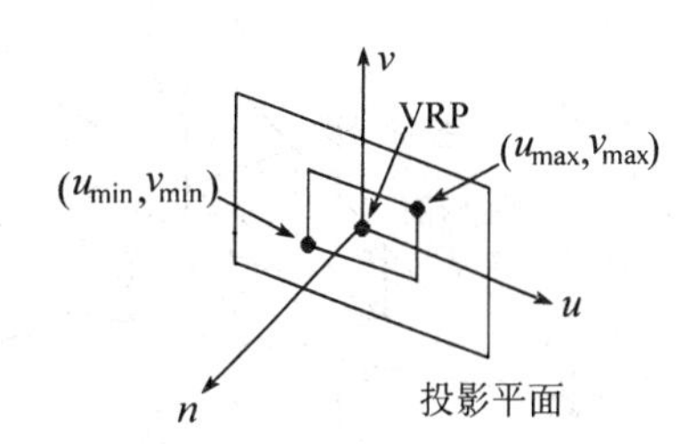

图 8.10 在投影平面上指定窗口

8.3.2 视见体

为了建立视见体,用户需要在投影平面上指定一个窗口,它的作用类似于二维图形显示过程中的窗口,窗口内的图形最终被变换到视区中显示出来,而窗口之外的图形不显示。由于投影平面即是 uv 平面,只要给定 u_{min},u_{max},v_{min},v_{max}四个量就唯一确定一个窗口了。其中(u_{min},v_{min})为窗口的左下角点,(u_{max},v_{max})为窗口的右上角点。如图 8.10 所示。在 uv 平面上,窗口不一定关于原点对称,即窗口的中心 CW 不必落于 VRP。

投影中心与投影方向由**投影参考点**(PRP: Projection Reference Point)确定(即用户通过指定 PRP 来确定投影中心或投影方向)。对透视投影来说,投影参考点就是投影中心。从投影中心向窗口的边发出射线,由此形成一个以投影中心 COP 为顶点的四棱锥,称为透视投影的**观察空间**,如图 8.11 所示。而对平行投影来说,从投影参考点指向窗口中心的方向确定了投影方向。若记投影方向为 DOP,则 DOP=CW−PRP。平行于投影方向并过窗口边的直线包围了一个长度无限的四棱柱,即为平行投影的观察空间。在三维空间中,落在观察空间之内的物体经投影将落于窗口内部被显示,否则不被显示。

通常,有限观察空间更符合实际情况,例如人总是只能看到有限范围内的景物。为此,在观察坐标系中定义两个裁剪平面——**前裁剪面**与**后裁剪面**,它们平行于投影平面,分别记为 $n=F$ 和 $n=B$。位于前、后裁剪面之间的有限的观察空间称为视见体或**裁剪空间**,如图 8.12 所示。

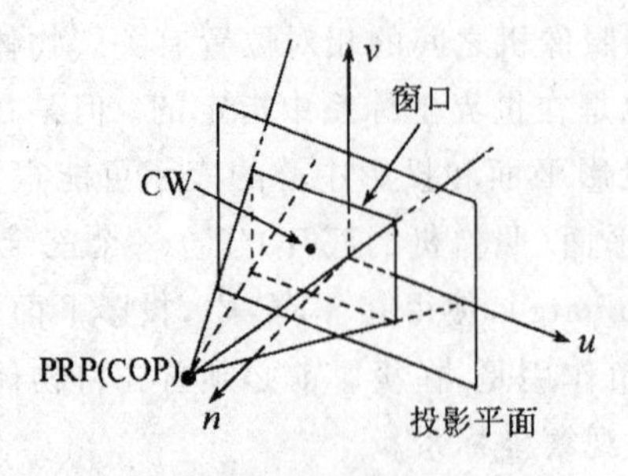

(a) 透视投影的观察空间

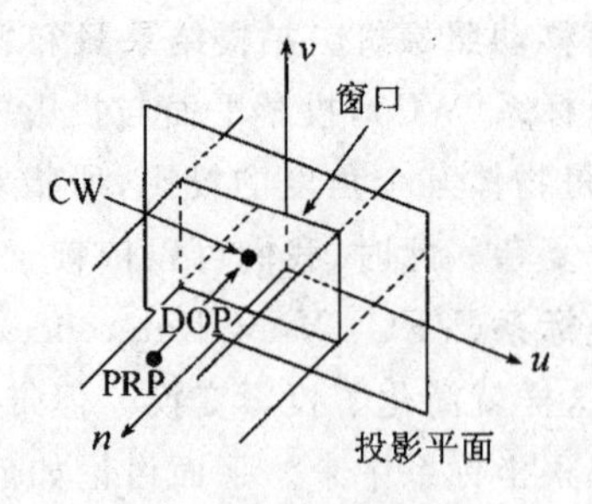

(b) 平行投影的观察空间

图 8.11 观察空间

物体在被投影之前,要关于视见体进行裁剪。为了使视见体是个有效的三维体(非空),必须要求前、后裁剪面满足一定的顺序,在如图 8.11 的情况下(一般,我们总是在 n 为正值的半空间中选取 PRP),即要求 $F>B$。

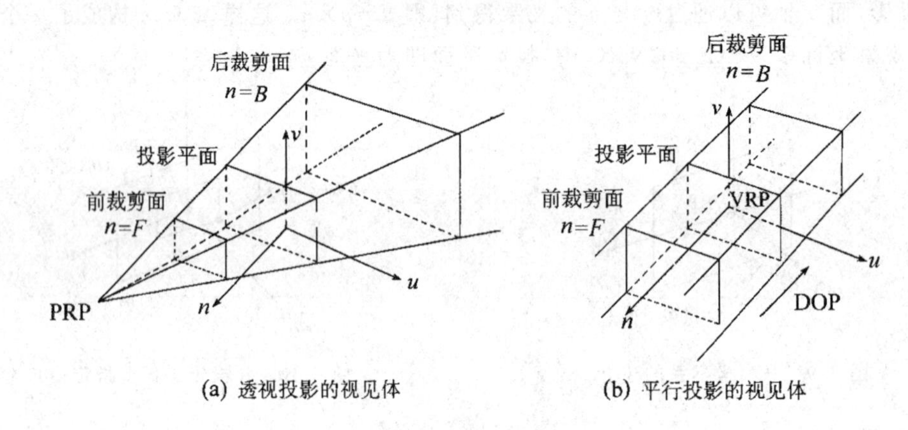

(a) 透视投影的视见体 (b) 平行投影的视见体

图 8.12 视见体

表 8.1 列出了定义一个视见体所需的参数及它们的作用。

表 8.1

参数	作用
投影类型	定义投影是平行投影还是透视投影
观察参考点 VRP	在世界坐标系中指定,为观察坐标系原点
观察平面法向 VPN	在世界坐标系中指定,为观察坐标系的 n 轴
观察正向 VUP	在世界坐标系中指定,确定观察坐标系的 v 轴
投影参考点 PRP	在观察坐标系中指定,确定投影中心或投影方向
前裁剪面裁距 F	在观察坐标系中指定,$n=F$ 为前裁剪面
后裁剪面裁距 B	在观察坐标系中指定,$n=B$ 为后裁剪面
$u_{min}, u_{max}, v_{min}, v_{max}$	在观察坐标系的 uv 平面上指定,确定窗口与视见体

8.3.3 透视投影变换

在观察坐标系 uvn 中,投影平面为 $n=0$,假定投影参考点为 $(0,0,d)$,待投影的三维空间的点为 $P(u_P,v_P,n_P)$,现在要求出 P 在投影平面上的投影点 $Q(u_Q,v_P,n_P)$。由图 8.13 容易看出,Q 即为从投影参考点 PRP 出发过 P 点的射线与投影平面的交点,该射线的参数方程为:

$$\begin{cases} u = tu_P, \\ v = tv_P, & t \in [0, +\infty) \\ n = t(n_P - d) + d, \end{cases} \quad (8.1)$$

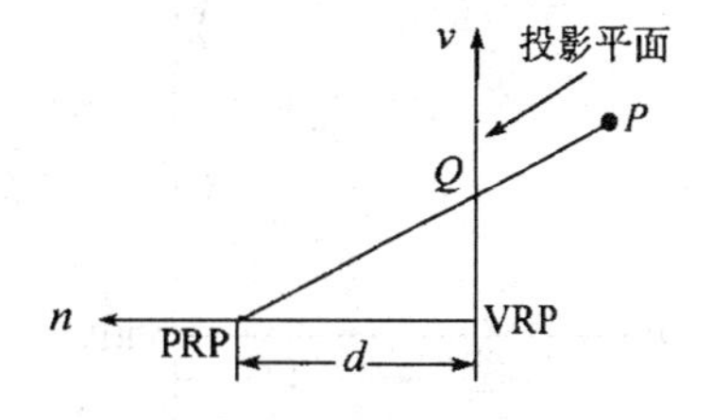

图 8.13　待投影点 P 及其透视投影点 Q

而投影平面的方程为 $n=0$，联立这两个方程，得到 $t=\dfrac{d}{d-n_P}$，从而求出 Q 点的坐标：

$$\begin{cases} u_Q = \dfrac{du_P}{d - n_P} = \dfrac{u_P}{1 - (n_P/d)}, \\ v_Q = \dfrac{dv_P}{d - n_P} = \dfrac{v_P}{1 - (n_P/d)} \end{cases} \quad (8.2)$$

u_Q，v_Q 的表达式中 n_P 位于分母，当 $|n_P|$ 变大即物体远离投影中心时，它们的值变小。由此可以解释为什么透视投影产生近大远小的视觉效果。n_P 可以取任意值，但不能为 d，因为 $n_P=d$ 意味着从 PRP 到 P 点的射线平行于投影平面，不能产生 P 点的投影。式(8.2)可由下面 4×4 矩阵表示：

$$M_{\text{Per}} = \begin{bmatrix} 1 & 0 & 0 & 0 \\ 0 & 1 & 0 & 0 \\ 0 & 0 & 0 & 0 \\ 0 & 0 & -1/d & 1 \end{bmatrix} \quad (8.3)$$

M_{Per}称为**透视投影变换矩阵**，它的作用就是将三维物体变换成其二维透视投影。即满足

$$Q = M_{\text{Per}} \cdot P \quad (8.4)$$

P 点的齐次坐标为$[u_P, v_P, n_P, 1]^{\mathrm{T}}$

$$M_{\text{Per}} \cdot P = \begin{bmatrix} 1 & 0 & 0 & 0 \\ 0 & 1 & 0 & 0 \\ 0 & 0 & 0 & 0 \\ 0 & 0 & -1/d & 1 \end{bmatrix} \begin{bmatrix} u_P \\ v_P \\ n_P \\ 1 \end{bmatrix} = \begin{bmatrix} u_P \\ v_P \\ 0 \\ 1 - \dfrac{n_P}{d} \end{bmatrix} \quad (8.5)$$

而齐次坐标$\left[u_P, v_P, 0, 1-\dfrac{n_P}{d}\right]$对应的三维空间的点为$\left(\dfrac{u_P}{1-\dfrac{n_P}{d}}, \dfrac{v_P}{1-\dfrac{n_P}{d}}, 0\right)$，这样就说明了式(8.4)与式(8.2)是等价的。

换一个角度来看，若假定投影参考点 PRP 在观察坐标系的原点，投影平面为 $n=-d$，按照同样的方法，不难得到透视变换矩阵为：

$$M'_{\text{Per}} = \begin{bmatrix} 1 & 0 & 0 & 0 \\ 0 & 1 & 0 & 0 \\ 0 & 0 & 1 & 0 \\ 0 & 0 & -1/d & 0 \end{bmatrix} \quad (8.6)$$

8.3.4　平行投影变换

假定投影参考点 PRP 仍为(0,0,d)，投影方向为 n 轴的负方向，即 DOP=(0,0,−1)，要求出 P 点在投影平面上的平行投影点 Q。由于投影方向为投影参考点指向窗口中心的方向，

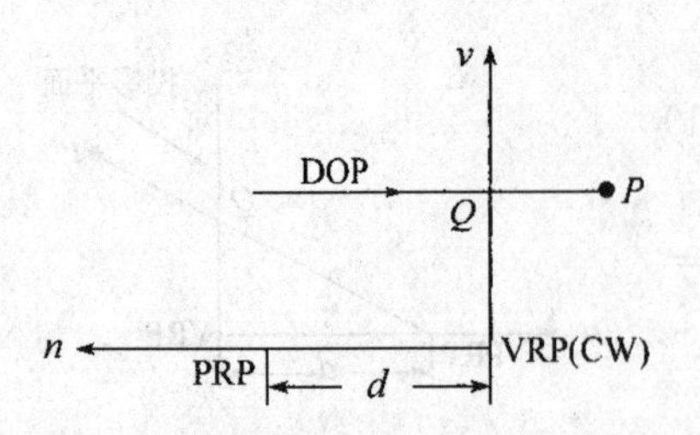

图 8.14 待投影点 P 及其平行投影点 Q

所以 DOP＝(0,0,－1)，即要求窗口中心与 VRP(观察坐标系的原点)重合。

如图 8.14 所示，P，Q 的坐标关系如下：

$$\begin{cases} u_Q = u_P, \\ v_Q = v_P, \\ n_Q = 0 \end{cases} \tag{8.7}$$

式(8.7)中，u_Q，v_Q 的值与 n_P 无关，说明在平行投影下，物体的投影大小与它的位置无关。式(8.7)可由下面的 4×4 矩阵表示：

$$M_{\text{ort}} = \begin{bmatrix} 1 & 0 & 0 & 0 \\ 0 & 1 & 0 & 0 \\ 0 & 0 & 0 & 0 \\ 0 & 0 & 0 & 1 \end{bmatrix} \tag{8.8}$$

M_{ort}称为**平行投影变换矩阵**。类似地，读者可以证明它的作用与式(8.7)相同。

比较式(8.3)与式(8.8)，会发现，当 $d \to \infty$ 时，M_{per}就变为 M_{ort}。说明平行投影是透视投影在中心趋于无穷远处时的特例。

这里，我们在极其简单的情况下建立了 M_{per}与 M_{ort}，更一般的情况将在 8.5 节中讨论。事实上，在 8.5 节中，我们也并不是直接建立复杂的投影变换，而是试图将复杂的投影转换为本节的简单投影来进行。

8.3.5 世界坐标系到观察坐标系的变换

一旦观察坐标系建立之后，后续的处理如投影、裁剪等将都在其中进行。但物体最初是在世界坐标系(用户坐标系)中构造的，所以，必须将它们变换到观察坐标系中来。这个变换即是**世界坐标系到观察坐标系的变换**，它由一个 4×4 的矩阵来表示。由 7.9 节的知识我们知道，只要求出观察坐标系的坐标原点及三个坐标轴上的单位矢量在世界坐标系中的坐标值，就可按式(7.67)写出从世界坐标系到观察坐标系的变换矩阵了。

如图 8.15 所示，假定世界坐标系 WC 为 $Oxyz$，观察坐标系 VRC 为 uvn，记所求的变换矩阵为 $M_{\text{WC}\to\text{VRC}}$，已知(用户指定)VRC 的坐标原点(观察参考点)VRP(VRP_x，VRP_y，VRP_z)，投影平面法向 VPN，和观察正向 VUP。由观察坐标系的建立过程得到：

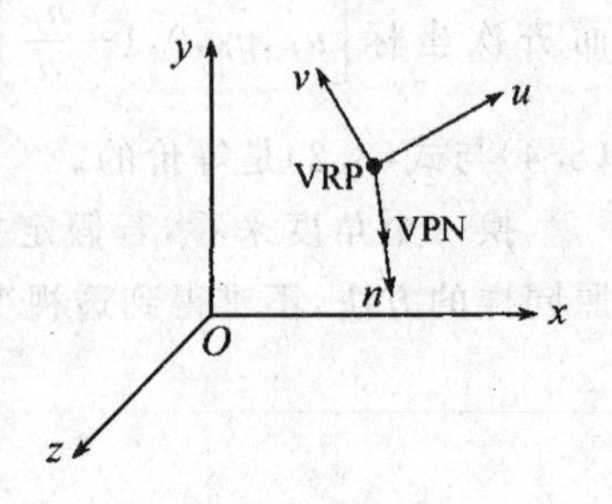

图 8.15 世界坐标系与观察坐标系

$$\begin{cases} n = \dfrac{\text{VPN}}{\|\text{VPN}\|} \xlongequal{\text{记为}} [n_x, n_y, n_z], \\ u = \dfrac{\text{VUP} \times \text{VPN}}{\|\text{VUP} \times \text{VPN}\|} \xlongequal{\text{记为}} [u_x, u_y, u_z], \\ v = n \times u \xlongequal{\text{记为}} [v_x, v_y, v_z] \end{cases}$$

其中，n，u，v 分别代表 VRC 三个坐标轴方向上的单位矢量，$\|\cdot\|$ 为取模运算。上面第二式之所以成立是因为，v 为 VUP 在投影平面上的投影，即矢量 n、VUP、v 共面，都垂直于 u，从而 u 可以由 VUP 与 n 的叉乘得到。

将上面的条件代入式(7.67)，求出 $M_{WC \to VRC}$ 如下：

$$
M_{WC \to VRC} = \begin{bmatrix} u_x & u_y & u_z & 0 \\ v_x & v_y & v_z & 0 \\ n_x & n_y & n_z & 0 \\ 0 & 0 & 0 & 1 \end{bmatrix} \cdot \begin{bmatrix} 1 & 0 & 0 & -\mathrm{VRP}_x \\ 0 & 1 & 0 & -\mathrm{VRP}_y \\ 0 & 0 & 1 & -\mathrm{VRP}_z \\ 0 & 0 & 0 & 1 \end{bmatrix}
$$

$$
= \begin{bmatrix} u_x & u_y & u_z & -(u_x \cdot \mathrm{VRP}_x + u_y \cdot \mathrm{VRP}_y + u_z \cdot \mathrm{VRP}_z) \\ v_x & v_y & v_z & -(v_x \cdot \mathrm{VRP}_x + v_y \cdot \mathrm{VRP}_y + v_z \cdot \mathrm{VRP}_z) \\ n_x & n_y & n_z & -(n_x \cdot \mathrm{VRP}_x + n_y \cdot \mathrm{VRP}_y + n_z \cdot \mathrm{VRP}_z) \\ 0 & 0 & 0 & 1 \end{bmatrix} \tag{8.9}
$$

该变换首先平移使 VRP 落于 WC 的原点 O，再旋转使 u,v,n 轴分别与 x,y,z 轴一致。

8.4 投影举例

这一节中，我们运用前面讲过的概念建立两种投影方式下的不同投影，以加深读者对各种投影参数的理解。待投影的物体是一个单位立方体，如图 8.16 所示。立方体简单且常见，读者可以通过类比真实的物体理解投影结果。立方体的顶点分别用数字 1～8 标识，顶点 5 位于坐标原点，顶点 3 的坐标为(1,1,1)。用到的投影参数如表 8.1 所示，假定它们的缺省值如下：

参数	值
投影类型	平行投影
VRP (WC)	(0,0,0)
VPN (WC)	(0,0,1)
VUP (WC)	(0,1,0)
PRP (VRC)	(0.5,0.5,1)
窗口(VRC)	(0,1,0,1)

图 8.16 待投影的单位立方体

其中，括号中的 WC，VRC 表示该参数是在世界坐标系中或是观察坐标系中指定的。在这组缺省的参数下，世界坐标系 xyz 与观察坐标系 uvn 重合，如图 8.17 所示。在本节的前两部分中，我们仅考察在观察空间(无限的)中的投影结果，在第三部分里将专门讨论前、后裁剪面的影响。

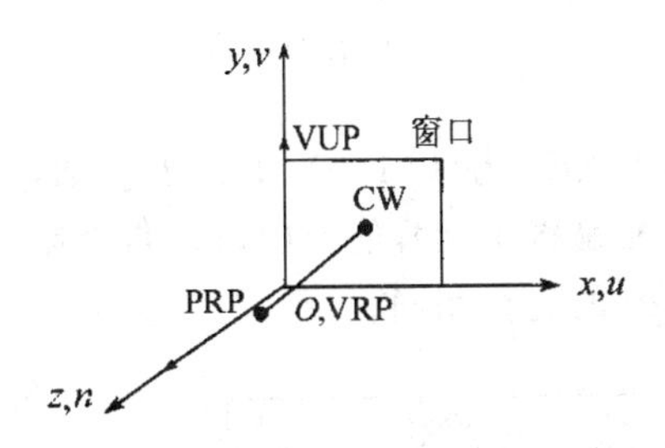

图 8.17 在缺省的参数下，世界坐标系 xyz 与观察坐标系 uvn 重合

8.4.1 透视投影

将投影类型设置为透视投影，投影中心移至(0.5,0.5,4)，放大窗口使之参数为(−0.5,1.5,−0.5,1.5)，我们得到立方体的投影如图 8.18(a)所示。此时投影参数为：

参数	值
投影类型	透视投影
VRP (WC)	(0,0,0)
VPN (WC)	(0,0,1)
VUP (WC)	(0,1,0)

PRP (VRC)	(0.5,0.5,4)
窗口(VRC)	(−0.5,1.5,−0.5,1.5)

由于投影平面 $z=0$ 只与 z 轴相交,所以图 8.18(a)所示的为一点透视投影。同样采用一点透视,如果我们移动投影参考点 PRP 至(2,2,4),则可以视察到立方体的更多的面,如图 8.18(b)所示。

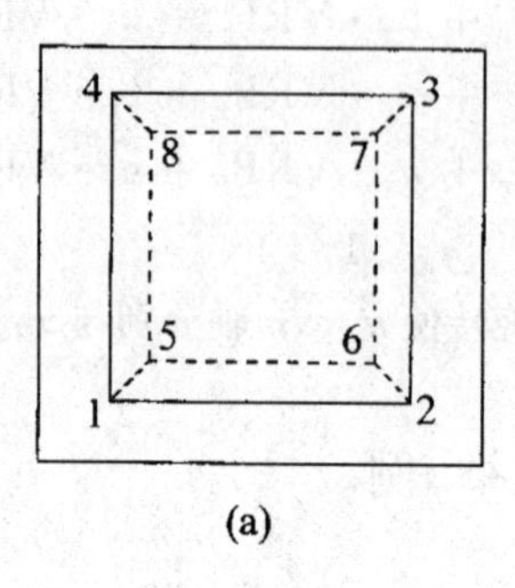

(a)

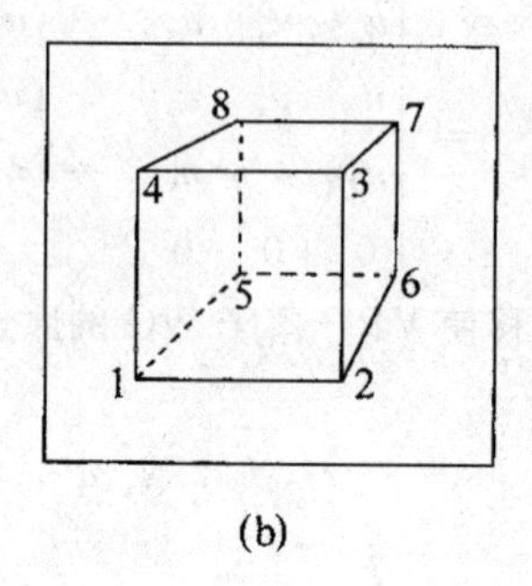

(b)

图 8.18 立方体的一点透视投影

接下来,让我们构造立方体的两点透视投影。为此,必须旋转投影平面使之与两个坐标轴相交。我们取 VPN 为(1,0,1),VRP 仍为(0,0,0),这样投影平面与 x 轴和 z 轴相交。如图 8.19 所示。再取窗口参数为(−1.5,1.5,−1.5,1.5),将 PRP 移到(0.5,2.0,4.0)。得到投影如图 8.20 所示。这一组参数如下:

参数	值
投影类型	透视投影
VRP (WC)	(0,0,0)
VPN (WC)	(1,0,1)
VUP (WC)	(0,1,0)
PRP (VRC)	(0.5,2.0,4.0)
窗口(VRC)	(−1.5,1.5,−1.5,1.5)

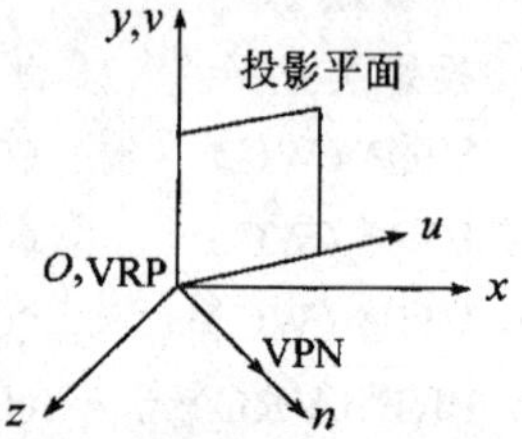

图 8.19 产生图 8.20 的投影环境

类似地,可以构造立方体的三点透视投影。

图 8.21 显示了改变 VUP 的结果,在前面的例子中,VUP 始终为(0,1,0),平行于 y 轴,所以立方体的侧边也平行于窗口的侧边。现在使 VUP 从 y 轴偏离 45 度,值为(1,1,0),投影结果为立方体倾斜了。产生图 8.21 的其它投影参数与图 8.20 的完全相同。

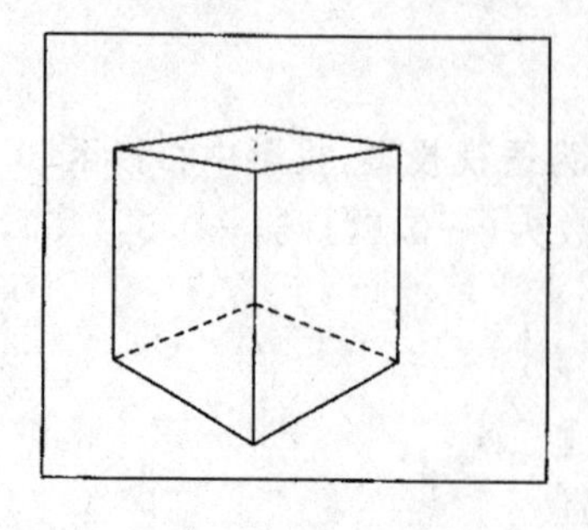

图 8.20 立方体的两点透视

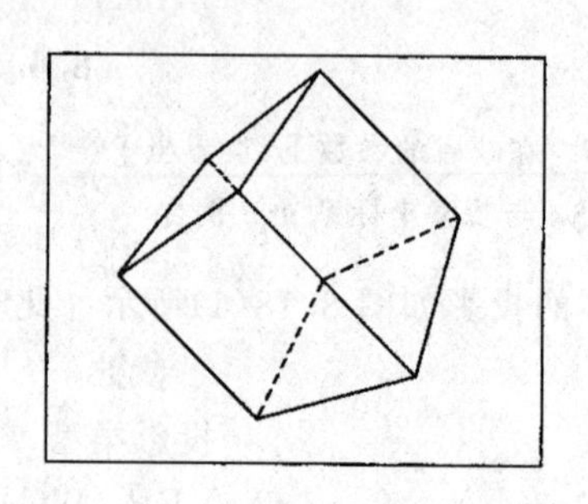

图 8.21 改变 VUP 后立方体的两点透视投影

8.4.2 平行投影

设置窗口参数为(−0.5,1.5,−0.5,1.5),其它参数采用缺省值,我们得到立方体的平行投影,如图 8.22 所示。对应的投影参数如下:

参数	值
投影类型	平行投影
VRP (WC)	(0,0,0)
VPN (WC)	(0,0,1)
VUP (WC)	(0,1,0)
PRP (VRC)	(0.5,0.5,1)
窗口(VRC)	(−0.5,1.5,−0.5,1.5)

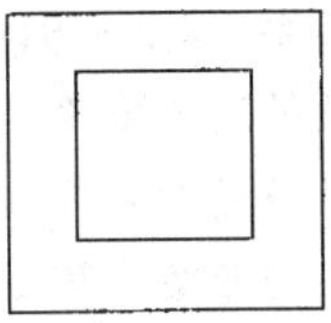

图 8.22 立方体的正平行投影

此时,投影方向 DOP=CW−PRP=(0,0,−1)。

图 8.23 所示的是立方体的等轴侧投影,投影参数为:

参数	值
投影类型	平行投影
VRP (WC)	(0,0,0)
VPN (WC)	(1,1,1)
VUP (WC)	(0,1,0)
PRP (VRC)	(0.5,0.5,2)
窗口(VRC)	(−0.5,1.5,−0.5,1.5)

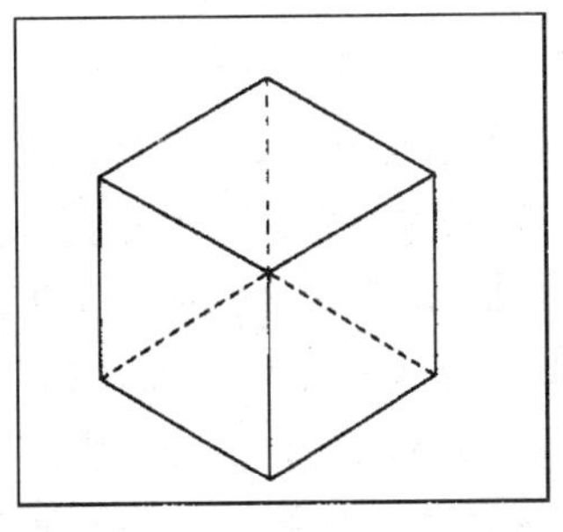

图 8.23 立方体的等轴侧投影

在这一组参数确定的投影环境中,投影方向仍为 DOP=CW−PRP=(0,0,−1)(在 VRP 中取值)。

8.4.3 前、后裁剪面的影响

在前面两部分的例子中,我们没有考虑前、后裁剪面的影响,裁剪空间就是观察空间本身。加上前、后裁剪面之后,观察空间被裁剪为有限的视见体。由下列参数确定的立方体的投影如图 8.24 所示,由于后裁剪面过近,使得立方体的尾部被裁剪掉了。

参数	值
投影类型	透视投影
VRP (WC)	(0,0,0)
VPN (WC)	(0,0,1)
VUP (WC)	(0,1,0)
PRP (VRC)	(0.5,0.5,2)
窗口(VRC)	(−0.5,1.5,−0.5,1.5)
F (VRC)	1.2
B (VRC)	0.2

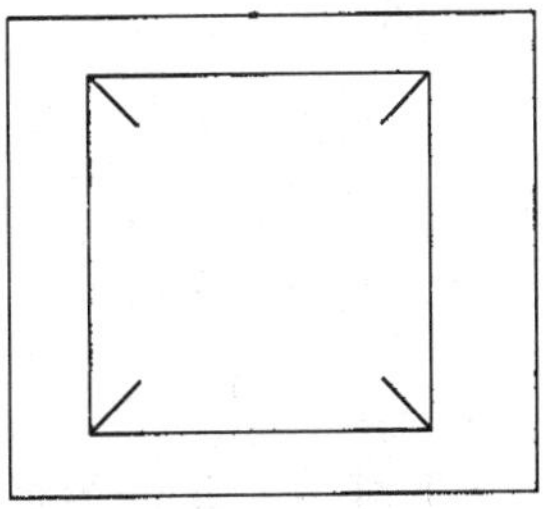

图 8.24 尾部被裁剪掉的立方体

8.5　三维图形的显示流程图

根据前文的讨论，得出三维图形的显示流程如图 8.25 所示。物体最初定义于自己的局部坐标系（模型坐标系）中，经适当的几何变换——模型变换，它以一定的形状、尺寸存在于世界坐标系的某个位置。再经过观察变换，获得物体在观察坐标系中的表示。观察坐标系中的视见体划定了可见物体所在的范围，裁剪之后剩下的物体将被投影到投影平面上的窗口之内，再由窗口至视区的变换将其变换到设备坐标系中用于显示。本节余下的内容对此流程图作进一步讨论。

图 8.25　三维图形的显示流程图

8.5.1　模型变换

构造一个复杂的场景需要许多物体，如果这些物体都定义于世界坐标系中，它们的表示可能是极其复杂的，甚至是难于构造的。即使是一个简单的立方体，如果它以任意角度存在于世界坐标系中，它的各顶点坐标也不易计算出来，如图 8.26(a)所示。此时，不妨将物体定义于其局部坐标系（又称**模型坐标系**/Modeling Coordinate）中，由于模型坐标系是依物体而建的，物体在其中的表示相对简单，易于描述，如图 8.26(b)所示。一个物体或者独立地出现在世界坐标系中，或者是更复杂物体的组成部分，无论哪种情况，都需要一个几何变换将其变换到新的坐标系中（在后一种情况中，新的坐标系即是那个更复杂物体的模型坐标系），这个变换称**模型变换**（Modeling Transformation）。

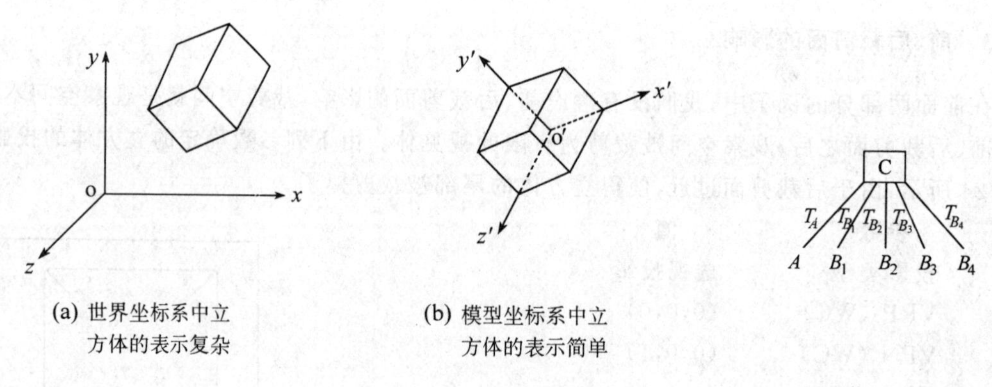

(a) 世界坐标系中立方体的表示复杂

(b) 模型坐标系中立方体的表示简单

图　8.26

图8.27　四轮小车的层次描述

从下面一个简单的例子中，我们体会一下模型变换的作用。假定我们要构造一辆运动着的四轮小车 C。C 的车身记为 A，四个车轮分别记为 $B1,B2,B3,B4$，它们分别定义于自己的模型坐标系中，记为 $x_Ay_Az_A$，$x_{Bi}y_{Bi}z_{Bi}(i=1,2,3,4)$。取小车的模型坐标系 $x_Cy_Cz_C$ 为车身的模型坐标系，即 $x_Cy_Cz_C$ 与 $x_Ay_Az_A$ 重合。再假定车身、车轮在 $x_Cy_Cz_C$ 中的相对位置由模型变换 T_A（事实上，T_A 为单位矩阵）、T_{Bi}(i=1,2,3,)4 确定，则小车可描述成如图 8.27 的分层结构。再假定小车的运动路线由下面的方程给出：

$$\begin{cases} x = x(t), \\ y = y(t), \quad t \in [a,b] \\ z = z(t), \end{cases}$$

即在时刻 t,小车在世界坐标系 xyz 中的位置为 $(x(t),y(t),z(t))$。这可以由平移变换 $T(x(t),y(t),z(t))$(模型变换)完成。这样,一个运动着的四轮小车的模型就构造好了。在世界坐标系 xyz 中,任一时刻 t,车身为 $T(x(t),y(t),z(t)) \cdot T_A \cdot A$,车轮为 $T(x(t),y(t),z(t)) \cdot T_{Bi} \cdot Bi$ (i=1,2,3,4)。

8.5.2 何时裁剪

如果将图 8.25 中投影与裁剪的顺序颠倒过来,我们得到 8.28 的流程图。在该流程图中,我们先对物体做投影变换,再将它们在投影平面上的投影关于窗口做二维裁剪。这样做的好处是二维裁剪比三维裁剪容易,缺点是需要对所有的物体都做投影变换,而其中部分物体可能是不可见的(落在视见体之外),这样就浪费了部分计算。但基于如下理由,图 8.25 中的显示过程更合理。

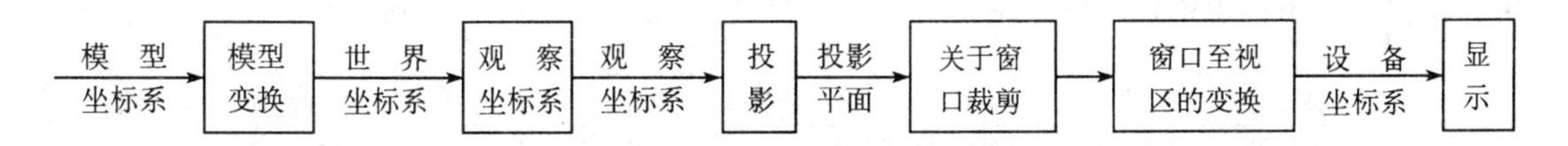

图 8.28 采用二维裁剪的三维图形显示流程图

(1) 三维物体的表面通常被离散表示成多边形或折线,而对这类简单图元,三维裁剪同样比较简单。

(2) 三维图形在显示过程中需要被消除隐藏线与隐藏面(在第 12 章介绍),做这个工作要有图形的深度信息,所以必须在投影之前完成。消隐十分费时,我们希望在做该步工作之前裁剪(或部分裁剪)掉不可见的图形,从而使需要消隐的图形减至最少。

从图形的显示过程可以看出,图形显示经历了许多步骤。如果对每个图元弧立地执行每一步骤,计算量是很大的。注意到这些步骤中,除了裁剪之外,其余都可以用一个变换矩阵来表示,我们可以预先将适当的变换合成起来,如将裁剪之前与之后的变换各合并为一个矩阵,这样在显示图元时,只要做两次矩阵乘法就可以了,大大减少了计算量。

8.5.3 规范视见体

关于视见体的裁剪是三维图形显示过程的重要步骤,裁剪的效率极大地影响图形的显示速度。视见体由六个面围成,与二维裁剪情况类似,三维图元关于视见体的裁剪涉及其与视见体的六个表面的求交,需要大量的计算。为了减少计算量,我们引入**规范视见体**(规范裁剪空间)的概念。规范视见体的 6 个表面的方程十分简单,使得图元与其求交所需要的计算量相对减少。例如,在观察坐标系 uvn 中,**平行投影的规范视见体**的 6 个面可以定义为:

$$\begin{cases} u = 1,\ u = -1, \\ v = 1,\ v = -1, \\ n = 0,\ n = -1 \end{cases} \tag{8.10}$$

透视投影的规范视见体的 6 个面可以定义为:

$$
\begin{cases} u = n, & u = -n, \\ v = n, & v = -n, \\ n = -n_{\min}, & n = -1 \end{cases} \tag{8.11}
$$

如图 8.29 所示。

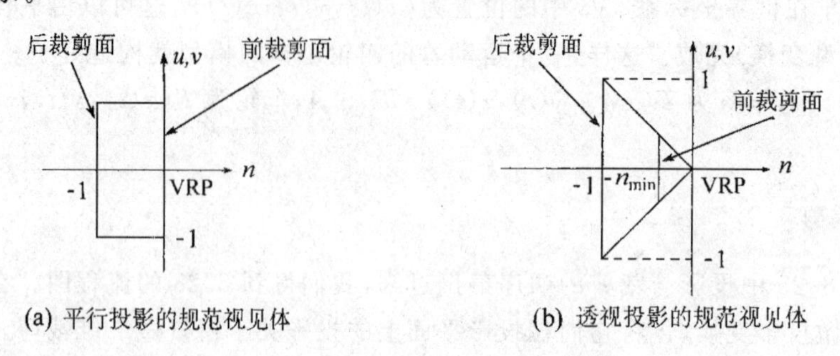

图 8.29 规范视见体的定义

定义了规范视见体之后，在观察坐标系中，我们的处理步骤为：首先将视见体规范化，再关于规范视见体进行三维裁剪，最后对物体投影。整个流程如图 8.30 所示。观察坐标系经规范化变换形成的坐标系称**规范投影坐标系**。下面我们分别讨论透视投影与平行投影视见体的规范化。

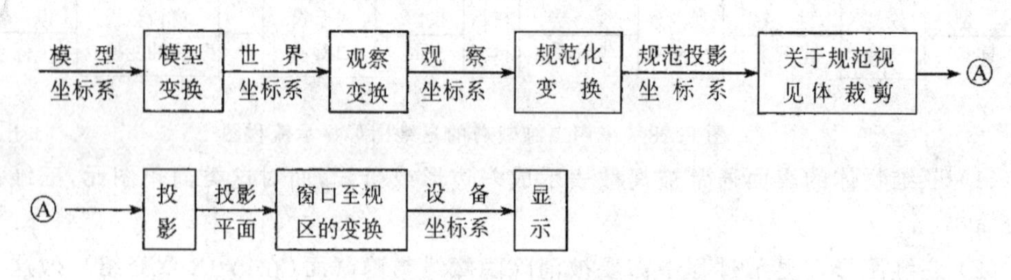

图 8.30 采用规范视见体的三维图形显示流程图

8.5.4 平行投影视见体的规范化

用户根据需要指定的投影参数所确定的视见体未必是规范视见体（甚至所确定的投影也不一定是正平行投影），所以要对其进行适当的变换，使之成为规范视见体，这个变换称为**平行投影视见体的规范化变换**，记为 N_{par}。下面我们要递推出 N_{par} 的矩阵表示。

假定在观察坐标系 uvn 中，投影方向为 DOP，窗口参数为 $(u_{\min}, u_{\max}, v_{\min}, v_{\max})$，前后裁剪面分别为 $n=F, n=B$。这组参数确定的视见体的截面图如图 8.31(a)所示，将它规范化的过程分为四个步骤：

(1) 平移使窗口中心 CW 位于坐标原点 VRP，见图 8.31(b)，变换为：

$$
T_{par1} = T(-\mathrm{CW}) = T\left(-\frac{u_{\max}+u_{\min}}{2}, -\frac{v_{\max}+v_{\min}}{2}, 0\right)
$$

$$
= \begin{bmatrix} 1 & 0 & 0 & -\dfrac{u_{\max}+u_{\min}}{2} \\ 0 & 1 & 0 & -\dfrac{v_{\max}+v_{\min}}{2} \\ 0 & 0 & 1 & 0 \\ 0 & 0 & 0 & 1 \end{bmatrix} \tag{8.12}
$$

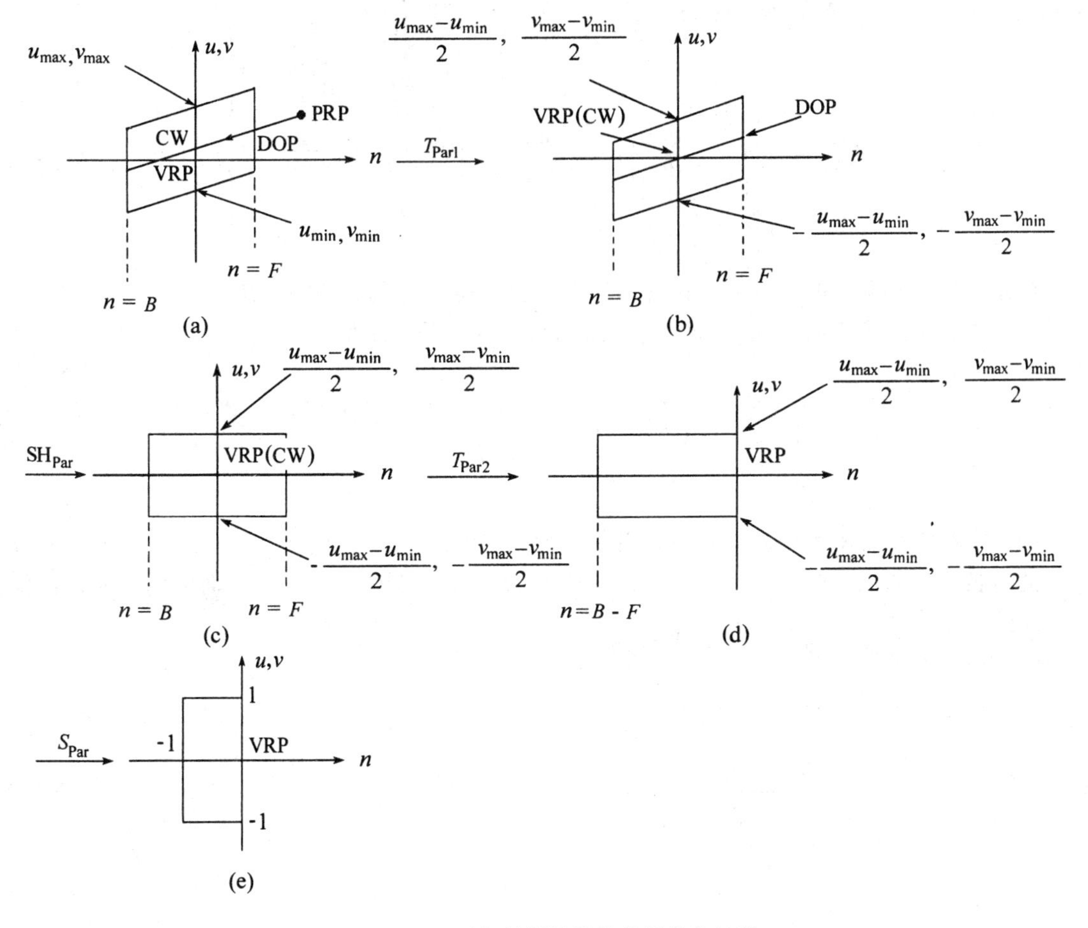

图 8.31　平行投影视见体的规范化过程

(2) 错切使投影方向 DOP 与 n 轴平行，如图 8.31(c)所示。投影方向 DOP=CW−PRP，即

$$\text{DOP} = \begin{bmatrix} \dfrac{u_{max}+u_{min}}{2} \\ \dfrac{v_{max}+v_{min}}{2} \\ 0 \\ 1 \end{bmatrix} - \begin{bmatrix} \text{prp}_u \\ \text{prp}_v \\ \text{prp}_n \\ 1 \end{bmatrix} = \begin{bmatrix} \dfrac{u_{max}+u_{min}}{2} - \text{prp}_u \\ \dfrac{v_{max}+v_{min}}{2} - \text{prp}_v \\ \text{prp}_n \\ 0 \end{bmatrix} \xlongequal{\text{记为}} \begin{bmatrix} \text{dop}_u \\ \text{dop}_v \\ \text{dop}_n \\ 0 \end{bmatrix} \tag{8.13}$$

从图 8.31(b)可看出，该错切变换是以 n 轴为依赖轴的错切变换(保持 n 坐标)$\text{SH}_n(\text{sh}_u,\text{sh}_v)$，所以它必然将投影方向 $\text{DOP}(\text{dop}_u,\text{dop}_v,\text{dop}_n,0)$变换为 $\text{DOP}'(0,0,\text{dop}_n,0)$，从而得到：

$$\text{DOP}' = \text{SH}_n(\text{sh}_u,\text{sh}_v)\cdot\text{DOP} \Rightarrow \begin{bmatrix} 0 \\ 0 \\ \text{dop}_n \\ 0 \end{bmatrix} = \begin{bmatrix} 1 & 0 & \text{sh}_u & 0 \\ 0 & 1 & \text{sh}_v & 0 \\ 0 & 0 & 1 & 0 \\ 0 & 0 & 0 & 1 \end{bmatrix} \cdot \begin{bmatrix} \text{dop}_u \\ \text{dop}_v \\ \text{dop}_n \\ 0 \end{bmatrix} \tag{8.14}$$

求解式(8.14)得：

$$\begin{cases} \text{sh}_u = -\dfrac{\text{dop}_u}{\text{dop}_n}, \\ \text{sh}_v = -\dfrac{\text{dop}_v}{\text{dop}_n} \end{cases} \tag{8.15}$$

于是求出错切变换如下(记为 SH_{par}):

$$SH_{par}=SH_n\left(-\frac{dop_u}{dop_n},-\frac{dop_v}{dop_n}\right)=\begin{bmatrix}1 & 0 & -\dfrac{dop_u}{dop_n} & 0\\ 0 & 1 & -\dfrac{dop_V}{dop_n} & 0\\ 0 & 0 & 1 & 0\\ 0 & 0 & 0 & 1\end{bmatrix} \tag{8.16}$$

注意,对正投影来说,$dop_u=dop_v=0$,该错切变换矩阵退化为单位矩阵。

(3) 平移使前裁剪面与 uv 平面重合,如图 8.31(d)。变换为:

$$T_{par2}=T(0,0,-F)=\begin{bmatrix}1 & 0 & 0 & 0\\ 0 & 1 & 0 & 0\\ 0 & 0 & 1 & -F\\ 0 & 0 & 0 & 1\end{bmatrix} \tag{8.17}$$

(4) 放缩使视见体的尺寸与规范视见体一致,如图 8.31(e)。由于此时视见体在 u,v,n 方向上的边长分别为 $u_{max}-u_{min}$,$v_{max}-v_{min}$,$F-B$,所以该放缩变换在 u,v,n 方向上的放缩比例就为 $\frac{2}{u_{max}-u_{min}}$,$\frac{2}{v_{max}-v_{min}}$,$\frac{1}{F-B}$,从而变换为:

$$S_{par}=S\left(\frac{2}{u_{max}-u_{min}},\frac{2}{v_{max}-v_{min}},\frac{1}{F-B}\right)=\begin{bmatrix}\dfrac{2}{u_{max}-u_{min}} & 0 & 0 & 0\\ 0 & \dfrac{2}{v_{max}-v_{min}} & 0 & 0\\ 0 & 0 & \dfrac{1}{F-B} & 0\\ 0 & 0 & 0 & 1\end{bmatrix} \tag{8.18}$$

综上所述,平行投影视见体的规范化变换矩阵为:

$$N_{par}=S_{par}\cdot T_{par2}\cdot SH_{par}\cdot T_{par1} \tag{8.19}$$

N_{par} 将任意的平行投影视见体变换为规范的平行投影视见体。

8.5.5 透视投影视见体的规范化

观察坐标系 uvn 中,假定投影参考点为 $PRP(prp_u,prp_v,prp_n)$,窗口参数和前、后裁剪面如前文所述,这些参数所确定的视见体如图 8.32(a)。我们来求将任意透视投影视见体变换为规范视见体的规范化变换矩阵 N_{per},整个过程分为以下几个步骤:

1. 平移使投影参考点 PRP 落于原点 VRP,如图 8.32(b)。变换为:

$$T_{per}=T(-PRP)=\begin{bmatrix}1 & 0 & 0 & -prp_u\\ 0 & 1 & 0 & -prp_v\\ 0 & 0 & 1 & -prp_n\\ 0 & 0 & 0 & 1\end{bmatrix} \tag{8.20}$$

经过上面的平移变换后,前、后裁剪面分别为 $n=F-prp_n$,$n=B-prp_n$,投影平面由 $n=0$ 变为 $n=-prp_n$,窗口中心被平移至

$$CW'\left(\frac{u_{max}+u_{min}}{2}-prp_u,\frac{v_{max}+v_{min}}{2}-prp_v,-prp_n\right)$$

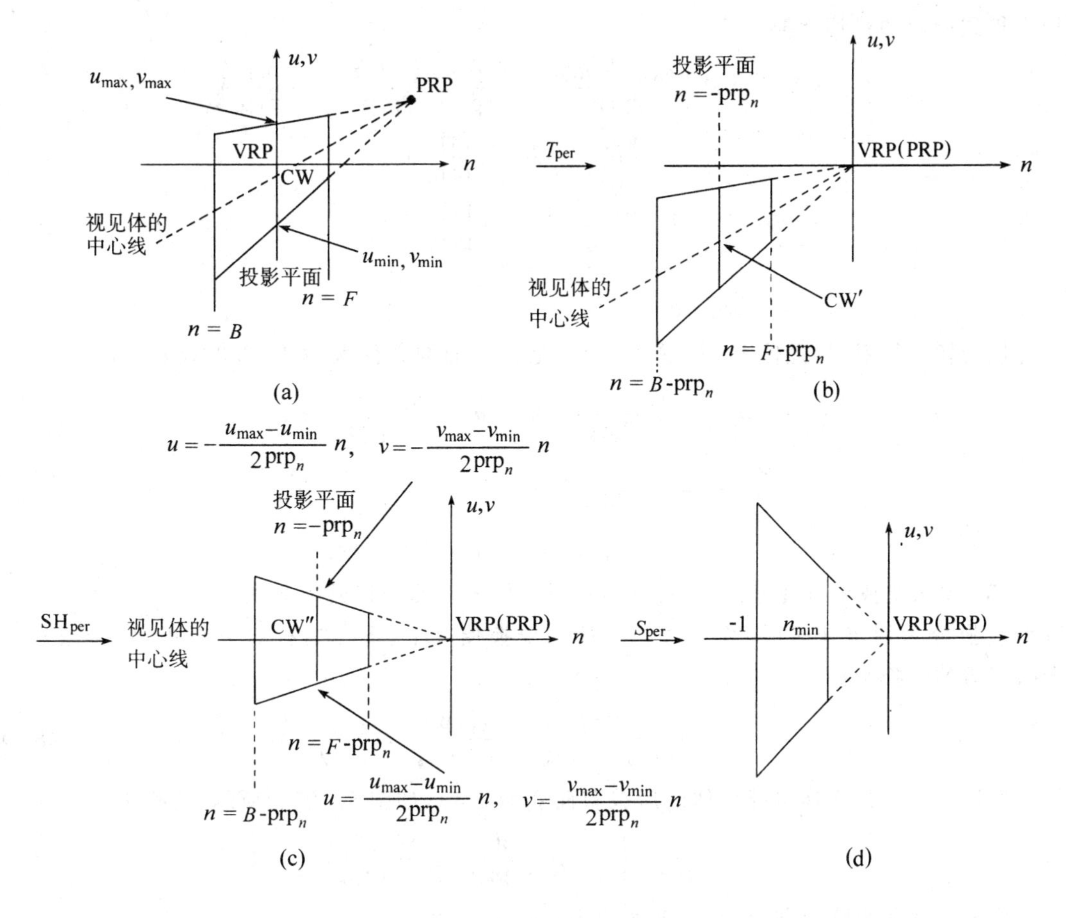

图 8.32

(2) 错切使得视见体的中心线(过 PRP 与窗口中心的直线)与 n 轴重合。此时,PRP 已经落在原点,所以该变换使新的窗口中心 CW' 变换到 n 轴上的点 CW''。由图 8.32(b)可知,该错切变换是以 n 轴为依赖轴的错切变换 $SH_n(sh_u, sh_v)$,从而 CW''的坐标必然为$(0,0,-prp_n)$。由此得到下面的方程:

$$
CW'' = SH_n(sh_u, sh_v)\cdot CW' \Rightarrow \begin{bmatrix} 0 \\ 0 \\ -prp_n \\ 1 \end{bmatrix}
= \begin{bmatrix} 1 & 0 & sh_u & 0 \\ 0 & 1 & sh_v & 0 \\ 0 & 0 & 1 & 0 \\ 0 & 0 & 0 & 1 \end{bmatrix} \begin{bmatrix} \dfrac{u_{max}+u_{min}}{2} - prp_u \\ \dfrac{v_{max}+v_{min}}{2} - prp_v \\ -prp_n \\ 1 \end{bmatrix} \tag{8.21}
$$

求解上式有

$$
\begin{cases} sh_u = \dfrac{u_{max}+u_{min}}{2prp_n} - \dfrac{prp_u}{prp_n}, \\ sh_v = \dfrac{v_{max}+v_{min}}{2prp_n} - \dfrac{prp_v}{prp_n} \end{cases} \tag{8.22}
$$

从而得到所求的错切变换

$$SH_{per}=SH_n\left(\frac{u_{max}+u_{min}}{2prp_n}-\frac{prp_u}{prp_n},\frac{v_{max}+v_{min}}{2prp_n}-\frac{prp_v}{prp_n}\right)$$

$$=\begin{bmatrix}1 & 0 & \dfrac{u_{max}+u_{min}}{2prp_n}-\dfrac{prp_u}{prp_n} & 0\\ 0 & 1 & \dfrac{v_{max}+v_{min}}{2prp_n}-\dfrac{prp_v}{prp_n} & 0\\ 0 & 0 & 1 & 0\\ 0 & 0 & 0 & 1\end{bmatrix} \tag{8.22}$$

经过该错切变换后,视见体上、下、左、右、前、后六个面的方程为(见图 8.32(c))

$$\begin{cases}u=-\dfrac{u_{max}-u_{min}}{2prp_n}n, & u=\dfrac{u_{max}-u_{min}}{2prp_n}n,\\ v=-\dfrac{v_{max}-v_{min}}{2prp_n}n, & v=\dfrac{v_{max}-v_{min}}{2prp_n}n,\\ n=F-prp_n, & n=B-prp_n\end{cases} \tag{8.24}$$

(3) 放缩使视见体规范化,也就是使视见体的 6 个面变换成规范视见体的 6 个面。我们将这个变换分为两步来完成,首先做一个放缩变换使其上、下、左、右四个面变为 $u=\pm n,v=\pm n$,所需的变换为:

$$S\left(\frac{2prp_n}{u_{max}-u_{min}},\frac{2prp_n}{v_{max}-v_{min}},1\right) \tag{8.25}$$

然后通过一个像似变换将视见体的后裁剪面变为 $n=1$,如图 8.32(d)所示,变换为:

$$S\left(\frac{-1}{B-prp_n},\frac{-1}{B-prp_n},\frac{-1}{B-prp_n}\right) \tag{8.26}$$

将上面两个变换矩阵合并,得到放缩变换为:

$$S_{per}=S\left(\frac{-1}{B-prp_n},\frac{-1}{B-prp_n},\frac{-1}{B-prp_n}\right)\cdot S\left(\frac{2prp_n}{u_{max}-u_{min}},\frac{2prp_n}{v_{max}-v_{min}},1\right)$$

$$=\begin{bmatrix}\dfrac{-2prp_n}{(B-prp_n)(u_{max}-u_{min})} & 0 & 0 & 0\\ 0 & \dfrac{-2prp_n}{(B-prp_n)(v_{max}-v_{min})} & 0 & 0\\ 0 & 0 & \dfrac{-1}{B-prp_n} & 0\\ 0 & 0 & 0 & 1\end{bmatrix} \tag{8.27}$$

综上所述,透视投影视见体的规范化变换矩阵为:

$$N_{per}=S_{per}\cdot SH_{per}\cdot T_{per} \tag{8.28}$$

8.5.6 规范视见体之间的变换

透视投影的规范视见体是正四棱台,平行投影的规范视见体是长方体,它们之间可以相互变换。有些图形系统在处理图形显示时,首先将透视投影的规范视见体变换成平行投影的规范视见体,这样透视投影就转化为平行投影了。接下来,统一地进行关于平行投影规范视见体的裁剪以及平行投影,见图 8.33。这样做是因为:

(1) 关于长方体的裁剪较关于正四棱台的裁剪简单。

(2) 平行投影较透视投影简单。

(3) 透视投影与平行投影都采用同一套裁剪与投影程序,处理一致,便于用硬件实现。

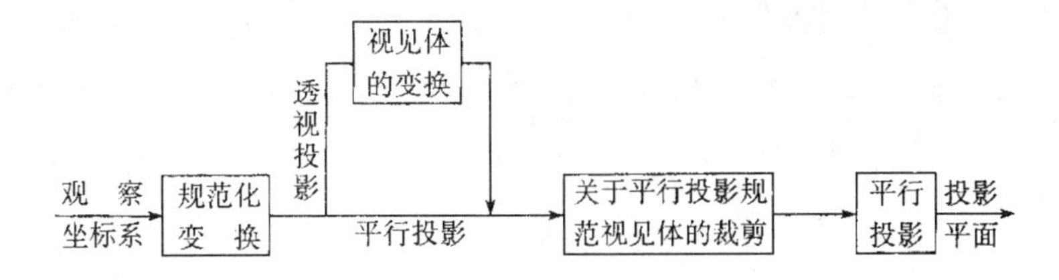

图 8.33 采用视见体变换的图形显示过程(观察坐标系中的步骤)

从透视投影的规范视见体到平行投影规范视见体的变换为:

$$M=\begin{bmatrix}1 & 0 & 0 & 0\\0 & 1 & 0 & 0\\0 & 0 & \dfrac{1}{1-n_{\min}} & \dfrac{n_{\min}}{1-n_{\min}}\\0 & 0 & -1 & 0\end{bmatrix} \tag{8.29}$$

这个变换的含义是:对于一个待显示的三维物体 A,它的透视投影与对其做变换 M 后得到的物体 $M \cdot A$ 的平行投影是一致的。

我们可以将变换 M 合并到透视投影视见体的规范化矩阵中,得到新的变换

$$N'_{\mathrm{per}} = M \cdot N_{\mathrm{per}} = M \cdot S_{\mathrm{per}} \cdot \mathrm{SH}_{\mathrm{per}} \cdot T_{\mathrm{per}} \tag{8.30}$$

经过变换 N'_{per} 后,任意的透视投影视见体直接规范化成平行投影的规范视见体。

8.6 三维裁剪

裁剪之前的变换都是在齐次坐标空间中进行的,所以,在裁剪时,图形上各顶点的坐标是齐次坐标。有两种方案可以用来对这些由四维齐次坐标表示的图形裁剪,一是将齐次坐标转换为三维坐标,在三维空间中关于视见体裁剪;二是直接在齐次坐标空间中进行裁剪。前一种方法适用于直线段、折线、多边形、参数多项式曲线曲面等图形,因为对它们做由平移、旋转、放缩、错切构成的模型变换、观察变换等将保持齐次坐标的齐次项 $h=1$,即图形上各点的齐次坐标的前三个元素就是它在三维几何空间中的坐标。这样,不需要除以 h 的运算就能将图形映射回三维空间了。后一种方法适用于直接在齐次坐标空间中表示的图形,例如有理多项式曲线曲面就属于这种情况。此时,h 可能取任意值。

8.6.1 关于规范视见体的裁剪

视见体是三维裁剪窗口。在三维空间中,图形关于视见体的裁剪类似于在二维空间中图形关于二维窗口的裁剪。事实上,第 6 章所讲的裁剪方法大都可以直接推广到三维的情况。例如,裁剪直线段的梁友栋-Barsky 方法中的一维诱导窗口的概念可以推广到三维的情况,从而将三维裁剪问题化为一维裁剪问题来解决。裁剪多边形的 Sutherland-Hodgman 算法中的逐边裁剪思想也可以推广到三维,只不过现在不再是“逐边裁剪”,而是“逐面裁剪”。这种推广并没有太多地增加算法的复杂度,充其量只不过是求交的计算量略有增加。二维裁剪中要计算的是

线段与线段的交点，而现在要计算线段与平面(多边形)的交点。

空间直线段与任一平面的求交运算可按下述方法进行。

设空间中任一平面 S 的方程为：

$$au + bv + cn + d = 0 \tag{8.31}$$

直线段 $P_1(u_1,v_1,n_1)P_2(u_2,v_2,n_2)$ 的参数方程为：

$$\begin{cases} u = u_1 + t\Delta u, \\ v = v_1 + t\Delta v, \quad t \in [0,1] \\ n = n_1 + t\Delta n, \end{cases} \tag{8.32}$$

其中 $\Delta u = u_2 - u_1, \Delta v = v_2 - v_1, \Delta n = n_2 - n_1$。联立式(8.31)与式(8.32)求得交点参数为：

$$t = -\frac{au_1 + bv_1 + cn_1 + d}{a\Delta u + b\Delta v + c\Delta n} \tag{8.33}$$

式(8.33)中若 $a\Delta u + b\Delta v + c\Delta n = 0$，则说明矢量 $[a,b,c]$ 与 $[\Delta u,\Delta v,\Delta n]$ 垂直，即直线段 P_1P_2 与平面 S 平行，P_1P_2 与 S 没有交点。若 $t \notin [0,1]$，则说明交点落在 P_1P_2 的延长线上，所以 P_1P_2 与 S 没有真正的交点；若 $t \in [0,1]$，将其代入式(8.32)，得到交点的坐标。

无论是透视投影还是平行投影，它们规范视见体的边界面的方程都十分简单，在计算 t 时并不像式(8.33)那样需要很多乘法。

下面我们以 Cohen-Sutherland(编码)线段裁剪算法为例，将其推广到三维，得到三维线段裁剪的编码算法。

对平行投影来说，其规范视见体的 6 个面的方程为：

$$\begin{cases} u = 1, \quad u = -1, \\ v = 1, \quad v = -1, \\ n = 0, \quad n = -1 \end{cases} \tag{8.34}$$

这 6 个面将三维空间划分成 27 个区域，对每个区域赋予一个 6 位的编码 C_1,C_2,C_3,C_4,C_5,C_6，各位的含义如下：

$$C_1 = \begin{cases} 1, & \text{当 } v > 1, \\ 0, & \text{其它}, \end{cases} \qquad C_2 = \begin{cases} 1, & \text{当 } v < -1, \\ 0, & \text{其它}, \end{cases}$$

$$C_3 = \begin{cases} 1, & \text{当 } u < -1, \\ 0, & \text{其它}, \end{cases} \qquad C_4 = \begin{cases} 1, & \text{当 } u > 1, \\ 0, & \text{其它}, \end{cases}$$

$$C_5 = \begin{cases} 1, & \text{当 } n > 0, \\ 0, & \text{其它}, \end{cases} \qquad C_6 = \begin{cases} 1, & \text{当 } n < -1, \\ 0, & \text{其它} \end{cases}$$

对透视投影来说，其视见体的 6 个面的方程为：

$$\begin{cases} u = n, \quad & u = -n, \\ v = n, \quad & v = -n, \\ n = -n_{\min}, \quad & n = -1 \end{cases} \tag{8.35}$$

在这种情况下，各位编码的含义如下：

$$C_1 = \begin{cases} 1, & \text{当 } v > -n, \\ 0, & \text{其它}, \end{cases} \qquad C_2 = \begin{cases} 1, & \text{当 } v < n, \\ 0, & \text{其它}, \end{cases}$$

$$C_3 = \begin{cases} 1, & \text{当 } u < n, \\ 0, & \text{其它}, \end{cases} \qquad C_4 = \begin{cases} 1, & \text{当 } u > -n, \\ 0, & \text{其它}, \end{cases}$$

$$C_5 = \begin{cases} 1, & \text{当 } n > -n_{\min}, \\ 0, & \text{其它}, \end{cases} \qquad C_6 = \begin{cases} 1, & \text{当 } n < -1, \\ 0, & \text{其它} \end{cases}$$

类似于二维编码方法，取线段端点的编码为其所在区域的编码。如果线段两个端点的编码都为0，则该线段完全落于视见体之内。若两端点的编码按位逻辑与为非零值，则该线段完全落在视见体的某个面之外侧，为显然不可见。否则，线段必然与视见体的某个面相交，求出这个交点，该交点将线段分为两段。去掉外侧的一段，对另一段重新编码，重复上述过程，直到裁剪结束。求交测试需要对视见体的六个面按一定的顺序进行。

8.6.2 齐次坐标空间中的裁剪

下面的两点理由解释了为什么要在齐次坐标空间中进行裁剪：

● 提高效率。裁剪之前与之后的变换都是在齐次坐标空间中进行的，如果要返回三维空间裁剪，必须将图形上点的齐次坐标(u_n, v_h, n_h, h)转换成三维坐标(u, v, n)。而某些特殊的变换，如将透视投影的规范视见体变换为平行投影规范视见体的变换M不再保持$h=1$，这样就要对每个坐标做除以h的运算，需要的计算量非常大。

● 保证正确性。对于像有理Bezier曲线曲面、有理B样条曲线曲面这样的有理参数样条曲线曲面，它们可能直接用齐次坐标来表示。对它们的裁剪只能在齐次坐标空间中进行，而不能返回三维几何空间中进行。

下面，我们以平行投影为例来说明齐次坐标空间中的裁剪。平行投影的视见体由下列不等式定义：

$$-1 \leqslant u \leqslant 1, \quad -1 \leqslant v \leqslant 1, \quad -1 \leqslant n \leqslant 0 \tag{8.36}$$

假定(u, v, n)对应的齐次坐标为(u_h, v_h, n_h, h)，即

$$u = u_h/h, \quad v = v_h/h, \quad n = n_h/h$$

将它们代入式(8.36)，得到：

$$-1 \leqslant u_h/h \leqslant 1, \quad -1 \leqslant v_h/h \leqslant 1, \quad -1 \leqslant n_h/h \leqslant 0 \tag{8.37}$$

上式表明，在齐次坐标空间中，裁剪窗口边界的方程为：

$$u_h = -h,\ u_h = h,\ v_h = -h,\ v_h = h,\ n_h = -h,\ n_h = 0 \tag{8.38}$$

对$h>0$和$h<0$的情况，这6个面分别围成两个区域：

$$h > 0:\ -h \leqslant u_h \leqslant h,\ -h \leqslant v_h \leqslant h,\ -h \leqslant n_h \leqslant 0 \tag{8.39}$$

$$h < 0:\ -h \geqslant u_h \geqslant h,\ -h \geqslant v_h \geqslant h,\ -h \geqslant n_h \geqslant 0 \tag{8.40}$$

记式(8.39)对应的区域为A，式(8.40)对应的区域为B，则A与B共同构成齐次坐标空间中平行投影的裁剪窗口。对于那些h可任意取值的图形来说，需要关于A与B进行两次裁剪。而如果我们确切地知道，图形上各点的齐次坐标$h>0$，则只用式(8.39)进行裁剪就足够了。

有了裁剪窗口，我们同样可以将相应的裁剪算法推广到齐次坐标空间中来，只不过此时需做四维裁剪而不是二维或三维裁剪。

8.7 图形显示过程小结

两种裁剪方案分别对应两种图形显示的实现过程。对应于三维裁剪的实现过程用于这样一些图形，它们定义于三维几何空间中，并且经过所需的变换后，保持$h>0$。步骤如下：

(1) 将三维坐标扩展为齐次坐标，$(x,y,z) \to (x,y,z,1)$；

(2) 进行模型变换，$(x,y,z,1) \to (x',y',z',1)$；

(3) 进行观察变换，$(x',y',z',1) \to (u,v,n,1)$；

(4) 进行视见体的规范化变换 Npar 或 Nper，$(u,v,n,1) \to (u_h,v_h,n_h,h)$；

(5) 除以 h 返回三维空间(有些情况下，h 保持为 1，所以不必做除法运算)，$(u_h,v_h,n_h,h) \to (u',v',n')$；

(6) 关于规范视见体进行裁剪；

(7) 将三维坐标扩展为齐次坐标，$(u',v',n') \to (u',v',n',1)$；

(8) 进行投影变换 Mort 或 Mper，$(u',v',n',1) \to (u'',v'',d,h)$，其中 $n=d$ 为投影平面；

(9) 进行窗口至视区的变换，$(u'',v'',d,h) \to (u''',v''',d,h)$；

(10) 除以 h 返回二维设备坐标系，$(u''',v''',d,h) \to \left(\frac{u'''}{h},\frac{v'''}{h}\right)$。

其中(1)，(2)，(3)，(4)步的四个变换可以合并，有时称合并后的变换为**视见变换**。(8)，(9)两步的变换也可以合并，其结果亦称为**视见体到视区**的变换。

采用齐次坐标空间裁剪的实现过程适用于这样一些场合：或者图形本身定义于齐次坐标空间，不能返回三维空间进行裁剪；或者图形经过变换之后，产生负的 h 值；或者是为了统一地在齐次坐标空间中处理图形以提高效率。实现步骤如下：

(1) 将三维坐标扩展为齐次坐标(对于直接用齐次坐标表示的图形不需要进行这一步)；

(2) 进行模型变换；

(3) 进行观察变换；

(4) 进行视见体的规范化变换 N_{par} 或 N'_{per}；

(5) 在齐次坐标空间中关于裁剪窗口 A 与 B 裁剪；

(6) 进行平行投影变换 M_{ort}；

(7) 进行窗口至视区的变换；

(8) 除以 h 返回二维设备坐标系。

习　题

1. 编写一段程序，实现对物体的平行投影。

2. 编写一段程序，实现对物体的透视投影。

3. 编写一个程序，将透视投影的规范视见体变换为平行投影的规范视见体。

4. 推广第 6 章的 Cohen-Sutherland 直线段裁剪算法(程序 6.1)到三维空间中，处理直线段关于平行(透视)投影视见体的裁剪。

5. 推广第 6 章的梁友栋-Barsky 直线段裁剪算法(程序 6.2)到三维空间中，处理直线段关于平行(透视)投影视见体的裁剪。

6. 推广第 6 章的 Sutherland-Hodgman 多边形裁剪算法(程序 6.3)到三维空间中，处理多边形关于平行(透视)投影视见体的裁剪。

7. 写一个程序实现图 8.30 中三维图形显示流程图的所有步骤。

第9章 三维实体的表示

真实世界中存在着千姿百态的物体：树木、山川、桌椅、房屋等等，研究如何在计算机中建立恰当的模型表示这些物体的技术称为**造型技术**，它是计算机图形学的重要研究内容之一。其中，**实体造型技术**关注表示实体的信息的完备性和可操作性，它是由于计算机辅助设计与制造的需要而发展起来的，现在已广泛应用于各种造型系统之中。表示实体的方法大致分为三类：

(1) **空间分割表示法**。它以一组简单物体通过“粘合”构造新的物体，这些简单物体称为**基本体素**，可以是立方体、长方体、圆柱体、圆锥体等等。单元分解表示、八叉树表示等属于这种表示方法，特征表示法也可看做这种表示方法的特例。

(2) **构造实体几何表示法**。它也和上述方法一样，将实体表示成基本体素的组合，所不同的是，这里可以采用更多的运算，如并、交、差等。

(3) **边界表示法**。实体与其边界一一对应，边界表示法通过描述构成实体边界的点、边、面而达到表示实体的目的。推移表示法也属此类。

本章从实体的定义、正则集合运算开始，逐步介绍各种表示方法。

9.1 实体的定义

数学中的点、线、面是其所代表的真实世界中对象的一种抽象，它们之间存在着一定的差距。例如，数学中的平面是二维的，它没有厚度，体积为零；而在真实世界中，一张纸无论多么薄，它也是一个三维的体，具有一定的体积。这种差距造成了在计算机中以数学方法描述的形体可能是无效的，即在真实世界中不可能存在。如图9.1中，立方体的边上悬挂着一张面，立方体是三维物体，而平面是二维对象，它们合在一起就不是一个有意义的物体了。当然，并不是在任何情况下都要求构造的形体必须是有效物体，但是由于实体造型技术主要用于计算机辅助设计与制造，而通过这样的系统设计生产的物体是有效的物体，所以在实体造型中必须保证物体的有效性。

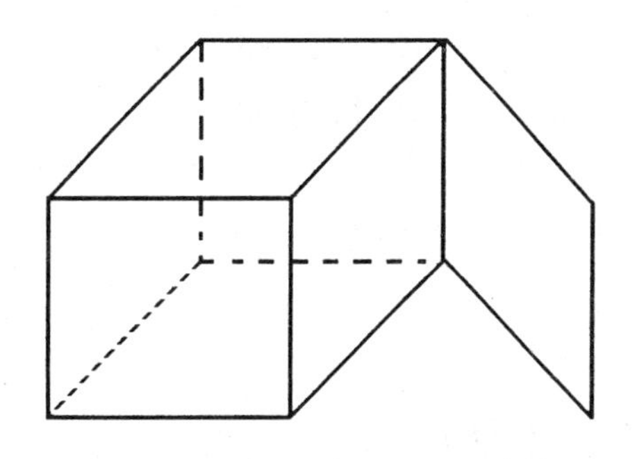

图9.1 带有悬挂面的立方体

既然我们把是否能“客观存在”作为判定物体是否有效的标准，那么，为了确切地给有效物体下定义，首先得看看真实世界中的物体具有哪些性质。观察身边的物体，不难发现它们大致具如下一些性质：

(1) 具有一定的形状(流体不是实体造型技术描述的对象)。

(2) 具有确定的封闭的边界(表面)。

(3) 是一个内部连通的三维点集。如果该物体分成了独立的几个部分，不妨将其看做多个物体。这条性质排除了图9.2中的形体作为有效物体的情况，其中两个立方体仅以一条棱相

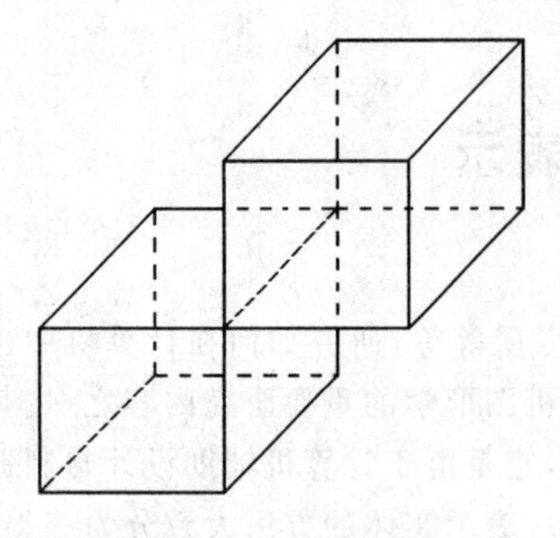

图 9.2　非有效物体

接,内部区域是不连通的。

(4) 占据有限的空间,即体积有限。

(5) 经过任意的运算(如切割、粘合)之后,仍然是有效的物体。

满足如上性质的物体,称为**有效物体**或**实体**。它是本章讨论的对象。

从点集拓扑的角度可以给出实体的简洁定义。将三维物体看做一个点集,它由内点与边界点共同组成。所谓**内点**是指点集中的这样一些点,它们具有完全包含于该点集的充分小的邻域。而**边界点**就是指那些不具备此性质的点集中的点。定义点集的**正则运算** r 如下:

$$r \cdot A = c \cdot i \cdot A \tag{9.1}$$

其中,i 为**取内点运算**,c 为**取闭包运算**,A 为一个点集。那么 $i \cdot A$ 即为 A 的全体内点组成的集合,称为 **A 的内部**,它是一个开集。$c \cdot i \cdot A$ 为 A 的内部的闭包,是 $i \cdot A$ 与其边界点的并集,它本身是一个闭集。正则运算即为先对物体取内点再取闭包的运算。$r \cdot A$ 称为 A 的**正则点集**。正则点集未必是实体。如图 9.2 中的物体,它是正则点集,但它不是有效的物体。

图 9.3(a)为一个带有悬挂边与孤立点、边的二维物体,我们以它为例来说明正则运算的

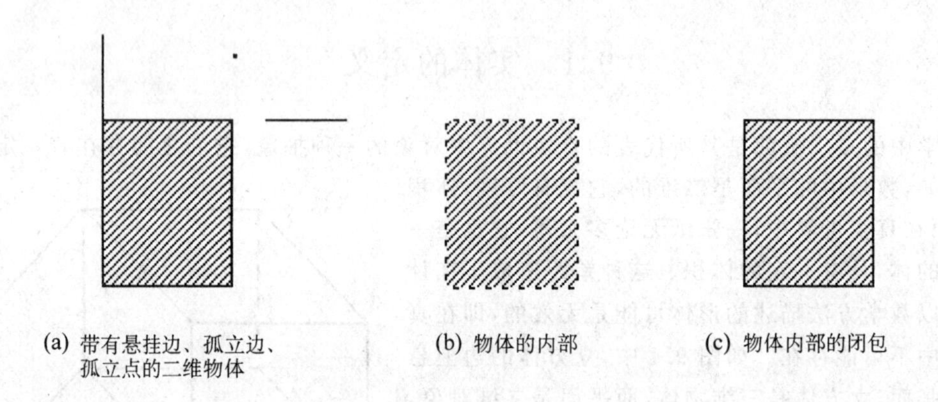

(a) 带有悬挂边、孤立边、孤立点的二维物体　　(b) 物体的内部　　(c) 物体内部的闭包

图　9.3

过程。图中阴影部分为物体的内部区域,边界以黑色表示。对图 9.3(a)中物体作取内点运算得到图 9.3(b),该运算去掉了物体所有的边界点,余下的即为物体的内部。对图 9.3(b)中物体的内部作取闭包运算,得到其闭包,如图 9.3(c),它是一个正则点集了。由上述过程不难看出,正则运算的作用是去除与物体维数不一致的悬挂部分或孤立部分,如三维物体的悬挂面、线,二维物体的悬挂线等。

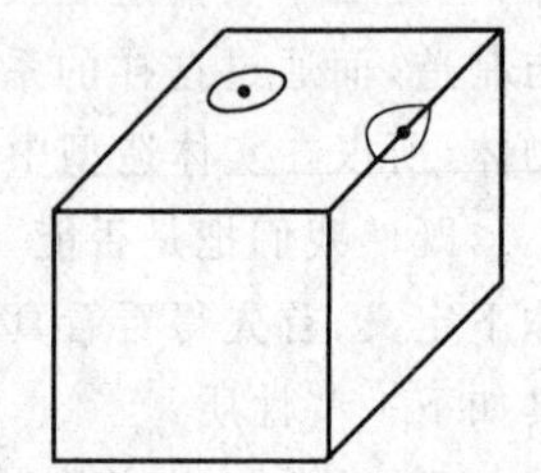

图 9.4　立方体表面上任一点都存在与圆盘同构的邻域

为了从正则点集中排除类似于图 9.2 的物体,这里引入二维流形的概念。所谓**二维流形**是指这样一些面,其上任一点都存在一个充分小的邻域,该邻域与平面上的圆盘是同构的,即在该邻域与圆盘之间存在连续的 1-1 映射。对于如图 9.2 中由两个立方体组成的物体,

两立方体的共享边被四个面共享，其上的点不存在这样的邻域，所以该物体的表面不是二维流形。这样的物体在真实世界中是不存在的，所以不是有效物体。而对于任何一个客观存在的物体，如立方体，其表面上任一点都存在与圆盘同构的邻域，从而是二维流形，如图 9.4 所示。

有了二维流形的概念之后，我们可以这样来描述实体：对于一个占据有限空间的正则点集，如果其表面是二维流形，则该正则点集为实体(有效物体)。这个描述中的条件是在计算机中可检测的，对衡量一个模型表示的是否为实体非常有用。

9.2 正则集合运算

通过对简单实体做适当的运算来构造复杂实体是一个有效的方法。实体可看做点集，对实体进行的运算主要是集合运算。但是对两个实体做普通的集合运算并不能保证其结果仍是一个实体。为了讨论简单，我们以二维物体为例来说明问题。如图 9.5(a)中所示，A，B 为两个二维实体，如果对它们按图 9.5(b)的方式进行普通的“交”集合运算，其结果 $A\cap B$ 如图 9.5(c)所示，带有悬挂边，不是一个有效的二维物体。为了保证运算结果仍为实体，定义**正则集合运算** op^* 如下：

$$A\ op^*\ B = r\cdot(A\ op\ B) \tag{9.2}$$

其中 $op=\cup$、$\cap$、$-$，是普通的集合运算，r 为正则运算，$op^*=\cup^*$、$\cap^*$、$-^*$ 分别称为**正则并**、**正则交**、**正则差**。式(9.2)的含义是：对实体 A，B 做正则集合运算定义为先对 A，B 做普通的集合运算，再做正则运算。如图 9.5 中的 A 与 B 的正则交 $A\cap^* B$ 为图 9.5(d)，它是 9.5(c)的物体去掉悬挂边后的结果。

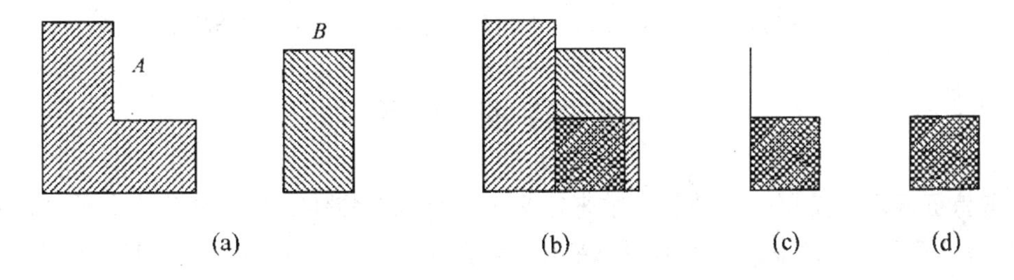

图 9.5　普通的集合运算产生非有效物体

上面给出的仅仅是正则集合运算的定义，那么如何在计算机中实现正则集合运算呢？注意到，任一实体 S 可以用它的边界 bS 和它的内部 iS 来表示，即

$$S = bS\cup iS \tag{9.3}$$

由实体的定义可知，bS 是封闭的，它将整个三维空间分成了三个区域，即 S 的内部 iS、其自身 bS 与 S 的外部 eS。边界 bS 与实体 S 是一一对应的，确定了边界，也就唯一确定了一个实体。这样，为了求实体 A，B 的正则集合运算结果 Aop^*B，只要求出其边界 $b(Aop^*B)$即可。

实体 A 的边界 bA 按其位于实体 B 的内部 iB、边界 bB、外部 eB 可分别表示为 $bA\cap iB$，$bA\cap bB$，$bA\cap eB$，即

$$bA = (bA\cap iB)\cup(bA\cap bB)\cup(bA\cap eB) \tag{9.4}$$

同理，实体 B 的边界 bB 可表示为

$$bB = (bB\cap iA)\cup(bB\cap bA)\cup(bB\cap eA) \tag{9.5}$$

其中 $bA\cap bB=bB\cap bA$ 是 A 与 B 的公共边界，它又可以分为两部分：$(bA\cap bB)_{同侧}$、$(bA\cap$

$bB)_{异侧}$。$(bA\cap bB)_{同侧}$由这样一些边界构成,即 A 与 B 位于这些边界的同一侧,如图 9.6(a)中的 P_1P_2 段,$(bA\cap bB)_{异侧}$的含义相反,如图 9.6(a)中的 P_3P_4 段。A 与 B 两个物体见图 9.5(a)。

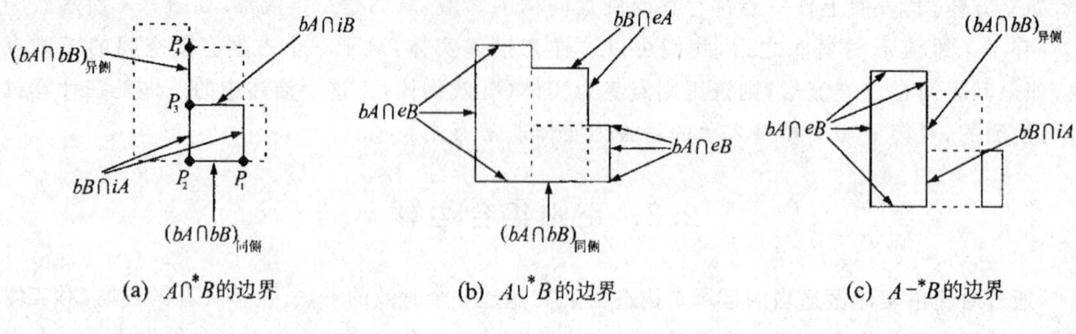

(a) $A\cap^* B$的边界　　(b) $A\cup^* B$的边界　　(c) $A-^* B$的边界

图 9.6

下面我们来讨论 A,B 两实体正则交、正则并、正则差的边界构成。对于 $A\cap^* B$,由交的定义可知,A,B 两物体的边界位于对方内部的部分,即 $bA\cap iB$ 和 $bB\cap iA$ 是 $b(A\cap^* B)$的组成部分。A,B 两物体的边界位于对方外部的部分,即 $bA\cap eB$ 和 $bB\cap eA$ 不是 $b(A\cap^* B)$的组成部分。而对于 A,B 的重合边界有:$bB\cap bA_{同侧}\in b(A\cap^* B)$,$bB\cap bA_{异侧}\notin b(A\cap^* B)$。由此得到下式(见图 9.6(a)):

$$b(A\cap^* B)=(bA\cap iB)\cup(bB\cap iA)\cup(bA\cap bB)_{同侧} \tag{9.6}$$

通过类似的讨论,可以得到 A,B 正则并、正则差的边界表达式(见图 9.6(b),(c))为:

$$b(A\cup^* B)=(bA\cap eB)\cup(bB\cap eA)\cup(bA\cap bB)_{同侧} \tag{9.7}$$

$$b(A-^* B)=(bA\cap eB)\cup(bB\cap iA)\cup(bA\cap bB)_{异侧} \tag{9.8}$$

9.3 特征表示

所谓**特征表示**就是用一组特征参数来定义一族类似的物体。特征从功能上可分为形状特征、材料特征等等。形状特征如体素、孔、半孔、槽等。材料特征如硬度、密度、热处理方法等。例如,若只考虑形状特征,一个圆柱或圆锥就可以用参数组(R,H)来定义,其中 R,H 分别表示底面半径与高;一个正 n 棱柱可用参数组(n,R,H)定义,其中 R 表示底面正多边形的外接圆的半径。参见图 9.7。

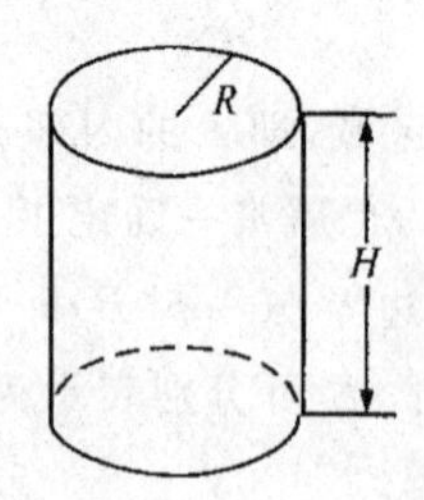

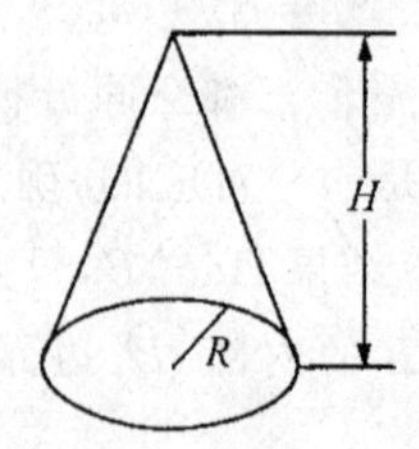

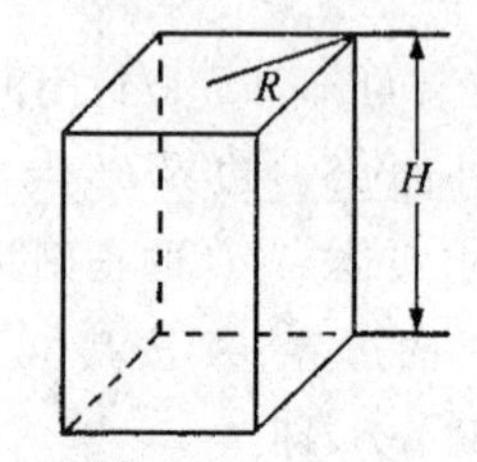

图 9.7　基本体素的形状参数

特征表示适用于表示工业上定型的标准件。标准件既可以十分简单,如立方体、圆柱,也可以相当复杂,如齿轮、轴承。所有的标准件保存在一个数据库中,使用时,用户只要指定适当的参数值就可以了。特征表示是面向用户的,使用起来较方便。用户还可以根据需要往数据库中添加新的体素类型。对每一类体素分别有专门的程序用于对其进行各种计算。

9.4 空间分割表示

在空间分割表示中，实体被分割表示为互不相交的“粘合”在一起的更基本的体素(voxel)。基本体素的大小、位置、类型可以多种多样，但它们一般形状都比较简单。本节介绍三种常用的空间分割表示方法，即空间位置枚举表示法、八叉树表示法和单元分解表示法。

9.4.1 空间位置枚举表示

在二维平面上，为了表示一幅图像，我们首先将平面分割成大小相同、形状规则(可看做正方形)的像素，然后以像素的集合来表示图像，采用的数据结构是二维数组。将这种方法推广到三维空间中来，就得到**空间位置枚举表示法**。通常物体的体积总是有限的，选择一个包含物体的立方体作为考虑的空间，将立方体划分为均匀的小立方体，如图 9.8 所示。建立一个三维数组 $C[I][J][K]$，使得数组中的每一元素 $C[i][j][k]$ 与左下角点坐标为$(i \cdot \Delta, j \cdot \Delta, k \cdot \Delta)$的小立方体对应。当该立方体被物体所占据时，取 $C[i][j][k]$ 的值为 1，否则为 0。这样，数组 C 就唯一表示了包含于立方体之内的所有物体。其中 Δ 为小立方体的边长。数组的大小取决于空间分辨(Δ)的大小和我们感兴趣的立方体空间的大小。

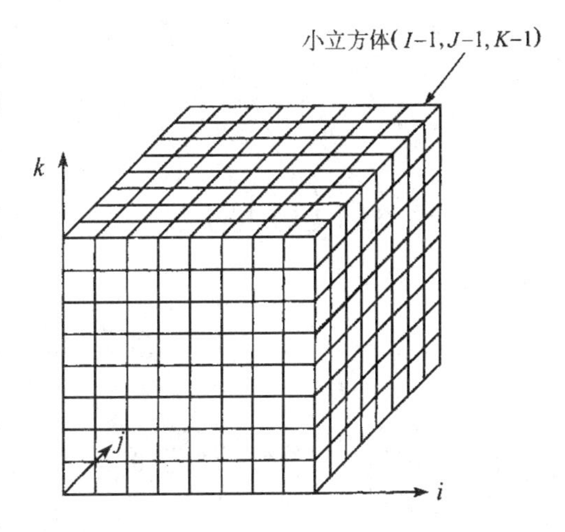

图 9.8 物体所在的立方体空间

空间位置枚举法是一种穷举表示法，它可以用来表示任何物体，虽然通常情况下，它只是物体的近似表示。采用这种表示很容易实现物体的集合运算以及计算物体的诸如体积等的许多整体性质。尽管如此，它的缺点也是明显的。例如这种表示没有明确给出物体的边界信息，不适于图形显示，并且它占据的存储量非常大(如果将上述立方体空间划分成 1024×1024×1024 个小立方体，那么表示该空间中的物体就需要 1G 二进制位！)。

对空间位置枚举法表示的物体的许多处理可以借鉴数字图像处理中的方法。

9.4.2 八叉树表示

八叉树表示法对空间位置枚举法中的空间分割方法做了改进，它并不是统一将物体所在的立方体空间均匀划分成边长为 Δ 的小立方体，而是对空间进行自适应划分，采用具有层次结构的八叉树来表示物体。三维物体的八叉树表示类似于二维图形的四叉树表示。对于四叉树表示，我们在一个包含二维图形的正方形区域中考虑问题。这个正方形区域就是四叉树的根节点，它可能处于三种状态：完全被图形覆盖、部分被覆盖或完全没有被覆盖，分别以 F(Full)，P(Partial)和 E(Empty)标识。若根节点处于状态 F 或 E，则四叉树建立完毕；否则，将其划分为四个小正方形区域，分别标以编码 0，1，2，3，如图 9.9(b)所示，这四个小正方形区域就成了第一层子节点，对它们做类似于根节点的处理。如此下去，直至建立图形的四叉树表示。

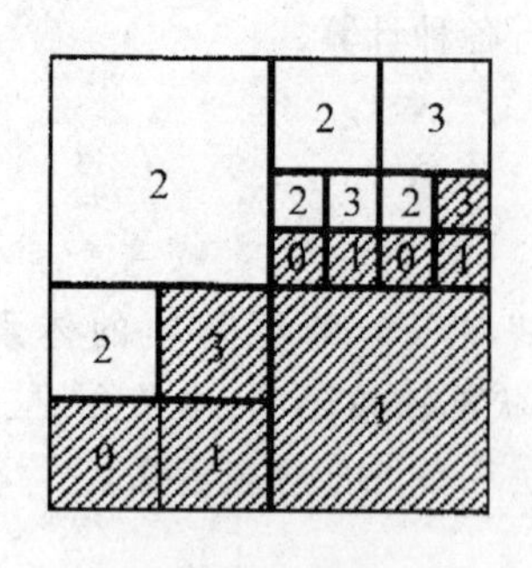

(a) 空间的自适应划分，阴影部分为二维图形

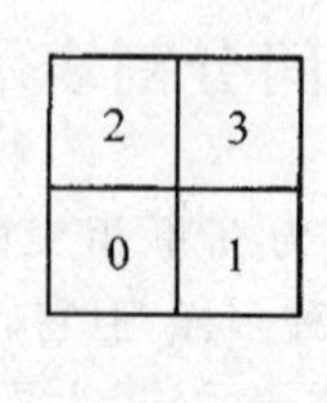

(b) 区域的编码

图 9.9

对状态为P的节点的分割层次可以根据实际需要予以指定。例如，若根节点正方形的边长为1024单位，我们希望表示图形的最小正方形的边长不小于1单位，则分割层次就不能超过10。图9.9(a)表示了一个空间自适应分割过程，其中的阴影部分为待表示的图形，图9.10为它的四叉树表示。

建立物体的八叉树表示的过程大体一样。此时，每个节点代表的是一个立方体，对它分割的结果产生8个子节点。节点的编码为从0到7，如图9.11所示。

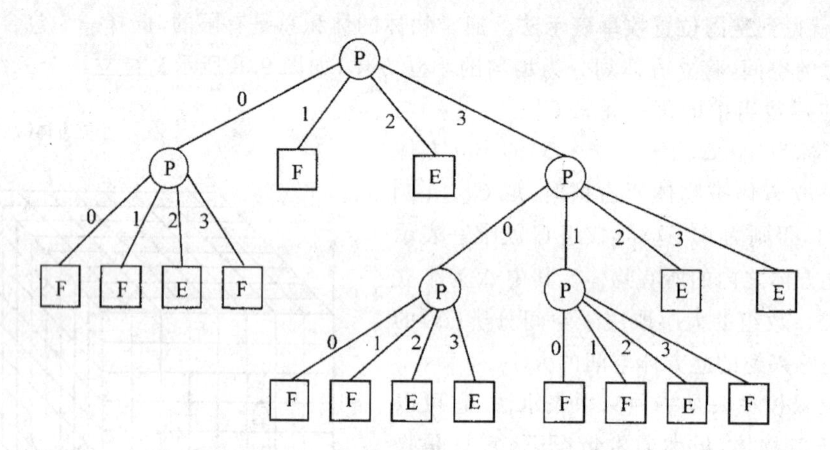

图 9.10　图9.10(a)中阴影图形的四叉树表示

用八叉树表示实体，具有许多优点，主要表现在如下几方面：

(1) 容易实现实体之间的正则集合运算。以正则并为例，假设已获得A,B两实体的八叉树表示，则为了求得$A \cup^* B$，只要遍历A,B的八叉树，将它们对应的节点取并，同时把结果插入到$A \cup^* B$八叉树的相应位置即可。

(2) 容易计算实体的整体性质，如质量，体积等。因为八叉树中每一层节点的体积都是已知的，只要遍历一次即可获得整个实体体积的信息。

(3) 容易实现隐藏线与隐藏面的消除。消除隐藏线与隐藏面算法（见第12章）的关键是对物体（及其不同部分）按其距观察点的远近排序，而在八叉树表示中，各节点之间的序的关系是简单且固定的，使得计算比较容易。

八叉树表示具有与空间位置枚举表示类似的缺点，即它通常不能精确表示一个实体，并且

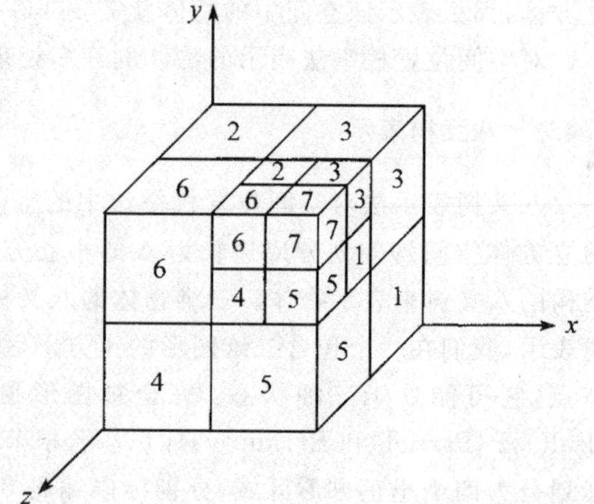

图 9.11　八叉树表示中，节点的编码

对八叉树表示的实体做任意的几何变换也比较困难。如旋转角度非90°倍数的旋转变换，放缩的比例非2的倍数的放缩变换。

尽管采用了自适应空间分割，八叉树表示仍然需要较大的存储空间。减少所需的存储空间的方法有很多，**线性八叉树**即为其中较为简单有效的一个。顾名思义，线性八叉树即是一个用来存储八叉树的线性结构，如一维数组。数组中仅存放八叉树的那些状态为F的叶结构，如图9.12(a)中阴影部分的实体，它的八叉树表示如图9.12(b)所示。每个叶节点可由从根节点到它的路径(编码序列)唯一标识。因为八叉树中只有三个节点(5,74,75)的状态为F，那么该实体的线性八叉树为{5X,74X,75X}，其中X为一个大于7的整数。它标志该节点的结束。线性八叉树是八叉树的等价形式。它们之间很容易相互转换。线性八叉树表示适用于存储，当需要对实体做各种运算时，再将其转换成八叉树表示形式。

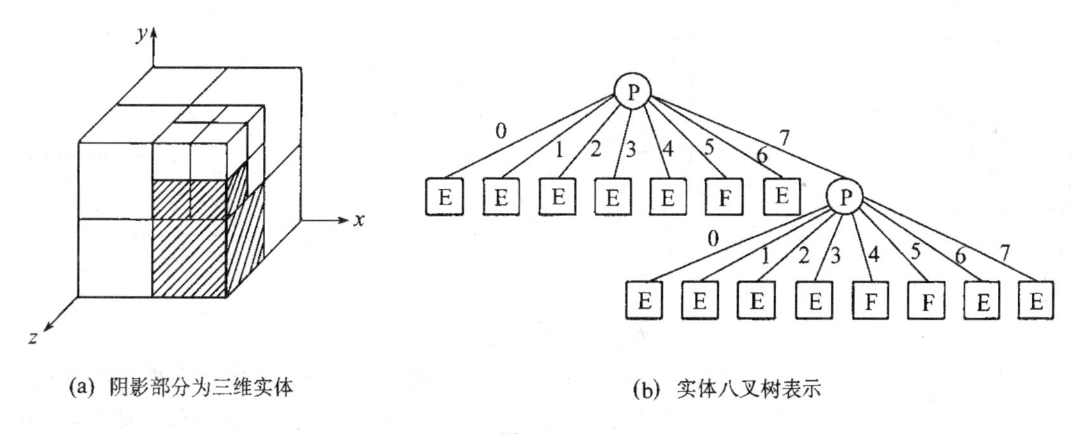

(a) 阴影部分为三维实体　　(b) 实体八叉树表示

图 9.12

9.4.3 单元分解表示

单元分解表示(Cell Decomposition)从另一角度对空间位置枚举表示做了改进。它以不同类型的基本体素(而不是单一的立方体)通过“粘合”运算来构造新的实体。这些基本体素可以是任何简单实体(与球拓扑同构)，如圆柱、圆锥、多面体等。**粘合运算**使两个实体在边界面上相接触，但它们的内部并不相交。

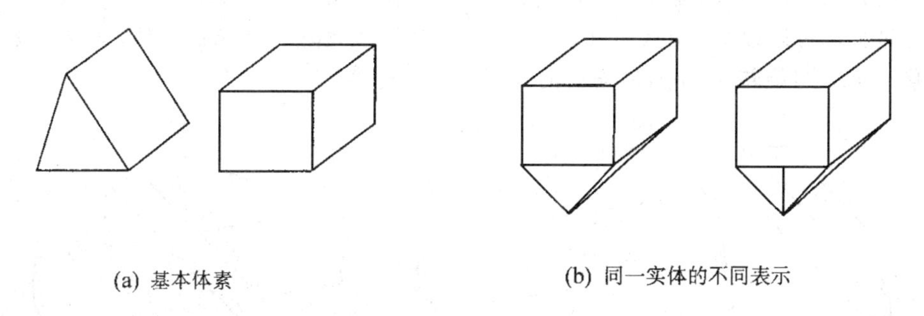

(a) 基本体素　　(b) 同一实体的不同表示

图 9.13

只要基本体素的类型足够多，单元分解表示法能表示范围相当广泛的物体，图9.13是一个单元分解表示的例子。图9.13(a)是两个基本体素，图9.13(b)为同一实体的不同表示，它们具有不同的表示形式。由此可知，单元分解表示法不具有唯一性，即同一实体可具有多种表示形式。单元分解表示的另一个问题是，所构造的物体的有效性难以保证，而在空间位置枚举表示法与八叉树表示法中，物体的有效性是自动得到保证的。

9.5 推移表示

将物体 A 沿空间一条轨迹 P 推移时，A 的轨迹定义了一个新的物体 B，则物体 B 可以由物体 A 与轨迹 P 共同来表示。这种表示物体的方法称为**推移表示法**(Sweep Representation)。若物体 A 是一个二维的平面区域，轨迹是垂直于该平面的直线段，推移的结果得到一个柱体，这种简单推移表示方法叫**平移 sweep**，由平移 sweep 得到的物体叫**平移 sweep 体**。如图 9.14(a)所示，正方形区域的平移 sweep 体是正四棱柱(长方体)，圆形区域的平移 sweep 体是圆柱。

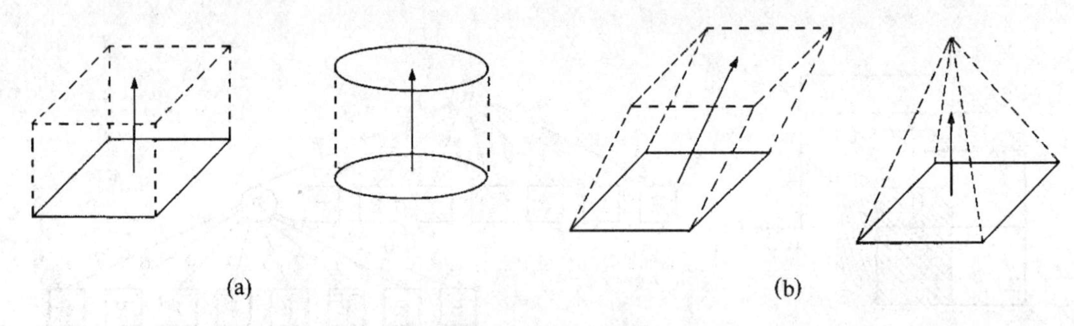

图 9.14 平移 sweep

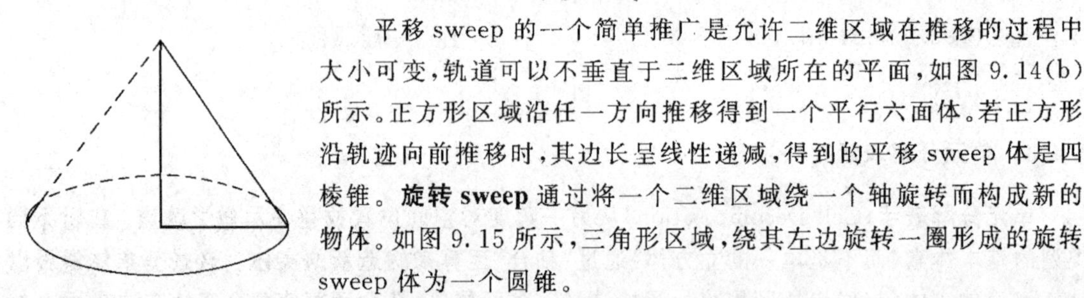

图 9.15 旋转 sweep

平移 sweep 的一个简单推广是允许二维区域在推移的过程中大小可变，轨道可以不垂直于二维区域所在的平面，如图 9.14(b)所示。正方形区域沿任一方向推移得到一个平行六面体。若正方形沿轨迹向前推移时，其边长呈线性递减，得到的平移 sweep 体是四棱锥。**旋转 sweep** 通过将一个二维区域绕一个轴旋转而构成新的物体。如图 9.15 所示，三角形区域，绕其左边旋转一圈形成的旋转 sweep 体为一个圆锥。

如果我们允许待推移物体 A 在推移过程中任意变化，轨道 P 为任意曲线，那么所得到的推移方法称**广义 sweep**。在广义 sweep 中，物体 A 的尺寸、形状、朝向在前进过程都可以改变。由此可知，广义 sweep 体可以是非常复杂的物体。其表示能力大大强于平移 sweep 与旋转 sweep，但需要的计算也复杂得多。

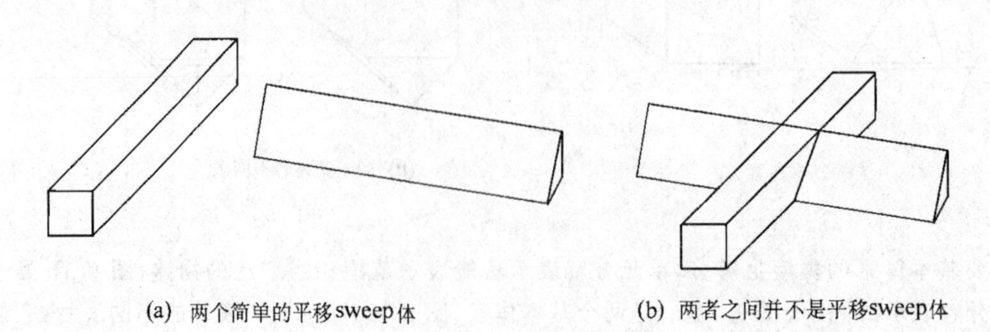

图 9.16 平移 sweep 对正则集合运算不封闭

一般来说，对 sweep 体做正则集合运算是困难的，因为即使是非常简单的 sweep 体，它们在正则集合运算下也不是封闭的。如图 9.16 所示，两个简单的平移 sweep 的正则并不再是平移 sweep 体。尽管如此，由于推移表示简单、直观，许多造型系统都采用它作为用户的输入手段。

9.6 边 界 表 示

所谓**边界表示**(B-Reps：Boundary Representation)即通过描述实体的边界来表示一个实体的方法。实体的边界与实体是一一对应的，定义了实体的边界，该实体就被唯一确定了。实体的边界面可以是平面多边形或曲面片(见第 10 章)。通常情况下，曲面片最终都是被近似地离散成多边形来处理的，有些边界表示方法(基于特定的数据结构与算法)甚至限制边界面必须由平面凸多边形或三角形构成。因此，本节的讨论将集中在多面体的边界表示。

9.6.1 多面体及欧拉公式

最简单的多面体是平面多面体。**平面多面体**是指表面由平面多边形构成的三维体。其表面上的每条边被偶数个多边形共享。为了排除如图 9.2 的非实体的多面体，要求多面体表面具有二维流形性质，即要求多面体上的每条边只严格属于两个多边形。**简单多面体**是指与球拓扑同构的多面体，即它可以连续变换成一个球。简单多面体满足下面的**欧拉公式**：

$$v - e + f = 2 \tag{9.9}$$

其中 v,e,f 分别是多面体的顶点数、边数与面数。欧拉公式是一个多面体为简单多面体的必要条件，而不是充分条件。也就是说，如果一个多面体不满足欧拉公式，则它一定不是简单多面体，但满足欧拉公式的多面体不一定就是简单多面体。图 9.17 是几个简单多面体的例子。

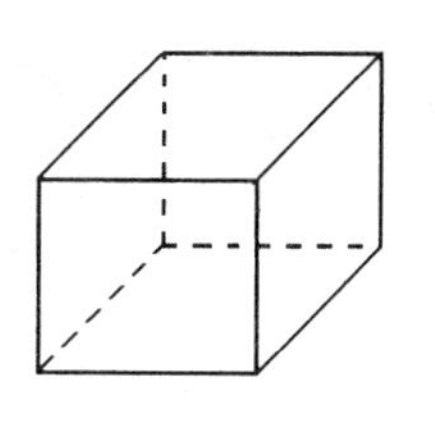

v=8, e=12, f=6

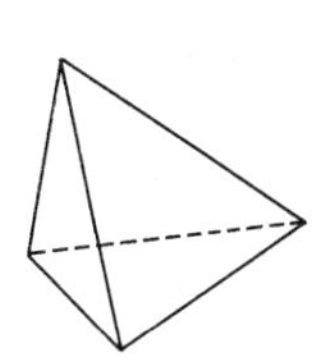

v=4, e=6, f=4

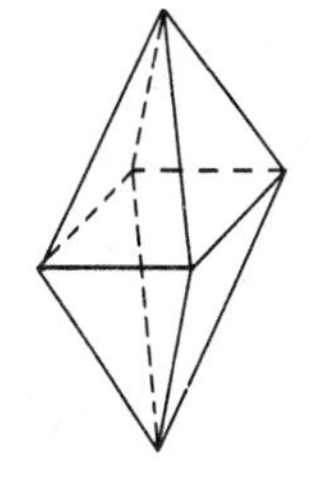

v=6, e=12, f=8

图 9.17 简单多面体满足欧拉公式 $v-e+f=2$

图 9.18 中的带悬挂面的立方体同样满足欧拉公式，但它却不是简单多面体，也不是一个实体。由这个例子可以看出，为了检验一个具有多边形表面的体是不是简单多面体，除了要验证欧拉公式外，还得附加一些条件，如每条边连接两个顶点，每条边只被两个面共享，每个顶点至少被三条边共享，等等。

对于如图 9.19 所示的非简单多面体，它满足下面的**广义欧拉公式**：

$$v - e + f - r = 2(s - h) \tag{9.10}$$

其中 v,e,f 含义与前面一样，r 为多面体表面上孔的个数，h 为贯穿多面体的孔洞的个数，s 为相互分离的多面体数。与前述一样，广义欧拉式仍然是检查一个具有多边形表面的体是否为实体的必要条件。

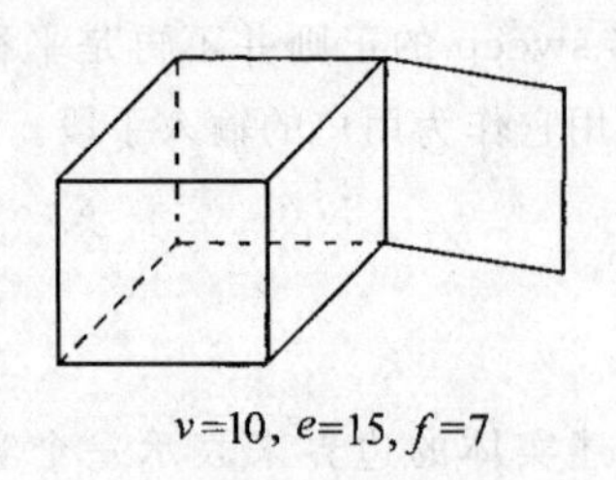

图 9.18 满足欧拉公式的非实体

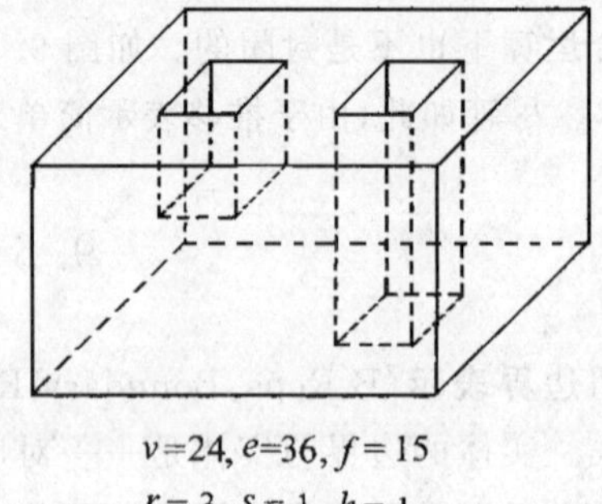

图 9.19 非简单多面体满足广义欧拉公式

事实上，欧拉公式同样适用于表面由曲面片组成的多面体，如图 9.20 所示。

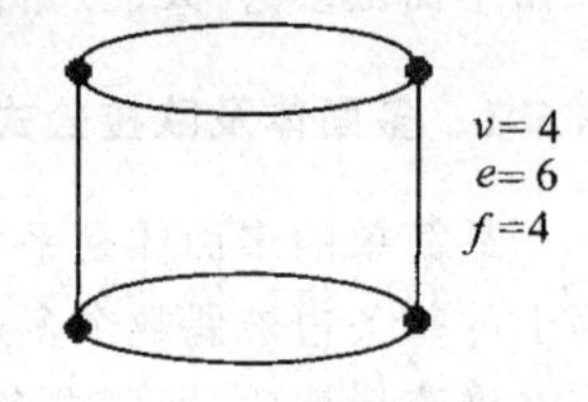

图 9.20 具曲面边界的多面体满足欧拉公式

9.6.2 平面方程的计算

构成平面多面体边界的是多边形，本节，我们讨论如何求多边形所在平面的方程。平面方程可表示为：

$$N \cdot \begin{bmatrix} x \\ y \\ z \end{bmatrix} + d = N_x x + N_y y + N_z z + d = 0 \qquad (9.11)$$

其中 $N=[N_x, N_y, N_z]$ 取作平面的单位法矢量(如果不是，对其做单位化就可以了)，易知，空间任一点 V 到平面的距离为 $N \cdot V+d$。当 V 落在平面的某一侧时，它的值为正，落在另一侧时为负，落在平面上时为零。

当多边形只有三个顶点即是三角形时，这三个顶点唯一确定一张平面。如图 9.21 所示，平面的单位法矢量由下式得到：

$$N = \frac{(P_1 - P_0) \times (P_2 - P_0)}{|(P_1 - P_0) \times (P_2 - P_0)|} \qquad (9.12)$$

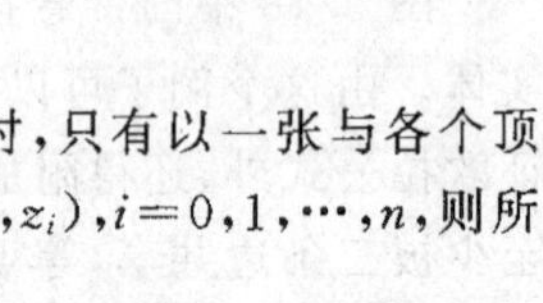

图 9.21 计算三角形所在平面的法矢量

将 N 和 P_0(或 P_1, P_2)的坐标代入(9.11)式有：

$$d = -N \cdot \begin{bmatrix} x_0 \\ y_0 \\ z_0 \end{bmatrix} \qquad (9.13)$$

从而求出了所要的平面方程。

当多边形的顶点多于 3 个时，由于各种原因，它们不一定共面，此时，只有以一张与各个顶点距离之和最小的平面来近似表示它们。设多边形的顶点为 $P_i(x_i, y_i, z_i), i=0,1,\cdots,n$，则所求平面的单位法矢量为：

$$N = \sum_{i=0}^{n} P_i \times P_{i+1} \Big/ \Big| \sum_{i=0}^{n} P_i \times P_{i+1} \Big| \qquad (9.14)$$

其中，取 $P_{n+1}=P_0$。展开上式得到：

$$N_x = \frac{a}{\sqrt{a^2+b^2+c^2}}, \quad N_y = \frac{b}{\sqrt{a^2+b^2+c^2}}, \quad N_z = \frac{c}{\sqrt{a^2+b^2+c^2}} \qquad (9.15)$$

其中，

$$a = \sum_{i=0}^{n}(y_i z_{i+1} - y_{i+1} z_i),$$

$$b = \sum_{i=0}^{n}(z_i x_{i+1} - z_{i+1} x_i),$$

$$c = \sum_{i=0}^{n}(x_i y_{i+1} - x_{i+1} y_i)$$

$\frac{1}{2}a, \frac{1}{2}b, \frac{1}{2}c$ 的几何意义是多边形分别在 yz, zx, xy 平面上投影的有向面积。例如，将三角形 $P_0P_1P_2$ 投影到 xy 平面后，如图 9.22 所示。

$$\begin{aligned}
\frac{1}{2}c &= \frac{1}{2}[(x_0y_1 - x_1y_0) + (x_1y_2 + x_2y_1) + (x_2y_0 - x_0y_2)] \\
&= \frac{1}{2}(x_0 - x_1)(y_0 + y_1) + \frac{1}{2}(x_1 - x_2)(y_1 + y_2) \\
&\quad + \frac{1}{2}(x_2 - x_0)(y_2 + y_0) \\
&= (-\text{梯形 } ABP_1P_0 \text{ 的面积}) + (-\text{梯形 } BCP_2P_1 \text{ 的面积}) \\
&\quad + \text{梯形 } ACP_2P_0 \text{ 的面积} \\
&= \triangle P_0P_1P_2 \text{ 的有向面积}
\end{aligned} \tag{9.16}$$

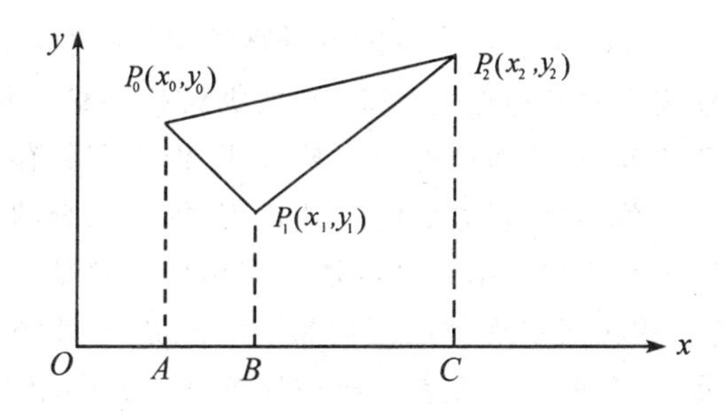

图 9.22 $\frac{1}{2}c$ 为$\triangle P_0P_1P_2$ 的有向面积

再取 $d = -\frac{1}{n+1}\sum_{i=0}^{n} d_i$，其中 $d_i = N \cdot P_i$，这样就得到所求的平面方程了。

9.6.3 边界表示的数据结构

最简单的边界表示方法也许是将多面体表示成构成其边界的一列多边形，每个多边形又由一列顶点坐标来表示。为了反映多边形的朝向，将其顶点统一按逆时针（或顺时针）排列。由于每个顶点都属于多个多边形，如果在每个多边形中都保存其坐标，则造成了存储空间的浪费。在多边形中只保存各顶点的序号（索引值），而将多面体所有的顶点存放于一个数组中可避免这种浪费。在这种表示中，边的信息是隐含的，即多边形顶点序列中相邻两个顶点构成其一条边。

上述简单表示方法的数据结构简单，但使得对多面体的操作效率不高。例如，若我们要查找共享某条边的两个多边形，则需要遍历组成该多面体边界的所有多边形，才能确定哪两个多边形包含这条边。这个过程是相当费时的。造成这种状况的原因是这个数据结构中所包含的

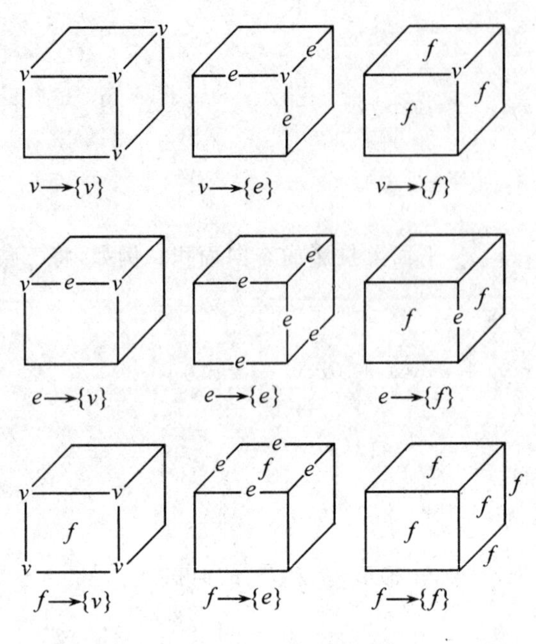

图 9.23　顶点、边、面之间的拓扑关系

多面体边界的拓扑信息不完整。一个好的数据结构必须同时正确完整地表示出边界的几何信息与拓扑信息才行。**几何信息**指的是顶点、边、面的位置、大小、形状等几何数据，而**拓扑信息**指的是顶点、边、面之间的连接关系。多面体的顶点、边、面之间的拓扑关系可用九种不同的形式描述。它们是 $v \to \{v\}$，$v \to \{e\}$，$v \to \{f\}$，$e \to \{v\}$，$e \to \{e\}$，$e \to \{f\}$，$f \to \{v\}$，$f \to \{e\}$，$f \to \{f\}$，如图 9.23 所示。其中"→"表示指针，即数据结构中包含了从左端元素指向右端元素的指针，表明可以从左端的元素直接找到右端元素。例如，$f \to \{v\}$ 表示由一个多边形能找到它的顶点，上述简单的数据结构中就包含了这种拓扑关系。每一种关系都可由其它关系通过适当的运算得到。

在表示法中究竟采用哪种拓扑关系或哪几种关系的组合取决于边界表示所需支持的各种运算，以及存储空间的限制。例如，若边界表示要支持从边查找共享该边的多边形的运算，则数据结构中最好包括拓扑关系 $e \to \{f\}$。数据结构中保存的拓扑关系越多，对多面体的操作越方便，但占用的存储空间也越大。因此要根据实际情况妥善选择拓扑关系，求得多方面的合理折衷，提高系统的整体效率。

边界表示的一种较为典型的数据结构是**半边数据结构**。它是作为一种多面体的表示方法在 80 年代初被提出来的。在构成多面体的三要素（顶点、边与面）中，半边数据结构以边为核心。为了方便表达拓扑关系，它将一条边表示成拓扑意义上方向相反的两条"半边"，所以称为半边数据结构，其结构如图 9.24 所示。采用半边数据结构，多面体的边界表示的结构如图 9.25 所示，其中各个节点的数据结构及含义如下：

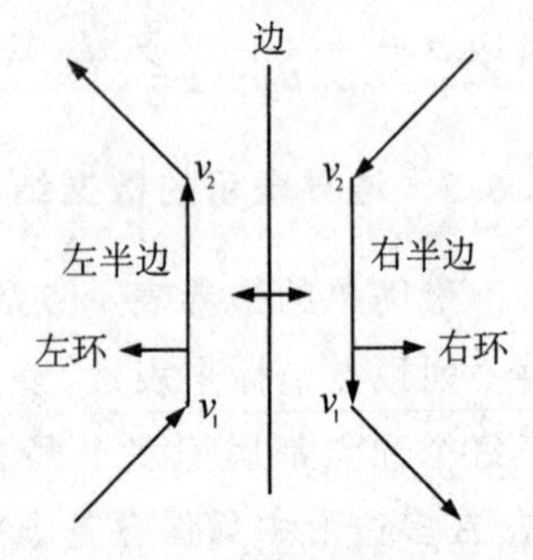

图 9.24　半边数据结构

```
typedef float vector[4];
typedef short Id;
typedef struct solid Solid;
typedef struct face Face;
typedef struct loop Loop;
typedef struct edge Edge;
typedef struct halfedge HalfEdge;
typedef struct vertex Vertex;
```

● **多面体**

```
struct solid
{  Id solidno;              /* 多面体序号 */
   Face *sfaces;            /* 指向多面体的面 */
   Edge *sedges;;           /* 指向多面体的边/
```

```
    Vertex  * sverts;      /* 指向多面体的顶点 */
    Solid  * nexts;        /* 指向后一个多面体 */
    Solid  * prevs;        /* 指向前一个多面体 */
};
```

多面体是整个数据结构最上层的节点，在任何时候，都可以通过连接各节点的双向指针遍历(查找)构成多面体边界的面、边、顶点等元素。系统中也许会同时存在多个体，它们通过指针 prevs 与 nexts 连接起来。

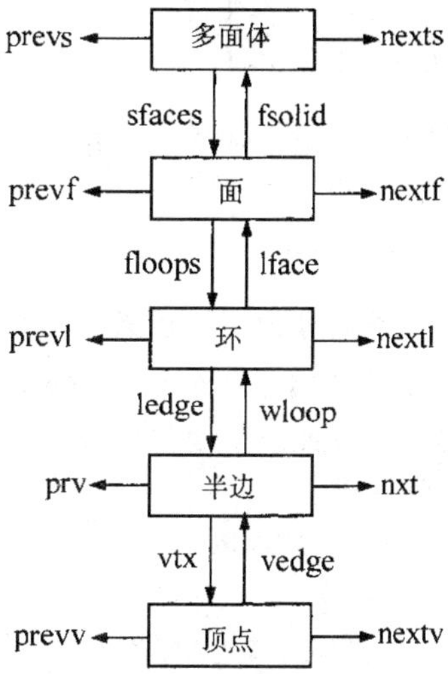

图 9.25 以半边数据结构表示的多面体的层次结构图

● **面**

```
struct face
{   Id faceno;             /* 面的序号 */
    Solid  * fsolid;       /* 指向该面所属的多面体 */
    Loop  * floops;        /* 指向构成该面的环 */
    Vector feq;            /* 平面方程 */
    Face  * prevf;         /* 指向前一个面 */
    Face  * nextf;         /* 指向后一个面 */
    Solid  * fsolid;       /* 指向该面所属的多面体 */
};
```

面结构表示了多面体表面的一个平面多边形。该多边形所在平面的方程为：

$$feq[0] \cdot x + feq[1] \cdot y + feq[2] \cdot z + feq[3] = 0$$

它的边界由一系列环构成，floops 指向其外环。如图 9.26 所示。

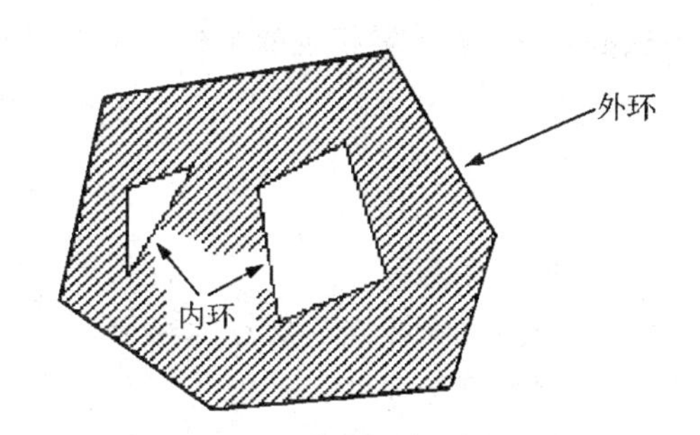

图 9.26 阴影部分为多边形区域，它的边界由一系列环构成

● **环**

```
struct loop
{  HalfEdge  * ledge,      /* 指向构成环的半边 */
   Face  * lface;          /* 指向该环所属的面 */
   Loop  * prevl;          /* 指向前一个环 */
   Loop  * nextl           /* 指向后一个环 */
};
```

一个环由多条半边组成，环的走向是一定的，若规定一个面的外环为逆时针走向，则其内

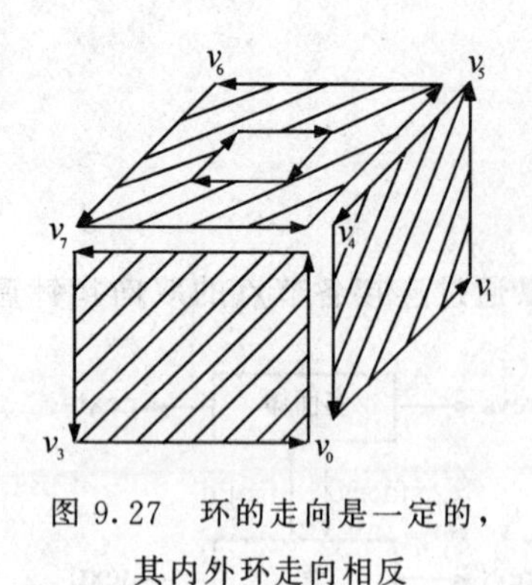

图 9.27　环的走向是一定的，其内外环走向相反

环为顺时针走向，反之亦然。如图 9.27 为立方体的三个表面。各个面的外环的走向是逆时针的，顶面包含了一个内环，其走向是顺时针的。

● **边**

```
struct edge
{   Id edgeno;           /* 边的序号 */
    HalfEdge *he1;       /* 指向左半边 */
    HalfEdge *he2;       /* 指向右半边 */
    Edge *preve;         /* 指向前一条边 */
    Edge *nexte;         /* 指向后一条边 */
};
```

一条边分为拓扑意义上的方向相反的两条半边，如在图 9.27 中，立方体的连接顶点 v_4 与 v_5 的边被表示为半边 v_4v_5 与 v_5v_4，它们的方向是相反的。在多面体的边界表示中保存边的信息是为了方便对多面体以线框的形式进行显示处理。

● **半边**

```
struct halfedge
{   Edge *edge;          /* 指向半边的父边 */
    Vertex *vtx;         /* 指向半边的起始顶点 */
    Loop *wloop;         /* 指向半边所属的环 */
    HalfEdge *prv;       /* 指向前一条半边 */
    HalfEdge *nxt;       /* 指向后一条半边 */
};
```

半边是整个数据结构的核心，一条条首尾相连的半边组成一个环，通过指针 edge，可以访问与该半边同属一条边的另一半边。

● **顶点**

```
struct vertex
{   Id vertexno;         /* 顶点序号 */
    HalfEdge *vedge;     /* 指向以该顶点为起点的半边 */
    Vector vcoord;       /* 顶点坐标 */
    Vertex *nextv;       /* 指向前一个顶点 */
    Vertex *prevv;       /* 指向后一个顶点 */
}
```

顶点是构成多面体的最基本元素，它包括了多面体的所有几何信息，即顶点坐标 vcoord。

从以上叙述及图 9.25 可以看出，以半边数据结构为基础的多面体的边界表示中包含了多种拓扑关系，如 $v \to \{e\}, e \to \{v\}, e \to \{f\}, f \to \{e\}$，可以方便地查找各元素之间的连接关系。例如，若要查找共享某条边的两个面，首先由指针 he1，he2 找到它的两条半边，再由半边中的指针 wloop 找到所属的环，最后由环结构中的指针 lface 便能确定所求的面了。这种表示中存储的信息量大，需要较多的存储空间，但却获得了较快的处理速度。

在边界表示法中，可以定义一系列运算来构造或修改三维实体，常用的这类运算有**欧拉运**

算、正则集合运算等。

9.6.4 欧拉运算

若将广义欧拉公式

$$v-e+f-r-2s+2h=0 \tag{9.17}$$

中的 v,e,f,h,r,s 分别看做独立的坐标变量，则上式在六维空间中定义了一张平面(平面本身是五维的)，该平面通过原点。由于各坐标变量的取值只能是非负的整数，所以式(9.17)实际上对应了一张五维平面上的网格，每个多面体都对应一个网格点。但并不是该网格上的每个网格点都对应一个有效的多面体(欧拉公式只是必要条件)。如果要构造的多面体对应的网格点的坐标是(v,e,f,r,s,h)，那么构造该实体的过程就是从原点开始沿网格一步一步向这个坐标点前进的过程。由于网格上的每点都满足式(9.17)，从而最终得到的多面体也必满足它。前进的"走法"是多种多样的，由于式(9.17)中只有5个自由变量，从而只需要5种基本走法就可以到达任一网格点了。为了简单直观起见，要求这些走法满足：

(1) 每一步至多只能使某一坐标变量递增(递减)一个单位；

(2) 每一步行走都具明显的几何意义。

表 9.1 欧拉运算

名　　称	坐标变量的增量						逆 运 算
	v	e	f	r	h	s	
mvfs (s,v,f,x,y,z)	1	0	1	0	0	1	kvfs (s)
mev $(s,v1,v2,v3,v4,f1,f2,x,y,z)$	1	1	0	0	0	0	kev $(s,f,v1,v2)$
mef $(s,f1,f2,v1,v2,v3,v4)$	0	1	1	0	0	0	kef $(s,f,v1,v2)$
kemr $(s,f,v1,v2)$	0	−1	0	1	0	0	mekr $(s,f,v1,v2,v3,v4)$
kfmrh $(s,f1,f2)$	0	0	−1	1	1	0	mfkrh $(s,f1,f2,v1,v2)$

注：函数名中各字母的含义为 m——生成，k——删除，v——顶点，e——边，r——环，h——孔，f—面，s——体。例如 mev 即表示输入一顶点，生成一条边。参数的含义：v,f,s 为元素序号，(x,y,z)为顶点坐标。

欧拉运算即是满足这种要求的"走法"。表 9.1 列出了5种欧拉运算的名称，对应的坐标变量的变化以及它们的逆运算。各个运算的功能说明如下：

mvfs：创建一个序号为 s 的多面体，它包含一个顶点 v 和一个面 f，顶点 v 的坐标为(x,y,z)。

mev：输入顶点 $v4$，生成一条新边 $v1v4$。使得在原先围绕顶点 $v1$ 的边中，从边 $v1v2$(包含)到边 $v1v3$(不包含)的所有边变成以 $v4$ 为顶点，如图 9.28(a)所示。当 $v2=v3$，$f1=f2$ 时，

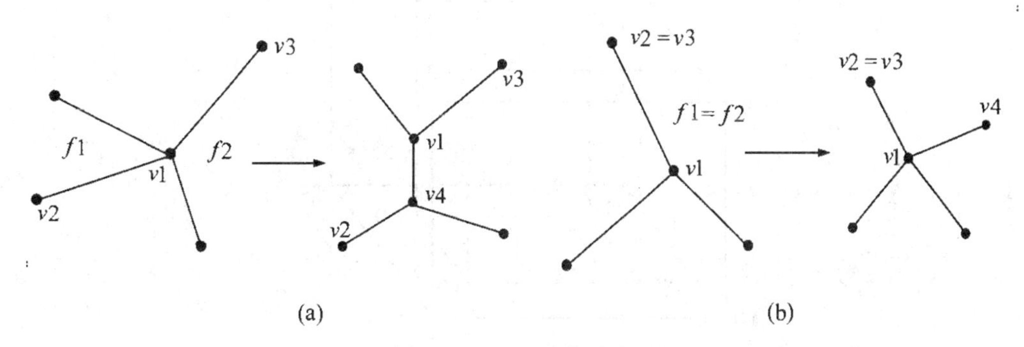

图 9.28 mev 功能示意图

该运算仅仅生成了一条新边，如图 9.28(b)所示。

mef：连接面 $f1$ 的两条边 $v1v2$ 与 $v3v4$ 的顶点 $v1$ 与 $v3$，生成一条新边，并将 $f1$ 分为两个面 $f1$ 和 $f2$，如图 9.29 所示。

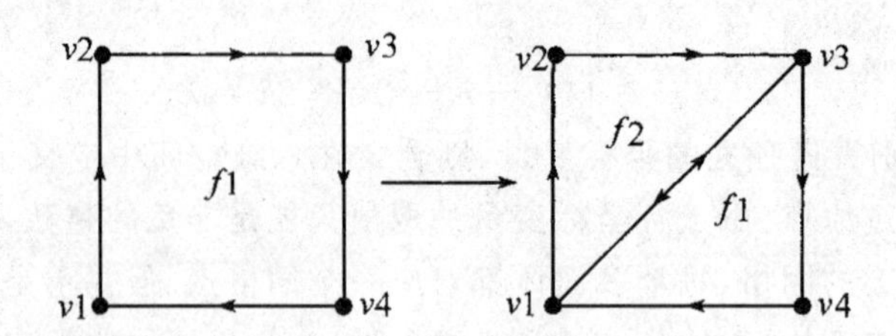

图 9.29 mef 功能示意图

kemr：删除连接 $v1$ 与 $v2$ 的边，生成一个新的环。如图 9.30 所示。

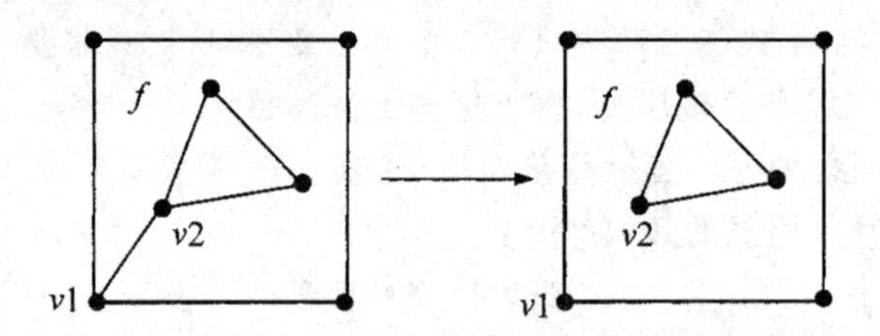

图 9.30 kemr 功能示意图

kfmrh：合并 $f1$ 与 $f2$，使得 $f2$ 变为 $f1$ 的一个内环($f2$ 被删去)，并由此生成一个通孔。如图 9.31 所示。

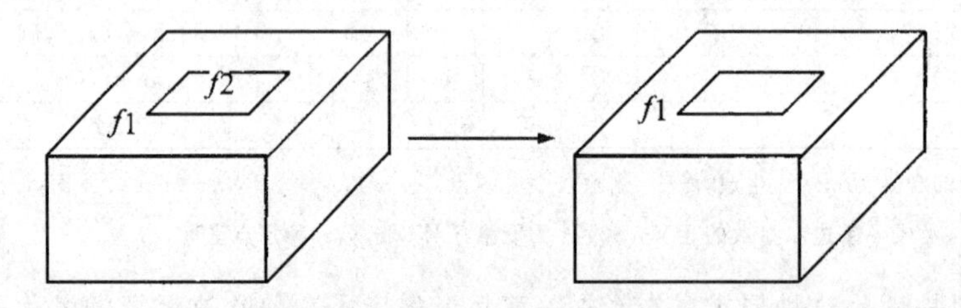

图 9.31 kfmrh 功能示意图

下面我们以构造一个带孔的立方体为例说明如何运用欧拉运算，由顶点到边，由边到环，由环到面，由面到体一步一步来构造三维立体。如图 9.32 所示，假定有所需的几何信息即顶点

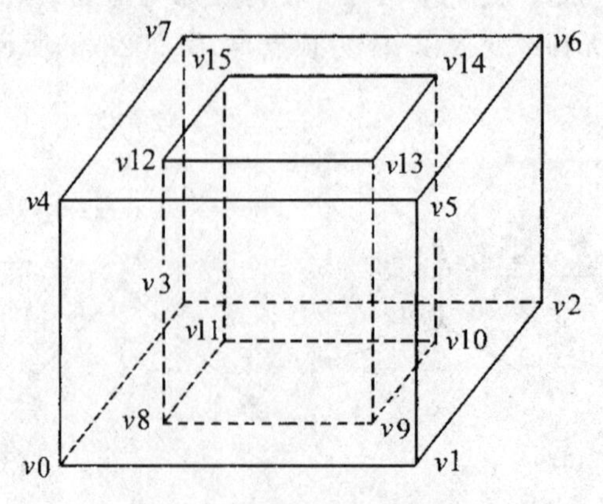

图 9.32 待构造的多面体

$v0(x0, y0, z0), v1(x1, y1, z1), \cdots, v15(x15, y15, z15)$。为了方便说明，记 $vi, fi, si, i=0,1,\cdots$ 分别表示顶点、面、多面体的序号。

程序 9.1 用欧拉运算构造多面体

```
/* 生成底面外环 v0v1v2v3,序号为 f0 */
mvfs (s0,v0,f0,x0,y0,z0);
mev (s0,v0,v0,v0,v1,f0,f0,x1,y1,z1);
mev (s0,v0,v0,v1,v2,f0,f0,x2,y2,z2);
mev (s0,v1,v1,v2,v3,f0,f0,x3,y3,z3);
mef (s0,f0,f1,v0,v1,v3,v2);   /* 见图 9.33 */
```

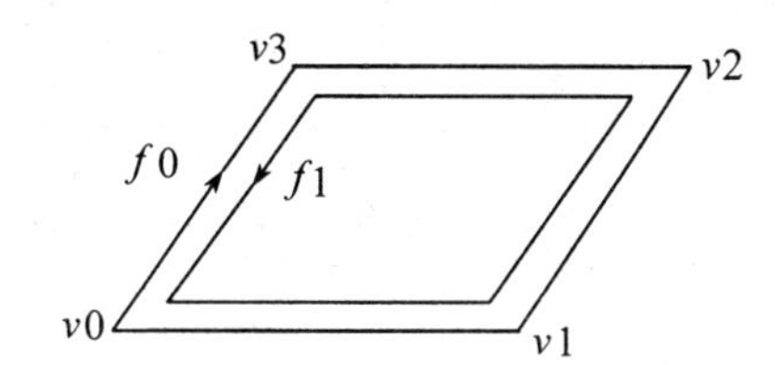

图 9.33 由 mef 生成的新面 $f1$ 与面 $f0$ 重合，但外环走向相反

```
/* 生成侧面 v0v4v5v1,序号为 f1 */
mev (s0,v3,v3,v0,v4,f1,f1,x4,y4,z4);
mev (s0,v0,v0,v4,v5,f1,f1,x5,y5,z5);
mef (s0,f1,f2,v5,v4,v1,v2);   /* 见图 9.34 */
/* 生成侧面 v1v5v6v2,序号为 f2 */
mev (s0,v4,v4,v5,v6,f2,f2,x6,y6,z6);
```

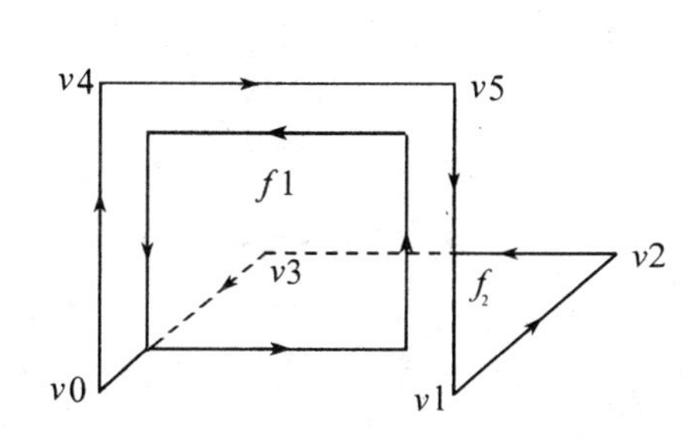

图 9.34 新面 $f2$ 的顶点 $v4v0v3v2v1v5$ 并不共面，它是拓扑意义上的面

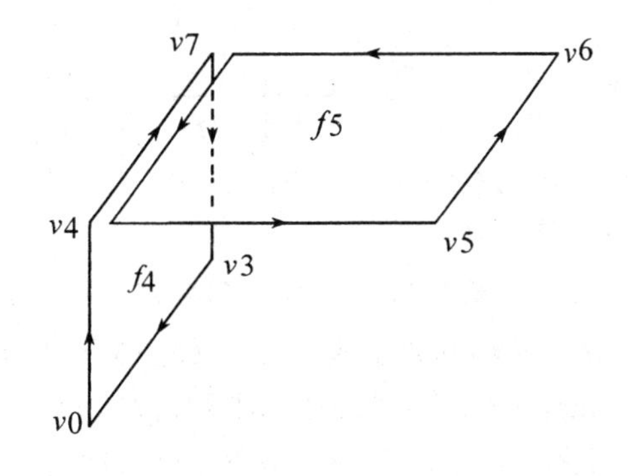

图 9.35 mef 同时产生 $f4$ 与 $f5$

```
mef (s0,f2,f3,v6,v5,v2,v3);
/* 生成侧面 v2v6v7v3,序号为 f3 */
mev (s0,v5,v5,v6,v7,f3,f3,x7,y7,z7);
mef (s0,f3,f4,v7,v6,v3,v0);
/* 生成侧面 v7v4v0v3 和顶面 v4v7v6v5,序号分别为 f4 和 f5 */
mef (s0,f4,f5,v7,v3,v4,v5);   /* 见图 9.35 */
```

```
/* 生成底面 f0 的内环 */
mev (s0,v3,v3,v0,v8,f0,f0,x8,y8,z8);
mev (s0,v0,v0,v8,v11,f0,f0,x11,y11,z11);
mev (s0,v8,v8,v11,v10,f0,f0,x10,y10,z10);
mev (s0,v11,v11,v10,v9,f0,f0,x9,y9,z9);
mef (s0,f0,f6,v8,v11,v9,v10);   /* 见图 9.36 */
kemr (s0,f0,v0,v8);  /* 见图 9.37 */
```

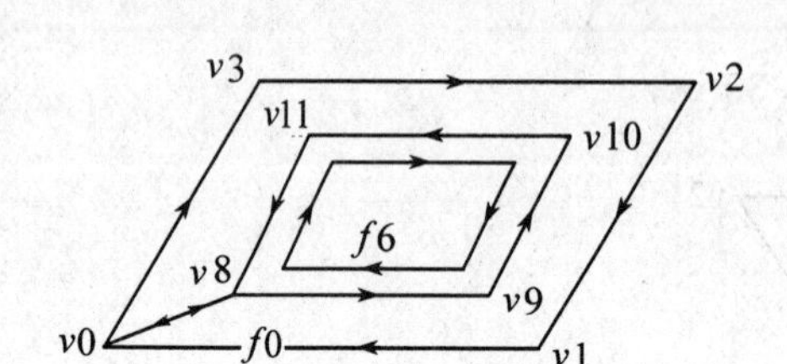

图 9.36 产生新面 $f6$

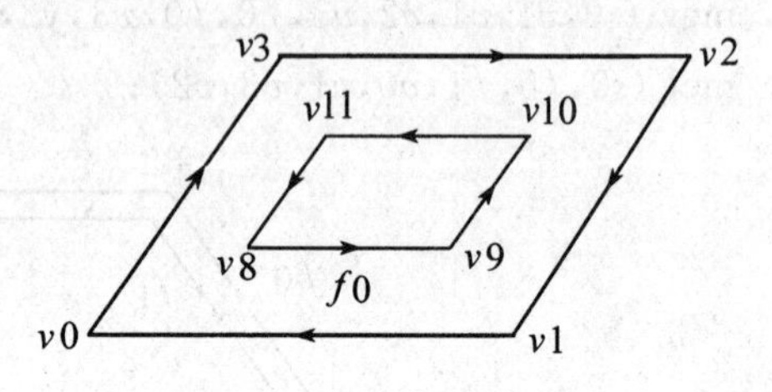

图 9.37 产生底面内环

```
/* 生成内孔的侧面 v8v12v13v9,序号为 f6 */
mev (s0,v0,v0,v9,v13,f6,f6,x13,y13,z13);
mev (s0,v9,v9,v13,v12,f6,f6,x12,y12,z12);
mef (s0,f6,f7,v12,v13,v8,v11); /* 见图 9.38 */
```

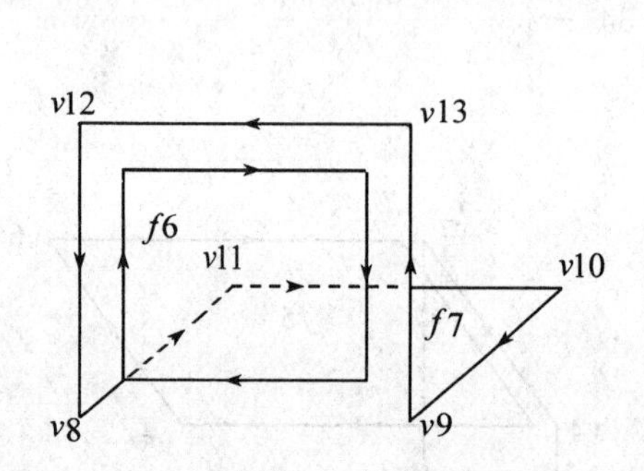

图 9.38 产生内孔侧面 $f6$

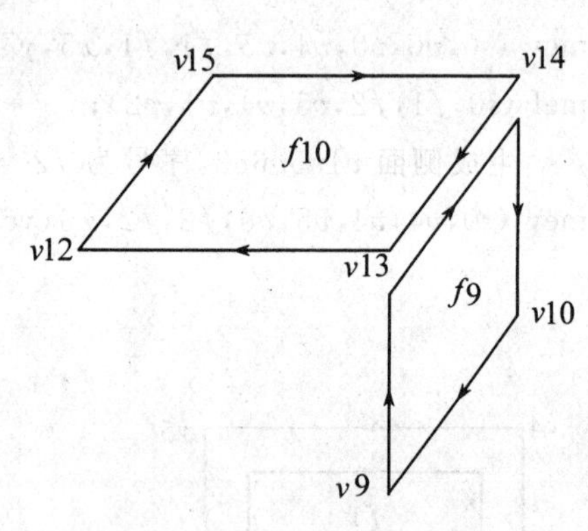

图 9.39 产生内孔侧面 $f9$

```
/* 生成内孔侧面 v11v15v12v8,序号为 f7 */
mev (s0,v8,v8,v12,v15,f7,f7,x15,y15,z15);
mef (s0,f7,f8,v15,v12,v11,v10);
/* 生成内孔侧面 v15v11v10v14,序号为 f8 */
mev (s0,v11,v11,v15,v14,f8,f8,x14,y14,z14);
mef (s0,f8,f9,v14,v15,v10,v9);
/* 生成内孔侧面 v10v9v13v14,序号为 f9 */
mef (s0,f9,f10,v13,v12,v14,v10);   /* 见图 9.39 */
/* 生成顶面 f5 的内环 */
kfmrh (s0,f5,f10);  /* 见图 9.40 */
```

值得注意的是:欧拉运算只能保证实体的构造过程中各元素之间拓扑关系的一致性,即满

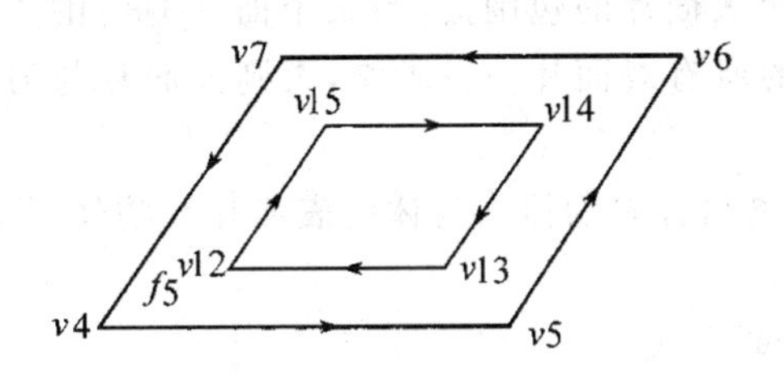

图 9.40 生成顶面内环

足广义欧拉公式；几何信息的合法性应由用户来保证。

9.6.5 正则集合运算

通过对边界表示的物体做正则集合运算可以构造新的边界表示的物体。对具有平面边界、曲面边界的物体进行集合运算的算法有很多，算法的大致步骤如下：

1. 预检查两个物体是否相交

物体表面之间的求交运算计算量大，非常费时，而且我们时常会发现，进行大量的计算之后，两个物体的表面并不相交，这不仅浪费了计算，而且影响效率。为了尽量减少这种情况的发生，可采用**包围盒技术**预检查两个物体是否相交。所谓**包围盒**指的是包围物体的最小长方体（或任何简单形体如球、圆柱等）。例如，对二维空间中的三角形来说，其包围盒是矩形，如图 9.41 所示。设有两个待求交的物体 A 与 B，A 的包围盒为

$$[x_{A\min}, x_{A\max}] \times [y_{A\min}, y_{A\max}] \times [z_{A\min}, z_{A\max}]$$

B 的包围盒为

$$[x_{B\min}, x_{B\max}] \times [y_{B\min}, y_{B\max}] \times [z_{B\min}, z_{B\max}]$$

当下列条件中任一个成立时，A 与 B 的包围盒不相交，即 A 与 B 不相交

$$x_{A\min} > x_{B\max}, \quad x_{A\max} < x_{B\min},$$
$$y_{A\min} > y_{B\max}, \quad y_{A\max} < y_{B\min},$$
$$z_{A\min} > z_{B\max}, \quad z_{A\max} < z_{B\min}$$

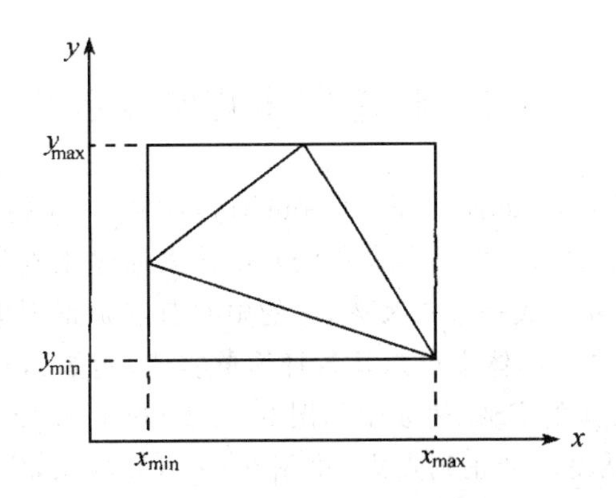

图 9.41 二维平面上三角形的包围盒是矩形

包围盒在这里的应用分为两个层次：

(1) 计算两个待求交物体的包围盒，若两包围盒无交，则两物体不相交，正则集合运算结束，否则进行下一层。

(2) 计算两物体每一个表面片的包围盒，当某个面片的包围盒与另一物体的包围盒相交时，将该面片与另一物体的所有表面片一一求交，否则该面片与另一物体的所有表面片都无交。

采用如上预检查能分离出许多物体与物体或表面片与物体无交的情况，从而避免了许多不必要的复杂的求交计算。

2. 计算物体表面之间的交线

如果待处理的两个物体都是平面多面体，其表面是一个个平面多面形，求交线的过程就十分简单。如果两物体具有曲面边界，则涉及到曲面片与曲面片的求交，求交过程相对复杂。一般有两种处理方法：

(1) 解析求交。首先根据两曲面片的解析方程，建立交线的方程，然后再求出该交线位于两曲面片内的区段。这种方法的优点是解的精度高，求解过程稳定可靠，但交线方程的建立强烈依赖于曲面的解析性质，有些曲面的交线甚至难以用一个解析式加以描述。

(2) 离散求交。首先将曲面片离散成一块块平面多边形，然后求出这些平面多边形间的交线，将它们连接起来近似表示两曲面间的交线。这种方法的优点是计算简便，程序处理一致。并且常用的参数曲面如 Bezier 曲面、B 样条曲面、NURBS 曲面等都有高效的离散算法。该方法的缺点是存在逼近误差，解的精度低。

3. 对物体的表面分类

假设两个物体为 A 与 B，上一步所求出的交线将 A 的表面分割为三部分，即落于 B 内部的边界 $bA \cap iB$，落于 B 边界上的边界 $bA \cap bB$ 和落于 B 外部的边界 $bA \cap eB$。同理，物体 B 的边界也被划分为 $bB \cap iA$，$bB \cap bA$ 和 $bB \cap eA$。为了判定物体的某个表面落于另一物体的内部还是外部，可以采用第 12 章中的光线投射方法。对于公共边界 $bA \cap bB$，依据两物体在其上外法向是同向或反向，分为$(bA \cap bB)_{同侧}$和$(bA \cap bB)_{异侧}$。类比 9.2 节的概念和式(9.6)，式(9.7)，式(9.8)，容易得到 A 与 B 的正则集合运算结果物体的边界表达式。

4. 建立结果物体的边界表示

获得正则集合运算结果物体的边界面之后，依据该边界表示所采用的数据结构，建立其边界表示。

9.7 构造实体几何表示

构造实体几何表示(Constructive Solid Geometry，或称 CSG 树)，是一种应用广泛的实体表示与构造方法，它的基本想法是将一些简单的基本体素通过正则集合运算来构造、表示新的实体。一个复杂的物体被表示成一个二叉树，它的中间节点是正则集合运算，而叶节点为基本体素，这棵树就叫 **CSG 树**。基本体素可以是各种简单实体，例如，若采用圆柱与长方体作为基本体素，图 9.42(a)中的实体的 CSG 树表示如图 9.42(b)和图 9.42(c)所示。由于采用的是正则集合运算，结果物体必然是一个正则点集。由图 9.42 可以看出，实体的 CSG 树表示不唯一，这也是它的重要缺陷之一。

用于构造 CSG 树的节点的一种实用数据结构如下：

```
struct node
{  short Opcode;
```

```
    float M[4][4];
    short Primtype;
    Unsigned char  * Prim;
    strurt node  * LeftSubtree;
    struct node  * RightSubtree;
};
```

(a)

(b)

(c)

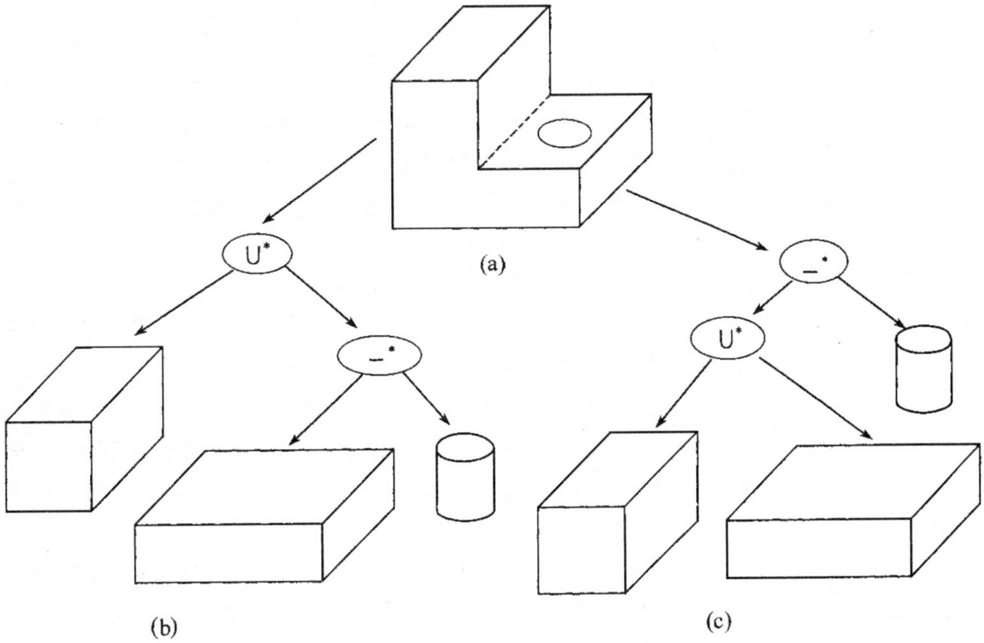

图 9.42

其中 Opcode 标志该节点的类型。当 Opcode＝0 时，表示节点为基本体素节点，此时，PrimType 表示基本体素的类型，Prim 为指向该基本体素的指针，M 为在对该基本体素的做正则集合运算之前所需的几何变换，指向左、右子树的指针 LeftSubtree 和 RightSubtree 为空。当 Opcode ＝1,2,3 时，分别表示该节点为正则并、交、差节点。此时，Prim 为空，M 仍为变换矩阵，LeftSubtree 与 RightSubtree 分别指向该节点的左、右子树。

在构造实体几何表示法中，基本体素也可以是半空间。一张面(无限大)将整个三维空间分割成两个无限的区域，这两个区域即称为**半空间**。若面的方程为 $f(x,y,z)=0$，则两个半空间表示为 $\{P|f(P)\leqslant 0\}$ 和 $\{P|f(P)\geqslant 0\}$，$P=(x,y,z)$。不妨将前一个半空间作为面 $f(P)=0$ 所唯一确定的基本体素，记为 h。那么任一个凸的多面体 H 都可以表示为一组半空间的交，即

$$H=\bigcap_{i=0}^{n} h_i \tag{9.18}$$

任一个复杂的体 F 都可以表示成多个凸多面体的并，即

$$F=\bigcup_{j=0}^{m} H_j \tag{9.19}$$

构造实体几何表示法所能表示物体的范围依赖于基本体素的选取，基本体素的种类越多，表示域越宽，但同时需要更多的算法支持。构造实体几何表示不仅是一种实体的表示方法，而且是一种实体的构造方法，它作为造型系统的输入建模手段得到广泛应用。由于实体被表示成

了一个 CSG 树,关于它的许多运算如求重心、体积、几何变换等,都可以递归进行(遍历 CSG 树),逐层递归计算的过程事实上是将运算分解的过程,体现了“分而治之”的思想。采用 CSG 树表示的缺点是它没有显式地包含实体边界信息如顶点、边、表面等,给显示输出带来不方便。同时,它也没有显式地建立实体与空间的一一对应关系,要获取实体的有关信息需进行大量的计算。

9.8 各种表示方法的比较

本章,我们介绍了五类主要的实体表示方法,即特征表示、空间分割表示、推移表示、边界表示与构造实体几何表示。每种方法有优点也有缺点,适用于不同的应用环境。对它们进行比较,需要有评价好坏的标准。这些标准通常包括精确性、唯一性、表示域、封闭性、有效性、简洁性等等。考虑到实体表示方法是实体造型系统的核心,我们还应考察每种表示方法对输入、输出的支持。以下便从上述各方面对五种表示法进行简单的分析比较。

● **精确性**。一种表示方法是否具有精确性是指它能否精确地表示实体。特征表示能够精确表示一个实体。构造实体几何表示能否精确表示实体依赖于它采用的基本体素,如果基本体素足够丰富(如具有曲面边界),则它一般能精确描述较大范围内的实体。对于边界表示,如果以平面多面体表示实体,则它仅是一种近似表示,如果允许曲面边界,则它也可以精确表示实体。推移表示的情况类似。空间分割表示法只能近似地表示一个实体。值得注意的是,未必任何场合都需要对象的精确描述;有时,某种程度的近似表示已经足够了,那么就没有必要花大的代价去寻求更精确的表示了。

● **表示域**。表示域是指一种表示法所能表示的实体的范围。表示域越大,意味着表示能力越强。特征表示与推移表示的表示域很有限,相反,空间分割表示法能表示任何实体。从理论上讲,实体与其边界一一对应,那么边界表示法应能表示所有的实体。但如果将边界表示法中采用的边界面限制在某个范围之内(如平面多边形),则它的表示能力就降低了。实体构造表示法的表示域依赖其基本体素的范围。

● **唯一性**。某种表示具有唯一性是指在这种表示法中,实体的表示形式是唯一的。在本章介绍的表示法中,只有空间位置枚举表示与八叉树表示具有唯一性。特征表示不具唯一性,例如,立方体也可看做 n 边正棱柱的特例。

● **封闭性**。对一种表示方法来说,如果其表示域内的实体经过某种运算(如正则集合运算、几何变换)后,结果实体仍落在表示域之内,则称这种表示法对该运算是封闭的(具封闭性)。这里我们主要讨论表示法关于正则集合运算的封闭性。特征表示的实体之间不能进行集合运算,简单推移表示(平移 sweep 与旋转 sweep)、单元分解表示不封闭。空间位置枚举表示、八叉树表示、CSG 树表示封闭,边界表示虽然对正则集合运算不封闭(导致表面为非 2 维流形的实体产生),可以附加约束条件加以避免。

● **有效性**。在表示法所应具备的各种性质中,有效性是较为重要而又难以验证的。通常来说边界表示(包括推移表示)物体的有效性最难以检验,其中不仅顶点、边、面的拓扑关系可能不一致,而且相互之间可能相交。特征表示的物体的有效性自动得到保证,其它表示方法的有效性验证也较为简单。

● **简洁性**。实体的表示应该是简洁的,目的是节约存储空间。相比之下,空间分割表示占用大量的空间,而特征表示、推移表示、CSG 树表示较为简洁,边界表示介于其间。值得注意的是，简洁性不应被孤立地考察。例如，在边界表示的半边数据结构中，虽然保存了大量的信息，需要较多的存储空间，但它同时给多种操作带来方便。事实上，我们经常保存冗余信息以换取更快的系统响应速度。

● **输入**。特征表示、推移表示、CSG 树表示和单元分解表示都是面向用户的，用户只要指定少量的参数，系统就能自动生成所需实体。相反，实体的空间位置枚举表示和八叉树表示很难由用户直接建立，一般由其它表示形式转化过来。如果采用边界表示作为输入手段，即意味着用户要逐个顶点、边、面地输入并构造实体，这一方面提供给用户很大的自由度，能方便地控制实体的形状，另一方面，由于要求用户提供大量的几何数据，既繁琐，又很难保证这些数据的一致性，此时，系统应该根据某些约束条件提供对数据进行一致性检查的功能。

● **输出**。实体造型系统的输出包括图形、计算机辅助制造系统进行数控加工所需的数据以及实体的性质（如重量、体积）等等。由于图形显示和数控加工主要要求实体的边界信息，所以边界表示对它们提供了较好的支持。如果要进行实体性质等方面的计算，则采用空间分割表示和 CSG 树表示更好。

从以上分析可以看出，没有哪一种表示方法在任何应用场合都是最好的。事实上，大多数三维实体造型系统中都是多种表示法并存的，以一种表示法为主体，其它为辅助。它们之间相互依赖、相互补充。

习　题

1. 采用特征表示法设计一个程序，使得用户输入基本体素的参数后，能正确显示出相应的基本体素的图形。

2. 设计一个程序将窗口内绘制的图形（如一个圆形区域或多边形区域，等等）转换成四叉树表示形式。

3. 设计一个程序，将按题 1 中的方法输入的三维物体转换成八叉树表示形式。

4. 设计一个程序，实现八叉树与线性八叉树之间的相互转换。

5. 采用推移表示法设计一个三维图形输入程序，使用户能够方便地输入平移 sweep 体、旋转 sweep 体。

6. 采用半边数据结构实现表 9.1 中的 5 种欧拉运算。

7. 设计一个程序，求出并显示两个简单多面体的交线。

8. 设计一个程序，实现针对简单多面体的正则集合运算。

9. 观察你身边的物体，看看能否将它们表示成一颗 CSG 树。

第10章　曲线与曲面

曲线与曲面是计算机图形学的重要研究内容之一，它不仅被广泛应用于形体的表示，而且在其它领域也有着重要应用，例如实验数据、统计数据的图形表示（可视化）等等。随着应用的深入，关于曲线、曲面的理论与算法也日臻成熟。较常用的曲线曲面有 Hermite 曲线曲面、Bezier 曲线曲面、B 样条曲线曲面、非均匀有理 B 样条曲线曲面等等。本章，我们将对它们作简要的阐述。本章的内容分为两部分，前半部分介绍曲线，后半部分介绍曲面。

10.1　表示形体的三种模型

计算机图形学中所要表示、处理和生成的物体，不仅包括客观存在的物体，还包括构造出来的虚拟物体，它们统称为**形体**。这后一种物体由于应用场合的不同也许仅仅是一块曲面、一条曲线，而不一定是一个封闭的体。表示形体通常有三种模型，即线框模型、表面模型与实体模型。

1. 线框模型

线框模型是以形体边界面上的一组轮廓线来表示形体的，其核心是线。线框模型是最早被用来表示形体的模型，并且一直延用至今，其特点是简单、容易理解、处理速度快。对平面多面体来说，采用线框模型是自然的。例如，对于一个立方体，给定其8个顶点，它就被表示为12条棱边的集合。将这些棱边显示出来，我们大体上就能看出立方体的形状与结构了。但线框模型存在着一些缺点：

(1) 对于非平面多面体，如圆柱、球等形体，它们的轮廓线随观察方向的改变而改变，这样就不可能用一组固定的轮廓线来表示它们。

(2) 线框模型与形体之间不是一一对应的。它仅仅通过给定的轮廓线约束所表示形体的边界面，而在轮廓线之间的地方，形体的表面可以任意变化。

(3) 线框模型中没有形体的表面信息，不适于真实感显示（如隐藏线的消除等），由此导致线框模型表示的形体可能产生二义性。

2. 表面模型

表面模型将形体表示成面的集合，它在线框模型的基础上增加了面的信息。有了面的信息之后，就可以对其进行面与面的求交线运算、隐藏面与隐藏线的消除、绘制明暗着色图等等。但表面模型不能有效地用来表示实体，其一是因为表面模型中的所有面未必形成一个封闭的边界，其二是各个面的侧向没有明确定义，即不知道实体位于面的哪一侧。

3. 实体模型

实体模型是用于表示实体的，在计算机辅助设计与制造领域中有着广泛的应用。实体模型的表示方法多种多样，如第9章所述。实体模型中不仅包含了实体的全部几何信息，而且还包含了完备的拓扑信息（如面、边、顶点的连接关系等），可以支持多种运算。实体模型的边界表示法与表面模型有相似之处，它们都以面的集合来表示形体，但也存在着明显的差别，即前者包含了面、边、顶点之间的拓扑关系信息，使得它唯一对应了一个实体。

表示形体的线框模型、表面模型、实体模型各有特色，适用于不同的应用领域。本章讨论的重点是应用于三种模型之中的曲线、曲面的有关理论与算法。

10.2 参数曲线基础

10.2.1 曲线的表示形式

表示曲线可以用参数方程，也可用非参数方程，前者称为**曲线的参数表示**，后者称为**曲线的非参数表示**。

1. 非参数表示

对于一条曲线，其上点的各个坐标变量之间满足一定关系，将这种关系以一个方程描述出来，则得到该曲线的非参数表示。这个方程建立的是各个坐标变量之间的关系，如果曲线上各点坐标变量之间关系足够简单，以至一个坐标变量能够用另一个坐标变量显式地表示出来，得到的即是曲线的**显式表示**。例如方程 $y=mx+b$ 即是二维空间中直线的显式表示。三维空间曲线显式表示的一般形式是：

$$\begin{cases} y = f(x), \\ z = g(x) \end{cases} \tag{10.1}$$

在此方程中，给定一个 x 值，即得到一个 y 值和 z 值，从而显式方程不能表示多值曲线(即一个 x 值对应多个 y 值或 z 值的曲线)，如一个完整的圆弧。采用隐式方程克服了上述缺陷。曲线的**隐式表示**的一般式为：

$$\begin{cases} f(x,y,z) = 0, \\ g(x,y,z) = 0 \end{cases} \tag{10.2}$$

该方程只规定了各坐标变量必须满足的关系，而不要求它们必须是一对一的，或是多对一的。例如，隐式方程

$$\begin{cases} x^2 + y^2 = 0, \\ z = 0 \end{cases}$$

确定了 $z=0$ 平面上的一个圆弧。

2. 参数表示

所谓曲线的参数表示即是将曲线上各点的坐标表示成参数方程的形式。若取参数为 t，则曲线的参数表示式为：

$$\begin{cases} x = x(t), \\ y = y(t), \qquad t \in [a,b] \\ z = z(t), \end{cases} \tag{10.3}$$

这样，给定一个 t 值，就得到曲线上一点的坐标，当 t 在$[a,b]$内连续变化时，就得到了曲线。上式中，我们将参数限制在$[a,b]$之内，因为通常我们感兴趣的仅仅是曲线的某一段。不妨假设这段曲线对应的参数区间即为$[a,b]$。为了方便起见，可以将区间$[a,b]$规范化成$[0,1]$，所需的参数变换为 $\bar{t}=\dfrac{t-a}{b-a}$。此后，我们不失一般性地假定参数 t 在$[0,1]$之间变化。记 $P=[x,y,z]^{\mathrm{T}}$，$P(t)=[x(t),y(t),z(t)]^T$，得到曲线参数表示的矢量形式如下：

$$P = P(t), \quad t \in [0,1] \tag{10.4}$$

参数方程中的参数 t 可以代表任何量，如时间、弧长、角度等，它没有固定的含义。究竟取什么作为参数，要依据不同的应用场合而定。例如连接 $P_0(x_0,y_0)$，$P_1(x_1,y_1)$ 两点的直线段的参数方程可写为：

$$P = P_0 + (P_1 - P_0)t, \quad t \in [0,1]$$
$$\Longleftrightarrow \begin{cases} x = x_0 + (x_1 - x_0)t, \\ y = y_0 + (y_1 - y_0)t, \end{cases} \quad t \in [0,1] \tag{10.5}$$

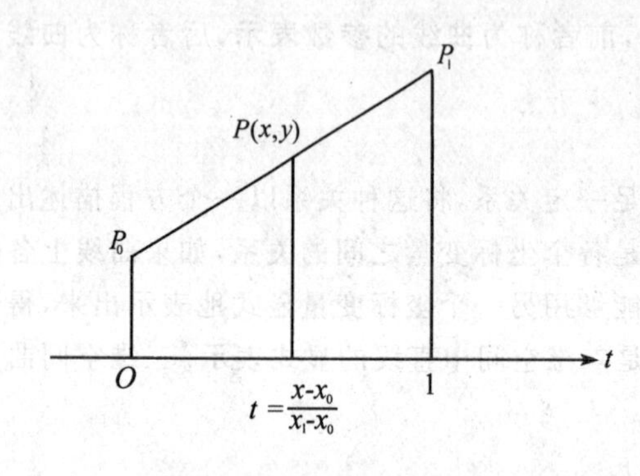

图 10.1　直线段 P_0P_1 的参数方程中参数 t 的含义

从上式求得参数 $t=\dfrac{x-x_0}{x_1-x_0}$。它反映的是 P 点在 P_0P_1 间的相对位置。当 $t=0$ 时，$P=P_0$，当 $t=1$ 时，$P=P_1$，如图 10.1 所示。

又如在圆的参数方程

$$\begin{cases} x = R\cos\theta, \\ y = R\sin\theta, \end{cases} \quad \theta \in [0,360°) \tag{10.6}$$

中，参数 θ 表示圆的半径与 x 轴的夹角，请读者考虑如何将上式中的参数 θ 的取值区间规范化到 $[0,1]$。

事实上，简单曲线的参数表示与隐式表示之间是可以相互转化的。将隐式方程化为参数方程称为**参数化**，将参数方程化为隐式方程称为**隐式化**。下面的例子说明了隐式方程的参数化过程。

［**例**］　将二次曲线 $ax^2+2bxy+cy^2+dx+ey=0$ 参数化。

取 t 为参数，u 为过渡变量，令

$$\begin{cases} x = u, \\ y = ut \end{cases} \tag{10.7}$$

代入方程得：

$$\begin{aligned} & au^2 + 2bu^2t + cu^2t^2 + du + eut = 0 \\ & \Rightarrow u^2(a + 2bt + ct^2) + u(d + et) = 0 \\ & \Rightarrow u = -\frac{d + et}{a + 2bt + ct^2} \quad (u = 0 \text{ 略}) \end{aligned} \tag{10.8}$$

代入式(10.7)得到二次曲线的参数表示式：

$$\begin{cases} x = -\dfrac{d + et}{a + 2bt + ct^2}, \\ y = -\dfrac{t(d + et)}{a + 2bt + ct^2} \end{cases} \tag{10.9}$$

由于参数表示具有以下一些优于非参数表示的地方，使得在计算机图形学领域中，曲线、曲面基本上都采用参数表示。以参数形式表示的曲线曲面，以下直接称为参数曲线曲面。

● 具有规范化参数区间[0,1]，很容易确定曲线的边界。例如若采用参数方程式(10.6)表示圆弧，通过给定参数 θ 的取值区间，可以方便地指定任意圆弧段。若用隐式方程 $x^2+y^2=R^2$ 来表示圆弧，指定一段圆弧则较繁琐。

● 参数方程的形式不依赖于坐标系的选取，具有形式不变性。例如对式(10.5)的直线段参

数方程，当坐标系改变时，变化的只是 P_0, P_1 的坐标值，表示式的形式是不变的。

● 对参数表示的曲线、曲面进行几何变换比较方便。假设要对式(10.5)表示的直线段作几何变换，只要将变换作用于 P_0, P_1 就可以了。

● 在非参数表示中，我们以斜率来描述变化率，它可能会出现无穷大的情况，为计算带来不便，而在参数表示中，变化率以切矢量来(见后文)表示，不会出现无穷大的值。

● 表示能力强(可以表示形状任意复杂的曲线、曲面)，易于离散生成，容易控制形状和人机交互。在非参数方程中，坐标变量的系数与曲线、曲面形状之间的关系不明确，造成形状控制十分困难。在后面我们将看到，参数方程中参数(基函数)的系数具有明确直观的几何意义，用它们来调整曲线曲面十分方便。

10.2.2 参数曲线的切矢量、弧长、法矢量、曲率与挠率

设在三维坐标系 $Oxyz$ 中，曲线的参数方程为：

$$\begin{cases} x = x(t), \\ y = y(t), \quad t \in [0,1] \\ z = z(t), \end{cases}$$

或写成矢量形式

$$P = P(t), \quad t = [0,1]$$

定义 $P(t)$ 的导数为：

$$\frac{\mathrm{d}^k P(t)}{\mathrm{d}t^k} = \left[\frac{\mathrm{d}^k x(t)}{\mathrm{d}t^k}, \frac{\mathrm{d}^k y(t)}{\mathrm{d}t^k}, \frac{\mathrm{d}^k z(t)}{\mathrm{d}t^k}\right]^{\mathrm{T}}, \quad k = 0,1,\cdots \tag{10.10}$$

对 $t=t_0$，若 $P'(t_0)=[x'(t_0), y'(t_0), z'(t_0)]^T \neq 0$，则称 $P(t_0)$ 为**正则点**。条件 $P'(t_0)\neq 0$ 意味着 $x'(t_0)$，$y'(t_0)$ 和 $z'(t_0)$ 不同时为零。当曲线上的所有点都是正则点时，称该曲线为**正则曲线**。以下如不特别指明，假定讨论的都是正则曲线。

1. 切矢量

在曲线的非参数表示中，斜率反映的是曲线上各点的一个坐标变量关于另一个坐标变量的变化率。在曲线的参数表示中，切矢量具有类似的含义。它表示当参数 t 递增了一个单位时三个坐标变量的变化量。记曲线在 t 和 $t+\Delta t$ 处的位置矢量分别为 $P(t)$ 和 $P(t+\Delta t)$，如图10.2所示，$\Delta P = P(t+\Delta t) - P(t)$。定义曲线在 t 处的**切矢量为**：

$$P'(t) = \frac{\mathrm{d}P(t)}{\mathrm{d}t} = \lim_{\Delta t\to 0}\frac{P(t+\Delta t) - P(t)}{\Delta t} = \begin{bmatrix} \lim\limits_{\Delta t\to 0}\dfrac{x(t+\Delta t) - x(t)}{\Delta t} \\ \lim\limits_{\Delta t\to 0}\dfrac{y(t+\Delta t) - y(t)}{\Delta t} \\ \lim\limits_{\Delta t\to 0}\dfrac{z(t+\Delta t) - z(t)}{\Delta t} \end{bmatrix} = \begin{bmatrix} x'(t) \\ y'(t) \\ z'(t) \end{bmatrix} \tag{10.11}$$

它的方向与曲线的变化方向一致。

2. 弧长

对正则曲线 $P=P(t)$，定义

$$s(t) = \int_0^t \left|\frac{\mathrm{d}P(t)}{\mathrm{d}t}\right| \mathrm{d}t \tag{10.12}$$

为曲线从参数是 0 的点到参数是 t 的点的**弧长**。其中

$$\left|\frac{\mathrm{d}P(t)}{\mathrm{d}t}\right| = \sqrt{\left(\frac{\mathrm{d}x(t)}{\mathrm{d}t}\right)^2 + \left(\frac{\mathrm{d}y(t)}{\mathrm{d}t}\right)^2 + \left(\frac{\mathrm{d}z(t)}{\mathrm{d}t}\right)^2} \tag{10.13}$$

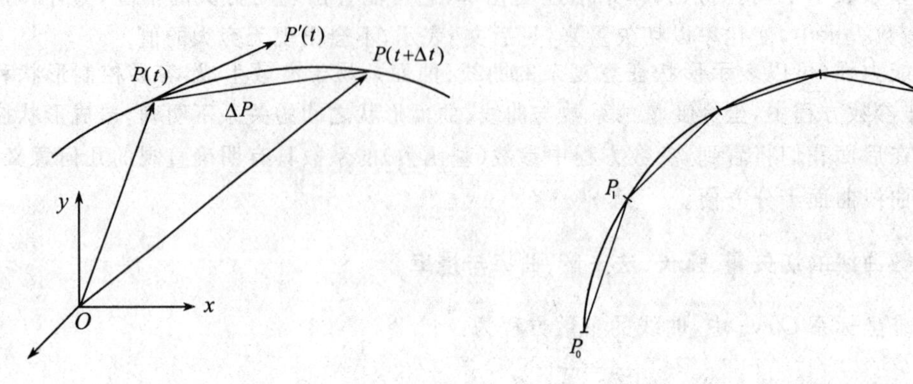

图 10.2　切矢量的定义　　　　图 10.3　曲线弧长的定义

是切矢量 $P'(t)$的长度。从微积分的知识知道，式(10.12)是曲线连接 $P(0)$到 $P(t)$两点的内接折线的长度的极限。详细地说，记 $P(0)$为 P_0，$P(t)$为 P_n，在曲线上 P_0 与 P_n 之间沿着 t 递增的方向，取 $n-1$ 个点 $P_1, P_2, \cdots, P_{n-1}$，用直线段把相邻的点连接起来，得到曲线的内接折线，如图 10.3 所示。它的长度为

$$L(n) = \sum_{i=1}^{n} |P_{i-1}P_i| \tag{10.14}$$

当 $\max\limits_{1\leqslant i\leqslant n}|P_{i-1}P_i| \to 0$ 即 $n\to\infty$ 时，$L(n)\to s(t)$。

显然弧长 s 是 t 的可微函数，且

$$\frac{\mathrm{d}s}{\mathrm{d}t} = \left|\frac{\mathrm{d}P(t)}{\mathrm{d}t}\right| \tag{10.15}$$

由于 $P=P(t)$是正则曲线，所以 $\frac{\mathrm{d}s}{\mathrm{d}t}>0$，即 $s(t)$是关于 t 的单调增函数。从而 $s=s(t)$存在反函数 $t=t(s)$。将其代入曲线的参数方程，得到同一曲线以其弧长 s 为参数的方程

$$P = P(s) \tag{10.16}$$

从式(10.15)可以看出 $\left|\frac{\mathrm{d}P(s)}{\mathrm{d}s}\right|=1$，也就是说，以弧长为参数时，曲线的切矢量 $\frac{\mathrm{d}P(s)}{\mathrm{d}s}$ 为单位矢量，记为 $T(s)$。

从弧长的定义可看出，它既与参数 t 的选取无关，也与坐标系无关，从而以弧长为参数来表示曲线易于讨论曲线本身固有的性质。在本节下面的讨论中，如不特别指出，$P(s)$中的 s 是指弧长参数。

3. 法矢量

设曲线的参数方程是 $P=P(s)$，其上任一点的单位切矢量为 $T(s)$，若 $P''(s)\neq 0$，称矢量 $T'(s)$方向上的单位矢量 $N(s)$为曲线在 s 处的**主法矢量**，称过 $P(s)$以 $N(s)$为方向的直线为**主法线**。由于 $T(s)$为单位矢量，即 $T(s)^2=1$，故得到：

$$\frac{\mathrm{d}[T(s)^2]}{\mathrm{d}s} = 0 \Rightarrow T(s)\cdot T'(s) = 0$$

从而 $T(s)$ 与 $T'(s)$ 垂直，亦即主法矢量 $N(s)$ 与切矢量 $T(s)$ 垂直。称 $T(s)\times N(s)$ 为曲线在 $P(s)$ 处的**副法矢量**，记为 $B(s)$。易知 $B(s)$ 也是单位矢量。过 $P(s)$ 以 $B(s)$ 为方向的直线称为**副法线**。

这样，过曲线上任一点 $P(s)$，有三个两两垂直的单位矢量 $T(s)$，$N(s)$ 和 $B(s)$，由它们构成的坐标系称为曲线在 $P(s)$ 处的 **Frenet 标架**。如图 10.4，通过 $P(s)$ 且由切矢量与主法矢量张成的平面，称曲线在该点的**密切平面**，通过 $P(s)$ 且由主法矢量与副法矢量张成的平面称为**法平面**。类似地，通过 $P(s)$ 且由切矢量与副法矢量张成的平面称**副法平面**。

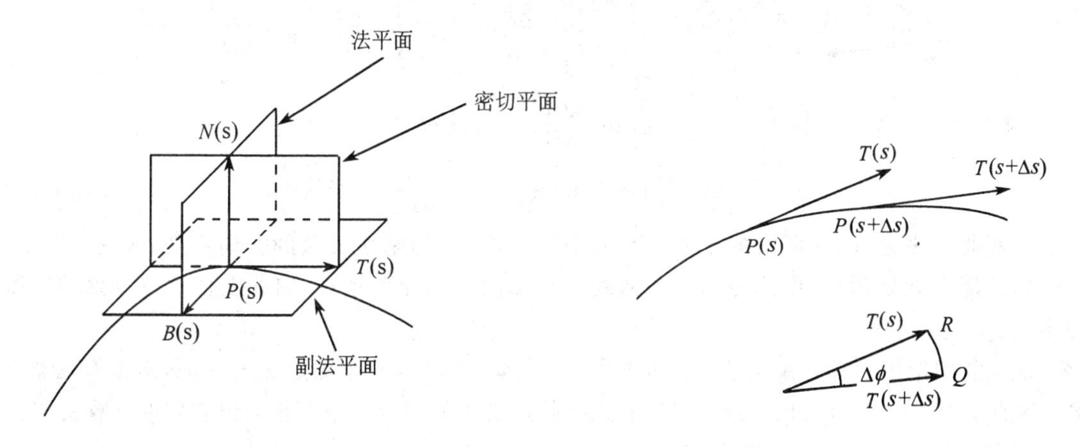

图 10.4　曲线上 $P(s)$ 点的 Frenet 标架　　　图 10.5　曲线上 $P(s)$ 点的曲率

4. 曲率

设曲线上 $P(s)$ 点处的单位切矢量为 $T(s)$，$P(s+\Delta s)$ 处的单位切矢量为 $T(s+\Delta s)$，它们的夹角为 $\Delta\varphi$，如图 10.5 所示。由于 Δs 为弧长，故 $\left|\frac{\Delta\varphi}{\Delta s}\right|$ 反映了曲线在区间 $[s,s+\Delta s]$ 上的平均弯曲程度，称为**平均曲率**。当 $\Delta s\to 0$ 时，得到曲线上 $P(s)$ 点的**曲率** $k(s)$，即

$$k(s)=\lim_{\Delta s\to 0}\left|\frac{\Delta\varphi}{\Delta s}\right| \tag{10.17}$$

当 $k(s)\neq 0$ 时，$\rho(s)=\frac{1}{k(s)}$ 称为曲线在 $P(s)$ 点的**曲率半径**。

由于 $\Delta\varphi=\overset{\frown}{QR}$，记 $\Delta T=QR=T(s+\Delta s)-T(s)$，则

$$\left|\frac{\Delta\varphi}{\Delta s}\right|=\left|\frac{\Delta\varphi}{\Delta T}\cdot\frac{\Delta T}{\Delta s}\right|=\left|\frac{\overset{\frown}{QR}}{\Delta T}\right|\cdot\left|\frac{\Delta T}{\Delta s}\right|$$

而 $\lim\limits_{\Delta s\to 0}\left|\frac{\overset{\frown}{QR}}{\Delta T}\right|=1$，故有

$$k(s)=\lim_{\Delta s\to 0}\left|\frac{\Delta\varphi}{\Delta s}\right|=\lim_{\Delta s\to 0}\left|\frac{\Delta T}{\Delta s}\right|=\left|\frac{\mathrm{d}T}{\mathrm{d}s}\right|=|P''(s)| \tag{10.18}$$

既然曲率反映的是曲线的弯曲程度，那么对于直线，它的弯曲程度处处为零，从而其曲率处处为零。而对于圆，其上各点的弯曲程度相等，从而其曲率为常数，其曲率半径即等于它的半径。请读者自己证明如上结论。

5. 挠率

设曲线上 $P(s)$ 点处的单位副法矢量为 $B(s)$，$P(s+\Delta s)$ 处的单位副法矢量为 $B(s+\Delta s)$，

$B(s)$与$B(s+\Delta s)$的夹角为$\Delta\theta$,则$\left|\frac{\Delta\theta}{\Delta s}\right|$反映了曲线在法平面内的平均扭转程度,称为曲线在参数区间$[s,s+\Delta s]$中的**平均挠率**(见图10.6)。当$\Delta s\to 0$时,得到的值$\tau(s)$称为曲线在$P(s)$点的**挠率**,即

$$\tau(s)=\lim_{\Delta s\to 0}\left|\frac{\Delta\theta}{\Delta s}\right| \tag{10.19}$$

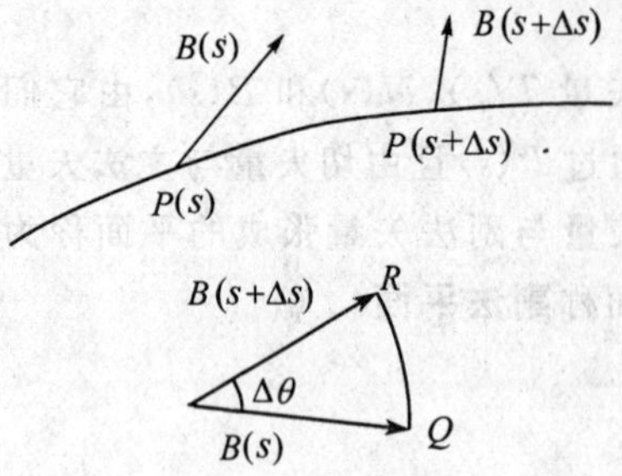

图10.6 曲线上$P(s)$点的挠率

记$\Delta B=B(s+\Delta s)-B(s)$,由于$\Delta\theta=\overset{\frown}{QR}$。得到

$$\left|\frac{\Delta\theta}{\Delta s}\right|=\left|\frac{\overset{\frown}{QR}}{\Delta B}\cdot\frac{\Delta B}{\Delta s}\right|=\left|\frac{\overset{\frown}{QR}}{\Delta B}\right|\cdot\left|\frac{\Delta B}{\Delta s}\right|$$

而$\lim\limits_{\Delta s\to 0}\left|\frac{\overset{\frown}{QR}}{\Delta B}\right|=1$,故得到

$$\tau(s)=\lim_{\Delta s\to 0}\left|\frac{\Delta\theta}{\Delta s}\right|=\lim_{\Delta s\to 0}\left|\frac{\Delta B}{\Delta s}\right|=\left|\frac{\mathrm{d}B}{\mathrm{d}s}\right|=|B'(s)| \tag{10.20}$$

对于平面曲线来说,曲线所在的平面即为其密切平面,它的副法矢量的方向不变,因此$|B'(s)|=0$,即其挠率处处为零。由此得到一条曲线是平面曲线的充要条件:曲线上任意一点处的挠率为零。

以上我们给出了具有弧长参数s的曲线的法矢量、曲率及挠率的定义式。那么对具有任意参数t的曲线$P=P(t)$,它的法矢量、曲率及挠率的定义式如何呢?下面推导出它们的计算公式。

假定弧长参数s关于参数t的表达式为$s=s(t)$,则

$$\frac{\mathrm{d}P}{\mathrm{d}t}=\frac{\mathrm{d}P}{\mathrm{d}s}\cdot\frac{\mathrm{d}s}{\mathrm{d}t}=T\cdot\frac{\mathrm{d}s}{\mathrm{d}t} \tag{10.21}$$

其中T为单位切矢量。对上式两端平方,得:

$$\left(\frac{\mathrm{d}P}{\mathrm{d}t}\right)^2=\left(\frac{\mathrm{d}s}{\mathrm{d}t}\right)^2\Rightarrow\frac{\mathrm{d}s}{\mathrm{d}t}=\left|\frac{\mathrm{d}P}{\mathrm{d}t}\right| \tag{10.22}$$

将上式代入式(10.21),得到单位切矢量T的表达式为:

$$T=\frac{\mathrm{d}P}{\mathrm{d}t}\Big/\left|\frac{\mathrm{d}P}{\mathrm{d}t}\right| \tag{10.23}$$

对式(10.21)两端关于t求导,得:

$$\frac{\mathrm{d}^2P}{\mathrm{d}t^2}=\frac{\mathrm{d}^2P}{\mathrm{d}s^2}\cdot\left(\frac{\mathrm{d}s}{\mathrm{d}t}\right)^2+\frac{\mathrm{d}P}{\mathrm{d}s}\cdot\frac{\mathrm{d}^2s}{\mathrm{d}t^2}=k\cdot\left(\frac{\mathrm{d}s}{\mathrm{d}t}\right)^2\cdot N+\frac{\mathrm{d}^2s}{\mathrm{d}t^2}\cdot T \tag{10.24}$$

其中k,N分别为曲率和单位主法矢量。对上式两端叉乘$\frac{\mathrm{d}P}{\mathrm{d}t}$,有:

$$\begin{aligned}\frac{\mathrm{d}P}{\mathrm{d}t}\times\frac{\mathrm{d}^2P}{\mathrm{d}t}&=\frac{\mathrm{d}P}{\mathrm{d}t}\times\left[k\cdot N\cdot\left(\frac{\mathrm{d}s}{\mathrm{d}t}\right)^2\right]+\frac{\mathrm{d}P}{\mathrm{d}t}\times T\cdot\frac{\mathrm{d}^2s}{\mathrm{d}t^2}\\&=\left(T\cdot\frac{\mathrm{d}s}{\mathrm{d}t}\right)\times\left[k\cdot N\cdot\left(\frac{\mathrm{d}s}{\mathrm{d}t}\right)^2\right]+\left(T\cdot\frac{\mathrm{d}s}{\mathrm{d}t}\right)\times T\cdot\frac{\mathrm{d}^2s}{\mathrm{d}t^2}\\&=k\left(\frac{\mathrm{d}s}{\mathrm{d}t}\right)^3\cdot T\times N=k\cdot\left|\frac{\mathrm{d}P}{\mathrm{d}t}\right|^3\cdot B\end{aligned} \tag{10.25}$$

其中,B为单位副法矢量。对上式两端取模得到曲率k的表达式:

$$k=\frac{\left|\frac{\mathrm{d}P}{\mathrm{d}t}\times\frac{\mathrm{d}^2P}{\mathrm{d}t^2}\right|}{\left|\frac{\mathrm{d}P}{\mathrm{d}t}\right|^3} \tag{10.26}$$

将上式代入式(10.25),得到单位副法矢量

$$B=\frac{\frac{\mathrm{d}P}{\mathrm{d}t}\times\frac{\mathrm{d}^2P}{\mathrm{d}t^2}}{\left|\frac{\mathrm{d}P}{\mathrm{d}t}\times\frac{\mathrm{d}^2P}{\mathrm{d}t^2}\right|} \tag{10.27}$$

对式(10.22)右端等式的两端关于 t 求导,有:

$$\frac{\mathrm{d}^2s}{\mathrm{d}t^2}=\left(\sqrt{\left(\frac{\mathrm{d}P}{\mathrm{d}t}\right)^2}\right)'=\frac{\frac{\mathrm{d}P}{\mathrm{d}t}\cdot\frac{\mathrm{d}^2P}{\mathrm{d}t}}{\left|\frac{\mathrm{d}P}{\mathrm{d}t}\right|}=T\cdot\frac{\mathrm{d}^2P}{\mathrm{d}t} \tag{10.28}$$

将上式代入式(10.24)得到单位主法矢量

$$N=\frac{\frac{\mathrm{d}^2P}{\mathrm{d}t^2}-T\left(T\cdot\frac{\mathrm{d}^2P}{\mathrm{d}t^2}\right)}{k\cdot\left|\frac{\mathrm{d}P}{\mathrm{d}t}\right|^2} \tag{10.29}$$

类似地,读者可以推导出挠率的表达式为:

$$\tau=\frac{\left(\frac{\mathrm{d}P}{\mathrm{d}t},\frac{\mathrm{d}^2P}{\mathrm{d}t^2},\frac{\mathrm{d}^3P}{\mathrm{d}t^3}\right)}{\left|\frac{\mathrm{d}P}{\mathrm{d}t}\times\frac{\mathrm{d}^2P}{\mathrm{d}t^2}\right|^2} \tag{10.30}$$

其中,

$$\left(\frac{\mathrm{d}P}{\mathrm{d}t},\frac{\mathrm{d}^2P}{\mathrm{d}t^2},\frac{\mathrm{d}^3P}{\mathrm{d}t^3}\right)=\left(\frac{\mathrm{d}P}{\mathrm{d}t}\times\frac{\mathrm{d}^2P}{\mathrm{d}t^2}\right)\cdot\frac{\mathrm{d}^3P}{\mathrm{d}t^3}$$

为三矢量的混合积。

10.2.3 参数连续性与几何连续性

连续性是曲线的重要性质,本节我们讨论参数曲线两种意义上的连续性:**参数连续性**与**几何连续性**。设曲线方程为:

$$P=P(t),\qquad t\in[0,1]$$

1. 参数连续性

称曲线在 $t=t_0$ 处是 n 阶参数连续(C^n)的,如果曲线在 t_0 处的左、右 n 几阶导数存在,并且满足

$$\left.\frac{\mathrm{d}^kP(t)}{\mathrm{d}t^k}\right|_{t=t_0^-}=\left.\frac{\mathrm{d}^kP(t)}{\mathrm{d}t^k}\right|_{t=t_0^+},\quad k=0,1,\cdots,n \tag{10.31}$$

若曲线在区间[0,1]内处处是 C^n 的,则称该曲线是 C^n 的。

由上述定义易知,曲线在 t_0 处零阶参数连续(C^0)的充要条件是 $P(t_0^-)=P(t_0^+)$,一阶参数连续(C^1)的充要条件是 $P(t_0^-)=P(t_0^+)$和 $P'(t_0^-)=P'(t_0^+)$。

2. 几何连续性

(1) 称曲线在 $t=t_0$ 处零阶几何连续(GC^0),如果它在该点位置连续,即

$$P(t_0^-)=P(t_0^+) \tag{10.32}$$

(2) 称曲线在 $t=t_0$ 处一阶几何连续(GC^1),如果它在该点是 GC^0 的,并且切矢量方向连续,即存在常数 $\alpha>0$,使

$$P'(t_0^-) = \alpha P'(t_0^+) \tag{10.33}$$

(3) 称曲线在 $t=t_0$ 处二阶几何连续(GC^2),如果它在该点是 GC^1 的,并且副法矢量方向连续,曲率连续即

$$B(t_0^-) = B(t_0^+), \quad k(t_0^-) = k(t_0^+) \tag{10.34}$$

若定义曲率矢量为 $\dfrac{P'(t)\times P''(t)}{|P'(t)|^3}$,则上式等价于曲率矢量在 t_0 点连续:

$$\left.\frac{P'(t)\times P''(t)}{|P'(t)|^3}\right|_{t=t_0^-} = \left.\frac{P'(t)\times P''(t)}{|P'(t)|^3}\right|_{t=t_0^+} \tag{10.35}$$

从上面 GC^0,GC^1,GC^2 的定义可以看出,用来描述几何连续条件的都是曲线本身与参数无关的不变量(切矢量、副法矢量的方向和曲率),从而几何连续性只与曲线本身有关,而与其表达式中参数的选取无关。同时,几何连续性又是可观察的,这种可观察性对图形设计人员来说是至关重要的。相比较而言,参数连续性依赖于参数的选取,条件更严格且不易观察。例如,对直线 $y=x$ 来说,若将其写成分段参数式

$$\begin{cases} x = t^2, \\ y = t^2, \end{cases} \quad t\in(-\infty,1), \qquad \begin{cases} x = 2t^2, \\ y = 2t^2, \end{cases} \quad t\in[1,+\infty)$$

则在 $t=1$ 点,$P'(1^-)=\begin{bmatrix}2\\2\end{bmatrix}\neq P'(1^+)=\begin{bmatrix}4\\4\end{bmatrix}$,说明不是 C^1 的。当将该直线写成参数式

$$\begin{cases} x = t, \\ y = t, \end{cases} \qquad t\in(-\infty,+\infty)$$

时,$P'(1^-)=P'(1^+)=\begin{bmatrix}1\\1\end{bmatrix}$,说明是 C^1 的。而在任意参数形式下,直线 $y=x$ 都是 GC^1 的。

鉴于这种情况,造型系统更多地使用几何连续性。从下面的两个结论中,读者也许能体会两种连续性的关系。

① 对曲线 $P=P(t)$,若 $|P'(t_0)|\neq 0$($P(t_0)$为正则点),曲线在 $t=t_0$ 处是 C^1 的,则它在该处是 GC^1 的;

② 设曲线 $P=P(t)$ 在 $t=t_0$ 处的左、右一、二阶导数存在,并且 $|P'(t_0)|\neq 0$,则曲线在 $t=t_0$ 处 GC^2 的充要条件为:存在 $\alpha>0$ 和 β,使得:

$$\begin{cases} P(t_0^-) = P(t_0^+), \\ P'(t_0^-) = \alpha P'(t_0^+), \\ P''(t_0^-) = \alpha^2 P''(t_0^+) + \beta P'(t_0^+) \end{cases} \tag{10.36}$$

式(10.36)是 GC^2 的等价条件,读者可以说明它与定义的等价性。当 $\alpha=1$,$\beta=0$ 时,上式变为 C^2 的条件。这说明,C^2 的条件较 GC^2 的条件更苛刻。

关于参数曲线任意阶几何连续的定义如下,因为实际中用得较少,就不再详细解释,有兴趣的读者请参考有关文献。

若参数曲线关于它的弧长参数是 C^n 的,则称该曲线是 GC^n 的。

10.3 参数多项式曲线

参数曲线有多种多样,其中最简单的,理论和应用最成熟的,就是参数多项式曲线,它是本

章的主要讨论对象，也是计算机图形学的研究重点。

10.3.1 定义与矩阵表示

下面方程所表示的曲线称为 **n 次参数多项式曲线**：

$$\begin{cases} x(t) = x_0 + x_1 t + \cdots + x_n t^n, \\ y(t) = y_0 + y_1 t + \cdots + y_n t^n, \\ z(t) = z_0 + z_1 t + \cdots + z_n t^n, \end{cases} \quad t \in [0,1] \tag{10.37}$$

对任一条多项式曲线来说，可能会出现 $x(t)$，$y(t)$，$z(t)$ 的表达式中最高次不一样的情况，此时，三者的最高次数取齐，这只要令某些系数为零就行了。将式(10.37)改写成矢量形式：

$$P(t) = \begin{bmatrix} x(t) \\ y(t) \\ z(t) \end{bmatrix} = \begin{bmatrix} x_0 & x_1 \cdots & x_n \\ y_0 & y_1 \cdots & y_n \\ z_0 & z_1 \cdots & z_n \end{bmatrix} \begin{bmatrix} 1 \\ t \\ \vdots \\ t^n \end{bmatrix} \xlongequal{\text{记为}} C \cdot T \tag{10.38}$$

其中，C 为 $3\times(n+1)$ 阶的系数矩阵，$T=[1,t,\cdots,t^n]^T$ 为 $n+1$ 个幂次形式的基函数组成的矢量。

为了建立曲线的参数方程与其几何性质（如形状）之间的联系，将 C 看做 $n+1$ 个三维矢量，即 $C=[P_0,P_1,\cdots,P_n]$，其中 $P_i=[x_i,y_i,z_i]^T$，代入式(10.38)得到：

$$P(t) = C \cdot T = P_0 + tP_1 + \cdots + t^n P_n \tag{10.39}$$

即 $P(t)$ 是 P_i，$i=0,1,\cdots,n$ 的加权和，权分别为 t^i。当 $t=0$ 时，$P(t)=P_0$，当 $t=1$ 时，$P(t)=\sum_{i=0}^{n} P_i$。但在这个表达式中，矢量 P_i 没有明显的几何意义，P_i 与曲线的关系亦不明确。解决的办法通常是将系数矩阵进一步分解：$C=G\cdot M$，使得**几何矩阵** $G=[G_0,G_1,\cdots,G_n]$ 中的各个矢量 G_i 有较直观的几何意义，一般称 G_i 为**控制顶点**。M 是 $(n+1)\times(n+1)$ 阶的**基矩阵**，它将矩阵 G 变换成为矩阵 C。通过这样的分解，得到参数多项式曲线的矩阵表示：

$$P(t) = G \cdot M \cdot T \tag{10.40}$$

事实上，M 和 T 确定了一组新的基函数。

［**例**］ 对于参数表示的直线段 $P(t)=P_0+tP_1$ $(t\in[0,1])$ 我们将它化作式(10.40)的形式。

$$P(t) = P_0 + tP_1 = P_0(1-t) + (P_0 + P_1)t = [P_0, P_0 + P_1] \begin{bmatrix} 1 & -1 \\ 0 & 1 \end{bmatrix} \begin{bmatrix} 1 \\ t \end{bmatrix}$$

其中，几何矩阵 $G=[P_0,P_0+P_1]$，组成它的两个矢量分别代表直线段的两个端点，基矩阵

$$M=\begin{bmatrix} 1 & -1 \\ 0 & 1 \end{bmatrix}$$

10.3.2 参数多项式曲线的生成

参数多项式曲线的次数可能会相当高，求出精确表示曲线的像素集合需要的计算量非常大。生成这样的曲线的一般做法是计算出曲线上有限几个型值点，然后以连接这些型值点的折线近似替代原曲线，如图 10.7 所示。算法的结构大致如程序 10.1。

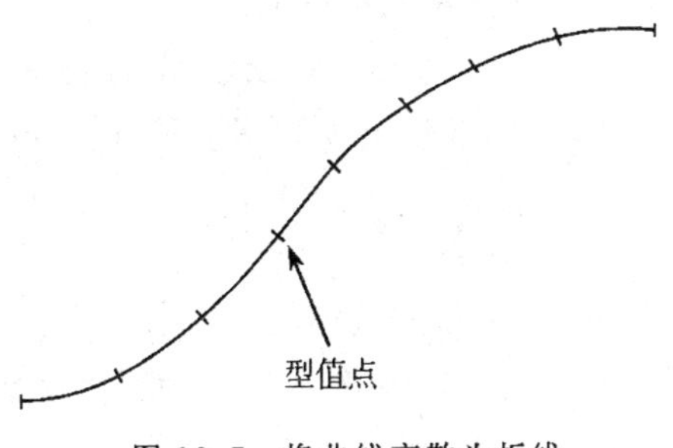

图 10.7 将曲线离散为折线

程序 10.1　显示参数多项式曲线

```
# define  X  0
# define  Y  1
# define  Z  2
# define  MAX  100
typedef float Vector [3];

void DisplayParametricPolynomialCurve(Vector G[ ], float M[MAX][MAX],int n,int
                                      count)
/* G 为几何矩阵,M 为基矩阵,n 为多项式的次数,参数区间[0,1]被划分成 count 等份 */
{  float C[3][MAX],t,deltat;
   Vector V,newV;
   int i,j,k;

   /* 将 G,M 合并成系数矩阵 C,C=G·M */
   for (i=0; i<3; i++)
   {  for (j=0;j<=n; j++)
      {  C[i][j]=0.0;
         for (k=0;k<=n; k++)
            C[i][j]+=G[i][k]*M[k][j];
      }
   }
   /* 将曲线的起点赋给 V */
   V[X]=C[X][0],V[Y]=C[Y][0],V[Z]=C[Z][0];
   t=0.0;
   deltat=1.0/count;
   for (i=1,i<=count;i++)
   {  t +=deltat;
      /* 计算下一个型值点 */
      CalculateV( C,n,t, newV);
      /* 在 V 与 newV 之间划一条直线段 */
      Line(V,new V);
      /* 将 newV 赋给 V,进行下一轮循环 */
      V[X]=newV[X],V[Y]=newV[Y],V[Z]=newV[Z];
   }
}
void CalculateV(Vector C[],int n,float t,Vector newV)
/* C 为系数矩阵,n 为多项式的次数,该函数计算对应参数 t 的曲线上型值点,并将结果
存入矢量 newV 中 */
```

```
{   int i,j;

    for (i=0;i<3;i++)
    {   newV[i]=C[i][n];
        for (j=n-1;j>=0;j--)
            newV[i] = newV[i] * t+C[i][j];
    }
}
```

其中函数 CalculateV()中用到了 Horner 算法,即对于幂级数表示式

$$P(t) = P_0 + P_1 t + \cdots + P_n t^n$$

和任给的参数值 t,令 $R_n(t)=C_n$,再进行迭代计算,有:$R_k(t)=tR_{k+1}(t)+P_k$, $k=n-1,n-2,\cdots,0$。

得到结果 $P(t)=R_0(t)$。采用 Horner 算法,给如上 n 次多项式求值仅需要 n 次乘法和 n 次加法。

10.4 三次 Hermite 曲线

10.4.1 三次 Hermite 曲线的定义

给定矢量 P_0,P_1,R_0,R_1,称满足下列条件的参数三次多项式曲线 $P(t),t\in[0,1]$为 Hermite 曲线:

$$\begin{cases} P(0) = P_0, & P(1) = P_1, \\ P'(0) = R_0, & P'(1) = R_1 \end{cases} \tag{10.41}$$

即 Hermite 曲线两个端点为 P_0,P_1,在两端点处的切矢量分别为 R_0,R_1。首先我们来求 Hermite 曲线形如式(10.40)的方程。记几何矩阵和基矩阵分别为 G_H,M_H,G_H 和 M_H 是未知的。取 $G_H=[P_0,P_1,R_0,R_1]$,则只要 M_H 就可以了。将式(10.41)代入方程(10.40),得到:

$$\begin{cases} G_H \cdot M_H \cdot T|_{t=0} = G_H \cdot M_H \cdot \begin{bmatrix} 1 \\ 0 \\ 0 \\ 0 \end{bmatrix} = P_0, \\ G_H \cdot M_H \cdot T|_{t=1} = G_H \cdot M_H \cdot \begin{bmatrix} 1 \\ 1 \\ 1 \\ 1 \end{bmatrix} = P_1, \\ G_H \cdot M_H \cdot T'|_{t=0} = G_H \cdot M_H \cdot \begin{bmatrix} 0 \\ 1 \\ 0 \\ 0 \end{bmatrix} = R_0, \\ G_H \cdot M_H \cdot T'|_{t=1} = G_H \cdot M_H \cdot \begin{bmatrix} 0 \\ 1 \\ 2 \\ 3 \end{bmatrix} = R_1 \end{cases} \tag{10.42}$$

将上面四个式子合并成如下形式：

$$G_H \cdot M_H \cdot \begin{bmatrix} 1 & 1 & 0 & 0 \\ 0 & 1 & 1 & 1 \\ 0 & 1 & 0 & 2 \\ 0 & 1 & 0 & 3 \end{bmatrix} = [P_0, P_1, R_0, R_1] = G_H \tag{10.43}$$

上面方程的解不唯一，不妨取

$$M_H = \begin{bmatrix} 1 & 1 & 0 & 0 \\ 0 & 1 & 1 & 1 \\ 0 & 1 & 0 & 2 \\ 0 & 1 & 0 & 3 \end{bmatrix}^{-1} = \begin{bmatrix} 1 & 0 & -3 & 2 \\ 0 & 0 & 3 & -2 \\ 0 & 1 & -2 & 1 \\ 0 & 0 & -1 & 1 \end{bmatrix} \tag{10.44}$$

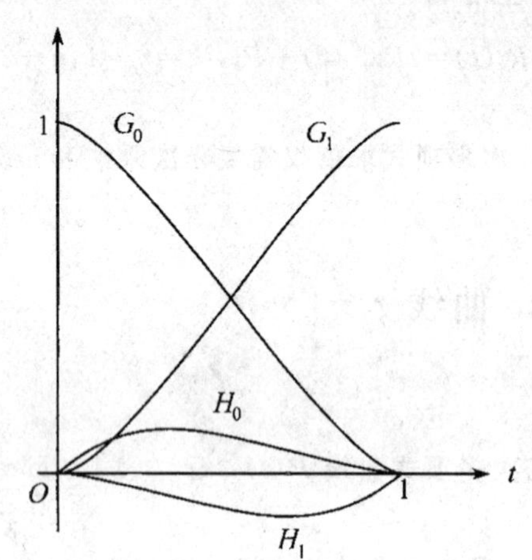

图 10.8 Hermite 曲线的 4 个基函数

从而得到 Hermite 曲线的方程为：

$$P(t) = G_H \cdot M_H \cdot T \tag{10.45}$$

$M_H \cdot T$ 确定了一组 **Hermite** 基函数（或称**调和函数**）$G_0(t), G_1(t), H_0(t), H_1(t)$，即

$$M_H \cdot T = \begin{bmatrix} 1 & 0 & -3 & 2 \\ 0 & 0 & 3 & -2 \\ 0 & 1 & -2 & 1 \\ 0 & 0 & -1 & 1 \end{bmatrix} \begin{bmatrix} 1 \\ t \\ t^2 \\ t^3 \end{bmatrix}$$

$$= \begin{bmatrix} 1 - 3t^2 + 2t^3 \\ 3t^2 - 2t^3 \\ t - 2t^2 + t^3 \\ -t^2 + t^3 \end{bmatrix} = \begin{bmatrix} G_0(t) \\ G_1(t) \\ H_0(t) \\ H_1(t) \end{bmatrix} \tag{10.46}$$

基函数的图像如图 10.8 所示，以这组基函数为权，Hermite 曲线被表示成 P_0, P_1, R_0, R_1 的加权和：

$$P(t) = P_0G_0(t) + P_1G_1(t) + R_0H_0(t) + R_1H_1(t) \tag{10.47}$$

10.4.2 形状控制

根据定义，Hermite 曲线由它的两端点位置与切矢量唯一确定，控制其形状可通过以下三个方法：

(1) 改变端点位置矢量 P_0, P_1；

(2) 调节切矢量 R_0, R_1 的方向，如图 10.9 所示；

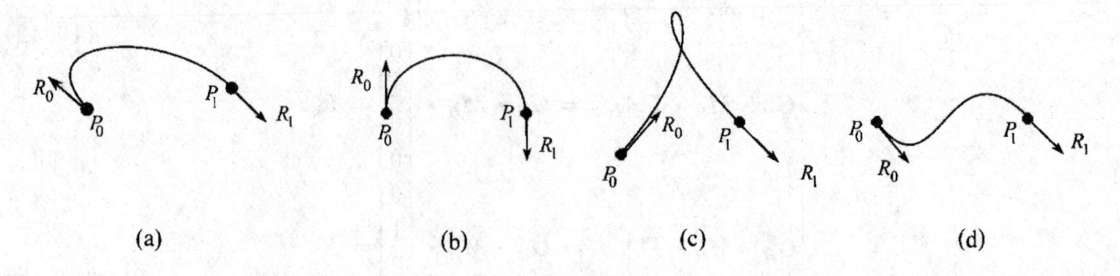

图 10.9 从(a)到(d)，曲线随切矢量的方向而改变，R_0, R_1 的长度与 P_0, P_1 保持不变

(3) 改变切矢量 R_0, R_1 的长度，如图 10.10 所示。

为了便于调节切矢量，不妨再取两个点 Q_0 和 Q_1，使得

$$R_0 = Q_0 - P_0,\ R_1 = Q_1 - P_1 \tag{10.48}$$

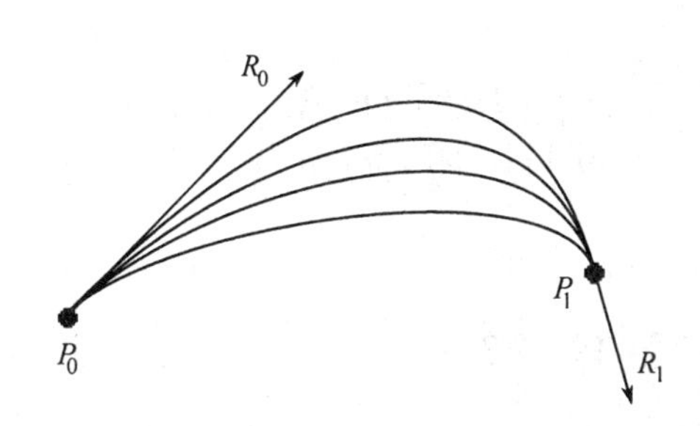

图 10.10 R_0, R_1 的方向与 P_0, P_1 保持不变，曲线随 R_0, R_1 的长度而改变

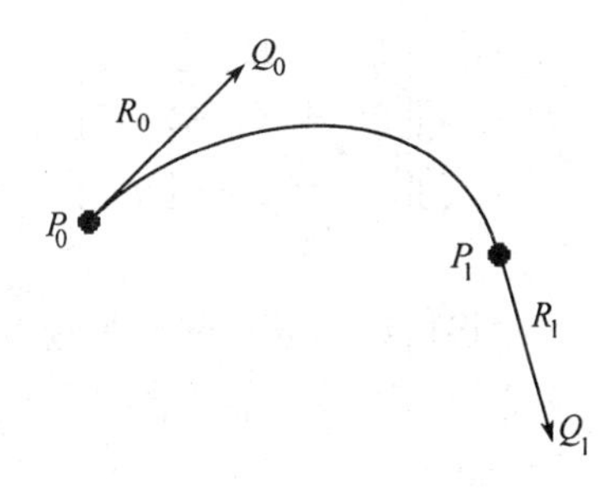

图 10.11 取 Q_0, Q_1 使 $R_0 = Q_0 - P_0, R_1 = Q_1 - P_1$

这样，只要改变 P_0, P_1, Q_0, Q_1 四个点的位置就可随意调节 Hermite 曲线的形状了，如图 10.11 所示。

将式(10.48)代入式(10.47)得到：

$$\begin{aligned} P(t) = & P_0G_0(t) + P_1G_1(t) + (Q_0 - P_0) \\ & H_0(t) + (Q_1 - P_1)H_1(t) \end{aligned} \tag{10.49}$$

可以证明，对 Hermite 曲线做几何变换，等价于对 P_0, P_1, Q_0, Q_1 做几何变换，即对任意几何变换 A，有：

$$\begin{aligned} A[P(t)] = & [A \cdot P_0]G_0(t) + [A \cdot P_1]G_1(t) + [A \cdot Q_0 - A \cdot P_0]H_0(t) \\ & + [A \cdot Q_1 - A \cdot P_1]H_1(t) \end{aligned} \tag{10.50}$$

这说明 Hermite 曲线的表达式在几何变换下具有形式不变性。

10.4.3 曲线的生成

显示三次 Hermite 曲线的程序 10.2 与程序 10.1 类似，所不同的是基矩阵 M_H 固定了，它不用作为参数传递给函数 DisplayCubicHemiteCurve( )。并且因为是三次曲线，计算型值点的 Horner 算法得到简化，我们将它合并到了主函数中来。

程序 10.2 显示三次 Hermite 曲线

```
#define  X  0
#define  Y  1
#define  Z  2
typedef float Vector [3];

vold DisplayCubicHemiteCurve(Vector P[2],Vector R[2],int count)
/* P[0],P[1]为端点位置矢量,R[0],R[1]为端点切矢量,参数区间[0,1]被划分为
   count 等份 */
{  float C[3][4],t,deltat;
```

```
Vector V,newV;
int i,j;
for (j=0; j<3; j++)  /* C=GH · MH */
{  C[j][0] = P[0][j];
   C[j][1] = R[0][j];
   C[j][2] = (-3)*P[0][j]+3*P[1][j]-2*R[0][j]-R[1][j];
   C[j][3] = 2*P[0][j]-2*P[1][j]+R[0][j]+R[1][j];
}
/* 将曲线的起点赋给矢量 V */
V[X]=P[0][X], V[Y]=P[0][Y],V[Z]=P[0][Z];
t=0.0;
deltat = 1.0/count;
for (i=1;i<=count;i++)
{
   t+=deltat;
   /* 计算下一个型值点 */
   newV[X]=C[X][0]+t*(C[X][1]+t*(C[X][2]+t*C[X][3]));
   newV[Y]=C[Y][0]+t*(C[Y][1]+t*(C[Y][2]+t*C[Y][3]));
   newV[Z]=C[Z][0]+t*(C[Z][1]+t*(C[Z][2]+t*C[Z][3]));
   /* 在 V 与 newV 之间画一条直线段 */
   Line (V,newV)
   /* 将 newV 赋给 V */
   V[X]=newV[X],V[Y]=newV[Y],V[Z]=newV[Z];
}
}
```

10.4.4 三次参数样条曲线

实际应用中,需要将多段三次曲线连接起来,以表示复杂的形状。问题是这样的:

给定参数节点$\{t_i\}_{i=0}^n$,型值点$\{P_i\}_{i=0}^n$,求一条C^2的分段三次参数多项式曲线$P(t)(t\in[t_0,t_n])$,使$P(t)|_{t=t_i}=P_i(i=0,1,\cdots,n)$。$P(t)$称为**三次参数样条曲线**。

若用三次 Hermite 曲线表示$P(t)$在每一区间$[t_i,t_{i+1}](0\leqslant i<n-1)$上的部分(记为$P_i(t)$),则$P_i(t)$的表达式为:

$$P_i(t)=[P_i,P_{i+1},R_i,R_{i+1}]\cdot M_H\cdot\begin{bmatrix}1\\ \left(\dfrac{t-t_i}{\Delta t_i}\right)\\ \left(\dfrac{t-t_i}{\Delta t_i}\right)^2\\ \left(\dfrac{t-t_i}{\Delta t_i}\right)^3\end{bmatrix},\quad \left(\frac{t-t_i}{\Delta t_i}\right)\in[0,1] \qquad (10.51)$$

其中，$\Delta t_i = t_{i+1} - t_i$，$R_i (i=0,1,\cdots,n)$是$P(t)$在$t=t_i$点的切矢量，它们是待求解的未知量，当$R_i$解出来之后，$P_i(t)(P(t))$也就唯一确定了。由 Hermite 曲线的定义易知：

$$P_i(t)|_{t=t_i} = P_i, \quad P_i(t)|_{t=t_{i+1}} = P_{i+1},$$
$$P_i'(t)|_{t=t_i} = R_i, \quad P_i'(t)|_{t=t_{i+1}} = R_{i+1}$$

所以它满足问题中的插值型值点的要求。

对式(10.51)两端求导，得：

$$P_i'(t) = [P_i, P_{i+1}, R_i, R_{i+1}] \cdot M_H \cdot \begin{bmatrix} 0 \\ \dfrac{1}{\Delta t_i} \\ \dfrac{2}{\Delta t_i} \dfrac{t-t_i}{\Delta t_i} \\ \dfrac{3}{\Delta t_i}\left(\dfrac{t-t_i}{\Delta t_i}\right)^2 \end{bmatrix} \tag{10.52}$$

$$P_i''(t) = [P_i, P_{i+1}, R_i, R_{i+1}] \cdot M_H \cdot \begin{bmatrix} 0 \\ 0 \\ \dfrac{2}{(\Delta t_i)^2} \\ \dfrac{6}{(\Delta t_i)^2}\left(\dfrac{t-t_i}{\Delta t_i}\right) \end{bmatrix} \tag{10.53}$$

从而$P_i(t)$在其右端点处的二阶导数是：

$$P_i''(t)|_{t=t_{i+1}^-} = \frac{2}{(\Delta t_i)^2}(3P_i - 3P_{i+1} + R_i + 2R_{i+1}) \tag{10.54}$$

同理，对$P(t)$在$[t_{i+1}, t_{i+2}]$中的部分为$P_{i+1}(t)$，其在左端点处的二阶导数为：

$$P_{i+1}''(t)|_{t=t_{i+1}^+} = \frac{2}{(\Delta t_{i+1})^2}(-3P_{i+1} + 3P_{i+2} - 2R_{i+1} - R_{i+2}) \tag{10.55}$$

因为$P(t)$是C^2的，所以有：

$$\begin{aligned} & P_i''(t)|_{t=t_{i+1}^-} = P_{i+1}''(t)|_{t=t_{i+1}^+} \\ & \Longleftrightarrow \frac{1}{(\Delta t_i)^2}R_i + \left[\frac{2}{(\Delta t_i)^2} + \frac{2}{(\Delta t_{i+1})^2}\right]R_{i+1} + \frac{1}{(\Delta t_{i+1})^2}R_{i+2} \\ & = \frac{3}{(\Delta t_i)^2}(P_{i+1} - P_i) + \frac{3}{(\Delta t_{i+1})^2}(P_{i+2} - P_{i+1}) \end{aligned} \tag{10.56}$$

式(10.56)对$i=1,2,\cdots,n-2$成立，一共有$n-1$个方程，但未知量R_i有$n+1$个，从而必须有两个边界条件。假设给定$P(t)$在$t=t_0, t_n$处的二阶导数R_0', R_n'，得到两个方程

$$\begin{cases} P_0''(t)|_{t=t_0} = R_0', \\ P_{n-1}''|_{t=t_n} = R_n' \end{cases}$$

$$\Longleftrightarrow \begin{cases} \dfrac{4}{(\Delta t_0)^2}R_0 + \dfrac{2}{(\Delta t_0)^2}R_1 = \dfrac{6}{(\Delta t_0)^2}(P_1 - P_0) - R_0', \\ \dfrac{2}{(\Delta t_{n-1})^2}R_{n-1} + \dfrac{4}{(\Delta t_{n-1})^2}R_n = \dfrac{6}{(\Delta t_{n-1})^2}(P_n - P_{n-1}) + R_n', \end{cases} \tag{10.57}$$

联立式(10.56)和式(10.57)得到含$n+1$个方程的方程组，它的矩阵形式为：

$$
\begin{bmatrix}
\frac{4}{\Delta t_0^2} & \frac{2}{\Delta t_0^2} & 0 & 0 & \cdots & 0 & 0 & 0 \\
\frac{1}{\Delta t_0^2} & \left(\frac{2}{\Delta t_0^2}+\frac{2}{\Delta t_1^2}\right) & \frac{1}{\Delta t_1^2} & 0 & \cdots & 0 & 0 & 0 \\
0 & \frac{1}{\Delta t_1^2} & \left(\frac{2}{\Delta t_1^2+\Delta t_2^2}\right) & \frac{1}{\Delta t_2^2} & \cdots & 0 & 0 & 0 \\
\cdots & \cdots & \cdots & \cdots & \cdots & \cdots & \cdots & \cdots \\
0 & 0 & 0 & \cdots & \cdots & \frac{1}{\Delta t_{n-2}^2} & \left(\frac{2}{\Delta t_{n-2}^2}+\frac{2}{\Delta t_{n-1}^2}\right) & \frac{1}{\Delta t_{n-1}^2} \\
0 & 0 & 0 & \cdots & \cdots & 0 & \frac{2}{\Delta t_{n-1}^2} & \frac{4}{\Delta t_{n-1}^2}
\end{bmatrix}
\cdot
\begin{bmatrix}
R_0 \\ R_1 \\ R_2 \\ \vdots \\ R_n
\end{bmatrix}
$$

$$
=\begin{bmatrix}
\frac{6}{\Delta t_0^2}(P_1-P_0)-R_0' \\
\frac{3}{\Delta t_0^2}(P_1-P_0)+\frac{3}{\Delta t_1^2}(P_2-P_1) \\
\frac{3}{\Delta t_1^2}(P_2-P_1)+\frac{3}{\Delta t_2^2}(P_3-P_2) \\
\vdots \\
\frac{3}{\Delta t_{n-2}^2}(P_{n-1}-P_{n-2})+\frac{3}{\Delta t_{n-1}^2}(P_n-P_{n-1}) \\
\frac{6}{\Delta t_{n-1}^2}(P_n-P_{n-1})+R_n'
\end{bmatrix}
\tag{10.58}
$$

式(10.58)可用"追赶法"或其它方法求解。三次参数样条曲线的每一段都是三次 Hermite 曲线,可以用程序 10.2 的生成方法来生成三次样条曲线。

10.5 Bezier 曲线

Bezier 曲线、曲面是用于几何造型的最重要的也是最基本的工具之一。它所具有的良好性质使设计人员在计算机上对其进行控制十分方便,因而在理论和应用上均获得较大的发展。本节将从定义、性质、离散生成算法等方面对 Bezier 曲线进行讨论。

10.5.1 Bernstein 基函数的定义及其性质

如下形式的多项式称为 n 次 **Bernstein 基函数**:

$$
\mathrm{BEZ}_{i,n}(t)=C_n^i t^i(1-t)^{n-i}, \qquad t\in[0,1] \tag{10.59}
$$

其中 $C_n^i=\dfrac{n!}{i!\ (n-i)!}$。它具有下列性质:

● 正性

$\mathrm{BEZ}_{i,n}\geqslant 0, t\in[0,1]$。事实上,

当 $t=0$ 时,$\mathrm{BEZ}_{0,n}(t)=1,\mathrm{BEZ}_{i,n}=0,i=1,2,\cdots,n$;

当 $t=1$ 时,$\mathrm{BEZ}_{n,n}(t)=1,\mathrm{BEZ}_{i,n}=0,i=0,1,\cdots,n-1$;

当 $t\in(0,1)$时,$0<\mathrm{BEZ}_{i,n}(t)<1,i=0,1,\cdots,n$。

● 权性

$\sum_{i=0}^{n} \mathrm{BEZ}_{i,n}(t) \equiv 1, t \in [0,1]$。由二项式定理：

$$\sum_{i=0}^{n} \mathrm{BEZ}_{i,n}(t) = \sum_{i=0}^{n} C_n^i t^i (1-t)^{n-i} = [t + (1-t)]^n \equiv 1$$

● 对称性

$\mathrm{BEZ}_{i,n}(t) = \mathrm{BEZ}_{n-i,n}(1-t), i = 0,1,\cdots,n$。证明如下：

$$\begin{aligned} \mathrm{BEZ}_{n-i,n}(1-t) &= C_n^{n-i}(1-t)^{n-i}[1-(1-t)]^{n-(n-i)} \\ &= C_n^i (1-t)^{n-i} t^i = \mathrm{BEZ}_{i,n}(t) \end{aligned}$$

● 降阶公式

$$\mathrm{BEZ}_{i,n}(t) = (1-t)\mathrm{BEZ}_{i,n-1}(t) + t\mathrm{BEZ}_{i-1,n-1}(t), \quad i = 0,1,\cdots,n$$

即，一个 n 次的 Bernstein 基函数能表示成两个 $n-1$ 次基函数的线性和。证明如下：

$$\begin{aligned} \mathrm{BEZ}_{i,n}(t) &= C_n^i t^i (1-t)^{n-i} = (C_{n-1}^i + C_{n-1}^{i-1}) t^i (1-t)^{n-i} \\ &= (1-t) C_{n-1}^i t^i (1-t)^{(n-1)-i} + t C_{n-1}^{i-1} t^{i-1} (1-t)^{(n-1)-(i-1)} \\ &= (1-t)\mathrm{BEZ}_{i,n-1}(t) + t\mathrm{BEZ}_{i-1,n-1}(t) \end{aligned}$$

● 升阶公式

$$\mathrm{BEZ}_{i,n}(t) = \frac{i+1}{n+1}\mathrm{BEZ}_{i+1,n+1}(t) + \frac{n+1-i}{n+1}\mathrm{BEZ}_{i,n+1}(t), \quad i = 0,1,\cdots,n$$

即 n 次 Bernstein 基函数能表示成两个 $n+1$ 次基函数的线性和，证明如下：

$$\begin{aligned} \mathrm{BEZ}_{i,n}(t) &= C_n^i t^i (1-t)^{n-i} = C_n^i t^i (1-t)^{n-i}[t + (1-t)] \\ &= C_n^i t^{i+1} (1-t)^{(n+1)-(i+1)} + C_n^i t^i (1-t)^{n+1-i} \\ &= \frac{i+1}{n+1} C_{n+1}^{i+1} t^{i+1} (1-t)^{n+1-(i+1)} + \frac{n+1-i}{n+1} C_{n+1}^i t^i (1-t)^{(n+1)-i} \\ &= \frac{i+1}{n+1}\mathrm{BEZ}_{i+1,n+1}(t) + \frac{n+1-i}{n+1}\mathrm{BEZ}_{i,n+1}(t) \end{aligned}$$

● 导数

对 $i = 0,1,\cdots,n$，

$$\begin{aligned} \mathrm{BEZ}'_{i,n} &= [C_n^i t^i (1-t)^{n-i}]' = C_n^i i t^{i-1} (1-t)^{n-i} - C_n^i (n-i) t^i (1-t)^{n-i-1} \\ &= n C_{n-1}^{i-1} t^{i-1} (1-t)^{(n-1)-(i-1)} - n C_{n-1}^i t^i (1-t)^{(n-1)-i} \\ &= n[\mathrm{BEZ}_{i-1,n-1}(t) - \mathrm{BEZ}_{i,n-1}(t)] \end{aligned}$$

● 积分

$$\int_0^1 \mathrm{BEZ}_{i,n}(t)\mathrm{d}t = \frac{1}{n+1}, \quad i = 0,1,\cdots,n$$

当 $i=n$ 时，$\int_0^1 \mathrm{BEZ}_{n,n}(t)\mathrm{d}t = \int_0^1 t^n \mathrm{d}t = \frac{1}{n+1}\int_0^1 \mathrm{d}t^{n+1} = \frac{1}{n+1}$，

当 $i<n$ 时，

$$\begin{aligned} \int_0^1 \mathrm{BEZ}_{i,n}(t)\mathrm{d}t &= \int_0^1 C_n^i t^i (1-t)^{n-i}\mathrm{d}t = \frac{C_n^i}{i+1}\int_0^1 (1-t)^{n-i}\mathrm{d}t^{i+1} \\ &= \frac{n!}{(i+1)!(n-i)!}\left\{(1-t)^{n-i} t^{i+1}\Big|_0^1 - \int_0^1 t^{i+1}\mathrm{d}(1-t)^{n-i}\right\} \end{aligned}$$

$$= \frac{n!}{(i+1)!(n-i-1)!}\int_0^1 t^{i+1}(1-t)^{(n-1)-i}\mathrm{d}t$$

$$= \int_0^1 \mathrm{BEZ}_{i+1,n}(t)\mathrm{d}t = \cdots = \int_0^1 \mathrm{BEZ}_{n,n}(t) = \frac{1}{n+1}$$

● 在区间[0,1]内,$\mathrm{BEZ}_{i,n}(t)$在 $t=i/n$ 处取得最大值,$i=0,1,\cdots,n$。三次 Bernstein 基函数的图像如图 10.12 所示。

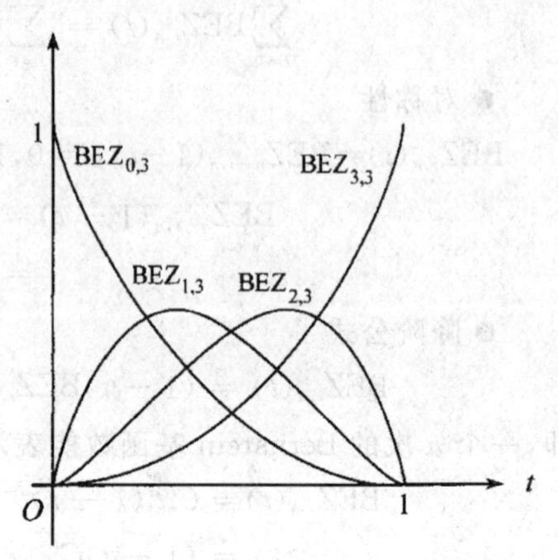

图 10.12　四个三次 Bernstein 基函数

● 线性无关性

$\{\mathrm{BEZ}_{i,n}(t)\}_{i=0}^{n}$是 n 次多项式空间的一组线性无关的基函数,任何一个 n 次多项式都可表示成它们的线性组合。

10.5.2　Bezier 曲线的定义及性质

如下形式的多项式曲线 $P(t)$称为 n 次 Bezier 曲线(见图 10.13):

$$P(t) = \sum_{i=0}^{n} P_i \mathrm{BEZ}_{i,n}(t), \quad t \in [0,1] \tag{10.60}$$

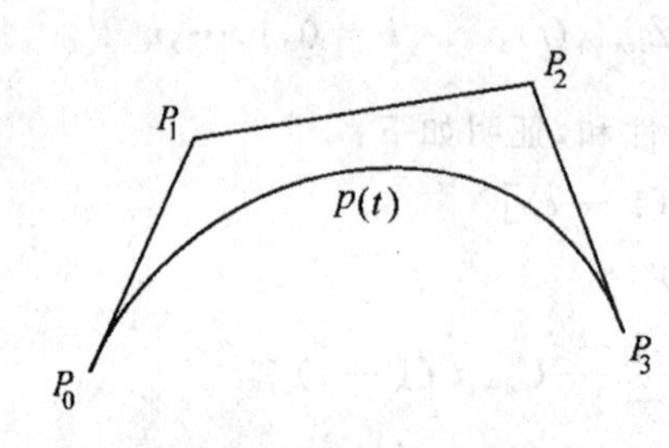

图 10.13　三次 Bezier 曲线 $P(t)$

其中 $P_i=[x_i,y_i,z_i]^T$ 为空间中的点,称为**控制顶点**,折线 $P_0P_1\cdots P_n$ 称为**控制多边形**,$\mathrm{BEZ}_{i,n}(t)$为 Bernstein 基函数。由定义可知,一条 n 次 Bezier 曲线被表示成它的 $n+1$ 个控制顶点的加权和,权即是 Bernstein 基函数。从而 Bernstein 基函数的性质确定了 Bezier 曲线的性质:

● 端点位置

Bezier 曲线以 P_0 为起点,以 P_n 为终点,即

$$P(0) = P_0,\ P(1) = P_n$$

因为当 $t=0$ 时,只有 $\mathrm{BEZ}_{0,n}(0)=1$,其它基函数为 0,所以

$$P(0) = \sum_{i=0}^{n} P_i \mathrm{BEZ}_{i,n}(0) = P_0 \mathrm{BEZ}_{0,0}(0) = P_0$$

类似可证明 $P(1)=P_n$。

● 端点切矢量

Bezier 曲线在起点与终点处分别与控制多边形的第一条边与最后一条边相切,它在两端点处的切矢量分别为:

$$P'(0) = n(P_1 - P_0), \quad P'(1) = n(P_n - P_{n-1})$$

因为

$$P'(t) = \Big(\sum_{i=0}^{n} P_i \mathrm{BEZ}_{i,n}(t)\Big)' = \sum_{i=0}^{n} P_i \mathrm{BEZ}'i,n(t)$$

$$= n\sum_{i=0}^{n} P_i\{\mathrm{BEZ}_{i-1,n-1}(t) - \mathrm{BEZ}_{i,n-1}(t)\} = n\sum_{i=0}^{n-1}(P_{i+1} - P_i)\mathrm{BEZ}_{i,n-1}(t)$$

即 n 次 Bezier 曲线 $P(t)$的导数曲线 $P'(t)$是 $n-1$ 次 Bezier 曲线,于是,由上一条性质,有

$$P'(0) = n(P_1 - P_0)$$

同理可证另一结论。

●端点曲率

Bezier 曲线在端点处的曲率分别为：

$$k(0)=\frac{n-1}{n}\cdot\frac{|(P_1-P_0)\times(P_2-P_1)|}{|P_1-P_0|^3},$$

$$k(1)=\frac{n-1}{n}\cdot\frac{|(P_{n-1}-P_{n-2})\times(P_n-P_{n-1})|}{|P_n-P_{n-1}|^3}$$

由曲线的端点切矢量性质不难得到：

$$P''(0)=n(n-1)[(P_2-P_1)-(P_1-P_0)],$$

$$P''(1)=n(n-1)[(P_n-P_{n-1})-(P_{n-1}-P_{n-2})]$$

再根据公式(10.26)得到：

$$k(t)|_{t=0}=\left.\frac{|P'(t)\times P''(t)|}{|P'(t)|^3}\right|_{t=0}=\frac{|n(P_1-P_0)\times n(n-1)[(P_2-P_1)-(P_1-P_0)]|}{|n(P_1-P_0)|^3}$$

$$=\frac{n-1}{n}\cdot\frac{|(P_1-P_0)\times(P_2-P_1)|}{|P_1-P_0|^3}$$

同理可证另一结论。

●对称性

如果保持全部控制顶点位置不变，但次序颠倒，即 P_i 变作 P_{n-i}，则 Bezier 曲线形状不变，但参数变化方向相反，即：

$$\sum_{i=0}^{n}P_{n-i}\mathrm{BEZ}_{i,n}(t)=\sum_{i=0}^{n}P_{n-i}\mathrm{BEZ}_{n-i,n}(1-t)=\sum_{i=0}^{n}P_i\mathrm{BEZ}_{i,n}(1-t),\quad t\in[0,1]$$

●仿射不变性

仿射不变性指的是某些几何性质不随坐标变换而变化的性质，这些几何性质包括曲线的形状、曲率、挠率等。仿射不变性还表现在，对于任意的仿射变换 A，曲线的表示式形式不变，即

$$A[P(t)]=A\left\{\sum_{i=0}^{n}P_i\mathrm{BEZ}_{i,n}(t)\right\}=\sum_{i=0}^{n}(A[p_i])\mathrm{BEZ}_{i,n}(t)$$

这条性质是非常重要的，因为在应用中，我们经常需要对 Bezier 曲线做几何变换，或将它从一个坐标系变换到另一个坐标系中。这条性质意味着，所有的变换只要作用于 Bezier 曲线的控制顶点就可以了。

●凸包性

Bezier 曲线 $P(t)$ 位于其控制顶点 $\{P_i\}_{i=0}^{n}$ 的凸包之内。所谓 $\{P_i\}_{i=0}^{n}$ 的**凸包**指的是包含这些点的最小凸集，它定义为点集 $\left\{P\,|\,P=\sum_{i=0}^{n}\alpha_iP_i,\ \sum_{i=0}^{n}\alpha_i=1,\alpha_i\geqslant 0\right\}$。在图 10.14(a)中，控制顶点的凸包即为连接 P_0P_3 所形成的多边形区域，在图 10.14(b)中，控制顶点的凸包则是多边形区域 $P_0P_1P_3P_2$。由 Bezier 曲线的定义式可直接得到凸包性。

凸包性将曲线限制在一定的范围之内，使曲线的形状控制更加方便了。例如，二次 Bezier 曲线

$$P(t)=\sum_{i=0}^{2}P_i\mathrm{BEZ}_{i,2}(t),\quad t\in[0,1]$$

的三个控制顶点落于一张平面之内，它们的凸包即是该平面内的三角形区域 $P_0P_1P_2$，从而得

到二次 Bezier 曲线必为平面曲线。

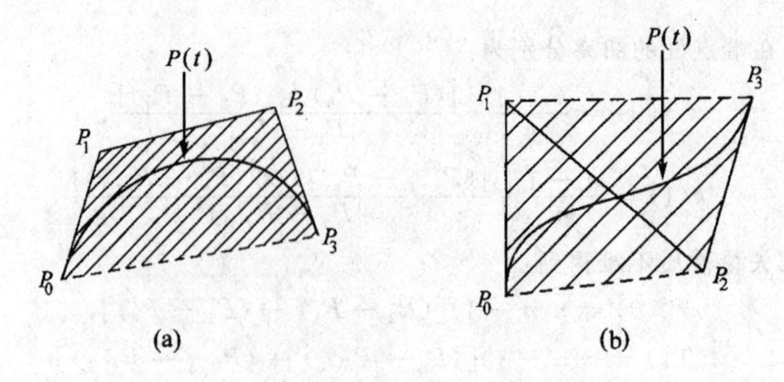

图 10.14 阴影区域为控制顶点的凸包

● 直线再生性

若控制顶点 $P_0, P_1, \cdots, P_n$ 落于一条直线之上，由凸包性可知，该 Bezier 曲线必为一条直线段。例如，对一次 Bezier 曲线

$$P(t) = P_0\mathrm{BEZ}_{0,1}(t) + P_1\mathrm{BEZ}_{1,1}(t), \quad t \in [0,1]$$

由于 P_0, P_1 共线，Bezier 曲线落于直线段 P_0P_1 之内。再根据端点性质，$P(t)$ 即为直线段 P_0P_1。

● 平面曲线的保型性

假设 $\{P_i\}_{i=0}^n$ 位于一张平面之内，则 Bezier 曲线是平面曲线，它具有下面两条性质：

① 保凸性

如果控制多边形是凸的(多边形区域 $P_0P_1\cdots P_n$ 为凸区域)，则 Bezier 曲线也是凸的。如图 10.15 所示。

② 变差缩减性

平面内任一条直线与 Bezier 曲线的交点个数不多于该直线与其控制多边形的交点个数。这一性质说明了 Bezier 曲线比其控制多边形的波动小，更光顺。

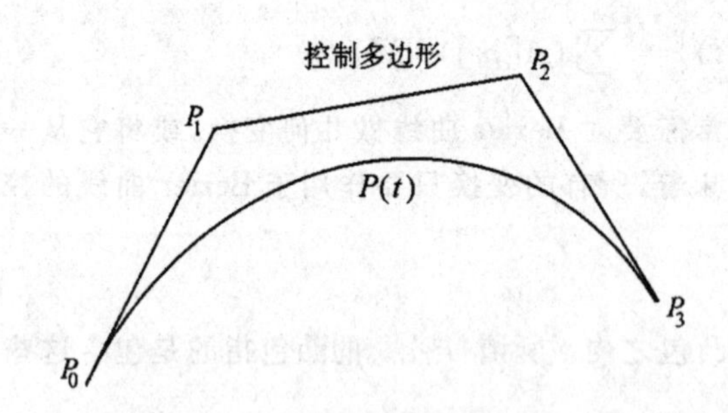

图 10.15 Bezier 曲线的保凸性

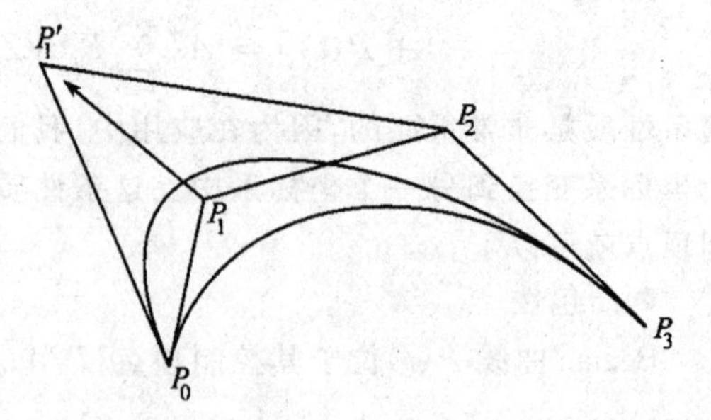

图 10.16 Bezier 曲线的拟局部性

● 拟局部性

局部性的含义是指移动一个控制顶点，它只影响曲线的某个局部，Bezier 曲线不具备这种性质，但它具有拟局部性。拟局部性指的是当我们移动一个控制顶点 P_i 时，对应参数 $t=\frac{i}{n}$ 的曲线上的点变动最大，远离 $\frac{i}{n}$ 的曲线上的点变动越来越小。如图 10.16 所示，当将 P_1 点移至 P_1' 后，靠近 P_1 的部分曲线变动较大。

根据如上性质，控制多边形大致上勾画了 Bezier 曲线的形状，要改变曲线只要改变顶点的位置就可以了。以控制多边形作为曲线输入与交互的手段，既直观又方便。因而 Bezier 曲线的人机交互与形状控制都比较容易。

10.5.3 三次 Bezier 曲线的矩阵表示及生成

由上一节的分析可知，在利用 Bezier 曲线造型时，如果其次数太高，固然能表示复杂的形状，但同时造成计算复杂度增加，并且高次曲线有太多的控制顶点，形状不易控制。而二次 Bezier 曲线表示能力有限，又是平面曲线，所以最常用的就是三次 Bezier 曲线。它是非平面 Bezier 曲线中的最低次曲线，表示能力强，形状控制方便。本节就来讨论三次 Bezier 曲线的矩阵表示与计算机生成。

1. 矩阵表示

三次 Bezier 曲线的定义式为：

$$P(t) = \sum_{i=0}^{3} P_i \mathrm{BEZ}_{i,3}(t), \quad t \in [0,1]$$

将其分解为两个矢量的点积为：

$$P(t) = [P_0, P_1, P_2, P_3] \cdot \begin{bmatrix} \mathrm{BEZ}_{0,3}(t) \\ \mathrm{BEZ}_{1,3}(t) \\ \mathrm{BEZ}_{2,3}(t) \\ \mathrm{BEZ}_{3,3}(t) \end{bmatrix}$$

取 Bezier 曲线的几何矩阵 $G_{\mathrm{BEZ}} = [P_0, P_1, P_2, P_3]$，则有：

$$P(t) = G_{\mathrm{BEZ}} \cdot \begin{bmatrix} C_3^0(1-t)^3 \\ C_3^1 t(1-t)^2 \\ C_3^2 t^2(1-t) \\ C_3^3 t^3 \end{bmatrix} = G_{\mathrm{BEZ}} \cdot \begin{bmatrix} 1 - 3t + 3t^2 - t^3 \\ 3t - 6t^2 + 3t^3 \\ 3t^2 - 3t^3 \\ t^3 \end{bmatrix}$$

$$= G_{\mathrm{BEZ}} \cdot \begin{bmatrix} 1 & -3 & 3 & -1 \\ 0 & 3 & -6 & 3 \\ 0 & 0 & 3 & -3 \\ 0 & 0 & 0 & 1 \end{bmatrix} \cdot \begin{bmatrix} 1 \\ t \\ t^2 \\ t^3 \end{bmatrix} = G_{\mathrm{BEZ}} \cdot M_{\mathrm{BEZ}} \cdot T \qquad (10.61)$$

得到三次 Bezier 曲线的基矩阵为：

$$M_{\mathrm{BEZ}} = \begin{bmatrix} 1 & -3 & 3 & -1 \\ 0 & 3 & -6 & 3 \\ 0 & 0 & 3 & -3 \\ 0 & 0 & 0 & 1 \end{bmatrix}$$

2. 曲线的生成

生成三次 Bezier 曲线的程序 10.3 完全类似于程序 10.2。所不同的是曲线的表达式，它体现为基矩阵的不同。

程序 10.3 显示三次 Bezier 曲线

```
#define  X  0
```

```
#define  Y  1
#define  Z  2
typedef float Vector[3];

void DisplayCubicBezierCurve(Vector P[4],int count)
/* P[0],P[1],P[2],P[3]为四个控制顶点,参数区间[0,1]被划分为 count 等份 */
{  float C[3][4], t, deltat;
   Vector  V,newV;
   int i, j;

   for (j=0;j<3;j++)       /* C=G_BEZ · M_BEZ */
   {  C[j][0]=P[0][j]-3*P[1][j]+3*P[2][j]-P[3][j];
      C[j][1]=            3*P[1][j]-6*P[2][j]+3*P[3][j];
      C[j][2]=                      3*P[2][j]-3*P[3][j];
      C[j][3]=                                P[3][j];
   }

   /* 将曲线的起点赋给矢量V */
   V[X]=P[0][X],V[Y]=P[0][Y],V[Z]=P[0][Z];
   deltat=1.0/count;
   t=0.0
   for (i=1;i<=count; i++)
   {  t+=deltat;
      /* 计算下一个型值点 */
      newV[X]=C[X][0]+t*(C[X][1]+t*(C[X][2]+t*[X][3]));
      newV[Y]=C[Y][0]+t*(C[Y][1]+t*(C[Y][2]+t*[Y][3]));
      newV[Z]=C[Z][0]+t*(C[Z][1]+t*(C[Z][2]+t*[Z][3]));
      Line (V,newV);      /* 在 V 与 newV 之间画一条直线段 */
      /* 将 newV 赋给 V,进行下一轮循环 */
      V[X]=newV[X],V[Y]=newV[Y],V[Z]=newV[Z];
   }
}
```

10.5.4 Bezier 曲线的离散生成算法

上一节介绍了基于 Horner 算法的三次 Bezier 曲线生成程序,这种方法只适用于低次 Bezier 曲线,对于高次曲线,它的计算量较大。本节将介绍的 de Casteljau 算法及以其为基础的 Bezier 曲线的离散生成算法的效率要高得多。

1. de Casteljau 算法

对于 n 次 Bezier 曲线 $P(t)=\sum_{i=0}^{n}P_i\mathrm{BEZ}_{i,n}(t), t\in[0,1]$, de Casteljau 算法描述了从参数

$\bar{t}\in[0,1]$计算型值点 $P(\bar{t})$的过程：

$$P_i^r=\begin{cases}P_i, & r=0,\\(1-\bar{t})P_i^{r-1}+\bar{t}P_{i+1}^{r-1}, & \end{cases}\quad r=1,2,\cdots,n,\quad i=0,1,\cdots,n-r \tag{10.62}$$

不难证明，$P(\bar{t})=P_0^n$。

对三次 Bezier 曲线，de Casteljau 计算过程和相应的几何意义如图 10.17 所示。在图 10.17(a)中，$\{P_i^r\}$排列成一个直角三角形，对应 $r=0$ 的一列顶点即是三次 Bezier 曲线的控制顶点。当 r 不断递增时，对应列的顶点递减，直到 $r=3$ 时，只剩下一个点 P_0^3，它即为所求的型值点 $P(\bar{t})$。在 $r=1,2,3$ 对应的各列中，每个点都有两个箭头指向它，代表的含义为该点是两箭头始点的线性组合，箭头上的标注代表权值。图 17(b)以图形方式演示了图(a)的计算过程，P_i^r 位于直线段 $P_i^{r-1}P_{i+1}^{r-1}$上分割比为 $\bar{t}:(1-\bar{t})$的点处。

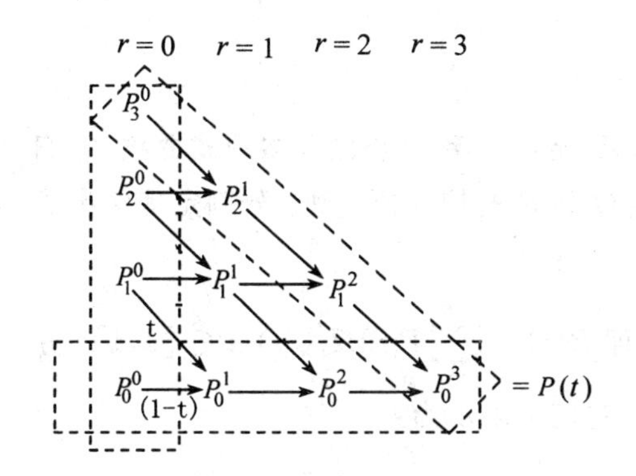

(a) de Casteljau 算法的计算过程

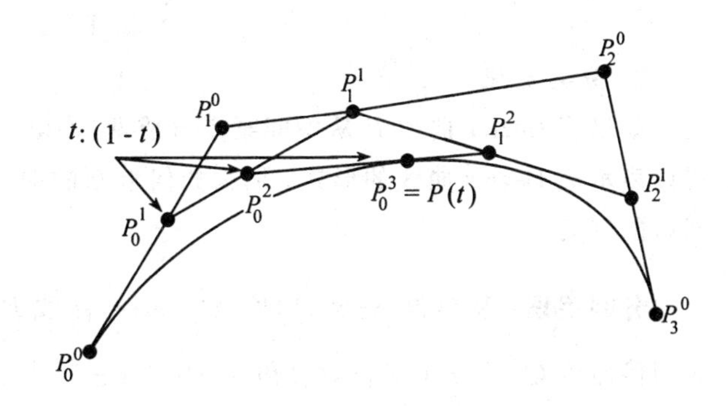

(b) 计算过程的作图法

图 10.17

de Casteljau 算法的程序如下：

程序 10.4 de casteljau 算法

```
#define X 0
#define Y 1
#define Z 1
#define MAX 100
typedef float Vector[3];

void BezierCurveDeCasteljau(Vector P[ ],int n,float t,Vector V)
/* P[0],P[1],…,P[n]为控制顶点,n 为曲线的次数,该函数计算对应参数 t 的型值点,
并将结果存入矢量 V 中 */
{ Vector R[MAX];
   int r,i;
   float s;
   for (i=0;,i<=n;i++)  /* 将控制顶点 P 赋给 R */
      R[i][X]=P[i][X],R[i][Y]=P[i][Y],R[i][Z]=P[i][Z];
```

```
    s=1.0-t;
    /* 利用de Casteljau算法求型值点 */
    for (r=1;r<=n;r++)
        for (i=0;i<=n-r;i++)
            { R[i][X]=s*R[i][X]+t*R[i+1][X];
              R[i][Y]=s*R[i][Y]+t*R[i+1][Y];
              R[i][Z]=s*R[i][Z]+t*R[i+1][Z];
            }
    /* 将结果赋给矢量V */
    V[X]=R[0][X],V[Y]=R[0][Y],V[Z]=R[0][Z];
}
```

2. 分割定理

如果将Bezier曲线P从中间某点分成两段:Q和R,显然Q和R仍然是多项式曲线,它们可以表示成Bezier曲线的形式。那么如何求新的曲线Q和R的控制顶点呢?分割定理给出了问题的答案。

分割定理:从参数$\bar{t}\in(0,1)$处,将Bezier曲线P即$P(t)=\sum_{i=0}^{n}P_i\mathrm{BEZ}_{i,n}(t)(t\in[0,1])$分成两段曲线$Q$:$P(t)(t\in[0,\bar{t}])$和$R$:$P(t)(t\in[\bar{t},1])$,它们可表示为:

$$\begin{cases}Q:\ P(t)=\sum_{i=0}^{n}P_i\mathrm{BEZ}_{i,n}(t)=\sum_{i=0}^{n}P_0^i\mathrm{BEZ}_{i,n}\left(\dfrac{t}{\bar{t}}\right), & t\in[0,\bar{t}],\\ R:\ P(t)=\sum_{i=0}^{n}P_i\mathrm{BEZ}_{i,n}(t)=\sum_{i=0}^{n}P_i^{n-i}\mathrm{BEZ}_{i,n}\left(\dfrac{t-\bar{t}}{1-\bar{t}}\right), & t\in[\bar{t},1]\end{cases}\tag{10.63}$$

分割定理说明,给定任一$\bar{t}\in(0,1)$,$P(\bar{t})$点将Bezier曲线分为两段,两段曲线仍然可以表示成Bezier曲线的形式,它们的控制顶点由de Casdeljau算法产生。若令$n=3$,则曲线Q的控制顶点$\{P_0^i\}_{i=0}^{n}$构成了图10.17(a)中直角三角形的水平边,曲线R的控制顶点$\{P_i^{n-i}\}_{i=0}^{n}$构成了该直角三角形的斜边,而三角形的竖直边由原曲线P的控制顶点构成。

3. 离散生成算法

观察图10.17(b)会发现,曲线Q(或R)的控制多边形较曲线P的控制多边形更靠近曲线,这种性质给我们提供了一种新的离散生成Bezier曲线的算法。这个算法的思路是:首先判断曲线与其控制多边形的距离是否小于给定的逼近误差DELTA,如果是,则显示控制多边形;否则,按分割定理将曲线一分为二(可取$\bar{t}=1/2$)。对新的两段曲线,重复上述判断,直至结束。算法中,只要置DELTA充分小,就能保证显示结果与原Bezier曲线充分逼近。

一般来说,计算控制多边形与曲线之间的距离很麻烦,但由Bezier曲线的凸包性可知,曲线位于控制顶点的凸包之内,从而曲线与控制多边形之间的距离必然小于$\max_{i=1}^{n-1}\{d(P_i,P_0P_n)\}$,其中,$d(P_i,P_0P_n)$为$P_i$点到直线$P_0P_n$的距离,如图10.18所示。这样就可以在算法中用$\max_{i=1}^{n-1}\{d(P_i,P_0P_n)\}$来替代曲线到控制多边形的距离。

按照以上分析,Bezier曲线离散生成算法的程序如下:

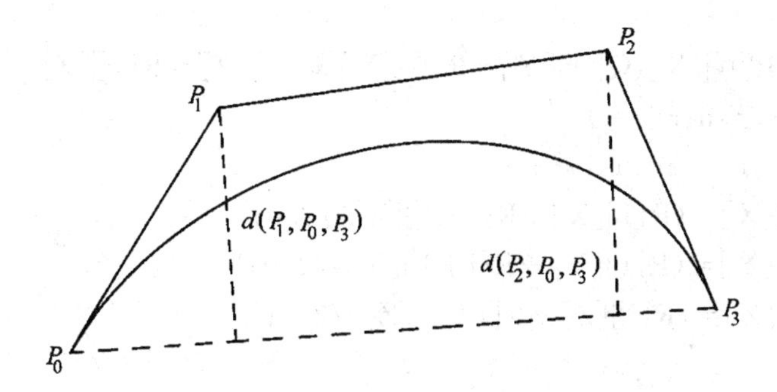

图 10.18 曲线与其控制多边形之间的距离小于 $\max\{d(P_1,P_0P_3),d(P_2,P_0P_3)\}$

程序 10.5 生成 Bezier 曲线

```
#define   X   0
#define   Y   1
#define   Z   2
#define   MAX   100
typedef float Vector[3];

void DisplayBezierCurve(Vector P[],int n,float DELTA)
/* P[0],P[1],…,P[n]为控制顶点,n 为曲线的次数,DELTA 为逼近误差 */
{  Vector Q[MAX],R[MAX];
   int i;

   if (Distance(P,n)<=DELTA)
   /* 如果曲线与控制多边形之间的距离充分小则显示控制多边形 */
      for (i=0;i<n;i++)
          Line(P[i],P[i+1]);
   else
   {  BezierCurveSplitting (P,Q,R,n);  /* 将曲线 P 分割成 Q 和 R */
      DisplayBezierCurve (Q,n,DELTA);  /* 对 Q 和 R 进行递归处理 */
      DisplayBezierCurve (R,n,DELTA);
   }
}

void BezierCurveSplitting(Vector P[],Vector Q[],Vector R[],int n)
/* 利用分割定理将控制多边形 P 分割为 Q 和 R,n+1 为控制顶点的个数 */
{  int r,i;

   for (i=0;i<=n;i++)  /* 将 P 赋给 R */
      R[i][X]=P[i][X],R[i][Y]=P[i][Y],R[i][Z]=P[i][Z];
```

```
    Q[0][X]=R[0][X],Q[0][Y]=R[0][Y],Q[0][Z]=R[0][Z];
    for (r=1;r<=n;r++)
    {  for (i=0;i<=n-r;i++)
       {  R[i][X]=(R[i][X]+R[i+1][X])/2.0;
          R[i][Y]=(R[i][Y]+R[i+1][Y])/2.0;
          R[i][Z]=(R[i][Z]+R[i+1][Z])/2.0;
       }
       Q[r][X]=R[0][X],Q[r][Y]=R[0][Y],Q[r][Z]=r[0][Z];
    }
}

float Distance(Vector P[],int n)
/* 计算并返回曲线与其控制多边形之间的距离 */
{  int i;
   Vector W[MAX],Q;
   float a,d;

   for (i=1;i<=n;i++)
   /* 平移控制多边形使 P[0]位于原点,并将结果多边形保存在 W 中 */
   {  W[i][X]=P[1][X]-P[0][X];
      W[i][Y]=P[1][Y]-P[0][Y];
      W[i][Z]=P[1][Z]-P[0][Z];
   }
   W[0][X]=W[0][Y]=W[0][Z]=0.0;

   /* 使矢量 W[0]W[n]单位化 */
   a=W[n][X]*W[n][X]+W[n][Y]*W[n][Y]+W[n][Z]*W[n][Z];
   a=sqrt(a);
   W[n][X]=W[n][X]/a;
   W[n][Y]=W[n][Y]/a;
   W[n][Z]=W[n][Z]/a;

   /* 求 max_{i=1}^{n-1}{d(W[i],W[0]W[n])} */
   d=0.0;
   for (i=1;i<n;i++)
   {  a=W[i][X]*W[n][X]+W[i][Y]*W[n]
      [Y]+W[i][Z]*W[n][Z];
```

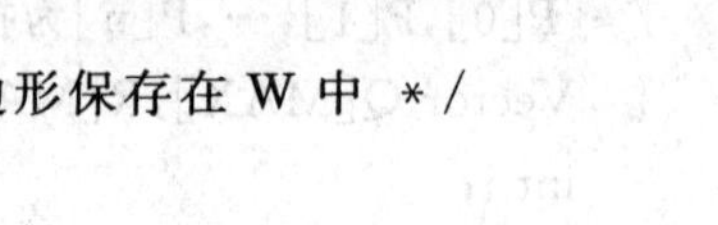

图10.19 W[i]与Q之间的距离即为d(W[i],W[0]W[n])

```
        /* 如图 10.19,W[i]点乘 W[n]为 Q 点距 W[0]的距离 */
        Q[X]=a*W[n][X],Q[Y]=a*W[n][Y],Q[Z]=a*W[n][Z];
        /* W[i]与 Q 之间的距离即为 d(W[i],W[0]W[n]) */
        Q[X]=W[i][X]-Q[X],Q[Y]=W[i][Y]-Q[Y],Q[Z]=W[i][Z]-Q[Z];
        a=Q[X]*Q[X]+Q[Y]*Q[Y]+Q[Z]*Q[Z];
        a=sqrt(a);
        if (d<a)
            d=a;
    }
    return (d);
}
```

10.5.5 Bezier 曲线的拼接

用 Bezier 曲线来表示复杂的形状有两种方法,一是增加控制顶点,提高曲线的次数,二是将多段低次 Bezier 曲线拼接起来。因为前者计算量较大,所以大多数情况下采用后者。

假设 Bezier 曲线 C_2 与 C_1 首尾相接,在接触点处满足一定的几何连续性的充要条件如下:

$$C_1: P(t) = \sum_{i=0}^{m} P_i \mathrm{BEZ}_{i,m}(t), \quad t \in [0,1],$$

$$C_2: Q(s) = \sum_{j=0}^{n} Q_j \mathrm{BEZ}_{j,n}(s), \quad s \in [0,1]$$

GC^0: $P_m = Q_0$。

GC^1: 达到 GC^0,并且存在常数 $\alpha>0$,使得 $(P_m - P_{m-1}) = \alpha(Q_1 - Q_0)$,即矢量 $\overrightarrow{P_{m-1}P_m}$ 与 $\overrightarrow{Q_0Q_1}$ 同向。

GC^2: 达到 GC^1,并且曲率矢量连续,即

$$\left.\frac{P'(t) \times P''(t)}{|P'(t)|^3}\right|_{t=1} = \left.\frac{Q'(s) \times Q''(s)}{|Q'(s)|^3}\right|_{s=0}$$

$$\Longleftrightarrow \frac{m-1}{m} \cdot \frac{(P_{m-1} - P_{m-2}) \times (P_m - P_{m-1})}{|P_m - P_{m-1}|^3} = \frac{n-1}{n} \cdot \frac{(Q_1 - Q_0) \times (Q_2 - Q_1)}{|Q_1 - Q_0|^3}$$

$$\Longleftrightarrow \begin{cases} P_{m-2}, P_{m-1}, P_m(=Q_0), Q_1, Q_2 \text{ 六点共面}, \\ \dfrac{m-1}{m} \dfrac{|P_{m-2}P_{m-1}| \cdot |P_{m-1}P_m| \sin\theta_1}{|P_{m-1}P_m|^3} = \dfrac{n-1}{n} \dfrac{|Q_0Q_1| \cdot |Q_1Q_2| \sin\theta_2}{|Q_0Q_1|^3} \\ \quad \Longleftrightarrow \dfrac{d(P_{m-2}, P_{m-1}Q_1)}{d(Q_2, P_{m-1}Q_1)} = \dfrac{m(n-1)}{n(m-1)} \cdot \dfrac{|P_{m-1}P_m|^2}{|Q_0Q_1|^2} \end{cases} \tag{10.64}$$

其中 $d(P_{m-2}, P_{m-1}Q_1)$, $d(Q_2, P_{m-1}Q_1)$ 为 P_{m-2}, Q_2 点到直线 $P_{m-1}Q_1$ 的距离。根据以上条件,可以调整曲线 C_1 与 C_2 的控制顶点,实现它们的光滑拼接,如图 10.20 所示。

10.5.6 有理 Bezier 曲线

1. 有理 Bezier 曲线的定义

若 $f(t)$, $h(t)$ 都是多项式,则称 $\dfrac{f(t)}{h(t)}$ 为**有理多项式**,它的次数定义为 $f(t)$ 与 $h(t)$ 次数中较

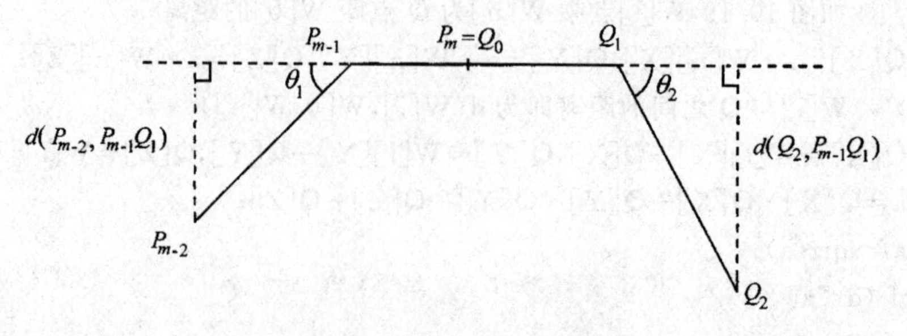

图 10.20　满足 GC^2 的条件图示

大的一个。若 $e(t),f(t),g(t),h(t)$ 是多项式，称如下形式的参数曲线为**有理多项式曲线**：

$$R(t)=\begin{bmatrix}x(t)\\y(t)\\z(t)\end{bmatrix}=\begin{bmatrix}e(t)/h(t)\\f(t)/h(t)\\g(t)/h(t)\end{bmatrix}\tag{10.65}$$

显然，有理多项式曲线比相同次数的多项式曲线有更多的自由度(系数)，因而表示能力更强。当 $h(t)\equiv 1$ 时，$R(t)$ 退化为多项式曲线。

有理 Bezier 曲线就是一种有理多项式曲线。给定控制顶点 $\{P_i\}_{i=0}^n=[x_i,y_i,z_i]^T$，权因子 $\{h_i\}_{i=0}^n$，如下形式的曲线称为**有理 Bezier 曲线**：

$$R(t)=\begin{bmatrix}x(t)\\y(t)\\z(t)\end{bmatrix}=\frac{\sum_{i=0}^n h_iP_i\mathrm{BEZ}_{i,n}(t)}{\sum_{i=0}^n h_i\mathrm{BEZ}_{i,n}(t)},\quad t\in[0,1]\tag{10.66}$$

其中 $\mathrm{BEZ}_{i,n}(t)$ 为 Bernstein 基函数，折线 $P_0P_1\cdots P_n$ 称为控制多边形。若记

$$R_{i,n}(t)=\frac{h_i\mathrm{BEZ}_{i,n}(t)}{\sum_{i=0}^n h_i\mathrm{BEZ}_{i,n}(t)},\qquad i=0,1,\cdots,n$$

则式(10.66)被表示为

$$R(t)=\sum_{i=0}^n P_iR_{i,n}(t)\tag{10.67}$$

$R_{i,n}(t)$ 称为**有理基函数**，它具有下面两条明显的性质：

$$R_{i,n}(t)\geqslant 0,t\in[0,1],i=0,1,\cdots,n$$

$$\sum_{i=0}^n R_{i,n}(t)\equiv 1,t\in[0,1]$$

和 Bezier 曲线相比，我们除了可以调节有理 Bezier 曲线的控制顶点之外，还可以调节其权因子的大小。因而，有理 Bezier 曲线具有更强的造型功能。例如，当采用 3 次有理 Bezier 曲线表示中心位于坐标原点的单位圆弧上半部分时，(见图 10.21)，可取 $P_0=\begin{bmatrix}1\\0\end{bmatrix}$，$P_1=\begin{bmatrix}1\\2\end{bmatrix}$，$P_2=\begin{bmatrix}-1\\2\end{bmatrix}$，$P_3=\begin{bmatrix}-1\\0\end{bmatrix}$，$h_0=h_3=1$，$h_1=h_2=1/3$。而 Bezier 曲线无论如何是不能精确地表示圆弧的。

特别地，当 $h_0=h_1=\cdots=h_n$ 时，

$$R_{i,n}(t)=\mathrm{BEZ}_{i,n}(t),\qquad i=0,1,\cdots,n$$

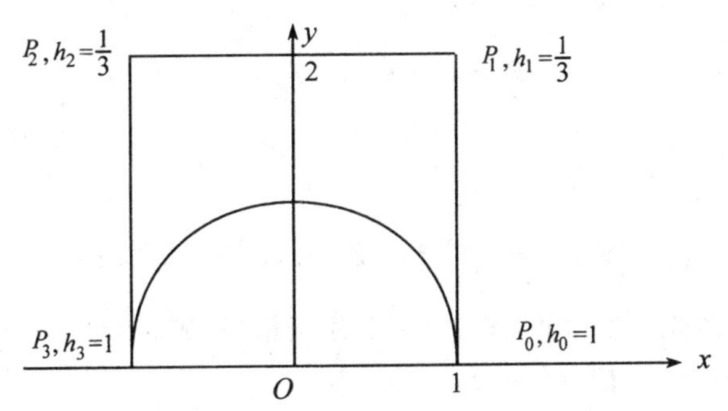

图 10.21　用 3 次有理 Bezier 曲线表示圆弧

$R(t)$退化为 Bezier 曲线。由此可知，Bezier 曲线可看做有理 Bezier 曲线的特例。

2. 有理 Bezier 曲线的齐次表示

若令 $h(t)=\sum_{i=0}^{n}h_i\text{BEZ}_{i,n}(t)$，则在四维齐次坐标空间中，三维空间中的有理 Bezier 曲线可表示为如下齐次形式：

$$R(t)=\begin{bmatrix}X(t)\\Y(t)\\Z(t)\\h(t)\end{bmatrix}=\sum_{i=0}^{n}R_i\text{BEZ}_{i,n}(t) \tag{10.68}$$

其中，$R_i=[h_ix_i,h_iy_i,h_iz_i,h_i]^{\text{T}}$。也就是说，以$\{P_i\}_{i=0}^{n}$为控制顶点的有理 Bezier 曲线被表示为四维齐次坐标空间中以 R_i 为控制顶点的 Bezier 曲线。

以二次平面有理 Bezier 曲线为例，它与其对应的三维齐次坐标空间中的二次 Bezier 曲线的关系如图 10.22 所示。在齐次坐标系 $OXYh$ 中的 $h=1$ 平面上取二维坐标系 $O'xy$。设二次平面有理 Bezier 曲线在 $O'xy$ 中的表示式为：

$$R(t)=\sum_{i=0}^{2}P_iR_{i,2}(t)=\begin{bmatrix}x_0\\y_0\end{bmatrix}R_{0,2}(t)+\begin{bmatrix}x_1\\y_1\end{bmatrix}R_{1,2}(t)+\begin{bmatrix}x_2\\y_2\end{bmatrix}R_{2,2}(t)\qquad t\in[0,1]$$

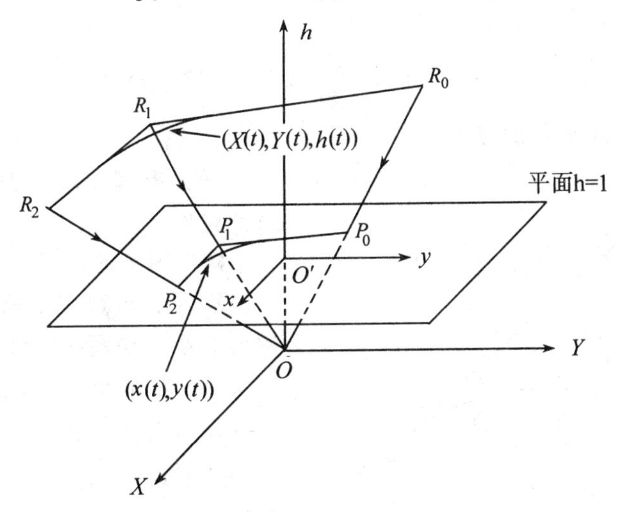

图 10.22　二次有理 Bezier 曲线及其在齐次坐标系中的“像”

取

$$R_i = \begin{bmatrix} h_i x_i \\ h_i y_i \\ h_i \end{bmatrix}, \quad i = 0,1,2$$

得到 $R(t)$ 在 $OXYh$ 中的表示为：

$$R(t) = \sum_{i=0}^{2} R_i \mathrm{BEZ}_{i,2}(t), \quad t \in [0,1]$$

事实上，若取 O 为投影参考点，平面 $h=1$ 为投影面，则 $(x(t),y(t))^{\mathrm{T}}$ 点即是 $(X(t),Y(t),h(t))^{\mathrm{T}}$ 的透视投影（$h(t)=0$ 情况例外）。

3. 有理 Bezier 曲线的性质

按照类似于讨论 Bezier 曲线性质方法，我们得到一系列有理 Bezier 曲线的性质，简单罗列如下（不妨假定 $h_0, h_n > 0$）：

● 端点位置

$$R(0) = P_0, \quad R(1) = P_1$$

● 端点切矢量

$$R'(0) = n\frac{h_1}{h_0}(P_1 - P_0), \quad R'(1) = n\frac{h_{n-1}}{h_n}(P_n - P_{n-1})$$

● 端点曲率

$$k(0) = \frac{n-1}{n} \cdot \frac{h_0 h_2}{h_1^2} \cdot \frac{|(P_1 - P_0) \times (P_2 - P_1)|}{|P_1 - P_0|^3},$$

$$k(1) = \frac{n-1}{n} \cdot \frac{h_n h_{n-2}}{h_{n-1}^2} \cdot \frac{|(P_n - P_{n-2}) \times (P_n - P_{n-1})|}{|P_n - P_{n-1}|^3}$$

● 凸包性质

有理 Bezier 曲线包含于它控制顶点的凸包之内。

● 直线再生性

若控制顶点落于一条直线之上，则曲线为直线段。

● 仿射和透视不变性

对任意几何变换或透视变换 A，有：

$$A[R(t)] = \sum_{i=0}^{n} A[R_i]\mathrm{BEZ}_{i,n}(t)$$

● 平面有理 Bezier 曲线的保型性

平面有理 Bezier 曲线具有保凸性和变差缩减性。

● 权因子的作用

权因子 h_i 决定了控制顶点 P_i 对曲线影响的大小。如图 10.23，当 $h_i=0$ 时，曲线与 P_i 无关；当 h_i 增大时，曲线向 P_i 靠近；而当 $h_i \to \infty$ 时，$R(t) \to P_i$。

类似地，我们还可以得出有理 Bezier 曲线的 de Casteljau 算法，分割定理及离散生成算法等等，这里不再赘述。

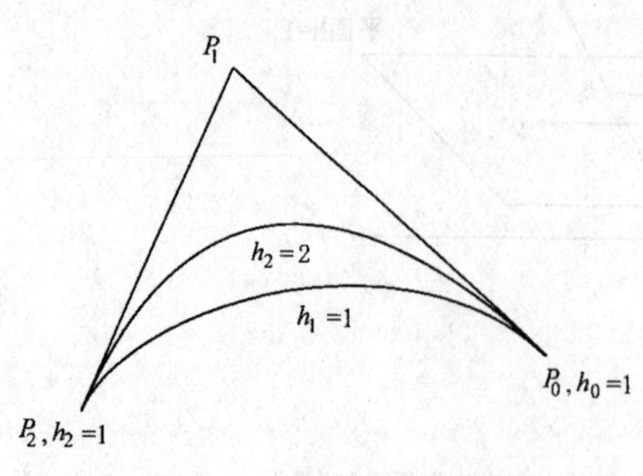

图 10.23 当 h_1 增大时，曲线向 P_1 靠近

10.6 B 样条曲线

Bezier 曲线具有许多优点，如凸包性、保型性等，但也存在不足之处：其一是缺少局部性，修改某一个控制顶点将影响整条曲线，其二是控制多边形与曲线的逼近程度较差（次数越高，逼近程度越差），其三是当表示复杂形状时，无论采用高次曲线还是多段拼接起来的低次曲线，都相当复杂。以 B 样条基函数代替 Bernstein 基函数而获得的 B 样条曲线克服了如上缺点。

10.6.1 *B* 样条基函数的定义及性质

给定参数 t 轴上的节点分割 $T_{n,k}=\{t_i\}_{i=0}^{n+k}$，称由下列递推关系所确定的 $B_{i,k}(t)$ 为 $T_{n,k}$ 上的 k 阶（或 $k-1$ 次）B 样条基函数：

$$\begin{cases} B_{i,1}(t)=\begin{cases}1, & \text{当 } t\in[t_i,t_{i+1}),\\ 0, & \text{其它},\end{cases} & (10.69)\\[2ex] B_{i,k}(t)=\dfrac{t-t_i}{t_{i+k-1}-t_i}B_{i,k-1}(t)+\dfrac{t_{i+k}-t}{t_{i+k}-t_{i+1}}B_{i+1,k-1}(t), \quad i=0,1,\cdots,n & (10.70)\end{cases}$$

在上面的递推式中若遇到 $\frac{0}{0}$，取其值为 0。常称 t_i 为**节点**，$T_{n,k}$ 为**节点向量**。若 $t_{j-1}<t_j=t_{j+1}=\cdots=t_{j+l-1}<t_{j+l}$，则称从 t_j 到 t_{j+l-1} 的每一个节点为 ***l* 重节点**。递推式(10.70)称 deBoor-Cox 递推公式。

1. 基本性质

B 样条基函数具有如下一些基本性质。

● 局部性

$B_{i,k}$ 只在区间 (t_i,t_{i+k}) 中取正值，在其它地方为零，即

$$B_{i,k}=\begin{cases}>0, & \text{当 } t\in(t_i,t_{i+k}),\\ 0, & \text{其它}\end{cases}$$

反过来对每一个区间 $[t_j,t_{j+1})$，至多只有 k 个基函数在其上非零，它们是 $B_{j-k+1,k},B_{j-k+2,k},\cdots,B_{j,k}$。

● $B_{i,k}(t)$ 在每个长度非零的区间 $[t_j,t_{j+1})$ 上都是次数不高于 $k-1$ 的多项式，从而它在整个参数轴上是分段多项式。

对上面两条性质归纳说明如下：

当 $k=1$ 时，由定义式(10.69)直接得：

$$B_{i,1}(t)=\begin{cases}1, & \text{当 } t\in[t_i,t_{i+1}),\\ 0, & \text{其它}\end{cases}$$

如图 10.24 所示，$B_{i,1}(t)$ 正值的区间是 (t_i,t_{i+1})。

当 $k=2$ 时，由递推式(10.70)得：

$$B_{i,2}(t)=\frac{t-t_i}{t_{i+1}-t_i}B_{i,1}(t)+\frac{t_{i+2}-t}{t_{i+2}-t_{i+1}}B_{i+1,1}(t)=\begin{cases}0, & t<t_i,\\ \dfrac{t-t_i}{t_{i+1}-t_i}, & t\in[t_i,t_{i+1}),\\ \dfrac{t_{i+2}-t}{t_{i+2}-t_{i+1}}, & t\in[t_{i+1},t_{i+2}),\\ 0, & t\geqslant t_{i+2}\end{cases}$$

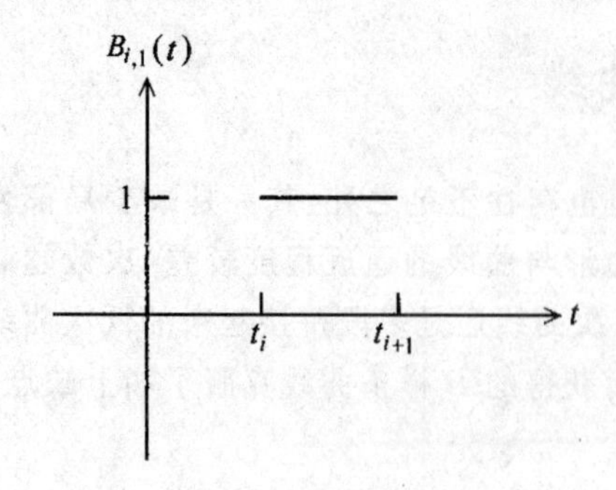

图 10.24　$B_{i,1}(t)$的图像

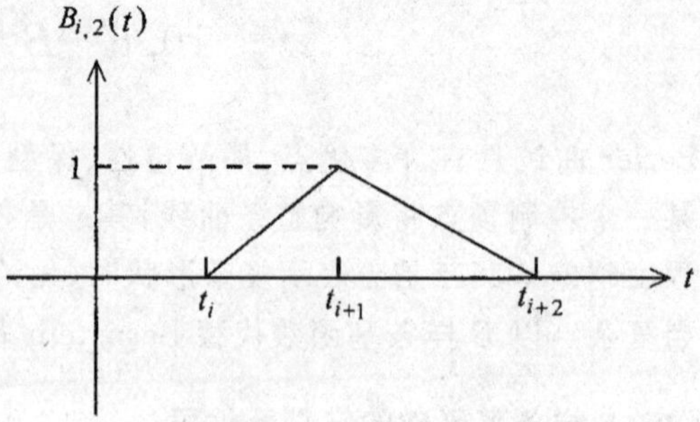

图 10.25　$B_{i,2}(t)$的图像

如图 10.25 所示，$B_{i,2}(t)$取正值的区间是(t_i, t_{i+2})。

当 $k=3$ 时，

$$B_{i,3}(t)=\frac{t-t_i}{t_{i+2}-t_i}B_{i,2}(t)+\frac{t_{i+3}-t}{t_{i+3}-t_{i+1}}B_{i+1,2}(t)$$

$$=\begin{cases}0, & t<t_i, \\ \dfrac{(t-t_i)^2}{(t_{i+2}-t_i)(t_{i+1}-t_i)}, & t\in[t_i,t_{i+1}), \\ \dfrac{(t-t_i)(t_{i+2}-t)}{(t_{i+2}-t_i)(t_{i+2}-t_{i+1})}+\dfrac{(t_{i+3}-t)(t-t_{i+1})}{(t_{i+3}-t_{i+1})(t_{i+2}-t_{i+1})}, & t\in[t_{i+1},t_{i+2}), \\ \dfrac{(t_{i+3}-t)^2}{(t_{i+3}-t_{i+1})(t_{i+3}-t_{i+2})}, & t\in[t_{i+2},t_{i+3}), \\ 0, & t\geqslant t_{i+3}\end{cases}$$

如图 10.26 所示，$B_{i,3(t)}$取正值的区间是(t_i, t_{i+3})。

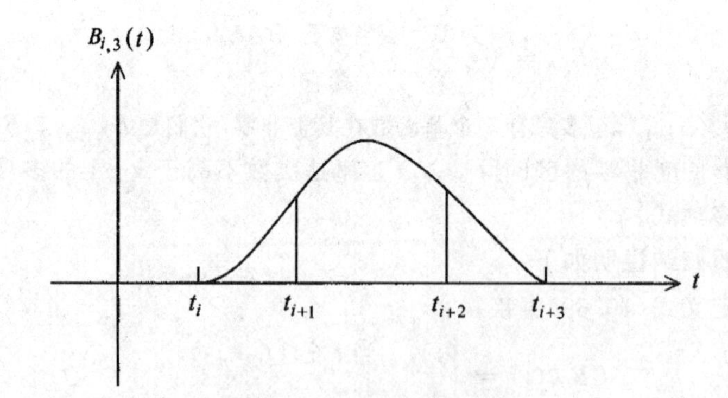

图 10.26　$B_{i,3}(t)$的图像

以此类推，可说明 $B_{i,k}(t)$的局部性以及它是分段多项式曲线。

● 权性

$$\sum_{i=0}^{n}B_{i,k}(t)\equiv 1, \qquad t\in[t_{k-1},t_{n+1}]$$

在任意参数区间$[t_j, t_{j+1})$（$\subset[t_{k-1}, t_{n+1}]$）中，由 $B_{i,k}(t)$的局部性得到：

$$\sum_{i=0}^{n}B_{i,k}(t)=\sum_{i=j-k+1}^{j}B_{i,k}(t)$$

$$= \sum_{i=j-k+1}^{j} \left[\frac{t - t_i}{t_{i+k-1} - t_i} B_{i,k-1}(t) + \frac{t_{i+k} - t}{t_{i+k} - t_{i+1}} B_{i+1,k-1}(t) \right]$$

$$= \sum_{i=j-k+1}^{j} \frac{t - t_i}{t_{i+k-1} - t_i} B_{i,k-1}(t) + \sum_{i=j-k+1}^{j} \frac{t_{i+k} - t}{t_{i+k} - t_{i+1}} B_{i+1,k-1}(t)$$

在区间$[t_j, t_{j+1})$中，$B_{j-k+1,k-1}(t) \equiv 0$，$B_{j+1,k-1}(t) \equiv 0$，从而

$$上式 = \sum_{i=j-k+2}^{j} \frac{t - t_i}{t_{i+k-1} - t_i} B_{i,k-1}(t) + \sum_{i=j-k+1}^{j-1} \frac{t_{i+k} - t}{t_{i+k} - t_{i+1}} B_{i+1,,k-1}(t)$$

$$= \sum_{i=j-k+2}^{j} \left[\frac{t - t_i}{t_{i+k-1} - t_i} B_{i,k-1}(t) + \frac{t_{i+k-1} - t}{t_{i+k-1} - t_i} B_{i,k-1}(t) \right]$$

$$= \sum_{i=j-k+2}^{j} B_{i,k-1}(t)$$

类似地按照 deBoor-Cox 公式展开 $B_{i,k-1}(t)$，最终得到

$$\sum_{i=0}^{n} B_{i,k}(t) = \cdots = B_{j,1}(t) \equiv 1$$

● 连续性

$B_{i,k}(t)$在 l 重节点处，至少为 $k-1-l$ 次连续(C^{k-1-l})。

● 微分公式

$$B'_{i,k}(t) = (k-1)\left[\frac{B_{i,k-1}(t)}{t_{i+k-1} - t_i} - \frac{B_{i+1,k-1}(t)}{t_{i+k} - t_{i+1}} \right]$$

● 线性无关性

$$B_{i,k}(t), \quad i = 0,1,\cdots,n \text{ 线性无关}$$

10.6.2 *B* 样条曲线的定义及性质

给定空间中 $n+1$ 个点$\{P_i\}_{i=0}^{n}$及参数节点向量 $T_{n,k} = \{t_i\}_{i=0}^{n+k}(t_i \leqslant t_{i+1})$，称如下形式的参数曲线 $P(t)$为 k 阶($k-1$ 次)***B* 样条曲线**。

$$P(t) = \sum_{i=0}^{n} P_i B_{i,k}(t), \quad t \in [t_{k-1}, t_{n+1}] \tag{10.71}$$

其中 P_i 称为**控制顶点**，折线 $P_0P_1\cdots P_n$ 称为**控制多边形**。如图 10.27 为 4 阶 *B* 样条曲线。

由 $B_{i,k}(t)$的性质，可知 *B* 样条曲线 $P(t)$具有以下性质：

● 局部性

曲线 $P(t)$在参数区间$[t_i, t_{i+1})(k-1 \leqslant i \leqslant n)$上的部分只与控制顶点 $P_{i-k+1}, P_{i-k+2}, \cdots, P_i$ 有关。反过来，修改控制顶点 P_i 只影响曲线 $P(t)$在区间$[t_i, t_{i+k})$中的部分。

● 凸包性

曲线 $P(t)$在区间$[t_i, t_{i+1})(k-1 \leqslant i \leqslant n)$上的部分位于 k 个控制顶点 $P_{i-k+1}, P_{i-k+2}, \cdots, P_i$ 的凸包 ch_i 之内，如

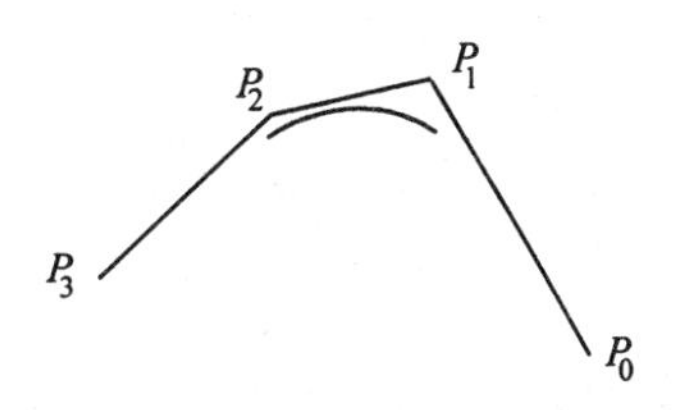

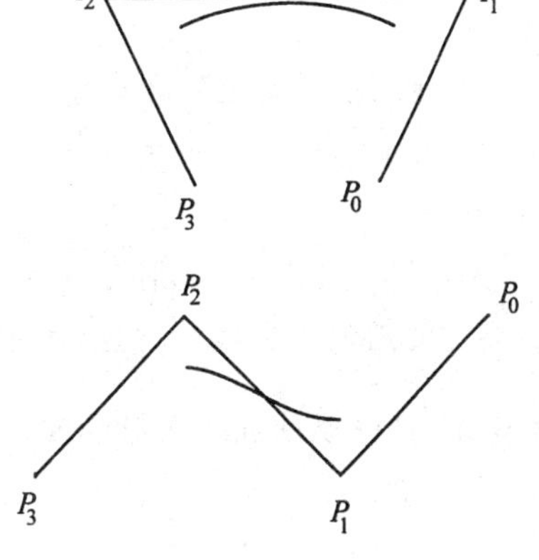

图 10.27 4 阶 *B* 样条曲线

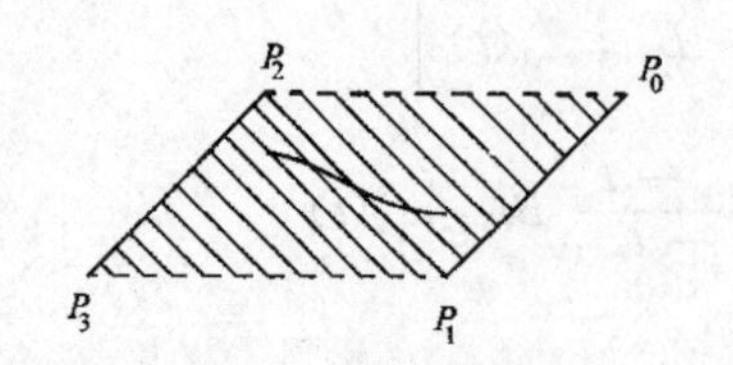

图 10.28　4 阶 B 样条曲线在$[t_3,t_4)$内的部分位于 P_0,P_1,P_2,P_3 的凸包内

图 10.28 所示。整条曲线则位于各凸包 ch_i 的并集 $\bigcup_{i=k-1}^{n} ch_i$ 之内。

● 直线再生性

由凸包性质可知，若 k 个控制顶点 $P_{i-k+1},P_{i-k+2},\cdots,P_i$ 落在一条直线上，则区间$[t_i,t_{i+1}]$内的曲线是直线段。

● 分段参数多项式曲线

$P(t)$在每个区间$[t_i,t_{i+1})(k-1\leqslant i\leqslant n)$上是次数不高于 $k-1$ 的多项式曲线，$P(t)$在$[t_{k-1},t_{n+1}]$上是关于参数 t 的分段多项式曲线。

● 连续性

$P(t)$在 l 重节点 $t_i(k\leqslant i\leqslant n)$处至少是 C^{k-1-l}的，整条曲线的连续阶不低于 $k-1-l_{\max}$，其中 $l_{\max}$表示节点 t_i 的重数的最大值。例如，假定 $l_{\max}=1$，当 $k=1$ 时，曲线 $P(t)$是 C^{-1} 即不连续的，它退化为离散的控制顶点。当 $k=2$ 时，$P(t)$是 C^0 的，它即为控制多边形本身。当 $k=3$ 时，$P(t)$是 C^1 的。如图 10.29 所示。

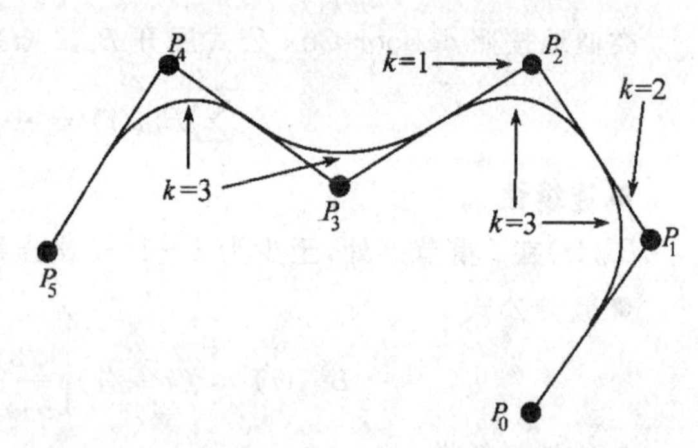

图 10.29　B 样条曲线的连续性

● 导数曲线

由 B 样条基函数的微分公式得到 B 样条曲线的导数曲线为：

$$P'(t)=(k-1)\sum_{i=1}^{n}\frac{P_i-P_{i-1}}{t_{i+k-1}-t_i}B_{i,k-1}(t),\quad t\in[t_{k-1},t_{n+1}]$$

它是一条 $k-1$ 阶的 B 样条曲线。

● 仿射不变性

对任一仿射变换 A，有：

$$A[P(t)]=\sum_{i=0}^{n}A[P_i]B_{i,k}(t),\quad t\in[t_{k-1},t_{n+1}]$$

即在仿射变换下，$P(t)$的表达式具有形式不变性，并且某些几何性质保持不变。

● 平面 B 样条曲线的保型性

如果 $P_0,P_1,\cdots,P_n$ 位于一个平面之内，则 $P(t)$是平面曲线。它具有如下性质：

① 保凸性。若多边形区域 $P_0P_1\cdots P_n$ 是凸区域，则 $P(t)$为凸曲线；

② 变差缩减性。平面内任一条直线与 $P(t)$的交点个数不多于该直线与其控制多边形的交点个数。

和 Bezier 曲线一样，控制多边形大致勾画出了 B 样条曲线的形状。通过交互修改控制顶点，能方便地调节曲线。并且，对 B 样条曲线来说，还可以调节其参数节点，以控制其形状。

10.6.3　*B* 样条曲线的离散生成

1. deBoor-Cox 算法

给定一个参数 $t\in[t_{k-1},t_{n+1}]$，deBoor-Cox 算法解决了计算曲线上对应的型值点 $P(t)$的问题。

不妨令 $t\in[t_j,t_{j+1}]$，$k-1\leqslant j\leqslant n$，此时，由曲线的局部性可知 $P(t)$ 的表达式如下：

$$P(t)=\sum_{i=j-k+1}^{j}P_iB_{i,k}(t)=\sum_{i=j-k+1}^{j}P_i\left[\frac{t-t_i}{t_{i+k-1}-t_i}B_{i,k-1}(t)+\frac{t_{i+k}-t}{t_{i+k}-t_{i+1}}B_{i+1,k-1}(t)\right]$$

$$=\sum_{i=j-k+1}^{j}P_i\frac{t-t_i}{t_{i+k-1}-t_i}B_{i,k-1}(t)+\sum_{i=j-k+1}^{j}P_i\frac{t_{i+k}-t}{t_{i+k}-t_{i+1}}B_{i+1,k-1}(t)$$

由于在 $[t_j,t_{j+1}]$ 内，$B_{j-k+1,k-1}(t)=0$，$B_{j+1,k-1}(t)=0$。从而

$$\text{上式}=\sum_{i=j-k+2}^{j}P_i\frac{t-t_i}{t_{i+k-1}-t_i}B_{i,k-1}(t)+\sum_{i=j-k+1}^{j-1}P_i\frac{t_{i+k}-t}{t_{i+k}-t_{i+1}}B_{i+1,k-1}(t)$$

$$=\sum_{i=j-k+2}^{j}\left[\frac{t-t_i}{t_{i+k-1}-t_i}P_i+\frac{t_{i+k-1}-t}{t_{i+k-1}-t_i}P_{i-1}\right]B_{i,k-1}(t)$$

记

$$\lambda_i^{[1]}(t)=\frac{t-t_i}{t_{i+k-1}-t_i}$$

$$P_i^{[1]}(t)=\lambda_i^{[1]}(t)P_i+(1-\lambda_i^{[1]})P_{i-1}$$

则

$$P(t)=\sum_{i=j-k+2}^{j}P_i^{[1]}(t)B_{i,k-1}(t)$$

一般地，若记

$$\lambda_i^{[r]}(t)=\frac{t-t_i}{t_{i+k-r}-t_i},\qquad r=1,2,\cdots,k-1\tag{10.72}$$

$$P_i^{[r]}(t)=\begin{cases}P_i, & r=0,\\ \lambda_i^{[r]}(t)P_i^{[r-1]}(t)+(1-\lambda_i^{[r]}(t))P_{i-1}^{[r-1]}(t), & r=1,2,\cdots,k-1,\end{cases}$$
$$i=j-k+r+1,j-k+r+2,\cdots,j\tag{10.73}$$

则

$$P(t)=\sum_{i=j-k+r+1}^{j}P_i^{[r]}(t)B_{i,k-r}(t),\qquad r=1,2,\cdots,k-1\tag{10.74}$$

当 $r=k-1$ 时，

$$P(t)=P_j^{[k-1]}(t)B_{j,1}(t)=P_j^{[k-1]}\tag{10.75}$$

这样，式(10.72)与式(10.73)共同构成了 deBoor-Cox 算法。由于 $\lambda_i^{[r]}\in[0,1]$，所以计算过程是稳定的。deBoor-Cox 算法的迭代计算过程及其几何意义如图 10.30 所示。我们假定 $k=4$，t 仍然落在区间 $[t_i,t_{j+1}]$ 内。

deBoor-Cox 算法的程序如下：

程序 10.6 deBoor-Cox 算法

```
#define  X  0
#define  Y  1
#define  Z  2
#define  MAX  20
typedef float Vector[3]
```

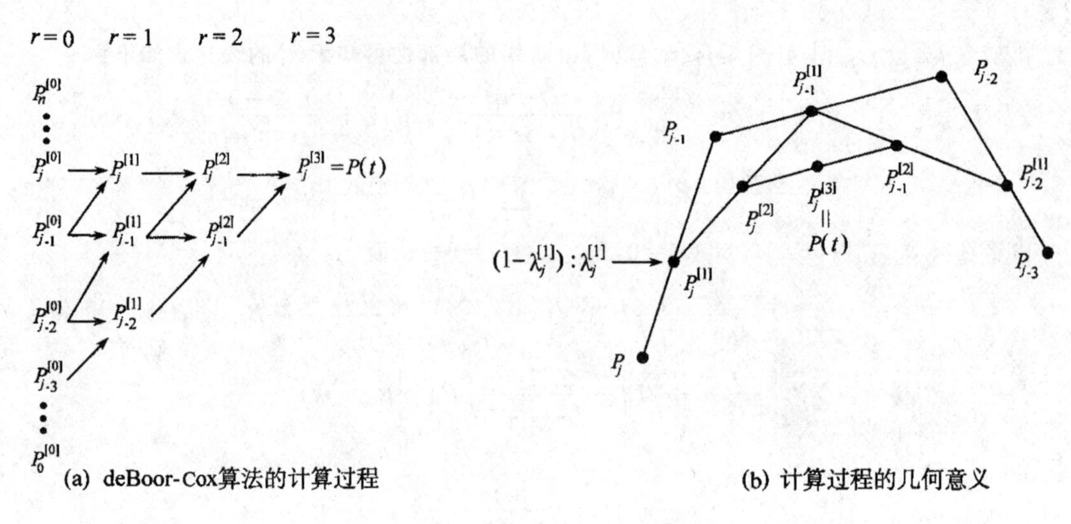

图 10.30

```
void BsplineDeBoorCox(Vector P[],float T[],int k,float t,int j,Vector V)
/* P[]为控制顶点序列,T[]为节点向量,k为曲线的阶数。本函数计算对应参数t∈
[T[j],T[j+1])的型值点,并将结果保存到矢量V中 */
{  int i, r, temp, temp1;
   Vector Q[MAX];
   float lamta;
   /* 将P[j-k+1],P[j-k+2],…,P[j]赋给Q[0],Q[1],…,Q[k-1] */
   temp=j-k+1;
   for (i=0;i<k;i++)
      Q[i][X]=P[temp+i][X],Q[i][Y]=P[temp+i][Y],Q[i][Z]=P[temp+i]
   [Z];
   /* 迭代计算型值点 */
   for (r=1;r<k;r++)
   {  for (i=j;i>=temp+r;i--)
      {  lamta=(t-T[i])/(T[i+k-r]-T[i]);
         temp1=i-temp;
         Q[temp1][X]=lamta*Q[temp1][X]+(1.0-lamta)*Q[temp1-1][X];
         Q[temp1][Y]=lamta*Q[temp1][Y]+(1.0-lamta)*Q[temp1-1][Y];
         Q[temp1][Z]=lamta*Q[temp1][Z]+(1.0-lamta)*Q[temp1-1][Z];
      }
   }
   V[X]=Q[k-1][X],  V[Y]=Q[k-1][Y],  V[Z]=Q[k-1][Z];
}
```

2. 从 B 样条曲线到 Bezier 曲线的转化

在任一区间$[t_j,t_{j+1}]$上,B 样条曲线是 $k-1$ 次的多项式曲线,它和 $k-1$ 次的 Bezier 曲线之间存在着一定的联系。如果我们能将 B 样条曲线转化为Bezier曲线，则可以借助Bezier曲线的离散生成方法来生成 B 样条曲线了。这一节，就来讨论从 B 样条曲线到Bezier曲线的转化问题。

由deBoor-Cox算法，在参数区间 $[t_j, t_{j+1}]$ 上，B 样条曲线表示为：

$$P(t) = \sum_{i=j-k+r+1}^{j} P_i^{[r]} B_{i,k-r}(t), \qquad r = 1,2,\cdots,k-1$$

如果将 $P_i^{[r]}$ 转化为Bezier表示，因为 $P(t)=P_j^{[k-1]}$，我们也就完成了从 B 样条曲线到Bezier曲线的转化。下面来推导 $P_i^{[r]}$ 的Bezier表示：

当 $r=1$ 时，对 $i=j-k+2, j-k+3, \cdots, j$，

$$\begin{aligned}
P_i^{[1]} &= \frac{t - t_i}{t_{i+k-1} - t_i} P_i + \frac{t_{i+k-1} - t}{t_{i+k-1} - t_i} P_{i-1} \\
&= \frac{t - t_i[(1-t)+t]}{t_{i+k-1} - t_i} P_i + \frac{t_{i+k-1}[(1-t)+t] - t}{t_{i+k-1} - t_i} P_{i-1} \\
&= \frac{t_{i+k-1} P_{i-1} - t_i P_i}{t_{i+k-1} - t_i}(1-t) + \frac{(t_{i+k-1} - 1)P_{i-1} + (1 - t_i)P_i}{t_{i+k-1} - t_i} t
\end{aligned}$$

记

$$Q_0^{i,1} = \frac{t_{i+k-1} P_{i-1} - t_i P_i}{t_{i+k-1} - t_i}, \quad Q_1^{i,1} = \frac{(t_{i+k-1} - 1)P_{i-1} + (1 - t_i)P_i}{t_{i+k-1} - t_i}$$

则

$$P_i^{[1]} = Q_0^{i,1} \mathrm{BEZ}_{0,1}(t) + Q_1^{i,1} \mathrm{BEZ}_{1,1}(t) \tag{10.76}$$

不失一般性，假设 $P_i^{[r]}(r<k-1)$ 具有如下形式的Bezier表示：

$$P_i^{[r]} = \sum_{l=0}^{r} Q_l^{i,r} \mathrm{BEZ}_{l,r}(t) = [Q_0^{i,r}, Q_1^{i,r}, \cdots, Q_r^{i,r}] \begin{bmatrix} \mathrm{BEZ}_{0,r}(t) \\ \mathrm{BEZ}_{1,r}(t) \\ \vdots \\ \mathrm{BEZ}_{r,r}(t) \end{bmatrix} \tag{10.77}$$

我们要递推出 $P_i^{[r+1]}$ 的Bezier表示，由deBoor-Cox算法，有

$$\begin{aligned}
P_i^{[r+1]} &= \lambda_i^{[r+1]}(t) P_i^{[r]}(t) + (1 - \lambda_i^{[r+1]}(t)) P_{i-1}^{[r]}(t) \\
&= \frac{t - t_i}{t_{i+k-r-1} - t_i} P_i^{[r]}(t) + \frac{t_{i+k-r-1} - t}{t_{i+k-r-1} - t_i} P_{i-1}^{[r]}(t)
\end{aligned} \tag{10.78}$$

而

$$\begin{aligned}
\frac{t - t_i}{t_{i+k-r-1} - t_i} P_i^{[r]}(t) &= \frac{t - t_i[(1-t)+t]}{t_{i+k-r-1} - t_i} P_i^{[r]}(t) \\
&= \frac{-t_i}{t_{i+k-r-1} - t_i}(1-t) P_i^{[r]}(t) + \frac{(1 - t_i)}{t_{i+k-r-1} - t_i} t P_i^{[r]}(t)
\end{aligned} \tag{10.79}$$

$$(1-t) P_i^{[r]}(t) = [Q_0^{i,r}, Q_1^{i,r}, \cdots, Q_r^{i,r}] \begin{bmatrix} (1-t)\mathrm{BEZ}_{0,r}(t) \\ (1-t)\mathrm{BEZ}_{1,r}(t) \\ \vdots \\ (1-t)\mathrm{BEZ}_{r,r}(t) \end{bmatrix}$$

$$
= [Q_0^{i,r}, Q_1^{i,r}, \cdots, Q_r^{i,r}, 0] \begin{bmatrix} \frac{C_r^0}{C_{r+1}^0} BEZ_{0,r+1}(t) \\ \frac{C_r^1}{C_{r+1}^1} BEZ_{1,r+1}(t) \\ \vdots \\ \frac{C_r^r}{C_{r+1}^r} BEZ_{r,r+1}(t) \\ BEZ_{r+1,r+1}(t) \end{bmatrix} \tag{10.80}
$$

同理,有:

$$
tP_i^{[r]}(t) = [0, Q_0^{i,r}, Q_1^{i,r}, \cdots, Q_r^{i,r},] \begin{bmatrix} BEZ_{0,r+1}(t) \\ \frac{C_r^0}{C_{r+1}^1} BEZ_{1,r+1}(t) \\ \frac{C_r^1}{C_{r+1}^2} BEZ_{2,r+1}(t) \\ \vdots \\ \frac{C_r^r}{C_{r+1}^{r+1}} BEZ_{r+1,r+1}(t) \end{bmatrix} \tag{10.81}
$$

将(10.80),(10.81)两式代入式(10.79),得到:

$$
\frac{t - t_i}{t_{i+k-r-1} - t_i} P_i^{[r]}(t) = \frac{1}{t_{i+k-r-1} - t_i} \Big[\frac{C_r^0}{C_{r+1}^0}(-t_i) Q_0^{i,r} + 0, \frac{C_r^1}{C_{r+1}^1}(-t_i) Q_1^{i,r}
$$

$$
+ \frac{C_r^0}{C_{r+1}^1}(1 - t_i) Q_0^{i,r}, \cdots, 0 + \frac{C_r^r}{C_{r+1}^{r+1}}(1 - t_i) Q_r^{i,r} \Big] \begin{bmatrix} BEZ_{0,r+1}(t) \\ BEZ_{1,r+1}(t) \\ \vdots \\ BEZ_{r+1,r+1}(t) \end{bmatrix} \tag{10.82}
$$

类似地,得到:

$$
\frac{t_{i+k-r-1} - t}{t_{i+k-r-1} - t_i} P_{i-1}^{[r]}(t) = \frac{1}{t_{i+k-r-1} - t_i} \Big[\frac{C_r^0}{C_{r+1}^0} t_{i+k-r-1} Q_0^{i-1,r} + 0, \frac{C_r^1}{C_{r+1}^1} t_{i+k-r-1} Q_1^{i-1,r}
$$

$$
+ \frac{C_r^0}{C_{r+1}^1}(t_{i+k-r-1} - 1) Q_0^{i-1,r}, \cdots, 0 + \frac{C_r^r}{C_{r+1}^{r+1}}(t_{i+k-r-1} - 1) Q_r^{i-1,r} \Big] \begin{bmatrix} BEZ_{0,r+1}(t) \\ BEZ_{1,r+1}(t) \\ \vdots \\ BEZ_{r+1,r+1}(t) \end{bmatrix} \tag{10.83}
$$

将式(10.82)与式(10.83)代入式(10.78)得到:

$$
P_i^{[r+1]} = [Q_0^{i,r+1}, Q_1^{i,r+1}, \cdots, Q_{r+1}^{i,r+1}] \begin{bmatrix} BEZ_{0,r+1}(t) \\ BEZ_{1,r+1}(t) \\ \vdots \\ BEZ_{r+1,r+1}(t) \end{bmatrix}
$$

$$
= \sum_{l=0}^{r+1} Q_l^{i,r+1} BEZ_{l,r+1}(t) \tag{10.84}
$$

其中,

$$Q_0^{i,r+1} = \frac{1}{t_{i+k-r-1} - t_i} \frac{C_r^0}{C_{r+1}^0} [t_{i+k-r-1} Q_0^{i-1,r} - t_i Q_0^{i,r}],$$

$$Q_l^{i,r+1} = \frac{1}{t_{i+k-r-1} - t_i} \left\{ \frac{C_r^l}{C_{r+1}^l} [t_{i+k-r-1} Q_l^{i-1,r} - t_i Q_l^{i,r}] + \frac{C_r^{l-1}}{C_{r+1}^r} [(t_{i+k-r-1} - 1) Q_{l-1}^{i-1,r} + (1 - t_i) Q_{l-1}^{i,r}] \right\}, \quad l = 1,2,\cdots,r,$$

$$Q_{r+1}^{i,r+1} = \frac{1}{t_{i+k-r-1} + t_i} \frac{C_r^r}{C_{r+1}^{r+1}} [(t_{i+k-r-1} - 1) Q_r^{i-1,r} + (1 - t_i) Q_r^{i,r}]$$

从而，区间$[t_j,t_{j+1}]$上，B样条曲线具如下Bezier表示形式

$$P(t) = P_j^{[k-1]} = \sum_{l=0}^{k-1} Q_l^{j,k-1} \text{BEZ}_{l,k-1}(t), \quad t \in [t_j, t_{j+1}] \tag{10.85}$$

剩下的问题是如何将式(10.85)的Bezier曲线的参数区间规范化到$[0,1]$，为了简单起见，我们讨论下面曲线的参数区间的规范化，其中a,b为任意常数($a<b$)。

$$P(t) = \sum_{i=0}^{n} P_i \text{BEZ}_{i,n}(t), \quad t \in [a,b]$$

取参数变换$s=\dfrac{t-a}{b-a} \Rightarrow t=(b-a)s+a$，代入上式，得：

$$P(s) = \sum_{i=0}^{n} P_i \text{BEZ}_{i,n}[(b-a)s+a], \quad s \in [0,1]$$

可以证明，

$$P(s) = \sum_{i=0}^{n} \overline{P}_i \text{BEZ}_{i,n}(s), \qquad s \in [0,1] \tag{10.86}$$

其中，

$$\overline{P}_i = \sum_{l=0}^{i} \left[\sum_{k=0}^{n-i} P_{k+l} \text{BEZ}_{k,n-i}(a) \right] \text{BEZ}_{l,i}(b), \quad i = 0,1,\cdots,n \tag{10.87}$$

可以用de Casteljau算法计算$\overline{P}_i$。

3. *B样条曲线的离散生成*

从前面的分析，我们得到两种生成B样条曲线的方法，其一是直接利用deBoor-Cox算法计算曲线上的型值点，以获得连接这些型值点的折线作为原曲线的近似；其二是首先将B样条曲线转换成Bezier曲线，再利用Bezier曲线的离散生成算法产生曲线。我们以第一种方法为例来说明B样条曲线的生成。程序如下：

程序10.7 生成B样条曲线

```
#define X 0
#define Y 1
#define Z 2
typedef float Vector[3];

void DisplayBspineCurve(Vector P[],float T[],int n, int k, int count)
/* P[]为控制顶点序列，T[]为节点向量，n+1为控制顶点的个数，k为曲线的阶数，参
数区间[T[k-1],T[n+1]]被划分为count等份 */
```

```
{   int i, j;
    float deltat,t;
    Vector V, new V;

    deltat=(T[n+1]-T[k-1])/count;
    t=T[k-1];
    j=k-1;
    /* 计算曲线的起点 */
        BsplineDeBoorCox(P,T,K,t,j,V);
    for (i=1;i<=count;i++)
    {   t=t+deltat;
        /* 搜索参数 t 所在的区间[tj,tj+1] */
          while (t>T[j+1])
                j++;
        /* 计算下一个型值点 */
        BsplineDeBoorCox (P,T,K,t,j,newV);
        /* 在 V 与 newV 之间画一条直线段 */
        Line(V,newV);
        /* 将 newV 赋给 V */
        V[X]=newV[X],V[Y]=newV[Y],V[Z]=newV[Z];
    }
}
```

10.6.4 三次均匀 B 样条曲线

对于节点向量 $T_{n,k}=\{t_i\}_{i=0}^{n+k}$，若节点间隔均匀，即存在 $\Delta>0$，使 $t_{i+1}-t_i=\Delta$，$i=0,1,\cdots,n+k-1$，则称定义于该节点向量上的 B 样条曲线为均匀节点上的 B 样条曲线或**均匀 B 样条曲线**。相应的基函数称为**均匀 B 样条基函数**。

不失一般性，令 $\Delta=1$，$t_0=0$，得到节点向量 $T_{n,k}=\{t_i\,|\,t_i=i\}_{i=0}^{n+k}$，若记 $T_{n,k}$上的 B 样条基函数为 $N_{i,k}(t)$，则其递推公式为：

$$\begin{cases} N_{i,1}(t)=\begin{cases}1, & t\in[i,i+1),\\ 0, & \text{其它},\end{cases} \\ N_{i,k}(t)=\dfrac{t-i}{k-1}N_{i,k-1}(t)+\dfrac{i+k-t}{k-1}N_{i+1,k}(t), \quad k>1 \end{cases} \tag{10.88}$$

$N_{i,k}(t)$具有如下平移性质：

$$N_{i,k}(t)=N_{0,k}(t-i) \tag{10.89}$$

即只要将 $N_{0,k}(t)$的图像右移 i 个单位，便得到 $N_{i,k}(t)$的图像了。这样，就可以从 $N_{0,k}(t)$的性质推知任意 $N_{i,k}(t)$的性质。由于节点分布均匀，$N_{0,k}(t)$只有较简单的表达式，例如：

$$N_{0,1}(t)=\begin{cases}1, & t\in[0,1),\\ 0, & \text{其它},\end{cases}$$

$$N_{0,2}(t) = tN_{0,1}(t) + (2-t)N_{1,1}(t) = tN_{0,1}(t) + (2-t)N_{0,1}(t-1)$$

$$= \begin{cases} 0, & t < 0, \\ t, & t \in [0,1), \\ 2-t, & t \in [1,2), \\ 0, & t \geqslant 2, \end{cases}$$

$$N_{0,3}(t) = \frac{t}{2}N_{0,2}(t) + \frac{3-t}{2}N_{0,2}(t-1)$$

$$= \begin{cases} 0, & t < 0 \\ \frac{1}{2}t^2, & t \in [0,1), \\ \frac{1}{2}[t(2-t) + (3-t)(t-1)], & t \in [1,2), \\ \frac{1}{2}(3-t)^2, & t \in [2,3), \\ 0, & t \geqslant 3, \end{cases}$$

$$N_{0,4}(t) = \frac{t}{3}N_{0,3}(t) + \frac{4-t}{3}N_{0,3}(t-1)$$

$$= \begin{cases} 0, & t < 0, \\ \frac{1}{6}t^3, & t \in [0,1), \\ \frac{1}{6}[t^2(2-t) + t(3-t)(t-1) + (4-t)(t-1)^2], & t \in [1,2), \\ \frac{1}{6}[t(3-t)^2 + (4-t)(t-1)(3-t) + (4-t)^2(t-2)], & t \in [2,3), \\ \frac{1}{6}(4-t)^3, & t \in [3,4), \\ 0, & t \geqslant 4 \end{cases}$$

值得注意的是，当我们选择均匀 B 样条曲线作为造型工具时，事实上就放弃了利用参数节点控制曲线的形状的能力。

对于三次($k=4$)均匀 B 样条曲线，在区间$[j,j+1)$($k-1 \leqslant j \leqslant n$)上，我们将它表示成矩阵形式如下：

$$P(t) = \sum_{i=j-3}^{j} P_i N_{i,4}(t) = [P_{j-3}, P_{j-2}, P_{j-1}, P_j] \begin{bmatrix} N_{j-3,4}(t) \\ N_{j-2,4}(t) \\ N_{j-1,4}(t) \\ N_{j,4}(t) \end{bmatrix}$$

$$= [P_{j-3}, P_{j-2}, P_{j-1}, P_j] \begin{bmatrix} N_{0,4}(t-j+3) \\ N_{0,4}(t-j+2) \\ N_{0,4}(t-j+1) \\ N_{0,4}(t-j) \end{bmatrix}$$

取参数变换 $s=t-j$，则 $s \in [0,1)$，曲线变为：

$$P(s)=[P_{j-3},P_{j-2},P_{j-1},P_j]\begin{bmatrix}N_{0,4}(s+3)\\N_{0,4}(s+2)\\N_{0,4}(s+1)\\N_{0,4}(s)\end{bmatrix}$$

$$=[P_{j-3},P_{j-2},P_{j-1},P_j]\frac{1}{6}\begin{bmatrix}1&-3&3&-1\\4&0&-6&3\\1&3&3&-3\\0&0&0&1\end{bmatrix}\begin{bmatrix}1\\s\\s^2\\s^3\end{bmatrix}$$

从而得到区间$[j,j+1)$上的三次均匀B样条曲线的矩阵表示为:

$$P(t)=G_{Bj}\cdot M_B\cdot T_j \tag{10.90}$$

其中,几何矩阵$G_{Bj}=[P_{j-3},P_{j-2},P_{j-1},P_j]$;基矩阵

$$M_B=\frac{1}{6}\begin{bmatrix}1&-3&3&-1\\4&0&-6&3\\1&3&3&-3\\0&0&0&1\end{bmatrix},\quad T_j=\begin{bmatrix}1\\(t-j)\\(t-j)^2\\(t-j)^3\end{bmatrix}$$

根据(10.90)式,类似地,可以利用Horner算法构造生成三次均匀B样条曲线的程序。

10.6.5 三次非均匀B样条曲线

对于节点向量$T_{n,k}=\{t_i\}_{i=0}^{n+k}$,若参数节点$t_i$分布不均均,则称定义于该$T_{n,k}$上的$B$样条曲线为**非均匀$B$样条曲线**,相应的基函数为**非均匀$B$样条基函数**。由于节点分布不均匀,基函数不再具有平移性质(基函数的图像各不相同),所以在生成曲线时,每个基函数都要单独计算,其计算量比均匀B样条大得多。但同时,我们也得以自由调节节点的值来控制曲线形状。

下面我们就来讨论如何利用节点和控制顶点对三次B样条曲线进行形状控制。假定曲线为

$$P(t)=\sum_{i=0}^{n}P_iB_{i,4}(t),\qquad t\in[t_3,t_{n+1}]$$

1. 控制顶点的应用

B样条曲线由其控制顶点和节点向量唯一确定。这一节我们来讨论如何调节控制顶点,使曲线满足一定的要求。在介绍曲线的局部性的时候,大致可以看出来控制顶点对曲线的影响。下面分析几种特殊的情况。记ch_i为控制顶点$\{P_{i-3},P_{i-2},P_{i-1},P_i\}$的凸包。

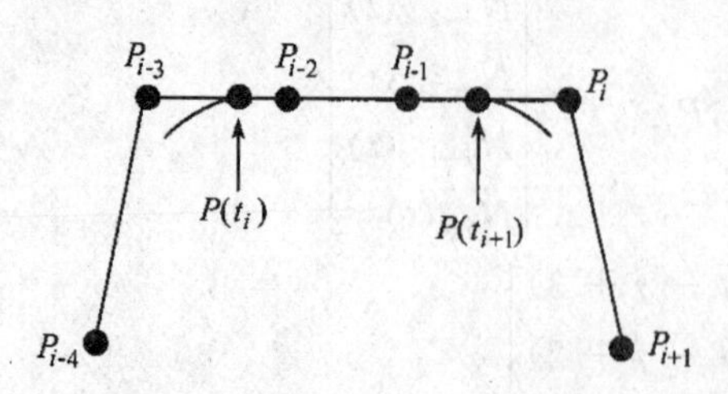

图10.31 $P(t)$在$[t_i,t_{i+1})$中的部分是直线段

(1) 在区间$[t_i,t_{i+1})$中,三次B样条曲线$P(t)$只与$P_{i-3},P_{i-2},P_{i-1},P_i$有关。当它们落于一直线上的时候,由凸包性,$P(t)$在$[t_i,t_{i+1}]$中的部分也为直线段,如图10.31所示。

特别地,当$P_{i-3}=P_{i-2}=P_{i-1}=P_i$时,$P(t)$在$[t_i,t_{i+1})$中的部分退化为一个点,即$P_i$。同时,由于凸包$ch_{i-1}$落在直线段$P_{i-4}P_{i-1}$之内,所以,$P(t)$在$[t_{i-1},t_i)$中的部分落在$P_{i-4}P_i$上,类似地,$P(t)$在$[t_{i+1},t_{i+2})$中的部分落在$P_{i-2}P_{i+1}$上,如图10.32所示。

(2) 若$P_{i-2}=P_{i-1}=P_i$,t_{i+1}的重数$\leqslant 3$,则$P(t_{i+1})=P_i$,如图10.33所示。由于凸包ch_i落

在直线段 $P_{i-3}P_i$ 上，凸包 ch_{i+1} 落在直线段 $P_{i-2}P_{i+1}$ 上，并且曲线在 $t=t_{i+1}$ 处连续，所以 $ch_i \cap ch_{i+1}=P_i$。又由曲线的凸包性，$P(t_{i+1}) \in ch_i$，$P(t_{i+1}) \in ch_{i+1}$，得到 $P(t_{i+1})=P_i$。

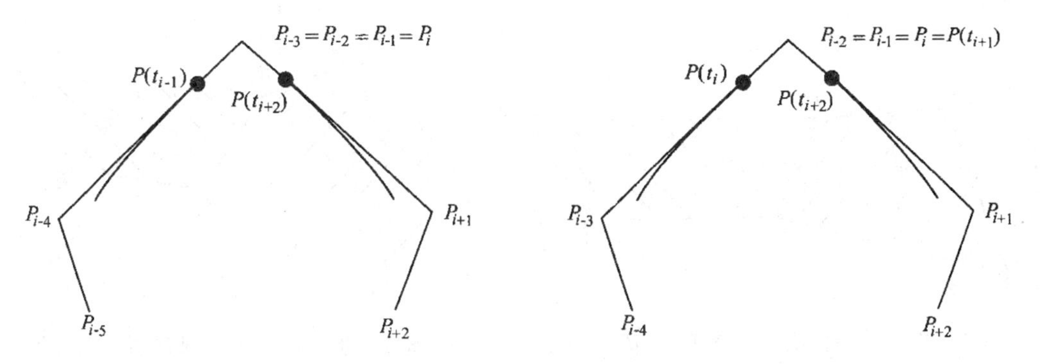

图 10.32　$P(t)$ 在 $[t_i, t_{i+1})$ 中的部分退化为一点　　　　图 10.33　$P(t)$ 通过 P_i 点

(3) 若 P_{i-2}, P_{i-1}, P_i 共线，且节点 t_{i+1} 的重数 $\leqslant 2$，则曲线与直线段 $P_{i-2}P_i$ 相切，如图 10.34 所示。首先，由于 $ch_i \cap ch_{i+1}=$ 直线段 $P_{i-2}P_i$，得出 $P(t_{i+1})$ 落在 $P_{i-2}P_i$ 上。其次，在区间 $[t_i, t_{i+1}]$ 中，

$$P(t) = \sum_{j=i-3}^{i} P_i B_{i,4}(t) \Rightarrow P'(t) = 3\sum_{j=i-2}^{i} \frac{P_j - P_{j-1}}{t_{j+3} - t_j} B_{j,3}(t)$$

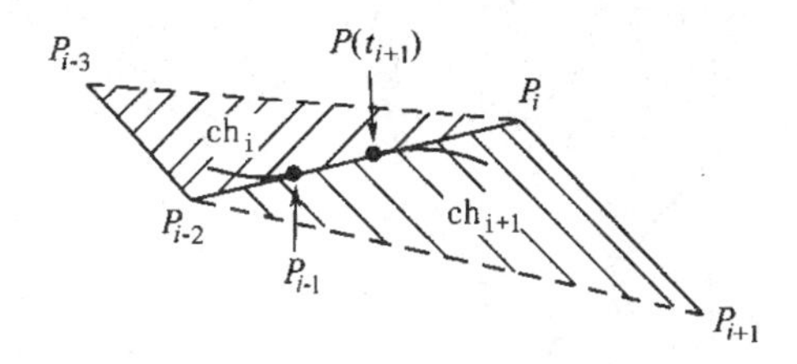

图 10.34　P_{i-2}, P_{i-1}, P_i，共线，曲线与 $P_{i-2}P_i$ 相切

而由 $B_{i-2,3}(t_{i+1}^-)=0$，得到

$$P'(t_{i+1}^-) = 3\left[\frac{P_{i-1} - P_{i-2}}{t_{i+2} - t_{i-1}} B_{i-1,3}(t_{i+1}^-) + \frac{P_i - P_{i-1}}{t_{i+3} - t_i} B_{i,3}(t_{i+1}^-)\right]$$

由于 $P_{i-2}P_{i-1}, P_{i-1}P_i$ 都平行于 $P_{i-2}P_i$，从而 $P'(t_{i+1}^-) /\!/ P_{i-2}P_i$。

又因为曲线在 $t=t_{i+1}$ 处至少为 C^1，从而

$$P'(t_{i+1}^+) = P'(t_{i+1}^-)$$

由此证明了结论成立。

2. 节点的应用

对非均匀 B 样条曲线来说，可以随意插入、删除、修改节点，从而方便地控制曲线的局部形状。

(1) 由连续性可知，三次 B 样条在节点 t_i 处至少是 C^{3-l} 的，l 为 t_i 的重数。特别地，当 $l=2$，$t_i=t_{i+1}$ 时，$P(t_i)$ 作为曲线段 $\{P(t) \mid t \in [t_{i-1}, t_i]\}$ 的右端点，它落在 ch_{i-1} 中，$P(t_{i+1})$ 作为曲线 $\{P(t) \mid t \in [t_{i+1}, t_{i+2}]\}$ 的左端点，它必落在 ch_{i+1} 中。由于 $ch_{i-1} \cap ch_{i+1}=$ 直线段 $P_{i-2}P_{i-1}$，从而 $P(t_i)(=P(t_{i+1}))$ 落在直线段 $P_{i-2}P_{i-1}$ 之上。如图 10.35 所示。

当 $l=3$，$t_i=t_{i+1}=t_{i+2}$ 时，$P(t_i)$ 作为曲线段 $\{P(t) \mid t \in [t_{i-1}, t_i]\}$ 的右端点，它落在 ch_{i-1} 中。

$P(t_{i+2})$作为曲线段$\{P(t)|t\in[t_{i+2},t_{i+3}]\}$的左端点，它落在$ch_{i+2}$中，由于$ch_i\cap ch_{i+2}=P_{i-1}$，从而$P(t_i)=P(t_{i+1})=P(t_{i+2})=P_{i-1}$。如图 10.36 所示。

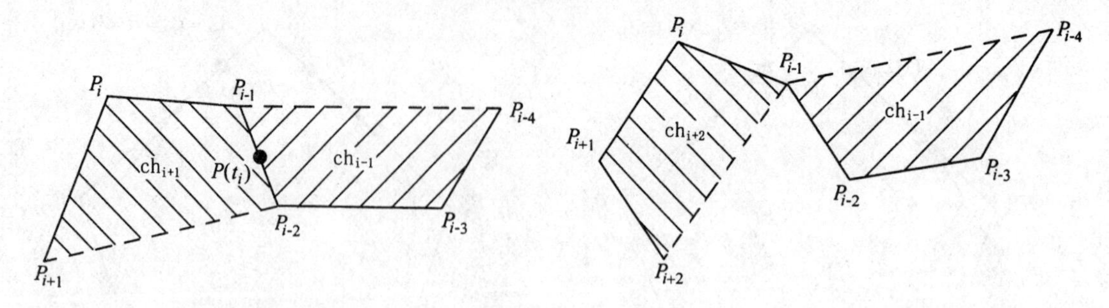

图 10.35　当 $l=2$ 时 $P(t_i)$落于 $P_{i-2}P_{i-1}$之上　　　　图 10.36　当 $l=3$ 时，曲线通过 P_{i-1}点

当 $l=4$，$t_i=t_{i+1}=t_{i+2}=t_{i+3}$时，基于类似的讨论，$P(t_i^-)\in ch_{i-1}$，$P(t_{i+3}^+)\in ch_{i+3}$，而 $ch_{i-1}\cap ch_{i+3}=\varnothing$，从而 $p(t_i^-)\neq p(t_{i+3}^+)$，即曲线在 t_i 处不连续。如图 10.37 所示。

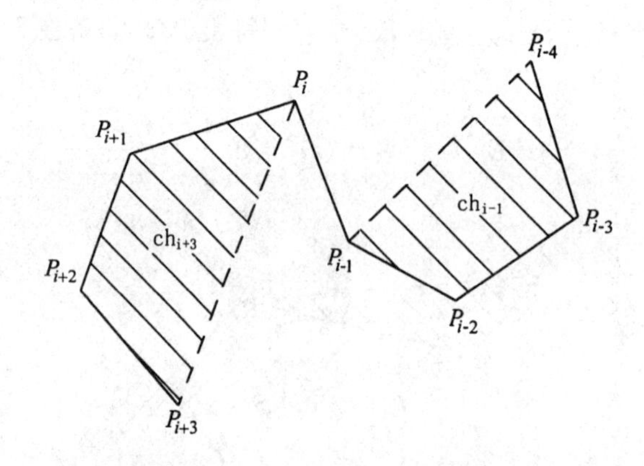

图 10.37　当 $l=4$ 时，曲线不连续

(2) 端点插值。有时，我们需要 B 样条曲线在端点处具有某种插值性质，下面的讨论提供了解决方法。

若取节点向量 $T_{n,4}$，使 $t_0=t_1=t_2=t_3<t_4\cdots<t_{n+1}=t_{n+2}=t_{n+3}=t_{n+4}$，则曲线满足如下端点性质：

$$\begin{cases}P(t_3)=P_0, \quad P(t_{n+1})=P_n,\\ P'(t_3)\parallel P_0P_1, \quad P'(t_{n+1})\parallel P_{n-1}P_n\end{cases}\tag{10.91}$$

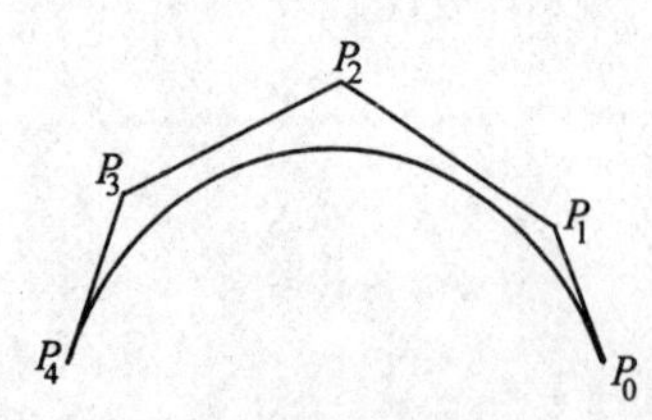

图 10.38　B 样条曲线的端点性质

即曲线以 P_0，P_n 为首尾两个端点，并且在端点处与控制多边形的第一条边及最后一条边相切，如图 10.38 所示。说明如下：

$$B_{i,4}(t_3^+)=\lim_{t\to t_3^+}\left[\frac{t-t_i}{t_{i+3}-t_i}B_{i,3}(t)+\frac{t_{i+4}-t}{t_{i+4}-t_{i+1}}B_{i+1,3}(t)\right]$$

当 $i=0$ 时，由于 $B_{0,3}(t_3^+)=0$，得到：

$$B_{0,4}(t_3^+)=\lim_{t\to t_3^+}\frac{t_4-t_3}{t_4-t_1}B_{1,3}(t)=\lim_{t\to t_3^+}B_{1,3}(t)=\cdots=1,$$

当 $i\geqslant 3$ 时，显然有：

$$B_{i,4}(t_3^+)=0;$$

当 $i=1,2$ 时，

$$B_{i,4}(t_3^+)=\lim_{t\to t_3^+}\frac{t_{i+4}-t}{t_{i+4}-t_{i+1}}B_{i+1,3}(t)=\lim_{t\to t_3^+}B_{i+1,3}(t)$$

$$=\lim_{t\to t_3^+}\left[\frac{t-t_{i+1}}{t_{i+3}-t_{i+1}}B_{i+1,2}(t)+\frac{t_{i+4}-t}{t_{i+4}-t_{i+2}}B_{i+2,2}(t)\right]$$

$$=\lim_{t\to t_3^+}\frac{t_{i+4}-t}{t_{i+4}-t_{i+2}}B_{i+2,2}(t)=\frac{t_{i+4}-t_3}{t_{i+4}-t_{i+2}}\lim_{t\to t_3^+}B_{i+2,2}(t)=0$$

从而得到：

$$B_{i,4}(t_3^+)=\begin{cases}1, & i=0,\\ 0, & i\neq 0\end{cases}$$

代入曲线方程，得：

$$P(t_3)=P_0B_{0,4}(t_3^+)=P_0$$

同理可得：

$$P(t_{n+1})=P_n$$

再由 B 样条曲线的导数曲线表达式可知，

$$P'(t)=3\sum_{i=1}^{n}\frac{P_i-P_{i-1}}{t_{i+3}-t_i}B_{i,3}(t)$$

$P'(t)$是定义于节点向量 $T_{n-1,3}=\{t_1,t_2,\cdots,t_{n+3}\}$上的 2 次 B 样条曲线，由于 $t_1=t_2=t_3, t_{n+1}=t_{n+2}=t_{n+3}$，利用上面的结论，直接得到：

$$P'(t_3)=\frac{3(P_1-P_0)}{t_4-t_1},\quad P'(t_{n+1})=\frac{3(P_n-P_{n-1})}{t_{n+3}-t_n}$$

式(10.91)结论成立。

3. 光滑闭曲线的构造

这一节，我们来讨论如何使三次 B 样条曲线首尾相连，构成一条光滑的闭合曲线，如图 10.39 所示。

为此，取节点向量 $T_{n+3,4}=T_{n+4}\cup\{t_{n+5},t_{n+6},t_{n+7}\}=\{t_i\}_{i=0}^{n+7}$，使 $t_{n+1+i}-t_i=h, i=0,1,\cdots,6$，其中，$h>0$ 为常数。另外，增加三个控制顶点 P_{n+1},P_{n+2},P_{n+3}，使 $P_{n+1+i}=P_i, i=0,1,2$。此时，曲线方程为：

$$P(t)=\sum_{i=0}^{n+3}P_iB_{i,4}(t),\quad t\in[t_3,t_{n+4}]$$

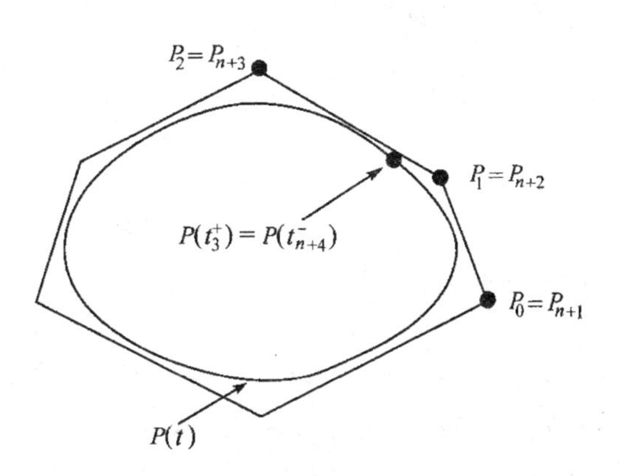

图 10.39 构造闭曲线

$P(t)$首尾相连，并且在连接点处达到 r 阶参数连续，即

$$\left.\frac{\mathrm{d}^iP(t)}{\mathrm{d}t^i}\right|_{t=t_3^+}=\left.\frac{\mathrm{d}^iP(t)}{\mathrm{d}t^i}\right|_{t=t_{n+4}^-},\quad i=0,1,\cdots,r$$

r 的大小与节点 t_{n+4}(或 t_3)的重数有关。若 t_3 的重数 $l\leqslant 3$，则闭曲线在 $P(t_3)$点至少为 C^0 的，即 $P(t_3^+)=P(t_{n+4}^-)$，证明如下：

由于 $t_{n+1+i}=t_i+h$，$i=0,1,\cdots,6$，得到

$$B_{n+1+i,1}(t)=\begin{cases}1, & t\in[t_{n+1+i},t_{n+1+i+1}),\\0, & 其它\end{cases}=\begin{cases}1, & t\in[t_i+h,t_{i+1}+h),\\0, & 其它\end{cases}$$

$$=B_{i,1}(t-h),\quad i=0,1,\cdots,5,$$

$$B_{n+1+i,2}(t)=\frac{t-t_{n+1+i}}{t_{n+1+i+1}-t_{n+1+i}}B_{n+1+i,1}(t)+\frac{t_{n+1+i+2}-t}{t_{n+1+i+2}-t_{n+1+i+1}}B_{n+1+i+1,1}(t)$$

$$=\frac{(t-h)-t_i}{t_{i+1}-t_i}B_{i,1}(t-h)+\frac{t_{i+2}-(t-h)}{t_{i+2}-t_{i+1}}B_{i+1,1}(t-h)$$

$$=B_{i,2}(t-h),\quad i=0,1,\cdots,4$$

类似地有：

$$B_{n+1+i,3}(t)=B_{i,3}(t-h),\quad i=0,1,2,3,$$

$$B_{n+1+i,4}(t)=B_{i,4}(t-h),\quad i=0,1,2$$

在区间$[t_{n+3},t_{n+4}]$中，

$$P(t)=\sum_{i=n}^{n+3}P_iB_{i,4}(t)=\sum_{i=0}^{3}P_{n+i}B_{n+i,4}(t)$$

$$=P_nB_{n,4}(t)+\sum_{i=1}^{3}P_{i-1}B_{i-1,4}(t-h)$$

$$=P_nB_{n,4}(t)+\sum_{i=0}^{2}P_iB_{i,4}(t-h)$$

$$\Rightarrow P(t_{n+4}^-)=P_nB_{n,4}(t_{n+4}^-)+\sum_{i=0}^{2}P_iB_{+i,4}(t_{n+4}^--h)$$

$$=P_nB_{n,4}(t_{n+4}^-)+\sum_{i=0}^{2}P_iB_{i,4}(t_3^-)$$

由基函数的局部性，$B_{n,4}(t_{n+4}^-)=0$，从而有：

$$P(t_{n+4}^-)=\sum_{i=0}^{2}P_iB_{i,4}(t_3^-) \tag{10.92}$$

在区间$[t_3,t_4]$中，

$$P(t)=\sum_{i=0}^{3}P_iB_{i,4}(t)=\sum_{i=0}^{2}P_iB_{i,4}(t)+P_3B_{3,4}(t)$$

按照类似的推导，得到：

$$P(t_3^+)=\sum_{i=0}^{2}P_iB_{i,4}(t_3^+) \tag{10.93}$$

比较式(10.92)与式(10.93)，显然有：

$$P(t_{n+4}^-)=P(t_3^+)$$

4. 三次 B 样条插值

在实际应用中，常存在这样一种需求，即求一条 B 样条曲线 $P(t)$ 通过给定的一组型值点 $\{Q_i\}_{i=0}^n$：

$$P(t_i)=Q_i,\qquad i=0,1,\cdots,n$$

并且在端点处插值切矢量 R_0,R_n：

$$P'(t_0^+)=R_0,\quad P'(t_n^-)=R_n$$

这就是所谓的 B 样条插值问题。假定待求的三次 B 样条曲线如下：

$$P(t)=\sum_{i=-1}^{n+1}P_iB_{i-2,4}(t),\quad t\in[t_0,t_n]$$

取节点向量 $T_{n+3,4}=\{t_i\}_{i=-3}^{n+3}$，其中 $t_{-3}=t_{-2}=t_{-1}=t_0,t_n=t_{n+1}=t_{n+2}=t_{n+3}$，我们要求解出 $n+3$ 个控制顶点 $\{P_i\}_{i=-1}^{n+1}$。由插值条件，得到如下方程组：

$$\begin{cases}P(t_i)=\sum_{i=-1}^{n+1}P_iB_{i-2,4}(t_i)=Q_i,\quad i=0,1,\cdots,n,\\ P'(t_0^+)=R_0,\\ P'(t_n^-)=R_n\end{cases}$$

$$\Leftrightarrow\begin{cases}P_{i-1}B_{i-3,4}(t_i)+P_iB_{i-2,4}(t_i)+P_{i+1}B_{i-1,4}(t_i)=Q_i,\quad i=0,1,\cdots,n,\\ \dfrac{3(P_0-P_{-1})}{t_1-t_0}=R_0,\\ \dfrac{3(P_{n+1}-P_n)}{t_{n+1}-t_n}=R_n\end{cases}$$

将其改写成矩阵形式：

$$\begin{bmatrix}-\dfrac{3}{t_1-t_0} & \dfrac{3}{t_1-t_0} & 0 & 0 & \cdots & 0 & 0 & 0\\ B_{-3,4}(t_0) & B_{-2,4}(t_0) & B_{-1,4}(t_0) & 0 & \cdots & 0 & 0 & 0\\ 0 & B_{-2,4}(t_1) & B_{-1,4}(t_1) & B_{0,4}(t_1) & \cdots & 0 & 0 & 0\\ \cdots & \cdots & \cdots & \cdots & \cdots & \cdots & \cdots & \cdots\\ 0 & 0 & 0 & 0 & \cdots & B_{n-3,4}(t_n) & B_{n-2,4}(t_n) & B_{n-1,4}(t_n)\\ 0 & 0 & 0 & 0 & \cdots & 0 & -\dfrac{3}{t_{n+1}-t_n} & \dfrac{3}{t_{n+1}-t_n}\end{bmatrix}\begin{bmatrix}P_{-1}\\ P_0\\ P_1\\ \vdots\\ P_n\\ P_{n-1}\end{bmatrix}=\begin{bmatrix}R_0\\ Q_0\\ Q_1\\ \vdots\\ Q_n\\ R_n\end{bmatrix}\tag{10.94}$$

式(10.94)中有 $n+3$ 个变量，$n+3$ 个方程，求解的结果，即得到满足插值条件的三次 B 样条曲线的控制顶点。

事实上，由前面讨论的内容易知，$P(t_0)=P_{-1}=Q_0,P(t_n)=P_{n+1}=Q_n$。再由式(10.94)中的第一个和最后一个方程分别求出 P_0 和 P_n，代入方程组，方程组便简化为 $n-1$ 阶了。

10.6.6 非均匀有理 B 样条曲线

定义于节点向量 $T_{n,k}=\{t_i\}_{i=0}^{n+k}$ 上的曲线 $R(t)$ 称为**有理 B 样条曲线**，如果它具有如下形式：

$$R(t)=\sum_{i=0}^{n}h_iP_iB_{i,k}(t)\Big/\sum_{i=0}^{n}h_iB_{i,k}(t),\qquad t\in[t_{k-1},t_{n+1}]\tag{10.95}$$

其中 $B_{i,k}(t)$ 为 k 阶 B 样条基数，P_i 为控制顶点，h_i 为权因子。如果 $T_{n,k}$ 是非均匀节点向量，则 $R(t)$ 称为**非均匀有理 B 样条(NURBS)曲线**。

若记

$$R_{i,k}(t)=h_iB_{i,k}(t)\Big/\sum_{i=0}^{n}h_iB_{i,k}(t),\qquad i=0,1,\cdots,n$$

则

$$R(t)=\sum_{i=0}^{n}P_iR_{i,k}(t)$$

$R_{i,k}(t)$ 称为 k 阶 **B 样条有理基函数**，它满足下面两条简单性质：

(1) $R_{i,k}(t)\begin{cases}>0, & t\in(t_i,t_{i+k}),\\ 0, & \text{其它}\end{cases}$

(2) $\sum_{i=0}^{n}R_{i,k}(t)\equiv 1, \quad t\in[t_{k-1},t_{n+1}]$

特别地,当 $h_0=h_1=\cdots=h_n$ 时,$R_{i,k}(t)=B_{i,k}(t)$,$R(t)$退化为**非有理 B 样条曲线**,即

$$R(t)=\sum_{i=0}^{n}P_iB_{i,k}(t),\quad t\in[t_{k-1},t_{n-1}]$$

类似地,我们可以讨论有理 B 样条曲线的齐次表示及其几何解释,有理 deBoor-Cox 算法,权因子作用,局部性,凸包性,平面曲线的保型性,仿射及透视不变性等等,这里不再详细介绍。

基于如下原因,近年来 NURBS 发展较快并得到了广泛应用。

(1) 提供了对各种曲线曲面的统一数学表示,它的表示域涵盖了传统的隐式代数二次曲线曲面(如圆,球面),非有理及有理 Bezeir 曲线曲面,非有理 B 样条曲线曲面等。

(2) 可以通过控制顶点、节点、权因子来灵活地改变曲线曲面,形状控制方便,交互能力强。

10.7 三次参数曲线的比较及相互转换

三次 Hermite 曲线、Bezier 曲线、B 样条曲线可以在凸包性、连续性等方面进行简单比较,结果如表 10.1 所示。其中"√"与"×"表示曲线具有或不具有某种性质。

表 10.1 三次参数曲线的比较

	Hermite 曲线	Bezier 曲线	均匀 B 样条曲线	非均匀 B 样条曲线
凸包性	×	√	√	√
插值控制顶点	√	√	×	增加节点的重数可以使曲线插值控制顶点
离散生成方法	较好	好	一般	计算复杂
连续性	C^1,GC^1	C^1,GC^1	C^2,GC^2	C^2,GC^2
控制形状的参量	端点位置与切矢量	控制顶点	控制顶点	控制顶点与节点

连续性指的是通常情况下容易获得的连续阶数,例如对三次 Bezier 曲线来说,一般能达到 C^1 和 GC^1,但它很容易产生一个拐点,所以达到 GC^2 较困难。

Hermite 曲线、Bezier 曲线和 B 样条曲线都是多项式曲线,它们不过是曲线不同的表示形式。不同的表示形式适用于不同应用场合,并且,它们之间是可以相互转换的。由前面的内容知道,三种形式曲线的矩阵表示分别为:

(1) 三次 Hermite 曲线

$$P(t)=G_H\cdot M_H\cdot T=[P_0,P_1,R_0,R_1]\cdot\begin{bmatrix}1&0&-3&2\\0&0&3&-2\\0&1&-2&1\\0&0&-1&1\end{bmatrix}\cdot\begin{bmatrix}1\\t\\t^2\\t^3\end{bmatrix},\quad t\in[0,1]$$

(2) 三次 Bezier 曲线

$$P(t)=G_{\mathrm{BEZ}}\cdot M_{\mathrm{BEZ}}\cdot T=[P_0,P_1,P_2,P_3]\cdot\begin{bmatrix}1&-3&3&-1\\0&3&-6&3\\0&0&3&-3\\0&0&0&1\end{bmatrix}\cdot\begin{bmatrix}1\\t\\t^2\\t^3\end{bmatrix},\quad t\in[0,1]$$

(3) 三次均匀 B 样条曲线

$$P(t)=G_{Bj}\cdot M_B\cdot T_j=[P_{j-3},P_{j-2},P_{j-1},P_j]\cdot\frac{1}{6}\begin{bmatrix}1&-3&3&-1\\4&0&-6&3\\1&3&3&-3\\0&0&0&1\end{bmatrix}\cdot\begin{bmatrix}1\\(t-j)\\(t-j)^2\\(t-j)^3\end{bmatrix},$$

$$(t-j)\in[0,1]$$

- 从 Hermite 形式转换为另外两种形式：

$$G_H\cdot M_H=G_{\mathrm{BEZ}}\cdot M_{\mathrm{BEZ}}\Rightarrow G_{\mathrm{BEZ}}=G_H\cdot M_H\cdot M_{\mathrm{BEZ}}^{-1},$$

$$G_H\cdot M_H=G_{Bj}\cdot M_B\Rightarrow G_{Bj}=G_H\cdot M_H\cdot M_B^{-1}$$

- 从 Bezier 形式转换为另外两种形式：

$$G_{\mathrm{BEZ}}\cdot M_{\mathrm{BEZ}}=G_H\cdot M_H\Rightarrow G_H=G_{\mathrm{BEZ}}\cdot M_{\mathrm{BEZ}}\cdot M_H^{-1},$$

$$G_{\mathrm{BEZ}}\cdot M_{\mathrm{BEZ}}=G_{Bj}\cdot M_B\Rightarrow G_{Bj}=G_{\mathrm{BEZ}}\cdot M_{\mathrm{BEZ}}\cdot M_B^{-1}$$

- 从 B 样条形式转换为另外两种形式：

$$G_{Bj}\cdot M_B=G_H\cdot M_H\Rightarrow G_H=G_{Bj}M_B\cdot M_H^{-1},$$

$$G_{Bj}\cdot M_B=G_{\mathrm{BEZ}}\cdot M_{\mathrm{BEZ}}\Rightarrow G_{\mathrm{BEZ}}=G_{Bj}M_B\cdot M_{\mathrm{BEZ}}^{-1}$$

因为 M_H,M_{BEZ},M_B 都是非奇异矩阵，所以它们的逆矩阵存在。

10.8 二次曲线

平面二次曲线表示简单，计算方便，是描述简单形状的有力工具，二次曲线的隐式方程为：

$$f(x,y)=ax^2+2bxy+cy^2+2dx+2ey+f=0 \tag{10.96}$$

若令 $\Delta=\begin{vmatrix}a&b\\b&c\end{vmatrix}$，则：

当 $\Delta>0$ 时， $f(x,y)$ 是椭园，
当 $\Delta=0$ 时， $f(x,y)$ 是抛物线，
当 $\Delta<0$ 时， $f(x,y)$ 是双曲线

二次曲线的矩阵表示形式如下：

$$f(x,y)=P^{\mathrm{T}}\cdot Q\cdot P=0 \tag{10.97}$$

其中，

$$P=\begin{bmatrix}x\\y\\1\end{bmatrix},\quad Q=\begin{bmatrix}a&b&d\\b&c&e\\d&e&f\end{bmatrix}$$

Q 称为**系数矩阵**。在矩阵表示下，对二次曲线做坐标转换十分方便。如要对 $f(x,y)$做变换 M (3×3 的矩阵)，即

$$P'=M\cdot P\Rightarrow P=M^{-1}P'$$

代入式(10,97)，得到新的二次曲线的方程为：

$$(P')^{\mathrm{T}}\cdot(M^{-1})^{\mathrm{T}}\cdot Q\cdot M^{-1}\cdot P'=0$$

它的系矩阵为$(M^{-1})^{\mathrm{T}}\cdot Q\cdot M^{-1}$。

$f(x,y)$的法矢量为$\left(\frac{\partial f}{\partial x},\frac{\partial f}{\partial y}\right)$。

10.9 参数多项式曲面

10.9.1 曲面的表示形式

和曲线一样,曲面的表示方法也分为两种：**非参数表示**与**参数表示**。基于类似的原因,计算机图形学中,更多地采用参数表示的曲面,简称为**参数曲面**。

1. 非参数表示

曲面的非参数表示又分为**显式表示**与**隐式表示**,显式表示的一般形式为：

$$z = f(x,y) \tag{10.98}$$

例如方程$z=x+y$便确定了一张通过坐标原点的平面。显式方程只能描述形状简单的曲面。

隐式表示的一般形式为：

$$s(x,y,z) = 0 \tag{10.99}$$

我们熟悉的二次曲面一般就采用隐式方程表示,如中心在坐标原点的球面方程为：

$$x^2 + y^2 + z^2 - R^2 = 0$$

2. 参数表示

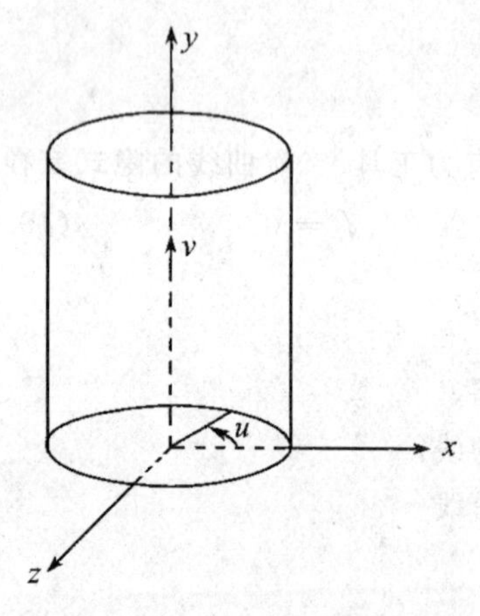

图 10.40 圆柱面的参数表示

若我们将坐标变量表示成关于两个参数u和v的方程的形式,得到曲面的参数表示：

$$\begin{cases}x = x(u,v),\\ y = y(u,v),\\ z = z(u,v)\end{cases} \tag{10.100}$$

通常要求u,v在有限的范围内变化,不失一般性,令$u\in[0,1]$,$v\in[0,1]$,则(u,v)在矩形参数域$[0,1]\times[0,1]$内变化。记$P=[x,y,z]^{\mathrm{T}}$,$P(u,v)=[x(u,v),y(u,v),z(u,v)]^{\mathrm{T}}$,得到矩形域上的参数曲面片的矢量表示：

$$P = P(u,v), \quad (u,v)\in[0,1]\times[0,1] \tag{10.101}$$

$P(u,v)$的四个角点分别为$P(0,0)$,$P(0,1)$,$P(1,0)$和$P(1,1)$,四条边界线分别为$P(0,v)$,$P(1,v)$,$P(u,0)$,和$P(u,1)$。

例如,图10.40中的圆柱面的参数方程为

$$\begin{cases}x = R\cos u,\\ y = v,\\ z = R\sin u,\end{cases} \quad u\in[0,360], \quad v\in[0,H]$$

其中,R为圆柱底面半径,H为高,请读者考虑如何选取参数变换使参数在$[0,1]\times[0,1]$之间变化。

10.9.2 参数曲面的切平面与法矢量

对参数曲面$P=P(u,v)$,定义矢量$P(u,v)$关于参数u,v的偏导数如下：

$$\frac{\partial^{\alpha+\beta}P(u,v)}{\partial u^{\alpha}\partial v^{\beta}}=\left[\frac{\partial^{\alpha+\beta}x(u,v)}{\partial u^{\alpha}\partial v^{\beta}},\frac{\partial^{\alpha+\beta}y(u,v)}{\partial u^{\alpha}\partial v^{\beta}},\frac{\partial^{\alpha+\beta}z(u,v)}{\partial u^{\alpha}\partial v^{\beta}}\right]^{\mathrm{T}},\qquad \alpha,\beta=0,1,\cdots \tag{10.102}$$

现设 u_0,v_0 是常值参数，$P_0=P(u_0,v_0)$ 是 (u_0,v_0) 对应的曲面上的点，固定 $v=v_0$，让 u 变动，得到曲面上过 P_0 点的曲线 $P=P(u,v_0)$，称为 **u 曲线**。同样，固定 $u=u_0$，而让 v 变动，得到 v 曲线 $P=P(u_0,v)$。它们统称为过 P_0 点的**等参数曲线**。在 P_0 点，这两条曲线的切矢量分别为：

$$\left.\frac{\partial P(u,v_0)}{\partial u}\right|_{u=u_0}\stackrel{\text{记为}}{=\!=\!=}P_u(u,v_0)|_{u=u_0}\ \text{和}\left.\frac{\partial P(u_0,v)}{\partial v}\right|_{v=v_0}\stackrel{\text{记为}}{=\!=\!=}P_v(u_0,v)|_{v=v_0}$$

这两个矢量线性无关的充要条件是

$$P_u(u,v_0)|_{u=u_0}\times P_v(u_0,v)|_{v=v_0}\neq 0 \tag{10.103}$$

称满足上式的 $P(u_0,v_0)$ 为曲面的**正则点**，全部由正则点组成的曲面称为**正则曲面**。此后，如不特别说明，曲面指的都是正则曲面。

曲面上过 P_0 点的任一条曲线记为 C，C 在 P_0 点的切矢量是曲面在 P_0 的一个切矢量，显然，曲面在该点的切矢量有无穷多个。所有这些切矢量张成的曲面称为曲面在 P_0 点的**切平面**。设 C 的参数方程为 $P=P(u(t),v(t))$，其中，

$$\begin{cases}u=u(t)\\ v=v(t)\end{cases}$$

是 C 所对应的参数 uv 平面上的曲线，且 $u_0=u(t_0)$，$v_0=v(t_0)$，则 C 在 P_0 点的切矢量为：

$$P_t|_{t=t_0}=u_t|_{t=t_0}\cdot P_u(u,v_0)|_{u=u_0}+v_t|_{t=t_0}\cdot P_v(u_0,v)|_{v=v_0} \tag{10.104}$$

就是说，曲面在 P_0 点的任一切矢量都可由 $P_u(u,v_0)|_{u=u_0}$ 和 $P_v(u_0,v)|_{v=v_0}$ 线性表出，从而曲面在 P_0 点的切平面的方程可表示成如下参数方程：

$$Q(s,t)=P(u_0,v_0)+sP_u(u,v_0)|_{u=u_0}+tP_v(u_0,v)|_{v=v_0} \tag{10.105}$$

曲面在 P_0 点的**法矢量**定义为 $P_u|(u,v_0)|_{u=u_0}\times P_v(u_0,v)|_{v=v_0}$，单位法矢量为：

$$n(u_0,v_0)=\frac{P_u(u,v_0)|_{u=u_0}\times P_v(u_0,v)|_{v=v_0}}{\left|P_u(u,v_0)|_{u=u_0}\times P_v(u_0,v)|_{v=v_0}\right|} \tag{10.106}$$

10.9.3 参数多项式曲面的定义及矩阵表示

参数多项式曲面是最为常用的一种参数曲面，$m\times n$ **次的参数多项式曲面**定义为：

$$P(u,v)=\sum_{i=0}^{m}\sum_{j=0}^{n}a_{ij}u^iv^j=U^{\mathrm{T}}AV,\quad (u,v)\in[0,1]\times[0,1] \tag{10.107}$$

其中，$U=[1,u,\cdots,u^m]^{\mathrm{T}}$，$V=[1,v,\cdots,v^n]^{\mathrm{T}}$，系数矩阵 A 为：

$$A=\begin{bmatrix}a_{00} & a_{01} & \cdots & a_{0n}\\ a_{10} & a_{11} & \cdots & a_{1n}\\ \vdots & \vdots & \vdots & \vdots\\ a_{m0} & a_{m1} & \cdots & a_{mn}\end{bmatrix}$$

其中 a_{ij} 为空间位置矢量。由于它不具有直观的几何意义，所以很少用式(10.107)的方法来直接表示曲面。

下面我们从参数多项式曲线的矩阵表示推出参数多项式曲面的矩阵表示。

在 n 次参数多项式曲线 $P(v)=G\cdot Mv\cdot V=[G_0,G_1,\cdots,G_n]\cdot M_V\cdot V(v\in[0,1])$ 中，G_i

为位置矢量，它是固定不变的，M_V 为基矩阵。现在让 $G_i(i=0,1,\cdots,n)$沿着另一条 m 次的参数多项式曲线连续运动。设 G_i 的轨迹线为 $G_i=G_i(u),u\in[0,1]$，则它可以表示成 $G_i(u)=[g_{0i},g_{1i},\cdots,g_{mi}]\cdot M_U\cdot U$ 的形式，其中 $g_{ji}(j=0,\cdots,m)$是 $G_i(u)$的控制顶点，M_U 是$(m+1)\times(n+1)$阶的基矩阵。当所有的 G_i 都运动时，它们确定的曲线 $P(v)$也跟着运动，从而构成一张多项式曲面(张量积多项式曲面)。它的方程为：

$$P(u,v)=[G_0(u),G_1(u),\cdots,G_n(u)]\cdot M_v\cdot V,\quad (u,v)\in[0,1]\times[0,1]$$

将 $G_i(u)=[g_{0i},g_{1i},\cdots,g_{mi}]\cdot M_U\cdot U=U^{\mathrm{T}}\cdot M_U^{\mathrm{T}}\cdot[g_{0i},g_{1i},\cdots,g_{mi}]^{\mathrm{T}}$ 代入上式，得：

$$P(u,v)=U^{\mathrm{T}}\cdot M_U^{\mathrm{T}}\cdot G\cdot Mv\cdot V,\qquad (u,v)\in[0,1]\times[0,1]\tag{10.108}$$

其中几何矩阵为：

$$G=\begin{bmatrix} g_{00} & g_{01} & \cdots & g_{0n}\\ g_{10} & g_{11} & \cdots & g_{1n}\\ \cdots & \cdots & \cdots & \cdots\\ g_{m0} & g_{m1} & \cdots & g_{mn}\end{bmatrix}$$

g_{ij}仍称为**控制顶点**，所有的 g_{ij}组成空间的一张网称**控制网格**，M_U 和 M_V 为基矩阵，它们分别确定了关于参数 u 和 v 一组基函数。式(10.108)即为参数多项式曲面的矩阵表示。将它们写成坐标分量的表达式，得到

$$\begin{cases} x(u,v)=U^{\mathrm{T}}\cdot M_U^{\mathrm{T}}\cdot G_x\cdot Mv\cdot V,\\ y(u,v)=U^{\mathrm{T}}\cdot M_U^{\mathrm{T}}\cdot G_y\cdot Mv\cdot V,\\ z(u,v)=U^{\mathrm{T}}\cdot M_U^{\mathrm{T}}\cdot G_z\cdot Mv\cdot V,\end{cases}\qquad (u,v)\in[0,1]\times[0,1]\tag{10.109}$$

10.9.4 参数多项式曲面的生成

和生成参数多项式曲线的方法类似，我们首先计算出曲面上的一些型值点，相邻的型值点围成了一个个小的多边形面片，这些小多边形面片作为原曲面的近似而被显示。根据实际需要，我们可以调节相邻型值点间的距离，以控制多边形面片与曲面的逼近程度(见图 10.41)。

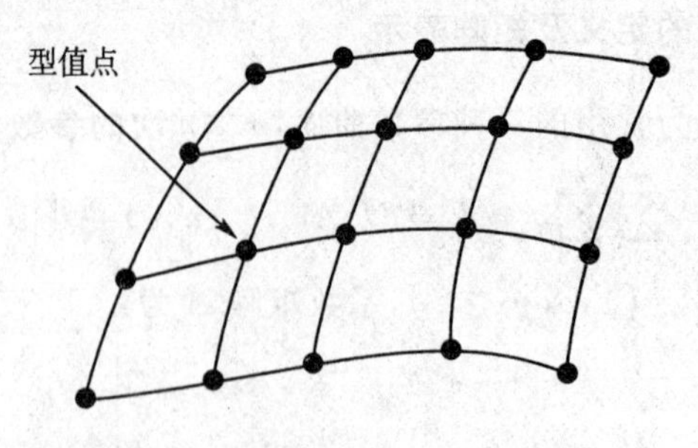

图 10.41 将曲面离散为多边形面片

程序 10.8 生成参数多项式曲面

```
#define  X  0
#define  Y  0
#define  Z  0
#define  MAX  20
```

```
typedef float Vector[3]

void CalculateVertex(Vector A[MAX][MAX],int m,int n,float u,float v,Vector P)
/* 利用 Horner 算法计算对应参数(u,v)的型值点,并将结果存放到矢量 P 中,A 为系数
矩阵,m×n 为曲面的次数 */
{  int i, j;
   Vector tempP[MAX];

   for (j=0;j<=n; j++)
   {  tempP[j][X]=A[m][j][X]; tempP[j][Y]=A[m][j][Y]; tempP[j][Z]
      =A[m][j][Z];
      for (i=m-1; i>=0;i--)
      {  tempP[j][X]=A[i][j][X]+u * tempP[j][X];
         tempP[j][Y]=A[i][j][Y]+u * tempP[j][Y];
         tempP[j][Z]=A[i][j][Z]+u * tempP[j][Z];
      }
   }
   P[X]=tempP[n][X],P[Y]=tempP[n][Y],P[Z]=tempP[n][Z];
   for (j=n-1; j>=0; j--)
   {  P[X]=tempP[j][X]+v * P[X];
      P[Y]=tempP[j][Y]+v * P[Y];
      P[Z]=tempP[j][Z]+v * P[Z];
   }
}
vold DisplayParametricPolynomialSurface(Vector G[MAX][MAX],float MU[MAX]
     [MAX],float MV[MAX][MAX],int m,int n,int uCount,int vCount)
/* 将 m×n 次多项式曲面离散成 uCount×vCount 个四边形面片显示,G 为几何矩阵,
MU,MV 为基矩阵 */
{  Vector A[MAX][MAX],tempA[MAX][MAX];
   Vector P[MAX],newP[MAX],Vertices[4];
   float u,deltau,v,deltav;
   int i,j,k;

   /* 将几何矩阵与基矩阵合并为系数矩阵即 A=MU·G·MV */
   for (i=0;i<=m;i++)      /* tempA=MU·G */
      for (j=0;j<=n;j++)
      {  tempA[i][j][X]=tempA[i][j][Y]=tempA[i][j][Z]=0.0;
         for (k=0;k<=m;k++)
         {  tempA[i][j][X]+=MU[i][k] * G[k][j][X];
```

```
            tempA[i][j][Y]+=MU[i][k]*G[k][j][Y];
            tempA[i][j][Z]+=MU[i][k]*G[k][j][Z];
        }
    }
for (i=0;i<=m;i++)     /* A=tempA·MV */
  for (j=0;;<=n;j++)
  { A[i][j][X]=A[i][j][Y]=A[i][j][Z]=0,0;
      for (k=0;k<=n;k++)
      { A[i][j][X]+=tempA[i][k][X]*MV[k][j];
        A[i][j][Y]+=tempA[i][k][Y]*MV[k][j];
        A[i][j][Z]+=tempA[i][k][Z]*MV[k][j];
      }
  }
u=0.0;
deltau=1.0/uCount;
deltav=1.0/vCount;
/* 计算u=0对应的第1列型值点 */
for (i=0,v=0.0;i<=uCount;i++,v+=deltav)
    CalculateVertex(A,m,n,u,v,P[i]);
for (j=1;j<=uCount;j++)
{ u +=deltalu;
    /* 计算下一列型值点 */
    for (i=0,v=0.0;i<=vCount;i++,v+=deltav)
        CalculateVertex(A,m,n,u,v,newP[i]);
    /* 将相邻的型值点围成四边形面片并显示,如图10.42 */
    for (i=0;i<vCount;i++)
    { Vertices[0][X]=P[i][X], Vertices[0][Y]=P[i][Y], Vertices[0][Z]
        =P[i][Z];
        Vertices[1][X]=P[i+1][X],Vertices[1][Y]=P[i+1][Y],Vertices[1][Z]
        =P[i+1][Z];
        Vertices[2][X]=newP[i+1][X],Vertices[2][Y]=newP[i+1][Y],
        Vertices[2][Z]=newP[i+1][Z];
        Vertices[3][X]=newP[i][X],Vertias[3][Y]=newP[i][Y],Vertices[3][Z]
        =newP[i][Z];
        DisplayPolygon(Vertices,4);
    }
    /* 将newP赋给P */
    for (i=0;i<=vCount;i++)
      P[i][X]=newP[i][X],P[i][Y]=newP[i][Y],P[i][Z]=newP[i][Z];
```

```
    }
}
```

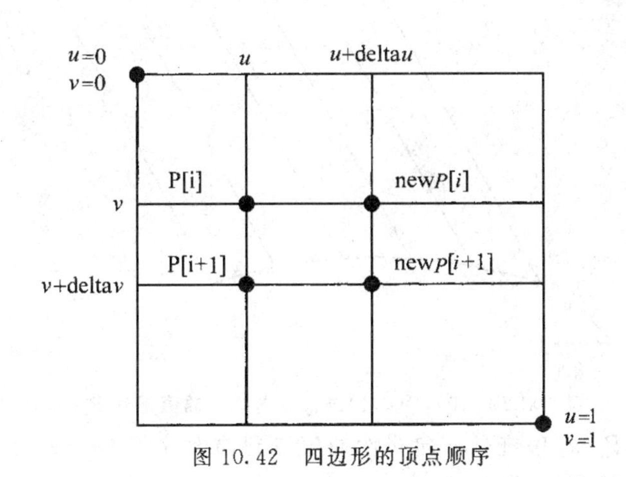

图 10.42　四边形的顶点顺序

10.10　Coons 曲面

Coons 曲面是 60 年代由 Coons 提出来的，它的特点是插值给定的边界条件。

10.10.1　双线性 Coons 曲面

给定曲面的四条边界线 $P(0,v)$，$P(1,v)$，$P(u,0)$，$P(u,1)$，我们来构造 1×1 次的 Coons 曲面 $P(u,v)$，$(u,v)\in[0,1]\times[0,1]$，使其插值这四条边界线。步骤如下：

(1) 对 $P(0,v)$，$P(1,v)$进行 u 向线性插值，得到曲面片 $P_1(u,v)$如下(见图 10.43)：

$$P_1(u,v)=(1-u)P(0,v)+uP(1,v)=[(1-u),u]\begin{bmatrix}P(0,v)\\P(1,v)\end{bmatrix},\quad (u,v)\in[0,1]\times[0,1] \tag{10.110}$$

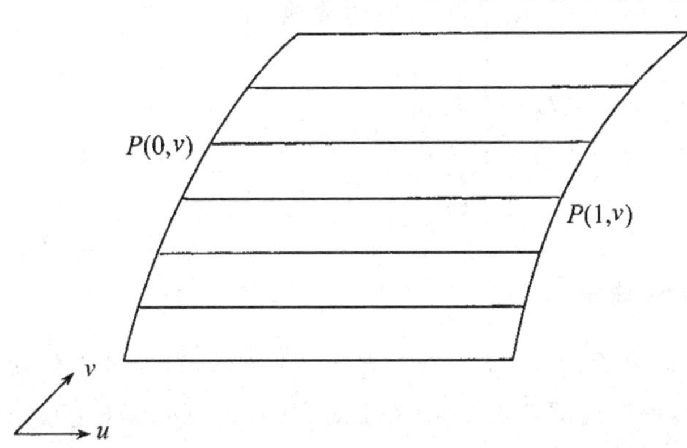

图 10.43　对 $P(0,v)$，$P(1,v)$进行 u 向线性插值得到 $P_1(u,v)$

(2) 对 $P(u,0)$，$P(u,1)$进行 v 向线性插值，得到曲面片 $P_2(u,v)$如下(见图 10.44)：

$$P_2(u,v)=(1-v)P(u,0)+vP(u,1)=[P(u,0),P(u,1)]\begin{bmatrix}(1-v)\\v\end{bmatrix},\quad (u,v)\in[0,1]\times[0,1] \tag{10.111}$$

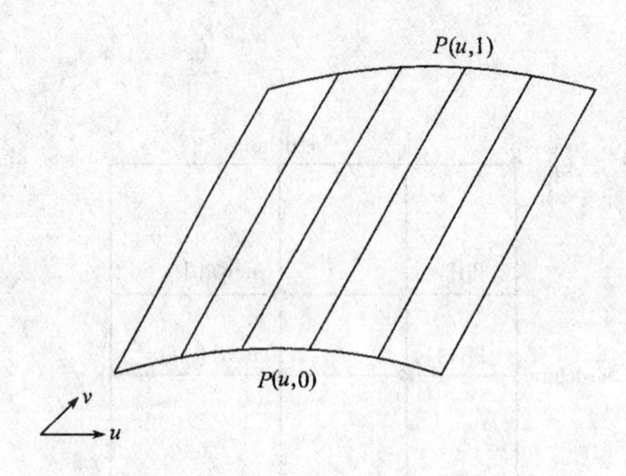

10.44　对 $P(u,0)$，$P(u,1)$进行 v 向线性插值得到 $P_2(u,v)$

(3) 对 $P_1(u,0)$，$P_1(u,1)$进行 v 向线性插值得到曲面片 $P_3(u,v)$，易知它是过$P(0,0)$，$P(0,1)$，$P(1,0)$，$P(1,1)$的直纹面。

$$P_3(u,v)=[P_1(u,0),P_1(u,1)]\begin{bmatrix}(1-v)\\ v\end{bmatrix}=[(1-u),u]\begin{bmatrix}P(0,0) & P(0,1)\\ P(1,0) & P(1,1)\end{bmatrix}\begin{bmatrix}(1-v)\\ v\end{bmatrix},$$
$$(u,v)\in[0,1]\times[0,1] \tag{10.112}$$

取

$$\begin{aligned}P(u,v)&=P_1(u,v)+P_2(u,v)-P_3(u,v)\\ &=-[-1,(1-u),u]\begin{bmatrix}0 & P(u,0) & P(u,1)\\ P(0,v) & P(0,0) & P(0,1)\\ P(1,v) & P(1,0) & P(1,1)\end{bmatrix}\begin{bmatrix}-1\\ (1-v)\\ v\end{bmatrix},\end{aligned}$$
$$(u,v)\in[0,1]\times[0,1] \tag{10.113}$$

容易验证，它满足插值条件，即为所求的双线性 Coons 曲面。若记上式中间的矩阵为 C_1，它的各个元素的几何意义如下：

$$C_1=\left[\begin{array}{c:c}0 & u\text{向边界线}\\ \hdashline v\text{向边界线} & \text{四个角点}\end{array}\right]_{3\times3}$$

10.10.2　双三次 Coons 曲面

给定曲面的四条边界 $P(0,v)$，$P(1,v)$，$P(u,0)$，$P(u,1)$及其上的切矢量 $P_u(0,v)$，$P_u(1,v)$，$P_v(u,0)$，$P_v(u,1)$，要构造双三次 Coons 曲面 $P(u,v)$，$(u,v)\in[0,1]\times[0,1]$，使其插值这四条边界线及其上的切矢量。构造方法有很多，这里我们采用 Hermite 插值，步骤如下：

(1) 对 $P(0,v)$，$P(1,v)$，$P_u(0,v)$，$P_u(1,v)$进行 u 向 Hermite 插值，得到曲面片 $P_1(u,v)$：

$$\begin{aligned}P(u,v)&=P(0,v)G_0(u)+P(1,v)G_1(u)+P_u(0,v)H_0(u)+P_u(1,v)H_1(u)\\ &=[G_0(u),G_1(u),H_0(u),H_1(u)][P(0,v),P(1,v),P_u(0,v),P_u(1,v)]^{\mathrm{T}},\end{aligned}$$
$$(u,v)\in[0,1]\times[0,1] \tag{10.114}$$

其中,$G_0(u),G_1(u),H_0(u),H_1(u)$分别是 Hermite 基函数(参见 10.4 节)。由 Hermite 插值的性质,得:

$$P_1(u,v)\,|_{u=0}=P(0,v),P_1(u,v)\,|_{u=0}=P(1,v),$$

$$\left.\frac{\mathrm{d}P_1(u,v)}{\mathrm{d}u}\right|_{u=0}=P_u(0,v),\left.\frac{\mathrm{d}P_1(u,v)}{\mathrm{d}u}\right|_{u=1}=P_u(1,v)$$

(2) 对$P(u,0)$, $P(u,1)$, $P_v(u,1)$, $P_v(u,1)$进行 v 向 Hermite 的插值,得到曲面片 $P_2(u,v)$:

$$\begin{aligned}P_2(u,v)&=P(u,0)G_0(v)+P(u,1)G_1(v)+P_v(u,0)H_0(v)+P_v(u,1)H_1(v)\\&=[P(u,0),P(u,1),P_v(u,0),P_v(u,1)][G_0(v),G_1(v),H_0(v),H_1(v)]^{\mathrm{T}},\\&\qquad (u,v)\in[0,1]\times[0,1]\end{aligned} \tag{10.115}$$

同理,有:

$$P_2(u,v)\,|_{v=0}=P(u,0),P_2(u,v)\,|_{v=1}=P(u,1)\ ,$$

$$\left.\frac{\mathrm{d}P(u,v)}{\mathrm{d}v}\right|_{v=0}=P_v(u,0),\left.\frac{\mathrm{d}P_2(u,v)}{\mathrm{d}v}\right|_{v=1}=P_v(u,1)$$

(3) 对 $P_1(u,0),P_1(u,1),\left.\dfrac{\mathrm{d}P_1(u,v)}{\mathrm{d}v}\right|_{v=0},\left.\dfrac{\mathrm{d}P_1(u,v)}{\mathrm{d}v}\right|_{v=1}$ 进行 v 向 Hermite 插值,得到曲面片 $P_3(u,v)$:

$$\begin{aligned}P_3(u,v)&=P_1(u,0)G_0(v)+P_1(u,1)G_1(v)+\left.\frac{\mathrm{d}P_1(u,v)}{\mathrm{d}v}\right|_{v=0}H_0(v)+\left.\frac{\mathrm{d}P_1(u,v)}{\mathrm{d}v}\right|_{v=1}H_1(v)\\&=[G_0(u),G_1(u),H_0(u),H_1(u)]\begin{bmatrix}P(0,0)&P(0,1)&P_v(0,0)&P_v(0,1)\\P(1,0)&P(1,1)&P_v(1,0)&P_v(1,1)\\P_u(0,0)&P_u(0,1)&P_{uv}(0,0)&P_{uv}(0,1)\\P_u(1,0)&P_u(1,1)&P_{uv}(1,0)&P_{uv}(1,1)\end{bmatrix}\begin{bmatrix}G_0(v)\\G_1(v)\\H_0(v)\\H_1(v)\end{bmatrix},\\&\qquad (u,v)\in[0,1]\times[0,1]\end{aligned} \tag{10.116}$$

取

$$\begin{aligned}P(u,v)&=P_1(u,v)+P_2(u,v)-P_3(u,v)=-[-1,G_0(u),G_1(u),H_0(u),H_1(u)]\\&\times\left[\begin{array}{c:cc:cc}0&P(u,0)&P(u,1)&P_v(u,0)&P_v(u,1)\\\hdashline P(0,v)&P(0,0)&P(0,1)&P_v(0,0)&P_v(0,1)\\P(1,v)&P(1,0)&P(1,1)&P_v(1,0)&P_v(1,1)\\\hdashline P_u(0,v)&P_u(0,0)&P_u(0,1)&P_{uv}(0,0)&P_{uv}(0,1)\\P_u(1,v)&P_u(1,0)&P_u(1,1)&P_{uv}(1,0)&P_{uv}(1,1)\end{array}\right]\begin{bmatrix}-1\\G_0(v)\\G_1(v)\\H_0(v)\\H_1(v)\end{bmatrix},\\&\qquad (u,v)\in[0,1]\times[0,1]\end{aligned} \tag{10.117}$$

容易验证,$P(u,v)$满足插值条件,即为所求的 3×3 次 Coons 曲面。记上式中间的 5×5 矩阵为 C_5,它的各个元素的几何意义如下(见图 10.45):

$C_5=$

0	u 向边界线	u 向边界线上的 v 向切矢量
v 向边界线	角点位置矢量	角点 v 向切矢量
v 向边界线上的 u 向切矢量	角点 u 向切矢量	角点的扭矢量

$_{5\times 5}$

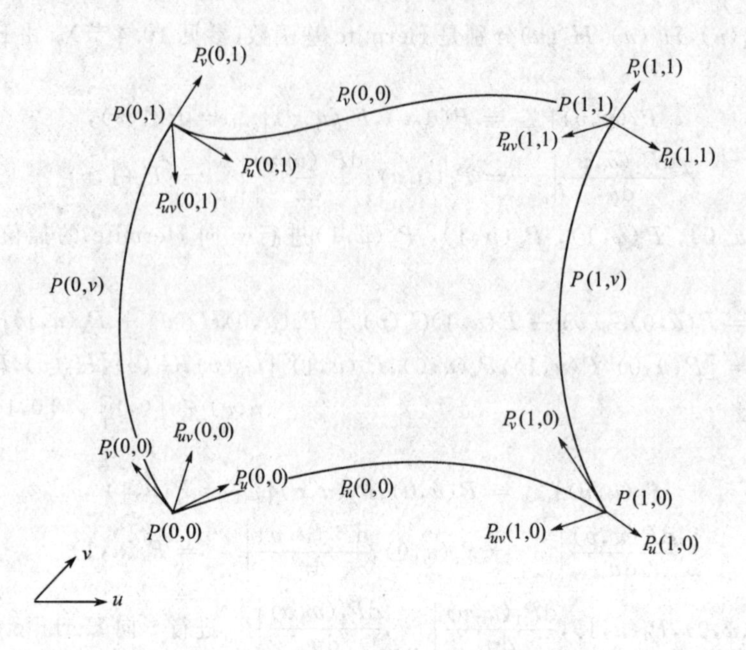

图 10.45 双三次 Coons 曲面的参数

其中，$P_{uv}(u_0,v_0)$称为曲面在(u_0,v_0)点处的**扭矢量**。

10.10.3 双三次 Hermite 曲面

在双三次 Coons 曲面中，若边界线及其上的切矢量 $P(i,v)$，$P(u,i)$，$P_u(i,v)$，$P_v(u,i)$ $(i=0,1)$是多项式曲线，并且有 Hermite 曲线的表示形式，即对 $i=0,1$，有：

$$P(i,v) = P(i,0)G_0(v) + P(i,1)G_1(v) + P_v(i,0)H_0(v) + P_v(i,1)H_1(v),$$

$$P(u,i) = P(0,i)G_0(u) + P(1,i)G_1(u) + P_u(0,i)H_0(u) + P_u(1,i)H_1(u),$$

$$P_u(i,v) = P_u(i,0)G_0(v) + P_u(i,1)G_1(v) + P_{uv}(i,0)H_0(v) + P_{uv}(i,1)H_1(v),$$

$$P_v(u,i) = P_v(0,i)G_0(u) + P_v(1,i)G_1(u) + P_{vu}(0,i)H_0(u) + P_{vu}(1,i)H_1(u)$$

将它们代入式(10.114)，(10.115)和(10.116)，得到 $P_1(u,v)=P_2(u,v)=P_3(u,v)$，从而

$$P(u,v) = P_1(u,v) + P_2(u,v) - P_3(u,v) = P_3(u,v)$$

此时，$P(u,v)$称为**双三次 Hermite 曲面**，曲面由四个角点的位置矢量、切矢量、扭矢量唯一确定。将式(10.45)代入式(10.116)，得到双三次 Hermite 曲面的矩阵表示：

$$P(u,v) = U^{\mathrm{T}} \cdot M_H \cdot G \cdot M_H \cdot V \tag{10.118}$$

其中，几何矩阵 G_H 即为式(10.116)中间的 4×4 矩阵。

双三次 Hermite 曲面的缺点是要给定它在角点处的扭矢量，这是相当困难的。如果我们令扭矢量全为零，得到的几何矩阵变为

$$G = \begin{bmatrix} P(0,0) & P(0,1) & P_v(0,0) & P_v(0,1) \\ P(1,0) & P(1,1) & P_v(1,0) & P_v(1,1) \\ P_u(0,0) & P_u(0,1) & 0 & 0 \\ P_u(1,0) & P_u(1,1) & 0 & 0 \end{bmatrix}$$

由它确定的双三次曲面片称为 **Ferguson 曲面片**。它是易于构造的，但将两片 Ferguson 曲面片拼接起来时，在公共边界上只能达到 GC^1。

10.11 Bezier 曲面

Bezier 曲面的理论和方法完全类似 Bezier 曲线，所以我们将不再解释每一个结论，读者可以参阅前面的内容加以理解。

10.11.1 Bezier 曲面的定义与性质

给定空间的$(m+1)\times(n+1)$个点$\{P_{i,j}\}_{i=0,j=0}^{m,n}$，称如下形式的张量积参数曲面为 $m\times n$ 次的 Bezier 曲面

$$P(u,v)=\sum_{i=0}^{m}\sum_{i=0}^{n}P_{i,j}\mathrm{BEZ}_{i,m}(u)\mathrm{BEZ}_{j,n}(v),\quad (u,v)\in[0,1]\times[0,1] \tag{10.119}$$

$P_{i,j}$称为**控制顶点**，所有的 $P_{i,j}$构成的空间的一张网称**控制网格**，如图 10.46 所示。

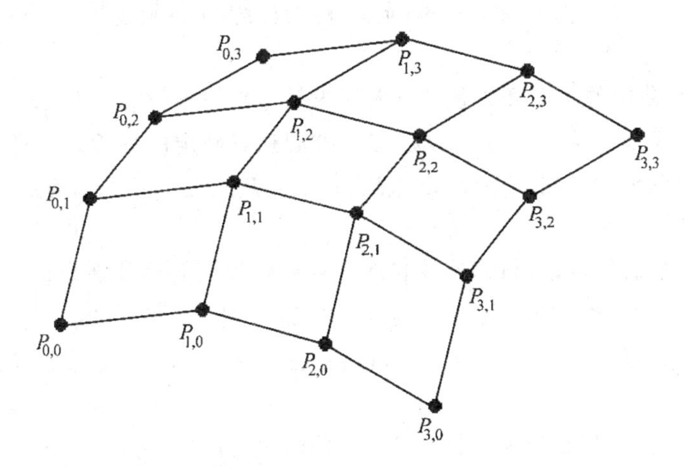

图 10.46　3×3 次 Bezier 曲面的控制网格与控制顶点

类似于 Bezier 曲线，Bezier 曲面具有如下性质：

● 角点位置

Bezier 曲面的四个角点分别是其控制网格的四个角点，即

$$P(0,0)=P_{0,0},\quad P(0,1)=P_{0,n},\quad P(1,0)=P_{m,0},\quad P(1,1)=P_{m,n}$$

● 边界线

$P(u,v)$的四条边界线是 Bezier 曲线，它们的表达式分别为：

$$P(u,0)=\sum_{i=0}^{m}P_{i,0}\mathrm{BEZ}_{i,m}(u),\quad u\in[0,1],$$

$$P(u,1)=\sum_{i=0}^{m}P_{i,n}\mathrm{BEZ}_{i,m}(u),\quad u\in[0,1],$$

$$P(0,v)=\sum_{j=0}^{n}P_{0,j}\mathrm{BEZ}_{j,n}(v),\quad v\in[0,1],$$

$$P(1,v)=\sum_{j=0}^{n}P_{m,j}\mathrm{BEZ}_{j,n}(v),\quad v\in[0,1]$$

如图 10.47 所示。

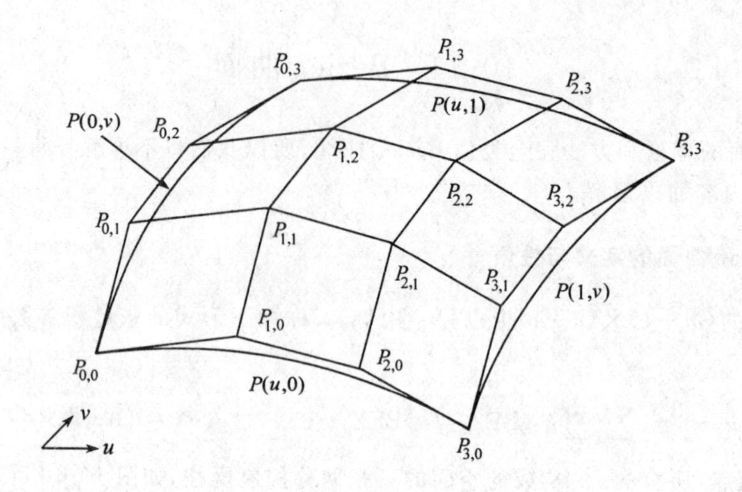

图 10.47 Bezier 曲面的边界线是 Bezier 曲线

● 角点切平面

在角点 $P_{0,0}$处，曲面的 u 向切矢量和 v 向切矢量分别为 $m(P_{1,0}-P_{0,0})$和 $n(P_{0,1}-P_{0,0})$，从而曲面在该点的切平面即为 $P_{0,0}$，$P_{1,0}$，$P_{0,1}$三个控制顶点确定的平面。同理，曲面在另外三个角点处的切平面分别由 $P_{m,0}P_{m-1,0}P_{m,1}$，$P_{0,n}P_{1,n}P_{0,n-1}$，$P_{m,n}P_{m-1,n}P_{m,n-1}$确定。

● 角点法矢量

类似于角点切平面的讨论，得到曲面在四个角点处的法矢量分别为：

$$mn(P_{1,0}-P_{0,0})\times(P_{0,1}-P_{0,0}),mn(P_{m,0}-P_{m-1,0})\times(P_{m,1}-P_{m,0}),$$

$$mn(P_{1,n}-P_{0,n})\times(P_{0,n}-P_{0,n-1})\text{和 }mn(P_{m,n}-P_{m-1,n})\times(P_{m,n}-P_{m,n-1})$$

● 凸包性

曲面 $P(u,v)$包含于其控制顶点$\{P_{i,j}\}_{i=0,j=0}^{m,n}$的凸包之内。

● 平面再生性

当所有的控制顶点落于一张平面内时，由凸包性，Bezier 曲面也落于该平面内。

● 仿射不变性

曲面的某些几何性质不随坐标变换而变化，并且对任一仿射变换，对曲面做变换等价于对其控制顶点做变换。

● 拟局部性

当修改一个控制顶点时，曲面上距离它近的点受影响大，距离它远的点受影响小。

控制网格大致勾画了 Bezier 曲面的形状，而如上性质确定了控制顶点与曲面的大致关系，所以要改变曲面的形状，只需交互地调节其控制顶点就行了。

［**例**］ 当 $m=n=1$ 时，得到双线性 Bezier 曲面

$$\begin{aligned}P(u,v)&=\sum_{i,j=0}^{1}P_{i,j}\mathrm{BEZ}_{i,1}(u)\mathrm{BEZ}_{j,1}(v)\\&=(1-u)(1-v)P_{0,0}+u(1-v)P_{1,0}+(1-u)vP_{0,1}+uvP_{1,1},\end{aligned}$$

$$(u,v)\in[0,1]$$

它是由四个控制顶点确定的直纹面。

当 $m=n=3$ 时，得到双三次 Bezier 曲面为：

$$P(u,v)=\sum_{i,j=0}^{3}P_{ij}\mathrm{BEZ}_{i,3}(u)\mathrm{BEZ}_{j,3}(v)$$

$$=[\mathrm{BEZ}_{0,3}(u),\mathrm{BEZ}_{1,3}(u),\mathrm{BEZ}_{2,3}(u),\mathrm{BEZ}_{3,3}(u)]\begin{bmatrix}P_{0,0} & P_{0,1} & P_{0,2} & P_{0,3}\\ P_{1,0} & P_{1,1} & P_{1,2} & P_{1,3}\\ P_{2,0} & P_{2,1} & P_{2,2} & P_{2,3}\\ P_{3,0} & P_{3,1} & P_{3,2} & P_{3,3}\end{bmatrix}\begin{bmatrix}\mathrm{BEZ}_{0,3}(v)\\ \mathrm{BEZ}_{1,3}(v)\\ \mathrm{BEZ}_{2,3}(v)\\ \mathrm{BEZ}_{3,3}(v)\end{bmatrix} \tag{10.120}$$

将式(10.61)代入上式得到它的矩阵表示。

$$P(u,v)=U^{\mathrm{T}}\cdot M_{\mathrm{BEZ}}^{\mathrm{T}}\cdot G\cdot M_{BEZ}\cdot V,\quad (u,v)\in[0,1]\times[0,1] \tag{10.121}$$

其中,几何矩阵 G 为式(10.120)中间的 4×4 阶的矩阵。

10.11.2 离散生成算法

本节介绍 Bezier 曲面的 de Casteljau 算法、分割定理及离散生成算法。

1. de Casteljau 算法

对于 $m\times n$ 次 Bezier 曲面 $P(u,v)=\sum_{i=0}^{m}\sum_{i=0}^{n}P_{i,j}\mathrm{BEZ}_{i,m}(u)\mathrm{BEZ}_{j,n}(v)$ $(u,v)\in[0,1]\times[0,1]$,de Casteljau 算法给出了从参数(u_0,v_0)计算型值点 $P(u_0,v_0)$的过程:

$$\begin{cases}P_{i,j}^{0,0}=P_{i,j}, & i=0,1,\cdots,m,\quad j=0,1,\cdots,n,\\ P_{i,j}^{r,s}=(1-u_0)P_{i,j}^{r-1,s}+u_0P_{i+1,j}^{r-1,s}, & r=1,2,\cdots,m,\quad i=0,1,\cdots,m-r, \quad (10.122)\\ P_{i,j}^{r,s}=(1-v_0)P_{i,j}^{r,s-1}+v_0P_{i,j+1}^{r,s-1}, & s=1,2,\cdots,n,\quad j=0,1,\cdots,n-s \quad (10.123)\end{cases}$$

可以证明:

$$P(u_0,v_0)=P_{0,0}^{m,n}$$

对于双三次 Bezier 曲面,我们来分析一下上面两式的迭代过程及几何意义。双三次 Bezier 曲面有 $4\times4=16$ 个控制顶点,式(10.122)相当于对其在参数 u 的方向进行迭代计算,过程如图 10.48 所示。$r=0$ 对应的是原控制网格,当 $r=3$ 时,只剩下一列控制顶点,它所确定的 Bezier 曲线,即是曲面的等参数曲线 $P(u_0,v)$。事实上,$P(u_0,v)$将原曲面划分成了两张 Bezier 曲面(见后文)。类似地,图 10.49 可解释式(10.123)。对 $P(u_0,v)$用式(10.123)迭代计算可得 $P(u_0,v_0)$。

de Casteljau 算法的程序如下:

程序 10.9 Bezier 曲面的 de Casteljau 算法

```
#define  X  0
#define  Y  1
#define  Z  2
typedef float vector[3];

void BezierSurfaceDeCasteljau(Vector P[MAX][MAX],int m,int n,float u0,float v0,
                              Vector Vertex)
/* 计算 m×n 次 Bezier 曲面上对应(u0,v0)的型值点 P(u0,v0),并将结果存放到矢量
   Vertex 中,P 为控制顶点序列 */
```

```
{ int i,j,r,s;
  Vector temp P[MAX][MAX];
  for (i=0;i<=m;i++)
     for(j=0;j<=n; j++)
         tempP[i][j][X]=P[i][j][X];
         tempP[i][j][Y]=P[i][j][Y];
         tempP[i][j][Z]=P[i][j][Z];
  /* 对控制网格进行 u 向离散，获得等参数曲线
      P(u0,v) */
  for (j=0;j<=n;i++)
     for (r=1;r<=m;r++)
     {for (i=0;i<=m-r;i++)
        {tempP[i][j][X]=(1-u0)*tempP[i][j][X]
          +u0*tempP[i+1][j][X];
         tempP[i][j][Y]=(1-u0)*tempP[i][j][Y]
          +u0*tempP[i+1][j][Y];
         tempP[i][j][Z]=(1-u0)*tempP[i][j][Z]
          +u0*tempP[i+1][j][Z];
        }
     /* 对 P(u0,v)的控制顶点进行 v 向离散，求得
          P(u0,v0) */
     for (s=1;s<=n,s++)
     for (i=0;i<=n-s;j++)
       { tempP[0][j][X]=(1-v0)*tempP[0][j][X]+v0*tempP[0][j+1][X];
         tempP[0][j][Y]=(1-v0)*tempP[0][j][Y]+v0*tempP[0][j+1][Y];
         tempP[0][j][Z]=(1-v0)*tempP[0][j][Z]+v0*tempP[0][j+1][Z];
       }
     Vertex[X]=tempP[0][0][X],Vertex[Y]=tempP[0][0][Y],VertexP[Z]=
     temp[0][0][Z];
     }
}
```

$P_{0,3}^{3,0}$					
$P_{0,2}^{3,0}$				$r=3$	
$P_{0,1}^{3,0}$					
$P_{0,0}^{3,0}$					
$P_{0,3}^{2,0}$	$P_{1,3}^{2,0}$				
$P_{0,2}^{2,0}$	$P_{1,2}^{2,0}$			$r=2$	
$P_{0,1}^{2,0}$	$P_{1,1}^{2,0}$				
$P_{0,0}^{2,0}$	$P_{1,0}^{2,0}$				
$P_{0,3}^{1,0}$	$P_{1,3}^{1,0}$	$P_{2,3}^{1,0}$			
$P_{0,2}^{1,0}$	$P_{1,2}^{1,0}$	$P_{2,2}^{1,0}$		$r=1$	
$P_{0,1}^{1,0}$	$P_{1,1}^{1,0}$	$P_{2,1}^{1,0}$			
$P_{0,0}^{1,0}$	$P_{1,0}^{1,0}$	$P_{2,0}^{1,0}$			
$P_{0,3}^{0,0}$	$P_{1,3}^{0,0}$	$P_{2,3}^{0,0}$	$P_{3,3}^{0,0}$		
$P_{0,2}^{0,0}$	$P_{1,2}^{0,0}$	$P_{2,2}^{0,0}$	$P_{3,2}^{0,0}$	$r=0$	
$P_{0,1}^{0,0}$	$P_{1,1}^{0,0}$	$P_{2,1}^{0,0}$	$P_{3,1}^{0,0}$		
$P_{0,0}^{0,0}$	$P_{1,0}^{0,0}$	$P_{2,0}^{0,0}$	$P_{3,0}^{0,0}$		
$i=0$	$i=1$	$i=2$	$i=3$		

图 10.48 控制顶点的 u 向迭代计算

	$s=1$				$s=1$				$s=2$				$s=3$			
$j=3$	$P_{0,3}^{0,0}$	$P_{1,3}^{0,0}$	$P_{2,3}^{0,0}$	$P_{3,3}^{0,0}$												
$j=2$	$P_{0,2}^{0,0}$	$P_{1,2}^{0,0}$	$P_{2,2}^{0,0}$	$P_{3,2}^{0,0}$	$P_{0,2}^{0,1}$	$P_{1,2}^{0,1}$	$P_{2,2}^{0,1}$	$P_{3,2}^{0,1}$								
$j=1$	$P_{0,1}^{0,0}$	$P_{1,1}^{0,0}$	$P_{2,1}^{0,0}$	$P_{3,1}^{0,0}$	$P_{0,1}^{0,1}$	$P_{1,1}^{0,1}$	$P_{2,1}^{0,1}$	$P_{3,1}^{0,1}$	$P_{0,0}^{0,2}$	$P_{1,1}^{0,2}$	$P_{2,1}^{0,2}$	$P_{3,1}^{0,2}$				
$j=0$	$P_{0,0}^{0,0}$	$P_{1,0}^{0,0}$	$P_{2,0}^{0,0}$	$P_{3,0}^{0,0}$	$P_{0,0}^{0,1}$	$P_{1,0}^{0,1}$	$P_{2,0}^{0,1}$	$P_{3,0}^{0,1}$	$P_{0,0}^{0,2}$	$P_{1,0}^{0,2}$	$P_{2,0}^{0,2}$	$P_{3,0}^{0,2}$	$P_{0,0}^{0,3}$	$P_{1,0}^{0,3}$	$P_{2,0}^{0,3}$	$P_{3,0}^{0,3}$

图 10.49 控制顶点的 v 向迭代计算

2. 分割定理

任给$(u_0,v_0)\in(0,1)\times(0,1)$，等参数曲线$P(u_0,v)$与$P(u,v_0)$将Bezier曲面$P(u,v)$分成了四块小的Bezier曲面片：

$$
\begin{aligned}
P(u,v)&=\sum_{i=0}^{m}\sum_{j=0}^{n}P_{i,j}\mathrm{BEZ}_{i,m}(u)\mathrm{BEZ}_{j,n}(v)\\
&=\begin{cases}
\displaystyle\sum_{i=0}^{m}\sum_{j=0}^{n}P_{0,0}^{i,j}\mathrm{BEZ}_{i,m}\left(\frac{u}{u_0}\right)\mathrm{BEZ}_{j,n}\left(\frac{v}{v_0}\right), & (u,v)\in[0,u_0]\times[0,v_0],\\
\displaystyle\sum_{i=0}^{m}\sum_{j=0}^{n}P_{0,j}^{i,n-j}\mathrm{BEZ}_{i,m}\left(\frac{u}{u_0}\right)\mathrm{BEZ}_{j,n}\left(\frac{v-v_0}{1-v_0}\right), & (u,v)\in[0,u_0]\times[v_0,1],\\
\displaystyle\sum_{i=0}^{m}\sum_{j=0}^{n}P_{i,0}^{m-i,j}\mathrm{BEZ}_{i,m}\left(\frac{u-u_0}{1-u_0}\right)\mathrm{BEZ}_{j,n}\left(\frac{v}{v_0}\right), & (u,v)\in[u_0,1]\times[0,v_0],\\
\displaystyle\sum_{i=0}^{m}\sum_{j=0}^{n}P_{i,j}^{n-i,m-j}\mathrm{BEZ}_{i,m}\left(\frac{u-u_0}{1-u_0}\right)\mathrm{BEZ}_{j,n}\left(\frac{v-v_0}{1-v_0}\right), & (u,v)\in[u_0,1]\times[v_0,1]
\end{cases}
\end{aligned}
\tag{10.124}
$$

其中各曲面片的控制顶点由de Casteljau算法得到，如图10.50所示。

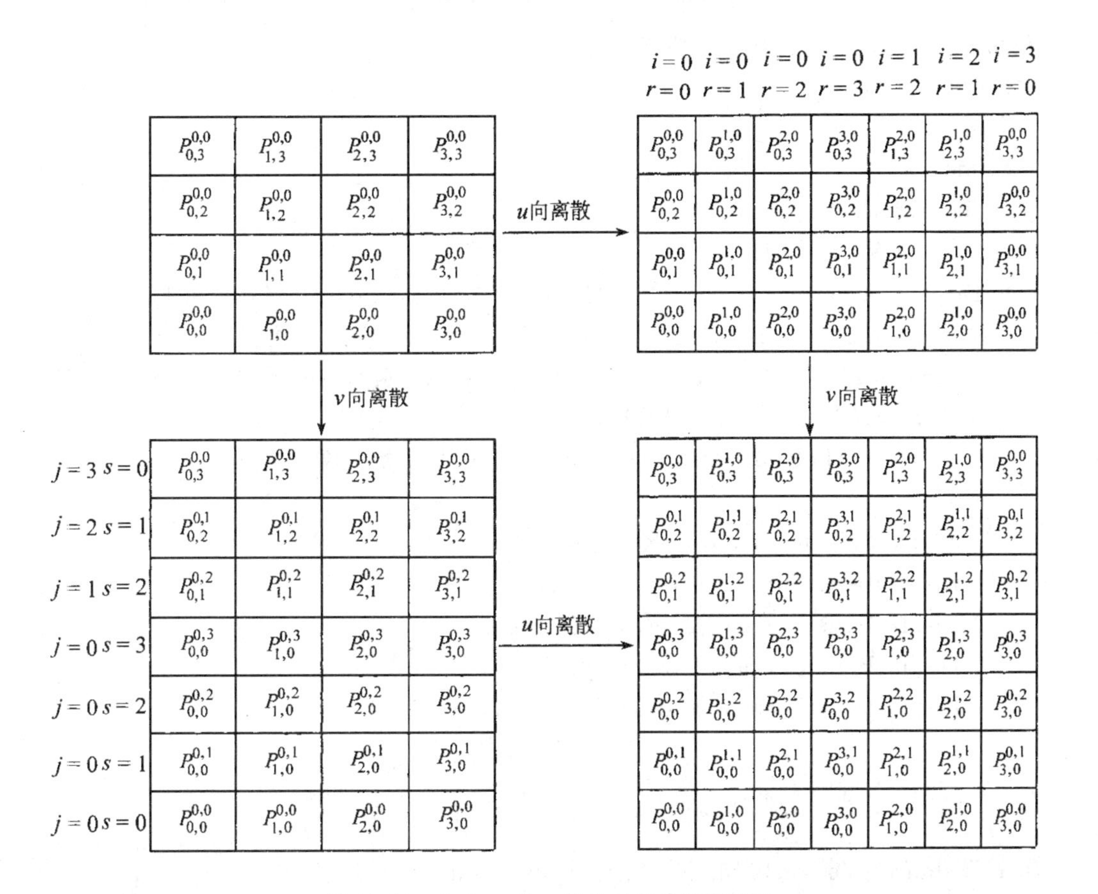

图10.50 de Casteljau算法的迭代过程图示

3. 离散生成算法

当我们以两条等参数曲线将Bezier曲面划分为四块小的曲面片之后，小曲面片的控制网格与曲面更靠近，将这种分割过程一直进行下去，得到越来越密的控制网格，它们收敛于原曲面。这就是 Bezier 曲面离散生成算法的基本思想。具体的做法是，首先判断控制网格与曲面的距离是否小于给定的控制误差 DELTA，如果是，则显示控制网格作为曲面片的近似；否则，如图 10.51 所示，将原控制网格 P：$\{P_{i,j}\}_{i=0,j=0}^{m,n}$在 u 向离散，得到由 $P(u_0,v)$划分的两张小曲面片，再将这张小曲面片在 v 向离散，得到四张小曲面片，记它们的控制网格分别为：

$$G:\{G_{i,j}\}_{i=0,j=0}^{m,n}(G_{i,j}=P_{0,0}^{i,j}),\quad Q:\{Q_{i,j}\}_{i=0,j=0}^{m,n}(Q_{i,j}=P_{0,j}^{i,n-j}),$$

$$R:\{R_{i,j}\}_{i=0,j=0}^{m,n}(R_{i,j}=P_{i,0}^{m-i,j}),\quad W:\{W_{i,j}\}_{i=0,j=0}^{m,n}(W_{i,j}=P_{i,j}^{m-i,n-j})$$

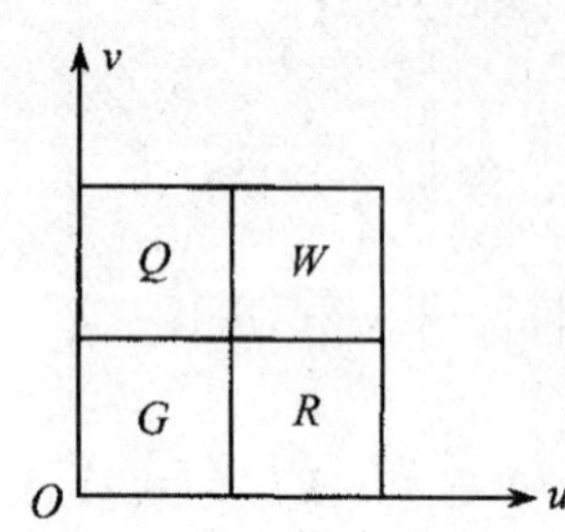

图 10.51　Bezier 曲面的离散

它们的分布如图 10.51 所示。对四个小曲面片重复上述过程，直至结束。

求控制网格与曲面之间的距离比较麻烦，在算法中，我们用下面的距离来替代。

$$d=\max\{d(P_{i,j},S),i=0,1,\cdots,m;j=0,1,\cdots,n\}$$

其中 S 为与四个角点 $P_{0,0},P_{m,0},P_{0,n},P_{m,n}$距离之和最小的平面，它的方程由 9.6 节的方法计算。$d(P_{i,j},S)$为控制顶点 $P_{i,j}$到 S 的距离。由凸包性知，d 能够用来控制曲面与控制网格之间的距离。

程序 10.10　离散生成 Bezier 曲面

```
#define  X  0
#define  Y  1
#define  Z  2
#define  MAX  20
typedef float Vector[3];
vold DisplayBezierSurface(Vector P[MAX][MAX],int m,int n,float DELTA)
/* 显示 m×n 次的 Bezier 曲面，P 为控制顶点序列，DELTA 为控制误差 */
{  Vector G[MAX][MAX],Q[MAX][MAX],R[MAX][MAX],W[MAX][MAX];
   if (Distance(P,m,n) <=DELTA)
        DisplayPolygonMeshes(P,m,n);  /* 显示控制网格 */
   else
   {  SurfaceSplitting(P,G,Q,R,W,m,n);
      DisplayBezierSurface(G,m,n,DELTA);
      DisplayBezierSurface(Q,m,n,DELTA);
      DisplayBezierSurface(R,m,n,DELTA);
      DisplayBezierSurface(W,m,n,DELTA);
   }
}

float Distance (Vector P[MAX][MAX],int m,int n)
/* 计算并返回控制网格与曲面间的距离，P 为控制顶点序列，m×n 为曲面的次数 */
{  float a,b,c,d,Nx,Ny,Nz;      /* (Nx,Ny,Nz)为平面 S 的单位法矢量 */
   int i,j;
```

```
    /* 求平面S的方程 */
    a=(P[0][0][Y]*P[m][0][Z]-P[m][0][Y]*P[0][0][Z])
       +(P[m][0][Y]*P[m][n][Z]-P[m][n][Y]*P[m][0][Z])
       +(P[m][n][Y]*P[0][n][Z]-P[0][n][Y]*P[m][n][Z])
       +P[0][n][Y]*P[0][0][Z]-P[0][0][Y]*P[0][n][Z]);
    b=(P[0][0][Z]*P[m][0][X]-P[m][0][Z]*P[0][0][X])
       +(P[m][0][Z]*P[m][n][X]-P[m][n][Z]*P[m][0][X])
       +(P[m][n][Z]*P[0][n][X]-P[0][n][Z]*P[m][n][X])
       +(P[0][n][Z]*P[0][0][X]-P[0][0][Z]*P[0][n][X]);
    c=(P[0][0][X]*P[m][0][Y]-P[m][0][X]*P[0][0][Y])
       +(P[m][0][X]*P[m][n][Y]-P[m][n][X]*P[m][0][Y])
       +(P[m][n][X]*P[0][n][Y]-P[0][n][X]*P[m][n][Y])
       +(P[0][n][X]*P[0][0][Y]-P[0][0][X]*P[0][n][Y]);
    d=sqrt(a*a+b*b+c*c);
    Nx=a/d, Ny=b/d, Nz=c/d;
    d=Nx*P[0][0][X]+Ny*P[0][0][Y]+Nz*P[0][0][Z];
    d+=Nx*P[m][0][X]+Ny*P[m][0][Y]+Nz*P[m][0][Z];
    d+=Nx*P[m][0][X]+Ny*P[m][n][Y]+Nz*P[m][n][Z];
    d+=Nx*P[0][m][X]+Ny*P[0][n][Y]+Nz*P[0][n][Z];
    d/=(-4.0);
    /* 计算距离 a=max{d(P[i][j],s)},i=0,1,…m,j=0,1,…,n */
    a=0.0;
    for (i=0;i<=m;i++)
        for (j=0;j<=n;j++)
        {  b=Nx*P[i][j][X]+Ny*P[i][j][Y]+Nz*P[i][j][Z]+d;
           b=fabs(b);
           if (a<b)
               a=b;
        }
    return (a);
}

void SurfaceSplitting(Vector P[MAX][MAX],Vector G[MAX][MAX],
                      Vector Q[MAX][MAX],Voctor R[MAX][MAX],
                      Vector W[MAX][MAX],int m,int n)
/* 将控制网格P对应的Bezier曲面片分割成G,Q,R,W对应的四块小曲面片 */
{  int i,j,r,s;

    /* 将P赋给W */
```

```
for (i=0;i<=m;i++)
    for (j=0;j<=n;j++)
  W[i][j][X]=P[i][j][X],W[i][j][Y]=P[i][j][Y],
  W[i][j][Z]=P[i][j][Z];
/* 对 W 进行 u 向离散,得到 Q 和 W,取 u0=1/2 */
for (j=0;j<=n;j++)
{  Q[0][j][X]=W[0][j][X],Q[0][j][Y]=W[0][j][Y],
   Q[0][j][Z]=W[0][j][Z];
   for (r=1;r<=m;r++)
   {  for (i=0;i<=m-r;i++)
      {  W[i][j][X]=(W[i][j][X]+W[i+1][j][X])/2.0;
         W[i][j][Y]=(W[i][j][Y]+W[i+1][j][Y])/2.0;
         W[i][j][Z]=(W[i][j][Z]+W[i+1][j][X])/2.0;
      }
      Q[r][j][X]=W[0][j][X],Q[r][j][Y]=W[0][j][Y],
      Q[r][j][Z]=W[0][j][Z];
   }
}
/* 对 Q 和 W 进行 v 向离散,分别得到 G,Q 和 R,W,取 v0=1/2 */
for (i=0;i<=m;i++)
{  G[i][0][X]=Q[i][0][X],G[i][0][Y]=Q[i][0][Y],
   G[i][0][Z]=Q[i][0][Z];
   R[i][0][X]=W[i][0][X],R[i][0][Y]=W[i][0][Y],
   R[i][0][Z]=W[i][0][Z];
   for (s=1;s<=n; s++)
      {  for (j=0;j<=n-s;j++)
         {  Q[i][j][X]=(Q[i][j][X]+Q[i][j+1][X])/2.0;
            Q[i][j][Y]=(Q[i][j][Y]+Q[i][j+1][Y])/2.0;
            Q[i][j][Z]=(Q[i][j][Z]+Q[i][j+1][Z])/2.0;
            W[i][j][X]=(W[i][j][X]+W[i][j+1][X])/2.0;
            W[i][j][Y]=(W[i][j][Y]+W[i][j+1][Y])/2.0;
            W[i][j][Z]=(W[i][j][Z]+W[i][j+1][Z])/2.0;
         }
         G[i][s][X]=Q[i][0][X],G[i][s][Y]=Q[i][0][Y],
         G[i][s][Z]=Q[i][0][Z];
         R[i][s][X]=W[i][0][X],R[i][s][Y]=W[i][0][Y],
         R[i][s][Z]=W[i][0][Z];
      }
}
```

```
void DisplayPlaygonMeshes (Vector P[MAX][MAX],int m,int n)
/* 显示控制网格 */
{ int i,j;
  Vector Vertices[4];

  for (i=0;i<m;i++)
    for (j=0;j<n;j++)
      { Vertices[0][X]=P[i][j][X],Vertices[1][Y]=P[i][j][Y],
        Vertices[0][Z]=P[i][j][Z];
        Vertices[1][X]=P[i+1][j][X],Vertices[1][Y]=P[i+1][j][Y],
        Vertices[1][Z]=P[i+1][j][Z];
        Vertices[2][X]=P[i+1][j+1][X],Vertices[2][Y]=P[i+1][j+1][Y],
        Vertices[2][Z]=P[i+1][j+1][Z];
        Vertices[3][X]=P[i][j+1][X],Vertices[3][Y]=P[i][j+1][Y],
        Vertices[3][Z]=P[i][j+1][Z];
        DisplayPloygon(Vertices,4);
      }
}
```

10.11.3 Bezier 曲面的拼接

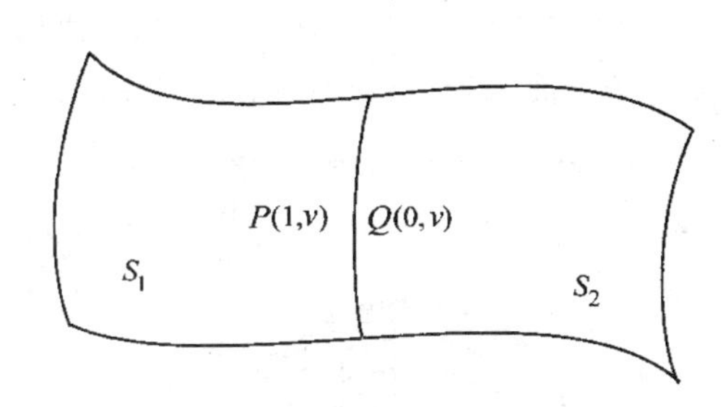

图 10.52 曲面的拼接

一般来说,两曲面的光滑拼接是困难的,但两片 Bezier 曲面的 GC^1 拼接存在着简单的方法。不失一般性,假定两片 Bezier 曲面的 v 向边界线具有相同次数(否则,只要将低次的边界线升阶就可以了)。它们的方程为:

$$S_1:\ P(u,v)=\sum_{i=0}^{m}\sum_{j=0}^{n}P_{i,j}\mathrm{BEZ}_{i,m}(u)\mathrm{BEZ}_{j,n}(v),\quad (u,v)\in[0,1]\times[0,1],$$

$$S_2:\ Q(u,v)=\sum_{h=0}^{l}\sum_{k=0}^{n}Q_{h,k}\mathrm{BEZ}_{h,l}(u)\mathrm{BEZ}_{k,n}(v),\quad (u,v)\in[0,1]\times[0,1]$$

GC^0 拼接:边界线上接触连续,即

$$P(1,v)=Q(0,v),\quad v\in[0,1]\Leftrightarrow P_{m,j}=Q_{0,j},\quad j=0,1,\cdots,n \tag{10.125}$$

GC^1 拼接:达到 GC^0,并且在公共边界线上,法矢量方向连续,即存在常数 $c_1>0$,使

$$\left.\frac{\mathrm{d}P(u,v)}{\mathrm{d}u}\right|_{u=1}\times\left.\frac{\mathrm{d}P(u,v)}{\mathrm{d}v}\right|_{u=1}=c_1\left.\frac{\mathrm{d}Q(u,v)}{\mathrm{d}u}\right|_{u=0}\times\left.\frac{\mathrm{d}Q(u,v)}{\mathrm{d}v}\right|_{u=0} \tag{10.126}$$

而对多项式来说

$$\left.\frac{\mathrm{d}P(u,v)}{\mathrm{d}v}\right|_{u=1}=\frac{\mathrm{d}P(1,v)}{\mathrm{d}v}=\frac{\mathrm{d}Q(0,v)}{\mathrm{d}v}=\left.\frac{\mathrm{d}Q(u,v)}{\mathrm{d}v}\right|_{u=0}$$

从而(10.126)等价于

$$\left.\frac{\mathrm{d}P(u,v)}{\mathrm{d}u}\right|_{u=1}=c_1\left.\frac{\mathrm{d}Q(u,v)}{\mathrm{d}u}\right|_{u=0}$$

上式的一个简单的充分条件是存在常数 $c_2>0$,使

$$(P_{m,j}-P_{m-1,j})=c_2(Q_{1,j}-Q_{0,j}),\qquad j=0,1,\cdots,n \tag{10.127}$$

它只涉及到曲面 S_1 和 S_2 的两列控制顶点,比较容易控制。

10.12 B 样条曲面

10.12.1 *B* 样条曲面的定义与性质

给定空间 $(m+1)\times(n+1)$ 个点 $\{P_{i,j}\}_{i=1,j=0}^{m\ n}$ 和 u,v 参数轴上的节点向量 $U_{m,k}=\{u_i\}_{i=0}^{m+k}$,$V_{n,h}=\{v_i\}_{j=0}^{n+h}$,定义于 $U_{m,k}$ 上的 k 阶 B 样条基函数为 $B_{i,k}(u),i=0,1,\cdots,m$;定义于 $V_{n,h}$ 上的 h 阶 B 样条基函数为 $B_{j,h}(v),j=0,1,\cdots,n$。称下面张量积参数曲面为 $k\times h$ 阶 ***B* 样条曲面**。

$$P(u,v)=\sum_{i=0}^{m}\sum_{j=0}^{n}P_{i,j}B_{i,k}(u)B_{j,h}(v),\quad (u,v)\in[u_{k-1},u_{m+1}][v_{h-1},v_{n+1}] \tag{10.128}$$

$P_{i,j}$ 称为**控制顶点**,所有 $P_{i,j}$ 组成的空间网格称为**控制网格**。图 10.53 出示了 4×4 阶的 B 样条曲面及其控制网格。和 B 样条曲线类似,当 $U_{m,k},V_{n,k}$ 为均匀节点向量时,称 $P(u,v)$ 为**均匀 *B* 样条曲面**,否则称为**非均匀 *B* 样条曲面**。B 样条曲面具有局部性、凸包性、仿射不变性等性质。它

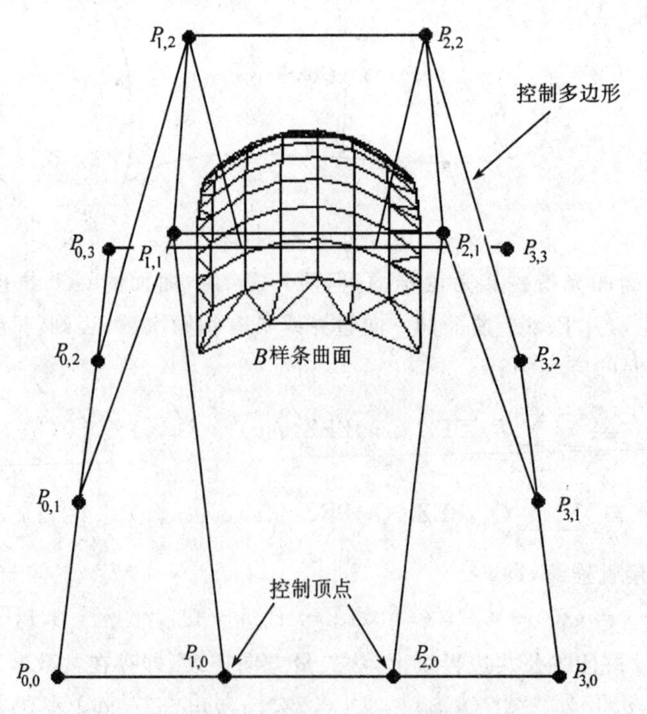

图 10.53　4×4 阶的 B 样条曲面及其控制网格

的连续性、deBoor-Cox 算法及向 Bezier 曲面的转换方法与 B 样条曲线类似，这里不再详述。

矩形域$[i,i+1]\times[j,j+1]$上的双三次均匀 B 样条曲面的矩阵表示如下。$(N_{i,4}(u))$的定义见 10.6.4 节。

$$P(u,v)=\sum_{h=i-3}^{i}\sum_{l=j-3}^{j}P_hN_{h,4}(u)N_{l,4}(v)=[N_{i-3,4}(u),N_{i-2,4}(u),N_{i-1,4}(u),N_{i,4}(u)]$$

$$\cdot\begin{bmatrix}P_{i-3,j-3} & P_{i-3,j-2} & P_{i-3,j-1} & P_{i-3,j}\\ P_{i-2,j-3} & P_{i-2,j-2} & P_{i-2,j-1} & P_{i-2,j}\\ P_{i-1,j-3} & P_{i-1,j-2} & P_{i-1,j-1} & P_{i-1,j}\\ P_{i,j-3} & P_{i,j-2} & P_{i,j-1} & P_{i,j}\end{bmatrix}\cdot\begin{bmatrix}N_{j-3,4}(v)\\ N_{j-2,4}(v)\\ N_{j-1,4}(v)\\ N_{j,4}(v)\end{bmatrix}$$

记几何矩阵 G_{Bij}为上式中间的 4×4 的矩阵，再由式(10.90)，得到

$$P(u,v)=U_i^{\mathrm{T}}\cdot M_B^{\mathrm{T}}\cdot G_{Bij}\cdot M_B\cdot V_j \tag{10.129}$$

其中，

$$U_i=[1,(u-i),(u-i)^2,(u-i)^3]^{\mathrm{T}},\quad V_j=[1,(v-j),(v-j)^2,(v-j)^3]^{\mathrm{T}}$$

10.12.2 非均匀有理 B 样条曲面

给定控制顶点$\{P_{i,j}\}_{i=0,j=0}^{m,n}$，权因子$\{h_{i,j}\mid h_{i,j}\geqslant0\}_{i=0,j=0}^{m,n}$，节点向量 $U_{m,k},V_{n,h}$，称如下形式的曲面为 **$k\times h$ 阶有理 B 样条曲面**

$$R(u,v)=\frac{\sum_{i=0}^{m}\sum_{j=0}^{n}h_{i,j}P_{i,j}B_{i,k}(u)B_{j,h}(v)}{\sum_{i=0}^{m}\sum_{j=0}^{n}h_{i,j}B_{i,k}(u)B_{j,h}(v)},\quad (u,v)\in[u_{k-1},u_{m+1}]\times[v_{h-1},v_{n+1}] \tag{10.130}$$

如果允许节点间隔非均匀，则称 $R(u,v)$为**非均匀有理 B 样条**(NURBS)**曲面**，记

$$R_{i,j}(u,v)=\frac{h_{i,j}B_{i,k}(u)B_{j,h}(v)}{\sum_{i=0}^{m}\sum_{j=0}^{n}h_{i,j}B_{i,k}(u)B_{j,h}(v)}$$

则

$$R(u,v)=\sum_{i=0}^{m}\sum_{j=0}^{n}P_{i,j}R_{i,j}(u,v)$$

$R_{i,j}(u,v)$称 NURBS 曲面的有理基函数。当所有的 $h_{i,j}$全相等时，$R_{i,j}(u,v)=B_{i,k}(u)B_{j,h}(v)$，$P(u,v)$退化为**非有理 B 样条曲面**，即

$$R(u,v)=\sum_{i=0}^{m}\sum_{j=0}^{n}P_{i,j}B_{i,k}(u)B_{j,h}(v)$$

NURBS 曲面具有局部性、凸包性、仿射不变性、有理 deBoor-Cox 算法等等。在四维齐次坐标空间中，它被表示成非有理 B 样条曲面，并且具有类似于有理 Bezier 曲线的齐次表示和几何意义。有兴趣的读者请参考有关资料，这里不再详述。

10.13 二次曲面

二次曲面如球面、双曲面在几何造型系统中常被用来表示一些简单形体，它具有表示简

单、计算容易等特点。二次曲面的隐式方程为：

$$f(x,y,z) = ax^2 + by^2 + cz^2 + 2dxy + 2eyz + 2fxz + 2gx + 2hy + 2iz + j = 0 \tag{10.131}$$

将其改写成矢量形式，有：

$$f(x,y) = P^{\mathrm{T}} \cdot Q \cdot P = 0 \tag{10.132}$$

其中，

$$P = \begin{bmatrix} x \\ y \\ z \\ 1 \end{bmatrix}, \quad Q = \begin{bmatrix} a & d & f & g \\ d & b & e & h \\ f & e & c & i \\ g & h & i & j \end{bmatrix}$$

Q 称为系数矩阵。在矢量表示形式下，对二次曲面做几何变换很方便，假设要对二次曲面作用以 M（它是 4×4 矩阵），使得

$$P' = M \cdot P \Rightarrow P = M^{-1}P'$$

代入式(10.132)，到新的二次曲面的方程为：

$$P'^{\mathrm{T}} \cdot (M^{-1})^{\mathrm{T}} \cdot Q \cdot M^{-1} \cdot P' = 0$$

它由系数矩阵$(M^{-1})^{\mathrm{T}} \cdot Q \cdot M^{-1}$确定。

二次曲面 $f(x,y,z)=0$ 的法向很容易计算，即为$\left[\frac{\partial f}{\partial x},\frac{\partial f}{\partial y},\frac{\partial f}{\partial z}\right]^{\mathrm{T}}$。

习　题

1. 编写一个程序，计算任意参数多项式曲线的近似弧长。

2. 利用程序 10.1，设计一个显示抛物线 $y=ax^2+bx+c$ 的程序（首先将抛物线转换成参数多项式的形式）。

3. 结合 10.4.2 节的内容和程序 10.2，设计一个显示并能够交互控制三次 Hermite 曲线形状的程序，注意观察 P_0,P_1,R_0,R_1 与曲线形状之间的关系。

4. 参照 10.4.4 节的内容，设计一个程序，生成并显示三次参数样条曲线。

5. 利用程序 10.5，设计一个程序，使之能显示任意阶 Bezier 曲线并可以通过拖动（改变）控制顶点对其进行形状控制。注意观察控制顶点与曲线形状之间的关系。

6. 编写一段程序将三次 B 样条曲线转换成三次 Bezier 曲线。

7. 利用程序 10.7，设计一个程序，使之能显示三次 B 样条同线并可以通过改变控制顶点和节点对其进行形状控制。注意观察控制顶点以及节点与曲线形状之间的关系，验证 10.6.5 节的有关结论。

8. 编写 6 个函数，完成三次 Hermite 曲线，三次 Bezier 曲线和三次均匀 B 样条曲线之间的相互转换。

9. 编写一个程序，计算参数多项式曲面的近似面积。

10. 编写几个函数，分别生成和显示双线性 Coons 曲面、双三次 Coons 曲面、双三次 Hermite 曲面。

11. 利用程序 10.9，设计一个程序使之能显示 $m\times n$ 次 Bezier 曲面并可以通过改变控制顶点对其进行形状控制。注意观察控制顶点与曲线之间的关系。

第11章　颜　　色

颜色是构成图形的要素之一，要生成美观、真实感强的图形，就必须讨论颜色。然而，颜色是个十分复杂的概念，它涉及到物理学、心理学、美学等学科。本章，我们主要围绕计算机图形学用到的颜色模型来介绍有关颜色的内容。

11.1　基本概念

11.1.1　光的属性

光（或称为**可见光**）是指人的视觉系统能感知到的电磁波，它的波长范围大约是 350 nm～780 nm，($1\ nm = 10^{-9}\ m$)。一束光由其光谱能量分布 $L(\lambda)$来描述，其中 λ 是波长。一束光称为**白光**，若其中各种波长的光的能量大致相等，如图 11.1 所示。白光刺激人眼产生灰色（黑色，白色）。一束光称为**彩色光**，若其中各种波长的光的能量分布不均匀，如图 11.2 所示。单色光是一种理想的彩色光，其中只包含某一种波长的光，其它波长的光的能量为零，如图 11.3 所示。激光可近似看作单色光。

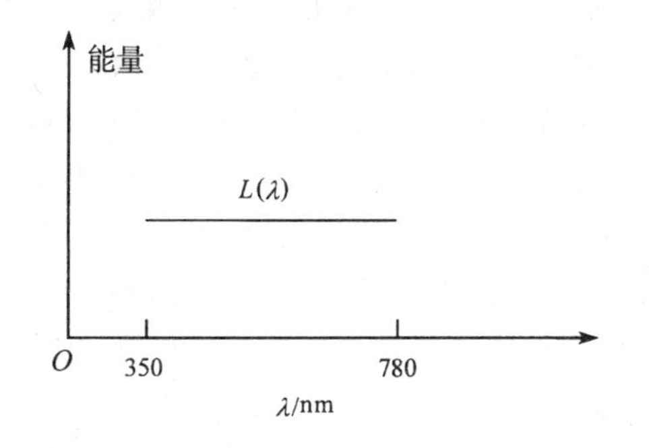

图 11.1　白光的光谱能量分布

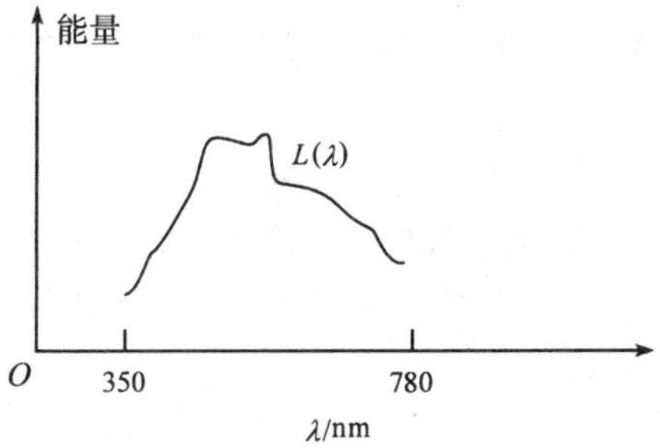

图 11.2　彩色光的光谱能量分布

物体表面反射光的光谱能量分布 $F(\lambda)$可写作：

$$F(\lambda) = \rho(\lambda)L(\lambda) \tag{11.1}$$

其中，$L(\lambda)$为入射光的光谱能量分布，$\rho(\lambda)$表示物体表面对各种波长光的反射率。由上式可知，物体表面所呈现的颜色与入射光和物体表面的反射特性都有关。例如，在白光照射下呈红

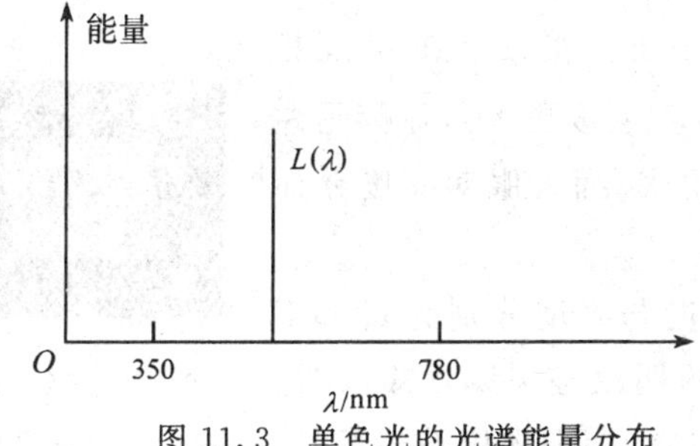

图 11.3　单色光的光谱能量分布

色的物体，当改用绿光照射时，它呈黑色。

11.1.2 光效率函数

显然，颜色与人的视觉系统有关，不同的观察者(考虑具有正常色感者与色盲者)观察同一物体产生的颜色的感觉是不尽相同的，从而颜色是主观的、依赖于观察者的。为了建立人的视觉系统与颜色之间的联系，需要对眼睛、视神经及大脑的视觉中枢进行深入分析，这已超出了本书的范围。这里我们只介绍直接用到的内容。研究表明，眼睛的视网膜上密集地分布着两类视感受体：**杆状细胞**(**视杆体**)与**锥状细胞**(**视锥体**)。杆状细胞细长，约有 130×10^6 个，它感光灵敏度高，但没有色感。在昏暗条件下，主要由杆状细胞提供视觉响应(称为**暗视觉**)。锥状细胞粗短，约有 6.5×10^6 个，能区别色彩。它只在明亮条件下提供视觉响应(称为**明视觉**)。根据两种视觉感受体的特性，不难解释为什么在昏暗光线下，人只能观察到物体的轮廓、形状而无法判断其颜色了。

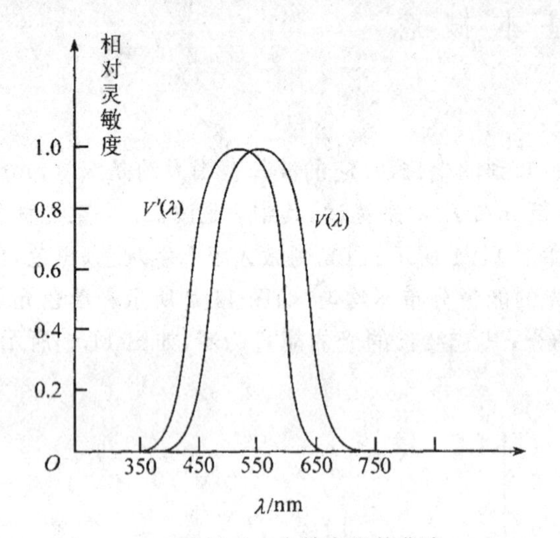

图 11.4 光效率函数曲线

人眼感受各种波长的光的敏感度由**光效率函数**表示。顾名思义，光效率函数反映了不同波长的光刺激人眼产生亮度的效率。在昏暗条件下，人眼对波长为 510 nm 左右的光(蓝绿光)最敏感，而在明亮条件下，人眼对波长为 550 nm 左右的光(黄绿光)最敏感。假设在昏暗条件下和明亮条件下光效率函数分别为 $V'(\lambda)$ 和 $V(\lambda)$，它们的曲线如图 11.4 所示。

若已知光效率函数 $V(\lambda)$，任一光谱能量分布为 $F(\lambda)$ 的光的**亮度**(Luminance 或 Intensity)为：

$$Y(F)=\int_{350}^{780}F(\lambda)V(\lambda)\mathrm{d}\lambda \tag{11.2}$$

11.1.3 明度、亮度及亮度对比

物体表面的亮度与其周围环境的亮度无关，物体表面的**明度**(Brightness)，即人眼感知到的亮度与其周围环境的亮度相关。具有恒定亮度的物体，当将其置于亮度不同的环境中时，它的明度是不同的。下面的亮度对比现象更清楚地说明了亮度与明度的区别。

图 11.5 中，中间的两个小正方形区域的亮度相同，但左边的小正方看起来更亮(明度更大)，原因是左边的背景与小正方形亮度差更大，而人眼对亮度差而不对亮度本身敏感。

图 11.5 亮度相同的小正方形区域具有不同的明度

根据 Webe 定律，对于明度与亮度分别为 C 和 Y 的物体，当它与其所处环境的明度差 $\mathrm{d}C$ 为常数时，$\mathrm{d}Y/Y$ 也为常数，其中 $\mathrm{d}Y$ 是物体与周围环境的亮度差。

即存在常数 $a_1>0$，使

$$a_1 \frac{dY}{Y} = dC \tag{11.3}$$

对上式两端积分，得到 C 与 Y 的关系式：

$$C = a_2 + a_1 \log Y \tag{11.4}$$

a_2 为某一常数。这说明，物体的明度与其亮度的对数(而非亮度)成比例。

11.2 单色模型

白光刺激人眼产生灰色，灰色没有色彩，只用亮度来描述。光的能量大小决定灰色的亮度大小，当能量大到一程度时，产生白色，当能量小到一定程度时，产生黑色。

黑白显示系统能产生多级亮度(也称**灰度**)，每一级灰度通常以一个整数值标识。这一节，我们来讨论灰度的选择，以及在硬拷贝设备中常用到的半色调技术。

11.2.1 灰度的选择

假定显示器能显示的灰度范围是[Y_0,1]，其中 Y_0 是显示器所能产生的最低灰度，它是很小的正数(由于显示器荧光物质发光，所以 Y_0 不为零)。现在要产生 $n+1$ 级灰度 $\{Y_i\}_{i=0}^n$。首先遇到的问题是：如何选择这些灰度呢？我们当然不希望大多数灰度密集地分布在很窄的范围之内，而余下的少数几个灰度稀疏地占据着大的灰度范围。一个直观的做法是让 Y_i 在[Y_0,1]中的均匀分布，使 $Y_{i+1}=Y_i+\Delta, \Delta=\frac{1-Y_0}{n}$。但由上一节的结论可知，这种选取灰度的方法导致明度 $\{C_i | C_i = a_2+a_1\log Y_i\}_{i=0}^n$ 分布不均匀，如图 11.6 所示。也就是说，灰度 Y_i 产生的观察结果是不均匀间隔的。

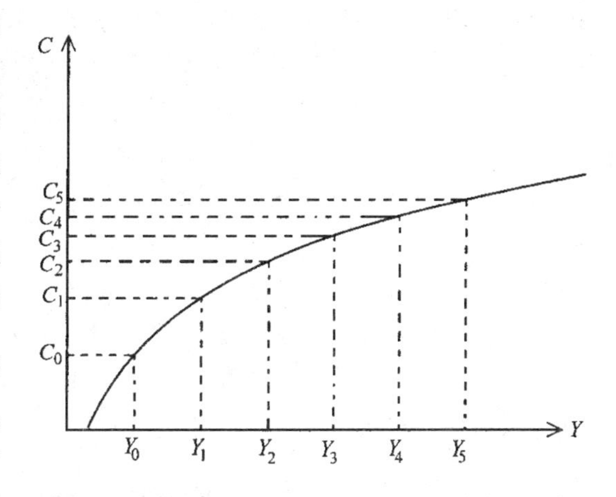

图 11.6 均匀分布的灰度对应的明度分布不均匀

选取灰度的较好的方法是使灰度 $\{Y_i\}_{i=0}^n$ 看起来是均匀分布的，亦即使 $C_{i+1}-C_i=$ 常数，$i=0,1,\cdots,n-1$。由于 $C_i=a_2+a_1\log Y_i$ 所以有：

$$\frac{Y_{i+1}}{Y_i} = r \Leftrightarrow Y_{i+1} = rY_i, \quad i = 0,1,\cdots,n-1 \tag{11.5}$$

r 为某一常数。上式给出了灰度的递推公式，由此公式得到待求的 $n+1$ 个灰度为：

$$Y_0, Y_1 = rY_0, \quad Y_2 = r^2Y_0, \cdots, Y_n = r^nY_0$$

因为灰度的最大值要求是 1，即

$$Y_n = r^nY_0 = 1 \Rightarrow r = \left(\frac{1}{Y_0}\right)^{\frac{1}{n}} \tag{11.6}$$

从而得到

$$Y_i = \left(\frac{1}{Y_0}\right)^{\frac{i}{n}} Y_0 = Y_0^{\frac{n-i}{n}}, \qquad i = 0,1,\cdots,n \tag{11.7}$$

灰度 Y_i 可以用整数 i 来标识。

对一个显示器来说,它的最小灰度值 Y_0 是固定的。例如 CRT 的 Y_0 一般在 0.005 到 0.025 之间,如果取 $Y_0=0.02$,则式(11.6)给出了 r 与 n 之间的关系。假设要产生 256 级灰度,则 $n=255, r=\left(\frac{1}{0.02}\right)^{\frac{1}{255}}=1.0154595\cdots$。得到 256 个灰度为 0.0200,0.0203,0.0206,0.0209,0.0213,0.0216,…,0.9848,1.0000。

剩下的问题是,对一个显示器来说,多少级灰度才是足够的?也就是说,n 要有多大才能使相邻两级灰度看起来没有跳跃,是连续的?实验表明,当 $r\leqslant 1.01$ 时,人眼便不能区分 Y_i 与 Y_{i+1} 了。将 $r=1.01$ 代入式(11.6),得到 n 的近似值为:

$$n = \log_r\left(\frac{1}{Y_0}\right) \tag{11.8}$$

11.2.2 半色调技术

许多硬拷贝设备如报纸、杂志、图书等的印刷设备只能产生黑白两级灰度,那么如何以这样的设备来显示有多级灰度的图形呢?答案是采用**半色调技术**(Halftoning Technigue)。半色调技术是牺牲空间分辨率以增加灰度级的方法,它利用了人的视觉系统对区域的整合功能:相邻的点若充分靠近,我们看到的往往是具有它们平均灰度的一块区域,而不是单个的分离的点。

假设显示设备只产生黑白两级灰度,以 2×2 的像素块为模板能产生 5 个灰度级,付出的代价是显示器的水平与竖直分辨都降低了一倍。2×2 的模板如图 11.7 所示。从左到右,模板分别对应灰度 0,1,2,3,4。若现在要显示有 5 个灰度级的图像 Image,要求其左下角位置在 (x_0,y_0) 点,则它的第 i 行、第 j 列元素所对应的 4 个像素为

$$[x_0 + 2i, x_0 + 2i + 1] \times [y_0 + 2j, y_0 + 2j + 1]$$

并且该像素块应以第 image[i][j]个模板填充。

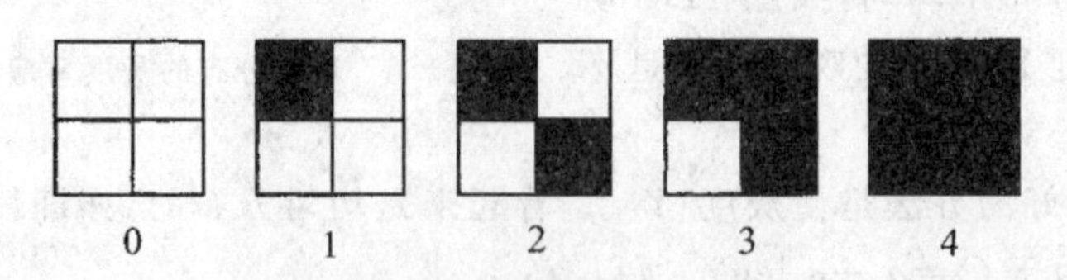

图 11.7 2×2 模板产生 5 级灰度

不难计算,若采用 $n\times n$ 的模板,能产生的灰度级就为 n^2+1 个。通常 n 的取值应考虑空间分辨率与灰度级个数之间的折衷,使得显示的图形质量最好。

半色调技术不仅仅用于具黑白两级灰度的显示系统。考虑每像素对应 2 位,具有 4 个灰度级的显示设备,采用 2×2 的模板,能使其灰度级扩展到 3×4+1=13 个。事实上,对于彩色显示设备,同样可以利用半色调技术(此时称**颜色抖动**,Color Dithering)以模拟更多的颜色。例如将红、绿像素组合在一起模拟橙色、黄色等等。

11.3 彩色模型

11.3.1 颜色的描述

具有不同光谱能量分布的光刺激人的视觉系统产生不同的颜色(包括彩色和灰色),颜色可以从两个角度加以描述。

从视觉角度,颜色以**色彩**(Hue)、**饱和度**(Saturation)和**明度**来描述。色彩指的是这种颜色是红的,绿的,还是蓝的。它是一种颜色区别于另一种颜色的最重要特征。饱和度反映颜色的纯度,当向某种颜色中加白色时,就降低了它的饱和度。明度如前文所述,即人眼感知到的光的亮度。色彩、饱和度和明度的关系如图 11.8 所示。明度沿颜色空间的中心线变化,色彩沿圆周变化,而饱和度沿着半径变化。图中所标的红、绿、蓝表明它们在该颜色空间中的相对位置,值得注意的是,色彩、饱和度与明度都是主观的量,它们是颜色的非精确描述。

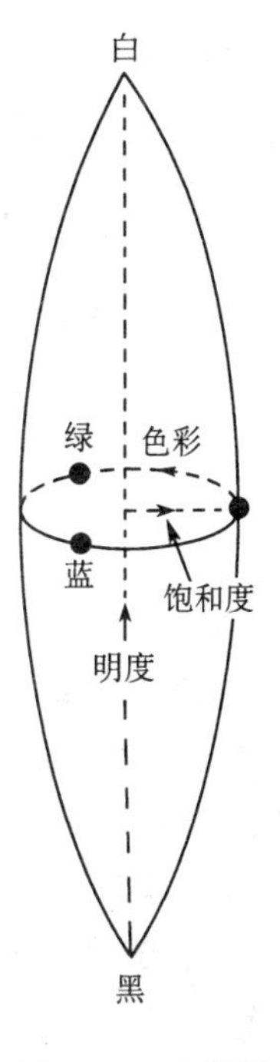

图 11.8　由色彩、饱和度与明度构成的颜色空间

从物理学(色度学)的角度,颜色以**主波长**(Dominant wavelength)、**色纯度**(Purity)和亮度来描述。它们与上述的三个量一一对应,主波长(如图 11.9 所示)决定了颜色的基本色彩。色纯度反映了该颜色中纯色光与白光的比例,亮度如前文所述。读者不难看出,主波长、色纯度与亮度事实上描述的是产生某种颜色的光的特性,既然光与颜色之间存在着一定的对应关系,那么描述了一束光也就等价于描述了它所对应对颜色。

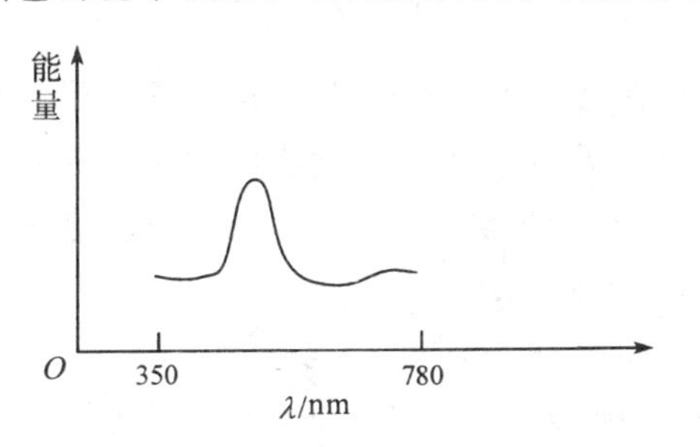

图 11.9　主波长大约为 500 nm 光谱能量分布

11.3.2 三基色与颜色匹配

颜色的描述需要三个量,这说明颜色空间是三维的。其中任意互不相关的三种颜色(任意两种的组合不能产生第三种颜色)构成了颜色空间的一组基,称为**三基色**。最常用的三基色是红色(R)、绿色(G)与蓝色(B)。三基色通过适当的混合能产生所有的颜色。

生理学的研究表明,视网膜中的锥状细胞有三种类型,它们分别对波长是 580 nm 的光(红色光)、545 nm 的光(绿色光)、440 nm 的光(蓝色光)敏感。相应的光谱灵敏度曲线如图 11.10 所示,分别记为 $S_1(\lambda)$,$S_2(\lambda)$,$S_3(\lambda)$(三者之和即为 $V(\lambda)$)。三种锥状细胞的存在给三基色理论提供了有力的支持。

根据以上分析,任一光谱能量分布 $F(\lambda)$产生的颜色可由矢量

$$[\alpha_1(F),\alpha_2(F),\alpha_3(F)]^{\mathrm{T}} \xlongequal{\text{记为}} [F]$$

来表示,其各分量的表达式为:

$$\alpha_i(F) = \int_{350}^{780} F(\lambda) S_i(\lambda) \mathrm{d}\lambda, \quad i = 1,2,3 \tag{11.9}$$

对于两个光谱能量分布 $F_1(\lambda)$ 和 $F_2(\lambda)$，如果 $[F_1]=[F_2]$，即 $\alpha_i(F_1)=\alpha_i(F_2)$，$i=1,2,3$，则 $F_1(\lambda)$ 与 $F_2(\lambda)$ 对应的颜色相同，称 $\boldsymbol{F_1(\lambda)}$ **与** $\boldsymbol{F_2(\lambda)}$ **匹配**。由此可知，同一颜色可能对应多个光谱能量分布，这种现象称为**同色异谱现象**。

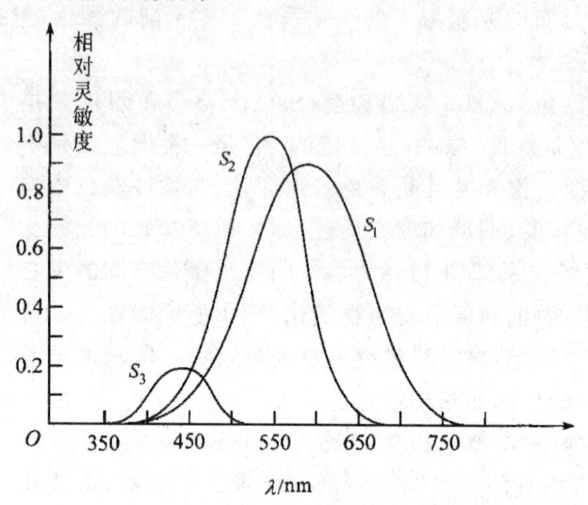

图 11.10　三种锥状细胞的光谱灵敏度曲线

1. 颜色匹配

给定三基色对应的光谱能量分布 $P_i(\lambda)$，$i=1,2,3$，考虑按照什么样的比例将它们混合，才能匹配给定的任一光谱能量分布 $F(\lambda)$。所谓匹配指的是它们对应的颜色相同，故称为**颜色匹配**。CIE（国际照明委员会）选取的标准红、绿、蓝三色光的光谱能量分布为：

红光：$P_1(\lambda)=\delta(\lambda-\lambda_1)$，$\lambda_1=700\,\text{nm}$

绿光：$P_2(\lambda)=\delta(\lambda-\lambda_2)$，$\lambda_2=546\,\text{nm}$

蓝光：$P_3(\lambda)=\delta(\lambda-\lambda_3)$，$\lambda_3=435.8\,\text{nm}$

狄拉克函数 $\delta(\lambda)$ 的定义见第 5.3 节。现假设为了匹配 $F(\lambda)$，$P_i(\lambda)$ 的混合比例为 $\beta_i(F)$，$i=1,2,3$。即 $\sum_{i=1}^{3} \beta_i P_i(\lambda)$ 匹配 $F(\lambda)$，由定义，知

$$\left[\sum_{i=1}^{3} \beta_i(F) P_i(\lambda)\right] = [F] \tag{11.10}$$

按式(11.9)将上式展开后，得到

$$\begin{aligned} \alpha_j(F) &= \int_{350}^{780} F(\lambda) S_j(\lambda) \mathrm{d}\lambda = \int_{350}^{780} \left[\sum_{i=1}^{3} \beta_i(F) P_i(\lambda)\right] S_j(\lambda) \mathrm{d}\lambda \\ &= \sum_{i=1}^{3} \beta_i(F) \int_{350}^{780} P_i(\lambda) S_j(\lambda) \mathrm{d}\lambda = \sum_{i=1}^{3} \beta_i(F) S_j(\lambda_i), \quad j = 1,2,3 \end{aligned} \tag{11.11}$$

式(11.11)即为颜色匹配方程，将它改写成矢量形式

$$\begin{bmatrix} S_1(\lambda_1) & S_1(\lambda_2) & S_1(\lambda_3) \\ S_2(\lambda_1) & S_2(\lambda_2) & S_2(\lambda_3) \\ S_3(\lambda_1) & S_3(\lambda_2) & S_3(\lambda_3) \end{bmatrix} \begin{bmatrix} \beta_1(F) \\ \beta_2(F) \\ \beta_3(F) \end{bmatrix} = \begin{bmatrix} \alpha_1(F) \\ \alpha_2(F) \\ \alpha_3(F) \end{bmatrix} \tag{11.12}$$

因为 $F(\lambda)$ 已知，由式(11.9)可求出 $\alpha_i(F)$，再由式(11.12)可求解出 β_i 的值。β_i 是匹配 $F(\lambda)$ 所

需的 $P_i(\lambda)$ 的绝对量，用起来不方便，所以在实际应用中，常取相对量 $R(F)$，$G(F)$，$B(F)$ 来表示 $P_1(\lambda)$，$P_2(\lambda)$，$P_3(\lambda)$ 的混合比例。

$$R(F)=\frac{\beta_1(F)}{W_1},\quad G(F)=\frac{\beta_2(F)}{W_2},\quad B(F)=\frac{\beta_3(F)}{W_3} \tag{11.13}$$

其中，W_i 为匹配 CIE 校准白光 $W(\lambda)$（能量分布均匀）所需的 $P_i(\lambda)$ 的量。它可由方程(11.12)预先求出。$R(F)$，$G(F)$，$B(F)$ 称为 $F(\lambda)$ 的**三刺激值**，它的单位称为 T 单位。显然，校准白光 $W(\lambda)$ 的三刺激值都是 1 个 T 单位。将式(11.13)代入式(11.12)得到三刺激值的方程为：

$$\begin{bmatrix} W_1S_1(\lambda_1) & W_2S_1(\lambda_2) & W_3S_1(\lambda_3) \\ W_1S_2(\lambda_1) & W_2S_2(\lambda_2) & W_3S_2(\lambda_3) \\ W_1S_3(\lambda_1) & W_2S_3(\lambda_2) & W_3S_3(\lambda_3) \end{bmatrix} \begin{bmatrix} R(F) \\ G(F) \\ B(F) \end{bmatrix} = \begin{bmatrix} \alpha_1(F) \\ \alpha_2(F) \\ \alpha_3(F) \end{bmatrix} \tag{11.14}$$

若记

$$R(\lambda)=W_1P_1(\lambda),\quad G(\lambda)=W_2P_2(\lambda),\quad B(\lambda)=W_3P_3(\lambda)$$

则 $R(\lambda)$，$G(\lambda)$，$B(\lambda)$ 对应的颜色分别为：

$$[R]=\begin{bmatrix} \int_{350}^{380} W_1P_1(\lambda)S_1(\lambda)\mathrm{d}\lambda \\ \int_{350}^{380} W_1P_1(\lambda)S_2(\lambda)\mathrm{d}\lambda \\ \int_{350}^{380} W_1P_1(\lambda)S_3(\lambda)\mathrm{d}\lambda \end{bmatrix} = \begin{bmatrix} W_1S_1(\lambda_1) \\ W_1S_2(\lambda_1) \\ W_1S_3(\lambda_1) \end{bmatrix},$$

$$[G]=\begin{bmatrix} W_2S_1(\lambda_2) \\ W_2S_2(\lambda_2) \\ W_2S_3(\lambda_2) \end{bmatrix},\quad [B]=\begin{bmatrix} W_3S_1(\lambda_3) \\ W_3S_2(\lambda_3) \\ W_3S_3(\lambda_3) \end{bmatrix} \tag{11.15}$$

$[R]$，$[G]$，$[B]$ 事实上就是红绿蓝三基色，以 $[R]$，$[G]$，$[B]$ 为三基色的颜色系统称 **CIE-RGB 颜色坐标系统**，简称 **CIE-RGB 系统**。在该系统中，$F(\lambda)$ 对应的颜色 $[F]$ 的表达式为：

$$[F]=R(F)[R]+G(F)[G]+B(F)[B] \tag{11.16}$$

$[R(F),G(F),B(F)]$ 称为 $[F]$ 的**颜色坐标**，它与 $[F]$ 一一对应，如图 11.11 所示。易知，三基色 $[R]$，$[G]$，$[B]$ 的颜色坐标分别为 $[1,0,0]$，$[0,1,0]$，$[0,0,1]$。

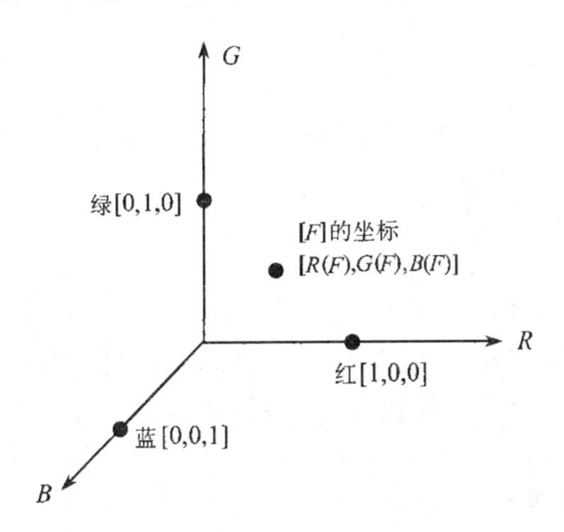

图 11.11　在 CIE-RGB 中，$[F]$ 与其颜色坐标一一对应

称主波长为 $\lambda(\lambda\in[350\text{ nm},780\text{ nm}])$ 的单位能量的单色光 $F(\lambda')=\delta(\lambda'-\lambda)$ 的三刺激值 $R_\lambda,G_\lambda,B_\lambda$ 为**颜色匹配函数**，它们的方程如下(由式(11.14))：

$$\begin{bmatrix} W_1S_1(\lambda_1) & W_2S_1(\lambda_2) & W_3S_1(\lambda_3) \\ W_1S_2(\lambda_1) & W_2S_2(\lambda_2) & W_3S_2(\lambda_3) \\ W_1S_3(\lambda_1) & W_2S_3(\lambda_2) & W_3S_3(\lambda_3) \end{bmatrix}\begin{bmatrix} R_\lambda \\ G_\lambda \\ B_\lambda \end{bmatrix}=\begin{bmatrix} S_1(\lambda) \\ S_2(\lambda) \\ S_3(\lambda) \end{bmatrix} \tag{11.17}$$

求解上式得出 $R_\lambda,G_\lambda,B_\lambda$，如图 11.12 所示。

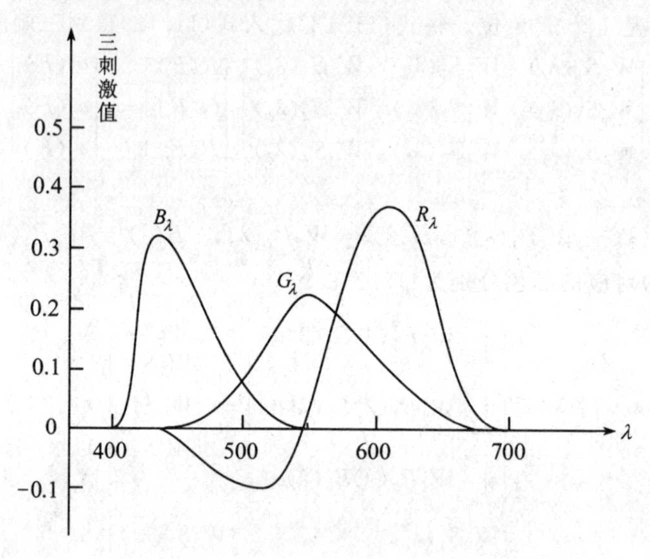

图 11.12 CIE-RGB 系统的颜色匹配函数

根据式(11.14)，对任一光谱能量分布 $F(\lambda)$，它的三刺激值如下：

$$\begin{bmatrix} W_1S_1(\lambda_1) & W_2S_1(\lambda_2) & W_3S_1(\lambda_3) \\ W_1S_2(\lambda_1) & W_2S_2(\lambda_2) & W_3S_2(\lambda_3) \\ W_1S_3(\lambda_1) & W_2S_2(\lambda_2) & W_2S_3(\lambda_3) \end{bmatrix}\begin{bmatrix} R(F) \\ G(F) \\ B(F) \end{bmatrix}=\begin{bmatrix} \alpha_1(F) \\ \alpha_2(F) \\ \alpha_3(F) \end{bmatrix}=\begin{bmatrix} \int_{350}^{780}F(\lambda)S_1(\lambda)\mathrm{d}\lambda \\ \int_{350}^{780}F(\lambda)S_2(\lambda)\mathrm{d}\lambda \\ \int_{350}^{780}F(\lambda)S_3(\lambda)\mathrm{d}\lambda \end{bmatrix}$$

$$\xlongequal{\text{由式(11.17)}}\begin{bmatrix} \int_{350}^{780}F(\lambda)[W_1S_1(\lambda_1)R_\lambda+W_2S_1(\lambda_2)G_\lambda+W_3S_1(\lambda_3)B_\lambda]\mathrm{d}\lambda \\ \int_{350}^{780}F(\lambda)[W_1S_2(\lambda_1)R_\lambda+W_2S_2(\lambda_2)G_\lambda+W_3S_2(\lambda_3)B_\lambda]\mathrm{d}\lambda \\ \int_{350}^{780}F(\lambda)[W_1S_3(\lambda_1)R_\lambda+W_2S_3(\lambda_2)G_\lambda+W_3S_3(\lambda_3)B_\lambda]\mathrm{d}\lambda \end{bmatrix}$$

$$=\begin{bmatrix} W_1S_1(\lambda_1) & W_2S_1(\lambda_2) & W_3S_1(\lambda_3) \\ W_1S_2(\lambda_1) & W_2S_2(\lambda_2) & W_3S_2(\lambda_3) \\ W_1S_3(\lambda_1) & W_2S_3(\lambda_2) & W_3S_3(\lambda_3) \end{bmatrix}\begin{bmatrix} \int_{350}^{780}F(\lambda)R_\lambda\mathrm{d}\lambda \\ \int_{350}^{780}F(\lambda)G_\lambda\mathrm{d}\lambda \\ \int_{350}^{780}F(\lambda)B_\lambda\mathrm{d}\lambda \end{bmatrix} \tag{11.18}$$

比较上式最左端与最右端，得到：

$$R(F)=\int_{350}^{780}F(\lambda)R_\lambda\mathrm{d}\lambda,\quad G(F)=\int_{350}^{780}F(\lambda)G_\lambda\mathrm{d}\lambda,\ B(F)=\int_{350}^{780}F(\lambda)B_\lambda\mathrm{d}\lambda \tag{11.19}$$

这样，只要已知了三基色的颜色匹配函数，就很容易由上式求得任一光谱能量 $F(\lambda)$ 的三刺激值。

2. *颜色匹配公理*

上述理论可概括为如下几条**颜色匹配公理**(或称格拉斯曼(Grassman)定理)：

(1) 人眼只能识别颜色的三种不同刺激，从而颜色空间是三维的。

(2) 任何一种颜色都能由三基色表示，若采用红、绿、蓝为三基色，则颜色 $[F]$ 的表达式如式(11.16)所示。

(3) 在式(11.16)中，$[F]$ 的亮度是它的红、绿、蓝分量的亮度的和，即

$$Y(F) = R(F)Y(R) + G(F)Y(G) + B(F)Y(B) \tag{11.20}$$

(4) 颜色混合有如下性质($k, k_1, i=1,2,3$ 均为非负数)：

① 若 $[F_1]=R(F_1)[R]+G(F_1)[G]+B(F_1)[B]$，$[F_2]=R(F_2)[R]+G(F_2)[G]+B[F_2][B]$，则：

$$[F_1] + [F_2] = (R(F_1) + R(F_2))[R] + (G(F_1) + G(F_2))[G] + (B(F_1) + B(F_2))[B]$$

② 若 $[F]=R[F][R]+G(F)[G]+B(F)[B]$，则：

$$k[F] = kR(F)[R] + kG(F)[G] + kB(F)[B]$$

③ 若 $[F_1]=[F_2]$，$[F_2]=[F_3]$，则 $[F_1]=[F_3]$

④ 若 $[F_1]+[F_2]=[F_1']+[F_2']$，$[F_1]=[F_1']$，则 $[F_2]=[F_2']$

⑤ 将 $[R]$，$[G]$，$[B]$ 混合匹配 $[F]$ 可采用下面两种方式：

(i) $[F]=k_1[R]+k_2[G]+k_3[B]$，即1个单位的 $[F]$ 由 k_1 单位红色，k_2 单位绿色和 k_3 单位的蓝色混合而成，这种匹配方式称为**直接匹配方式**。下面的**间接匹配**方式对应着三刺激值为负数的情况。

(ii) $[F]+k_1[R]=k_2[G]+k_3[B]$。

11.3.3 CIE-XYZ 色度图

以 $[R]$，$[G]$，$[B]$ 为三基色的 CIE-*RGB* 系统的颜色匹配函数会出现负值(意味着某些颜色采用直接匹配方式不能得到)，给实际应用带来不便。于是，1931 年 CIE 推荐了一个新的颜色系统 CIE-XYZ 系统，它以 $[X]$，$[Y]$，$[Z]$ 代替 $[R]$，$[G]$，$[B]$ 作为三基色，两个系统的关系为

$$\begin{bmatrix} X \\ Y \\ Z \end{bmatrix} = \begin{bmatrix} 0.490 & 0.310 & 0.200 \\ 0.177 & 0.813 & 0.011 \\ 0.000 & 0.010 & 0.990 \end{bmatrix} \begin{bmatrix} R \\ G \\ B \end{bmatrix} \tag{11.21}$$

其中，$[R,G,B]$ 和 $[X,Y,Z]$ 分别是某一颜色在 CIE-RGB 系统和 CIE-XYZ 系统中的坐标。有了式(11.21)，两个系统可以相互转换。

CIE-XYZ 系统的颜色匹配函数记为 $X_\lambda, Y_\lambda, Z_\lambda$，如图 11.13 所示，它们都是非负的。类似地，匹配任一光谱能量分布 $F(\lambda)$ 所需的三刺激值为

$$X(F) = \int_{350}^{780} F(\lambda)X_\lambda \mathrm{d}\lambda, \quad Y(F) = \int_{350}^{780} F(\lambda)Y_\lambda \mathrm{d}\lambda, \quad Z(F) = \int_{350}^{780} F(\lambda)Z_\lambda \mathrm{d}\lambda \tag{11.22}$$

即

$$[F] = X(F)[X] + Y(F)[Y] + Z(F)[Z] \tag{11.23}$$

CIE-XYZ 中的 $[Y]$ 特别地选取使其匹配函数 Y_λ 与光效率函数 $V(\lambda)$ 相同(比较图 11.4 与图

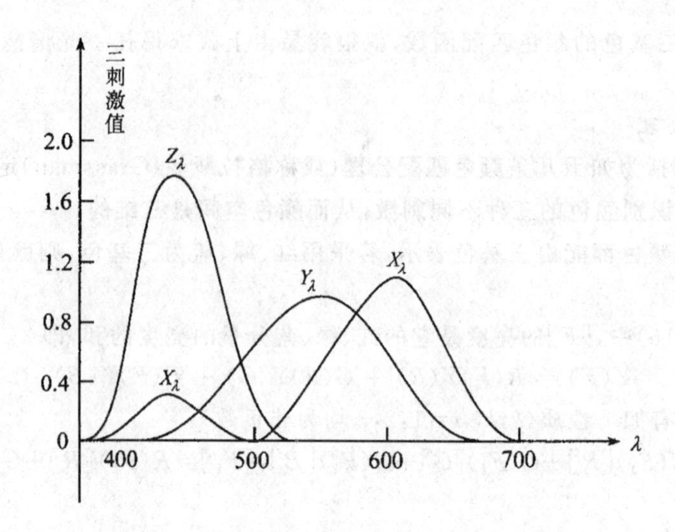

图 11.13　CIE-XYZ 系统的颜色匹配函数

11.13 相应的曲线)。这样,颜色[F]的坐标分量 $Y(F)$ 事实上代表它的亮度。

值得注意的是,三基色[X],[Y],[Z]并不是实际存在的颜色,而是虚的颜色,选取它们的目的是使得在 CIE-XYZ 中,任一颜色的三个坐标分量都非负。如图 11.14 所示,所有的可见光对应的颜色在 XYZ 坐标系中组成了一个锥体,它落在第一象限内。

设颜色[F]的坐标为[X,Y,Z],定义其**色度坐标**(x,y,z)如下:

$$x=\frac{X}{X+Y+Z},\quad y=\frac{Y}{X+Y+Z},\quad z=\frac{Z}{X+Y+Z} \tag{11.24}$$

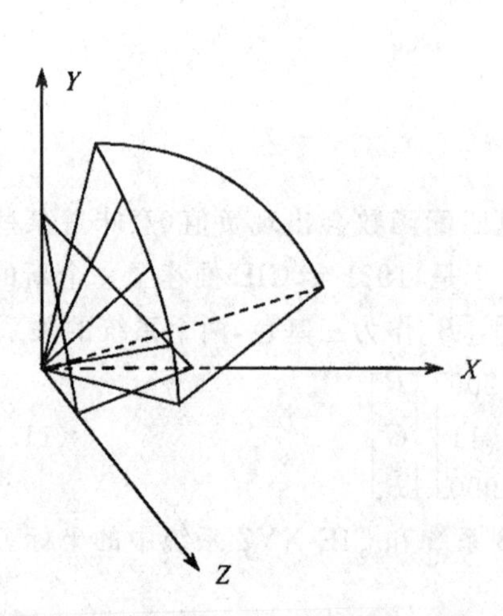

图 11.14　所有可见光组成的第一象限内的锥体以及 $X+Y+Z=1$ 平面

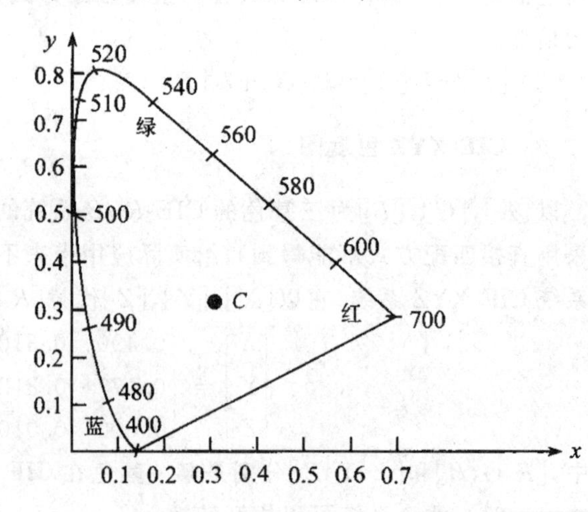

图 11.15　CIE-XYZ 色度图

它是连接坐标原点与[X,Y,Z]的直线与 $X+Y+Z=1$ 平面的交点坐标,将所有这些交点投影到 XY 平面上,得到 CIE-XYZ **色度图**,如图 11.15 所示。

由于色度坐标(x,y,z)对应着连接原点与(x,y,z)点的射线上的所有颜色,所以仅仅以(x,y,z)不能表示一种颜色,需要增加一个量,通常选取颜色的亮度 Y。给定(x,y,Y),该颜色的坐标由下式得到

$$X = \frac{x}{y}Y, \quad Y = Y, \quad Z = \frac{1-x-y}{y}Y \tag{11.25}$$

CIE-XYZ 色度图是一个舌形区域，图中舌形线上的每一点对应着色纯度为 100%的单色光，线上标明的数字表示该位置所对应单色光的主波长。从右下角红色光开始，逆时针前进依次为黄、绿、青、蓝、紫色光。中央的 C 点对应校准白光，它的色度坐标近似但不等于 $\left(\frac{1}{3},\frac{1}{3},\frac{1}{3}\right)$。

色度图有多种用途，例如：

● 计算某种颜色的主波长与色纯度

当两种颜色进行混合(叠加)时，新的颜色在色度图上位于原两种颜色的连线上，如图 11.16 所示，颜色 D 与 E 的混合产生的颜色位于线段 DE 上。现若将颜色 A 看作校准白光与纯色 B 的混合，则 A 的主波长即为 B 的主波长。线段 AC 的长度与线段 BC 长度之比即为颜色 A 的色纯度。A 愈靠近 C，它包含的白光愈多，因而色纯度愈低。

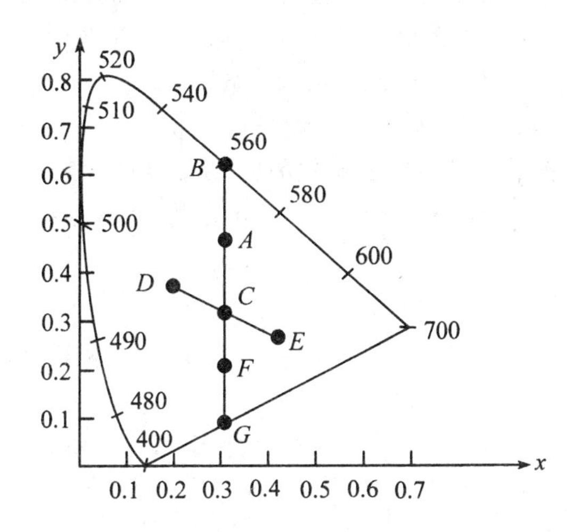

图 11.16 计算颜色的主波长、色纯度及其补色

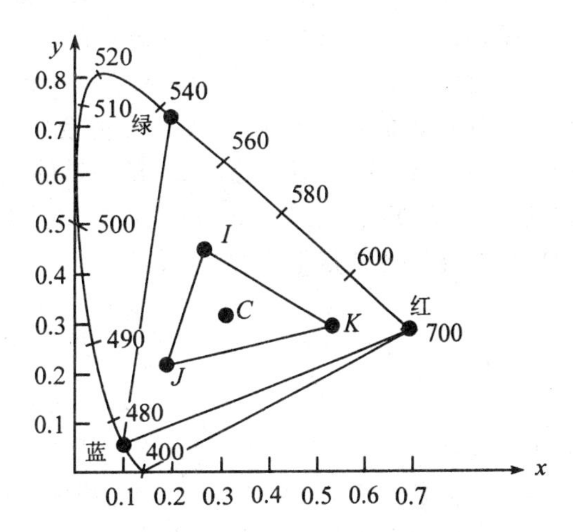

图 11.17 三种颜色 I,J,K 的颜色域为三角形区域 IJK

● 补色的计算

若两种颜色混合产生白色，称两者互为**补色**，如图 11.16 中的 D 与 E。有些颜色(如 F)与 C 的连线交于色度图的直边于 G 点，而 G 在色度图中没有主波长，此时，F 的主波长可用其补色的主波长(即 B 的主波长)附加后缀 C 来表示。例如 B 的主波长为 560 nm，则 F 的主波长记为 560 nm$C$。F 的色纯度仍然定义为线段 FC 与 GC 的长度之比。

● 定义颜色域

设 I,J 为任意两种颜色，如图 11.17 所示，它们按照不同的比例混合可以产生其连线上的任一种颜色。现在再加入第三种颜色 K，则 I,J,K 按不同比例混合能产生的所有颜色组成三角形**颜色域** IJK。对于任意三种可见光所产生的颜色(落在舌形区域内)，它们的三角形颜色域不可能覆盖整个舌形区域，意味着它们不能混合产生所有的颜色。例如，CIE-RGB 系统的三基色[R],[G],[B]的颜色域如图 11.17 所示，它们不能混合产生所有颜色。

11.4　光栅系统中的颜色模型

一个**颜色模型**指的是三维颜色空间的一个子集，它包含某个颜色域中的所有颜色，例如RGB颜色模型是三维直角颜色坐标系统中的一个单位立方体。采用颜色模型的目的是在某个颜色域中方便地指定颜色。

本节介绍四种常用的颜色模型，它们分为两类，一类适用于硬件使用，包括RGB模型、CMY模型和YIQ模型，另一类是面向用户的HSV模型。

11.4.1　RGB模型

红、绿、蓝(RGB)模型主要用于彩色光栅图形显示设备，如彩色CRT显示器。它是定义于某个红绿蓝(RGB)颜色坐标系统中的单位立方体，如图11.18所示。三基色通过叠加混合来产生新的颜色，所以它是加色模型。在此模型中，任一颜色以其颜色坐标(三刺激值)$[R,G,B]$来表示，其中，$R,G,B\in[0,1]$。立方体的主对角线上各基色的量相等，产生灰色，从黑色(0,0,0)到白色(1,1,1)逐渐变亮。立方体其它六个顶点分别表示红、黄、绿、青、蓝、品红。

前面所讲的CIE-RGB系统的三基色$[R]$，$[G]$，$[B]$分别对应主波长为700 nm，546 nm，435.8 nm的纯色光，但彩色CRT显示器的荧光物质不可能发出这样的光，从而RGB模型所在的RGB系统与CIE-RGB系统有着一定的差别。特定的彩色CRT显示器的RGB系统与CIE-XYZ系统的关系由下式表示：

$$\begin{bmatrix} R \\ G \\ B \end{bmatrix} = \begin{bmatrix} R_x & R_y & R_z \\ G_x & G_y & G_z \\ B_x & B_y & B_z \end{bmatrix} \begin{bmatrix} X \\ Y \\ Z \end{bmatrix} \tag{11.26}$$

其中的变换矩阵取决于彩色CRT显示器产生的红、绿、蓝三基色。严格地说来，各个显示器的三基色之间都是不同的。若记M_1，M_2分别为从CIE-RGB系统到CRT_1和CRT_2的RGB系统的变换矩阵，颜色$[F]$在CRT_1的RGB系统中的坐标是$[R,G,B]^T$，则$[F]$在CRT_2的RGB系统中的坐标是$M_2\cdot M_1^{-1}\cdot[R,G,B]^T$。

11.4.2　CMY模型

青(Cyan)、品红(Magenta)、黄(Yellow)分别是红、绿、蓝的补色。CMY模型是通过从白光中滤去某些颜色而产生新的颜色的，因此它是**减色模型**。它对应的单位立方体与RGB模型的类似，差别仅在于各种颜色的坐标发生变化，如图11.19所示。在该立方体中，主对角线仍表示灰色，但原点对应白色，而(1,1,1)点对应黑色。CMY模型与RGB模型的关系如下：

$$\begin{bmatrix} C \\ M \\ Y \end{bmatrix} = \begin{bmatrix} 1 \\ 1 \\ 1 \end{bmatrix} - \begin{bmatrix} R \\ G \\ B \end{bmatrix} \tag{11.27}$$

若已知一种颜色在RGB模型中的坐标，由上式能得到它在CMY模型中的坐标，反之亦然。

CMY模型主要用硬拷贝设备如彩色绘图仪、打印机等。CRT屏幕的原始颜色是黑色(近似地)，纸的原始颜色是白色，它们互为补色，这可以解释为什么适用于CRT显示器的RGB模型与适用于硬拷贝设备的CMY模型的三基色互为补色。当我们将纸面覆盖以青色时，它不

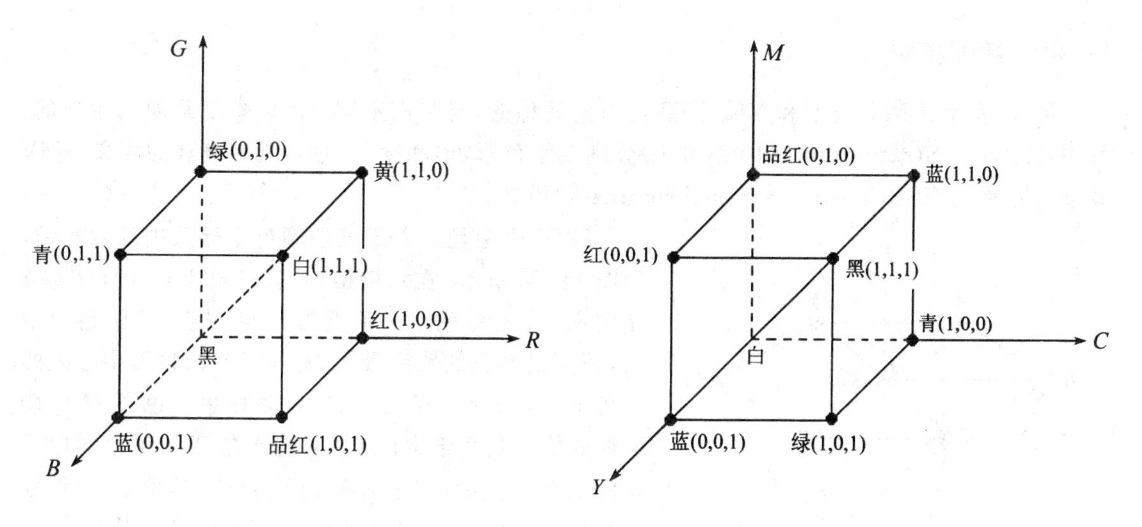

图 11.18　RGB 颜色立方体　　　　图 11.19　CMY 颜色立方体

反射红光，即青色吸收白色中的红色(从白光滤去了红光)。同理，品红色吸收绿色，黄色吸收蓝色。那么如果将纸面同时覆盖青色、品红色、黄色时，红，绿，蓝色全被吸收了，故纸面呈黑色。

11.4.3　YIQ 模型

YIQ 模型主要用于电视系统(NTSC 制式)的视频信号传输。其中 Y 与 CIE-XYZ 系统中的 Y 含义相同，表示颜色的亮度。颜色的主波长与色纯度信息包含于色差信号 I 和 Q 中。电视系统传输视频信息采用 YIQ 模型而不直接采用 RGB 模型(电视机的 CRT 采用 RGB 模型)的原因有两个：

(1) Y,I,Q 信号同样适用于黑白电视机。彩色电视机接收到 Y,I,Q 信号后将其转换成 R,G,B 信号显示彩色图像，而黑白电视机只接收亮度信号 Y。

(2) 人的视觉系统对亮度信号敏感而对色差信号不敏感，这意味着只要分配给 Y 较宽的传输频带就能保证图像的质量。在 NTSC 制式中，一个电视频道的带宽约为 6 MHz，Y 占 4 MHz，I 和 Q 分别占 1.5 MHz 和 0.6 MHz。这样要比直接传送 R,G,B 信号所需带宽低得多。

从 R,G,B 信号到 Y,I,Q 信号的转换由视频编码器完成，它首先将 R,G,B 信号按下面的关系变换成 Y,I,Q 信号，再调制成复合视频信号以便传送：

$$\begin{bmatrix} Y \\ I \\ Q \end{bmatrix} = \begin{bmatrix} 0.299 & 0.587 & 0.114 \\ 0.596 & -0.275 & -0.321 \\ 0.212 & -0.522 & 0.311 \end{bmatrix} \begin{bmatrix} R \\ G \\ B \end{bmatrix} \tag{11.28}$$

从上式看出，绿色分量对颜色亮度的贡献最大，说明人眼对绿色最敏感。

电视机接收到 Y,I,Q 信号之后(黑白电视机只接收 Y 信号，因而不需要解码过程)，由视频解码器将它们按照如下关系变换成 R,G,B 信号以驱动 CRT 显示彩色图像：

$$\begin{bmatrix} R \\ G \\ B \end{bmatrix} = \begin{bmatrix} 1.000 & 0.956 & 0.620 \\ 1.000 & -0.272 & -0.647 \\ 1.000 & -1.106 & 1.703 \end{bmatrix} \begin{bmatrix} Y \\ I \\ Q \end{bmatrix} \tag{11.29}$$

11.4.4 HSV 模型

RGB 模型、CMY 模型和 YIQ 模型是面向硬件的，与它们不同，HSV 模型是面向用户的。其中，H(hue)，S(saturation)和 V(value)分别表示色彩、饱和度与明度，具有直观的含义。HSV 模型有时称为 HSB(hue，saturation，brigntness)模型。

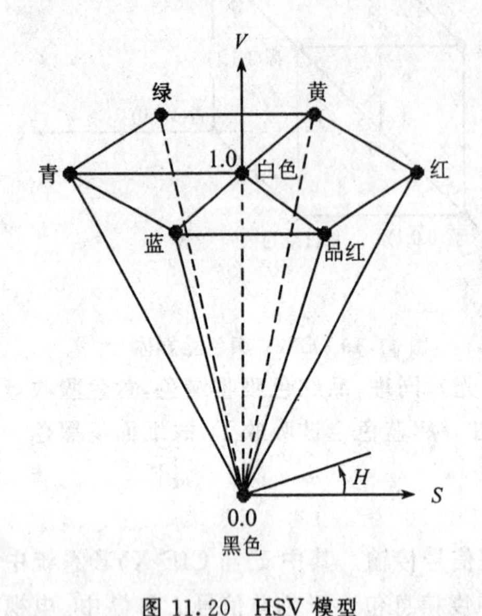

图 11.20 HSV 模型

HSV 模型是定义于圆柱颜色坐标系中的六棱锥，如图 11.20 所示。在六棱锥中，顶点对应 $V=0$，H 与 S 无定义，代表黑色。从顶点沿 V 轴向上，V 值逐渐增大，顶面上颜色的明度最大，对应 $V=1$。顶面中心处的颜色 $V=1$，$S=0$，H 无定义，代表白色。色彩 H 由绕 V 轴的旋转角度给定。红色对应于角度 0，绿色对应于角度 120°，蓝色对应于角度 240°。HSV 模型中，一种颜色与其补色的 H 值相差 180°。饱和度 S 取值从 0(对应 V 轴上的颜色)到 1(对应六棱锥侧面上的颜色)。由于 HSV 模型对应的颜色域只是 CIE 色度图的子集，所以饱和度 $S=1$ 的颜色，其色纯度一般小于 100%。S 事实上仅仅是相对饱和度。

利用 HSV 模型调色的方式与画家用颜料配色的方式类似。HSV 模型中 $V=1$，$S=1$ 的颜色对应纯色颜料，减小饱和度 S 相当于向纯色颜料中添加白色颜料以改变色浓，减少明度 V 相当于添加黑色颜料以改变色深。同时改变 S，V 可获得不同的色调，而改变 H 相当于选择不同的纯色颜料。如图 11.21 所示。

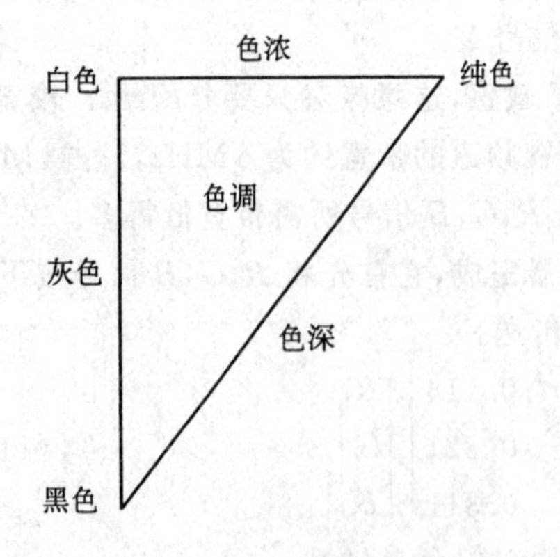

图 11.21 HSV 模型关于某个固定的 H 的截面图，图中标明了色浓、色深与色调的关系

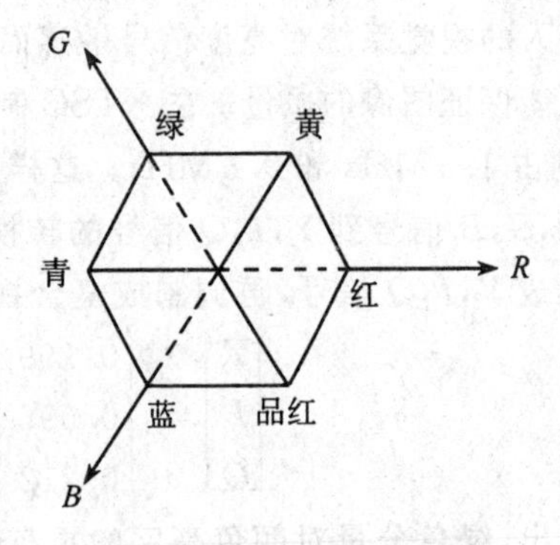

图 11.22 RGB 颜色立方体及其在主对角线方向的投影

HSV 模型的六棱锥可以这样获得：取 $V_0\in[0,1]$，在 RGB 直角坐标系中，将以原点到 $[V_0,V_0,V_0]$ 点的直线段为主对角线的立方体平行投影到垂直于主对角线的平面上，其投影即为 HSV 模型的 $V=V_0$ 截面，如图 11.22 所示。

11.4.5 RGB 模型与 HSV 模型的相互转换

面向用户的 HSV 模型与面向硬件的 RGB 模型之间需要相互转换。两模型之间的关系如图 11.22 所示。HSV 模型中明度为 V 的面上的颜色对应 RGB 模型中以连接原点到(V,V,V)点的线段为主对角线的立方体的三个表面上的颜色,得到两个转换程序如下:

程序 11.1 从 RGB 模型到 HSV 模型的转换

```
#define UNDEFINED  -1.0
void RGBtoHSV(float r, float g, float b,float *h, float *s, float *v )
/* 输入[r,g,b],r,g,b∈[0,1];返回[h,s,v],h∈[0,360],s,v∈[0,1] */
{  float max,min,delta;

   max = MAX (r,g,b);  /* max 为 r,g,b 中的最大值 */
   min = MIN (r,g,b);  /* min 为 r,g,b 中的最小值 */
   delta=max-min;
   *v=max;  /* 明度 v 为 r,g,b 中的最大值 */
   /* 计算饱和度 */
   if (max !=0.0)
      *s=delta/max;
   else
      *s=0.0;
   if (*s=0.0)
   {   *h=UINDEFINED;
         return;
   }
   /* 计算色彩 */
   if (r==max)
        *h=(g-b)/delta;
   else if(g==max)
        *h=2.0+(b-r)/delta;
   else if(b==max)
        *h=4.0+(r-g)/delta;

   *h=(*h)*60.0;
   if (*h<0.0)
      *h +=360.0;  /* 保证色彩为正的角度 */
}
```

程序 11.2 从 HSV 模型到 RGB 模型的转换

```
void HSVtoRGB(float h,float s,float v,float *r,float *g,float *b)
```

```
/* 输入[h,s,v],h∈[0,360],s,v∈[0,1];返回[r,g,b],r,g,b∈[0,1] */
{ float f,p,q,t;
  int i;
  if (s==0.0)
  { if (h!=UNDEFINED)
      printf(Error! \n");
    else
    {  *r=v;
       *g=v;
       *b=v;
    }
  }
  else
  { if (h==360.0)
       h=0.0;
    h/=60.0;  /* 使 h∈[0,6) */
    i=(int)h;
    f=h-i;
    p=v*(1-s);
    q=v*(1-s*f);
    t=v*(1-s*(1-f));
    switch (i)
    {  case 0: *r=v;
               *g=t;
               *b=p;
              break;
       case 1: *r=q;
               *g=v;
               *b=p;
              break;
       case 2: *r=p;
               *g=v;
               *b=t;
              break;
       case 3: *r=p;
               *g=q;
               *b=v;
              break;
```

```
        case 4: *r=t;
                *g=p;
                *b=v;
                break;
        case 5: printf(Error! \n");
      }
    }
  }
```

11.4.6 颜色的交互指定与颜色插值

许多应用程序允许用户指定区域、线条、文字的颜色。如果系统只有少量的颜色可供选择，那么，用菜单来显示所有的颜色样品是可以的。但当颜色太多，无法在菜单中显示所有的颜色样品时，利用适当的颜色模型，在三维颜色空间中直接交互指定颜色更方便。

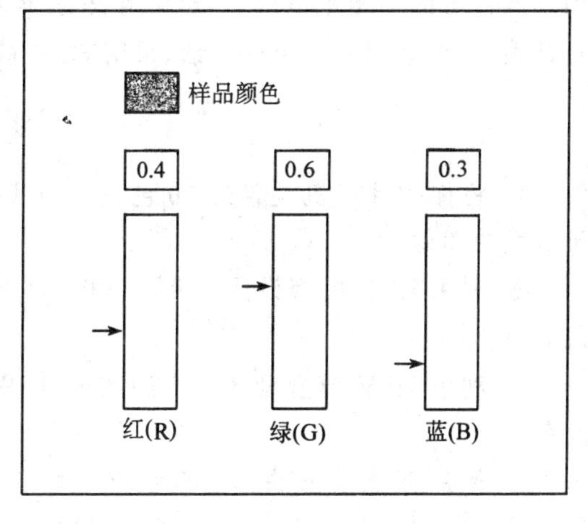

图 11.23　调节 r,g,b 的值以指定颜色

对于 RGB 模型，可以如图 11.23 的方法调节红、绿、蓝三分量的值，直到对颜色样品满意为止。对于 HSV 模型，如图 11.24 所示。转动圆的半径能指定色彩 h，在三角形区域中移动十字型光标选取一点可以指定明度 v 与饱和度 s。h,s,v 的值在相应的编辑区显示(也可以直接从键盘输入它们的值)，它们所确定的颜色由颜色样品显示。

所谓**颜色插值**是指对两个给定的颜色进行插值以产生位于它们之间的均匀过渡的颜色。颜色插值至少在三个场合有着重要的应用：真实感图形显示的 Gouraud 着色处理、反混淆算法以及制作动画时需要的图像熔合(产生淡入

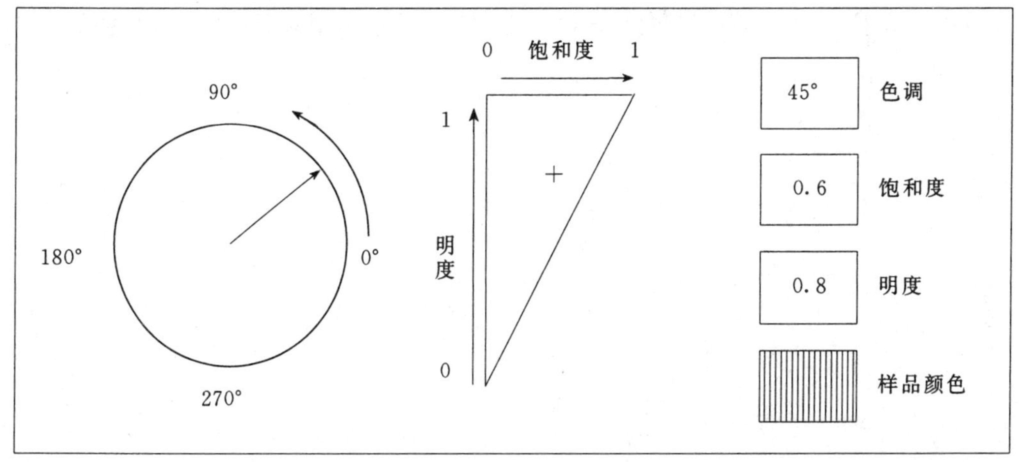

图11.24　调节 h,s,v 的值以指定颜色

淡出的效果)。颜色插值的结果依赖于所采用的颜色模型,因而必须小心地选择一个合适的模型。如果从一个颜色模型到另一个颜色模型的转换将直线段变换成另一颜色空间的直线段,那么采用这两个模型进行线性插值的结果是相同的。RGB 模型、CMY 模型、YIQ 模型以及 CIE-XYZ 模型之间就属于这种情况,从其中一个模型到另一个模型的变换是简单的线性变换。然而 RGB 模型中的直线段被变换到 HSV 模型中后,一般不再是直线段。例如,在 RGB 模型中,红色=[1.0,0.0,0.0],绿色=[0.0,1.0,0.0],位于它们连线中点的颜色=[0.5,0.5,0.0]。利用 RGBtoHSV 转换算法,红色、绿色及它们中点颜色在 HSV 模型中的坐标分别为[0°,1.0,1.0],[120°,1.0,1.0]和[60°,1.0,0.5],而在 HSV 模型中对红、绿进行线性插值,得其中对应点的颜色坐标为[60°,1.0,1.0]。它与在 RGB 模型中的插值结果的亮度相差 0.5。

对 Gouraud 着色方法来说,可采用前面任何一种颜色模型。因为待插值的两个颜色一般非常靠近,从而在不同的模型中的插值路径比较相近。当进行反混淆或图像熔合时,两个待插值的颜色可能会相距很远,一般采用 RGB 模型比较合适。如果我们对色彩相同的两种颜色进行插值,并希望保持该色彩的话,采用 HSV 模型较好。

习　题

1. 将你的计算机设置为 16 色显示模式,利用颜色抖动方法编写一个程序显示具有 256 种颜色的图像。

2. 利用 RGB 模型设计一个调色板,用户可以通过它直接调节 R,G,B 的值,并观察到样品颜色。

3. 利用 HSV 模型设计一个调色板,用户可以通过它调节 H,S,V 的值并观察到样品的颜色。

4. 采用颜色插值的方法显示直线段 P_0P_1,P_0 点的颜色为(R_0,G_0,B_0),P_1 点的颜色为(R_1,G_1,B_1),从 P_0 到 P_1 的各点颜色呈线性变化(在 RGB 模型中对颜色进行线性插值)。

5. 采用颜色插值的方法显示 RGB 颜色立方体,立方体各顶点的颜色如图 11.18 所示,其表面上其它各点的颜色由线性插值得到。

6. 采用颜色插值的方法显示直线段 P_0P_1,P_0 点的颜色为(H_0,S_0,V_0),P_1 点的颜色为(H_1,S_1,V_1),从 P_0 到 P_1 的各点颜色呈线性变化(在 HSV 模型中对颜色进行线性插值)。

第12章　隐藏面的消除

12.1　基本概念

现实世界中的物体之间(或物体的不同部分之间)存在着相互遮挡关系,当我们用计算机显示三维场景的时候,需要将这种遮挡关系反映出来,它是使观察者产生真实感的重要方法之一。要反应物体之间的遮挡关系就要确定对一个视点来说,哪些物体的哪些表面是可见的,即可见面的确定。确定可见面等价于消除场景中物体的不可见面,即**消除隐藏面**,有时也简称为**面消隐**。消隐的对象是三维物体。由第9,10章知道,三维物体有三种表示模型,表面模型是适合于真实图形显示的一种。当显示采用表面模型表示的物体时,需要进行面消隐,而显示采用线框模型表示的物体时,要消除不可见的线,即**隐藏线的消除**,简称**线消隐**。本章只讨论面消隐算法。采用表面模型来表示三维物体,最简单的莫过于将物体表面表示成一个个平面多边形。如果物体的表面是曲面,可以首先将其离散成平面多边形网格。本章讨论的消隐的对象就是表面由平面多边形构成的多面体。

消隐的算法可分为两种,第一种方法以窗口内的每个像素为处理单元,确定在每一个像素处,场景中的 k 个物体哪一个距离观察点最近(可见的),从而用它的颜色来显示该像素。算法描述如下:

```
for(窗口中的每一个像素)
{  确定距视点最近的物体,以该物体表面的颜色来显示像素;
}
```

本章讨论的算法基本上都属于此类。第二种方法以场景中的物体为处理单元,将一个物体与其余的 $k-1$ 个物体逐一比较,仅显示它可见的表面以达到消隐的目的。算法描述如下:

```
for(场景中的每一个物体)
{  将该物体与场景中的其它物体进行比较,确定其表面的可见部分;
   显示该物体表面的可见部分;
}
```

此类算法通常用于线消隐。

假设场景中有 k 个物体,平均每个物体的表面由 h 个多边形构成,显示区域中有 $m \times n$ 个像素,则第一种方法的计算复杂度为 $O(mnkh)$;第二种方法的复杂度为 $O((kh)^2)$。

12.2　提高消隐算法效率的常用方法

消隐是一个非常费时的工作,为了提高算法效率,人们开发出了各种技术,以下是常用的几个。

12.2.1　利用连贯性

相邻事物的属性之间具有一定的连贯性,即从一个事物到相邻的事物,属性值通常是平缓过渡的，例如颜色值、空间位置关系等，这种连贯性可用于提高消隐算法的效率。

物体连贯性 如果物体 A 与物体 B 是完全相互分离的，那么在消隐时，只需要比较 A,B 两物体之间的遮挡关系就可以了，而不需要对它们的表面多边形逐一进行测试。例如，若 A 距视点较 B 为远，那么在测试 B 上的表面的可见性时，就不需要考虑 A 的表面。

面的连贯性 一张面内的各种属性值一般是缓慢地变化的，允许我们采用增量的形式对其进行计算。

区域连贯性 一个区域是指屏幕上一组相邻的像素，它们通常为同一个可见面所占据，可见性相同。区域连贯性表现在一条扫描线上即为扫描线上的每个区间内只有一个面可见。

扫描线的连贯性 在相邻两条扫描线上，可见面的分布情况相似。

深度连贯性 同一表面上的相邻部分深度是相近的，而占据屏幕上同一区域的不同表面的深度不同。这样在判断表面间的遮挡关系时，只需取其上一点计算出深度值，比较该深度值便能得出结果。

12.2.2 将透视投影转换成平行投影

消隐与投影有密切关系，首先，消隐工作必须在投影之前完成，因为消隐需要物体完整的三维信息，而一旦经过投影，三维物体就被投影到投影平面上，只剩下二维信息了。其次，物体之间的遮挡关系，与投影中心(视点)的选取有关，如图 12.1 所示，当投影中心取做 Q 点时，B 物体遮挡了 A 物体；当投影中心取做 P 点时，A,B 之间不存在相互遮挡。另外，物体之间的遮挡关系与投影方式也有关，如在图 12.2 中，当采用平行投影时，物体 B 不遮挡物体 A，如图 12.2(a)所示；而当采用透视投影时，B 部分遮挡了 A，如图 12.2(b)所示。

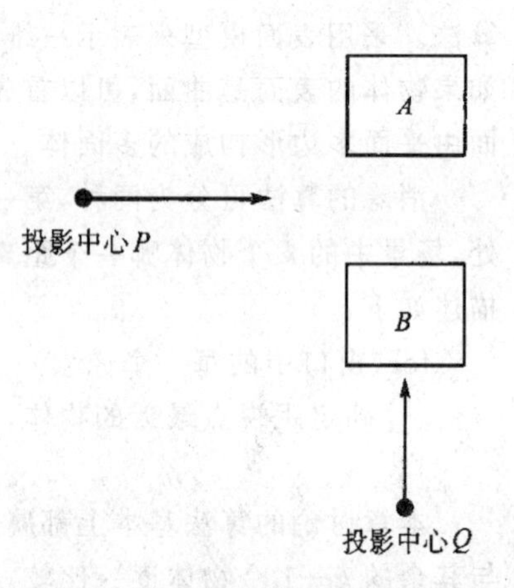

图 12.1 A,B 之间的遮挡关系与投影中心的选取有关

根据图 8.30 中的三维图形显示流程图，消隐工作应该在规范化变换之后的规范投影坐标系中进行。加入了面消隐步骤的流程图如图 12.3 所示。

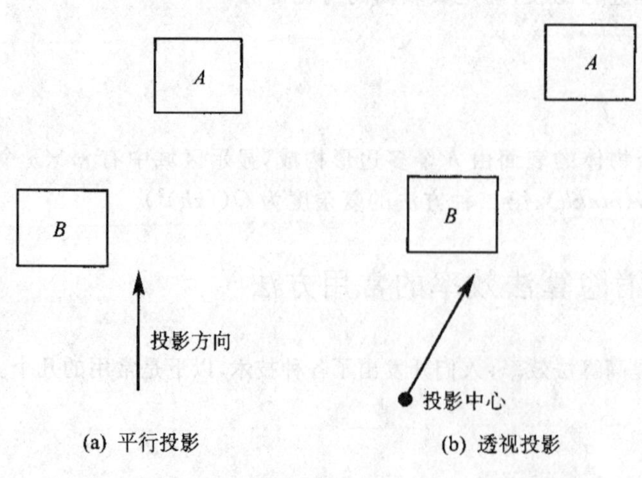

图 12.2 A,B 之间的遮挡关系与投影类型有关

在规范投影坐标系 uvn 中，平行投影的投影方向平行于 n 轴，透视投影的投影中心落在坐标原点，对于位于同一条投影线上的两个点 $P_1(u_1,v_1,n_1)$,$P_2(u_2,v_2,n_2)$，它们的遮挡关系由深度值 n_1,n_2 唯一确定。也就是说，若 $n_1>n_2$，则 P_1 可见，P_2 被 P_1 遮挡，若 $n_1<n_2$，则 P_2 可见，P_1 被 P_2 遮挡。但是如何判断 P_1,P_2 是否位于同一条投影线上呢(即 P_1,P_2 对应投影平面上的同一位置)。对平行投影来说，当 $u_1=u_2$,$v_1=v_2$ 时，P_1

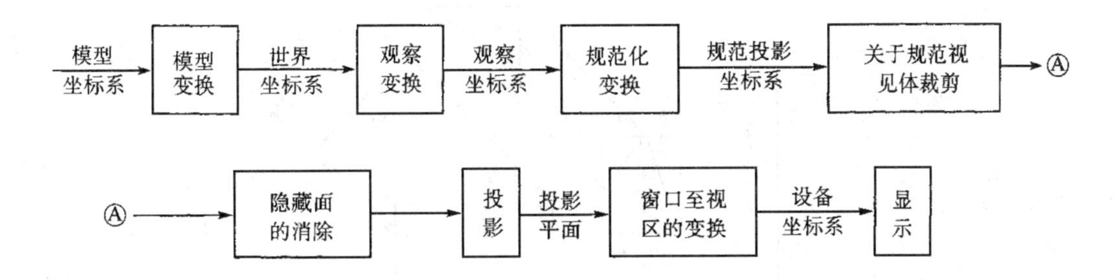

图 12.3　加入面消隐步骤的三维图形显示流程图

与 P_2 位于同一投影线上；而对透视投影来说，当$\frac{u_1}{n_1}=\frac{u_2}{n_2}$，$\frac{v_1}{n_1}=\frac{v_2}{n_2}$时，$P_1$ 与 P_2 位于同一投影线上。注意到这里用到了 4 个除法运算，这种额外的除法运算可以通过将透视投影转换成平行投影而得到避免。参照图 8.33，采用该方案的流程图如图 12.4 所示。

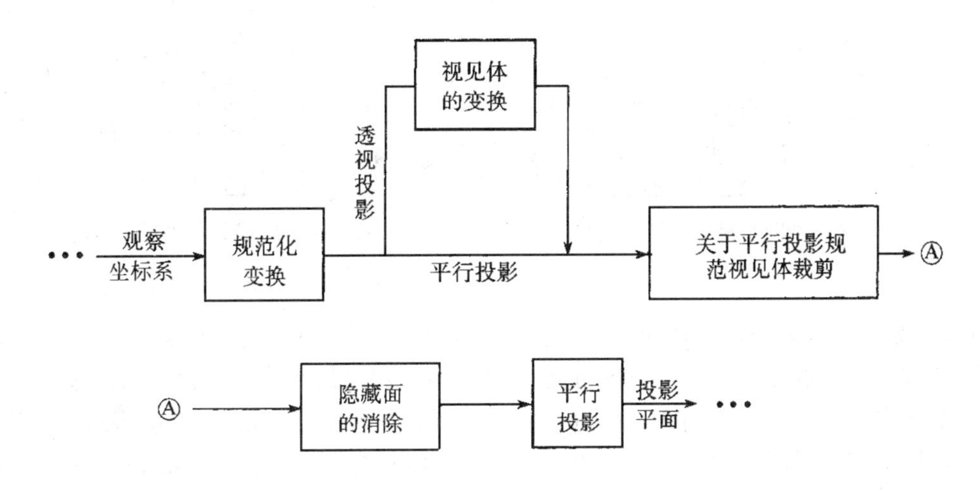

图 12.4　先将透视投影转换成平行投影，然后再消隐

12.2.3　包围盒技术

一个形体的**包围盒**是指包围它的简单形体，如二维空间中的矩形、圆，三维空间中的长方体、球等。包围盒技术常用来避免盲目的求交测试、各种物体间的比较等，从而达到减少计算量，提高效率的目的。一个好的包围盒要具有两个条件，一是该包围盒充分紧密地包围着形体，二是对包围盒的测试比较简单。下面以矩形包围盒和长方体包围盒为例，说明如何利用它们来提高消隐算法的效率。

在图 12.5 中，两个空间多边形 A，B 在投影平面上的投影分别为 A'，B'，因为 A'，B' 的矩形包围盒不相交，说明 A'，B' 不相交，从而无需对 A，B 两个多边形进行相互之间的遮挡测试。如果 A'，B' 的包围盒相交，则可能有两种情况发生：一是如图 12.6(a)所示，A' 与 B' 相交；一是如图 12.6(b)所示，A' 与 B' 仍不相交。究竟属于哪种情况需进一步判断。

在一个场景中，大量地发生图 12.5 中的情况，而测试两个矩形包围盒是否相交仅需要很少的计算，从而避免了对多边形进行是否相交的测试(需较多的计算)，提高了消隐的效率。

在坐标系 uvn 中，如果物体的表示比较复杂，例如它的表面由很多个平面多边形构成，要

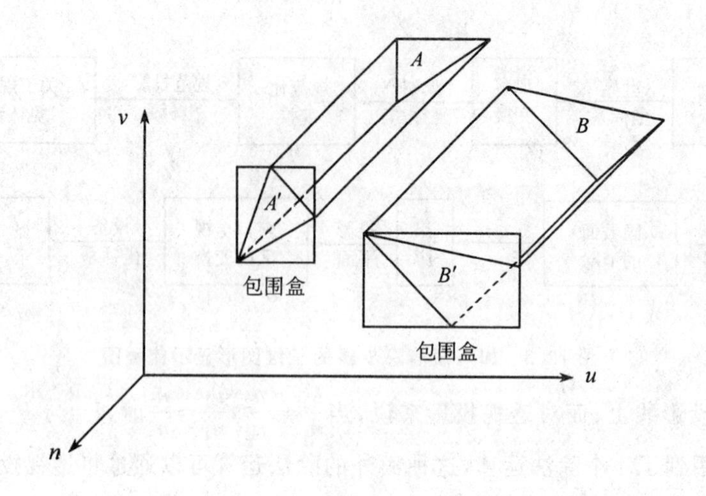

图 12.5　A',B' 的矩形包围盒不相交

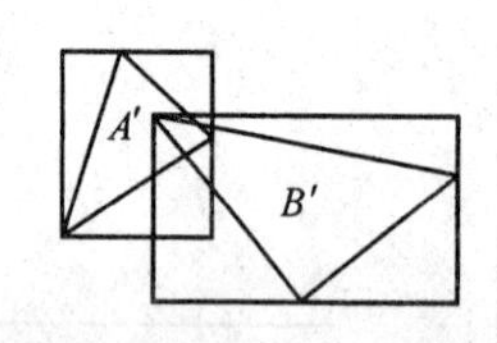

(a) 包围盒相交,A'与B'也相交

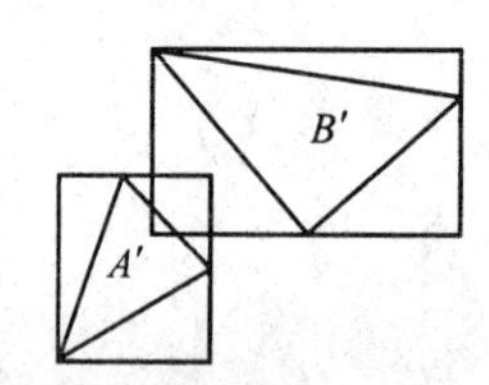

(b) 包围盒相交，但A'与B'不相交

图　12.6

测试一条投影线是否与这样的物体相交需大量的计算。此时,可以给物体取一个长方体包围盒。当需要测试投影线是否与物体相交时,我们首先将投影线与其长方体包围盒进行求交测试(需较少的计算),如果不相交,则得出结论,投影线与物体也不相交;否则再进一步测试。因为一般情况下,一条投影线仅与场景中少数几个物体相交,即前一种情况大量地存在,故这种处理方法避免了大量的投影线与物体的直接求交测试,提高了效率。

12.2.4　背面剔除

一个用多面体表示的物体的表面由若干个平面多边形构成,规定每个多边形的法向都是指向物体外部的,称为**外法向**。若一个多边形的外法向与投影方向(观察方向)的夹角为钝角,称其为**前向面**,如图 12.7 中的 A,B。在没有被遮挡的情况下,前向面是可见的。若一个多边形的外法向与投影方向的夹角为锐角,称其为**后向面或背面**。如图 12.7 中的 C,D。物体的表面是封闭的,背面总是被前向面所遮挡,从而是不可见的。这样,如果在消隐工作开始之前将场景中所有的背面剔除掉,则可大大减少消隐的计算量。

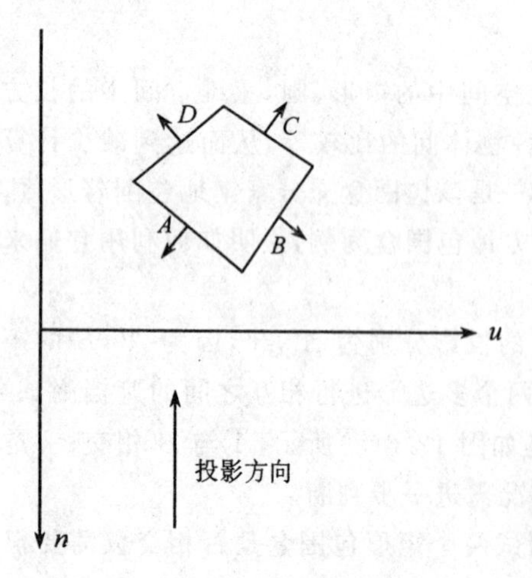

图 12.7　前向面与背面

当然,有时也需要观察到背面,例如我们将视点置于物体的内部,想看看物体内部的情况,或者一个多边

形并不是一个多面体表面的组成部分，而按照前面的定义它又是背面；此时，可以关掉软件包的背面剔除功能（像 OpenGL 等三维图形软件包都有此功能），或者将多边形的外法向反向。

12.2.5 空间分割技术

为了判断一个物体是否可见，必须将它与场景中的所有物体进行比较，而不管它们的投影在投影平面上是否有重叠部分（即是否存在相互遮挡的可能）。如果场景中有 k 个物体，根据 12.1 节所述的第二种消隐方法，消隐的复杂度为 k^2。由于物体在场景中的分布是分散的，有些物体之间根本就不存在相互遮挡关系，它们在投影平面上的投影相距甚远，在它们之间进行遮挡测试是不必要的。为了避免这种不必要的测试，可以将投影平面上的窗口分成若干小区域，例如我们将它分成 $l \times l$ 个均匀大小的区域，为每个小区域建立相关物体表，表中的物体的投影与该区域有相交部分。不妨假定每个小区域的相关物体表中平均有 h 个物体，显然 h 是远小于 k 的。则在小区域中判断哪个物体可见时，只要与该区域的相关物体表中的其它 $h-1$ 个物体进行比较就可以了，测试复杂度为 h^2，远小于 k^2。从而算法的效率提高了。

空间分割也可以在物体所在的三维空间中进行，例如可以将视见体分成一个个小的长方体，为每个小长方体建立相关物体表。当需要判断哪些物体与当前投影线相交时，可以首先判断哪些小长方体与其相交，然后仅测试那些位于小长方体内的物体。

12.2.6 物体的分层表示

物体的分层表示是指利用模型变换（见 8.5 节）将物体表示成一棵树的形式。图 12.8 所示的是一个小汽车的分层表示。树的根节点代表小汽车，它有 5 个子节点分别是车身及 4 个轮子，车身又有头部和尾部两个子节点。模型变换的目的是便于把子节点以合适的尺寸与位置安装到其父节点中。

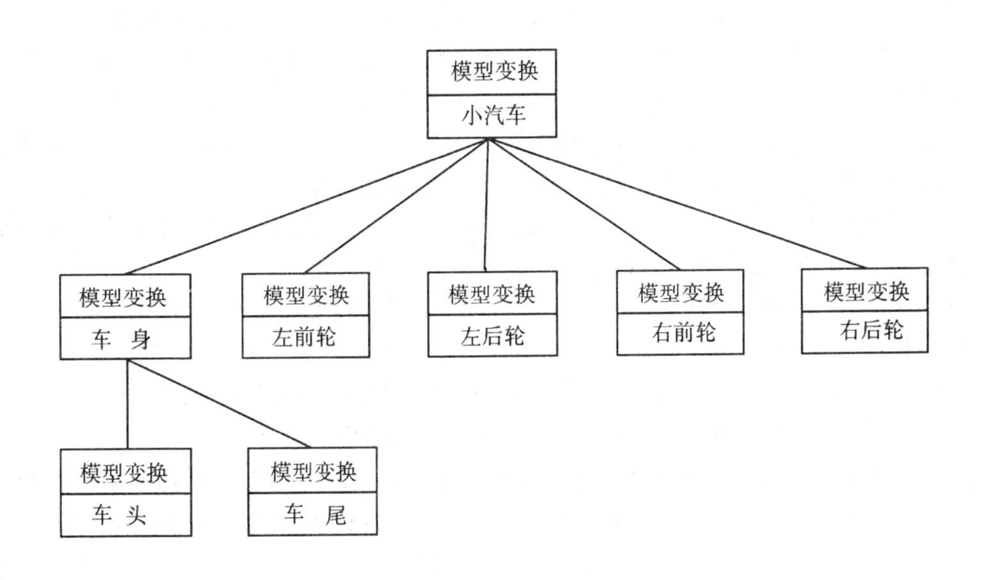

图 12.8 小汽车的层次表示

采用分层表示可以减少场景中物体的个数，从而降低算法复杂度。将父节点代表的物体看做子节点代表物体的包围盒，当两个父节点之间不存在遮挡关系时，就没有必要对两者的子节点做进一步测试。父节点之间的遮挡关系可以用它们的包围盒进行预测试。

12.3 画家算法

假设一个画家要作一幅画，画中远处有一座山，近处有一幢房子，房子的前面有一棵树，画家通过在纸上先画远山，再画房子，最后画树的作画顺序正确绘出了画中三个物体的相互遮挡关系。将画家的这种作画方法用于消除隐藏面，产生了所谓的画家算法。算法的基本思路是这样的：先将场景中的物体按其距观察点的远近进行排序，结果存在一张线性表中。距观察点远者称其优先级低，放在表头，距观察点近者称其优先级高，放在表尾，这张表称为**深度优先级表**。然后按照从表头到表尾的顺序逐个绘制物体。由于距观察点近的物体后画，它覆盖了远的物体，最终在屏幕上产生了遮挡关系正确的结果，相当于消除了隐藏面。

画家算法原理简单，其关键是如何对场景中的物体按深度（远近）排序，建立深度优先级表。以下介绍了一种针对多边形的排序方法。

在规范投影坐标系 uvn 中，投影方向是 n 轴的负方向，因而 n 坐标大者距观察者更近。记 $n_{\min}(P)$，$n_{\max}(P)$ 分别为多边形 P 的各个顶点 n 坐标的最小值与最大值，排序算法描述如下：

(1) 将场景中所有多边形存入一个线性表中（链表或数组），记为 L。

(2) 如果 L 中仅有一个多边形，算法结束；否则根据每个多边形的 $n_{\min}$ 对它们进行预排序，不妨假定多边形 P 落在表首，即 $n_{\min}(P)$ 是最小的。再记 Q 为 $L-\{P\}$（表中其余多边形）中的任意一个。

(3) 判别 P 与 Q 的关系，有如下两种：

① 对有的 $Q\in L-\{P\}$，有 $n_{\max}(P)<n_{\min}(Q)$；说明多边形 P 确实是距离观察点最远的，它不可能遮挡别的多边形。令 $L=L-\{P\}$，返回第(2)步。

② 存在某一个多边形 Q，使 $n_{\max}(P)>n_{\min}(Q)$，此时要作进一步判别，步骤如下：

(i) 若 P 与 Q 在投影平面上的投影 P'，Q' 的包围盒不相交，如图 12.9(a)所示，则 P，Q 在表中的顺序无关紧要，令 $L=L-\{P\}$，返回第(2)步；否则进行下一步。

(ii) 若 P 的所有顶点位于 Q 所在平面的不可见的一侧，如图 12.9(b)所示，这说明当前 P 与 Q 的关系是正确的，令 $L=L-\{P\}$，返回第(2)步；否则进行下一步。

(iii) 若 Q 的所有顶点位于 P 所在平面的可见的一侧，如 12.9(c)所示，说明当前 P 与 Q 的关系是正确的，令 $L=L-\{P\}$，返回第(2)步；否则进行下一步。

(iv) 对 P 与 Q 在投影平面上的投影 P' 与 Q' 求交，如果 P' 与 Q' 不相交，如图 12.9(d)所示，说明 P，Q 在表中的顺序无关紧要，令 $L=L-\{P\}$，返回第(2)步；如果 P' 与 Q' 有相交区域，在其中任取一点，计算出 P，Q 在该点的深度值，若 P 的深度小，说明 P，Q 在表中的前后关系正确，令 $L=L-\{P\}$，返回第(2)步；否则交换 P 与 Q，返回第(3)步。

注意本排序算法不能处理多边形循环遮挡的情况（如图 12.10 所示）和两个多边形相互穿透的情况（如图 12.11 所示），为了避免这种情况的发生，可以将某些多边形分割为两个。

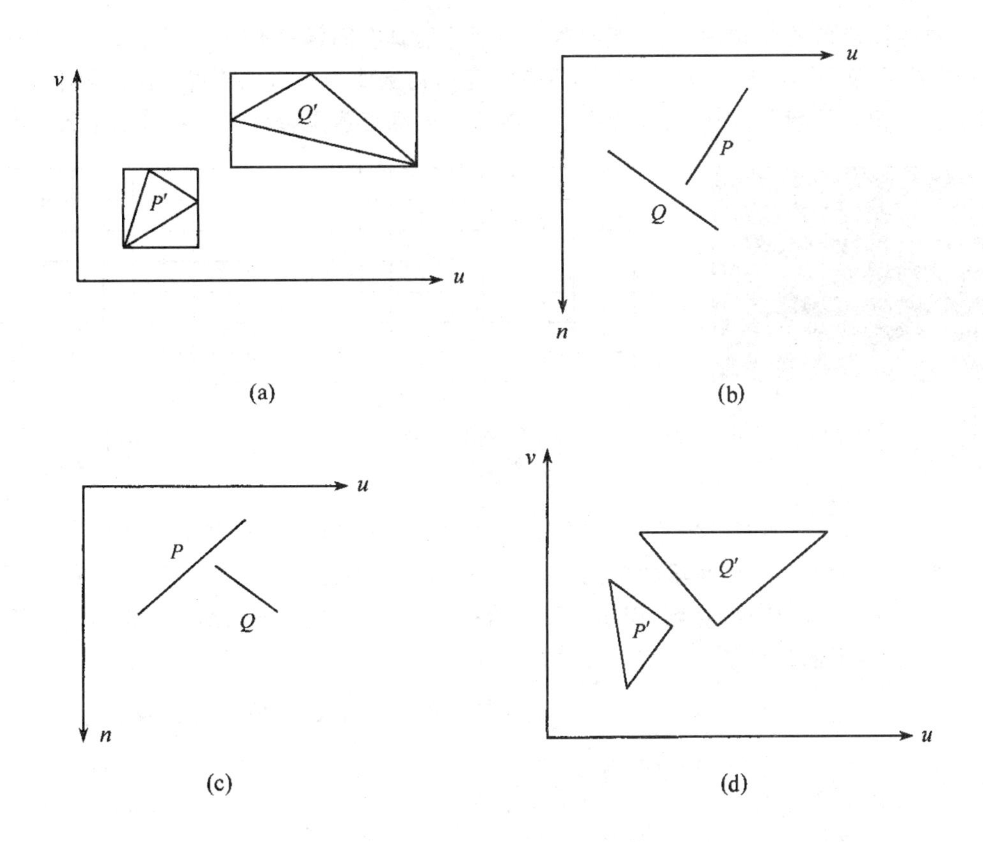

图 12.9　多边表 P 与 Q 的位置关系

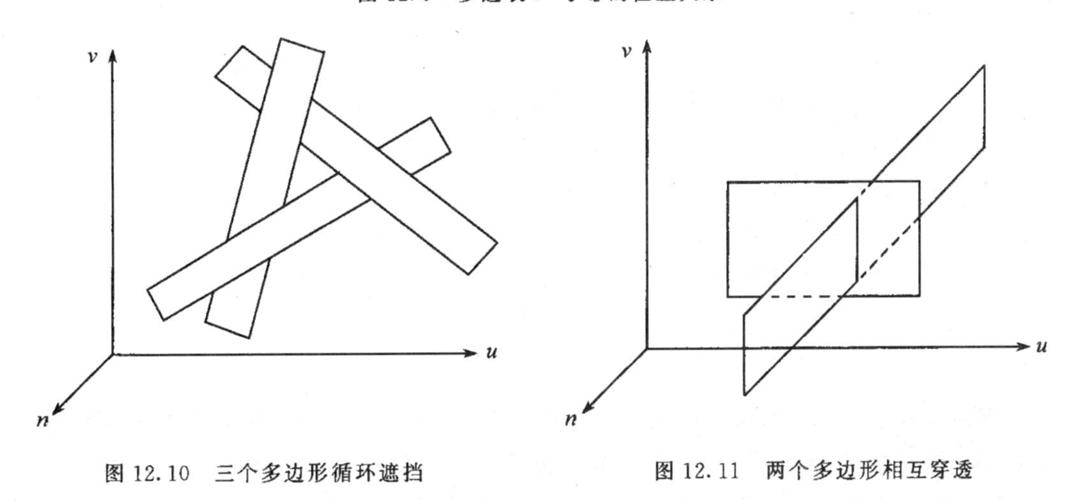

图 12.10　三个多边形循环遮挡　　　　图 12.11　两个多边形相互穿透

12.4　Z 缓冲器算法

采用画家算法进行面消隐必须对场景中物体进行深度排序，计算量大，对诸如物体间循环遮挡的情况还要特殊处理。相比较而言，本节要介绍的 Z 缓冲器算法(Z-Buffer 算法)更简单稳定，被广泛用于三维图形软件包中，并有利于硬件实现，图形加速卡对此一般也有特别支持。

采用 Z 缓冲器算法除了需要用于保存各像素颜色的帧缓冲器外，还需要一个用于保存各像素处物体深度值的 Z 缓冲器。Z 缓冲器与帧缓冲器具有同样多的单元，它们的单元之间存在 1-1 对应关系，如图 12.12 所示。Z 缓冲器各单元的初始值为 -1（规范视见体的最小 n 值）。当要改变某个像素的颜色值时，首先检查当前多边形的深度值是否大于该像素原来的深度值（保

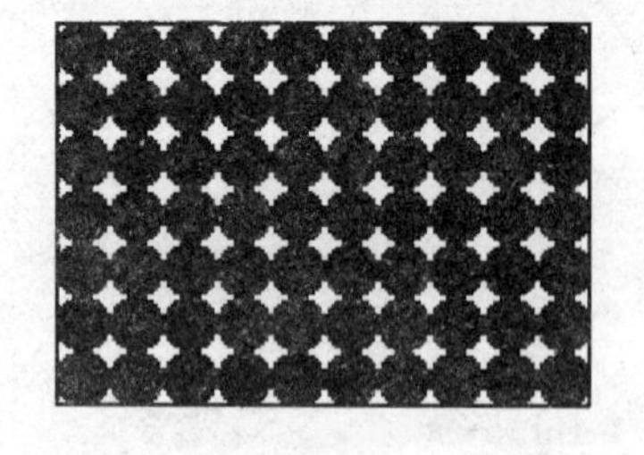

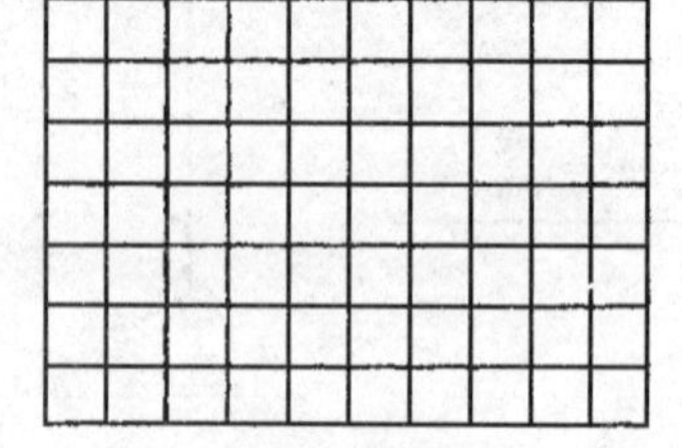

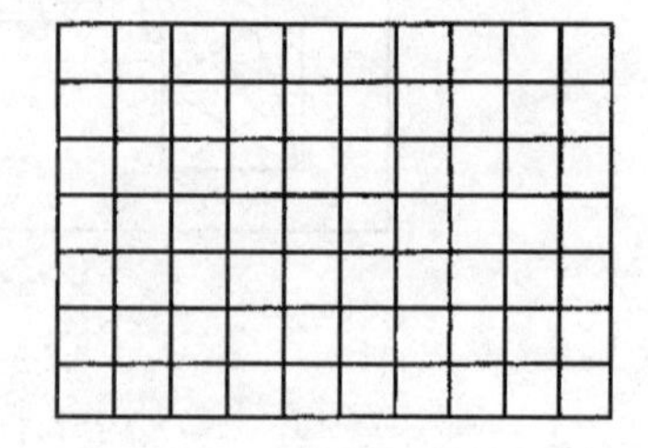

图 12.12　Z 缓冲器中的单元与帧缓冲器中的单元 1-1 对应

存在该像素所对应的 Z 缓冲器的单元中），如果大于，说明当前多边形更靠近观察点，用它的颜色替换像素原来的颜色；否则，说明在该像素处，当前多边形被前面所绘制的多边形遮挡了，是不可见的，像素的颜色值不改变。算法描述如下：

```
for(v=0;v<vmax;v++)      /*[0,umax]×[0,vmax]为绘图窗口 */
    for(u=0;u<umax;u++)
    {  将帧缓冲器的第(u,v)单元置为背景色;
       将Z缓冲器的第(u,v)单元置为-1(可见的最小n值);
    }
for(每个多边形)
    for(多边形在投影平面上的投影区域内的每个像素(u,v))
    {  计算多边形在当前像素(u,v)处的深度值,记为d;
       if (d>Z缓冲器第(u,v)单元的值)
       {  置帧缓冲器的第(u,v)单元的值为当前多边形的颜色;
          置Z缓冲器的第(u,v)单元值为d;
       }
    }
```

Z 缓冲器算法对多边形绘制的顺序没有特别要求，仅在每个像素处以近的多边形颜色覆盖远的多边形颜色。Z 缓冲器算法的一个缺点是需要一个额外的 Z 缓冲器，若绘图窗口的大小为 640×480，深度值采用 4 字节的浮点数保存，则要求 Z 缓冲器的大小为 $640\times480\times4\approx1.2$ M，这在几年之前还是个相当庞大的数字。好在现在普通的显示卡都有 4 M 显存，再增加几兆字节作为 Z 缓冲器也是可能的。为了克服这个缺点，可以将整个绘图区域分割成若干个小的区域，然后一个区域一个区域地显示，这样 Z 缓冲器的单元数只要等于一个区域内像素的个数就可以了。如果把小区域取成屏幕上的扫描线，则得到下一节介绍的扫描线 Z 缓冲器算法。本算法的第二个缺点是在每个多边形占据的每个像素处都要计算深度值，计算量大。克服这个缺点的方法是利用面的连贯性，也在下一节介绍。

12.5 扫描线 Z 缓冲器算法

根据上一节的讨论，扫描线 Z 缓冲器算法简单描述如下，其中 Z 缓冲器可看作一个一维数组。

```
for(v=0;v<vmax;v++)
{  for(u=0;u<umax;u++)      /* 对绘图窗口内的每一条扫描线初始化 */
   { 将帧缓冲器的第(u,v)单元置为背景色；
     将 Z 缓冲的第 u 单元置为-1(可见的最小深度值)；
   }
   for(每个多边形)
   {  求出多边形在投影平面上的投影与当前扫描线的相交区间；
      for(该区间内的每个像素(u,v))
      {  计算多边形在该像素处的深度值，记为 d；
         if (d>Z 缓冲器第 u 单元的值)
         {  置帧缓冲器的第(u,v)单元的值为当前多边形的颜色；
            置 Z 缓冲器第 u 单元的值为 d；
         }
      }
   }
}
```

从上面算法的描述可知，在处理一条扫描线时，要对场景中所有的多边形进行测试，看它们的投影与当前扫描线是否相交，还要计算相交区间内每个像素处多边形的深度值，非常耗时。为了提高效率，可采用类似于多边形扫描转换算法(4.4 节)的数据结构和处理方式，具体如下。

2.5.1 数据结构

1. 多边形顶点数组

多边形顶点数组记录了多边形的所有顶点坐标，它是一个二维的数组，其中每一个元素 $P[i][j]$ 是一个三维坐标矢量。如图 12.13 所示。

2. 多边形

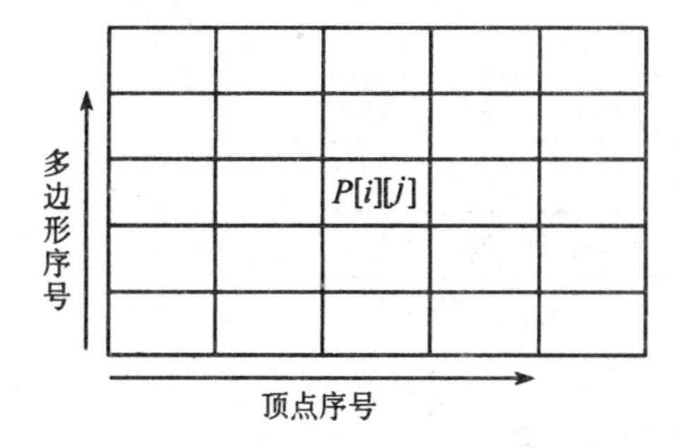

图 12.13　多边形顶点数组

多边形结构如图 12.14 所示，其中各变量解释如下：

(1) 多边形所在平面方程 $f(u,v,n)=au+bv+cn+d=0$ 的系数 a,b,c,d。平面方程由多边形顶点数组中所记录的顶点信息求得；

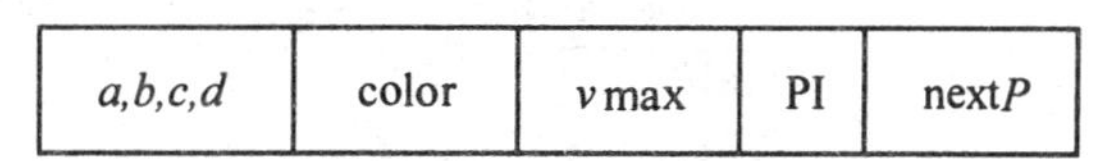

a,b,c,d	color	vmax	PI	nextP

图 12.14　多边形结构

(2) 多边形的颜色值 color;

(3) 多边形在投影平面上的投影的最大 v 坐标值 $v$max;

(4) 多边形的序号 PI;

(5) 指向下一个多边形结构的指针 next$P$,该指针用于将多边形结构连接成一个链表。

3. 多边形分类表

多边形分类表(PT)是对多边形进行分类的一维数组,它的长度等于绘图窗口内扫描线的数目。如果一个多边形在投影平面上的投影的最小 v 坐标为 v,则它属于第 v 类。对于图 12.15 中的两个待消隐多边形,多边形分类表如图 12.16 所示。

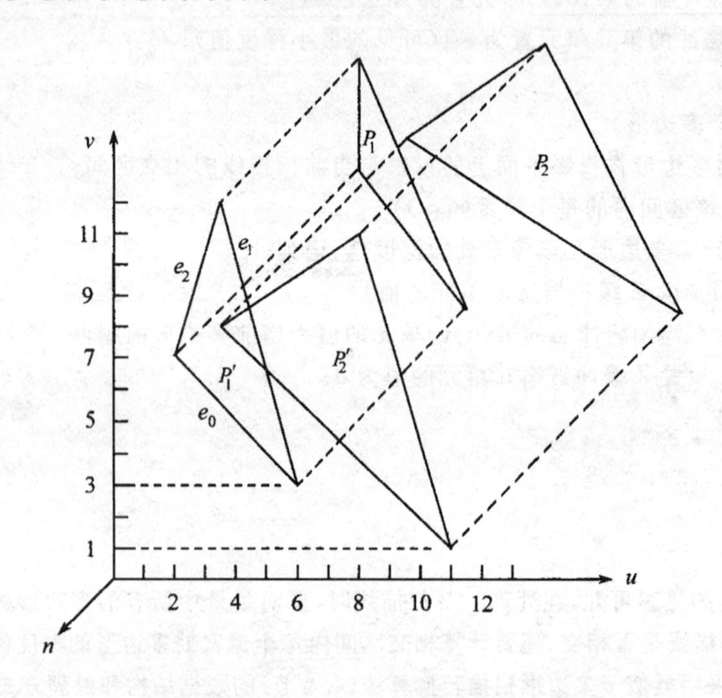

图 12.15 待消隐的多边形 P_1,P_2 及其在投影平面上的投影 P_1',P_2'

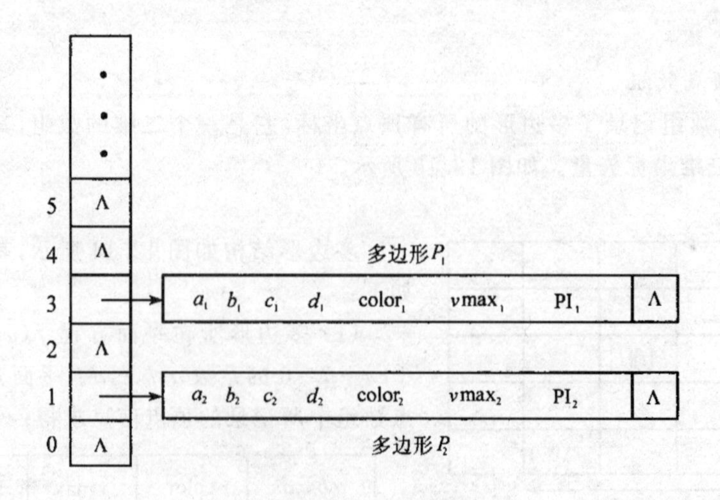

图 12.16 图 12.15 对应的多边形分类表

4. 活化多边形表

活化多边形表(APL)中记录投影与当前扫描线相交的多边形。在图 12.15 中,若扫描线为 $v=2$,与其相交的只有 P_2',活化多边形表中只有多边形 P_2,如图 12.17(a)所示。若扫描线为 $v=4$,P_1',P_2'均与其相交,活化多边形表如图 12.17(b)所示。多边形在 APL 中的顺序是无关紧要的。

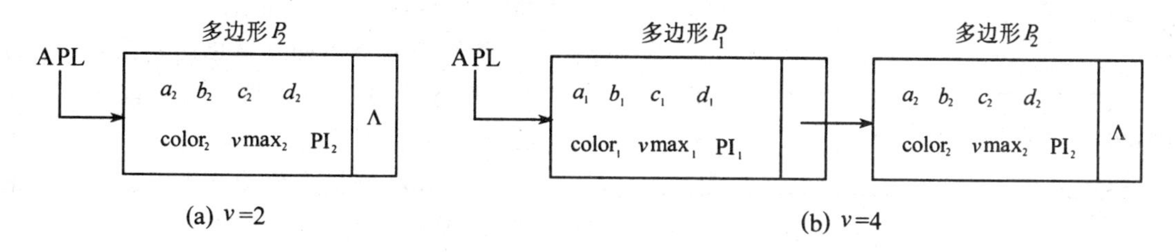

图 12.17 活化多边形表

5. 边

边结构用来记录多边形的一条边,在图 12.18 中,其各变量的解释如下:

(1) $v$max 为边的投影的上端点的 v 坐标;

(2) u 是边的下端点的 u 坐标;

(3) n 是边的下端点的 n 坐标;

(4) Δu 是在该边上 v 值增加一个单位时,u 坐标的变化量;

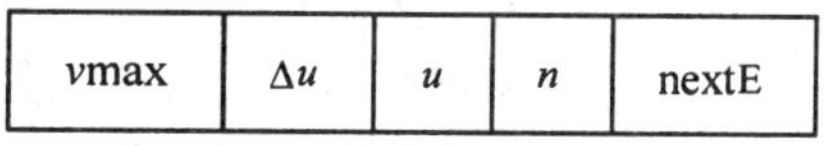

(5) nextE 为指向下一条边结构的指针,用于将边结构连接成一个链表。

vmax	Δu	u	n	nextE

图 12.18 边结构

6. 边分类表

当一个多边形进入活化多边形表时,需要为其建立一个**边分类表**(ET)。这里,边的分类表与其在扫描转换多边形的扫描线算法中的含义相同,它是对多边形的非水平边进行分类的一维数组,长度等于绘图窗口内扫描线的数目。若一条边在投影平面上的投影的下端点的 v 坐标为 v,则将该边归为第 v 类。图 12.15 中的多边形 P_1 的边的分类表如图 12.19 所示。

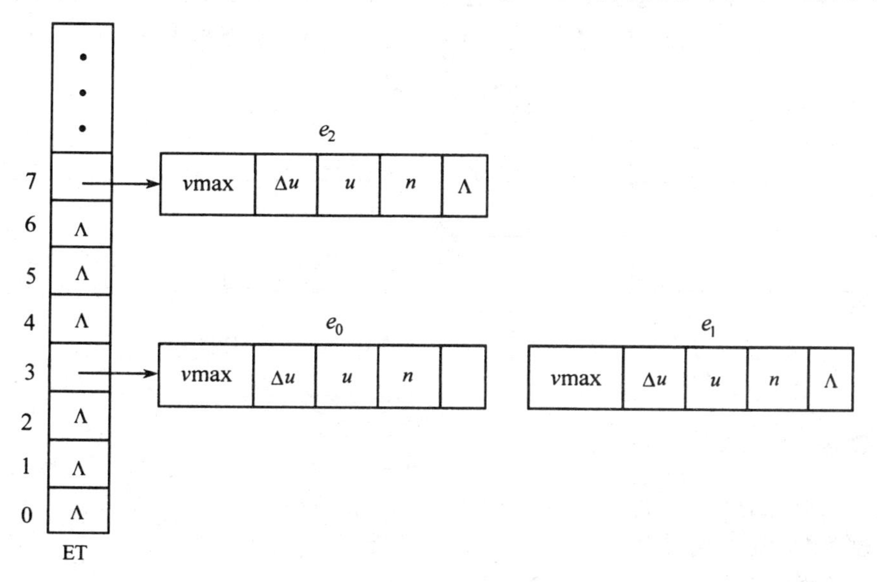

图 12.19 边的分类表

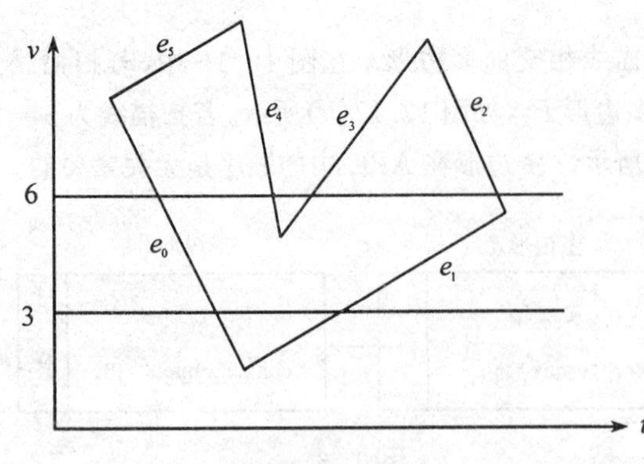

图 12.20　边对

7. 边对

在一条扫描线上，同一多边形的相邻两条边构成一个**边对**。图 12.20 中，在扫描线 $v=3$ 上，e_0e_1 两条边构成一个边对，在扫描线 $v=6$ 上，e_0e_4，e_3e_2 分别构成边对。

边对中包含了如下信息：

(1) u_l：边对的左侧边与扫描交点的 u 坐标；

(2) Δu_l：当沿左侧边 v 坐标递增一个像素时，u 坐标的增量；

(3) $v_{l\max}$：左侧边投影的上端点的 v 坐标；

(4) u_r：边对的右侧边与扫描线交点的 u 坐标；

(5) Δu_r：当沿右侧边 v 坐标递增一个像素时，u 坐标的增量；

(6) $v_{r\max}$：右侧边投影的上端点的 v 坐标；

(7) n_l：左侧边与扫描线的交点处的多边形的 n 坐标(深度值)；

(8) Δn_u：当沿扫描线 u 递增一个像素时，多边形所在平面的 n 坐标的增量。对方程为 $au+bv+cz+d=0$ 的平面来说，$\Delta n_u=-a/c(c\neq 0)$；

(9) Δn_v：当 v 递增一个像素时，多边形所在平面 n 坐标的增量，$\Delta n_v=-b/c(c\neq 0)$；

(10) PI：多边形的序号，标识该边对属于哪个多边形；

(11) nextEP：指向下一个边对结构的指针，用于将边对连接成链表。

边对记录了多边形的投影与扫描线相交的区间的有关信息是本算法在进行消隐时处理的基本单元。

8. 活化边对表

活化边对表(AEPL)中记录了活化多边形表中与当前扫描线相交的边对，边对在 AEPL 中的顺序无关紧要。若图 12.20 中的多边形为待消隐多边形，则当扫描线为 $v=3$ 时，活化边对表如图 12.21(a)所示。当扫描线为 $v=6$ 时，活化边对表如图 12.21(b)所示。

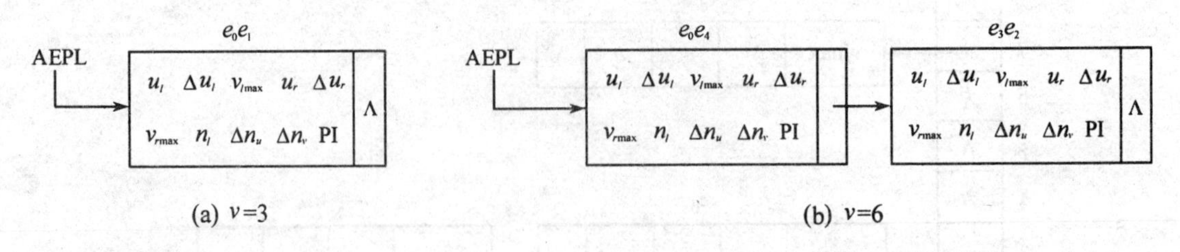

图 12.21　活化边对表

12.5.2　算法

采用如上介绍的数据结构，扫描线 Z 缓冲器算法描述如下：

(1) 建立多边形分类表 PT；

(2) 置活化多边形表 APL 为空，置活化边对表 AEPL 为空；

(3) 对每一条扫描线 v，执行以下步骤：

① 置帧缓冲器第 v 行中的各单元为背景色；

② 置 Z 缓冲器各单元的值为-1(最小的深度值)；

③ 检查 PT 的第 v 类是否非空，如果非空，将该类中的多边形取出加入 APL 中；

④ 对新加入 APL 中的多边形，为其建立边分类表 ET；

⑤ 对新加入 APL 中的多边形，若它的 ET 中的第 v 类非空，将其中的边配对插入 AEPL 中；

⑥ 对 AEPL 中的每一个边对，执行以下步骤：

```
深度值 n=n_l;
for(u=u_l;u<=u_r;u=u+1)
{
   if(n>Z 缓冲器中第 u 个单元的值)
   {  置帧缓冲器第(u,v)单元的值为当前边对所属多边形的颜色;
      置 Z 缓冲器第 u 单元的值为 n;
   }
   n=n+Δn_u;      /* 计算下一个像素(u+1,v)处多边形的深度值 */
}
```

⑦ 检查活化多边形表 APL，删除那些满足 $v\max=v$ 的多边形，释放该多边形的 ET，并从 AEPL 中删除属于该多边形的边对；

⑧ 检查 AEPL 中的每一个边对，执行以下步骤：

(i) 若 $v_{l\max}=v$ 或 $v_{r\max}=v$，删除边对中的左侧边或右侧边；

(ii) 若左侧边和右侧边都从边对中删除了，则从 AEPL 中删去该边对；若边对中仅有一条边被删去了，则从该边对所属的多边形的 ET 中找另一条边与余下的边配对，组成新的边对，加入 AEPL；

(iii) 计算下一条扫描线与边对两边交点的 u 坐标：

$$u_l = u_l + \Delta u_l,\quad u_r = u_r + \Delta u_r$$

(iv) 计算下一条扫描线与边对左侧边交点处的深度值：

$$n_l = n_l + \Delta n_u \Delta u_l + \Delta n_v$$

⑨ 将扫描线递增一个像素，$v=v+1$。

12.6 扫描线算法

与 Z 缓冲器算法相比，扫描线 Z 缓冲器算法做了两改点进，其一是将整个绘图窗口内的消隐问题分解到一条条扫描线上来解决，使得所需的 Z 缓冲器大大减小；其二是在计算深度值时，利用了面连贯性，只用了一个加法。但它在每个像素处都计算深度值，进行深度比较。这样，被多个多边形覆盖的像素处还要进行多次计算，所需的计算量仍然是很大的。本节要介绍的扫描线算法克服了这一缺陷，使得在一条扫描线上，每个区间只需计算一次深度值，并且不需要 Z 缓冲器。

观察图 12.22 发现，多边形 P_1，P_2 的边界在投影平面上的投影将一条扫描线划分成若干个区间$[0,u_1]$，$[u_1,u_2]$，$[u_2,u_3]$，$[u_3,u_4]$，$[u_4,u\max]$，覆盖每个区间的有 0 个，1 个或多个多边

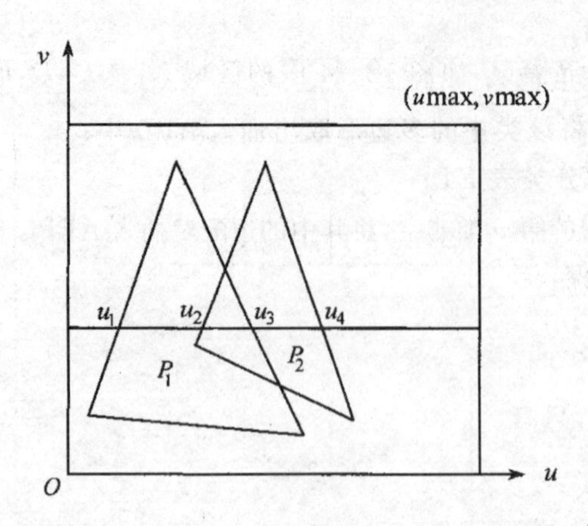

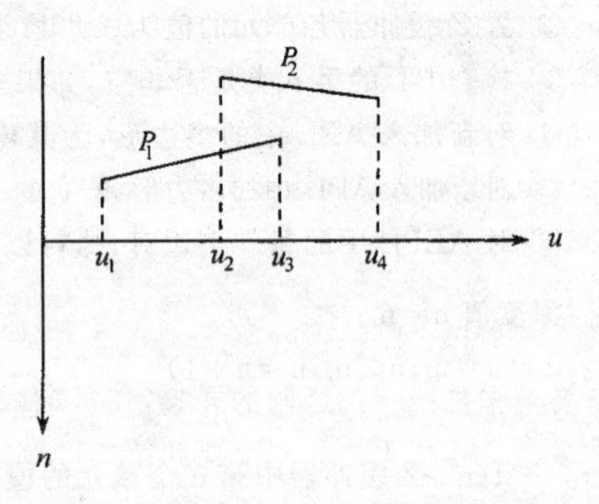

图 12.22 在扫描线的每一个区间上只有一个多边形可见

形，但仅有一个可见。在区间上任取一个像素，计算该像素处各多边形(投影包含了该像素的多边形)的深度值，深度值最大者即为可见多边形，用它的颜色显示整个区间。这就是扫描线消隐算法的基本思想。该算法要求多边形不能相互贯穿，否则在同一区间上，多边形深度值的次序会发生变化。如图 12.23 所示，在区间$[u_1,u_2]$上，多边形 P_1 的深度值大，在区间$[u_3,u_4]$上，多边形 P_2 的深度值大，而在区间$[u_2,u_3]$上，两个多边形深度值的次序发生交替。

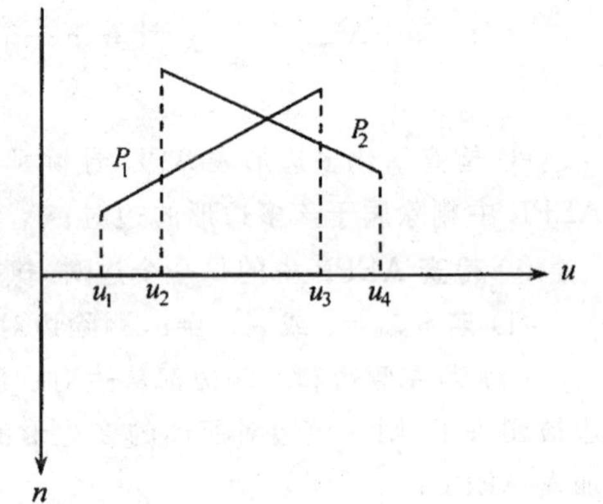

图 12.23 P_1 与 P_2 相互贯穿

本算法的简单描述如下：

```
for(绘图窗口内的每一条扫描线)
{  求投影与当前扫描线相交的所有多边形；
   求上述多边形中投影与当前扫描线相交的所有边，将它们记录在活化边表 AEL 中；
   求 AEL 中每条边的投影与扫描线的交点；
   按交点的 u 坐标将 AEL 中各边从左到右排序，两两配对组成一个区间；
   for(AEL 中每个区间)
   {  求覆盖该区间的所有多边形，将它们记入活化多边形表 APL 中；
      在区间上任取一点，计算 APL 中各多边形在该点的深度值，记深度值最大者为 P；
      用多边形 P 的颜色填充该区间；
   }
}
```

本算法的数据结构类似于扫描线 Z 缓冲器算法。

12.7 区域子分算法

Z 缓冲器算法与扫描线 Z 缓冲器算法通过在一个个像素处计算并比较每个多边形的深度值来达到消隐的目的。这种做法将像素孤立来考虑，没有利用相邻像素之间存在的属性的连贯性，即区域连贯性，导致算法效率不高。事实上，可见的多边形至少覆盖了绘图窗口内的一块区域，这块区域由多边形在投影平面上的投影的边界围成，如图 12.24 中的区域 A,B,C,D,E，其中的 P_1' 和 P_2' 是待消隐多边形 P_1,P_2（没有显示）的投影。如果能将这些区域找出来，再用相应的多边形颜色加以填充，则消隐问题迎刃而解，避免了在每个像素处计算深度值。然而完整地找出并刻画这样的区域是困难的，于是出现了各种折衷的方法，扫描线算法便是其中的一种。在扫描线算法中，区域被分解成了位于相邻的多条扫描线上的区间的并集，在每个区间上，只有一个多边形是可见的。本节要介绍的区域子分算法则提出了对可见区域的另一种分解方法，类似于 9.4 节中提到的二维区域的四叉树表示方法。

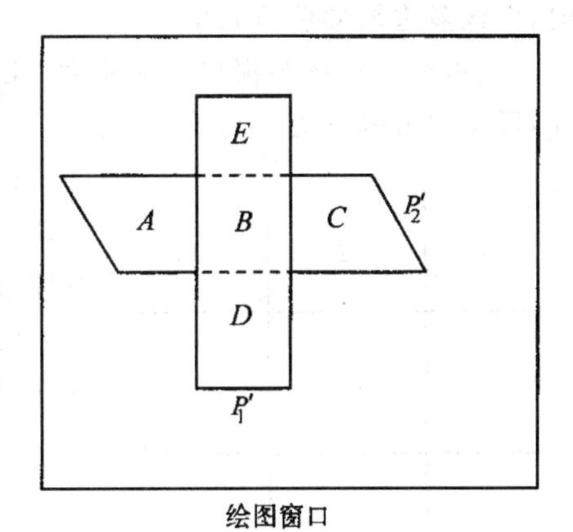

图 12.24　多边形 P_1,P_2 的投影 P_1',P_2' 的边界围成的区域 A,B,C,D,E

区域子分算法的基本思想是这样的：首先将场景中的多边形投影到绘图窗口（假定它是边长为 k 的正方形）内，判断绘图窗口是否足够简单，若是，则算法结束；否则将窗口进一步分为四块，分别为左上角、右上角、左下角、右下角的四个小窗口，记为 $\left(LT,\frac{k}{2}\right)$，$\left(RT,\frac{k}{2}\right)$，$\left(LB,\frac{k}{2}\right)$，$\left(RT,\frac{k}{2}\right)$。对此四个小窗口，重复上述过程，直到窗口仅为一个像素大小。此时，可能有多个多边形覆盖了该像素，计算它们的深度值，以最近者的颜色显示该像素即可。上面提到的“窗口足够简单”是指如下几种情况之一发生：

(1) 窗口为空，即所有多边形与窗口的关系是分离的，如图 12.25(a)所示；

(2) 窗口内仅含一个多边形，即有一个多边形与窗口的关系是包含或相交，如图

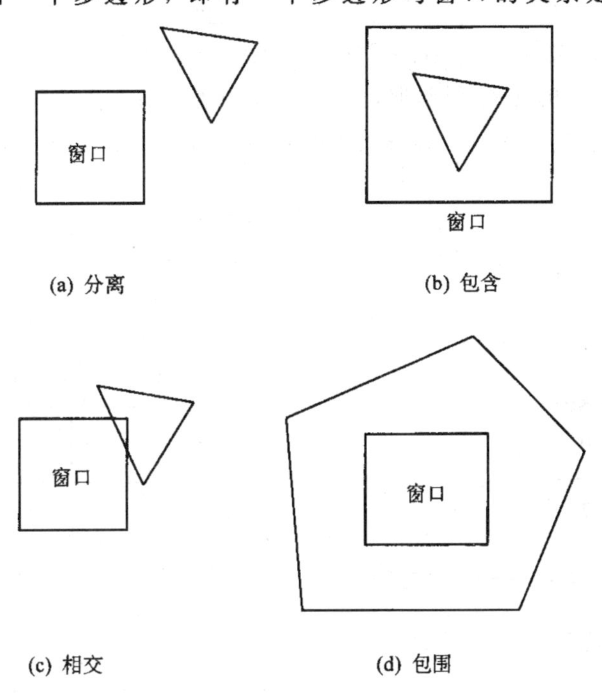

(a) 分离　(b) 包含

(c) 相交　(d) 包围

图 12.25　窗口与多边形投影之间的关系

12.25(b),(c)所示。此时先对多边形的投影进行裁剪,再对裁剪结果进行填充;

(3) 有一个多边形的投影包围了窗口,如图 12.25(d)所示,并且它是最靠近观察点的。此时,以该多边形颜色填充窗口。

在多边形投影与窗口的关系中,(b),(c)两种情况比较简单,为了区别分离和包围两种情况,可采用编码方法。简单步骤如下:

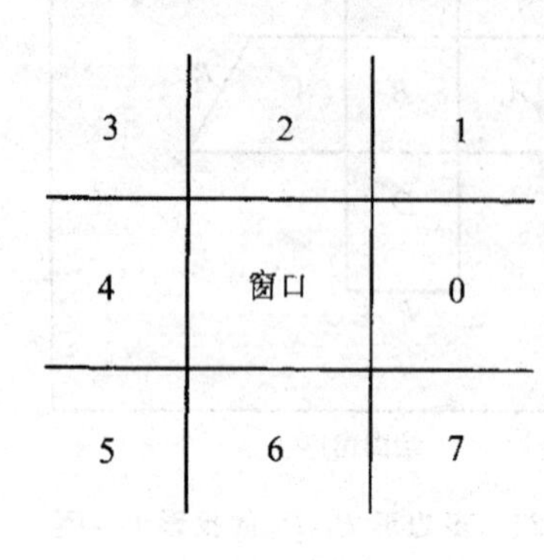

图 12.26 区域编码

(1) 区域编码。如图 12.26 所示,窗口四条边所在直线将屏幕划分为 9 个区域,对窗口以外的 8 个区域按逆时针(或顺时针)进行编码,编码为 0~7。

(2) 多边形顶点编码。多边形 $v_0v_1\cdots v_n$ 的顶点 v_i 的投影落在哪个区域,那个区域的编码便作为该顶点的编码,记为 I_i。

(3) 多边形边的编码。多边形的边 v_iv_{i+1} 的编码定义为 $\Delta_i=I_{i+1}-I_i,i=0,\cdots,n$;其中令 $I_{n+1}=I_0$,并且,当 $\Delta_i>4$ 时,取 $\Delta_i=\Delta_i-8$;当 $\Delta_i<-4$ 时,取 $\Delta_i=\Delta_i+8$;当 $\Delta_i=\pm 4$ 时,取该边与窗口边的延长线的交点将该边分为两段,对两段分别按上面的规则编码,再令 Δ_i 等于两者之和。

(4) 多边形的编码。定义多边形的编码为其边的编码之和 $\sum_{i=0}^{n}\Delta_i$,则

$$\begin{cases}\text{窗口与多边形相分离}, & \text{当}\sum_{i=0}^{n}\Delta_i=0\text{ 时},\\ \text{多边形包围窗口}, & \text{当}\sum_{i=0}^{n}\Delta_i=\pm 8\text{ 时}\end{cases}$$

对如图 12.27(a)中的三角形,$I_0=5,I_1=7,I_2=3,\Delta_0=7-5=2,\Delta_1=3-7=-4,\Delta_2=5-3=2$,因为 $\Delta_2=-4$,按第(3)步的处理规则,取边 v_1v_2 与窗口上边所在直线的交点将 v_1v_2 分为两段,两段的编码分别为 2,2,从而 $\Delta_2=4$。最终求出的多边形的编码为 $\Delta_0+\Delta_1+\Delta_2=2+4+2=8$。从

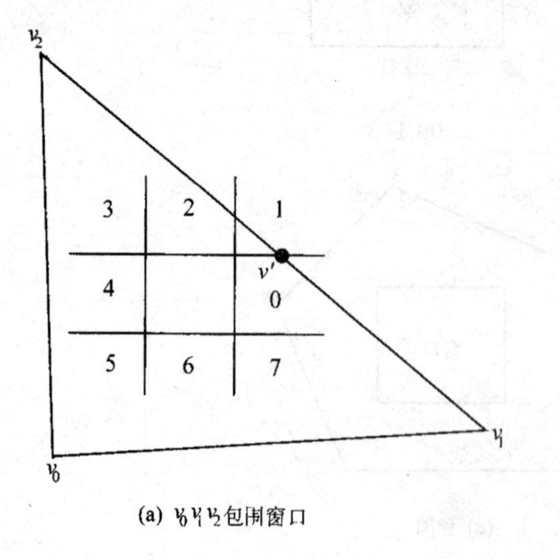

(a) $v_0v_1v_2$包围窗口

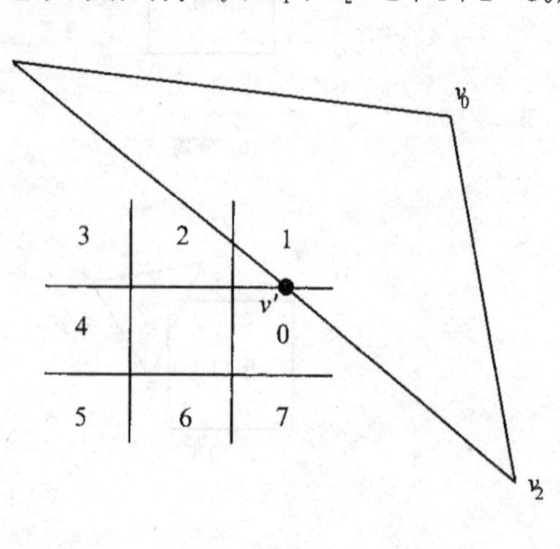

(b) $v_0v_1v_2$与窗口相分离

图 12.27 用编码方法判别多边形与窗口的关系

而得出结论：该三角形包围窗口。

对图 12.27(b)中的三角形，$I_0=1$，$I_1=3$，$I_2=7$，$\Delta_0=3-1=2$，$\Delta_1=7-3=4$，$\Delta_2=1-7=-6$。按第(3)步处理规则，取 v_1v_2 与窗口上边所在直线的交点 v' 将其分为两段，两段的编码分别为-2，-2，从而 $\Delta_1=-2+(-2)=-4$。而 $\Delta_2=-6+8=2$。最终求出多边形的编码为 $\Delta_0+\Delta_1+\Delta_2=2+(-4)+2=0$，从而得出结论：多边形与窗口相分离。

注意到在第(3)步中，我们对 $\Delta_i=\pm4$ 的情况进行了特殊处理，目的是区别图 12.27(a)与(b)中的两条边 v_1v_2 的情况。(a)中的 v_1v_2 是逆时针跨越了 4 个象限，其编码应该为 4，而(b)中的 v_1v_2 顺时地跨越了 4 个象限，其编码应该为-4。对 $|\Delta_i|>4$ 的情况进行了取模运算，目的是反映这样的事实，即逆时针跨越了 5(或 6,7)个象限等价于顺时针跨越了 $5-8=-3$ 个象限。

12.8　光线投射算法

光线投射算法的思想十分简单，将通过绘图窗口内每一个像素的投影线与场景中的所有多边形求交，如图 12.28 所示，如果有交点，用深度值最大的交点(最近的)所属的多边形的颜色显示相应的像素；如果没有交点，说明没有多边形的投影覆盖此像素，用背景色显示它即可。

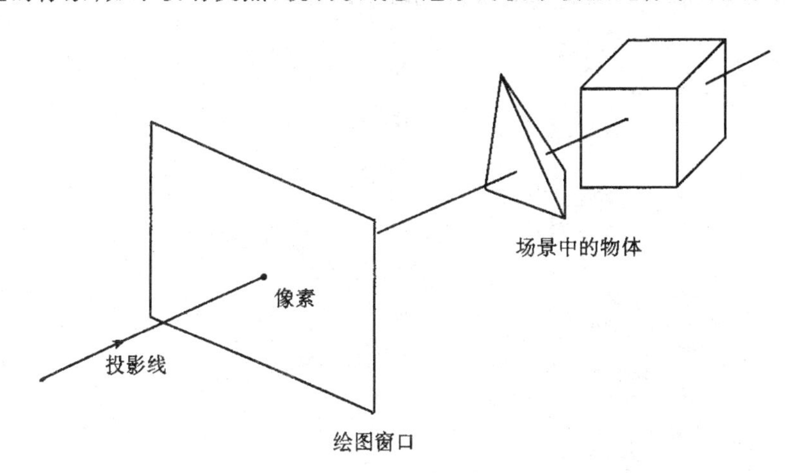

图 12.28　将通过每一个像素的投影线与场景中的物体表面求交

算法简单描述如下：

```
for(v=0;v<=vmax;v++)      /*[0,umax]×[0,vmax]为绘图窗口 */
  for(u=0;u<=umax;u++)
  {  形成通过像素(u,v)的投影线；
     for(场景中的每一个多边形)
        将投影线与多边形求交；
     if(有交点)
       以最近交点所属多边形的颜色显示像素(u,v)
     else
       以背景色显示像素(u,v)；
  }
```

对比 Z 缓冲器算法与本算法，它们仅仅是内外循环颠倒了一下，所以它们的算法复杂度是类似的，都要在所有的像素处计算覆盖此像素的所有多边形的深度值。区别在于光线投射算法不需要 Z 缓冲器。

为了提高本算法的效率，可以用本章第 2 节所提到的包围盒技术、空间分割技术以及物体的层次表示等方法。

习　题

1. 编写一个程序实现画家算法。
2. 编写一个程序实现 Z 缓冲器算法和 Z 缓冲器扫描线算法。
3. 编写一个程序实现扫描线算法。
4. 编写一个程序实现区域子分算法。
5. 编写一个程序实现光线投射算法。
6. 将背面剔除结合到如上各程序中。
7. 将包围盒技术、空间分割技术及物体的层次表示结合到光线投射算法中。
8. 设计一个程序实现如图 12.4 的三维图形显示流程。

第13章 光照明模型与真实感图形的绘制

为了产生明暗过渡自然的真实感图形，首先必须建立**光照明模型**(Illumination Model 或 Lighting Model)，它描述了物体表面的颜色与其空间位置、朝向、物理属性(反射率、折射率)及光源之间的关系。依据光照明模型，绘制算法具体计算对应屏幕上各像素的物体表面的颜色，并最终显示图形。

本章首先介绍简单光照明模型和基于该模型的两种典型的多边形绘制算法：Gouraud 着色方法与 Phong 着色方法，接下来介绍表面细节、阴影的生成及透明的处理，最后介绍整体光照明模型和光线跟踪算法。

13.1 简单光照明模型

当光线照射到一个物体表面时，主要发生三种情况，其一是反射，其二是(对透明物体)透射，其三是部分光被物体吸收转换为热能。上述三部分光中，只有反射光与透射光能够刺激人眼产生颜色，因而物体表面的反射光和透射光决定了物体呈现的颜色。这节，假定物体是不透明的(没有透射光)，我们来介绍简单光照明模型。

13.1.1 环境光

在避光的地方(如没有开灯的房间内)，景物没有受到光源(如白炽灯、太阳)的直接照射，但其表面仍具有一定的亮度，使它们可见。这是因为光线在场景中经过复杂的传播之后，形成了弥漫于整个空间的光线，称为**环境光**(Ambient Light 或 Background Light)。环境光在空间中近似地是均匀分布的，即在任何位置、任何方向上，强度都一样，记其亮度为 I_a。在分布均匀的环境光的照射下，物体表面呈现的亮度未必相同，因为它们具有不同的**环境光反射系数**(Ambient Reflection Coefficient)，记为 K_a。K_a 较大者，看起来亮，K_a 较小者看起来暗。由此得到只包含环境光的**光照明方程**(描述光照明模型的方程)为：

$$I_e = K_a I_a \tag{13.1}$$

其中，I_e 为物体表面所呈现的亮度。由这个方程可以看出，若一个物体的 $K_a=0$，则无论环境光多么强，该物体都是黑色的，并且，因为同一物体表面的 K_a 为常数，所以其上各点的亮度相同。图13.1是采用方程(13.1)绘制的两个具有不同环境光反射系数的球。

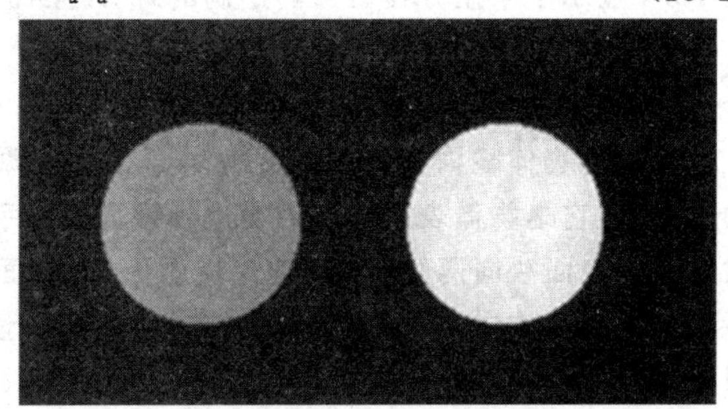

图13.1 具有不同环境光反射系数的两个球 $I_a=1.0$ (a) $K_a=0.4$ (b) $K_a=0.8$

13.1.2 漫反射

采用方程(13.1)绘制物体，虽然不同

图 13.2 点光源向周围辐射等强度的光

的物体具有不同的亮度，但同一物体的表面的亮度是一个恒定的值，没有明暗的自然过渡，这是环境光照射产生的结果。这一节，我们考虑用**点光源**照射物体。点光源的几何形状即为一个点，它位于空间中的某个位置，向周围所有的方向上辐射等强度的光，如图 13.2 所示，记其亮度为 I_p。在点光源的照射下，物体表面的不同部分亮度不同，亮度的大小依赖于它的朝向以及它与点光源之间的距离。

一个粗糙的、无光泽的物体(如粉笔)表面对光的反射表现为**漫反射**(Diffuse Reflection)。在表面某点上，这样的表面对入射光在各个方向上呈强度相同的反射，因而无论从哪个角度看，该点的亮度都是相同的。

对于给定的表面，记其在 P 点的法向为 N，从 P 点到点光源的矢量为 L，θ 为 N 与 L 的夹角，P 点的漫反射光亮度 I_d，由**郎伯余弦定律**得到：

$$I_d = I_p K_d \cos\theta, \quad \theta \in \left[0, \frac{\pi}{2}\right] \tag{13.2}$$

其中，$K_d \in [0,1]$，为物体表面的**漫反射系数**(Diffuse Reflection Coefficient)。由上式可以看出，I_d 只与入射角 θ 有关，而与反射角无关，也即与视点的位置无关。如图 13.3 所示，I_d 的强度在各个反射方向上相等。入射角 θ 必须在 $0 \sim \frac{\pi}{2}$ 之间变化，当 $\theta > \frac{\pi}{2}$ 时，光线将被物体自身遮挡而照射不到 P 点(对于不透明物体)。若 N 与 L 都已规范化为单位矢量，则 $\cos\theta = L \cdot N$，式(13.2)可写成

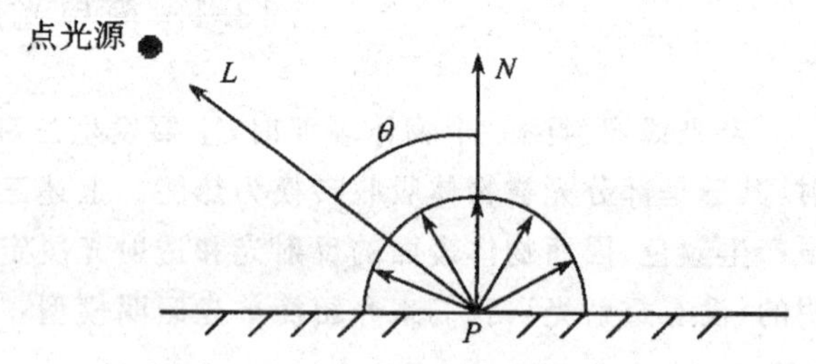

图 13.3 漫反射光的强度只与入射角有关

$$I_d = I_p K_d (L \cdot N) \tag{13.3}$$

法矢量的计算可以用第 9 章、第 10 章介绍的方法。注意：光照明方程必须在世界坐标系(或与其等价的坐标系)中计算，因为透视变换、错切变换等不是保角变换，它们会改变入射角 θ 的值。

将环境光与漫反射光结合起来得到下面的光照明方程：

$$I = I_e + I_d = I_a K_a + I_p K_d (L \cdot N) \tag{13.4}$$

图 13.4 显示了采用方程(13.4)绘制的球，K_a，K_d 分别从下到上，从左到右逐渐增大。

13.1.3 镜面反射与 Phong 模型

光滑的物体表面如金属或塑料表面在点光源的照射下会形成一块特别亮的区域，即所谓的"高光"，它是物体表面对入射光进行**镜面反射**引起的。镜面反射遵循反射定律，反射光与入射光位于表面法向两侧。对于理想反射面(如镜面)，入射角等于反射角，如图 13.5 所示。观察者只能在反射方向上才能看到反射光，而偏离了该方向则看不到任何反射光。对于非理想反射面，如苹果、塑料球等的表面，镜面反射情况由 Phong 模型给出。

1. Phong 模型

如图 13.6 所示，P 为物体表面上一点，L 为从 P 指向光源的矢量，N 为法矢量，R 为反射矢量，θ 为入射角(反射角)，V 为从 P 指向视点的矢量，α 为 V 与 R 的夹角，Phong 模型表示为

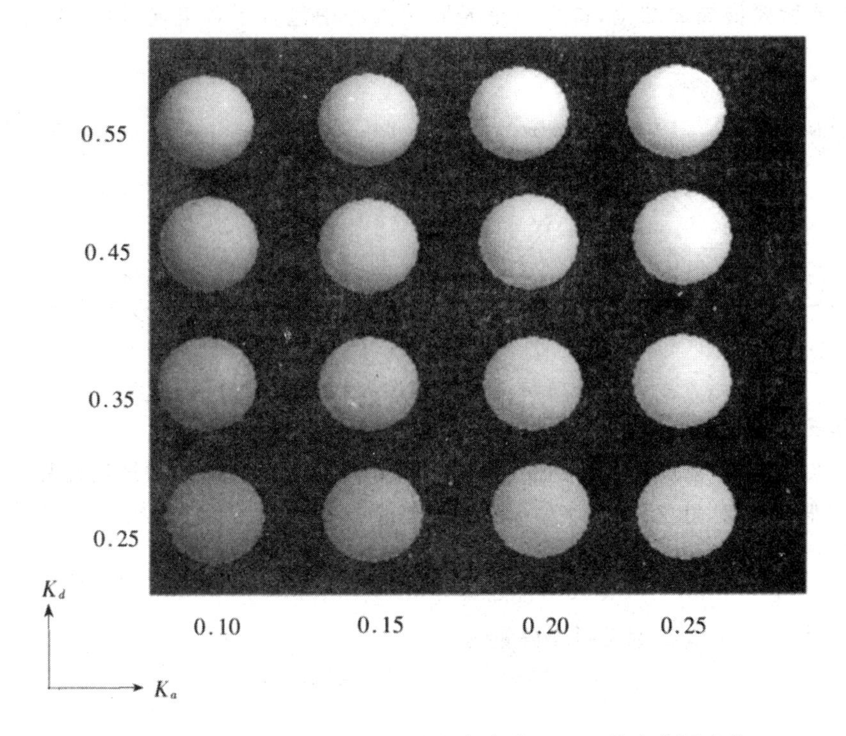

图 13.4　在点光源的照射下，球的亮度随 K_a，K_d 的变化而变化

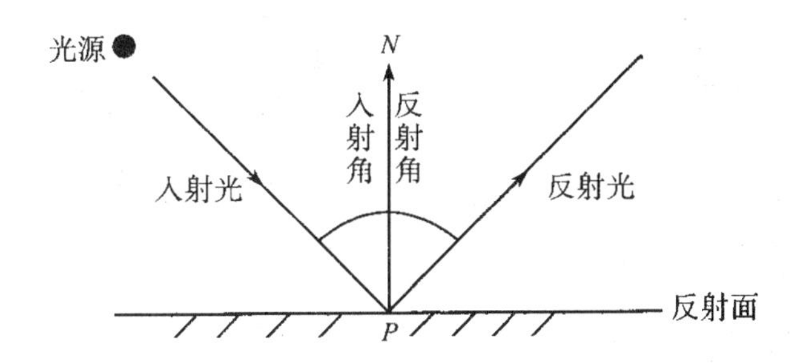

图 13.5　对于理想镜面，入射角等于反射角

$$I_s = I_p K_s \cos^n \alpha \tag{13.5}$$

其中 I_s 为从 V 方向上观察到的镜面反射光的亮度，显然，在 $\alpha=0$ 的方向上（即 R 方向）I_s 取得最大值，随着 α 的增大（V 偏离 R），I_s 逐渐衰减，衰减的速率由 n 决定。n 称为物体表面的**镜面反射指数**，n 越大，I_s 随 α 的增大衰减得越快，$n=1,2,4,8$ 所对应的 $\cos^n\alpha$ 的图像如图 13.7 所示。

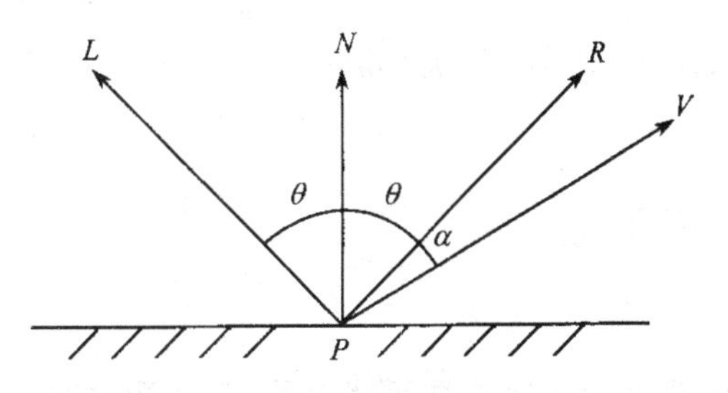

图 13.6　非理想镜面反射

若 R 与 V 都已规范为单位矢量，则 $\cos\alpha = V \cdot R$，代入式(13.5)，得到：

$$I_s = I_p K_s (V \cdot R)^n \tag{13.6}$$

将镜面反射光加入方程(13.4)，得到光照明方程为：

$$I = I_e + I_d + I_s = K_a I_a + I_p[K_d(L \cdot N) + K_s(V \cdot R)^n] \tag{13.7}$$

上式即是本节所要推导的结论，这个简单光照明方程中包含了环境光、漫反射光与镜面反射光。

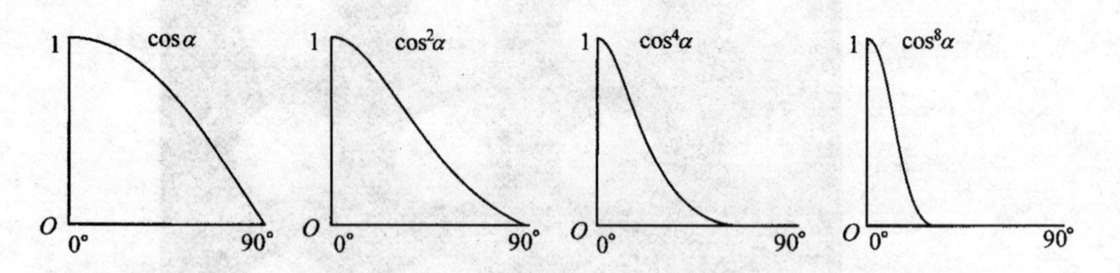

图 13.7 $\cos^n$ 的图像，$n=1,2,4,8$

2. 计算反射光矢量

连接 P 点与光源/视点可以得到矢量 L 与 V，计算反射光矢量 R 的过程要复杂一些。如图 13.8 所示。假定入射角（反射角）为 θ，L，N，R 都是单位矢量，则 L 在 N 上的投影矢量为 $N\cos\theta$，记矢量 $S=N\cos\theta-L$，则有：

$$R = N\cos\theta + S = 2N\cos\theta - L \tag{13.8}$$

将 $\cos\theta=L\cdot N$ 代入上式得到反射光矢量为：

$$R = 2N(L\cdot N) - L \tag{13.9}$$

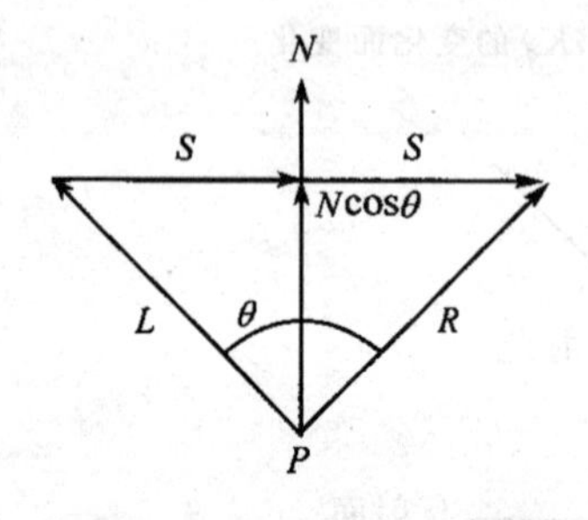

图 13.8 反射矢量 R 的计算

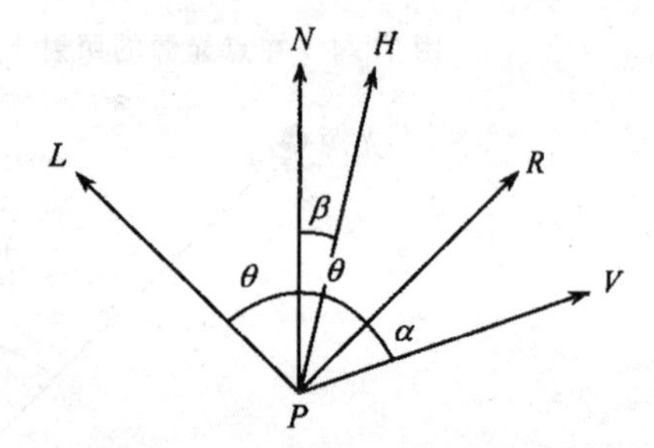

图 13.9 以 $H\cdot N$ 代替 $V\cdot R$

实际应用中，为了减少计算量，经常取另一个矢量 H，以 $H\cdot N$ 代替 $V\cdot R$ 参与式(13.7)的计算。如图 13.9 所示，H 位于 L 与 V 的中间，即

$$H = (L + V)/2 \tag{13.10}$$

记 β 是 H 与 N 的夹角，α 是 R 与 V 的夹角，由图易知

$$\theta + \beta = \frac{1}{2}(2\theta + \alpha)$$

从而有

$$\beta = \frac{1}{2}\alpha$$

显然 β 与 α 成线性正比关系，当 α 变化时，β 随之变化，只不过它的变化幅度只有 α 变化幅度的一半。采用 $H\cdot N$ 或 $V\cdot R$ 计算式(13.7)产生的结果是不一样的，前者的高光区域更大。但是，既然式(13.7)本身是一个经验公式（而不是严格的物理定律），我们只要适当调节 n 的大小使得高光区域大小适中就可以了。对 H 单位化，有 $H=(L+V)/|L+V|$。用 $H\cdot N$ 代替式(13.7)中的 $V\cdot R$ 得到：

$$I = I_a K_a + I_p[K_d(L \cdot N) + K_s(H \cdot N)^n] \tag{13.11}$$

特别地，当光源与视点都落在无穷远处时，对表面上的任一点来说，L 与 V 都是固定不变的，从而 H 是常矢量，这样，H 只要计算一次就行了，节约了大量的计算。光源在无穷远处意味着采用了平行光照射场景，视点在无穷远处意味着采用平行投影。

13.1.4 光的衰减

光在传播的过程中，其能量会衰减。在本节的光照明模型中，光的传播过程分为两个阶段：从光源到物体表面的传播及从物体表面到人眼的传播。光在第一个传播阶段的衰减使物体表面的入射光强度变弱，第二个阶段的衰减使人眼接受到的物体表面的反射光的强度变弱，总的效果是使物体表面的亮度降低。下面我们就来讨论如何将光的衰减效果结合到光照明模型中。

1. 光在光源到物体表面的过程中的衰减

在同一个光源的照射下，距光源较近的物体看起来亮，而距光源较远的物体看起来暗，这是因为光在从光源到物体表面的传播过程中发生了衰减。衰减比例为光的传播距离平方的倒数，若以衰减函数 $f(d)$ 来表示衰减的比例，则

$$f(d) = \frac{1}{d^2} \tag{13.12}$$

其中，d 为光的传播距离。

以上的衰减函数很简单，但应用于本节的光照明模型常常不能产生好的效果。当 d 很大时，$f(d)$ 变化的非常慢，而当 d 很小时，$f(d)$ 变化的非常快。虽然这种变化规律对点光源来说是正确的，但真实的世界中物体并不是以点光源照射的。为了弥补点光源的不足，产生真实感更强的图形，一个有效的衰减函数的取法如下：

$$f(d) = \min\left(\frac{1}{c_0 + c_1 d + c_2 d^2}, 1\right) \tag{13.13}$$

用户可以调节 c_0, c_1, c_2 的值以控制 $f(d)$ 变化的快慢，常数项 c_0 用来防止 $f(d)$ 变得过大。$f(d)$ 的最大值为 1。

将 $f(d)$ 加入式(13.11)中，得到光照明方程

$$I = K_a I_a + f(d) I_p[K_d(L \cdot N) + K_s(H \cdot N)^n] \tag{13.14}$$

2. 光在物体表面到人眼过程中的衰减

为模拟光在这段传播过程中的衰减，许多系统采用**深度暗示技术**(Depth Cueing)。深度暗示技术最初用于线框图形的显示，使距视点远的点比近的点暗一些。经过改进，这种技术现在同样适用于真实感图形的显示。

首先，在规范化投影坐标系(为方便起见，记为 xyz，注意在前面的章节中，我们记该坐标为 uvn)中定义两个平面 $Z = Z_f$，$Z = Z_b$，分别称为**前参考面**与**后参考面**，并赋予比例因子 S_f 和 S_b($S_f, S_b \in [0,1]$)。给定物体上一点的深度值 Z_0，该点对应的比例因子 S_0 这样来确定(如图 13.10 所示)：

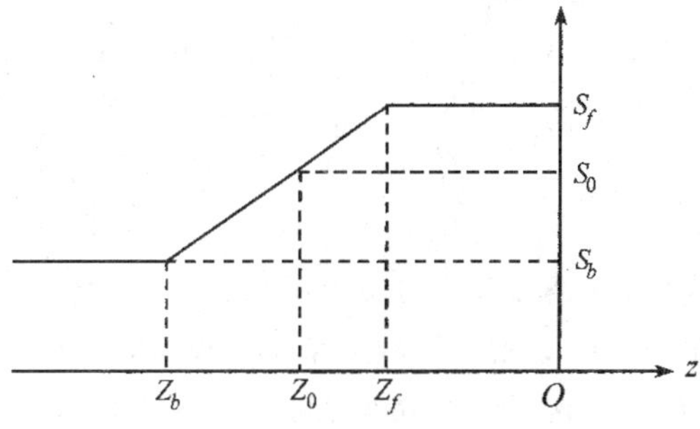

图 13.10 计算比例因子 S_0

● 当 $Z_0 > Z_f$ 时(Z_0 较 Z_f 更近)，取 $S_0 = S_f$

● 当 $Z_0 < Z_b$ 时(Z_0 较 Z_b 更远)，取 $S_0 = S_b$

● 当 $Z_0 \in [Z_b, Z_f]$时，

$$S_0 = S_b + \frac{S_f - S_b}{Z_f - Z_b}(Z_0 - Z_b) \tag{13.15}$$

原亮度 I(由光照明模型计算出来的值)按比例 S_0 与熔合亮度 I_{dc}混合，目的是获得最终用于显示的亮度 I'，I_{dc}由用户指定，

$$I' = S_0 I + (1 - S_0) I_{dc} \tag{13.16}$$

特别地，若取 $S_f = 1, S_b = 0, I_{dc} = 0$，则当物体位于前参考面之前($Z_0 > Z_f$)时，$I' = I$，即亮度没有被衰减。当物体位于后裁剪面之后($Z_0 < Z_b$)时，$I' = I_{dc} = 0$，即亮度被衰减为 0。而当 $Z_0 \in [Z_b, Z_f]$时，$I' = S_0 I$，亮度被部分衰减。由此可以产生真实感效果较好的图形。

13.1.5 产生彩色

前文讨论的光照明模型仅是关于白光的，应用该模型绘制景物，只能产生灰度，没有色彩。为了产生彩色的场景，要完成如下两步：

(1) 选择一个合适的颜色模型；

(2) 为颜色的三个分量分别建立光照明方程。

下面我们假定选择的颜色模型是 RGB 模型。在此颜色模型中，颜色是以红、绿、蓝三个分量来描述的，因此就要分别建立红、绿、蓝三基色的光照明方程。再假定有关的参数如下：

● 光源的颜色$[I_{pR}, I_{pG}, I_{pB}]$，其中 I_{pR}，I_{pG}和 I_{pB}分别是红、绿、蓝分量，以下类同。

● 环境光的颜色$[I_{aR}, I_{aG}, I_{aB}]$。

● 物体表面的漫反射系数$[K_{dR}, K_{dG}, K_{dB}]$，其中 K_{dR}，K_{dG}，K_{dB}分别为表面对红、绿、蓝三种光的漫反射率，以下类同。

● 物体表面的镜面反射系数$[K_{sR}, K_{sG}, K_{sB}]$。

● 物体表面的环境光反射系数$[K_{aR}, K_{aG}, K_{aB}]$。

以上面各参数中的红、绿、蓝分量分别替代方程(13.14)中的亮度，得到彩色光照明模型

$$\begin{cases} I_R = K_{aR} I_{aR} + f(d) I_{pR} [K_{dR}(L \cdot N) + K_{sR}(H \cdot N)^n], \\ I_G = K_{aG} I_{aG} + f(d) I_{pG} [K_{dG}(L \cdot N) + K_{sG}(H \cdot N)^n], \\ I_R = K_{aB} I_{aB} + f(d) I_{pB} [K_{dB}(A \cdot N) + K_{sB}(H \cdot N)^n] \end{cases} \tag{13.17}$$

光源通常是白色的，在这种情况下，通过漫反射系数很容易控制物体表面的颜色。例如，若取 $K_{dG} = K_{dB} = 0$，K_{dR}非零，则表面只反射红光，因而呈红色。同理，镜面反射系数用来控制光滑物体表面高光区域的颜色。

为了方便起见，在实际应用中常对各反射系数做如下分解：

$$\begin{bmatrix} K_{aR} \\ K_{aG} \\ K_{aB} \end{bmatrix} = K_a \begin{bmatrix} C_{dR} \\ C_{dG} \\ C_{dB} \end{bmatrix}, \quad \begin{bmatrix} K_{dR} \\ K_{dG} \\ K_{dB} \end{bmatrix} = K_d \begin{bmatrix} C_{dR} \\ C_{dG} \\ C_{dB} \end{bmatrix}, \quad \begin{bmatrix} K_{sR} \\ K_{sG} \\ K_{sB} \end{bmatrix} = K_s \begin{bmatrix} C_{sR} \\ C_{sG} \\ C_{sB} \end{bmatrix} \tag{13.18}$$

上式中，各等式右端的矢量用来控制表面的基本颜色，当选定了物体表面的颜色之后，它们就固定不变了。用户通过调节 K_a，K_d，K_s 来改变表面的反射率。大多数情况下，用户只需调节 K_a，K_d，K_s 这三个参数就足够了。相比较而言，若不用式(13.18)对各系数进行分解，则要调节 9 个参数。将式(13.18)代入式(13.17)得到：

$$\begin{cases} I_R = K_a C_{dR} I_{aR} + f(d) I_{pR}[K_d C_{dR}(L \cdot N) + K_s C_{sR}(H \cdot N)^n], \\ I_G = K_a C_{dG} I_{aG} + f(d) I_{pG}[K_d C_{dG}(L \cdot N) + K_s C_{sG}(H \cdot N)^n], \\ I_B = K_a C_{dB} I_{aB} + f(d) I_{pB}[K_d C_{dB}(L \cdot N) + K_s C_{sB}(H \cdot N)^n] \end{cases} \tag{13.19}$$

式(13.19)统一表示为:

$$I_\lambda = K_a C_{d\lambda} I_{a\lambda} + f(d) I_{p\lambda}[K_d C_{d\lambda}(L \cdot N) + K_s C_{s\lambda}(H \cdot N)^n] \tag{13.20}$$

其中 λ 为红光、绿光、蓝光的波长。事实上,λ 可取可见光范围内的任意波长,那么上式就是关于任意颜色光的光照明方程了。在不致引起混淆的情况下,我们将省略下标 λ。

13.1.6 采用多个光源

如果在场景中采用 m 个点光源照射,那么物体表面上任一点的亮度应该为这 m 个光源对它的亮度贡献之和,即

$$I_\lambda = K_a C_{d\lambda} I_{a\lambda} + \sum_{i=1}^{m} f(d_i) I_{p_i\lambda}[K_d C_{d\lambda}(L_i \cdot N) + K_s C_{s\lambda}(H_i \cdot N)^n] \tag{13.21}$$

其中 d_i 为该点到第 i 个光源的距离,$I_{p_i\lambda}$为第 i 个光源的亮度,L_i,H_i 的含义类同。在多个光源的照射下,I_λ 有可能超出系统允许的最大亮度值,解决的办法通常有如下两种:

(1) 如果某个 I_λ 大于最大亮度值,截去其超出的部分,将 I_λ 设置为最大亮度值;

(2) 首先计算出所有像素的亮度值,然后对它们进行适当的变换(如放缩变换)使其落在允许的亮度范围之内。

作为这一节的总结,图 13.11 演示了采用各种光照明模型绘制的球。

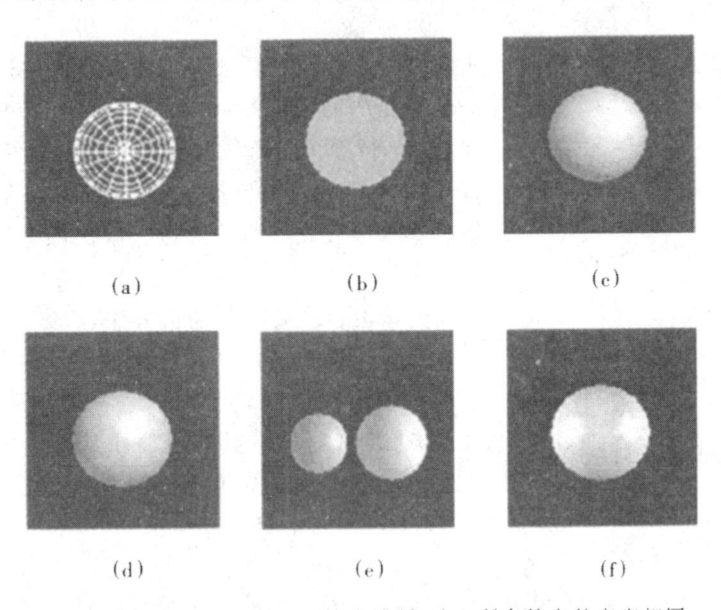

(a) (b) (c)

(d) (e) (f)

(a) 线框图 (b)仅采用环境光绘制,球上所有的点的亮度相同

(c) 增加了漫反射光,球面上产生明暗过渡的效果

(d) 增加镜面反射光,球上出现一块高光区域

(e) 增加了光的衰减,距光源远的球看起来较暗

(f) 采用两个点光源照射

图 13.11

13.2 多边形绘制方法

在计算机图形学中，曲面通常被离散成多边形来显示，这一节我们就将前面得到的光照明模型应用于多边形的绘制，以产生颜色自然过渡的真实感图形。多边形的绘制方法分为两类，一类称**均匀着色**(flat shading 或 constant shading)，一类称为**光滑着色**(smooth shading)。

13.2.1 均匀着色

绘制多边形的最简单方法是均匀着色，它仅用一种颜色绘制整个多边形。任取多边形上一点，利用光照明模型计算出它的颜色，该颜色即是多边形的颜色。

均匀着色方法适用于满足下列条件的场景：

(1) 光源在无穷远处，从而多边形上所有的点的 $L \cdot N$ 相等；

(2) 视点在无穷远处，从而多边形上所有的点的 $H \cdot N$ 相等；

(3) 多边形是物体表面的精确(而不是近似)表示。

显然，当一个多边形上所有的点 $L \cdot N$ 与 $H \cdot N$ 都相等时，它们的颜色亦相等，采用光照明模型计算的结果即为均匀着色。

事实上，只要多边形足够小，即使上面的条件不全部成立，采用均匀着色方法绘制的效果也是相当不错的。

13.2.2 光滑着色

采用均匀着色方法，每个多边形只需计算一次照明模型，速度快，但产生的图形效果不好。一个明显的问题就是，由于相邻两个多边形的法向不同，如图 13.12 所示，因而计算出来的颜色也不同，由此造成整个物体表面的颜色过渡不光滑(在多边形共享边界处颜色不连续变化)，有块效应。解决的办法是采用光滑着色方法。

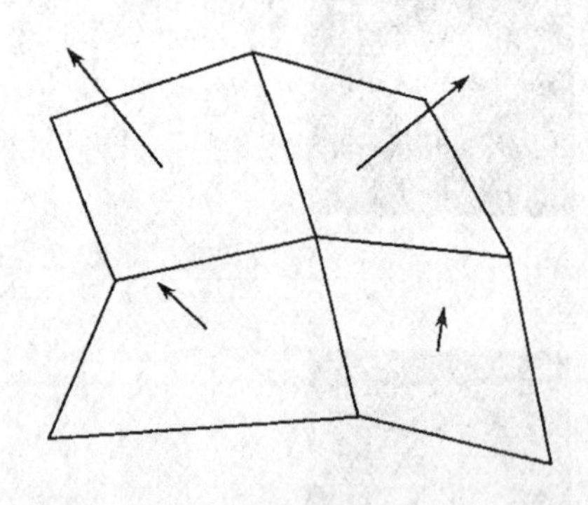

图 13.12 相邻多边形法向各不相同

光滑着色主要采用插值方法，故亦称为**插值着色**(interpolated shading)，它又分为两种，一种是对多边形顶点的颜色进行插值以产生中间各点的颜色，即 Gouraud 着色方法，另一种是对多边形顶点的法矢量进行插值以产生中间各点的法矢量，即 Phong 着色方法。

13.2.3 Gouraud 着色方法

Gouraud 着色方法又称**颜色插值着色方法**，是通过对多边形顶点颜色进行线性插值来获得其内部各点颜色的。由于顶点被相邻多边形所共享，所以相邻多边形在边界附近的颜色过渡就比较光滑了。Gouraud 着色方法并不是孤立地处理单个的多边形，而是将构成一个物体表面的所有多边形(多边形网格)作为一个整体来处理。

对多边形网格中的每一个多边形，Gouraud 着色处理分为如下四个步骤：

(1) 计算多边形的单位法矢量。

(2) 计算多边形顶点的单位法矢量。

如果在将一张曲面片离散成多边形网格时，我们同时计算出了曲面在各顶点处的法向并将其保留在顶点的数据结构中，则不需要前面的两步工作。更常见的情况是，待显示的多边形网格没有包含顶点法矢量信息，此时，如图 13.13 所示，可近似取顶点 V 处的法矢量为共享该顶点的多边形单位法矢量的平均值，即

$$N_V = \frac{\sum_{i=1}^{n} N_i}{\left|\sum_{i=1}^{n} N_i\right|} \tag{13.22}$$

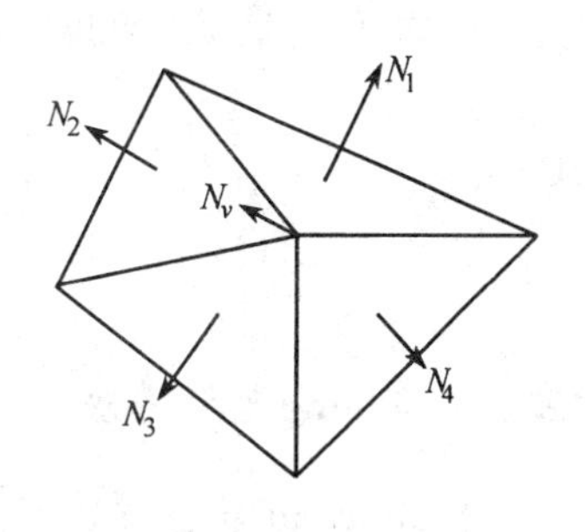

图 13.13 $n=4$ 时，N_V 为 N_1，N_2，N_3，N_4 的平均值

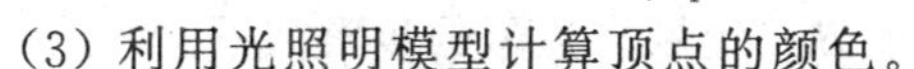

(3) 利用光照明模型计算顶点的颜色。

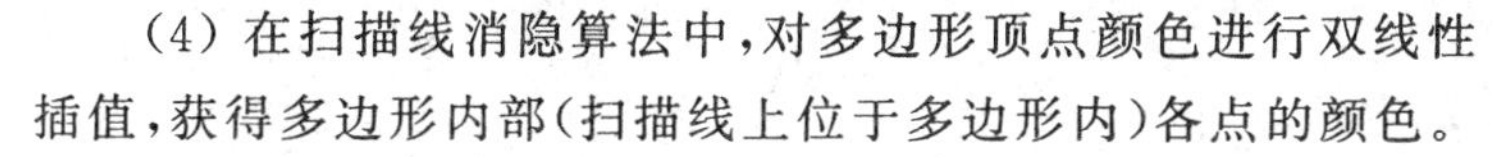

(4) 在扫描线消隐算法中，对多边形顶点颜色进行双线性插值，获得多边形内部(扫描线上位于多边形内)各点的颜色。

双线性插值的方法如图 13.14 所示。假定待绘制的三角形的投影为 $P_1P_2P_3$，P_i 的坐标为

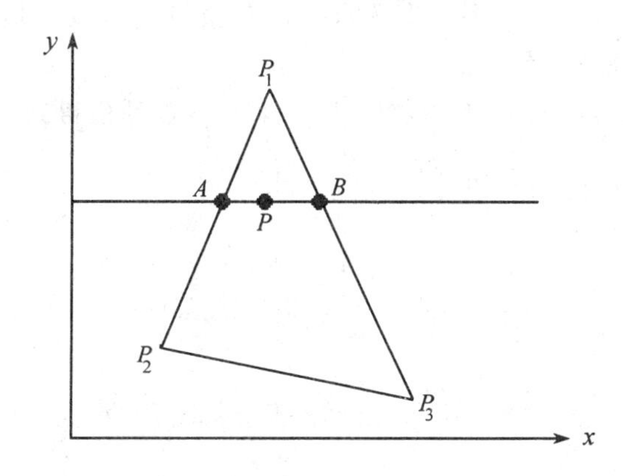

图 13.14 沿多边形的边及扫描线进行颜色双线性插值

(x_i, y_i)，$i=1,2,3$。一条扫描线与三角形的两条边分别交于 $A(x_A, y_A)$，$B(x_B, y_B)$ 两点。$P(x, y)$ 是 AB 上的一点($y=y_A=y_B$)。A 点的颜色 I_A 由 P_1，P_2 点的颜色 I_1，I_2 线性插值得到：

$$I_A = \frac{y_A - y_2}{y_1 - y_2} I_1 + \frac{y_1 - y_A}{y_1 - y_2} I_2 \tag{13.23}$$

类似地，

$$I_B = \frac{y_B - y_3}{y_1 - y_3} I_1 + \frac{y_1 - y_B}{y_1 - y_3} I_3 \tag{13.24}$$

$$I_P = \frac{x_B - x}{x_B - x_A} I_A + \frac{x - x_A}{x_B - x_A} I_B \tag{13.25}$$

采用增量方法可以加速 I_A，I_B，I_P 的计算，方法如下：

① 当扫描线 y 递增一个单位变为 $y+1$ 时，I_A，I_B 的增量分别为 ΔI_A，ΔI_B，即

$$I_{A,y+1} = I_{A,y} + \Delta I_A \tag{13.26}$$

$$I_{B,y+1} = I_{B,y} + \Delta I_B \tag{13.27}$$

其中，

$$\Delta I_A = \frac{1}{y_1 - y_2}(I_1 - I_2) \tag{13.28}$$

$$\Delta I_B = \frac{1}{y_1 - y_3}(I_1 - I_3) \tag{13.29}$$

② 当 x 递增一个单位(P 点沿扫描线右移一个单位)时,I_P 的增量为 ΔI_P,即

$$I_{P,x+1} = I_{p,x} + \Delta I_P \tag{13.30}$$

其中,

$$\Delta I_P = \frac{1}{x_B - x_A}(I_B - I_A) \tag{13.31}$$

13.2.4 Phong 着色方法

与 Gouraud 着色方法不同,Phong 着色通过对多边形顶点的法矢量进行插值,获得其内部各点的法矢量,故又称为**法向插值着色方法**。用该方法绘制多边形的步骤如下:

(1) 计算多边形的单位法矢量。

(2) 计算多边形顶点的单位法矢量。

上面两步的计算与 Gouraud 着色方法相同。

(3) 在扫描线消隐算法中,对多边形顶点的法矢量进行双线性插值,计算出多边形内部(扫描线上位于多边形内部)各点的法矢量。

双线性插值的方法如图 13.15 所示,N_A 由 N_1,N_2 线性插值得到:

$$N_A = \frac{y_A - y_2}{y_1 - y_2}N_1 + \frac{y_1 - y_A}{y_1 - y_2}N_2 \tag{13.32}$$

类似地,

$$N_B = \frac{y_B - y_3}{y_1 - y_3}N_1 + \frac{y_1 - y_B}{y_1 - y_3}N_3 \tag{13.33}$$

$$N_P = \frac{x_B - x}{x_B - x_A}N_A + \frac{x - x_A}{x_B - x_A}N_B \tag{13.34}$$

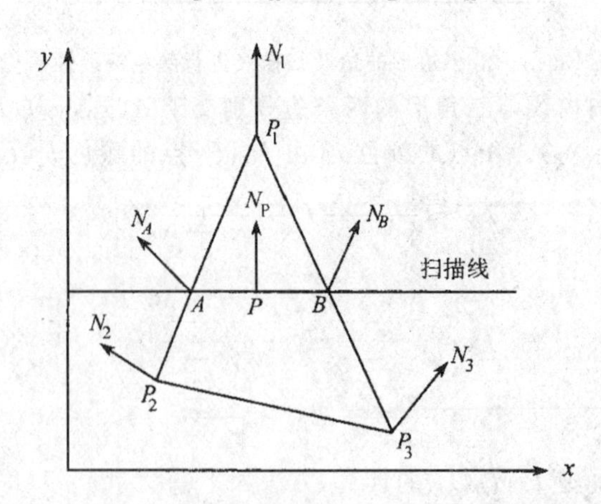

图 13.15 沿多边形的边及扫描线进行法矢量双线性插值

同样,采用如下增量方法可以提高计算速度。

① 当扫描线 y 递增一个单位变为 $y+1$ 时,N_A,N_B 的增量分别为 ΔN_A,ΔN_B,即

$$N_{A,y+1} = N_{A,y} + \Delta N_A \tag{13.35}$$

$$N_{B,y+1} = N_{B,y} + \Delta N_B \tag{13.36}$$

其中，

$$\Delta N_A = \frac{1}{y_1 - y_2}(N_1 - N_2) \tag{13.37}$$

$$\Delta N_B = \frac{1}{y_1 - y_3}(N_1 - N_3) \tag{13.38}$$

② 当 x 递增一个单位（P 点沿扫描右移一个单位）时，N_P 的增量为 ΔN_P，即

$$N_{P,x+1} = N_{P,x} + \Delta N_P \tag{13.39}$$

其中，

$$\Delta N_P = \frac{1}{x_B - x_A}(N_B - N_A) \tag{13.40}$$

(4) 利用光照明模型计算 P 点的颜色。

Phong 着色方法中，多边形上每一点需要计算一次光照明模型，因而计算量远大于 Gouraud 着色方法。但用 Phong 着色方法绘制的图形更加真实，特别体现在如下两个场合（考虑要绘制一个三角形）。

① 如果镜面反射指数 n 较大，三角形左下角的顶点 α（R 与 V 的夹角）很小，而另两个顶点的 α 很大，以光照明模型计算的结果是左下角顶点的亮度非常大（高光点），另两个顶点的亮度小。若采用 Gouraud 方法绘制，由于它是对顶点的亮度进行插值，导致高光区域不正常地扩散成很大一块区域。而根据 n 的意义，当 n 较大时，高光区域实际应该较集中。采用 Phong 方法绘制的结果更符合实际情况。

② 当实际的高光区域位于三角形的中间时，采用 Phong 方法能产生正确的结果，而若采用 Gouraud 方法，由于按照光照明模型计算出来的三个顶点处的亮度都较小，线性插值的结果是三角形中间不会产生高光区域。

13.2.5 插值着色方法存在的问题

插值着色方法都存在着一些不足之处，下面是其中的几个方面。

(1) 不光滑的物体轮廓

将曲面离散成多边形并用如上的插值方法绘制，产生的图形颜色过渡光滑，但其轮廓仍然是明显的多边形。如图 13.16 所示，球的轮廓棱角分明。改善这种情况的方法是将曲面划分成更细小的多边形，但这样做需要更大的开销。

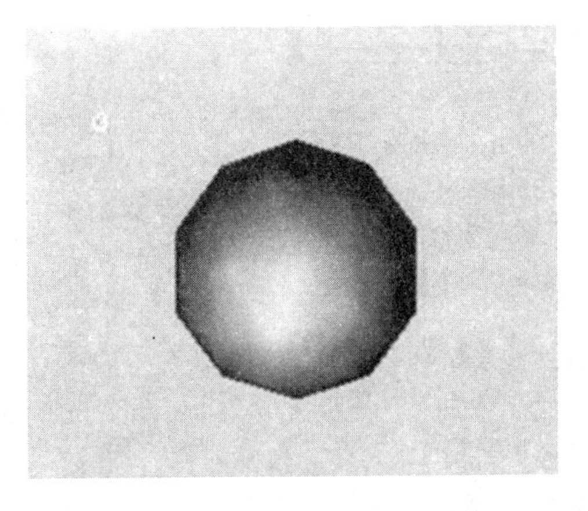

图 13.16 球的轮廓不光滑

(2) 透视变形

因为插值是在设备坐标系中进行的，它发生在透视投影变换之后，这使得由插值产生的物体表面的颜色分布不正常。例如，在图 13.14 中，I_A 的增量 $\Delta I_A = \frac{1}{y_1 - y_2}(I_1 - I_2)$，它与 P_1，P_2 的深度值 Z_1，Z_2（透视变换前的 Z 坐标）无关。现在假设 $Z_1 \neq Z_2$，则当 $y = (y_1 + y_2)/2$ 时，$I_A = (I_1 + I_2)/2$，但 A 点的深度值却不一定等于 $(Z_1 + Z_2)/2$，也就是说，P 点并不一定对应透视变换前线段 P_1P_2 的中点。类似地，将物体表面划分成更细

小的多边形可以减少这种透视变形的程度。

(3) 方向依赖性

插值着色产生的结果依赖于多边形的方向。如图 13.17 所示，在图 13.17(a)中，P 点的颜色由 ADB 三点双线性插值得到，当多边形旋转了一个角度变为图 13.17(b)时，P 点的颜色由 DCA 三点双线性插值得到。同样一点，当多边形的方向不同时，其颜色不同。

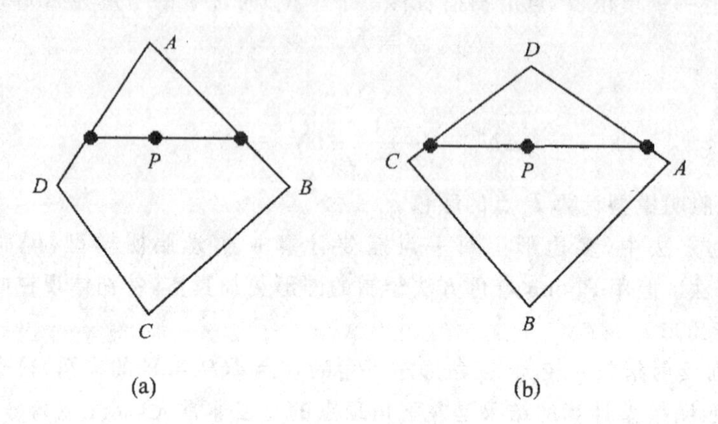

图 13.17 P 点的颜色依赖于四边形的方向，在(a)中，它由 ADB 三点插值产生，在(b)中，它由 DCA 三点插值产生

这个问题有两种方法可以解决。一是首先将多边形分割成三角形，然后绘制。其二是设计更复杂的插值着色方法，使结果与多边形方向无关。

(4) 公共顶点处颜色不连续

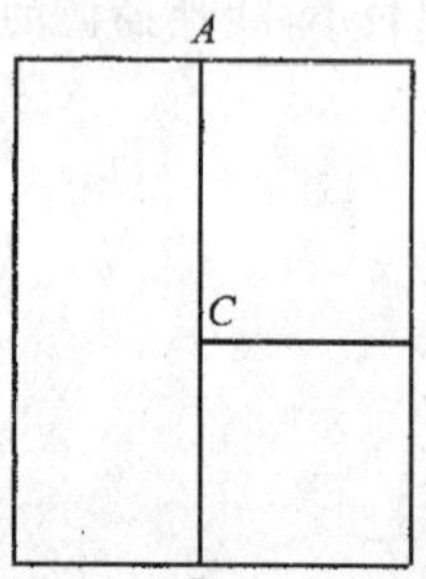

在图 13.18 中，顶点 C 被右边两个多边形共享，同时它落在左边多边形的 AB 边上，但不是左边多边形的顶点。按照插值着色方法，当绘制左边的多边形时，C 点的颜色由 A，B 两点的颜色插值产生；而当绘制右边两个多边形时，C 点的颜色是根据该点的法矢量按光照模型直接计算出来的。这两个颜色通常不相等，造成在 C 点(AB 边)处颜色不连续。

图 13.18 C 是右边两个多边形的顶点，但不是左边多边形的顶点，造成在 C 点处颜色不连续

我们可以在绘制图形之前的预处理阶段，对多边形网格的数据结构进行检查，排除如图 13.18 的多边形的连接方式(如给左边多边形增加顶点 C)。通过这样的处理，颜色不连续的情况就不会出现了。

(5) 顶点法向不具有代表性

如图 13.19 所示，将相邻多边形的法矢量平均值作为顶点处的法矢量，导致所有顶点法矢量是平行的。以插值方法进行绘制时，如果光源相距较远，则表面颜色变化非常小，与实际情况不符。细分多边形同样可以减少这种情况的发生。

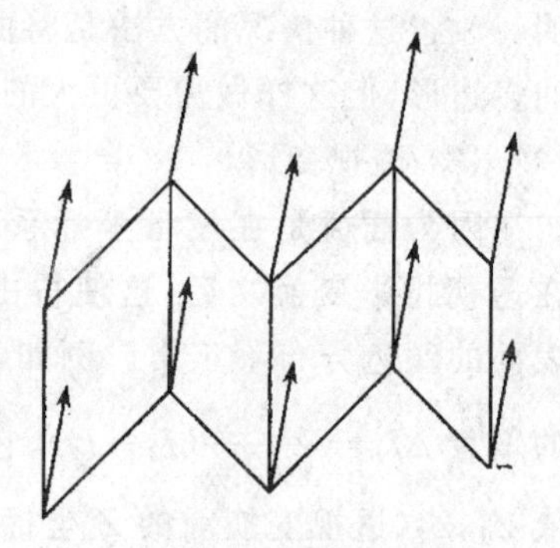

图 13.19 多边形顶点的法矢量相互平行

尽管存在以上问题，插值着色方法因为其算法简单，效率高，被广泛应用于绘制真实感图形。

13.3　模拟物体表面细节

前面介绍的光照明模型只能生成光滑的物体表面。但是，观察周围的景物，会发现大部分物体表面或多或少具有一些细节。这一节，就来介绍模拟物体表面细节的方法，使生成的图形更加自然、逼真。物体表面细节主要分为两类，一类是表面的**颜色纹理**，如桌面上的木纹，墙上贴的图画。另一类是表面的**几何纹理**，如凸凹不平的树皮等。颜色纹理取决于物体表面的光学属性(反射率，折射率)，而几何纹理由物体表面的微观几何形状决定。

13.3.1　表面细节多边形

对于简单的规则的颜色纹理，如墙上的门、窗、平面文字等，可以用**表面细节多边形**来模拟。首先根据待生成的颜色纹理构造细节多边形，然后将细节多边形覆盖到物体表面上，如图13.20所示。细节多这形的数据结构中应包含适当的标志，使其不参与消隐计算。当用光照明模型计算物体表面的颜色时，细节多边形的各个反射系数代替它所覆盖的部分物体表面的相应反射系数参与计算。

图13.20　用表面细节多边形模拟颜色纹理

13.3.2　纹理映射

当颜色纹理变得精致复杂时，构造细节多边形十分困难。模拟这种颜色纹理可采用**纹理映射技术**(texture mapping)，这种技术能将任意一幅平面图形映射到物体表面上，产生物体表面所需的细节。待映射的平面图形称为**纹理**(texture 或 texure map)，它对应**纹理坐标空间**(记为 st 坐标系)中的一块矩形区域。构成纹理的元素称为**纹素**(texel)，它的位置由其纹理坐标 (s,t) 标识。纹理通常有两个来源，它们是

(1) 数字图像，通常由二维数组表示，如 image[M][N]，$M\times N$ 为图像的大小。

(2) 数学公式定义的纹理函数。如长峰波(long crested wave)模型定义为一系列余弦(或正弦)函数之和：

$$k(s,t)=B+\sum_{i=0}^{l}A_i\cos(f_is+g_it+\varphi_i) \tag{13.41}$$

其中，$k(s,t)$ 为纹理函数，B 为背景颜色，A_i 为幅度值，它们都是三维矢量(对应红、绿、蓝三基色)，f_i，g_i 分别是纹理坐标 s，t 的频率系数，φ_i 为相位角。

这两种纹理中前者是离散的数组，后者是连续函数，它们可以按照需要从一种形式转化另一种形式。例如通过采样，连续函数可变成离散的样本阵列(数组)；通过双线性插值，离散的数组又可转化为连续的函数。有关采样的内容请参照5.3节。

纹理映射的目的是将一块纹理映射到物体表面上，在对物体表面上的一点进行颜色计算时，以其对应的纹素的纹理值代替物体表面在该点的漫反射系数参与光照明模型进行计算(读

者可对照一下往墙上贴一幅画的过程和结果)。纹理与物体表面的相对位置关系(往墙上什么位置贴画?)可由下面的方式指定:

(1) 当物体表面是多边形时,直接给出多边形各顶点的纹理坐标。假设纹理区域如图13.21(a)所示,图13.21(b)是一个待绘制的三角形 $P_0P_1P_2$,当给出三个顶点的纹理坐标(s_0, t_0),(s_1, t_1),(s_2, t_2)之后,事实上就建立了纹理与该三角形的映射关系(注意多边形顶点仍然具有三维几何坐标)。对于三角形内的任一点 P,它必然可以表示成 P_0,P_1,P_2 的线性组合,即

$$P = aP_0 + bP_1 + cP_2 \tag{13.42}$$

其中 $a, b, c \geqslant 0$,$a+b+c=1$。

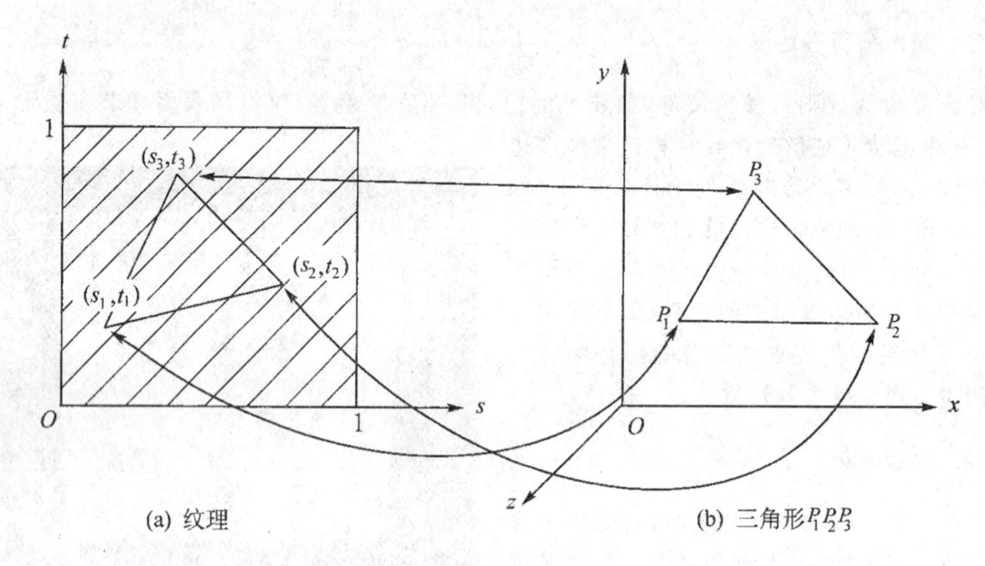

图 13.21 用指定顶点纹理坐标的方式确定多边形与纹理之间的映射关系

根据各点的几何坐标求出 a, b, c 的值,那么 P 点的纹理坐标(s,t)为:

$$\begin{bmatrix} s \\ t \end{bmatrix} = a\begin{bmatrix} s_0 \\ t_0 \end{bmatrix} + b\begin{bmatrix} s_1 \\ t_1 \end{bmatrix} + c\begin{bmatrix} s_2 \\ t_2 \end{bmatrix} \tag{13.43}$$

(2) 当物体表面是参数曲面时,不妨假设是双三次 Bezier 曲面,其参数范围是$(u,v) \in [0,1] \times [0,1]$,那么只要给出参数 u, v 与纹理坐标 s, t 之间的关系,就建立了纹理与曲面之间的映射了。例如,可简单地取映射关系为:

$$\begin{cases} s = \dfrac{1}{2}u + \dfrac{1}{4}, \\ t = \dfrac{1}{2}v + \dfrac{1}{4} \end{cases} \tag{13.44}$$

如图 13.22 所示。

为了求曲面上任一点 $P(x,y,z)$的纹理坐标(s,t),事实上只要求 P 所对应的参数(u,v),但曲面上任一点 P 的参数不易直接求得,通常的做法是将曲面沿 u, v 等参数线划分成三角形(或四边形)网格,三角形的顶点参数可由划分过程精确计算。这样,若 P 点落在某个三角形内,则由式(13.42)、式(13.43)可求出它的纹理坐标。

纹理映射涉及纹理坐标空间、景物坐标空间(世界坐标系)及屏幕坐标空间之间的映射,一个简单的实现方法的步骤如图 13.23 所示。

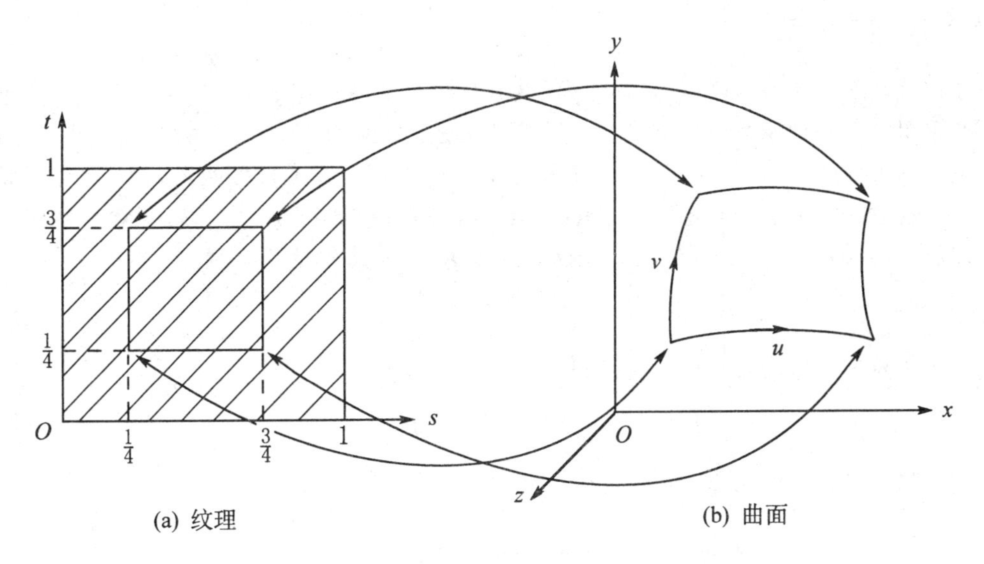

图 13.22　通过指定参数(u,v)与纹理坐标(s,t)之间的关系来确立参数曲面与纹理的映射

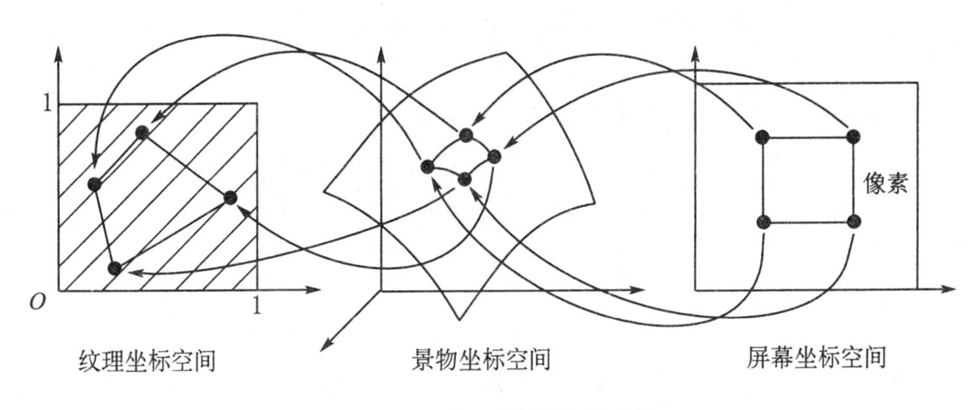

图 13.23　纹理映射的实现过程

(1) 将屏幕像素的四个角点映射到景物坐标空间中可见的物体表面上。由第 8 章有关投影的内容我们知道,从景物坐标空间到屏幕坐标空间要经过包括投影变换在内的一系列变换,若记总的变换矩阵为M,则这里所需的变换即为M^{-1}。对屏幕上任一坐标点(x,y),记其所对应的物体表面上的可见点的坐标是(x_0,y_0,z_0),则两个坐标之间的关系为:

$$\begin{bmatrix} x_0 \\ y_0 \\ z_0 \end{bmatrix} = M^{-1} \begin{bmatrix} hx \\ hy \\ h \end{bmatrix} \tag{13.45}$$

其中,z_0的值在消隐阶段保存,由z_0按上式可求出h的值,进而求出x_0,y_0。

(2) 将景物坐标空间映射到纹理坐标空间,求出像素四个角点所对应的纹理坐标。如果纹理坐标超出了给定的纹理范围(如[0,1]),对其关于 1 取模。

(3) 将像素所对应的纹理坐标空间中的四边形内的所有纹素的值做加权平均(以四边形的面积作为权),结果作为物体表面的漫反射系数参与颜色计算,计算出来的颜色用以显示该像素。

13.3.3 法向扰动法

法向扰动法主要用于产生几何纹理,模拟凸凹不平的物体表面,如自然界中植物的表皮等。它采用一个扰动函数对物体表面的微观形状进行扰动,由于扰动函数的幅度比较小,所以不影响物体表面的整体形状。类似于纹理,扰动函数既可以用离散的数组来表示,也可以定义为连续的函数。通过适当地选取扰动函数,能够模拟各种不同的几何纹理。假设原物体表面由参数曲面 $P(u,v)=[x(u,v),y(u,v),z(u,v)]$表示,它的法矢量定义为:

$$N = \frac{\partial P}{\partial u} \times \frac{\partial P}{\partial v} \tag{13.46}$$

若记扰动函数为 $B(u,v)$,则扰动后得到的新的物体表面 $Q(u,v)$为:

$$Q(u,v) = P(u,v) + B(u,v)\frac{N}{|N|} \tag{13.47}$$

对上式分别关于 u,v 求偏导,有:

$$\frac{\partial Q}{\partial u} = \frac{\partial P}{\partial u} + \frac{\partial B}{\partial u}\frac{N}{|N|} + B(u,v)\frac{\partial\left(\frac{N}{|N|}\right)}{\partial u} \tag{13.48}$$

$$\frac{\partial Q}{\partial v} = \frac{\partial P}{\partial v} + \frac{\partial B}{\partial v}\frac{N}{|N|} + B(u,v)\frac{\partial\left(\frac{N}{|N|}\right)}{\partial v} \tag{13.49}$$

由于 $B(u,v)$非常小,上面两式右端的第三项可以忽略不计,于是得到:

$$\frac{\partial Q}{\partial u} = \frac{\partial P}{\partial u} + \frac{\partial B}{\partial u}\frac{N}{|N|} \tag{13.50}$$

$$\frac{\partial Q}{\partial v} = \frac{\partial P}{\partial v} + \frac{\partial B}{\partial v}\frac{N}{|N|} \tag{13.51}$$

从而,$Q(u,v)$的法矢量近似为:

$$\overline{N} = \frac{\partial Q}{\partial u} \times \frac{\partial Q}{\partial v} = N + \frac{\frac{\partial B}{\partial u}\left(N \times \frac{\partial P}{\partial v}\right) + \frac{\partial B}{\partial v}\left(\frac{\partial P}{\partial u} \times N\right)}{|N|} \tag{13.52}$$

上式右端第二项即为法向的扰动因子,$\overline{N}$ 为扰动后的曲面法矢量。

用法向扰动方法模拟不光滑物体表面的效果相当不错,它的困难在于不容易选取合适的扰动函数。

13.4 产生阴影

阴影是空间中光源不能直接照射到的区域,位于阴影区域中的物体表面(或其一部分)必被那些位于它和光源之间的物体所遮挡。对光源来说,不可见的面(隐藏面)即是那些位于阴影中的物体表面。因此,消隐算法与生成阴影的算法从本质上讲是一样的。

对于物体表面上的一点 P,若它处于某个光源的阴影之中,则该光源对它的亮度没有贡献。于是,加入阴影效果的光照明模型为:

$$I_\lambda = K_a C_{d\lambda} I_{a\lambda} + \sum_{i=1}^{m} S_i f(d_i) I_{p_i\lambda}[K_d C_{d\lambda}(L_i \cdot N) + K_s C_{s\lambda}(H_i \cdot N)^n] \tag{13.53}$$

其中,

$$S_i = \begin{cases} 0, & 若\ P\ 处于第\ i\ 个光源阴影中, \\ 1, & 其它 \end{cases}$$

本节,我们简单介绍几种典型的阴影生成算法。

13.4.1 Z 缓冲器阴影算法

该方法两次应用 Z 缓冲器消隐算法,能够方便地生成阴影。步骤如下:

(1) 将所有景物变换到光源坐标系中(以光源为原点的坐标系),利用 Z 缓冲器消隐算法按光线方向对景物进行消隐,把那些距光源最近的物体表面上的点的深度值保存在 Z 缓冲器中。这个 Z 缓冲器称为**阴影缓冲器**。

(2) 利用 Z 缓冲器消隐算法按视线方向对景物进行消隐,将得到的每一个可见点变换到第 i 个光源的光源坐标系中,若它在光源坐标系中的深度值比阴影缓冲器中相应单元的值小,则说明该可见点位于阴影之中($S_i=0$),否则不在阴影区域中($S_i=1$)。再用式(13.53)计算可见点的颜色值,并将结果赋予相应的像素。

Z 缓冲器的阴影算法的优点是算法简单,计算量小,能处理复杂景物。它的缺点是每一个光源都需要一个阴影缓冲器,若场景中有 m 个光源,则算法一共需要 $m+1$ 个 Z 缓冲器,所占用的存储空间相当庞大。

13.4.2 阴影细节多边形算法

该算法的基本思想如下:在景物空间中求出被光源直接照射的所有多边形或它们的一部分,将这些多边形作为表面细节附着在物体表面之上。当绘制画面时,光源直接照射的物体表面(被细节多边形覆盖的部分)上的点的 $S_i=1$,其余部分的 $S_i=0$,按式(13.53)计算各可见点的颜色并显示相应的像素。

受光源直接照射的细节多边形可按如下算法求出,它是以 Weiler-Atherton 裁剪算法为基础的多边形区域分类算法:

(1) 将物体变换到光源坐标系中。

(2) 对所有的多边形按深度(离光源的远近)进行预排序,结果保存在多边形表中。

(3) 取深度值最大(与光源最靠近)的多边形为裁剪窗口。

(4) 利用 Weiler-Atherton 裁剪算法对其余的全部多边形进行裁剪,得到两张多边形表,即内裁剪多边形表与外裁剪多边形表。内裁剪多边形表中存放内裁剪的结果多边形,外裁剪多边形表中存放外裁剪的结果多边形。

(5) 检查内裁剪多边形表,若第一个多边形(裁剪窗口本身)完全位于其余多边形之前,则保留第一个多边形(它即为一个表面细节多边形),删除其后所有多边形;否则说明第(2)步关于深度的排序结果不正确,将内裁剪多边形表按深度排序,并参照它的排序结果重新排列原多边形表,返回第(2)步。

(6) 若外裁剪多边形表为空,则算法结束;否则对其进行深度预排序,返回第(3)步。

13.4.3 光线跟踪算法

后面将介绍的整体光照明模型和光线跟踪方法可以方便地生成阴影。在光线跟踪算法中,对于每一个可见点,从该点向光源发出一根测试光线,若该光线在到达光源之前与其它物体相交，则该点位于阴影区域中，$S_i=0$；否则它受到光源的直接照射，$S_i=1$。

13.5 透 明

现实世界中有许多透明物体，如玻璃等。透过透明物体，我们可以观察到其背后的景物。如何模拟这种透明的效果是本节的讨论内容。

13.5.1 简单透明

模拟透明的最简单方法是忽略光线在穿过透明物体时所发生的折射。虽然这种模拟方法产生的结果不真实，但在许多场合往往非常有用。例如，我们有时希望能够透过某透明物体观察其背后的景物，而又不希望景物因为折射而发生变形。

产生简单透明效果的方法通常有两种，即**插值透明方法**与**过滤透明方法**。

1. 插值透明

如图 13.24 所示，多边形 1 是透明的，它位于观察者与不透明的多边形 2 之间。像素的颜色 I_λ 由 A，B 两点的颜色 $I_{\lambda 1}$ 和 $I_{\lambda 2}$ 的插值产生，即

$$I_\lambda=(1-K_{t_1})I_{\lambda 1}+K_{t_1}I_{\lambda 2} \tag{13.54}$$

其中多边形 1 的透射系数是 K_{t_1}，它反映了多边形 1 的透明度，在 0～1 之间变化。$K_{t_1}=0$ 表示多边形完全不透明，所以 $I_\lambda=I_{\lambda 1}$，即看不到多边形 2 的表面；$K_{t_1}=1$ 表示多边形 1 完全透明，所以 $I_\lambda=I_{\lambda 2}$。

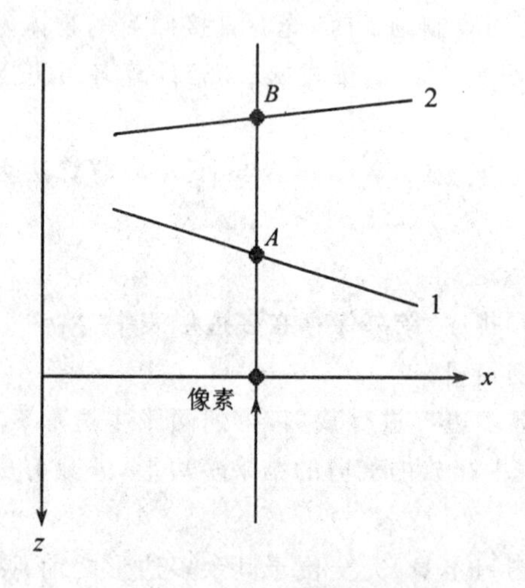

图 13.24 简单透明的模拟

为了产生逼真的效果，通常只对两个多边形表面颜色的环境光分量和漫反射分量采用式(13.54)进行插值计算，得到的结果再加上多边形 1 的镜面反射分量作为像素的颜色值。

2. 过滤透明

过滤透明方法将透明物体看作一个过滤器，它有选择地允许某些光透过而屏蔽了其余的光。例如在图 13.24 中，像素的颜色表示为

$$I_\lambda=I_{\lambda 1}+k_{t_1}C_{t\lambda}I_{\lambda 2} \tag{13.55}$$

其中 k_{t_1} 仍然是透射系数，但它的变化范围不再局限于 0～1 之间。k_{t_1} 越大，多边形 2 的颜色透过来的越多。$C_{t\lambda}$ 对不同的颜色各不相同，若 $C_{t\lambda}=0$，则表示某种颜色的光不能透过多边形 1。

注意，无论采用插值透明方法还是过滤透明方法，当多边形 1 之前还有另外的透明多边形时，式(13.54)与式(13.55)都要进行递归计算。简单透明很容易结合到多边形绘制算法中。

13.5.2 考虑折射的透明

模拟带有折射的透明比模拟上述简单透明复杂得多。如图 13.25 所示，当光线入射到透明物体内部后，其传播方向发生了变化。根据折射定律，入射角 θ_i 与折射角 θ_t 满足下面的关系式

$$\frac{\sin\theta_i}{\sin\theta_t} = \frac{\eta_t}{\eta_i} \tag{13.56}$$

其中 η_i 和 η_t 分别是入射光所在空间和物体的折射率。由定义，物体的折射率是光在真空中的传播速率与光在该物体内传播速率之比，从而物体的折射率是大于1.0的常数。空气的折射率可近似看作1.0。

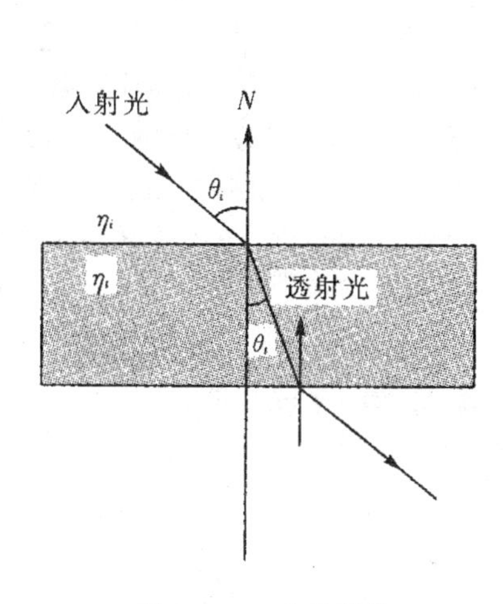

图 13.25　光的折射

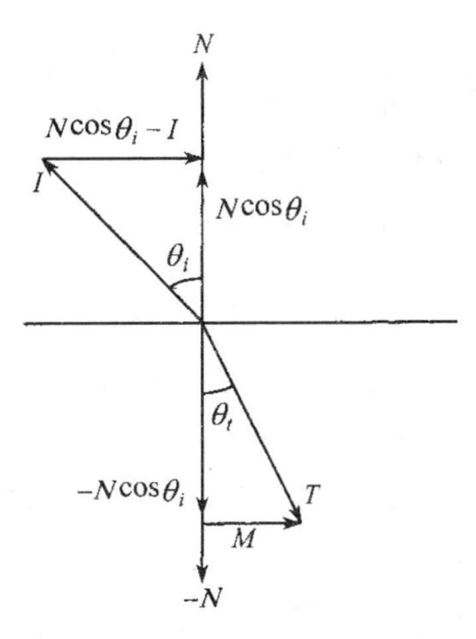

图 13.26　计算透射光矢量

如图13.26所示，记单位入射光矢量为 I（它的方向与光线的入射方向相反），单位法矢量为 N，单位透射光矢量为 T，则

$$T = M - \cos\theta_t N \tag{13.57}$$

矢量 M 与矢量 $N\cos\theta_i - I$ 同向，且它的长度满足折射定律，即

$$\frac{\sin\theta_i}{\sin\theta_t} = \frac{\eta_t}{\eta_i} \Rightarrow \frac{|N\cos\theta_i - I|}{|M|} = \frac{\eta_t}{\eta_i} \Rightarrow |M| = \eta|N\cos\theta_i - I| \tag{13.58}$$

其中，记 $\eta = \frac{\eta_i}{\eta_t}$。由式(13.58)得到：

$$M = \eta|N\cos\theta_i - I|\frac{N\cos\theta_i - I}{|N\cos\theta_i - I|} = \eta(N\cos\theta_i - I) \tag{13.59}$$

将上式代入式(13.57)并整理，得透射光矢量的表达式为

$$T = (\eta\cos\theta_i - \cos\theta_t)N - \eta I \tag{13.60}$$

当光线从高密度介质射向低密度介质时，$\eta_i > \eta_t$，即 $\theta_t > \theta_i$。如果入射角不断增大，到一定的程度，折射角 $\theta_t = 90°$，此时透射光线沿着平行于分界面的方向传播，称此时的 θ_i 为临界角度，记为 θ_c。当 $\theta_i > \theta_c$ 时，发生全反射现象，透射与反射光合二为一。

如何产生带有折射的透明效果将在下一节整体光照明模型中介绍。

13.6　整体光照明模型与光线跟踪算法

13.6.1　整体光照明模型

物体表面的入射光分为三部分，一部分来源于光源的直接照射，一部分是本物体的透射光，一部分是其它物体的反射光或透射光。如图13.27所示，从视点观察到的物体 A 表面的亮

度来源于三方面的贡献，一方面是光源直接照射到 A 的表面被反射到人眼中的光产生的，另一方面是来自光源或其它物体的光经 A 物体折射到人眼中的光产生的，还有一方面是物体 B 的表面将光反射到物体 A 的表面，再经物体 A 的表面反射到人眼中产生的。显然，13.1 节介绍的简单光照明模型仅考虑了光源的直接照射，而将光在物体之间的传播效果笼统地模拟为环境光，所以称之为**局部光照明模型**。

为了增加图形的逼真度，必须考虑物体之间的相互影响以产生整体照明效果。物体之间的相互影响通过光线在其间漫反射、镜面反射和透射产生，其中，漫反射体现为距离物体表面之间的颜色渗透现象，辐射度方法(radiosity)对它做了很好的模拟，但限于篇幅，本书对此不做介绍了。后两者使我们可以观察到光洁物体表面上其它物体的像或透明物体后的物体，本节要介绍的整体光照明模型较好地模拟了物体间的镜面反射和透射现象，它将物体表面向视点方向 V 辐射的亮度 I_λ 看做由三部分组：

(1) 光源直接照射引起的反射光的亮度，记为 $I_{l\lambda}$，它的值采用局部光照明模型计算求出；

(2) 来自 V 的镜面反射方向 R 的其它物体反射或折射来的光的亮度，记为 $I_{s\lambda}$；

(3) 来自 V 的透射方向 T 的其它物体反射或折射来的光的亮度，记为 $I_{t\lambda}$。

从而，

$$\begin{aligned} I_\lambda &= I_{l\lambda} + K_s C_{s\lambda} I_{s\lambda} + K_t C_{t\lambda} I_{t\lambda} \\ &= K_a C_{d\lambda} I_{a\lambda} + \sum_{i=1}^{m} S_i f(d_i) I_{p_i\lambda} [K_d C_{d\lambda}(L_i \cdot N) + K_s C_{s\lambda}(H_i \cdot N)^n] \\ &\quad + K_s C_{s\lambda} I_{s\lambda} + K_t C_{t\lambda} I_{t\lambda} \end{aligned} \tag{13.61}$$

其中，K_t 是物体的透射系数，它在 0～1 之间变化，$C_{t\lambda}$的含义与式(13.55)中的相同。式(13.61)中的各个矢量如图 13.28 所示。

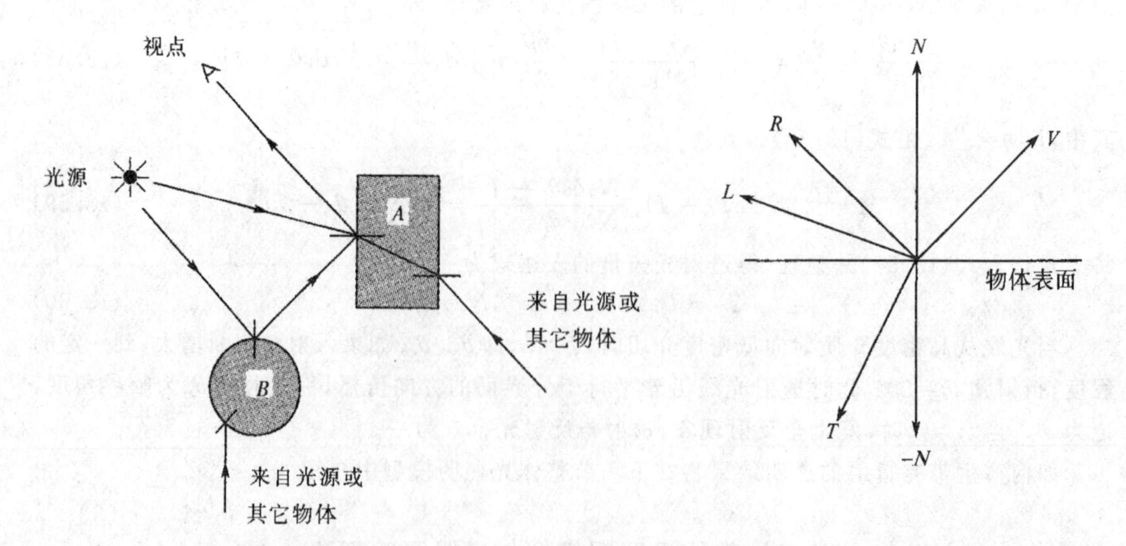

图 13.27 光源的直接照射光、A 物体的折射光和物体 B 的反射光或折射光，共同构成了物体 A 表面的入射光

图 13.28 整体光照明模型中的矢量

13.6.2 光线跟踪算法的基本原理

光线跟踪(ray tracing)算法是从光线投射算法发展而来的，它的特点是生成的图形真实

感强，算法简单，易于实现。并且，采用光线跟踪算法绘制图形，不需要对场景做投影和消隐工作。

光线跟踪的基本原理如下：投影平面上的窗口与屏幕上的视区是通过窗口到视区的变换相联系的，将窗口划分成一个个小正方形区域，如图 13.29(a)所示，使这些小正方形区域与视区内的像素一一对应。为了方便起见，不妨直接称小正方形区域为像素。从视点(投影参考点)向每个像素中心发出一条光线(视线)，它与场景中的一些物体表面相交，最近的交点即为可见点，记为 P，像素的亮度即由 P 点的亮度确定。由式(13.61)可知，P 点的亮度由三部分组成，其中 $I_{l\lambda}$直接由局部光照明模型计算得到。为了求 $I_{s\lambda}$与 $I_{t\lambda}$，从 P 点发出反射光线和透射光线，它分别交场景中的物体表面于 P_s 和 P_t，P_s 点和 P_t 点的亮度即分别为 $I_{s\lambda}$和 $I_{t\lambda}$，将它们求出来代入式(13.61)，便得出像素的亮度。但 $I_{s\lambda}$与 $I_{t\lambda}$同样由式(13.61)确定，也就是说式(13.61)实际上是一个递归式，从而计算 $I_{s\lambda}$与 $I_{t\lambda}$需要重复以上的计算过程：计算局部光亮度、发出反射光线与透射光……。这就是光线跟踪的过程。它可用一棵光线树来表示，如图 13.29(b)所示。不难看出，光线跟踪的过程是自然界中光线传播过程的近似逆过程。

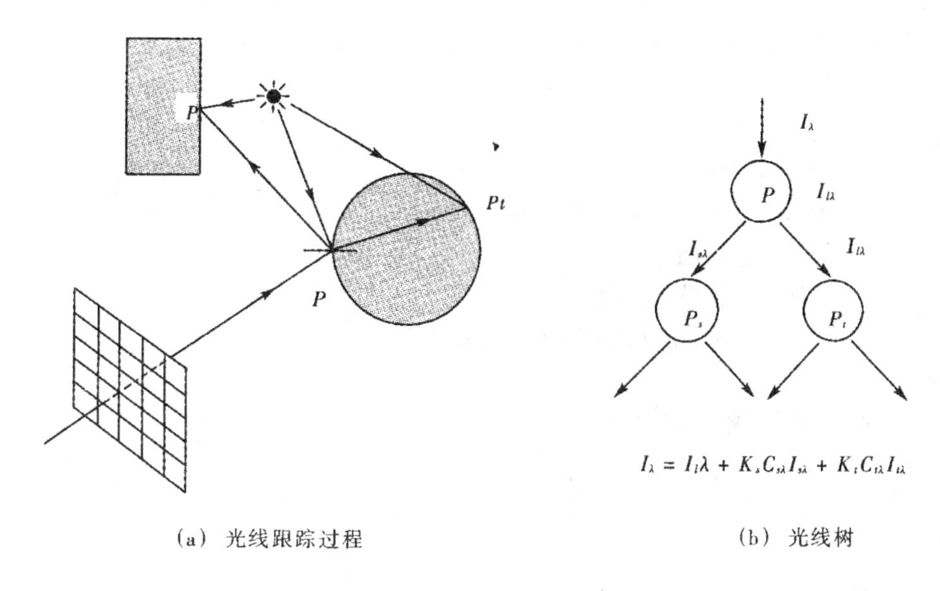

(a) 光线跟踪过程　　(b) 光线树

图 13.29

自然界中，光从光源出发，照射到物体表面经多次反射和折射后到达人的眼，产生颜色。而光线跟踪算法为了求出所观察到的物体表面的颜色，从视点出发，逆向跟踪了光的传播路线，它的终点是光源。

自然界中，光线在物体间的反射和折射可以无止境地进行下去，但在算法中光线跟踪的过程不可能这样，也就是说必须给出式(13.61)的递归计算过程一个终止条件。通常可采用下面几种终止条件：

(1) 光线不与场景中的任何物体相交；

(2) 被跟踪的光线达到了给定的层次；

(3) 由于 K_s，K_t 都小于 1.0，当光线经过反射和折射之后，它的亮度会衰减。这样我们可以预先设置一个阈值，在进行光线跟踪时若被跟踪光线对像素亮度的贡献小于这个阈值，便停止跟踪。假设有一条光线，它是从视点出发的光经物体 A 反射再经物体 B 反射之后得到的，该光

线与物体 C 的表面交点的亮度为 I_C，则这条光线对像素的亮度贡献为 $(K_{sA}C_{sA})(K_{sB}C_{sB})I_C$。其中，$K_{sA}$ 为物体 A 表面的镜面反射系数，其它参数的含义类同。

根据以上讨论，光线跟踪算法描述如下：

```
设置视点，投影平面以及窗口的参数；
for (窗口内每一条扫描线)
    for (扫描线上的每一个像素)
        { 确定从视点指向像素中心的光线 ray；
          像素的颜色=RayTracing (ray,1)；
        }
Color RayTracing (Ray ray,int depth)
/* 计算并返回当前光线 ray 的颜色，depth 为 ray 的层次 */
{ 求 ray 与物体表面最近的交点 P；
  if (有交点)
  { 用局部光照明模型计算 P 点的 Ilλ；
    color=Ilλ；
    if(depth<给定的最大跟踪层次)
    { 计算 ray 的反射光线；
      Isλ=RayTracing(反射光线,depth+1)；
      if (物体是透明的)
      { 计算 ray 的透射光线；
        Itλ=RayTracing(透射光线,depth+1)；
      }
      color=Icλ+KsλCsλIsλ+KtλCtλItλ
    }
  }
  else
  color=黑色；
  return (color)
}
```

光线跟踪算法能够方便地产生阴影，模拟镜面反射与折射现象；它的缺点是计算量大，每一条光线都要与场景中的物体进行求交、计算光照明模型等等。

13.6.3 光线与物体表面的求交计算

光线跟踪算法的核心是求光线与物体表面的交点，事实上，它的绝大部分计算都是用于求交的。这一节，介绍光线与几种简单表面的求交。光线的表示采用参数形式

$$O = Q + tE, \quad t \in [0, +\infty] \tag{13.62}$$

其中 $Q=[x_Q, y_Q, z_Q]^T$ 为光线的起点，例如在图 13.29(a)中，从 P 出发的反射光线和透射光线的起点都是 P，$E=[x_E, y_E, z_E]^T$ 为单位矢量，它代表光线的方向。$O=[x, y, z]^T$ 是光线上的任

一点。

1. 光线与平面多边形的求交计算

当物体是简单多面体时，它的表面由平面多边形组成。光线与物体表面的求交就转化为光线与平面多边形的求交。在下面的讨论中，假定多边形是单连通的（中间没有孔），且它的边不自交。

假定多边形为 $P_0P_1\cdots P_n$，利用 9.6.2 节的方法求出它所在的平面方程如下：

$$N \cdot O + d = 0 \tag{13.63}$$

其中 N 为平面的单位法矢量。联立(13.62)，(13.63)两式得到：

$$N \cdot (Q + tE) + d = 0 \tag{13.64}$$

当 $N \cdot E = 0$ 时，光线与平面多边形平行，没有交点；当 $N \cdot E \neq 0$（光线与平面不平行）时，求得光线与平面的交点参数为：

$$\bar{t} = -(d + N \cdot Q)/(N \cdot E) \tag{13.65}$$

当 $\bar{t} > 0$ 时，将 $\bar{t}$ 代入式(13.62)得到光线与多边形所在平面的交点 $\overline{O}$（当 $\bar{t} \leqslant 0$ 时，没有交点）：

$$\overline{O} = Q - \frac{d + N \cdot Q}{N \cdot E} E \tag{13.66}$$

余下的问题是判断 $\overline{O}$ 是否落在多边形内。为此只需将多边形与 $\overline{O}$ 点投影到某个坐标平面上（该坐标平面不能垂直于多边形所在的平面，否则多边形的投影为一条直线段，无法判别 $\overline{O}$ 与其关系），再利用 4.2 节的方法判别 $\overline{O}$ 的投影点与多边形的投影（也是多边形）的内外关系，若在其内部，则 $\overline{O}$ 是光线与多边形 $P_0P_1\cdots P_n$ 的交点，否则光线与多边形没有交点。

2. 光线与球面的求交计算

球心在 $C(x_0, y_0, z_0)$，半径为 r 的球面方程为：

$$(O - C) \cdot (O - C) = r^2 \tag{13.67}$$

将光线的参数方程代入上式，得：

$$(Q + tE - C) \cdot (Q + tE - C) = r^2$$

展开并整理，得（注意，$E \cdot E = 1$）：

$$t^2 + bt + c = 0$$

其中，$b = 2(Q - C) \cdot E$，$c = (Q - C) \cdot (Q - C)$。令 $\Delta = b^2 - 4c$，则

当 $\Delta < 0$ 时，光线与球面没有交点；

当 $\Delta = 0$ 时，二次方程有一个根：$t_1 = -\dfrac{b}{2}$；

当 $\Delta > 0$ 时，二次方程有两个根：$t_1, t_2 = \dfrac{-b \pm \sqrt{\Delta}}{2}$。

当 $t_1, t_2 > 0$ 时，将它们代入式(13.62)得到交点。从球心指向交点的矢量即为球面在交点处的法矢量。

3. 光线与圆柱面的求交计算

在局部坐标系中，底面中心在原点，底面半径为 r，高为 h 的圆柱面的方程可表示为：

$$\begin{cases} x^2 + z^2 = r^2, \\ 0 \leqslant y \leqslant h \end{cases} \tag{13.68}$$

如图 13.30 所示。在求光线与圆柱面的交点之前，首先将光线变换到圆柱所在的局部坐标系中来，所需的变换是作用于圆柱面的模型变换（见 8.5 节）的逆变换。

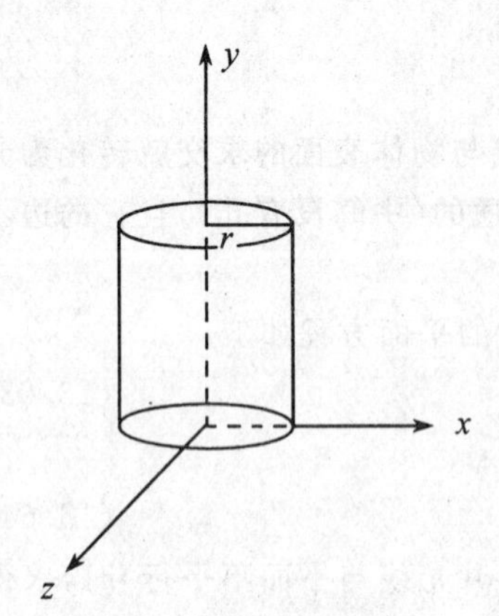

图 13.30　定义于局部坐标系中的圆柱面

将式(13.62)代入圆柱面的方程，有：

$$(x_Q + tx_E)^2 + (z_Q + tz_E)^2 = r^2$$

整理，得：

$$at^2 + bt + c = 0$$

其中，$a=x_E^2+z_E^2$，$b=2(x_Qx_E+z_Qz_E)$，$c=x_Q^2+z_Q^2-r^2$，记 $\Delta=b^2-4ac$，则

当 $\Delta<0$ 时，光线与圆柱面无交点；

当 $\Delta=0$ 时，二次方程有一个解：$t_1=\dfrac{-b}{2a}$；

当 $\Delta>0$ 时，二次方程有两个解：$t_1,t_2=\dfrac{-b\pm\sqrt{\Delta}}{2a}$。

若 $t_1>0$，将其代入光线的参数方程，得 $y_1=y_Q+t_1y_E$，当 $y_1\in[0,h]$ 时，$O_1=Q+t_1E$ 为光线与圆柱面的一个交点，交点处圆柱面的法矢量为 $O_1-[0,y_1,0]^{\mathrm{T}}$。类似地可以讨论参数 t_2。

4. 光线与二次曲面的求交计算

二次曲面的方程为(见 10.13 节)：

$$f(x,y,z)=[x,y,z,1]\cdot W\cdot\begin{bmatrix}x\\y\\z\\1\end{bmatrix}=0$$

其中 W 为系数矩阵，为了表示方便，将它做如下形式的分块：

$$W=\left[\begin{array}{ccc|c}a&d&f&g\\d&b&e&h\\f&e&c&i\\\hline g&h&i&j\end{array}\right]=\begin{bmatrix}w_{11}&w_{12}\\w_{21}&j\end{bmatrix}$$

把上式代入二次曲面方程，将其转化为如下形式：

$$O^{\mathrm{T}}W_{11}O+O^{\mathrm{T}}W_{12}+W_{21}O+j=0 \tag{13.69}$$

再把式(13.62)代入上式，得到：

$$at^2+bt+c=0$$

其中，$a=E^{\mathrm{T}}W_{11}E$，$b=E^{\mathrm{T}}(W_{11}+W_{11}^{\mathrm{T}})Q+(W_{12}^{\mathrm{T}}+W_{21})E$，$c=Q^{\mathrm{T}}w_{11}Q+(W_{12}^{\mathrm{T}}+W_{21})Q+j$。类似地可计算出交点的参数。将参数代入(13.62)式求得交点，交点处的法矢量为

$$\left[\frac{\partial f}{\partial x},\frac{\partial f}{\partial y},\frac{\partial f}{\partial z}\right]\Bigg|_{O=\text{交点}}$$

5. 光线与参数多项式曲面的求交计算

参数多项式曲面的次数可能很高，要精确求出光线与它的交点相当困难，一般的做法是首先将曲面按照离散生成方法离散成多边形网格，再求出光线与多边形网格的交点，把它作为光线与曲面交点的近似。而光线与多边形网格的求交事实上就是光线与平面多边形的求交。

13.6.4　提高光线跟踪算法的效率

既然光线跟踪算法的大部分计算量来源于求交计算，那么提高算法效率就有两条途径，一

是减少每一次求交所需的计算量，二是减少求交次数。本节将讨论后者。由观察不难发现，一条光线射入场景之后，必须将它与所有的表面进行求交测试，看看有没有交点，并求出最近的交点。而事实上，对一条光线来说，它只与少数几个表面相交。如果能在求交之前通过简单的方法排除那些和它显然无交的表面，也就避免了大量的盲目求交计算，达到提高效率的目的。下面介绍几种常用的减少求交次数的方法，这些方法在 12.2 节中简单介绍过。

1. 包围盒技术与场景的层次表示

物体的包围盒是指包围物体的封闭表面，如长方体表面、球面等。若光线与物体的包围盒不相交，则它与物体表面也不相交。若光线与包围盒有交，再进行光线与物体表面的求交。由于包围盒形式简易，光线与它进行有无交点的测试比较容易，从而避免了许多不必要的复杂求交计算。

所谓场景的层次表示是指将场景中物体按照其构成和相对位置表示成一棵树，如图 13.31 所示。树的根节点是整个场景，其子节点是较小的局部场景，局部场景的子节点是物体……。每个节点都有相应的包围盒。光线首先与根节点的包围盒进行求交测试，若无交，则该光线与场景中任何物体无交；否则，将光线与子节点的包围盒进行求交测试。如此下去，直至求出交点或判断出没有交点为止。

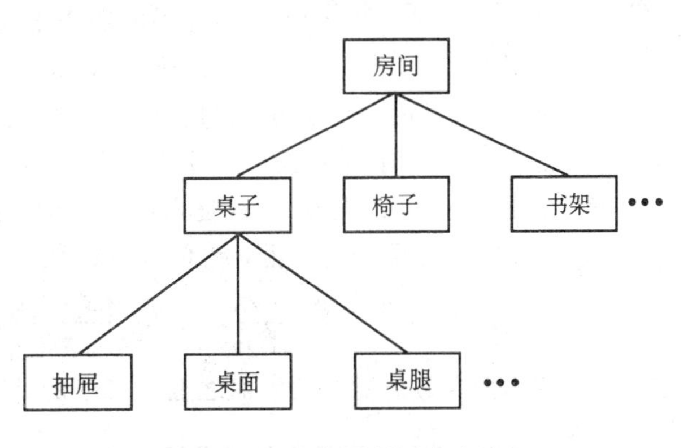

图 13.31 场景的层次表示

包围盒技术与场景的层次表示方法以光线与少量形状简单的包围盒的求交测试代替了光线与大量物体表面的求交，因而提高了算法的效率。

2. 空间分割技术

减少求交计算的另一个方法是采用空间分割技术。首先用一个大的立方体包围整个场景，再将立方体逐步分割成小立方体，直到每个小立方体中包含的表面个数少于给定的上限为止。例如，我们可以要求每个小立方体中至多只包含一个表面。对立方体的分割既可以采用均匀分割方法也可以采用自适应的八叉树分割方法（参考 9.4 节）。下面以均匀分割方法为例说明光线跟踪过程。从视点出发的光线首先与某个小立方体的前表面相交，如图 13.32 所示。如果该小立方体中不包含任何表面，则光线穿过它进入下一个小立方体，直到某个小立方体中包含了一些表面，将光线与它们求交并计算出最近的交点。此后，这条光线就无需再跟踪下去了，从而避免了光线与场景中其它物体表面进行求交的计算

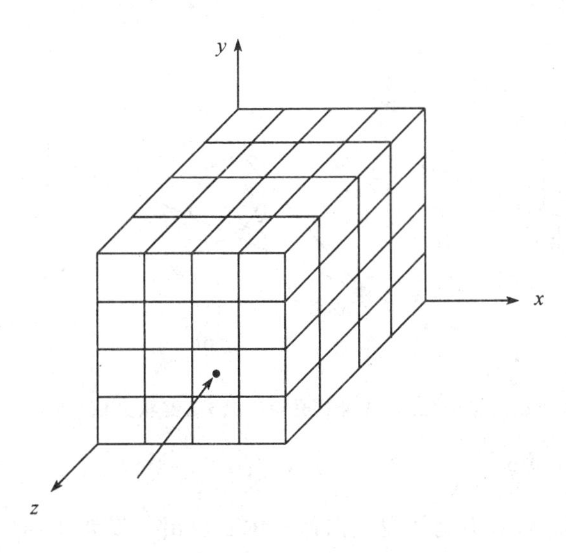

图 13.32 从视点出发的光线与某小立方体相交

量。

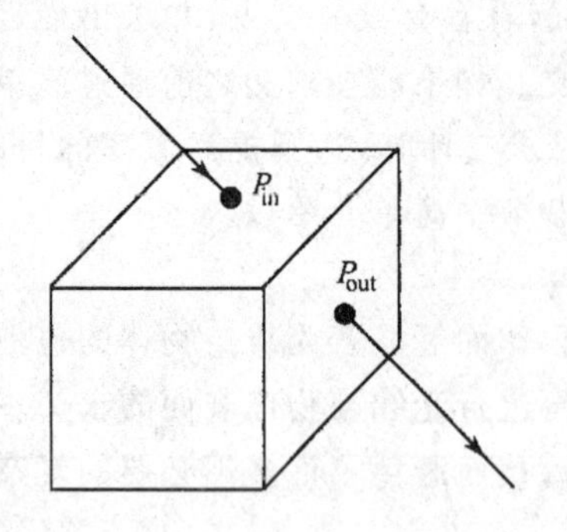

图 13.33 光线与小立方体交于两点，一个是进点，一个是出点

假定光线仍采用式(13.62)表示，它与小立方体(i,j,k)(若记小立方体的边长为Δ，则该小立方体六个面分别为$x=i\Delta, x=(i+1)\Delta, y=j\Delta, y=(j+1)\Delta, z=k\Delta, z=(k+1)\Delta$)相交于两点，一个是进点，记为$P_{in}$，一个是出点，记为$P_{out}$，如图13.33所示。按照$E$的方向，小立方体的六个面分为两组，一组为始面，一组为终面。当$x_E>0$时，$x=i\Delta$为始面，$x=(i+1)\Delta$为终面，其它类同。光线与始面的交点即为P_{in}，与终面的交点即为P_{out}。P_{out}落在哪个面上决定了光线在穿过该小立方体之后进入相邻的哪个小立方体。假设终面为$x=(i+1)\Delta, y=j\Delta, z=(k+1)\Delta$，则

当P_{out}在$x=(i+1)\Delta$上时，光线进入的下一个立方体是$(i+1,j,k)$；

当P_{out}在$y=j\Delta$上时，光线进入的下一个立方体是$(i,j-1,k)$；

当P_{out}在$z=(k+1)\Delta$上时，光线进入的下一个立方体是$(i,j,k+1)$。

为了判断P_{out}落在哪个终面上，将式(13.62)代入三个终面方程，得到三个参数：

$$t_1=\frac{(i+1)\Delta-x_Q}{x_E},\quad t_2=\frac{j\Delta-y_Q}{y_E},\quad t_3=\frac{(k+1)\Delta-z_Q}{z_E}$$

则P_{out}落在最小的参数所对应的终面之上。参数的计算可以采用增量方法以减少计算量。

13.6.5 光线跟踪算法中的混淆与反混淆

在光线跟踪算法中，从视点向像素中心发出光线，并以来自该光线方向的光的亮度作为整个像素的亮度，这是一种典型的点采样方法，从而不可避免地发生混淆现象(参考第5章有关内容)。如图13.34所示，虽然物体表面只覆盖了一小部分像素，但由于它与光线相交，所以该

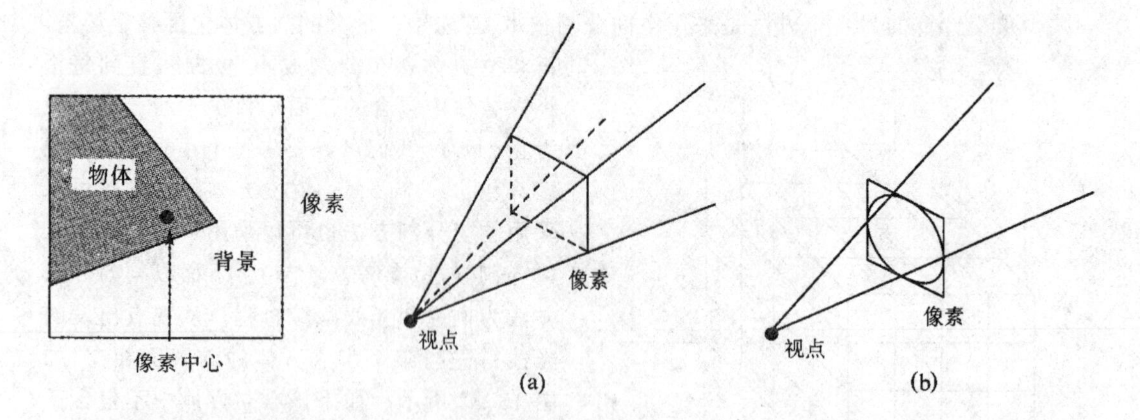

图 13.34 光线跟踪算法中的混淆现象

图 13.35 从视点出发的(a)四棱锥状光束 (b)圆锥状光束

像素被着上物体颜色而不是背景色。

反混淆的基本方法是用区域采样代替点采样，即不是从视点向像素中心发出一根光线，而是发出一束光线。如图13.35所示，这束光线或者是以视点为顶点的四棱锥，或者是圆锥。该

光束与物体表面相交，求出相交区域，它的面积与光束在该处截面面积的比值乘以它的亮度即为物体表面对像素亮度贡献。

上述方法实现起来非常复杂，一个简化的做法是加密点采样。首先将像素划分为多个子像素，然后按如下两种方法计算像素的颜色。

(1) 从视点向各个子像素的中心发出光线，进行光线跟踪，将得到的子像素的颜色(加权)平均，得到的平均值作为原像素的颜色，如图 13.36(a)所示。

(2) 从视点向各个子像素的角点发出光线进行光线跟踪，将得到的的颜色(加权)平均，平均值作为原像素的颜色，如图 13.36(b)所示。

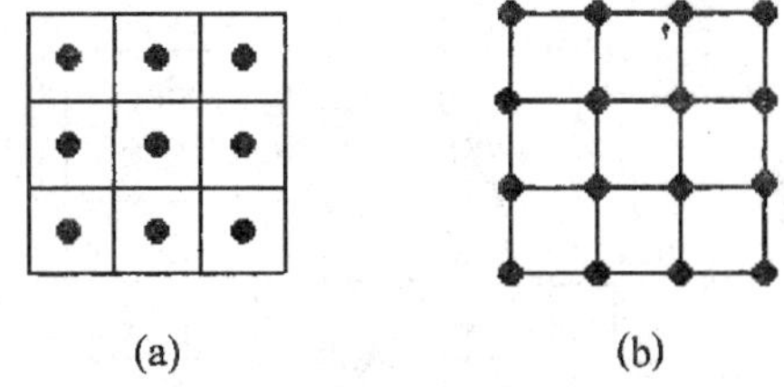

图 13.36 将像素分割成 9 个子像素
(a)向子像素中心发出光线
(b)向子像素角点发出光线

显然，反混淆使光线跟踪算法的计算量成倍增加。

13.7 绘制真实感图形的流程图

和 8.5 节介绍的图形显示流程图相比，绘制真实感图形又多了两个步骤，即消隐和光照计算。本节讨论在采用不同的消隐和着色方法的情况下，绘制三维真实感图形的流程图。为了简单起见，假定物体表面全部由多边形构成。

13.7.1 采用局部光照明模型的绘制流程图

1. *Z* 缓冲器消隐算和 Gouraud 着色方法

采用这两种方法绘制图形的流程图如图 13.37 所示。首先遍历数据库获取待绘制图形的有关数据，图形经过模型变换进入世界坐标系，在界坐标系中，根据顶点法向和局部光照明模型计算顶点的颜色。此时，顶点数据结构中包含几何坐标与颜色值。然后图形经观察变换与规范化变换(请参照 8.5 节)被变换至规范化投影坐标系中接受裁剪。注意，当图形被裁剪时，必须同时正确计算出新产生的顶点的颜色。接下来各顶点坐标做除以齐次坐标项 h 的运算返回三维几何空间，再变换到视区中。最后一步是光栅化，采用 *Z* 缓冲器消隐算法和 Gouraud 着色方法将多边形转换成像素并显示。

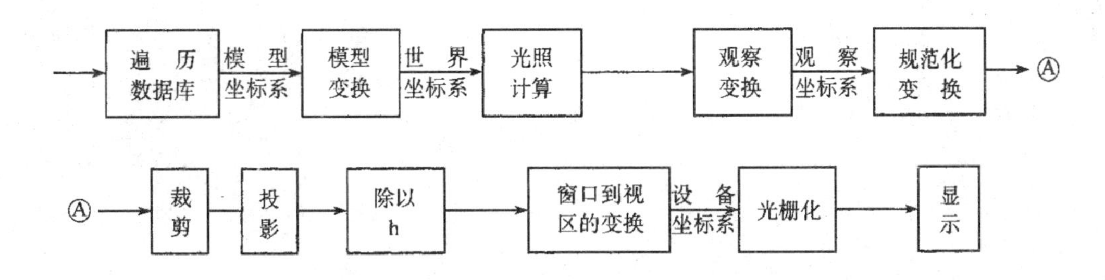

图 13.37 采用 *Z* 缓冲器消隐算法和 Gouraud 着色方法绘制图形的流程图

2. *Z* 缓冲器消隐算法和 Phong 着色方法

流程图如图 13.38 所示，它与图 13.37 大致相同，但 Phong 着色方法是对顶点法矢量进行插值的，所以光照计算放在最后一步中，与光栅化同时进行。注意在裁剪时，必须计算出新产生的顶点的法矢量。

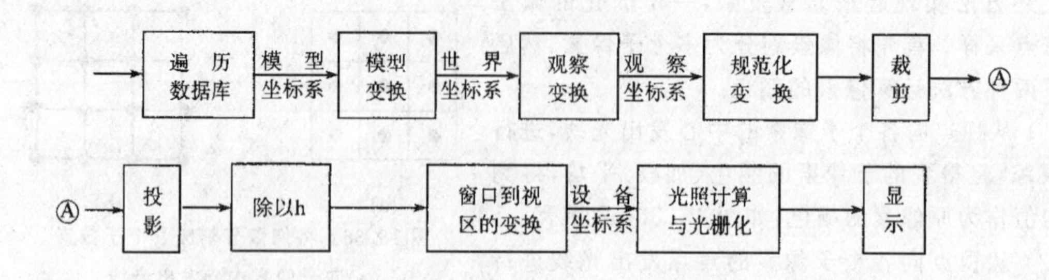

图 13.38 采用 Z 缓冲消隐算法和 Phong 着色方法绘制图形的流程图

13.7.2 采用整体光照明模型的绘制流程图

关于采用整体光照明模型的绘制方法，本章只介绍了光线跟踪算法，它的流程图如图 13.39 所示。由于整体光照明模型考虑了物体间的相互影响，所以采用光线跟踪算法绘制时，不能像采用 Z 缓冲器消隐算法那样，可以一个多边形一个多边形地绘制，而要在遍历数据库时，建立全部物体表面的数据结构，再变换到世界坐标系中。接下来指定投影平面、窗口、视点之后，即可光线跟踪并显示。光线跟踪的同时也完成了投影与裁剪工作。

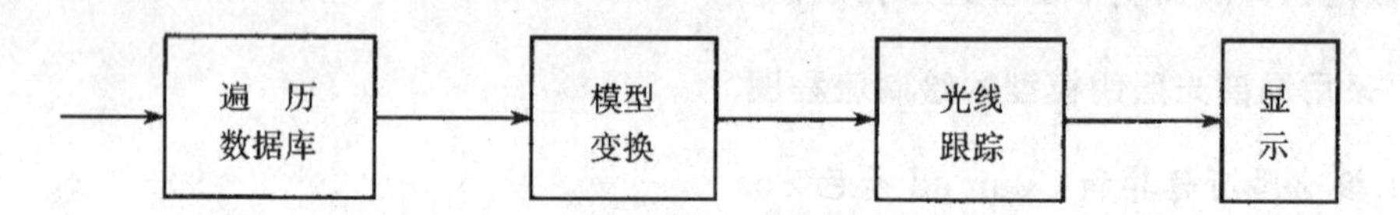

图 13.39 采用光线跟踪算法绘制图形的流程图

习 题

1. 设计一个程序实现图形显示流程图 13.37。
2. 设计一个程序实现图形显示流程图 13.38。
3. 设计一个程序实现图形显示流程图 13.39。

参 考 文 献

[1] 唐荣锡,汪嘉业,彭群生等.计算机图形教程.科学出版社,1990

[2] 孙家广,杨长贵.计算机图形学(新版).清华大学出版社,1995

[3] 唐泽圣,周嘉玉,李新友.计算机图形学基础.清华大学出版社,1995

[4] 蔡耀志.正负法数控绘图.浙江大学出版社,1990

[5] 荆仁杰等.计算机图像处理.浙江大学出版社,1990

[6] 苏步青,刘鼎元著.计算几何.上海科学技术出版社,1980

[7] James D. Foley, Andries van Dam, Steven K. Feiner, John F. Hughes. "Computer Graphics, Principles and Practice". Addison-wesley Publishing Company,1990

[8] Rogers D. F. "Procedural Elements for Computer Graphics". McGraw-Hill Book Company,1985

[9] James D. Foley, Andries van Dam, Stevenk Feiner, John F. Hughes, Richard L. Phillips. "Introduction to Computer Graphics". Addison-wesley publishing Company,1996

[10] Anil K. Jain. "Foundamentals of Digital Image Processing". Prentice-Hall Inc,1989

[11] Donald Hearn, M. Pauline Baker. "Computer Graphics: C version". Prentice-Hall Inc, 1997

[12] Mantyla A. "Introduction to Solid Modeling". Computer Science Press,1988

[13] Liang Y. D., Barsky B. A.. "A New Concept and Method for Line Clipping". ACM Trans. on Graphics, Vol. 3, No. 1,1984

[14] Jackie Neider, Tom Davis, Mason Woo. "OpenGL Programming Guide". Addison-wesley Publishing Company,1993